전산응용기계제도기능사 | 실기 + 무료동영상

일반기계기사 · 기계설계산업기사 포함 | 인벤터 활용

삼원북스

DESIGN CENTER
DESIGNCENTER TECH ACADEMY

23%
기계설계 / 건축설계
자격증강의 / 건축CG
오토캐드 / 인벤터
3ds MAX / 솔리드웍스
원격평생교육원

51%
DC튜브 2000개의
4K(UHD)화질의 강의
기계설계 / 건축설계
동영상 강좌를 무료로
시청하실 수 있습니다.

69%
1:1 동영상 도면검토
불합격 걱정 NO!
무료 수강연장
무료교재(E-BOOK)
모바일 시청 가능

97%
DC카카오톡 오픈방
실시간 궁금증 해결
수강생들과의 소통
취업고민 상담
기능사/산업기사/기사

어떻게? 설계 프로그램을 배워서
실무 작업속도가 2배나 올라갔을까?

어떤 강사가
그런 강의를 만들어 냈을까? **도대체?**

지루하지 않은 재밌는 강의
자막처리

자막처리와 부분 확대 축소로 더욱 재미있고 쉽게 배우는 DC강좌

MOBILE

● 언제 어디서나 편리하게 모바일로 DC강좌 시청가능!

태블릿 / 스마트폰

Wi-Fi 연결시 데이터 걱정 NO!

KAKAO TALK

국가시험 필기 | 실기 | 실무 노하등 다양한 정보 공유하세요.

- 정규수강생 전용 오픈 채팅방 운영
- 수강생들과 실시간 소통
- 공부방법 및 꿀팁 노하우 공유
- 시험관련 다양한 최신 정보 제공
- 24시간 상시 운영

E-BOOK

● 구동&조립 영상 | 3D VIEW | 조립분해도 | KS규격 | 문제도면 | 답안도면

강좌 수강 시 E-BOOK 무료제공!

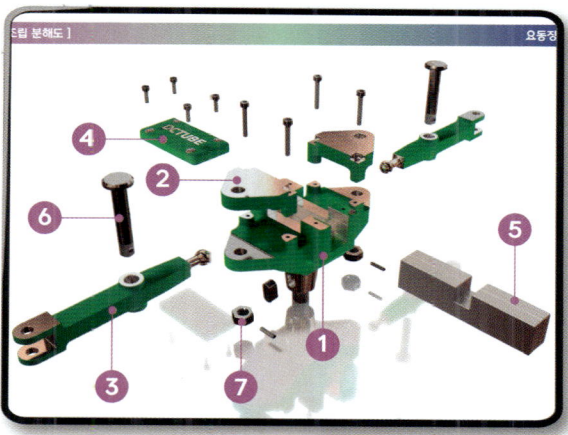
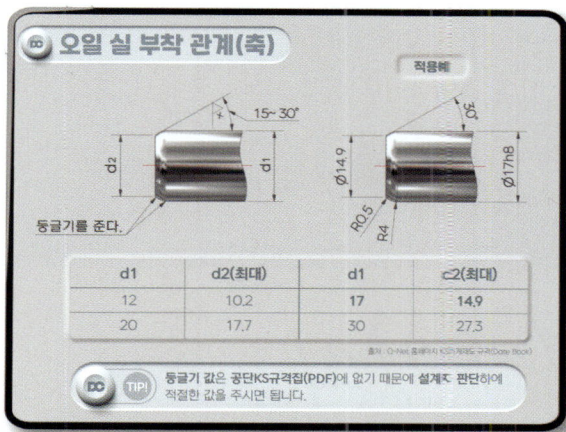
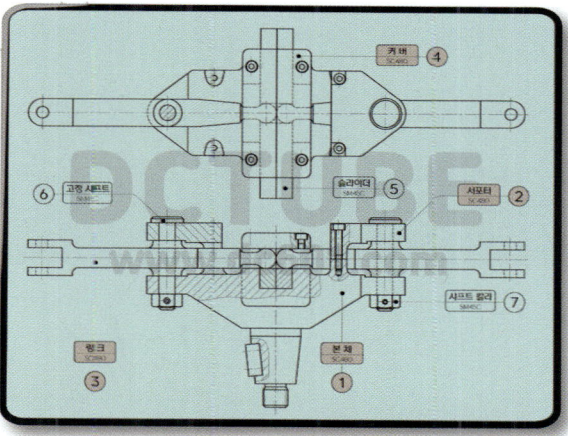
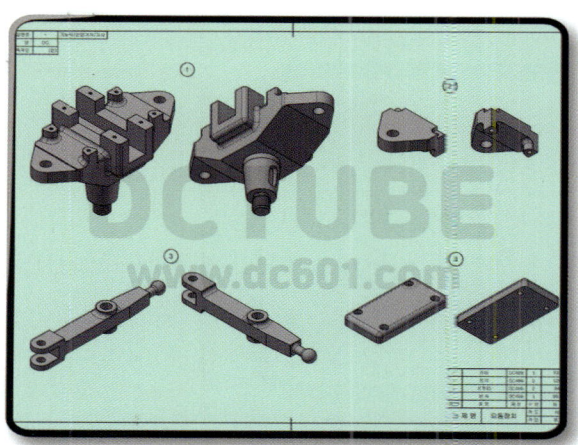
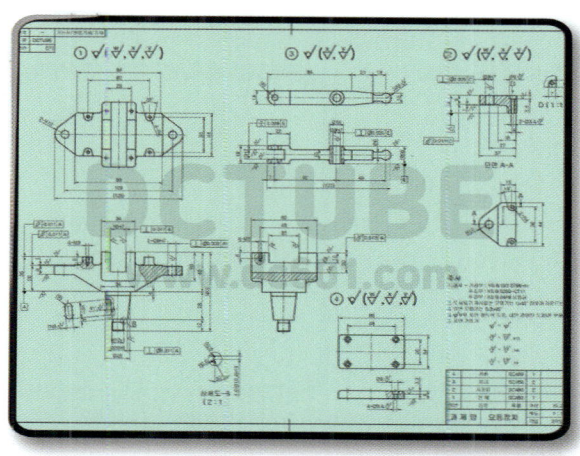

가능할 것이라고는 상상도 못 했던 작업 속도

누가 만들었을까?

다양한 컨텐츠로 전국의 수 많은

실무자, 대학생들이 인정한 강좌

- 누적 조회 수 **24,000,000**
- 유튜브 구독자 **103,000**
- DC카페 회원 **78,000**

어떠한 인강을 선택해야 할까?

왜 DC인강을 들어야 할까?

알고리즘 방식의 강의

튜토리얼이 아닌 **알고리즘** 방식 수업으로 **명령어 개념**을 이해시켜 **변수에 대한 대처 능력**을 길러주는 강의

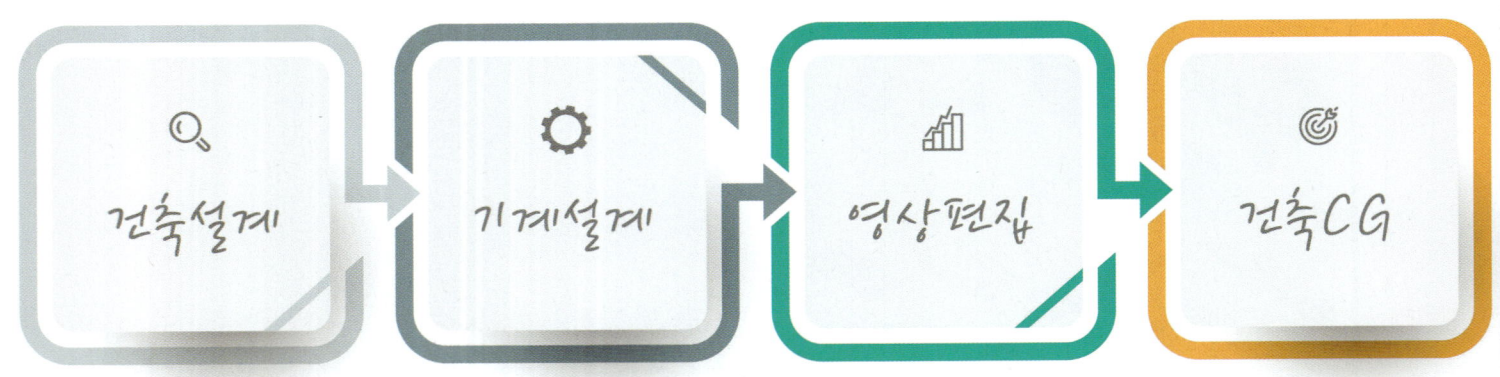

건축설계 → 기계설계 → 영상편집 → 건축CG

다양한 프로그램 강의가 가능한 DC강사가 **모든 방면**으로 프로그램을 이해시켜 드립니다!

취업 상담, 포트폴리오 제작, 취업까지 함께 할
친구 같은 좋은 인생 멘토

자격증의모든것DC는 **수강생들과 소통**할 수 있는 **다양한 컨텐츠**와 기회들이 마련되어 있습니다.

할수 있는 사람은 많지만 잘 하는 사람은 많지 많다!

자격증의모든것DC 교육신조

DCTUBE
DESIGN CENTER

아무나 못 하는 작업을 할 수 있는 사람

어떠한 인강을 선택해야 할까?

INVENTOR

100% 완벽 대비 가능

1 일반기계기사

2 기계설계산업기사

3 기계제도기능사

위 시험을 준비하시는 수강생분들은 **해당 강좌를 수강하시는 것만으로도 100% 완벽대비** 가능합니다.

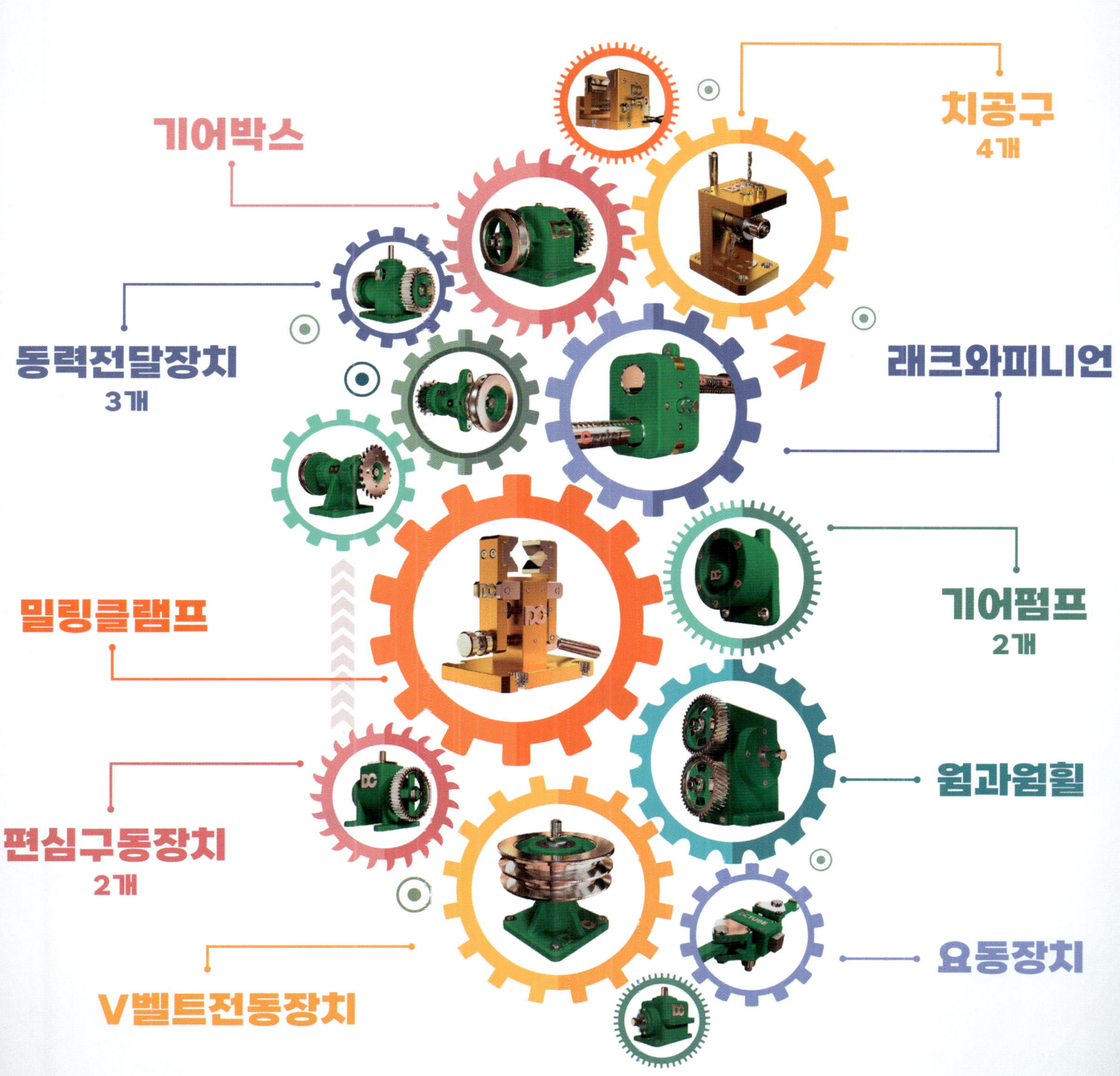

동영상 도면검토

합격의 지름길! FHD 고화질 1:1 무료 동영상 첨삭지도!

수강일
45일-5회 & 90일-10회
1일 1회 가능!

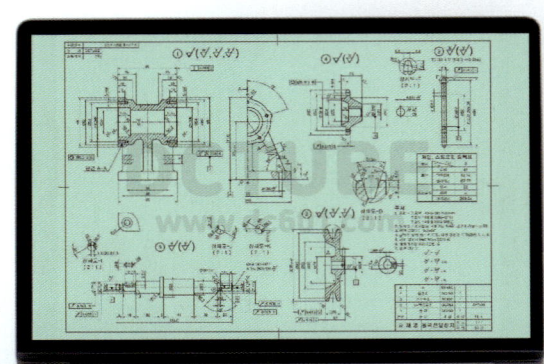

인벤터 도면

DC인강만의 장점!

INVENTOR 문제도면 제공으로 빠른 연습 가능

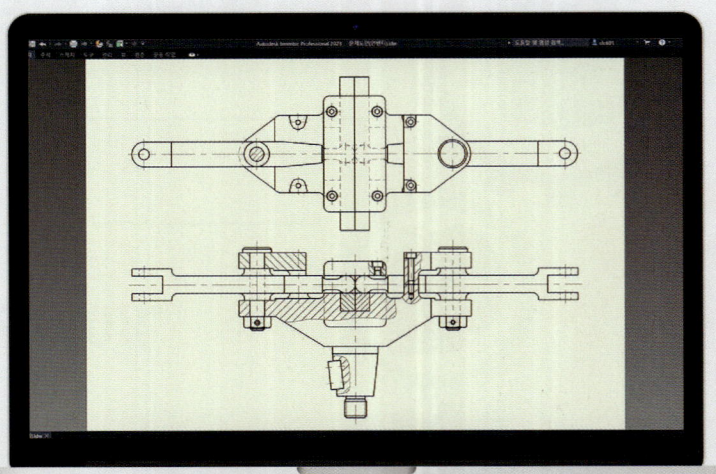

실전도면

DC인강만의 장점!

실전처럼 연습할수 있는 출력 **이미지 파일** 제공!

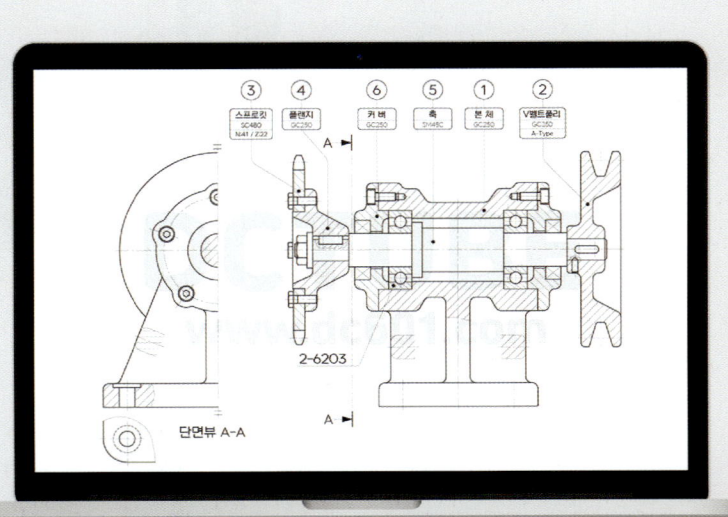

강의에 사용된 총 17개 모든예제

인벤터 부품파일

강의를 보고 모델링 오류나 막히는 부분이 있을 시 부품 파일을 참조하여 **문제점 해결!**

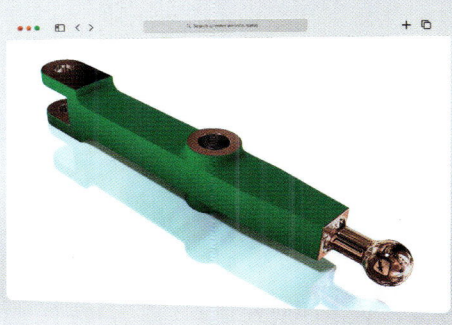

나는 전공도 아닌데 과연 할 수 있을까?

나는 나이가 많은데 과연 할 수 있을까?

나는 컴맹인데 과연 할 수 있을까?

"**성공**의 반댓말은 **실패** 입니까?"

도전하지 않는거죠
왜 도전하지 않으십니까?

고민하지 마시고 **도전 하세요!**

DCTUB DESIGN CENTER

2025년 기능사/산업기사/기사

완벽정리

변경된 KS규격집

설계의 감성을 디자인하다

DCTUBE

QR코드 스캔으로 해당 무료강좌를 시청하실 수 있습니다

2025 KS규격집 거칠기 변경

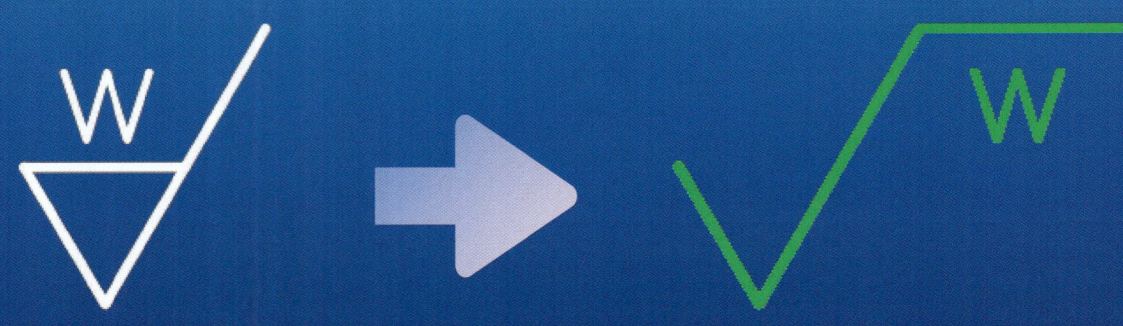

이전 거칠기 변경된 거칠기

QR코드 스캔으로 해당 **무료강좌**를 시청하실 수 있습니다

2024 일반기계기사 실기 개정

변경 전	변경 후
○ 시험방법 • 제시된 **1개의 과제도면**에서 **3~5개 부품**에 대한 부품도 및 모델링도 제작	○ 시험방법 • **2개의 과제도면**을 제시하며, **도면1개당 1~3개 부품**의 부품도 및 모델링도 제작 • **도면 2개에 대해 전체 3~5개 부품**을 대상으로 작업
○ 시간·배점 : 5시간, 50점	○ 시간·배점 : 변경사항 없음

○ **필답형 실기시험**은 시험방법, 시간, 배점 등 **변경사항 없음**

○ 적용 시점 : 2024년도 기사 제 1회 실기시험부터

변경전 실기 작업 방식

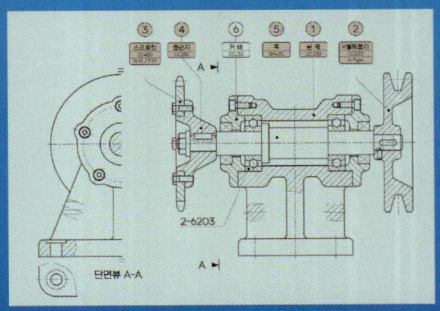
문제도면 1개

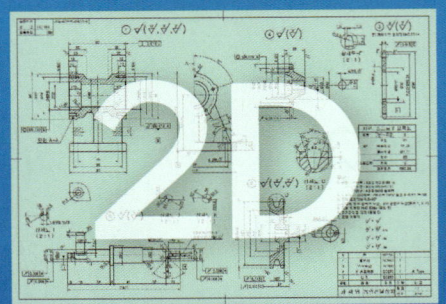
2D

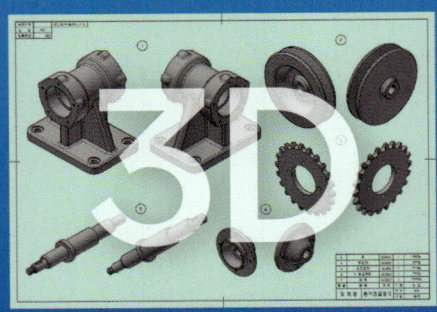
3D

출력

변경 후 실기 작업 방식

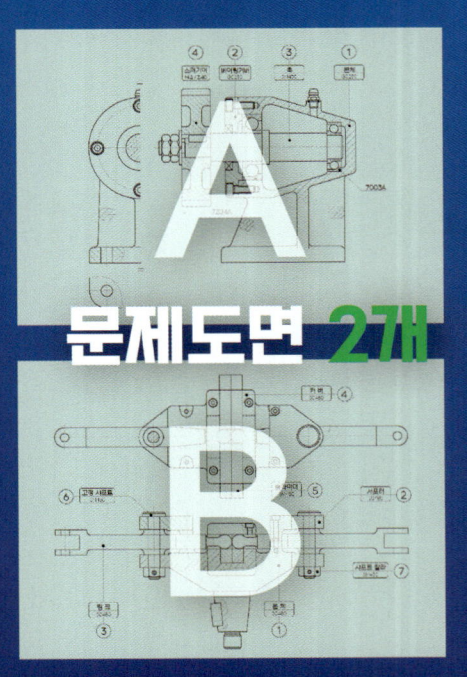
문제도면 2개 A/B

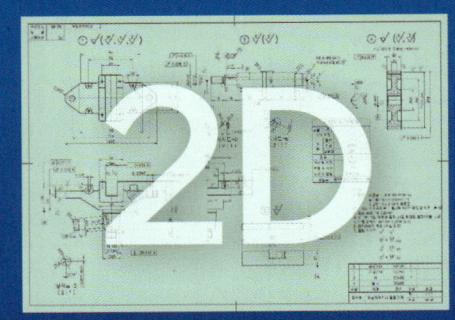
2D

3D

출력

- 동력 & 치공구 **함께 출제**
- 변경 후에는 **2개의 문제도면**(A/B) 출제
- 답안도면(2D/3D) 2개 **출력 방식은 동일**

변경된 시험지

자격종목	일반기계기사	과제명	도면참조

※ 시험시간 : 5시간

1. 요구사항
※ 지급된 재료 및 시설을 이용하여 아래 작업을 완성하시오.

(1) 부품의 (2D) 제도
  가) 주어진 문제의 **조립도면-A에 표시된 부품번호(③, ④) 조립도면-B에 표시된 부품번호(①, ⑤)의 부품도**를 CAD 프로그램을 이용하여 **A2 용지에 1:1로 투상법 제3각법으로 제도**하시오.
  나) 각 부품의 형상이 잘 나타나도록 투상도와 단면도 등을 빠짐없이 제도하고 설계 목적에 맞는 가공을 하여 기능 및 작동을 할 수 있도록 치수 및 치수공차, 끼워 맞춤 공차와 기하공차 기호, 표면거칠기 기호, 표면처리, 열처리, 주서 등 품 제작에 필요한 모든 사항을 기입하시오.
  다) 제도 완료 후 지급된 A3(420x297) 크기의 용지 (트레이싱지)에 수험자가 직접 흑백으로 출력하여 확인하고 제출 하시오.

(2) 렌더링 등각 투상도(3D)제도
  가) 주어진 문제의 **조립도면-A에 표시된 부품번호(③, ④) 조립도면-B에 표시된 부품번호(①, ⑤)의 부품을 파라메트릭 솔리드 모델링을 하고 모양과 윤곽을 알아보기 쉽도록 뚜렷한 음영, 렌더링 처리를 하여 A3용지에 제도**하시오.
  나) 음영과 렌더링 처리는 아래 그림과 같이 형상이 잘 나타나도록 등각 축 2가를 정해 척도는 NS로 실물의 크기를 고려하여 제도 하시오(단, 형상은 단면하여 표시하지 않는다).
  다) 제도 완료 후, 지급된 A3(420X297) 크기의 용지(트레이싱)에 수험자가 직접 흑백으로 출력하여 확인하고 제출 하시오.

답안도면

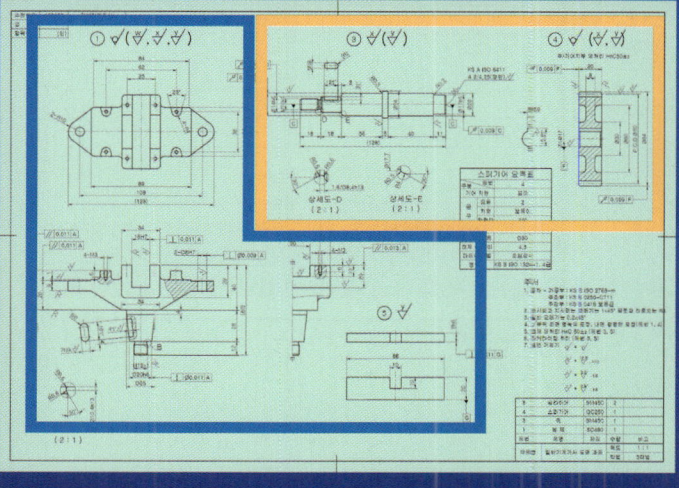

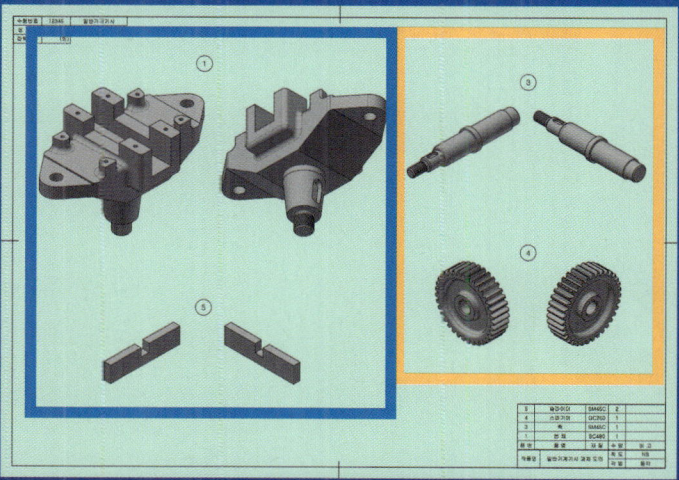

2D 답안도면(부품도)   **3D 답안도면(등각 투상도)**

- 도면 당 **2개씩, 총 4개** 부품을 작업 (시험 난이도 따라 변경될수 있음)
- 같은 문제 부품 **동력은 동력 / 치공구는 치공구**끼리 **배치**하는게 좋음
- 제도법이나 도면작성법은 **개정 전과 동일**하기 때문에 채점 방식은 **변경사항 없음**

도면템플릿 변경사항

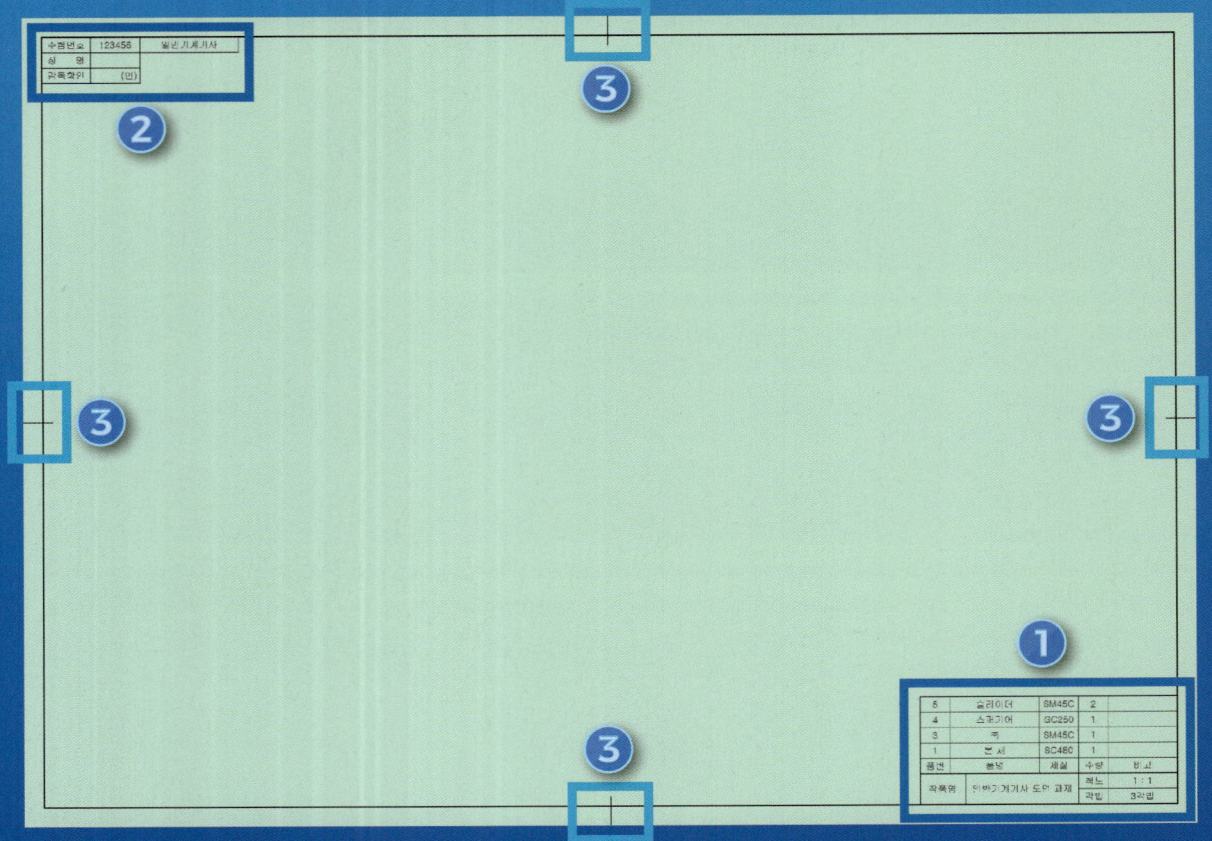

1 변경 전에는 작품명에 과제 도면명을 작성 했지만 변경 후는 일반기계기사 도면 과제 통일하여 작성

2 변경 전에는 이름을 캐드로 기입 했지만 변경 후에는 도면 출력 후 수기로 기입

3 변경 전에는 중심 마크가 10mm였지만 변경 후는 15mm입니다

최신 문제도면 복원

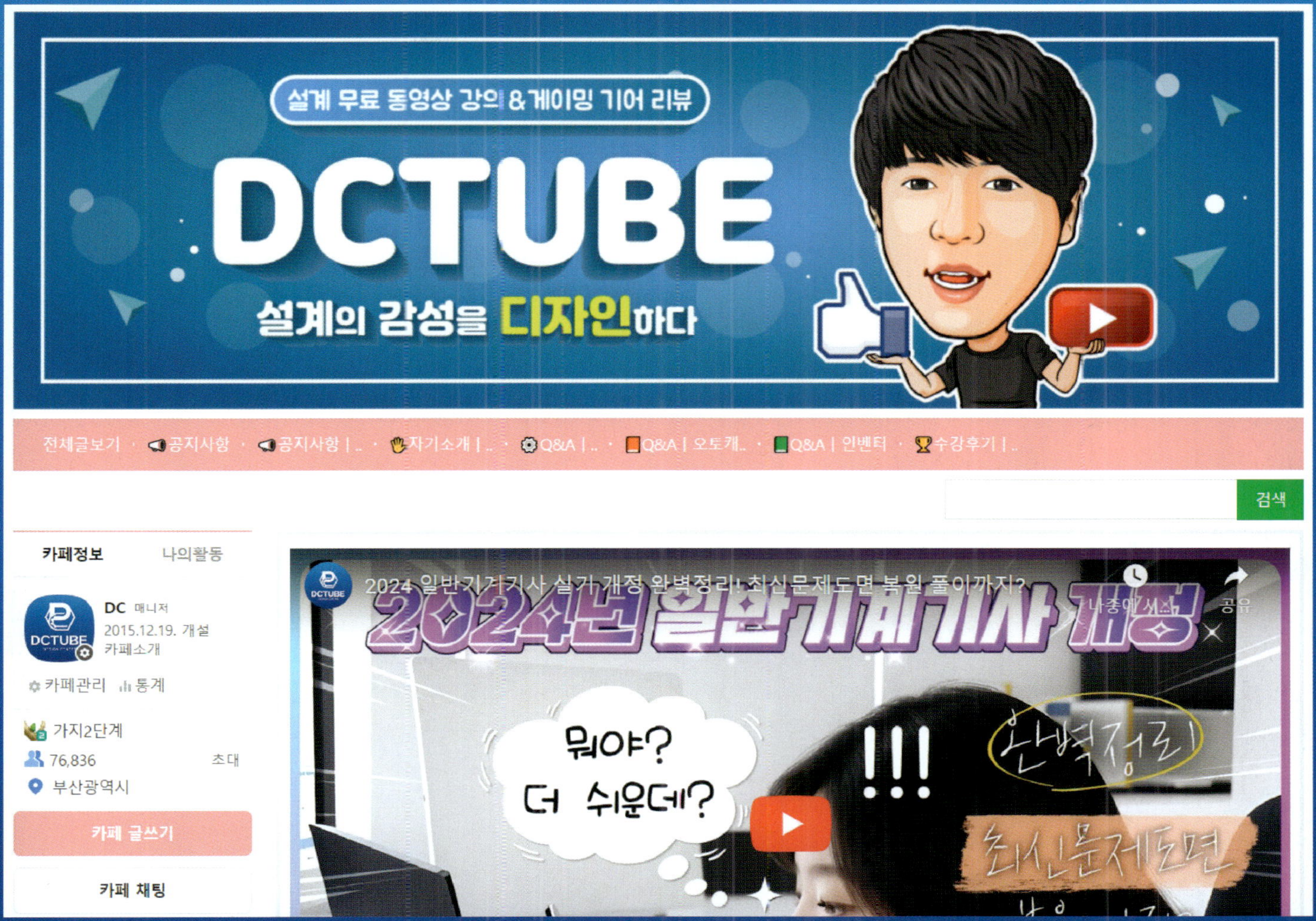

네이버 카페에 오시면 **모든 회차별로 복원**한

최신 문제 도면을 확인하실 수 있습니다

최신 기출문제 복원

실기도면 복원(기능사/산업기사/기사)

최신 문제도면 복원 게시판

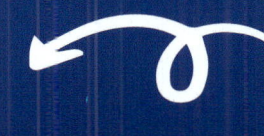

Q & A

Q: 문제도면 2개 출제되면 난이도가 더 어려워진 거 아니에요?

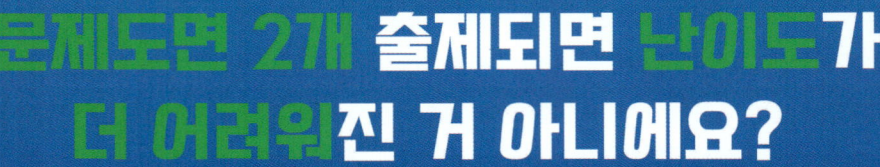

A: 문제 도면 2개가 출제되어도 동력은 무조건 출제가 되기 때문에 예전처럼 난이도가 높은 문제 하나가 출제돼서 손도 못 대고 나오는 경우는 없습니다. 1회차 출제도면 만 봐도 막상 어려운 문제가 출제가 되어도 모델링 하는 부품은 난이도가 쉬운 부품들이었기 때문에 난이도 자체는 예전보다 더 쉬워진 것 같습니다.
하지만 여러 도면을 연습해야겠죠^^

Q: 문제 도면에 같은 부품 번호가 출제되면 어떻게 하나요?

A: 문제도면을 보면 동일한 번호가 있기는 한데 출제를 할 때 동일한 번호는 출제가 안 됩니다.
예를 들면 A 도면에서 1번 부품이 출제되면 B-도면에선 1번 부품이 출제가 안 됩니다.
같은 번호 부품은 출제가 안 되기 때문에 크게 신경 안 써도 됩니다.

Q 그럼 나는 실기 시험 준비를 어떻게 해야할까?

"
동력전달장치는 모양이 다 **비슷**해서
많이 연습하실 필요 없고
3개정도 완성해 보시면 됩니다.
"

축
스퍼기어
V벨트풀리
베어링커버

"
꼭 **KS규격**에 맞게 모델링 할수
있도록 **여러번 연습**하셔야 합니다
"

치공구는 **투상 싸움**이기 때문에
많이 연습하는 수밖에 없어요

"시간이 없으신 분들은 그려 보지는 않아도"

> 시중에 파는 **도면집**이나 유튜브에 있는
> **조립 구동 영상**이라도 꼭 한 번씩 보시고 가야 합니다
> 국가시험에 출제되는 문제들은 다시 출제가 돼도
> **모양이 거의 동일하게 출제**가 돼요.
> 그래서 3D 모양만 대충 어떤지 알고 있으면
> 투상이 쉽기 때문에

많은 도면을 눈으로 보고 3D형상을 기억

> 예전처럼 도면 하나 **전체를 완성**하기보다는
> 해당 도면에서 **자주 출제되는 부품**들 위주로
> 연습을 하시면 좀 더 **효율적**이겠죠

나만의
합격비법
나합격은
다르다!

**나합격 독자를 위한
무료 동영상강의로
학습효과가 배가 됩니다.**

나합격 수험생지원센터를 통해 시험에 대한
오리엔테이션 및 이론강의와 실전문제 풀이까지
모든 동영상 강의를 무료로 시청할 수 있습니다.

- 인벤터 기초강의
- 실기 특강
- 실전문제 특강

NAVER 카페 | 자격증의모든것DC ▼ | 검색

모든 시험정보가 한곳에!
자격증의모든것DC[나합격 수험생지원센터]에서
확인하세요.

지금 카페에 접속해 보세요. 시험정보 및 뉴스,
독자 Q&A, 각종 시험자료와 무료동영상 강의 등
시험에 필요한 모든 것을 나합격지원센터에서
지원받을 수 있습니다.

- 무료 동영상강의
- 시험정보
- 질의응답

나합격지원센터에서는 본 종목 뿐만 아니라
관련분야 자격종목까지 지원을 확대하고 있습니다.
자격증의모든것DC
cafe.naver.com/dc60

시험접수부터 자격증발급까지 응시절차

01
시험일정 &
응시자격조건 확인

- 큐넷 **시험일 정안내**에서 응시종목의 접수기간과 시험일을 확인합니다.
- 큐넷 **자격정보**에서 응시종목의 자격조건을 확인합니다(기능사 제외).

04
필기시험
합격자 발표

- 인터넷, ARS 또는 접수한 지사에서 공고됩니다.
- 기능사 CBT의 경우 큐넷 **합격자발표조회**에서 바로 확인이 가능합니다.

www.Q-net.or.kr 큐넷은 한국산업안전공단에서 운영하는 국가 자격증 포털 사이트입니다.

02
필기시험 원서접수

- 큐넷 www.Q-net.or.kr 에 로그인 합니다.
  (회원가입 시 반명함판 사진 등록 필수)
- 큐넷 원서접수에서 신청순서에 따라 접수하면 됩니다.
- 시험일자 및 장소는 현재접수 가능인원을 반드시 확인 후 선택해야 합니다.
- 결제하기에서 검정수수료 확인 후 결제를 진행합니다.

03
필기시험 응시 및 유의사항

- 신분증은 반드시 지참해야 하며, 기타 준비물은 큐넷 수험자준비물에서 확인하시면 됩니다.
- 시험시간 20분 전부터 입실이 가능합니다.
  (시험시간 미준수 시 시험응시 불가)
- 기능사 & 산업기사는 CBT(컴퓨터시험)방식으로 시행합니다.

05
실기시험 원서접수

- 인터넷 접수 www.Q-net.or.kr 만 가능하며, 필기시험 합격자에 한하여 실기접수기간에 접수합니다.
- 최종합격여부는 큐넷 홈페이지를 통해 확인 가능합니다.

06
자격증 신청 및 수령

- 큐넷 자격증신청에서 상장형, 수첩형 자격증 선택
- 상장형- 무료 / 수첩형 - 수수료 6,110원

자세한 응시절차는 큐넷 홈페이지 큐넷체험하기를 이용하세요!

콕!집어~ 꼭!필요한 오리엔테이션

전산응용기계제도기능사

필기 검정방법 : 객관식 60문항
필기 과목명 : 기계설계제도
필기 시험시간 : 총 1시간(60분)
실기 검정방법 : 작업형(100%) - 기계설계제도실무
실기 시험시간 : 총 5시간(300분)
합격기준 : 필기 실기 각각 100점 만점으로 60점 이상 득점 시 합격

기계설계산업기사

필기 검정방법 : 객관식 과목당 20문항(총 60문항)
필기 시험시간 : 총 1시간 30분(90분)
필기 과목명 : 1. 기계제도 2.기계요소설계 3. 기계재료 및 측정
실기 검정방법 : 작업형(100%) - 기계설계실무
실기 시험시간 : 총 5시간 30분(330분)
합격기준 : 필기 실기 각각 100점 만점으로 60점 이상 득점 시 합격

일반기계기사

필기 검정방법 : 객관식 과목당 20문항(총 80문항)
필기 시험시간 : 총 2시간(120분)
필기 과목명 : 1. 기계 제도 및 설계 2. 기계 재료 및 제작 3. 구조 해석 4. 열·유체 해석
실기 검정방법 : 복합형 필답형(50점) + 작업형(50점) - 기계설계실무
실기 시험시간 : 필답형 총 2시간(120분) + 작업형 총 5시간(300분)
합격기준 : 필기 실기 각각 100점 만점으로 60점 이상 득점 시 합격

※ 기계설계산업기사/일반기계기사 필기는 과락이 있으며 한 과목당 40점 이상, 전과목 평균 60점 이상 받아야 합격입니다.

실기시험 시험문제 출제빈도
동력 70% 치공구 30%

01	동력전달장치 35회	11	회전축 받침대 3회	21	기어&폴리장치 2회
02	드릴지그 14회	12	기어박스 2회	22	소형탁상그라인더 2회
03	클램프 9회	13	리밍지그 2회	23	요동장치 1회
04	편심왕복장치 7회	14	전동장치 2회	24	로터리 펌프 1회
05	V벨트전동장치 7회	15	윈치 롤러 2회	25	밀링 클램프 1회
06	바이스 5회	16	공기압축기 2회	26	아이들 기어 1회
07	기어펌프 4회	17	머신 클램프 2회	27	벨트긴장장치 1회
08	베어링장치 4회	18	수평슬라이더 2회	28	벨트드라이브 1회
09	스윙레버 3회	19	베어링 하우징 2회	29	기어드라이브 1회
10	편심구동장치 3회	20	V벨트긴장장치 2회	30	피벗베어링하우징 1회

기계설계산업기사 실기 변경사항(2018년)

	변경 전	현행
과제명	부품도 및 모델링도 작업	설계 변경 작업 및 부품도 / 모델링도 작업
작업 시간	5시간	5시간 30분
적용 시기	2018년 기사 2회 실기시험까지	2018년 기사 3회 실기시험부터

전산응용기계제도기능사 실기 변경사항(2018년)

	변경 전	현행
과제명	부품도 및 모델링도 작업	부품도 및 모델링도 작업 - 질량 해석 추가
작업 시간	5시간	5시간
적용 시기	2018년 기능사 2회 실기시험까지 (산업수요 맞춤형 고등학교 및 특성화 고등학교 등 필기시험 면제자 검정 포함)	2018년 기능사 3회 실기시험부터

카카오톡 오픈채팅방 운영

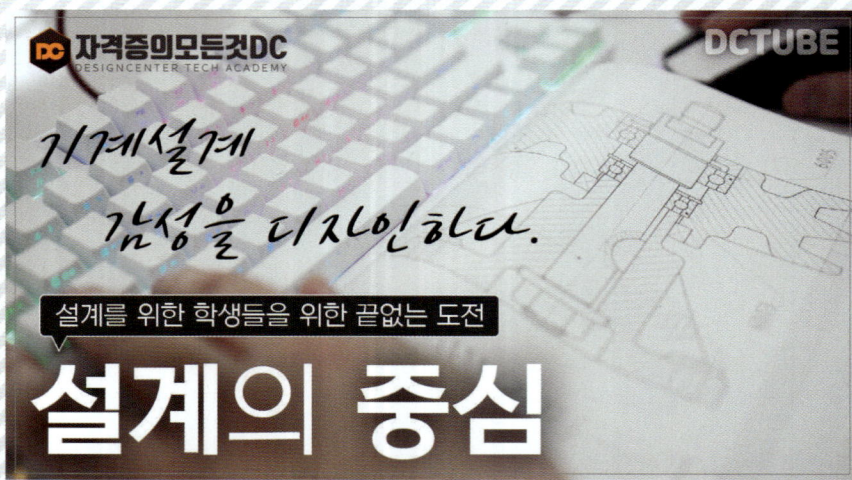 

💬 카카오톡 오픈방 사용 유의사항

- 남/녀 비하발언 및 욕설을 하는 참여자는 적발 시 강퇴 조치합니다.
- 오픈방 분위기를 흐리거나 다른 학생분들에게 피해가 가는 행동을 하는 참여자는 적발 시 강퇴 조치합니다.
- 홍보 글 및 타 인강 홍보(모든분야)링크, 다른 오픈방 링크 & 홍보영상 공유 적발 시 강퇴 조치합니다.
- 저작권 관련 자료(인쇄물/영상) 유포 및 불법프로그램 다운로드 공유 등 적발 시 강퇴 조치합니다.
- 인강을 사고파는 행위/공유 등 적발 시 어떠한 법적피해가 생겨도 '자격증의모든것DC'에서는 책임지지 않습니다.
- 저작권 관련자료(인쇄물/영상) 유포 & 불법 프로그램 다운로드 공유 & 인강을 사고파는 행위 등으로 법적 불이익을 당해도 '자격증의모든것DC'에서는 일체 책임지지 않습니다.

자격증의모든것DC 카카오톡 플러스친구를 친구추가하면 다양한 시험정보 및 이벤트 소식을 받아볼 수 있으며 궁금한 사항 및 강좌문의는 1:1 실시간 문의가능합니다.

'자격증의모든것DC'에서는 국가기술자격시험을 준비하는 분들을 위해 카카오톡 오픈방을 운영하고 있습니다.
공부를 하면서 막히는 부분이나 궁금한 점이 있으면 언제나 오픈방에 물어보면 실시간으로 문제를 해결할 수 있습니다.
각각의 오픈방에는 '자격증의모든것DC' 카페 매니저들이 활동하고 있으며, 기계설계/건축설계실무자 분들도 많이 있기 때문에 시험 뿐만 아니라 실무적인 노하우도 많이 배울 수 있습니다. 오픈방에는 이벤트 공지 및 유튜브 4K 무료강의 영상링크를 공유하고 있습니다.

NAVER앱 QR코드 스캔으로 해당 무료강좌를 시청하실 수 있습니다.

NAVER앱 QR코드 스캔으로 해당 무료강좌를 시청하실 수 있습니다.

NAVER앱 QR코드 스캔으로 해당 무료강좌를 시청하실 수 있습니다.

SELF-STUDY PLANNER

시험 당일까지 공부일정 및 계획을 짜는 것은 매우 중요합니다.
셀프스터디 합격플래너를 통해 스스로의 합격을 만들어 보세요.

나의 목표		시험일	
		/	

				Study Day	Check
CHAPTER 01 **옵션설정**	01	AUTODESK 설계 솔루션 소개 (학생용 설치방법)	036	/	
	02	AutoCAD 클래식 설정방법	044	/	
	03	AutoCAD 옵션 설정	048	/	
	04	AutoCAD 단축키 설정	054	/	
	05	인벤터 옵션 설정	056	/	
	06	인벤터 단축키 설정	062	/	

CHAPTER 02 인터페이스			Study Day	Check
	01	인벤터 시작하기 066	/	
	02	인벤터 인터페이스 사용법 068	/	

CHAPTER 03 2D기초 명령어			Study Day	Check
	01	2D 스케치(Sketch) 078	/	

CHAPTER 04 3D기초 명령어			Study Day	Check
	01	3D 명령어(Solid) 096	/	

CHAPTER 05 기본예제			Study Day	Check
	01	2D 스케치 기초 106	/	
	02	3D 모델링 기초(구멍가공) 114	/	
	03	3D 모델링 기초(볼트&너트) 121	/	

CHAPTER 06 3D기초 모델링			Study Day	Check
	01	편심축 모델링 136	/	
	02	축 모델링 147	/	
	03	삽입부시 모델링 155	/	
	04	래크축 모델링 166	/	

				Study Day	Check
CHAPTER 07 국가자격시험 예시	01	출제되는 시험 문제지와 도면	178	/	

				Study Day	Check
CHAPTER 08 완전정복 - 동력전달장치	01	CAD 2D 도면틀(템플릿) 만들기	190	/	
	02	3D 모델링 – 본체	192	/	
	03	3D 모델링 – V 벨트풀리	212	/	
	04	3D 모델링 – 스프로킷	222	/	
	05	3D 모델링 – 플랜지	233	/	
	06	3D 모델링 – 축	241	/	
	07	3D 모델링 – 커버	253	/	
	08	3D 모델링 – 스퍼기어	262	/	
	09	3D 모델링 – 2단 스퍼기어	294	/	
	10	2D 도면배치 – 도면해독	307	/	
	11	3D 도면배치	322	/	
	12	질량해석 (전산응용기계제도기능사)	332	/	
	13	2D 답안도면 출력방법	336	/	

CHAPTER 09 유튜브 이용방법	01	유튜브 이용방법	342	Study Day /	Check

CHAPTER 10 실전문제도면집				Study Day	Check
	01	EXERCISE 01	348	/	
	02	EXERCISE 02	354	/	
	03	EXERCISE 03	360	/	
	04	EXERCISE 04	366	/	
	05	EXERCISE 05	372	/	
	06	EXERCISE 06	378	/	
	07	EXERCISE 07	384	/	
	08	EXERCISE 08	390	/	
	09	EXERCISE 09	396	/	
	10	EXERCISE 10	402	/	
	11	EXERCISE 11	408	/	
	12	EXERCISE 12	414	/	
	13	EXERCISE 13	420	/	
	14	EXERCISE 14	426	/	
	15	EXERCISE 15	432	/	

CHAPTER 01

옵션설정

AUTODESK
설계 솔루션 소개
(학생용 설치방법)

SECTION 01

"CAD"는 컴퓨터를 이용해 도면을 만드는 설계 프로그램을 뜻하는 말입니다.
전 세계에는 수많은 CAD 프로그램들이 있습니다.
그중 전 세계 시장점유율 1위를 자랑하는 곳은 바로『오토데스크』입니다.
제가 오늘 소개해드릴 것은 오토데스크사의 원하는 모든 것을 제작할 수 있는『분야별로 최적화된 솔루션들』입니다.

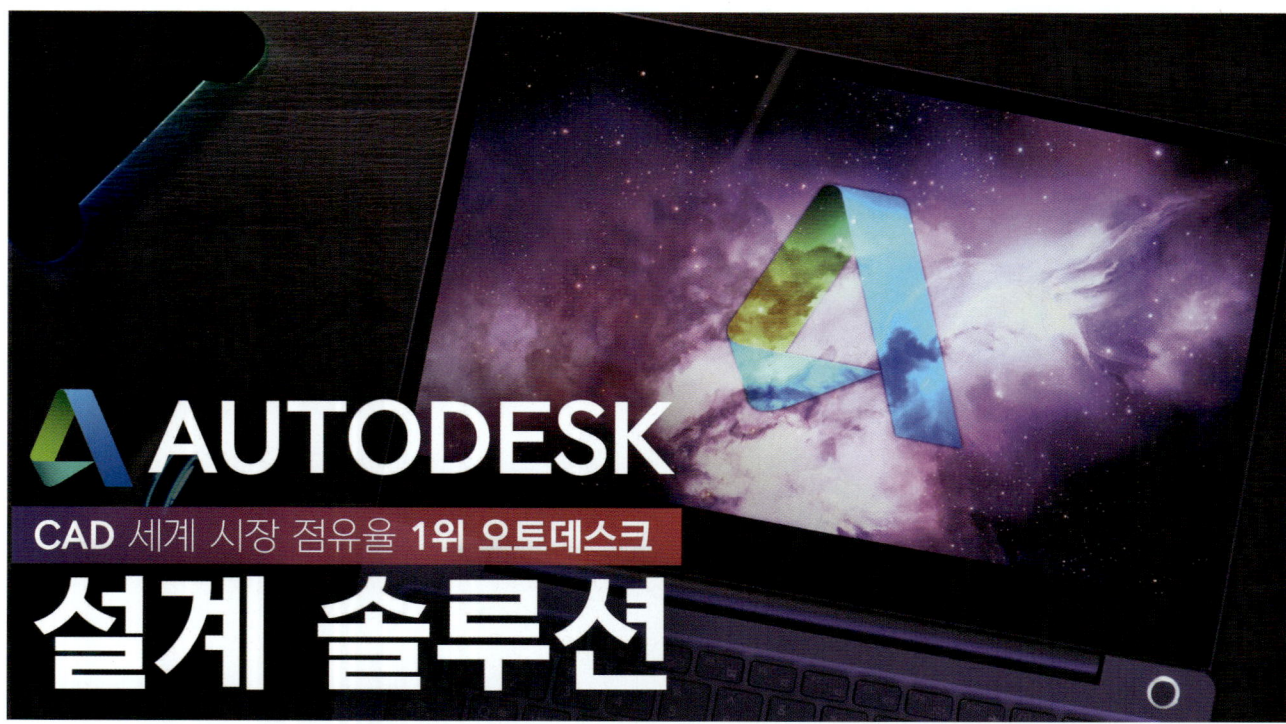

NAVER앱 QR코드 스캔으로 해당 무료강좌를 시청하실 수 있습니다.

NAVER앱 QR코드 스캔으로 해당 무료강좌를 시청하실 수 있습니다.

AUTODESK 교육용 라이선스

오토캐드 & 인벤터 학생용 버전은 정품으로 인정해주기 때문에 시험 응시에 전혀 지장이 없습니다.
학생용 라이선스는 1년이며 학생인증을 해야 설치가 가능합니다.

01 오토데스크 코리아

오토데스크 코리아 공식 홈페이지(https://www.autodesk.co.kr/) 접속

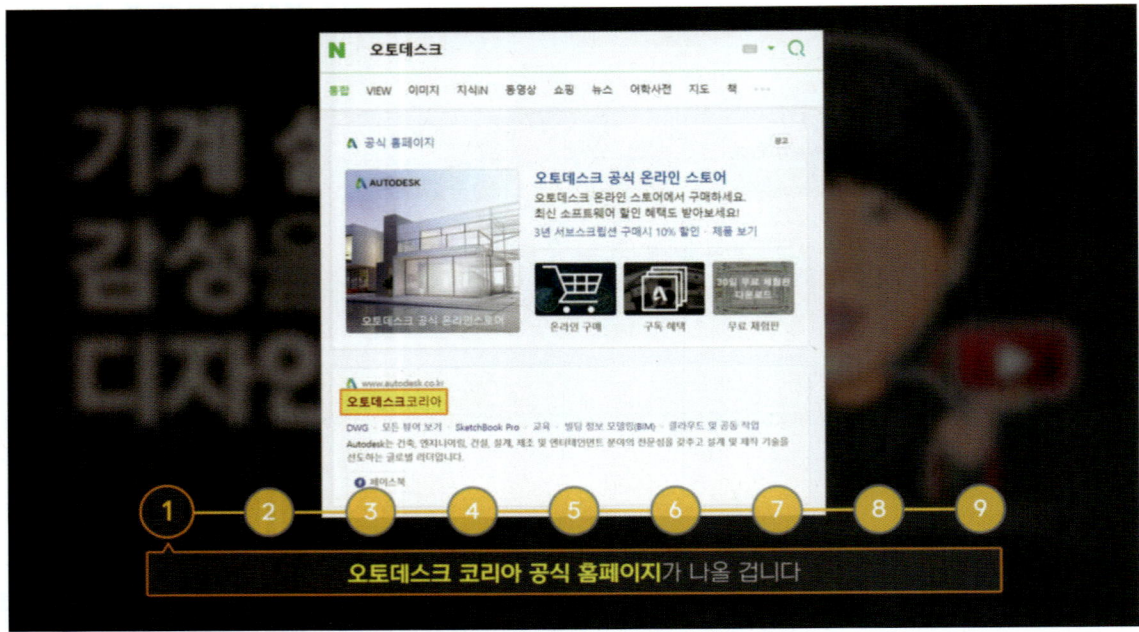

02 학생용 무료 소프트웨어

홈페이지 맨 아래 쪽 학생용 무료 소프트웨어 클릭

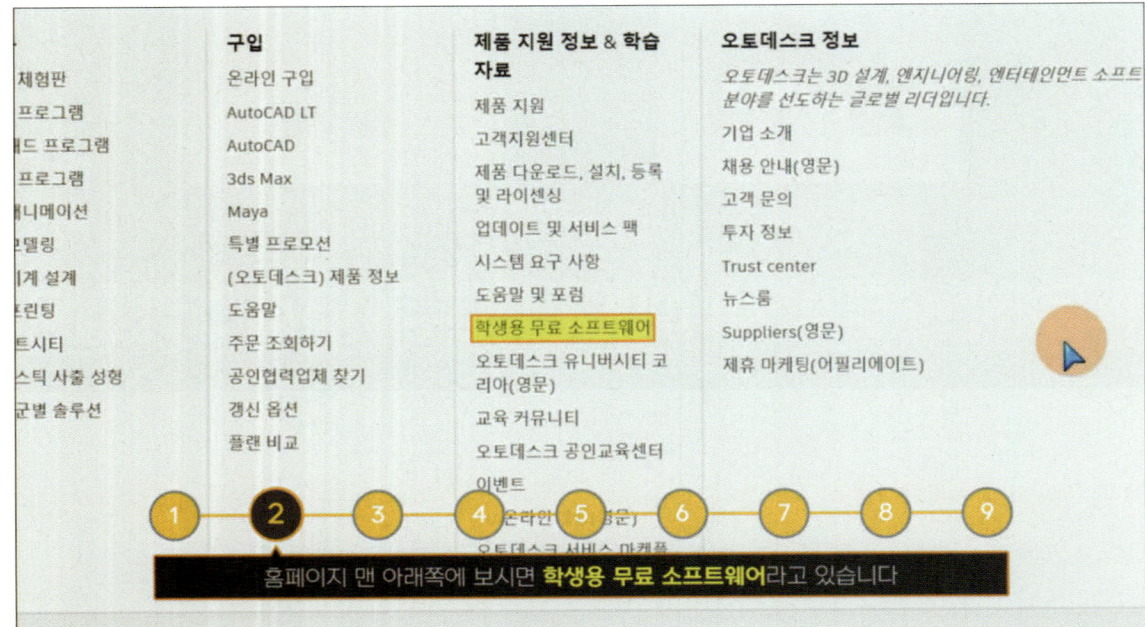

03 교육용 플랜

교육용 플랜 제품 받기 클릭

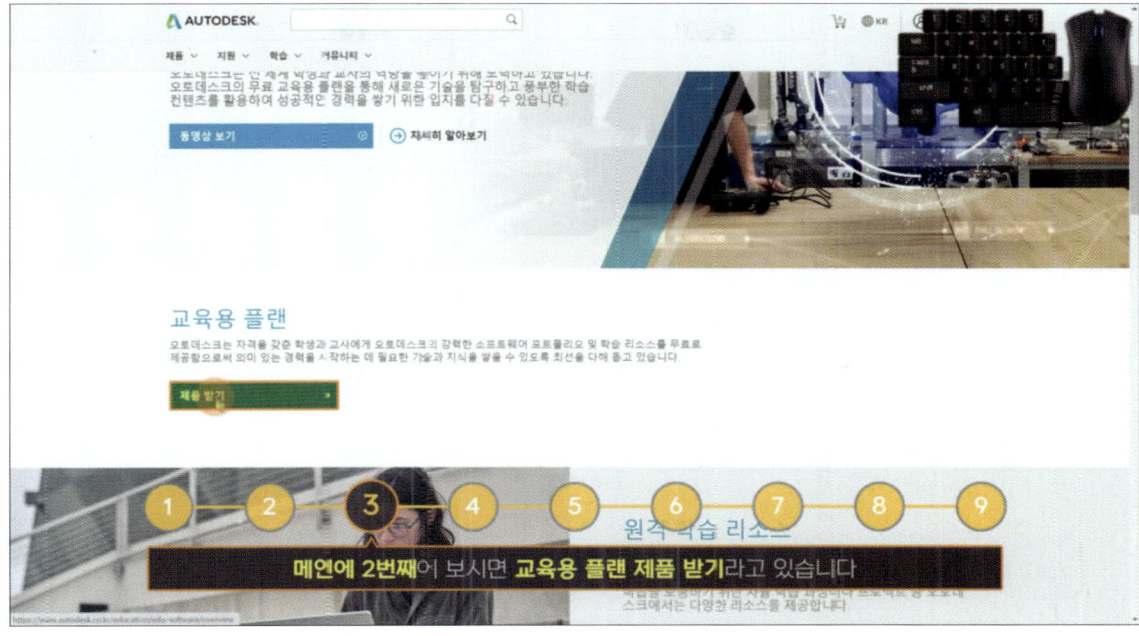

04 로그인

소프트웨어 다운로드를 위해 로그인하기 클릭

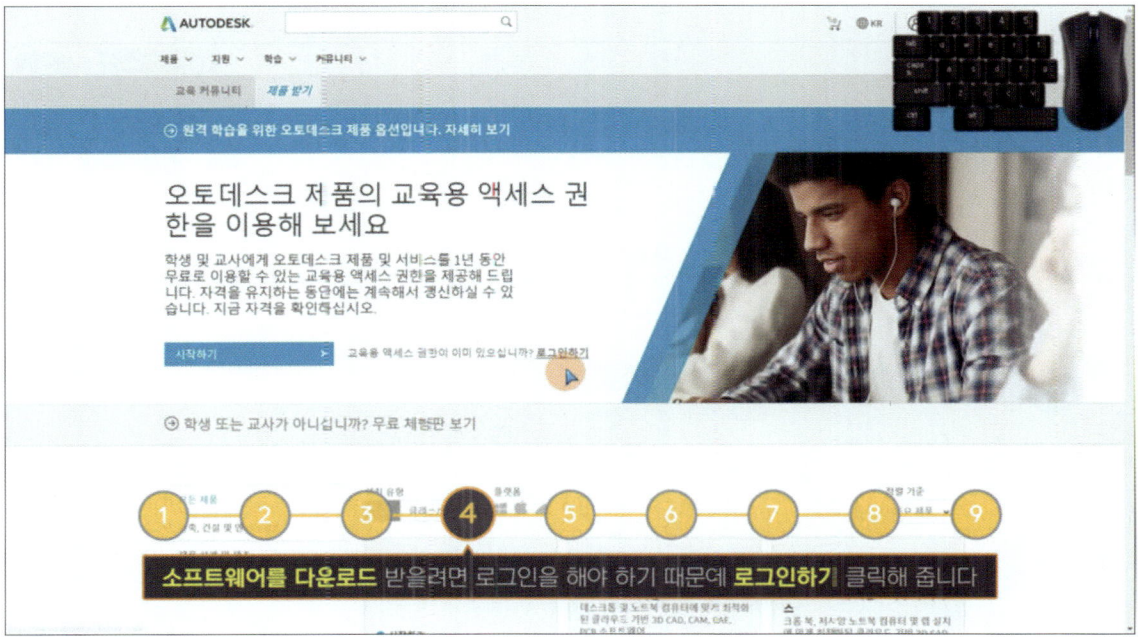

05 계정 작성

계정 만들기
국가, 교육역할, 기관유형 선택하기(대학교/직업학교 가능)
이름, 이메일, 암호 입력 후 약관 동의, 계정 작성 클릭

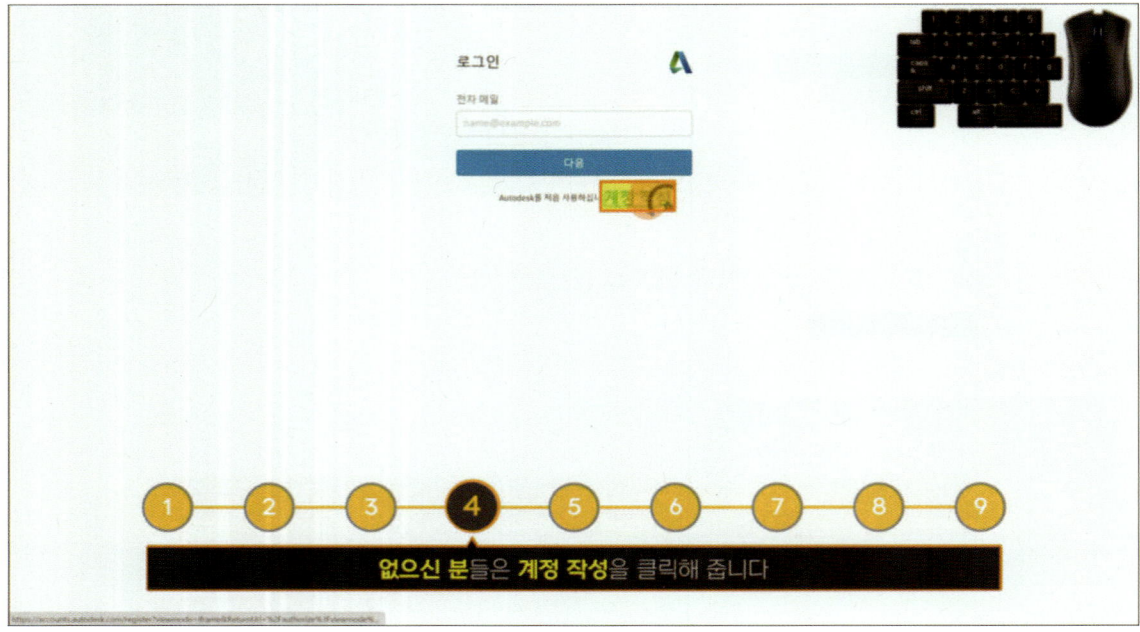

06 인증메일

가입한 메일로 인증메일이 오는데 인증메일에 전자 메일 확인 클릭 후 로그인하면 계정 확인 완료

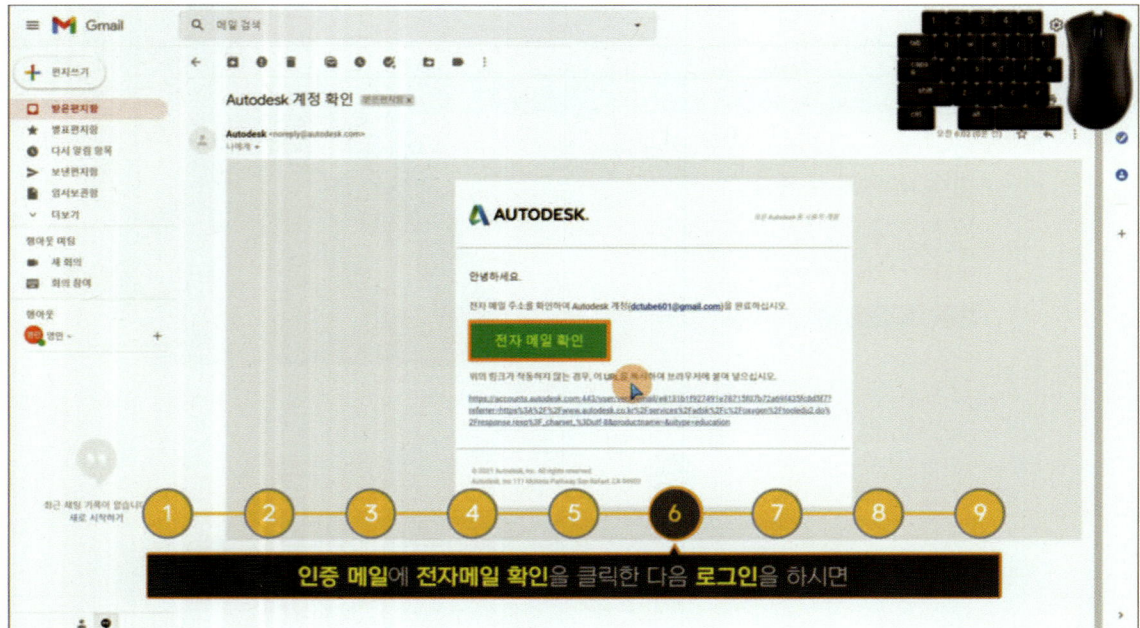

07 교육기관 입력

현재 다니고 있는 대학교/직업학교 등 교육기관 이름 입력
등록 시작 날짜, 예상 졸업 날짜 입력

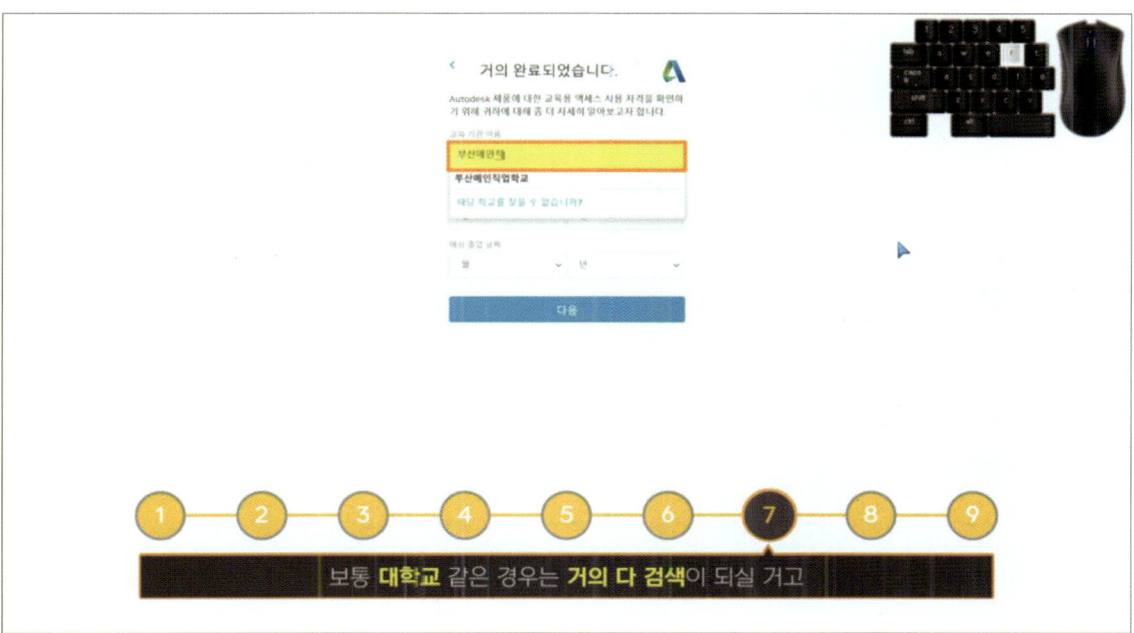

08 자격 확인 절차

시작하기 클릭 - 입력한 정보 검토 후 확인

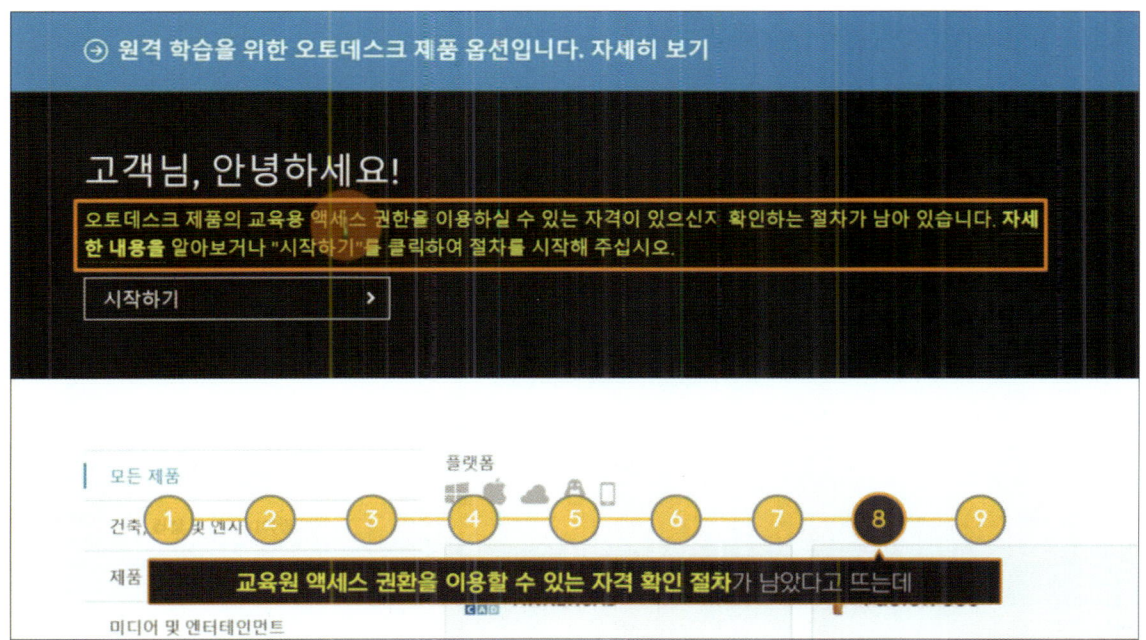

09 추가문서 업로드

대학생의 경우 학생증, 졸업생의 경우 성적 증명서 업로드 하기
제출 클릭 후 48시간 이내 승인메일이 오면 1년동안 무료로 이용가능

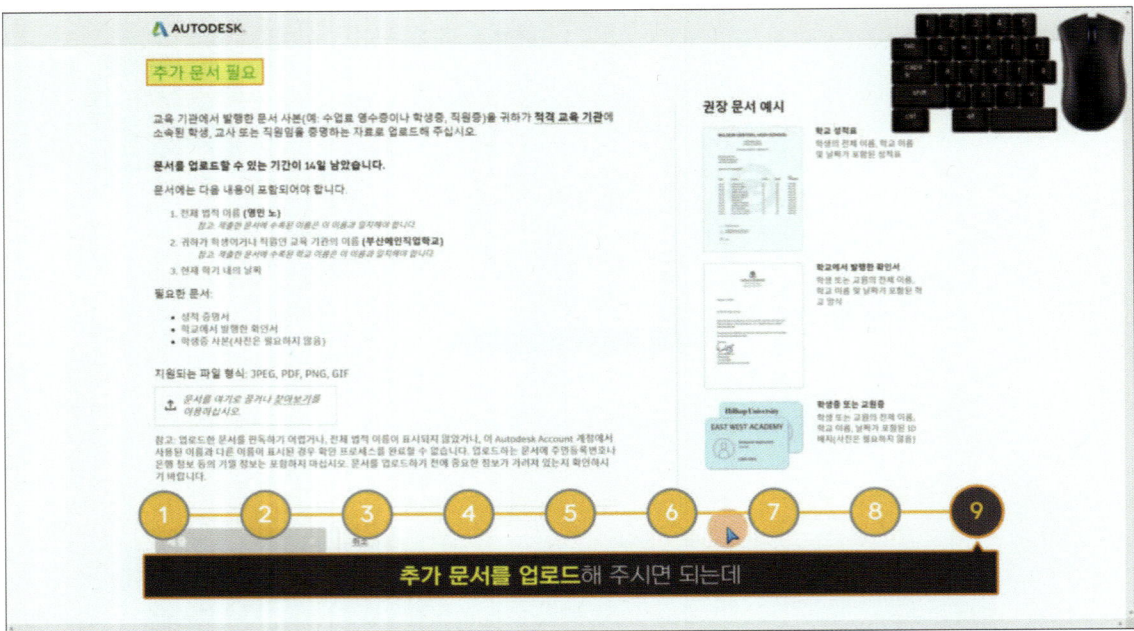

10 제품 받기

인증메일이 오면 제품 설치가 가능

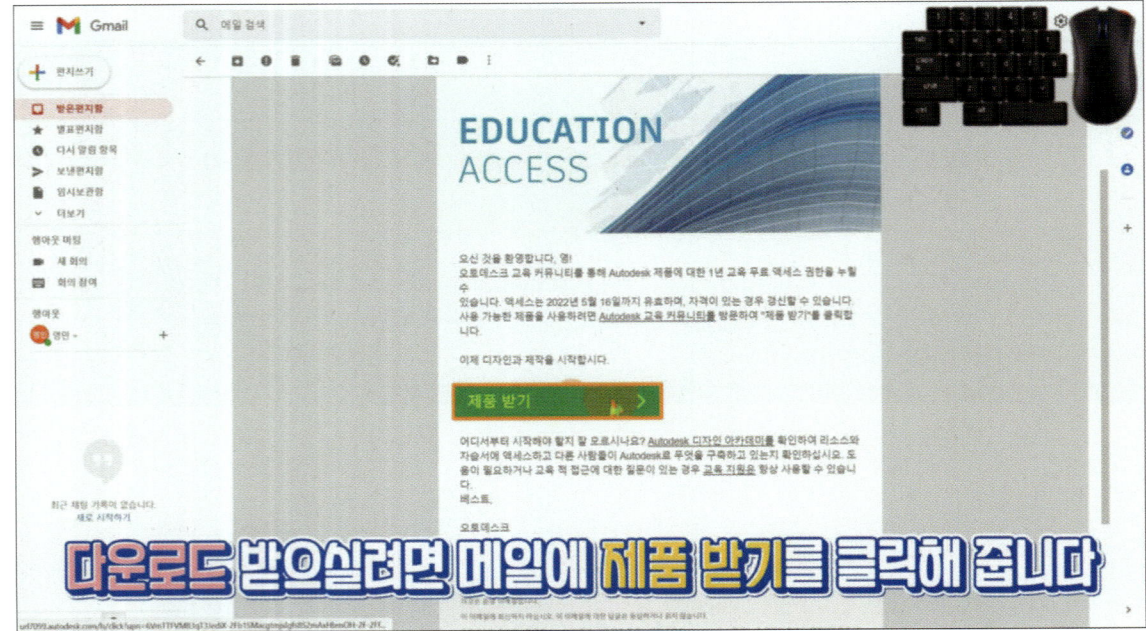

11 프로그램 설치하기

오토캐드의 경우 일반 오토캐드, 인벤터는 인벤터 프로페셔널을 설치
이상으로 오토캐드&인벤터(학생용) 무료 다운로드 설치방법을 알아봤습니다.

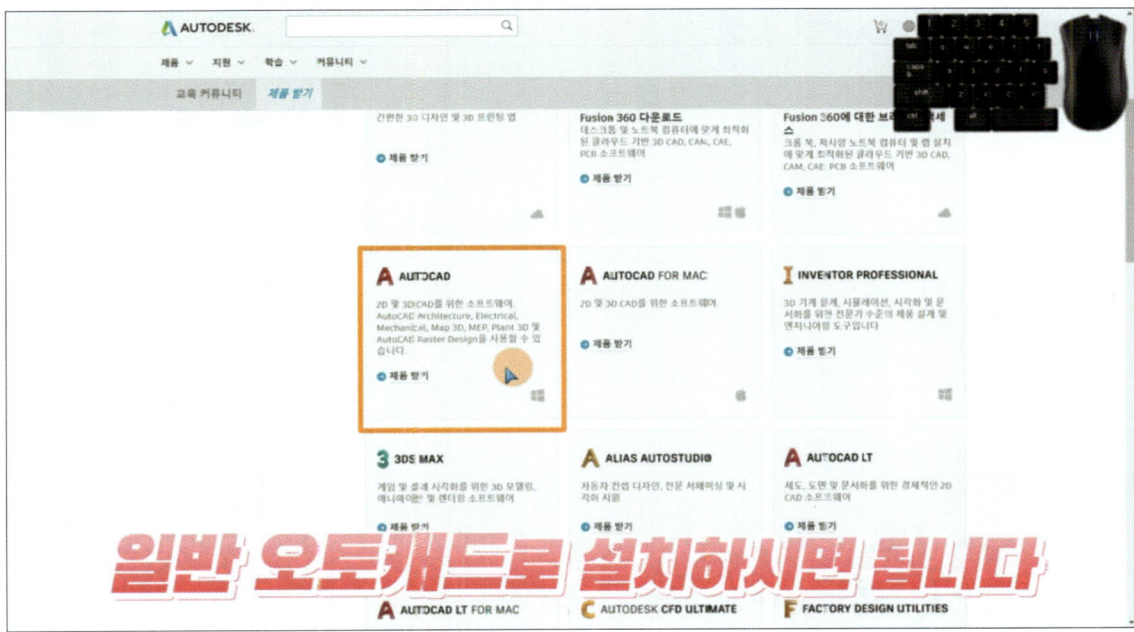

※ 주의할 점은 학생용 버전은 상업목적으로 사용이 불가능해 회사 PC에 설치하건 불법이므로 꼭 개인 교육용도로만 설치 후 이용 하셔야 합니다.

AutoCAD 클래식 설정방법

SECTION 02

AutoCAD 2014 이상 버전에서는 Classic UI를 제공하지 않는 관계로 AutoCAD 클래식 모드를 사용하는 분들을 위해 AutoCAD 2014 이상 버전에서도 AutoCAD 클래식 모드를 사용하는 방법을 알려 드립니다. AutoCAD 2015 이상 버전을 사용하는 분들은 제도 및 주석(리본메뉴)를 사용해도 시험에는 지장이 없습니다. 그러나 실무에서 여러 가지 리습 및 좀 더 자유로운 자신만의 인터페이스를 구축하기 위해 클래식 모드 사용을 권장합니다.

NAVER앱 QR코드 스캔으로 해당 무료강좌를 시청하실 수 있습니다.

01 오토캐드 실행 후 우측 하단에서
  ❶ 톱니바퀴 모양의 아이콘 클릭
  ❷ 사용자화 클릭

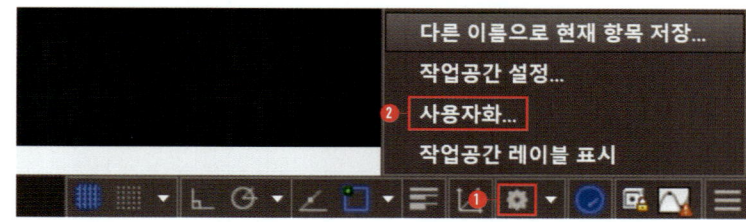

02 사용자 인터페이스 윈도우창에서

❶ 전송탭 클릭

❷ 파일아이콘 클릭

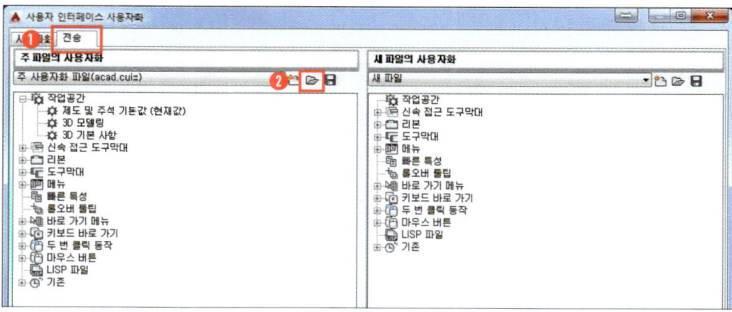

03 열기 윈도우창에서

❶ DC. CUIX 설치된 폴더 검색

❷ 열기 클릭

T·I·P

DC.CUIX 파일은 네이버카페

http://cafe.naver.com/dc60

옵션설정 게시판에서 무료로 받을 수 있습니다.

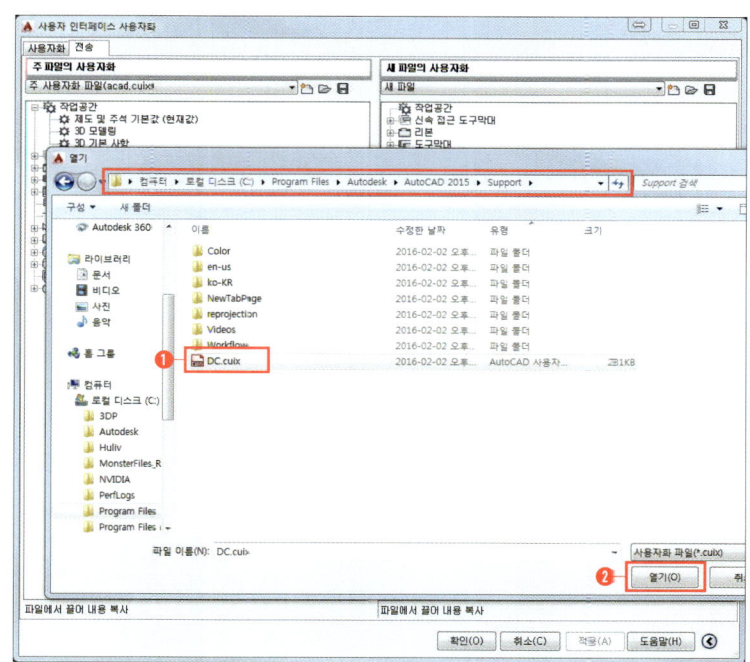

04 로드된 CUIX 파일에서

❶ 전송탭 클릭

❷ 마우스 오른쪽 클릭

❸ 복사 클릭

T·I·P

DC 작업공간은 DC저자가 사용하는 인터페이스입니다. 이것으로 사용하는 분들은 DC를 복사해도 됩니다.

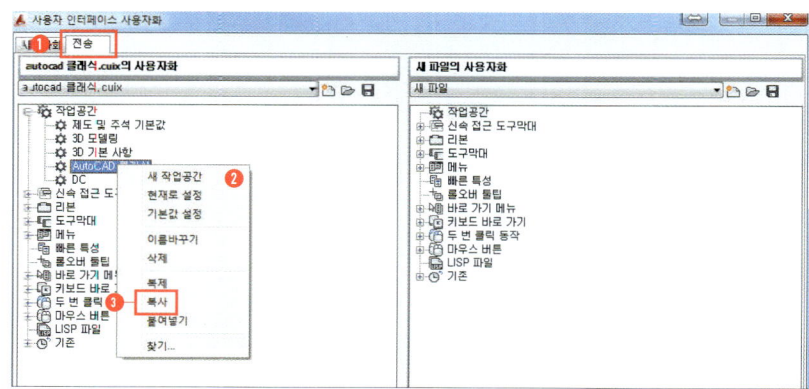

05 사용자화 탭에서

① 작업공간 아무거나 선택
② 붙여넣기 클릭

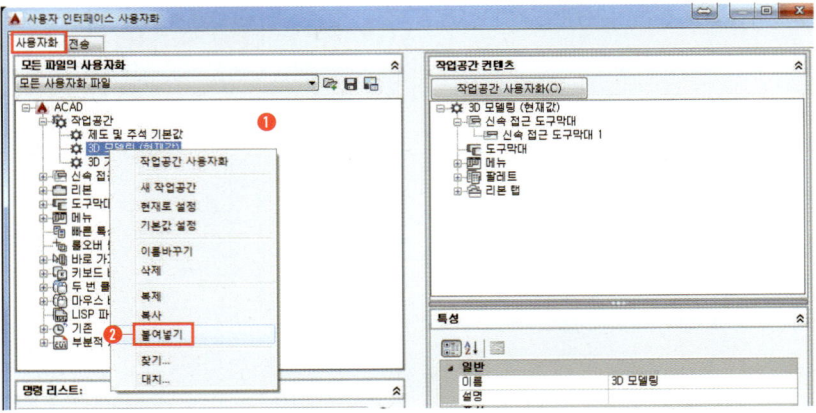

06 AutoCAD 클래식 메뉴 생성 후

① AutoCAD 클래식 선택
② 적용 클릭
③ 확인 클릭

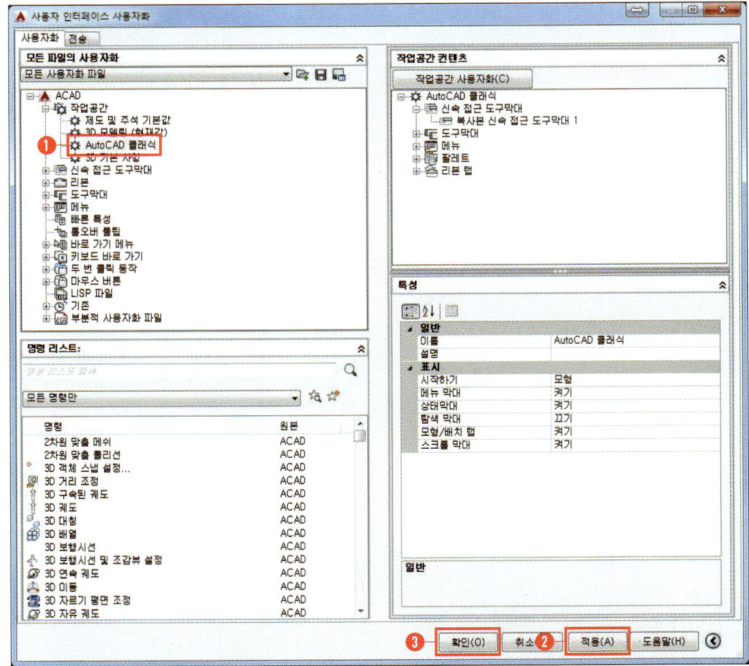

07 톱니바퀴 모양의 아이콘 클릭 후

❶ AutoCAD 클래식 선택

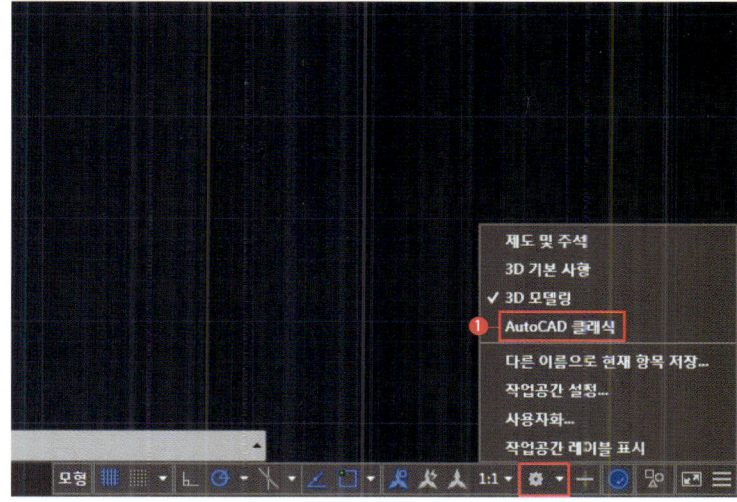

08 AutoCAD 2014 이상 버전에서도 다음과 같이 AutoCAD 클래식 작업공간으로 사용할 수 있음

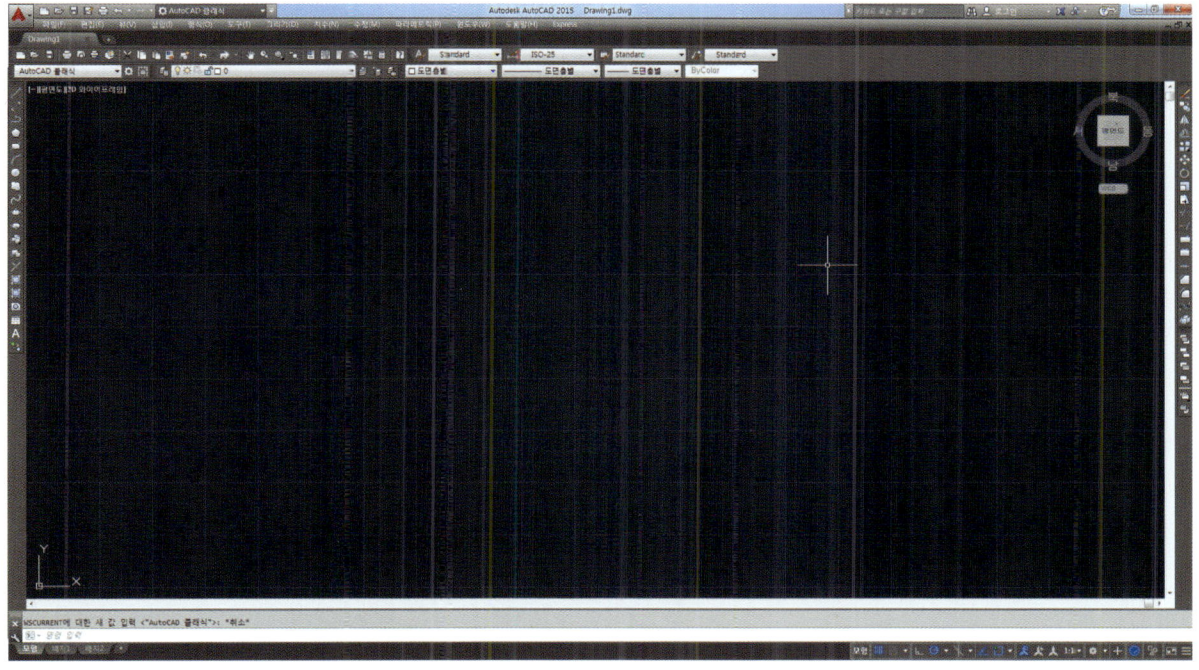

AutoCAD 옵션 설정

SECTION 03

01 AutoCAD 클래식으로 작업공간을 설정 후
   ① 세로툴바를 모두 삭제
   ② 끝에 X를 클릭하면 삭제
   ③ 양쪽에 있는 툴바는 맨 위쪽 클릭 후 드래그로 이동 후 삭제

02 아래쪽 아이콘을 참조하여
   ① 파란색(ON) 아이콘 제외 후 불필요한 기능은 클릭해서 전부 off
   ② 기능이 활성화되어 있는 만큼 캐드 프로그램의 속도가 저하됨

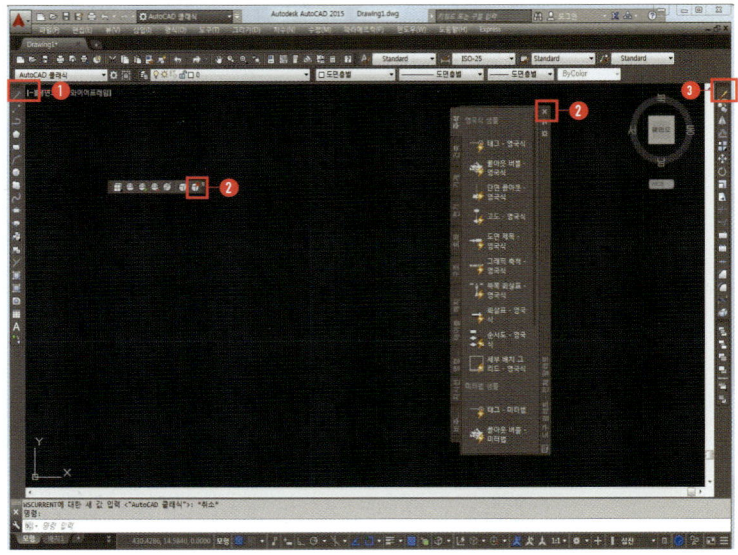

03 아래 쪽 맨 끝의 아이콘 클릭 후 불필요한 아이콘들은 이미지를 참조하여 체크를 모두 해제

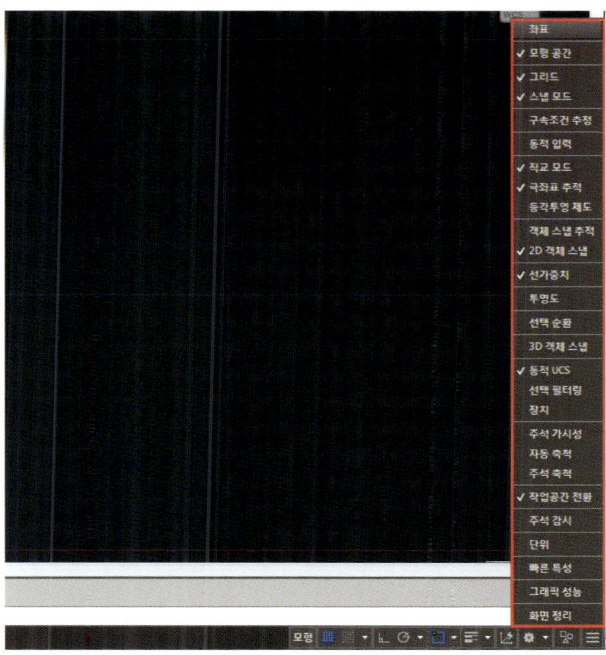

04 오토캐드 명령창에서 OP+엔터 옵션창을 실행
① 파일탭에서 자동저장 파일 위치 클릭
② 자신이 검색하기 쉬운 폴더로 설정

T·I·P
오토캐드 파일이 자동저장되는 폴더입니다. 기본값으로 설정된 폴더는 검색하기 어렵기 때문에 자신이 검색하기 쉬운 폴더로 설정합니다.

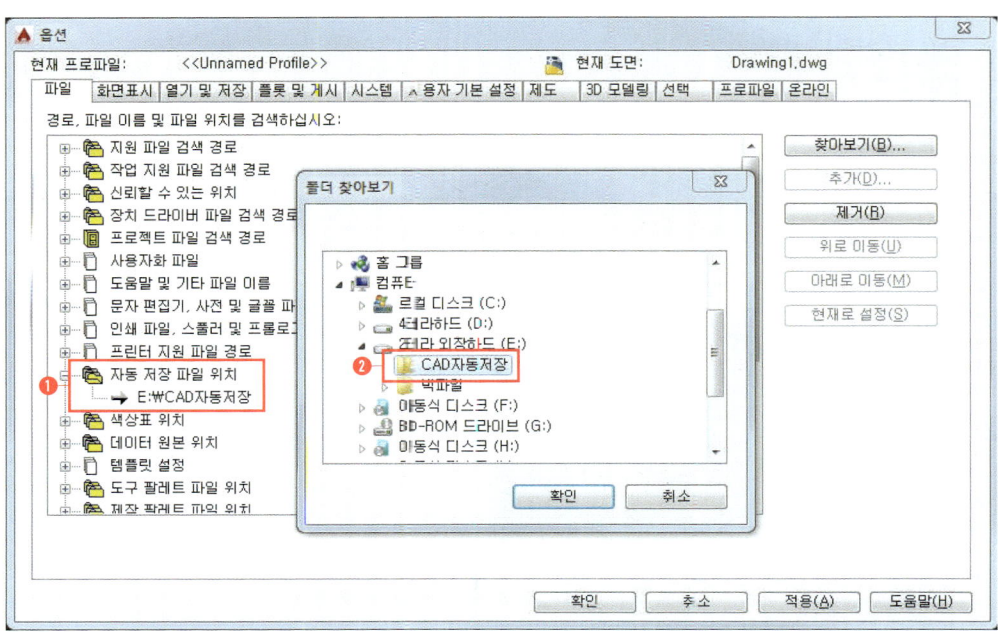

05 화면표시탭에서

❶ 십자선 크기를 100으로 설정
❷ 배치요소에서 맨위 항목 제외하고 체크 모두 해제

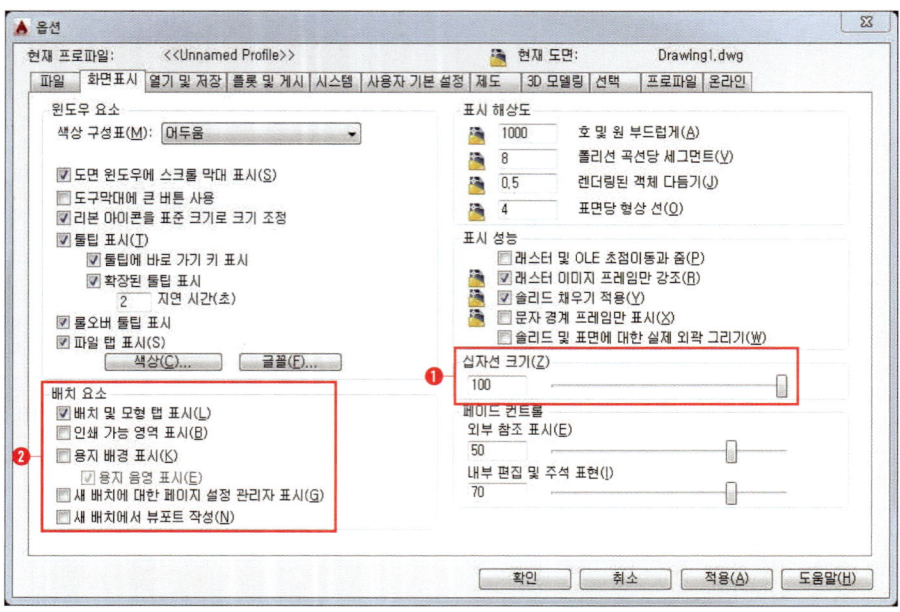

06 옵션창에서 색상 클릭

❶ 배경색을 회색톤으로 사용하려면 모든 컨텍스트 복원 클릭
❷ 배경색을 검은색으로 사용하려면 일반 색상 복원 클릭

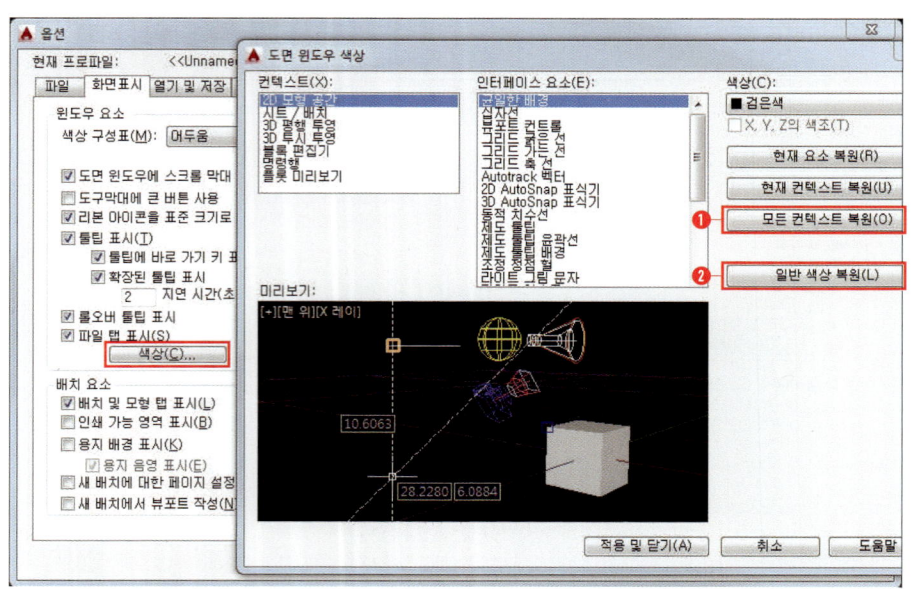

T·I·P

구버전 오토캐드는 배경색이 검은색이었으나 2014부터는 회색톤으로 변경되었습니다. 그리드 스냅을 사용할 분들은 회색톤 사용을 추천합니다.

07 열기 및 저장탭에서
  ❶ 파일버전을 AutoCAD 2007 선택
  ❷ 적용 클릭

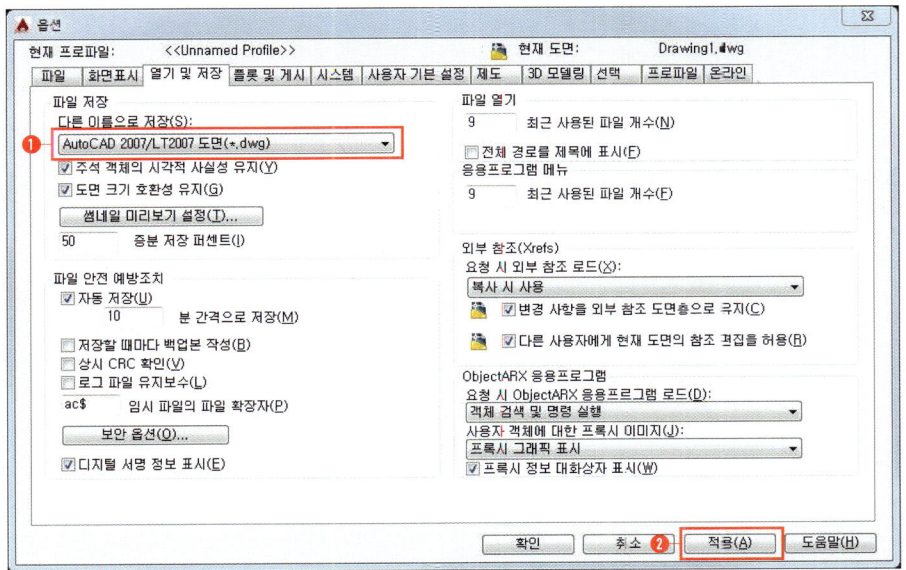

T·I·P
저장 파일버전은 2007로 하시는 걸 추천합니다. 신버전 CAD파일로 저장 시 구버전 캐드에서는 오픈이 안됩니다.

08 사용자 기본 설정탭에서
  ❶ 도면 영역의 바로가기 메뉴 체크 해제
  ❷ 적용 클릭

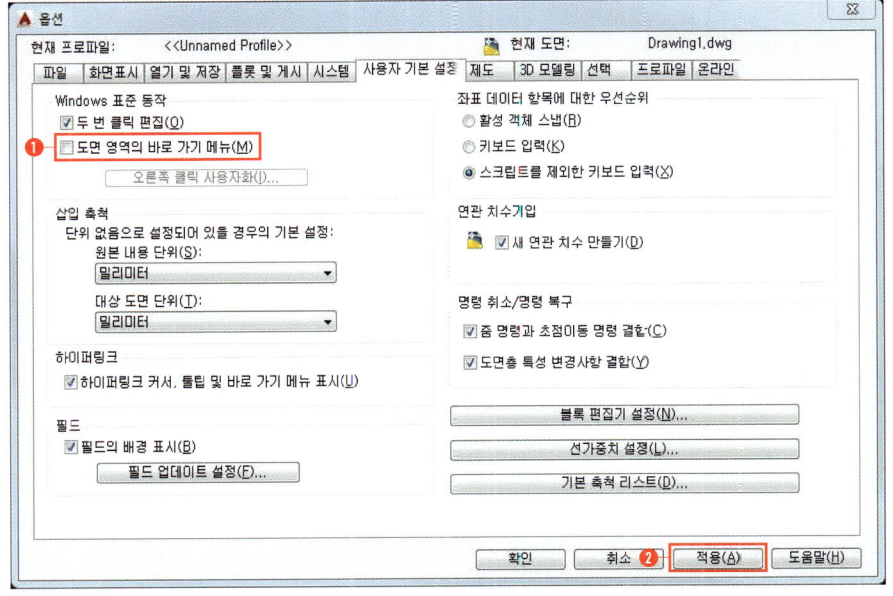

T·I·P
제일 중요합니다. DC저자에게 오토캐드를 수강하신 분들은 키보드 Enter를 사용하지 않고 마우스 오른쪽을 Enter로 사용하기 때문에 설정을 안 할 경우 마우스 Enter가 실행되지 않습니다.

09 제도탭에서

❶ AutoSnap 표식기 크기를 조금 크게 설정
❷ 적용 클릭

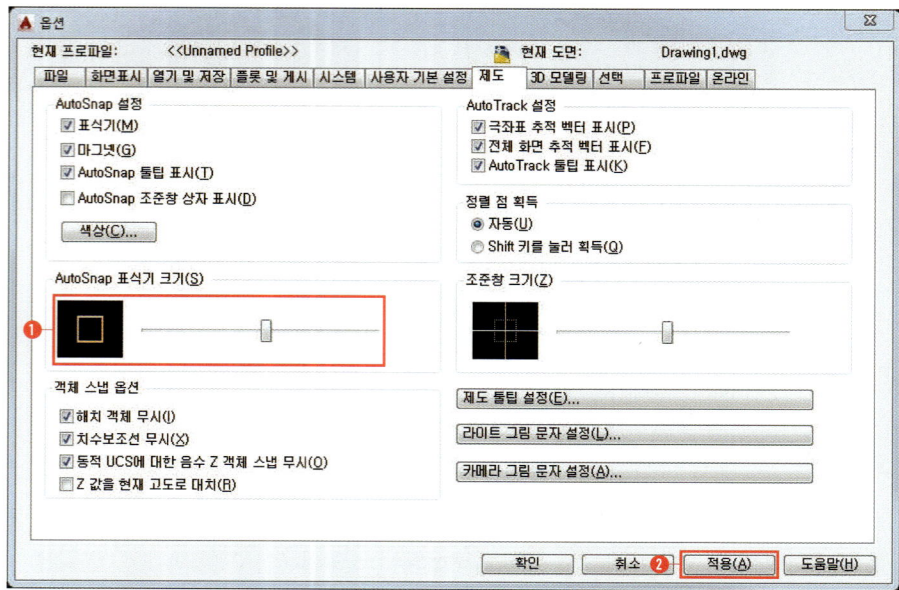

T·I·P
오스냅(AutoSnap) 아이콘 크기이며, 적당히 커야 제도할 시 보기도 편하고 스냅의 활성화가 잘 됩니다.

10 3D 모델링탭에서

❶ ViewCube 표시 항목 2개 다 해제
❷ 적용 클릭

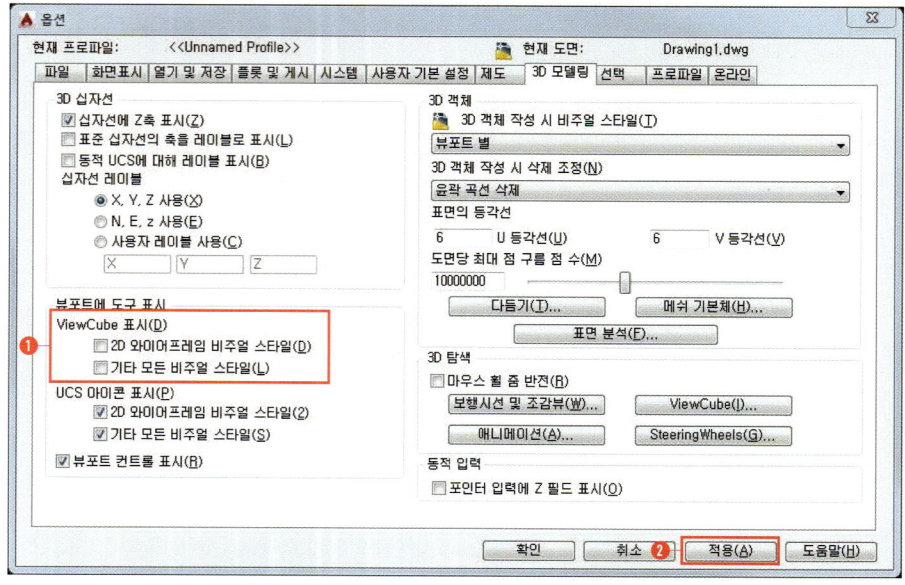

T·I·P
오토캐드에서 뷰큐브를 사용할 일이 거의 없고 화면만 차지하므로 off 합니다.

11 선택탭에서
- ❶ 확인란 크기 조정
- ❷ 적용 클릭

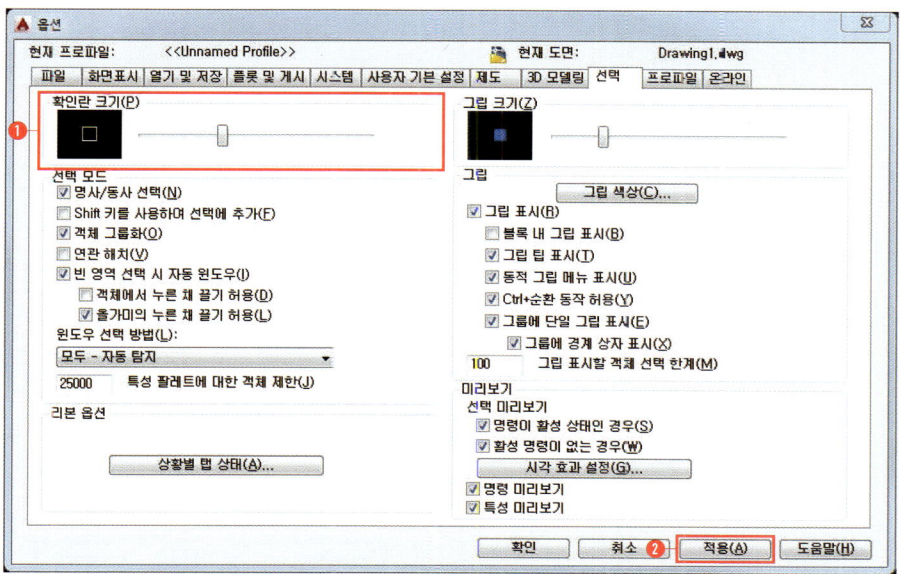

T·I·P
그래픽 카드나 모니터 해상도에 따라서 확인란 크기가 크거나 작게 보일 수 있습니다.

12 오토캐드 명령창에서 SE+엔터 실행
- ❶ 그리드 동작에서 적용 그리드 / 제한 초과 그리드 표시 체크 해제
- ❷ 확인 클릭

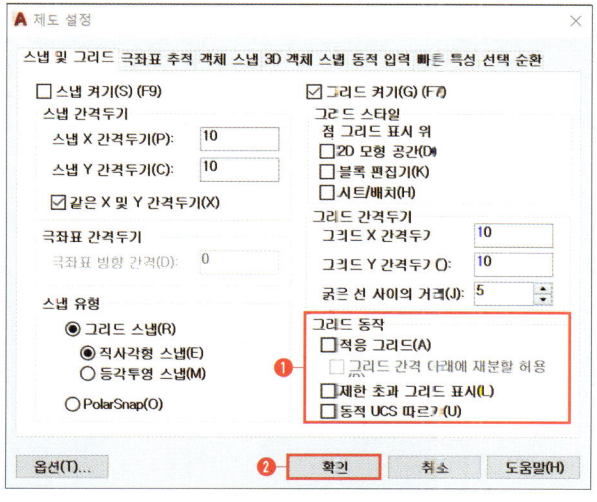

T·I·P
DC정규강좌 수강생분들은 그리드 스냅을 3D에서도 많이 사용하기 때문에 설정합니다.

AutoCAD 단축키 설정

SECTION 04

유의사항 ▶▶▶

단축키 설정이나 리습은 작업속도를 향상시키기 때문에 실무에서 매우 중요합니다. 하지만 개인 노트북으로 시험에 응시하는 분들은 미리 작성된 단축키 및 리습을 사용할 시 부정행위에 속하게 됩니다. 부정행위 적발 시 시험은 무효처리가 되며 당해 시험으로 부터 5년간 시험 응시자격이 정지됩니다. 시험장 가기 전에는 꼭 포맷&초기화를 하고 시험장에 입실하도록 합시다.
(캐드파일 & 노트북 정리방법은 유튜브강좌 참조)

NAVER앱 QR코드 스캔으로 해당 무료강좌를 시청하실 수 있습니다.

01 도구 → 사용자화 → 프로그램 매개변수 편집

02 acad.pgp 메모장에서 단축키 설정을 변경

03 변경 후 재시작 및 reinit 명령어 실행 후 PGP 파일 체크 후 확인 클릭 시 단축키 적용

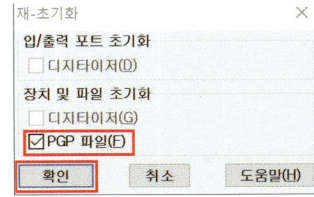
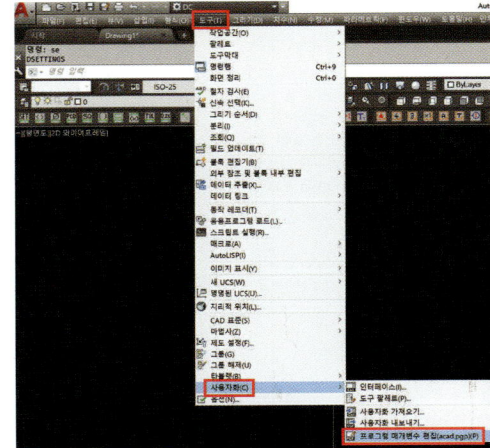

NAVER앱 QR코드 스캔으로 해당 무료강좌를 시청하실 수 있습니다.

NAVER앱 QR코드 스캔으로 해당 무료강좌를 시청하실 수 있습니다.

NAVER앱 QR코드 스캔으로 해당 무료강좌를 시청하실 수 있습니다.

인벤터 옵션 설정

SECTION 05

NAVER앱 QR코드 스캔으로 해당 무료강좌를 시청하실 수 있습니다.

01 인벤터 설치 후 처음 실행 화면에서
  ❶ 도구탭 클릭
  ❷ 응용프로그램 옵션 클릭

02 응용프로그램 옵션 일반탭에서

❶ 텍스트 크기 9 설정
❷ 주석 축척 2 설정
❸ 내 홈 시작 시 내 홈 표시 체크 해제
❹ 적용 클릭

T·I·P

텍스트 크기와 주석 축척을 어느 정도 크게 설정을 해야 설계 시 잘 보입니다. 내 홈 시작 시 체크를 해제해야 인벤터 실행 시 렉이 줄어듭니다.

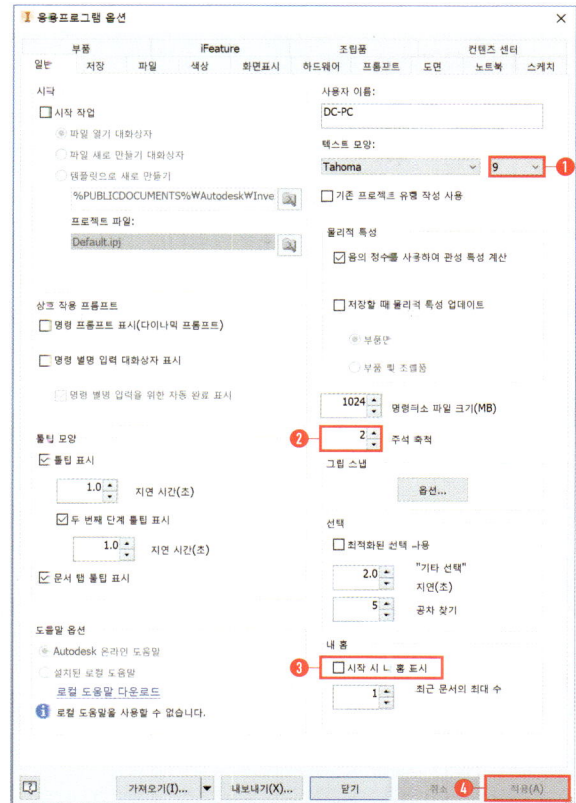

03 응용프로그램 옵션 색상탭에서

❶ 프리젠테이션 선택
❷ 배경 1색상 선택
❸ 강조표시에서 향상된 강조 표시 사용 체크 해제
❹ 반사 환경 : Galileo Tomb.dds
❺ 적용 클릭

T·I·P

색상 체계는 자신이 보기 편한 색상을 사용해도 상관없습니다.

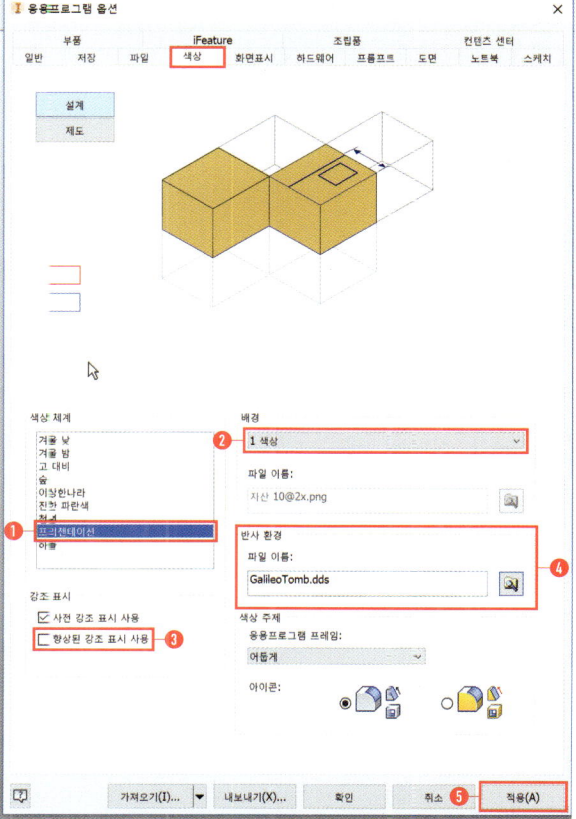

04 응용프로그램 옵션 화면표시탭에서

❶ 뷰 전환 시간 축소
❷ 화면표시 품질 더 부드럽게 선택
❸ 줌 동작 방향 반전 체크
❹ 보기 동작에서 로컬 좌표계에 정렬 선택
❺ 응용프로그램 설정 사용 설정 클릭
❻ 적용 클릭

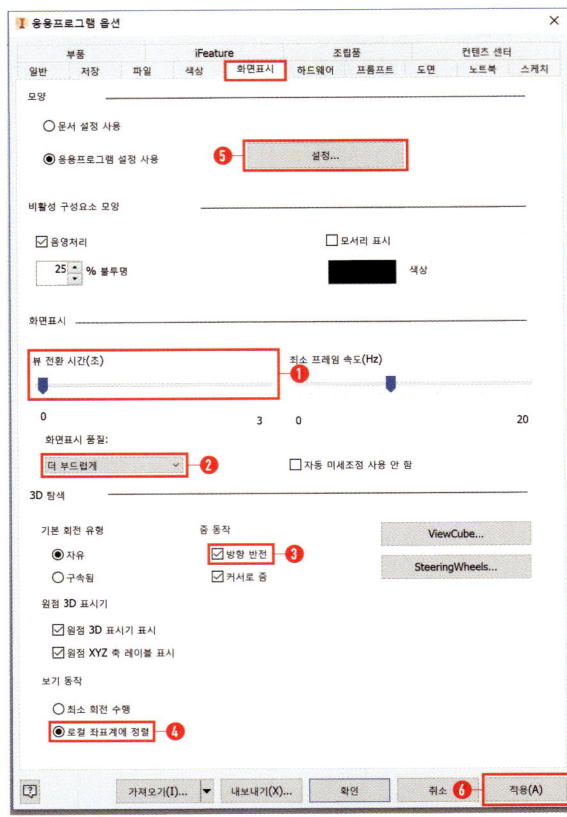

> **T·I·P**
>
> 뷰 전환 시간을 축소해야 빠른 설계가 가능합니다. PC 사양에 따라 화면 표시 품질을 중간으로 선택하면 됩니다.
> 줌 동작 방향 전환은 오토캐드를 배운 분들은 인벤터 줌 방향이 반대이기 때문에 오토캐드와 동일하게 줌을 사용하실 분들은 방향 반전 체크를 해야 합니다. 보기 동작에 로컬 좌표계에 정렬로 해야 스케치할 시 스케치 방향이 로컬 좌표계에 정렬이 됩니다.

05 화면표시 모양창탭에서

❶ 비주얼 스타일 모서리로 음영처리 선택
❷ 텍스처 체크
❸ 확인 클릭

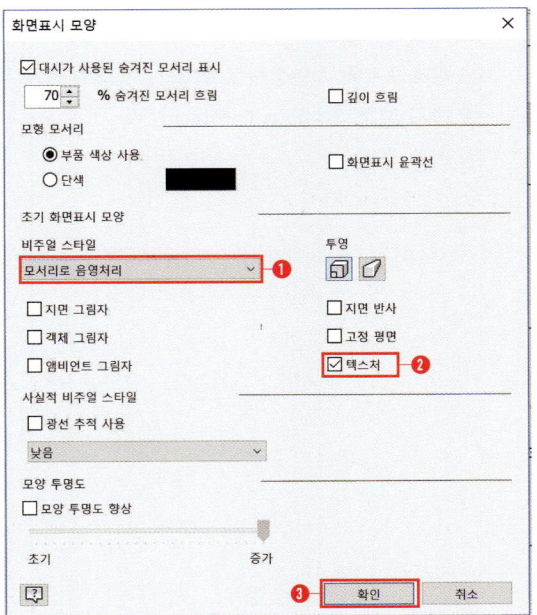

> **T·I·P**
>
> PC 사양이 좋다면 엠비언트 그림자 광선 추적 사용 체크를 하면 뷰포트 화면에서 좀 더 사실적인 3D모델링 형상을 볼 수 있습니다.

06 응용프로그램 옵션 하드웨어탭에서
   ❶ PC 사양이 좋으면 품질 선택
   ❷ PC 사양이 안 좋으면 성능 선택
   ❸ 적용 클릭

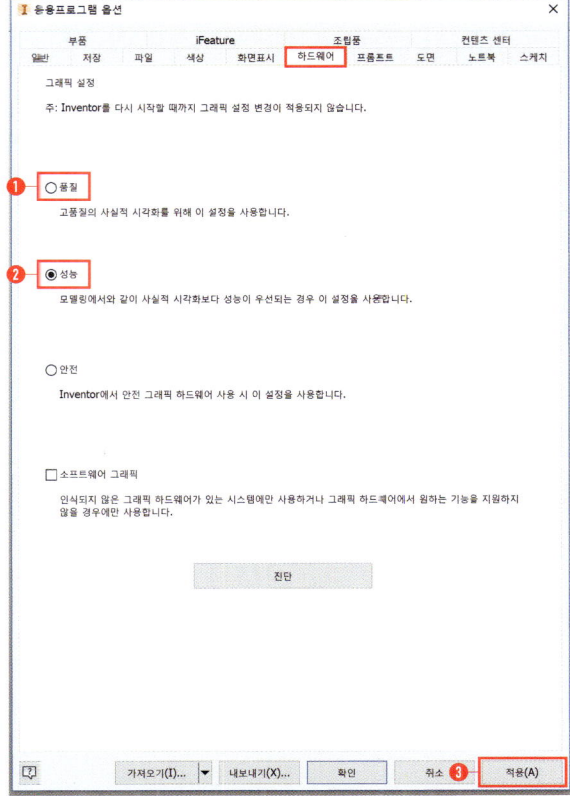

07 응용프로그램 옵션 부품탭에서
   ❶ X-Y 평면에 스케치
   ❷ 아래 3항목 전부 체크
   ❸ 적용 클릭

T·I·P

인벤터는 오토캐드랑 달리 정면도, 평면도 개념이 없습니다.
언제든지 자신이 원하는 관점으로 뷰큐브에서 설정이 가능합니다.
그렇기 때문에 스케치 작성 시 자동으로 X-Y 평면더 스케치가 잡혀 있으면
조금 더 빨리 제도가 가능합니다.
검색기에서 피쳐 노드 이름 뒤에 확장 정보 표시를 체크해 주면 부품
작성 시 검색기창에 작업한 상세 내용이 표시도 어 자신이 어떤 작업을
하였는지 알아보기 쉽습니다.

08 응용프로그램 옵션 조립품탭에서

　❶ 해당 3항목 체크

　❷ 적용 클릭

T·I·P

시험에서는 어셈블리를 하지는 않으나 어셈블리 시 좀 더 편하게 부품 이름을 확인할 수 있습니다.

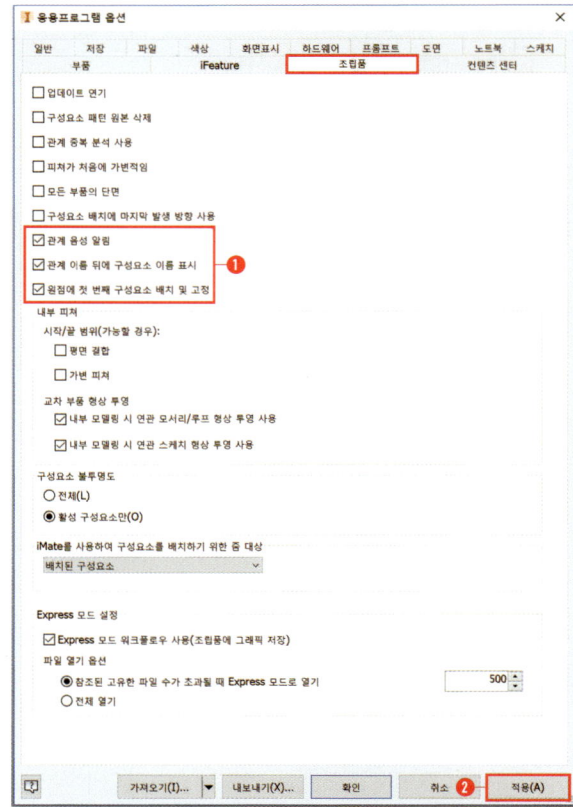

09 응용프로그램 옵션 스케치탭에서

　❶ 해당 이미지처럼 체크 확인

　❷ 화면표시 축 체크 (나머지 체크 해제)

　❸ 헤드업 디스플레이 사용 체크 해제

　❹ 적용 클릭

　❺ 구속조건 설정 클릭

T·I·P

헤드업 디스플레이는 오토캐드의 동적입력이랑 비슷한 기능이며 사용 시 프로그램이 느려지므로 체크를 해제하여 줍니다.

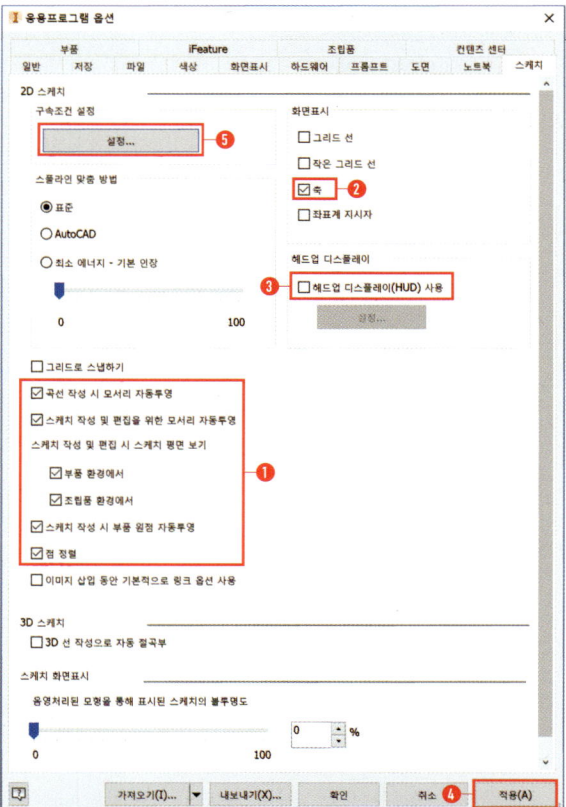

10 구속조건 설정창에서

❶ 전부 다 체크 해제

❷ 확인 클릭

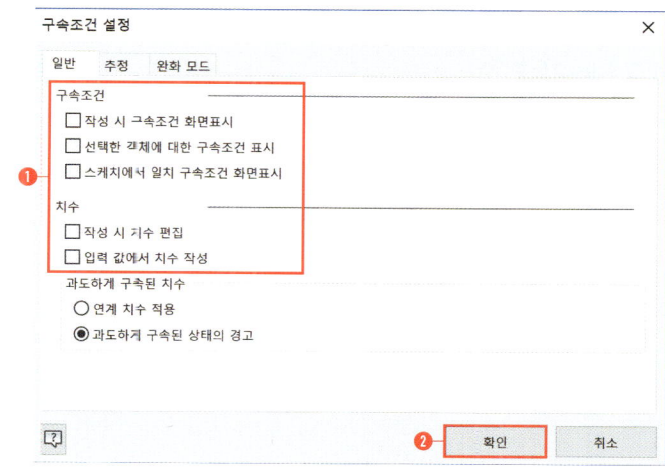

T·I·P

구속조건이 체크가 되어 있으면 스케치 시 구속즈건이 화면에
표시되어 불편하므로 다 체크 해제하여 줍니다.
구속조건 확인은 F8(On), F9(Off)로 확인하면 됩니다.
설계 시 치수를 하나씩 넣어가면서 치수를 편집하기보다는
우선 치수를 다 넣은 후 편집하는 것이 더 빠르기 떄문에 작성 시
치수 편집 체크를 해제하여 줍니다.

NAVER앱 QR코드 스캔으로 해당 무료강좌를 시청하실 수 있습니다.

인벤터 단축키 설정

SECTION 06

단축키 초기화는 모든 키 재설정을 클릭하면 되고, 설정된 단축키를 불러올 시 가져오기 클릭 후 로드하면 됩니다.
설정된 단축키를 내보낼 시 내보내기 클릭 후 단축키 파일을 저장하면 됩니다. 인벤터 단축키는 오토캐드 단축키랑 달리 하나의 단축키에 여러 가지 단축키를 설정할 수 있으나 하나라도 중복되거나 겹칠 시 단축키 자체가 입력이 안 됩니다. 인벤터는 보통 리본메뉴 형식이라 아이콘을 클릭해서 사용을 하지만 자신만의 단축키를 만들면 빠른 속도로 설계를 할 수 있습니다.

NAVER앱 QR코드 스캔으로 해당 무료강좌를 시청하실 수 있습니다.

01 인벤터 설치 후 처음 실행 화면에서
　❶ 도구탭 클릭
　❷ 사용자화 클릭

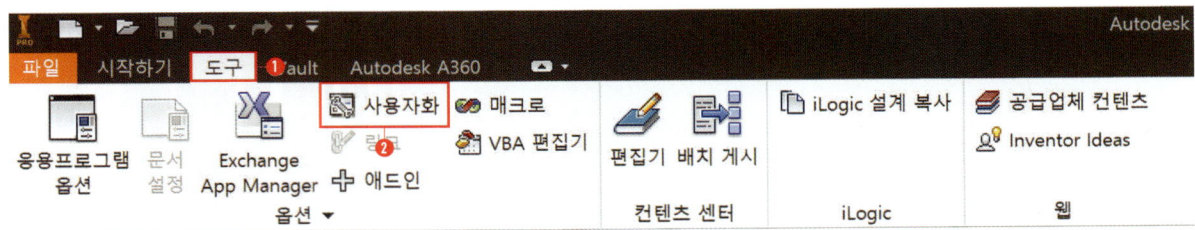

02 사용자화 키보드 탭에서

❶ 설정할 단축키 범주를 선택

❷ 키 입력창에 원하는 단축키 입력

❸ 적용 클릭

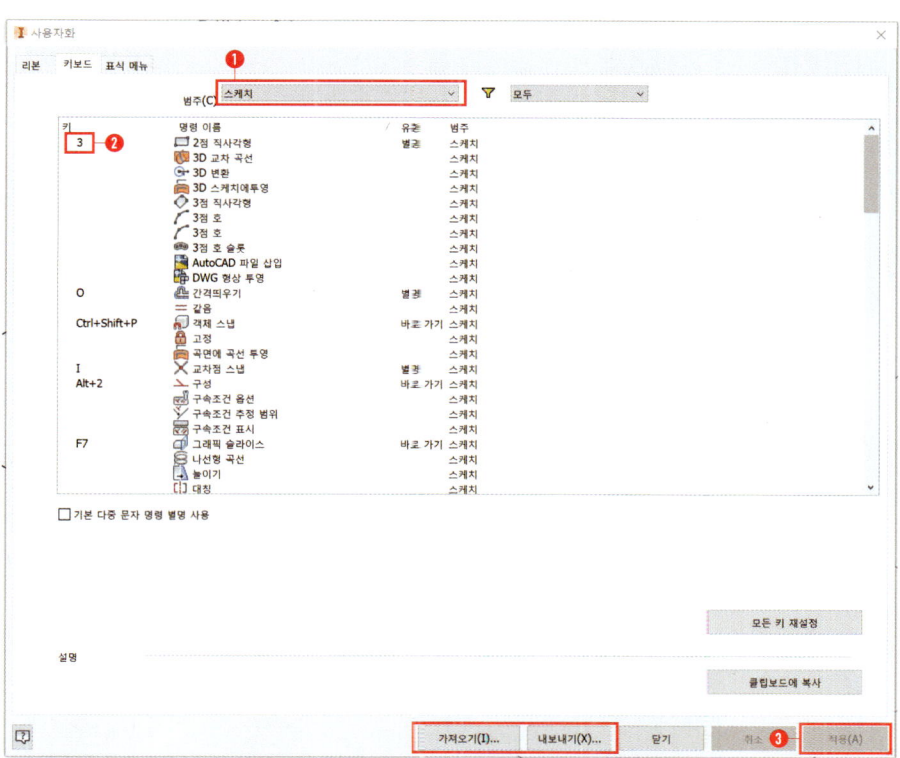

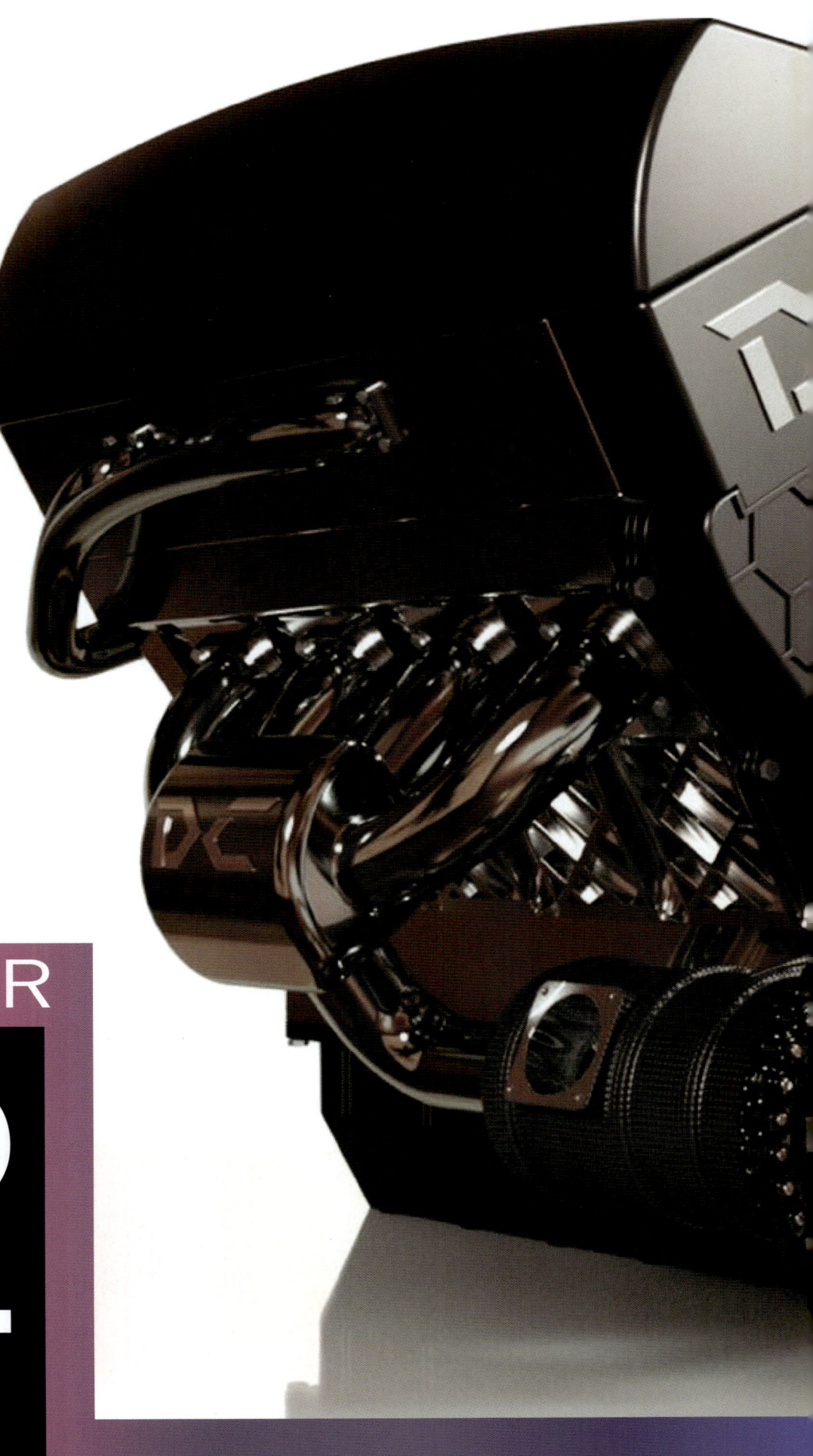

CHAPTER 02

인터페이스

인벤터 시작하기

SECTION 01

NAVER앱 QR코드 스캔으로 해당 무료강좌를 시청하실 수 있습니다.

01 인벤터 실행화면에서
❶ 새로 만들기 클릭

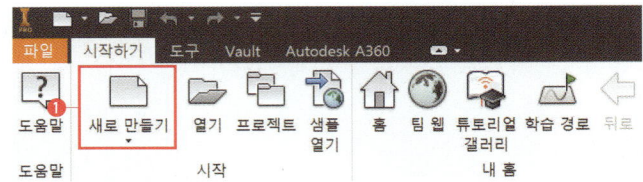

02 새 파일 작성에서

　❶ 원하는 템플릿 선택

　❷ 작성 클릭

T·I·P
인벤터의 처음 새 파일 작성 클릭 시 기본 템플릿 폴더에 있는 템플릿이 아닌 Metric(미터법) 폴더 안에 있는 템플릿 파일을 선택해야 합니다.

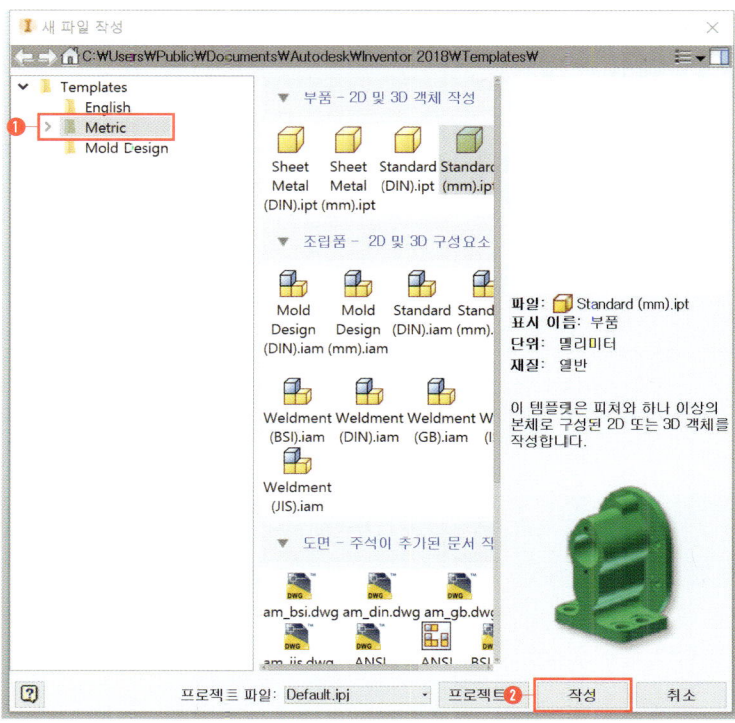

01 템플릿의 종류

Standard(mm).ipt
단품작업 환경을 제공하며 문서단위는(mm) 템플릿이다.

Standard(mm).iam
조립품 작업 환경을 제공하며 문서단위는(mm) 템플릿이다.

ANSI(mm).idw
2D 작업환경(배치)을 제공하며 문서단위는(mm) 3각법 템플릿이다.

Standard(mm).ipn
조립한 *.iam 파일을 로드하여 조립 분해도 및 애니메이션 제작 환경을 제공한다.

인벤터 인터페이스 사용법

SECTION 02

01 마우스 + 키보드 사용방법

01 확대/축소(Zoom)

❶ 마우스 휠
위로 굴리면 화면 확대, 아래로 굴리면 축소다.

❷ F3 + 마우스
F3버튼 + 마우스 왼쪽 누른 상태로 아래위로 드래그를 한다.
(좀 더 정밀한 확대 / 축소 가능)

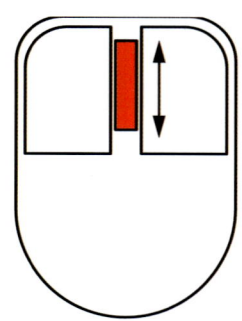
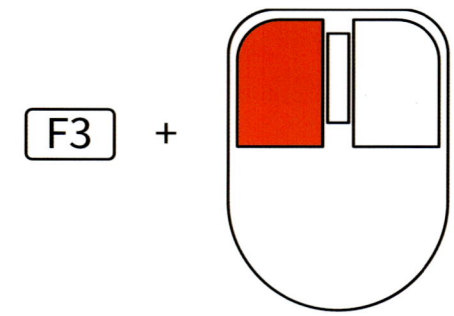

02 초점이동(PAN)

❶ 마우스 휠
휠 버튼을 누른 상태에서 이동하면 초점이 이동한다.
(오토캐드랑 동일)

❷ 마우스 휠
F2 버튼 + 마우스 왼쪽 누른 상태로 초점이동을 한다.

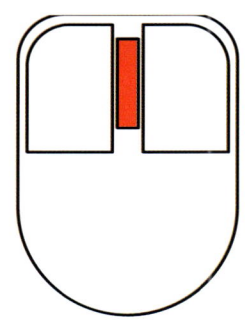
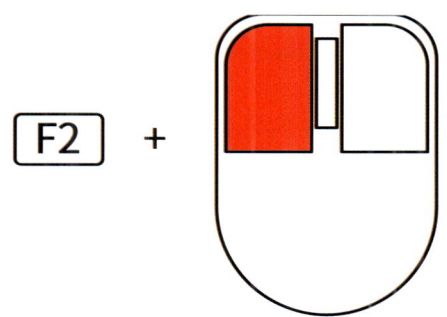

03 화면 회전(ROTATE)

❶ Shift + 마우스 휠
Shift 버튼 + 마우스 휠 버튼을 누른 상태로 회전을 한다.

❷ 마우스 휠
F4 버튼 + 마우스 왼쪽 버튼을 누른 상태로 회전을 한다.

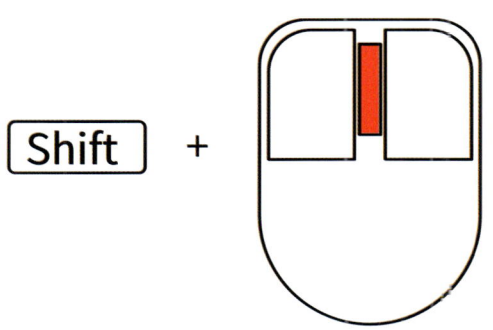
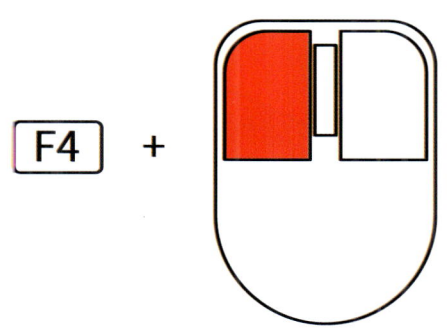

02 View Cube

인벤터 인터페이스 우측상단에 있는 박스 모양의 아이콘이다. 뷰 큐브는 오토캐드 및 3ds Max 오토데스크 프로그램에 모두 적용되는 기능이다. 오토캐드 및 3ds Max에서는 잘 사용하지 않지만 인벤터에서는 아주 많이 사용되는 기능이다.

그 이유는 오토캐드 및 3ds Max에서는 여러 개의 뷰로 뷰포트를 나눌 수 있는 기능이 있지만 인벤터는 하나의 뷰포트로 작업을 하기 때문에 뷰 큐브를 사용해야만 한다.

❶ 홈 버튼 아이콘을 누르면 홈 뷰로 회전 배치 된다. (단축키F6)
❷ 틸링 / 회전 버튼을 사용하여 뷰 회전을 할 수 있다.
❸ 원하는 뷰 포트에서 마우스 오른쪽 클릭한 후 현재 뷰를 홈 뷰로 설정할 수 있다.
❹ 인벤터에서 지정된 뷰는 언제나 현재 뷰 설정을 통해 평면도 / 정면도로 전환할 수 있다.
❺ 홈 뷰 및 평면도 / 정면도를 잘못 설정 시 정면도 재설정을 눌러 초기화할 수 있다.

T·I·P
평면도 / 정면도를 바꾸는 이유는 렌더링 시 부품의 반사값 및 그림자에 영향을 준다.

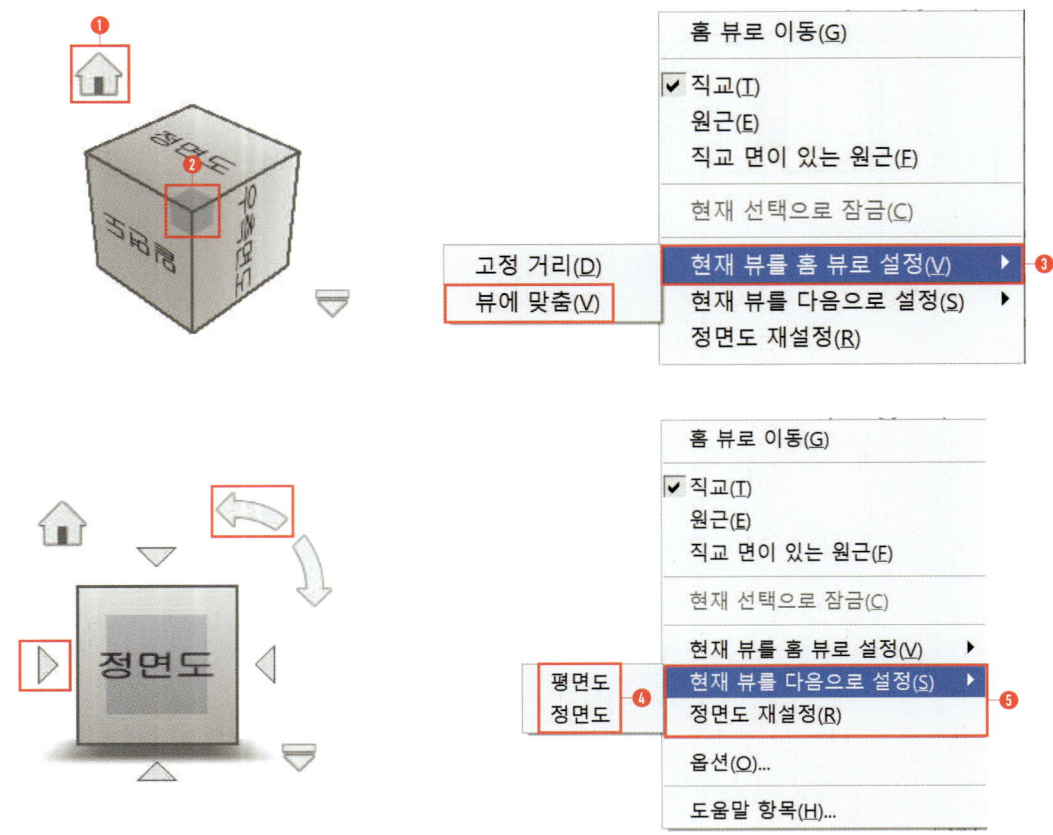

03 비주얼 스타일

비주얼 스타일은 기본적으로 모든 설계 프로그램에 있는 기능이다. 프로그램마다 비주얼 스타일 종류는 다양하며 어느 정도 렌더링 기능도 포함되어 있다. 오토캐드에 비해 인벤터 렌더링 기능은 월등히 좋으며 재질 설정을 잘하면 어느 정도 실사 같은 렌더링도 가능하다. 그러나 3ds Max비주얼 스타일이 종류가 제일 많으며 렌더링 전용 프로그램을 사용하여 퀄리티는 최고라고 할 수 있다.

01 탐색막대 비주얼 스타일 사용법

❶ 우측의 탐색 막대에서 아래쪽 화살표 클릭
❷ 비주얼 스타일체크 활성화
❸ 탐색 막대에 활성화된 비주얼 스타일 아이콘 클릭
❹ 사용할 비주얼 스타일 선택

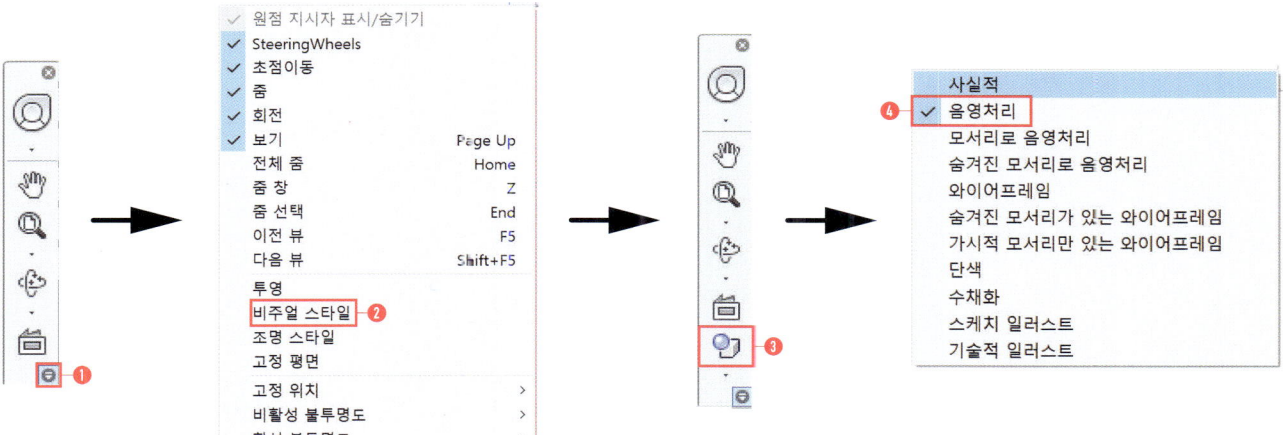

02 인터페이스 비주얼 스타일 사용법

❶ 뷰 탭 클릭
❷ 비주얼 스타일 아이콘 클릭
❸ 사용할 비주얼 스타일 선택

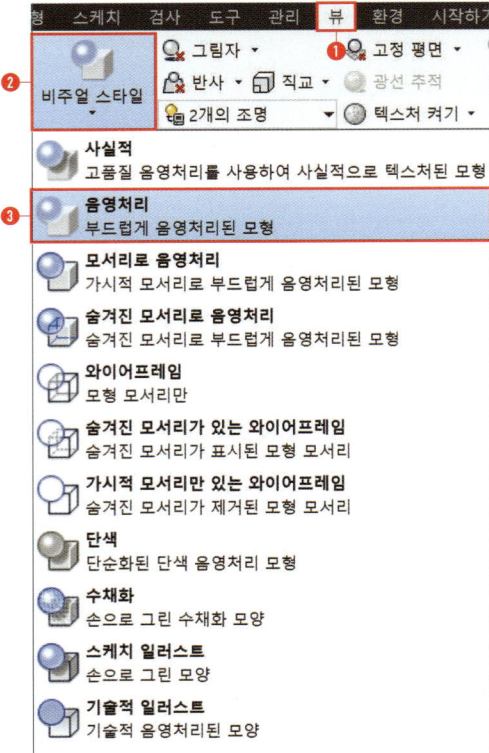

T·I·P

인벤터에서는 사실적 / 음영처리 / 모서리로 음영처리 / 와이어 프레임을 많이 사용하는 편이며 보통 설계 시에는 모서리 음영처리 / 와이어 프레임 음영 처리를 많이 사용합니다. 2개의 비주얼 스타일을 단축키로 지정해 놓으면 설계 시 편하게 부전환을 할 수 있습니다. 사실적 비주얼 스타일은 옵션설정에서 광선추적으로 설정하면 낮음 / 드래프트 / 높음 퀄리티를 선택할 수 있으며 반사값 및 그림자 조명 설정을 통해 실사 같은 렌더링도 가능합니다.

01 사실적

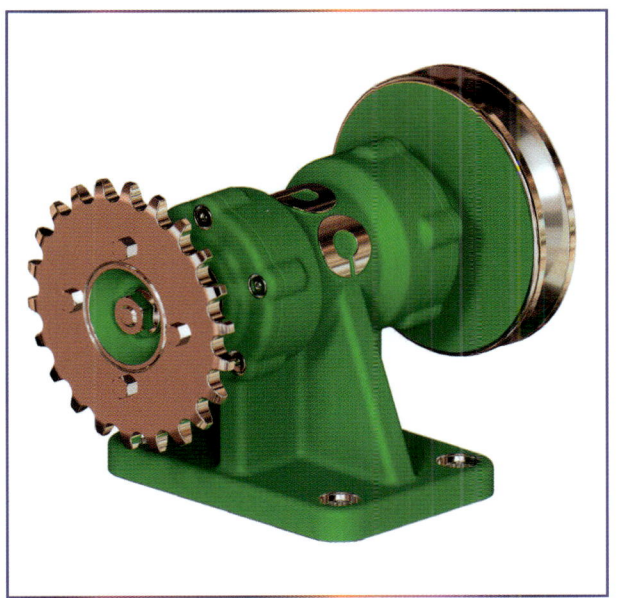

02 음영처리

03 모서리로 음영처리

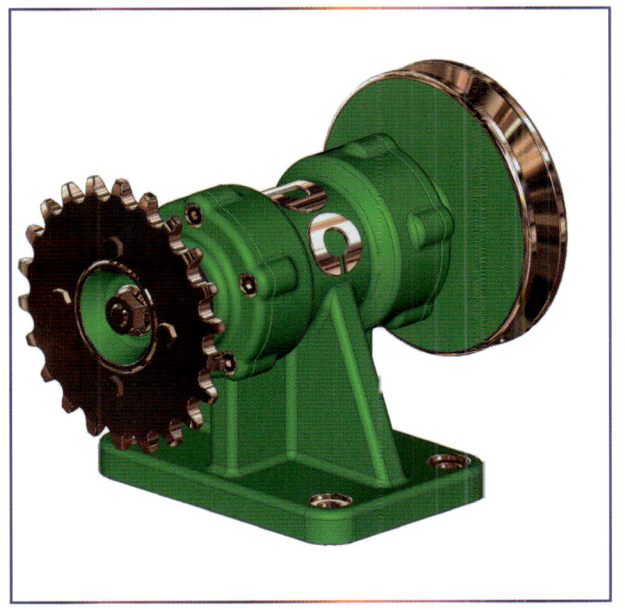

04 와이어 프레임

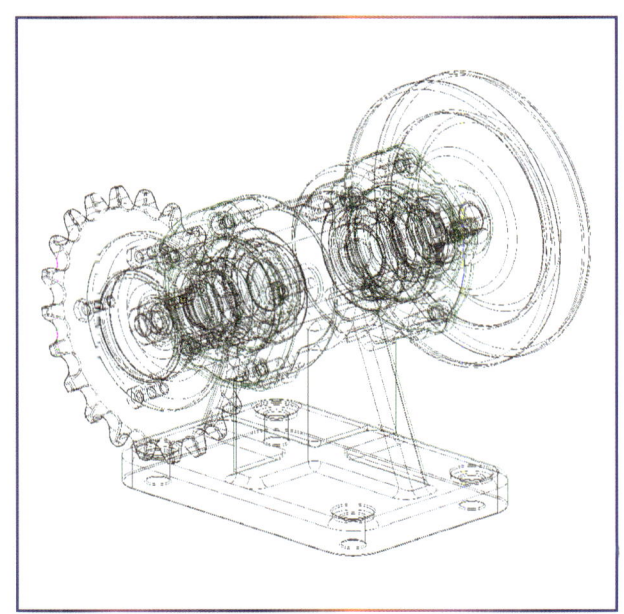

04 비주얼 스타일 단축키 설정방법

NAVER앱 QR코드 스캔으로 해당 무료강좌를 시청하실 수 있습니다.

01 도구 탭 클릭

02 사용자화 클릭

03 사용자화 키보드 탭 클릭

04 범주 → 뷰 선택

05 와이어프레임 화면표시 검색

06 Alt+W 단축키 설정

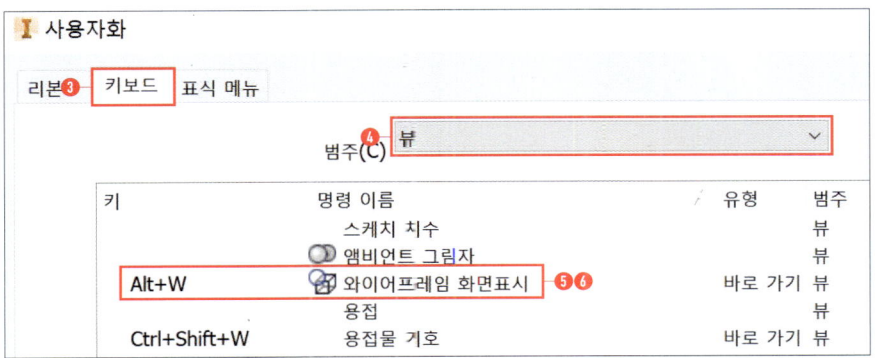

07 모서리로 음영처리된 화면표시 검색

08 Alt+Q 단축키 설정

09 적용 및 확인 클릭(모든 키 재설정을 클릭하시면 단축키가 초기화)

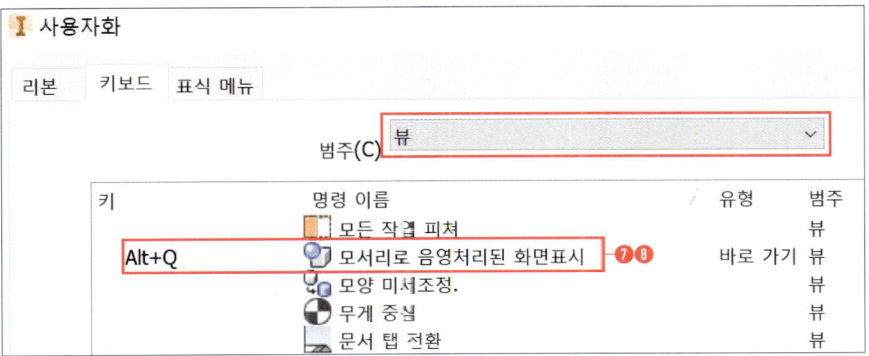

CHAPTER 03

2D기초 명령어

2D 스케치
(Sketch)

SECTION 01

인벤터는 오토캐드와 달리 오스냅(OSNAP) 개념이 없습니다. 인벤터의 구속조건이 오토캐드의 오스냅의 기능을 대신한다고 보면 됩니다.
기본적으로 끝점이나 중간점에 2D스케치를 작성 시 자동으로 구속조건이 들어갑니다.
중간점에서는 점크기가 조금 더 커지는 것을 볼 수 있습니다. 객체 삭제 시에는 객체를 클릭 및 드래그하고 선택한 후 Del키를 눌러 삭제할 수 있습니다.

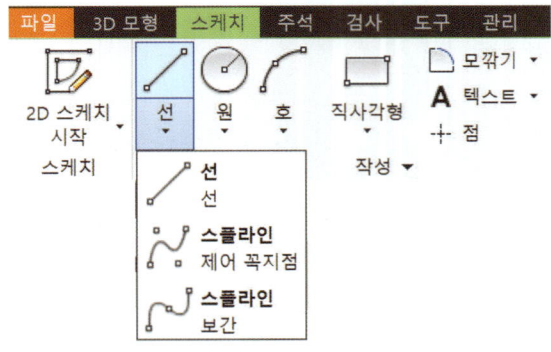

선 선
기본적인 LINE을 작성하는 명령어다. 첫 점을 클릭하고 다음 점을 클릭하면 계속해서 선을 그려 나갈 수 있다. 자주 사용하는 명령어이기 때문에 단축키를 설정하면 좀 더 빠른 설계가 가능하다. 일반적인 오토캐드의 LINE 명령어와 다른 점은 점에서 드래그를 할 때 호를 생성할 수 있다.

스플라인 제어 꼭지점 / 스플라인 보간
선 아이콘 밑의 화살표를 눌러보면 2가지의 스플라인을 볼 수 있다. 기본적으로 아이콘들의 위치는 버전마다 다를 수 있기 때문에 아이콘의 위치를 찾아 클릭하기 보다는 단축키를 설정하여 사용하는 것이 더 효율적이다. 스플라인 제어 꼭지점과 스플라인 보간의 큰 차이점은 제어 꼭지점은 꼭지점으로만 제어할 수 있고 보간은 접선 핸들이 존재한다는 점이다. 자신이 원하는 모양의 스플라인을 좀 더 세밀하게 작업하고 싶다면 스플라인 보간을 사용하면 된다.

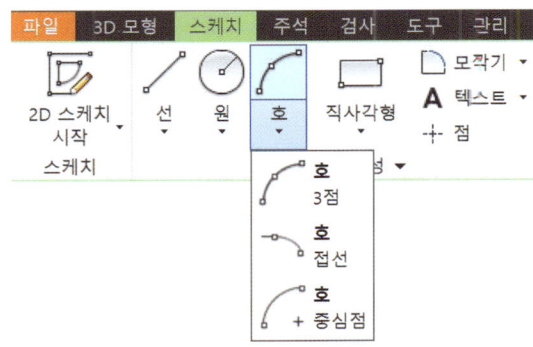

호 3점
3점을 클릭하여 호를 작성한다. 오토캐드의 3P호와 다른 점은 첫점과 끝점을 먼저 클릭한 후 중간점으로 3점호를 작성한다.

호 중심점
중심점을 첫점으로 선택하고 그 다음 시작점과 끝점을 클릭하여 호를 생성한다. 오토캐드 호의(CSE)와 동일하다.
Center → Start → End

호 접선
이미 생성된 2D도형의 점을 첫점으로 선택 후 2번째 점을 선택하면 호가 생성된다. 사용빈도가 높은 명령어는 아니다.

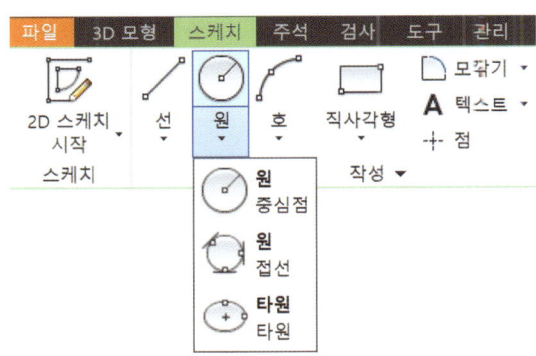

원 중심점
중심점 클릭 후 다음점(반지름)을 클릭하면 원이 생성된다.

원 접선
3개의 선을 선택하면 3점을 지나는 원이 생성된다. 오토캐드의 Circle(3P)과 비슷해 보이지만 오토캐드의 Circle(3P)은 호 및 원에도 3점 선택이 가능하지만 인벤터의 3P는 직선에만 가능하다.

타원 타원
중심점 선택 후 2점 선택(세로, ㄱ로) 클릭하면 타원이 생성된다.

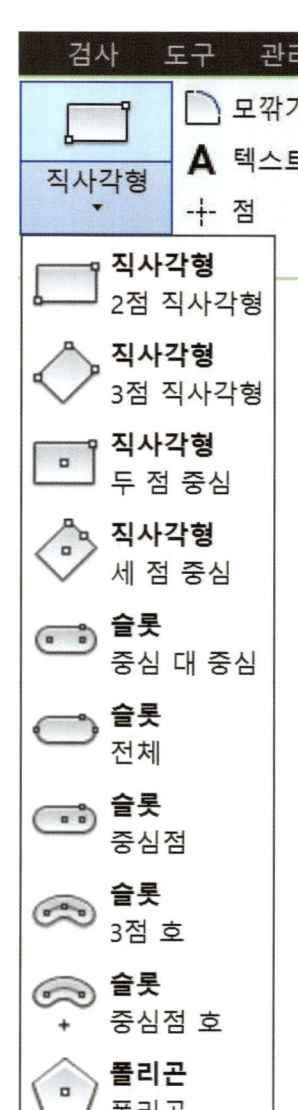

직사각형 2점 직사각형
사각형(2P) 대각선의 두 점을 클릭하여 사각형을 생성한다. 제일 기초적인 사각형 생성법이다.

직사각형 3점 직사각형
사각형(3P) 3점을 클릭하여 사각형을 생성한다. 두 점 사각형 명령어들은 구속조건이 들어가 기울어진 사각형 생성이 안 되는 반면 3점 사각형들은 기울어진 사각형 생성이 가능하다.

직사각형 두 점 중심
사각형(2P) 중심점 클릭 후 다음점을 클릭하면 사각형이 생성된다.

직사각형 세 점 중심
사각형(3P) 중심점 클릭 후 다음 점(중간점) 클릭 후 끝점을 클릭하면 사각형이 생성된다. 두번째 점을 클릭 시 수평 및 수직구속조건이 들어가면 두 점 중심 사각형이랑 동일하다.

슬롯 중심 대 중심
두 점(슬롯의 중심점)을 클릭 후 다음 점(반지름)을 클릭하면 슬롯이 생성된다.

슬롯 전체
두 점(전체길이)을 클릭 후 다음 점(반지름)을 클릭하면 슬롯이 생성된다.

슬롯 중심점
두 점(슬롯 전체의 중간점 → 슬롯 반지름 중심점)을 클릭 후 다음 점 (반지름)을 클릭하면 슬롯이 생성된다.

슬롯 3점 호
호(3P)와 사용방법이 동일하다. 시작점 → 끝점 → 중간점 다른 점은 마지막 점(반지름) 클릭하여 슬롯을 생성한다.

슬롯 중심점 호
중심점(호)와 사용방법이 동일하다. 중간점 → 시작점 → 끝점
다른 점은 마지막점(반지름) 클릭하여 슬롯을 생성한다.

폴리곤 폴리곤
중심점 클릭 후 폴리곤(다각형) 모서리 수를 입력하면 원하는 다각형이 생성된다.

T·I·P

인벤터는 2D 스케치에서 모깎기와 모따기를 주는 것을 추천하지 않습니다. 나중에 3D로 만든 후 3D 명령어 모깎기와 모따기로 주는 것을 더 추천합니다. 이유는 수정 및 편집이 2D 스케치에서 주는 것보다 3D에서 주는 것이 훨씬 더 편리하기 때문입니다.

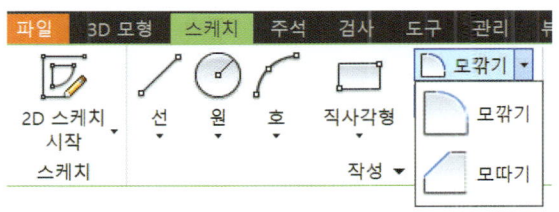
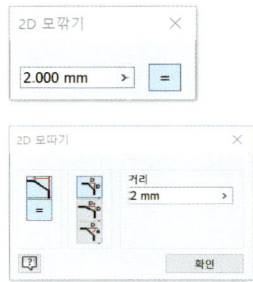

모깎기
두 직선을 클릭한 후 반지름 값을 입력한다.

모따기
두 직선을 클릭한 후 모따기 값을 입력한다.

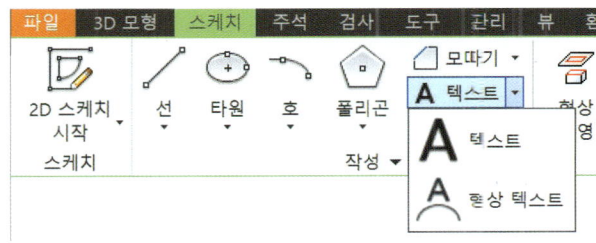

텍스트
글자를 생성한다. 글자는 보통 3D 엠보싱 명령어와 같이 사용한다.

형상 텍스트
원 및 호를 스케치한 후 클릭하면 굴곡진 글자를 생성할 수 있다.

점
중심점을 생성합니다. 점의 사용 용도는 원하는 치수 작성 및 구멍 가공을 할 때 점으로 중심점을 생성 후 구멍기능을 사용해 구멍가공을 할 수 있다.

T·I·P

수정 명령어 중 이동, 복사, 회전, 축척, 늘이기 기능은 많이 사용할 일이 없습니다. 왜냐하면 인벤터는 오토캐드와 달리 치수로 모든걸 제어하고 2D에서 기초적 형상만 작업한 후 3D에서 모든 걸 작업하는 것이 편하기 때문입니다. 자르기, 연장, 분할, 간격띄우기 기능 같은 경우 사용빈도가 높지는 않으나 꼭 알아둬야 하는 기능입니다.

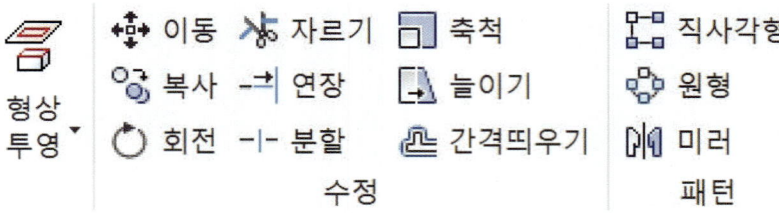

형상투영
형상투영 기능은 잘 사용하면 정말 유용한 기능이다. 2D 스케치 후 3D로 부품을 변환하면 다시 부품 평면 위에 스케치할 경우가 생기는데 그럴 경우 기존 모형에서 모서리, 꼭지점, 작업 피쳐, 루프 및 곡선을 클릭하여 평면에 투영할 수 있다. 보통 일반 형상투영과 절단 모서리 투영을 제일 많이 사용한다.

이동
오토캐드 Move 명령어와 동일하다. 윈도우창이 뜨면 객체를 선택 후 이동할 기준점을 선택하면 다음 기준점으로 이동이 가능하다 (객체 선택이나 기준점을 선택할 경우는 꼭 화살표 아이콘을 누른 후 선택을 해야한다).

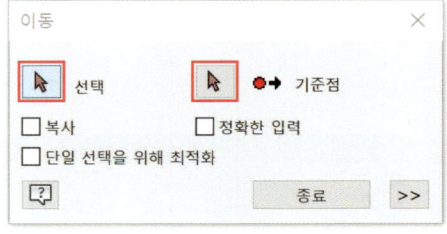

복사
오토캐드 Copy 명령어와 동일하다. 윈도우창이 뜨면 객체를 선택 후 복사할 기준점을 선택하면 다음 기준점으로 복사가 가능하다 (객체 선택이나 기준점을 선택할 경우는 꼭 화살표 아이콘을 누른 후 선택을 해야한다).

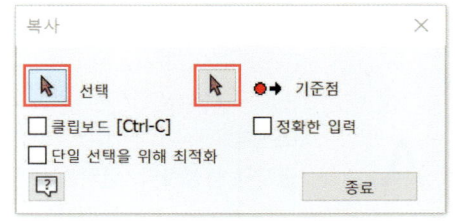

회전
오토캐드 Rotate 명령어와 동일하다. 윈도우창이 뜨면 회전할 객체를 선택 후 회전 시 중심이 될 중심점을 클릭 후 각도를 입력하면 된다. 복사를 체크할 경우는 원본 객체는 그대로 있고 회전할 객체가 복사된다.

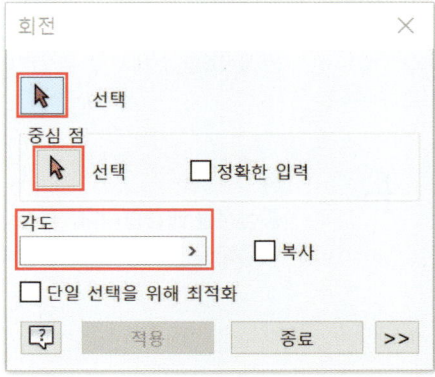

자르기
오토캐드 Trim 명령어와 동일하다. 자르기할 선을 클릭하면 다음 경계면까지 선을 자를 수 있다. 절단할 기준선을 선택할 필요는 없으면 오토캐드의 Trim 엔터 2번 기능과 동일하다.

연장
오토캐드 Extend 명령어와 동일하다. 연장할 선을 클릭하면 다음 경계면까지 선을 자를 수 있다. 연장할 기준선을 선택할 필요는 없으며, 오토캐드의 Extend 엔터 2번 기능과 동일하다.

분할
오토캐드 Break 명령어와 비슷하다. 다른 점은 오토캐드의 Break 명령어는 2점을 선택하여 분할을 할 수 있지만, 인벤터의 분할기능은 하나의 교차점을 클릭하면 클릭한 교차점을 기준으로 분할이 된다. 오토캐드어서 Break 명령어로 하나의 점을 2번 클릭하는 것과 동일하다.

축척
오토캐드 Scale 명령어와 동일하다. 윈도우창이 뜨면 객체를 선택 후 축적이 일어날 기준점을 선택한 후 축적을 입력하면 된다.
(시험에서는 거의 사용할 일이 없다)

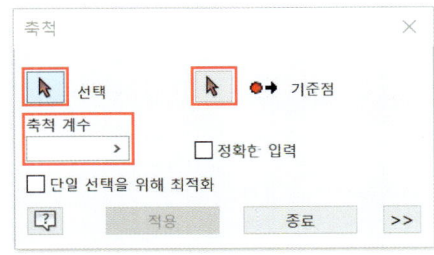

늘이기
오토캐드 Stretch 명령어와 비슷하나 사용할 일이 거의 없다. 이유는 인벤터의 구속조건 및 치수가 대부분 적용되기 때문에 늘이기 기능을 사용해도 별로 의미가 없다. 보통 치수 수정으로 길이를 조절한다. 사용법은 늘이기 할 점을 선택 후 기준점 선택 후 다음 점을 선택한다.

간격띄우기
오토캐드 Offest 명령어와 동일하다. 간격 띄우기 할 객체 및 선을 선택 후 원하는 간격에서 클릭한다.
오토캐드 Offest과는 달리 명령어 사용 시 간격을 설정할 수 없으면 치수를 기입한 뒤 치수에 간격을 기입하면 된다.

직사각형
오토캐드 Array 명령어와 동일하다. 객체를 선택 후 방향을 정하고(방향은 반전 선택이 가능하다) 열과 행의 개수와 거리값을 입력한다.

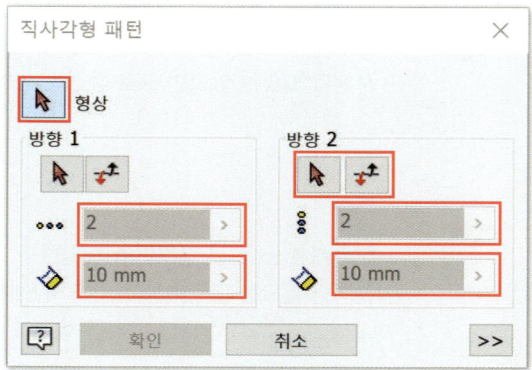

 원형
오토캐드 Array 명령어와 동일하다. 객체를 선택 후 중심축을 선택한다.
개수와 회전할 각도를 입력한다(2D에서 보다 3D에서 원형 Array를 사용하는 것이 더 편리하다).

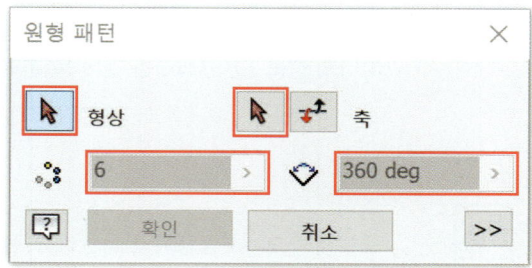

미러
오토캐드 Mirror 명령어와 동일하다. 객체를 선택 후 대칭복사를 할 기준선을 선택한다. 오토캐드의 Mirror와 다른 점은 인벤터는 구속조건이 들어가기 때문에 한쪽의 치수만 수정하더라도 대칭복사가 된 반대쪽 객체 또한 같이 수정이 된다(V벨트풀리 설계 시 자주 사용).

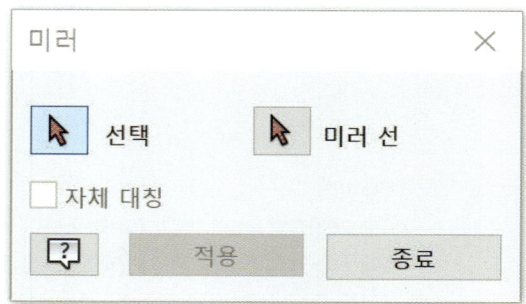

T·I·P

옵션설정에서 치수기입 후 편집 체크를 해제하였다면 치수를 기입할 때마다 치수편집 창이 안 열립니다.
이유는 한 번에 치수기입을 다한 후 한 번에 편집을 하는 것이 작업속도가 더 빠르기 때문입니다. 치수 단축키는(D) 치수 아이콘에 불이 들어와 있으면 클릭을 한 번만 하면 편집창이 뜨며, 불이 들어와 있지 않은 경우는 2번 클릭을 해야 치수편집 창이 열립니다. 삭제 시에는 삭제할 치수를 선택 후 Del키를 클릭하면 됩니다.

01 치수기입 방법

인벤터는 오토캐드와 달리 치수를 기입하면 치수값에 다한 구속조건이 들어간다. 치수편집을 하면 자동적으로 해당 치수만큼 거리값이 편집이 된다. 즉, 정확한 거리값을 설정하려면 치수기입을 한 후 치수값을 편집해야 한다. 치수기입 방식은 오토캐드의 스마트딤 사용방법과 동일하다.

02 치수기입

01 선(Edge)
- ❶ 치수 아이콘 클릭(단축키 : D)
- ❷ 치수를 기입할 선(Edge) 선택
- ❸ 치수를 원하는 위치에 배치
- ❹ 치수를 입력

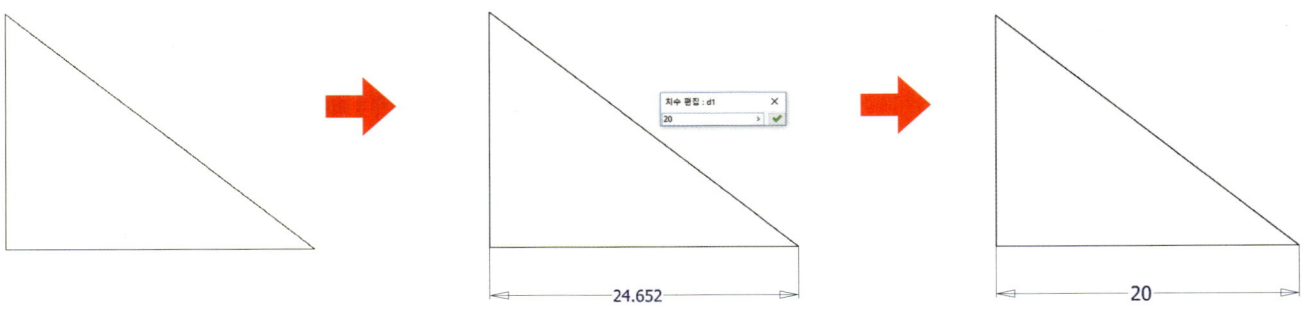

02 점(Vertex)
- ❶ 치수 아이콘 클릭(단축키 : D)
- ❷ 치수를 기입할 점(Vertex) 선택(2점을 선택해야 한다)
- ❸ 치수를 원하는 위치에 배치
- ❹ 치수를 입력

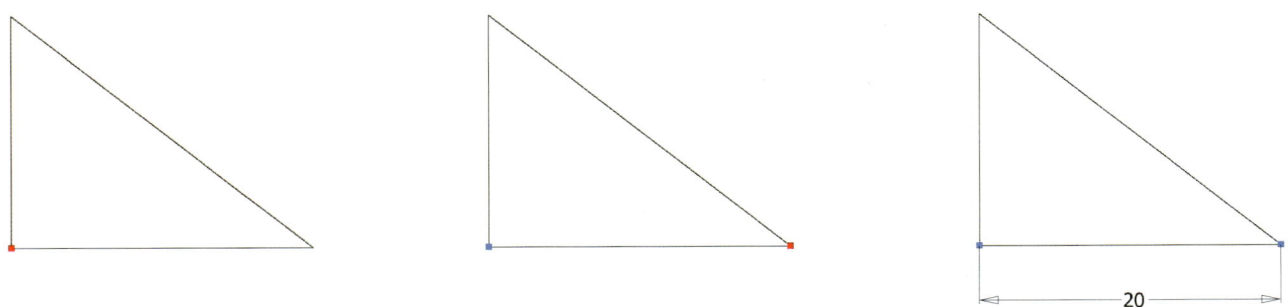

03 대각선 일시 방향에 따른 치수

　① 치수 아이콘 클릭(단축키 : D)
　② 치수를 기입할 선(Edge) 선택
　③ 치수를 원하는 방향으로 마우스 커서 이동 후 배치
　④ 치수를 입력

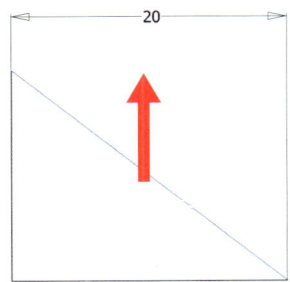 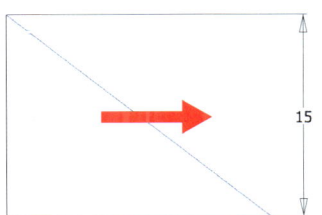

04 대각선 치수 기입

　① 치수 아이콘 클릭(단축키 : D)
　② 치수를 기입할 선(Edge) 선택
　③ 선(Edge)을 한 번 더 클릭하면 치수를 대각선으로 배치할 수 있음
　④ 치수를 입력

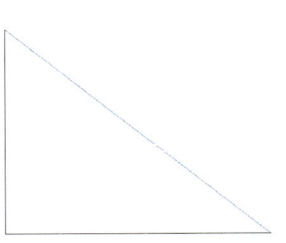 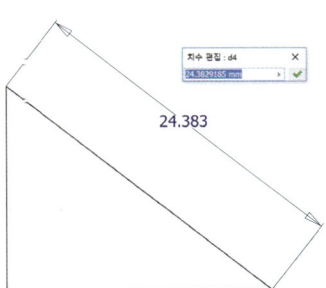

05 각도(Angle)

① 치수 아이콘 클릭(단축키 : D)
② 각도치수를 기입할 2개의 선(Edge) 선택
③ 치수를 원하는 위치에 배치(동/서/남/북 원하는 위치에 배치 가능)
④ 치수를 입력

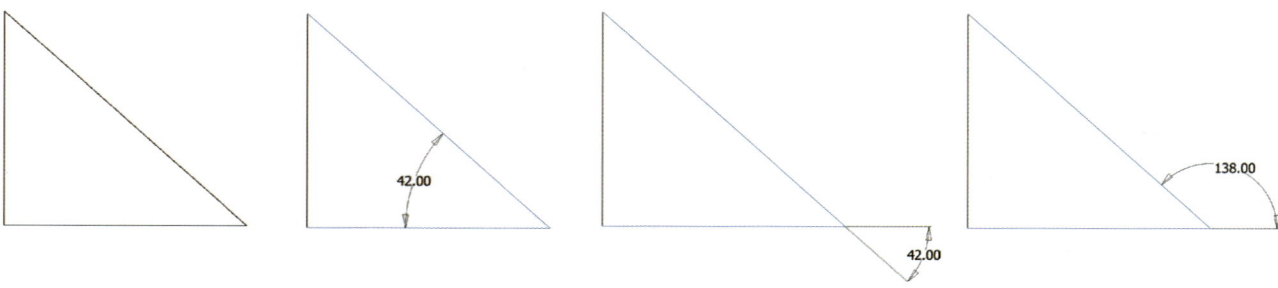

06 지름 / 반지름

① 치수 아이콘 클릭(단축키 : D)
② 치수를 기입할 원 또는 호 선택(원은 선택할 지름으로, 호는 선택할 반지름으로 치수가 나온다)
③ 치수를 원하는 위치에 배치(내부 / 외부 치수배치가 가능하다)
④ 치수를 입력

07 2개의 선(Edge)

① 치수 아이콘 클릭(단축키:D)
② 치수를 기입할 2개의 선(Edge) 선택
③ 치수를 원하는 위치에 배치
④ 치수를 입력

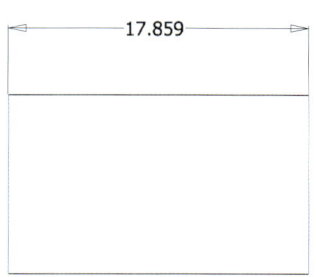

08 지름

① 치수 아이콘 클릭(단축키 : D)
② 치수를 기입할 2개의 선(Edge) 선택
   (중심축이 될 선을 선택 후 형식에서 중심 선으로 바꿔준다)
③ 치수를 원하는 위치에 배치
④ 치수를 입력

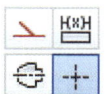

T·I·P

인벤터는 오토캐드와 달리 오스냅(OSNAP) 기능이 없습니다. 그걸 대신해 주는 기능이 구속조건이라고 생각하면 조금 더 이해가 편할 것입니다.
기본적인 개념이 동일하기 때문에 오토캐드를 사용하신 분들은 쉽게 이해할 수 있을 것입니다.

03 구속조건

인벤터는 치수기입을 이용해 구속하는 것을 치수구속조건이라고 부르며, 아래 아이콘으로 구속을 하는 것을 형상 구속조건이라고 한다.

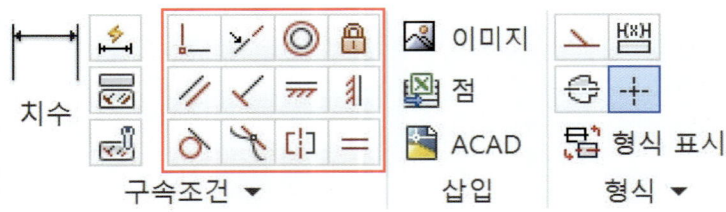

04 구속조건 표시 방법 / 삭제 방법

F8번 키를 클릭하면 구속조건이 표시된다. F9번 키를 클릭하면 구속조건을 숨길 수가 있다. 원하지 않는 구속조건을 삭제할 시 구속조건을 보이게 한 다음 삭제하고 싶은 구속조건을 선택 후 Del키를 클릭하면 삭제가 된다.

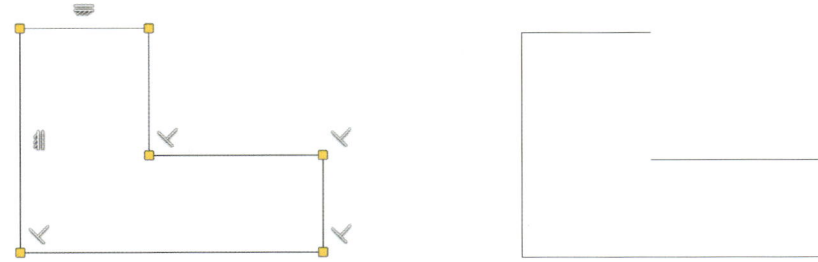

일치
일치 구속조건은 끝점을 선택하여 다른 형상의 점/선에 구속을 시킬 수 있다.
오토캐드의 끝점(End) 오스냅과 동일하다고 볼 수 있다.

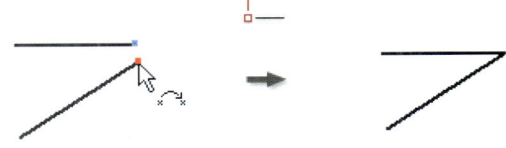

동일선상
동일선상 구속조건은 두 객체가 동일선상에 놓이도록 할 수 있다.
오토캐드에는 이런 편리한 기능이 없어서 이동으로 옮기거나 늘이기 기능을 사용해야 하는데 인벤터에서는 매우 편리하게 할 수 있다.

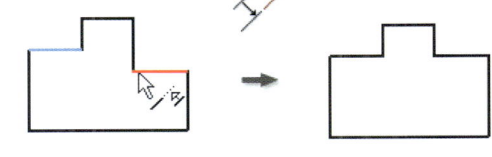

동심
동심 구속조건은 두 개의 원이나 호의 중심을 같은 중심점으로 구속을 시킬 수 있다. 오토캐드에서 중심점(Center) 오스냅과 동일하다고 볼 수 있다.

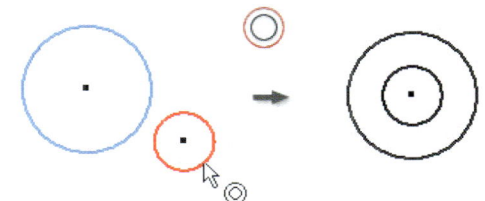

고정
고정 구속조건은 오토캐드의 레이어 잠금기능이랑 동일하다.
이동 및 치수변경과 치수기입 전부 다 불가능하며, 좌표계 역시 해당 좌표계에 고정된다.

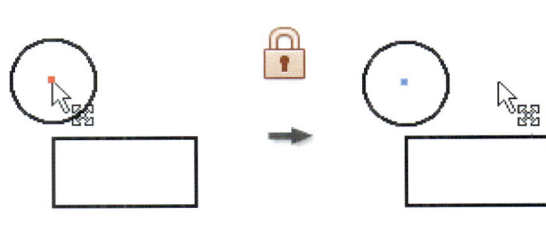

평행
평행 구속조건은 두개의 객체가 평행선상에 놓이도록 한다.
오토캐드의 간격띄우기(offset) 기능과는 조금 다르다. 이미 그려져 있는 객체들을 편리하게 평행선상에 배치할 수 있다.

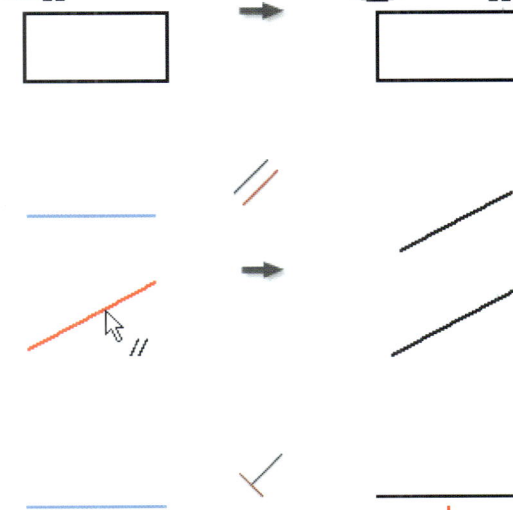

직각
직각 구속조건은 선택한 두 객체를 90°로 구속시킨다.
인벤터에서 직각으로 2D스케치할 시 기본적으로 직각 구속조건이 적용된다. 오토캐드의 직각 오스냅과 비슷한 개념이다.

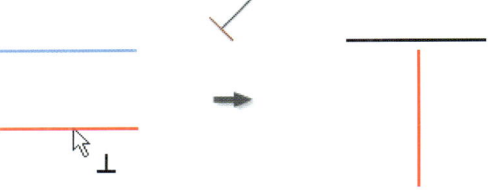

수평

수평 구속조건은 선택된 객체를 X축(사용자 자표계)에 평행하게 된다. 2D 스케치에서 대각선을 수평선으로 작업하고자 할 때, 다시 작업할 필요없이 수평 구속조건을 주면 된다.
점과 점을 클릭할 시 같은 수평선에 놓이게 된다.
동일선상 구속조건이랑 비슷한 성향을 가진다.

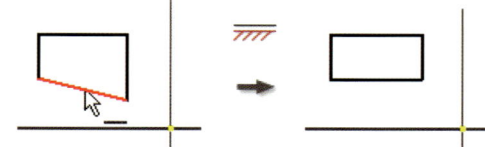

수직

수직 구속조건은 선택된 객체를 Y축(사용자 자표계)에 평행하게 된다. 2D 스케치에서 대각선을 수직선으로 작업하고자 할 때, 다시 작업할 필요없이 수직 구속조건을 주면 된다.
점과 점을 클릭할 시 같은 수직선에 놓이게 된다.
동일선상 구속조건이랑 비슷한 성향을 가진다.

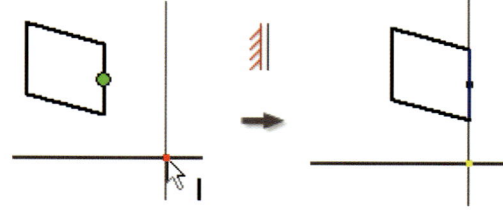

접선

접선 구속조건은 두 개의 객체(하나 이상은 호/원 포함)를 접하도록 한다. 오토캐드의 탄젠트(tangent) 오스냅과 동일하다고 볼 수 있다.

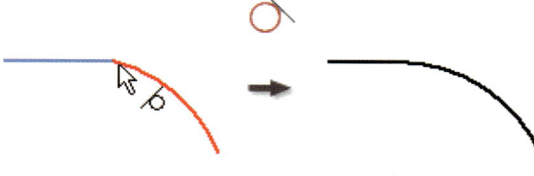

부드럽게

부드럽게 구속조건은 G2구속 조건으로 좀 더 곡선을 부드럽게 보이도록 할 수 있다. 거의 사용할 일이 없는 구속조건이다. 시험에서는 사용하지 않는 구속조건이다.

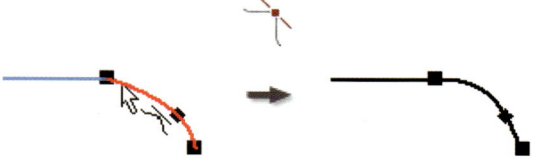

대칭

대칭 구속조건은 두 객체를 선택 후 대칭이 될 중심선을 선택하면 중심선을 기준으로 대칭 구속조건이 된다.
이 구속조건 역시 사용할 일이 거의 없다. 보통 미러기능을 사용하는 것이 더 편리하다.

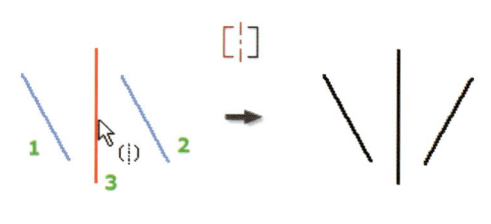

동일

동일 구속조건은 선택된 두 객체의 동일한 치수를 가지도록 한다.
많이 사용하는 구속조건이며 동일한 치수일 시 치수 기입을 반복하지 않고 동일 구속조건을 주는 것이 더 편리하다. 하나의 객체를 수정하더라도 동일구속 조건이 들어간 객체는 전부 다 같이 수정된다.

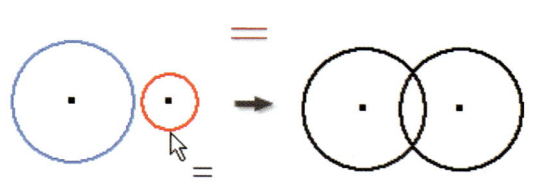

05 삽입 / 형식

삽입기능은 아주 유용한 기능이며 이미지, 엑셀, 캐드파일 등을 불러와 편리하게 사용할 수 있다.

이미지
그림 이미지 파일(JPG, PNG, BMP등)을 불러올 수 있다. 회사로그 및 이미지로 도면 등을 불러와서 작업을 할 수 있는 아주 유용한 기능이다.

점
Microsoft Excel 스프레드시트에서 Inventor 스케치로 X, Y, Z 위치에 점을 가져올 수 있다.

ACAD
오토캐드 2D도면을 인벤터로 불러올 수 있다. 일반적으로 오토캐드와 인벤터는 같은 회사 제품이기 때문에 호환이 좋다. 오토캐드에서 원하는 객체를 선택 후 Ctrl+C → Ctrl+V 르 인벤터로 불러올 수 있다.

구성
선택한 객체를 구성선으로 변경한다. 한 번 더 클릭할 시 원래대로 돌아온다. 스케치선을 구성선으로 변경하면 돌출 시 구성선은 프로파일 영역으로 인식을 하지 않는다.

중심선
선택한 객체를 중심선으로 변경한다. 중심선으로 변경하면 치수기입 시 치수가 지름으로 기입된다.

연계치수
치수를 선택하고 연계치수로 변환할 수 있다. 시험에서는 사용을 하지 않는 기능이다.
예를 들면 스프링 총 길이를 연계치수로 설정해야 스프링이 구동 시 치수가 연동되어 길이가 변한다.

※ DC튜브 인장스프링 모델링강좌 참조

CHAPTER 04
3D기초 명령어

3D 명령어
(Solid)

SECTION 01

3D 명령어는 2D 스케치를 3D형상으로 변환해야 활성화가 되며, 3D의 기본개념은 어떤 프로그램을 사용하더라도 전부 동일합니다. 5개 정도의 3D 명령어만 알아도 시험 예제들은 전부 다 모델링할 수 있으며, 시험에서는 사용하지 않더라도 실무에서는 많이 사용하는 다른 고급 명령어들도 알아두도록 하자!

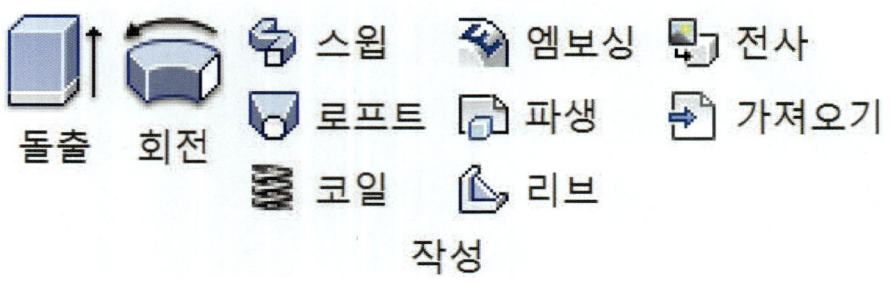

돌출
3D의 제일 기초 명령어이며 제일 많이 사용하고 중요한 명령어이다.

오토캐드의 Extrude 명령어와 동일하다. 다른 점은 오토캐드에서는 Boolean(합집합, 차집합, 교집합)명령어가 따로 있지만 인벤터에서는 돌출 명령어를 사용하면 합집합, 차집합, 교집합을 선택할 수 있다. 돌출 방향 또한 방향 / 대칭 / 비대칭을 선택할 수 있다.

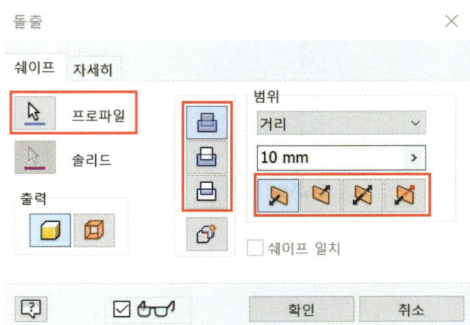

회전
3D 회전 명령어는 회전할 프로파일을 선택 후 중심이 될 축을 선택하면 360°로 회전하면서 3D부품이 완성된다. 범위에서 회전할 각도를 설정할 수 있다.
사용방법 및 개념은 미러와 동일하다. 오토캐드의 Revolve 명령어와 동일하며 다른 점은 회전 명령어를 사용하면 합집합, 차집합, 교집합을 선택할 수 있다.

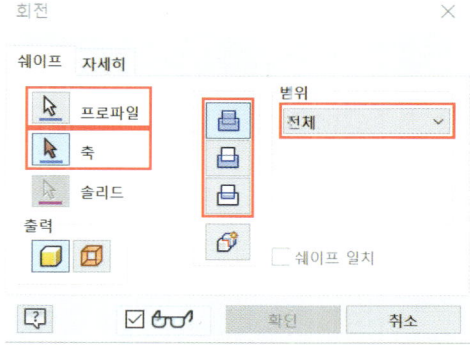

로프트
로프트는 경로를 따라 프로파일을 돌출할 수 있다. 스윕 명령어와 로프트 명령어는 어떻게 보면 똑같은 명령어처럼 보이지만 로프트 명령어 같은 경우 프로파일을 여러 가지로 선택할 수 있다. 모델링을 예로 들자면 아래는 사각, 위쪽은 원형인 와인병, 자동차 배기통, 향수병 등 아주 다양하게 사용할 수가 있다. 하지만 로프트(Loft) 명령어는 시험에서 거의 사용하지 않지만 아주 중요한 3D 명령어 중 하나이다.

스윕
스윕은 경로를 따라 프로파일을 돌출할 수 있다. 시험에서 거의 사용하지 않지만(기어펌프 모델링할 시 사용) 3D에서는 아주 중요한 명령어이며 어려운 모델링 시 자주 사용하는 명령어이다. 스윕(Sweep) 명령어는 어떤 3D 프로그램에서도 개념이나 이름이 같으며 주로 플런트(배관설계)에서는 필수 명령어이다.

엠보싱
엠보싱 명령어는 돌출 명령어와 달리 글자(회사로고) 및 2D 스케치를 곡면에 각인 및 모델링할 수 있는 아주 유용한 명령어이다. 시험에서는 사용할 일이 없지만 실무에서는 아주 우용한 명령어이기 때문에 꼭 알아둬야 한다.

리브
2D에서 선으로 스케치한 후 리브 명령어를 사용하면 아주 간편하게 리브를 모델링할 수 있으나 안 되는 경우가 한 번씩 일어나기 때문에 2D 스케치에서 모델링하는 법을 추천한다.

코일
코일 명령어는 오토캐드의 Helix+Sweep를 합친 명령어와 동일하다. 주로 스프링 모델링 및 나사 스레드(인벤터의 스레드 기능은 모델링이 되는 것이 아니라 맵핑으로 스레드를 표현하는 것 뿐이다) 널링, 웜기어, 웜휠 등 실무에서는 아주 중요하게 쓰이는 기능이지만 시험에서는 사용할 일이 없다.

T·I·P

수정 명령어에서는 구멍, 모깎기, 모따기, 스레드, 쉘 정도가 시험에서 자주 사용되는 기능들입니다. 모깎기/모따기 명령어는 2D스케치에서 보다는 3D 명령어에서 주는 것이 훨씬 더 수정 및 편집이 용이합니다. 나머지 기능들은 시험에서 사용하지는 않지만 실무에서는 꼭 필요한 명령어이므로 개념을 잘 알아두도록 합시다.

 구멍   모깎기   모따기   스레드   분할   쉘   결합   직접   제도   두껍게 하기/ 간격띄우기   면 삭제

수정 ▼

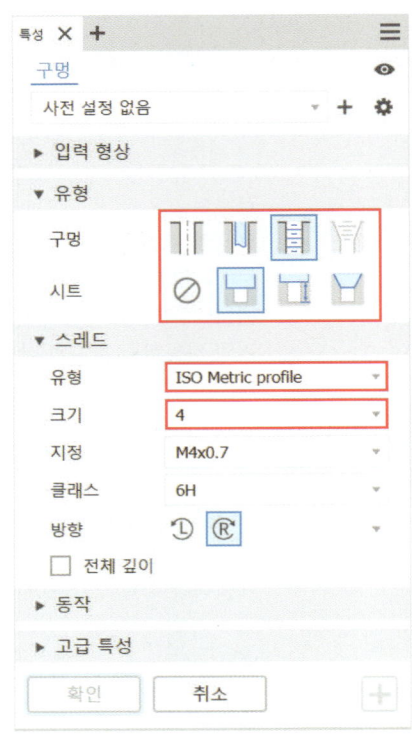

 구멍
구멍 기능을 사용하기 위해서는 2D 스케치에 스케치된 구멍 중심점 또는 스케치점이 필요하다. 구멍 종류는 없음, 카운터보어, 접촉공간, 카운터싱크 4종류가 있다. 시험에서는 없음과 카운터보어 2종류를 제일 많이 사용한다. 스레드 유형은 단순 구멍, 탭 구멍 2종류만 시험에서 사용된다. 탭 구멍 가공 시 유형은 ISO Metric Profile이 사용되면 크기는 직접 선택하면 된다. 시험에서 탭 구멍 크기는 보통 M4, M5 정도가 자주 사용된다.

 모깎기
3D 부품에 모깎기 값을 줄 수 있다. 모깎기 아이콘을 클릭하거나 단축키를 사용하여 실행해도 되며 3D부품 모서리에 마우스 커서를 가져가면 모깎기 / 모따기 아이콘이 활성화된다. 모서리를 추가할 시 추가할 모서리를 클릭하면 되고 추가한 모서리를 삭제할 시에는 Shift 누른 상태에서 클릭하면 해제된다.

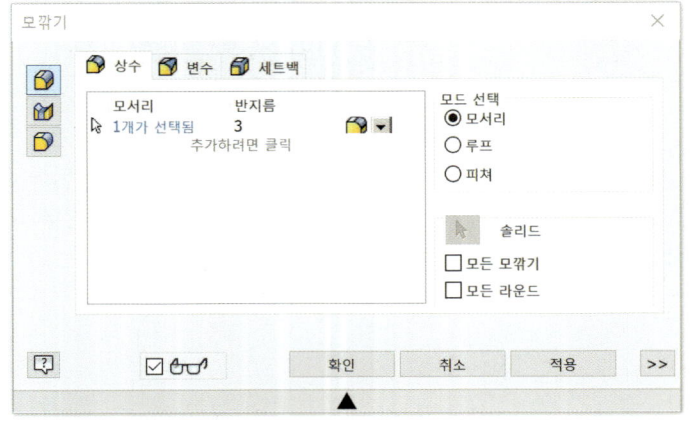 

모따기

모따기 방법에는 거리 / 거리 및 각도 / 두 거리 총 3종류가 있으며 일반적인 기본값 거리를 제일 많이 사용한다.
생크 및 부시 모델링 시 거리 및 각도 모따기를 자주 사용한다. 모따기 명령어는 보통 조립용 모따기 및 치공구 부품에 자주 사용된다.

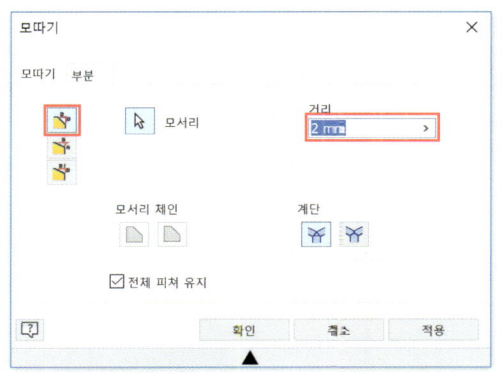

모따기 - 거리

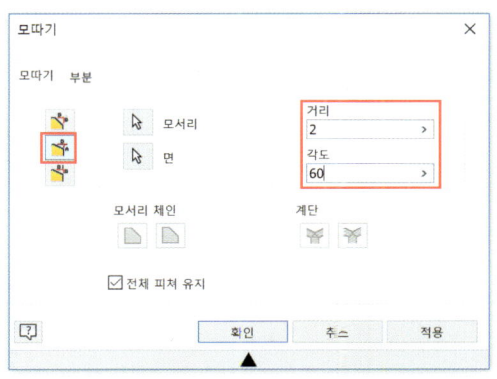
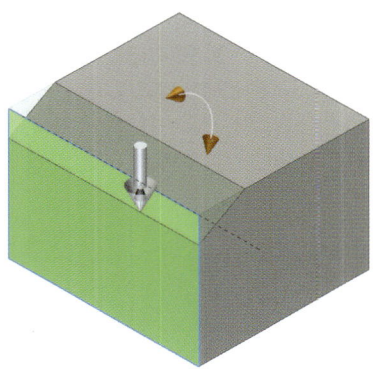

모따기 - 거리 및 각도

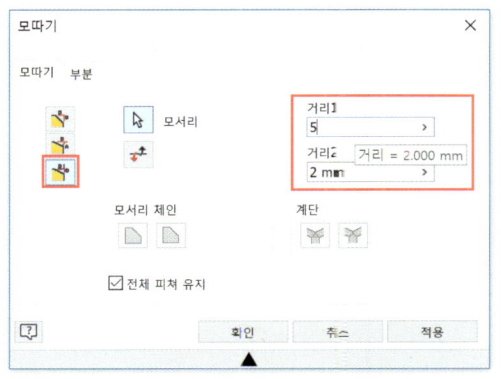

모따기 - 두 거리

제도
제도 명령어는 면을 기울이는 면 기울기값을 정할 수 있다. 원하는 면만 고정 모서리 / 면을 기준으로 각도를 정할 수 있다. 자주 사용하는 명령어는 아니나 알아두면 아주 유용한 명령어이다.

스레드
원통형 피쳐에 스레드 피쳐를 표현할 수 있는 명령어이다. 일반적으로 구멍기능은 스레드 기능이 있기 때문에 따로 스레드를 안 해줘도 된다. 일반적으로 볼트 / 나사축 같은 부품에 스레드 피쳐 표현을 하는데 사용된다. 스레드 기능은 진짜로 스레드(나선형)모델링이 되는 것이 아니라 맵핑으로 이미지를 표현하는 것이다. 시험에서는 스레드 기능으로 표현을 해도 무관하다. 실무에서 스레드 피쳐 모델링을 해야할 경우는 코일 기능을 이용해야 한다.

❶ 스레드 아이콘 클릭
❷ 원통면 선택
❸ 스레드 길이 지정
❹ 스레드 유형
   ISO Metric Profile
❺ 확인

※ 크기값은 원통피쳐의 크기이기 때문에 수정이 불가능하다. 지정(피치)값은 변경이 가능하다. 시험에서는 기본값 그대로 사용하면 된다.

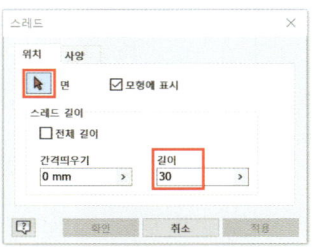
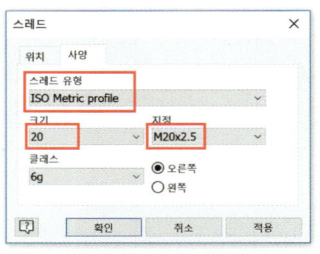
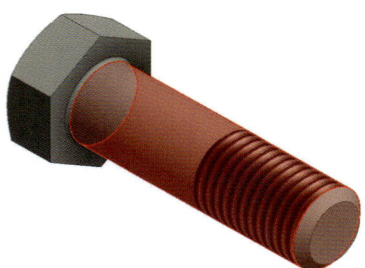

T·I·P
스레드 선택 시 부품의 절반을 기준으로 선택하는 위치에 따라 스레드의 시작 위치가 정해진다.
[예] 왼쪽 면을 선택하면 왼쪽 면부터 시작
　　 오른쪽 면을 선택하면 오른쪽 면부터 시작

결합
결합 명령어는 여러 개의 솔리드 부품을 Boolean(합집합, 차집합, 교집합) 할 수 있는 명령어이다. 결합 기능을 사용하기 위해서는 3D피처 생성 시 새 솔리드로 생성되어야 한다. 쉽게 설명을 하면 인벤터에서는 돌출 기능을 사용하면 이미 Boolean을 하기 때문에 솔리드 부품은 하나이다. 그러나 돌출 및 회전 기능을 사용할 시 새 솔리드로 작성을 하면 개별의 솔리드 부품으로 생성이 된다. 그렇기 때문에 오토캐드의 Boolean 명령어와 동일하다고 볼 수 있다.
시험에서는 사용을 하지 않지만 실무에서 아주 복잡한 부품을 모델링할 시 꼭 알아야 할 명령어이다.

두껍게 하기 / 간격띄우기
두껍게 하기 / 간격 띄우기 명령어는 쉘(Shell) 명령어와는 조금 다른 명령어이다. 쉘 명령어 같은 경우 솔리드 모델링에 두께를 줄 수 있지만, 서피스 객체에는 불가능하다. 두껍게 하기 명령어는 솔리드 객체에 사용하면 두껍게 되며 서피스 객체에는 두께를 줄 수 있는 명령어이다. 서피스 객체에 두께를 주면 솔리드로 변환되어 Boolean이 가능하다.
시험에서는 사용할 일이 없다(결합 / 두껍게 하기 / 간격띄우기 자세한 사용방법은 휠 모델링 영상 참조).

쉘
쉘(Shell) 명령어는 솔리드 부품에 두께를 줄 수 있는 명령어이다.
기본적인 개념은 오토캐드 쉘 기능과 같으면 어떤 프로그램을 사용하더라도 개념이 같은 중요한 명령어이다. 어려운 모델링도 아주 쉽게 할 수 있는 기능이며 시험에서도 한 번씩 사용하는 명령어이다.
두께를 내부 / 외부 / 양쪽으로 설정할 수 있으며 두께가 필요없는 면을 제거할 수 있다. 추가 / 제거는 Shift를 누른 상태에서 면을 클릭하면 된다.

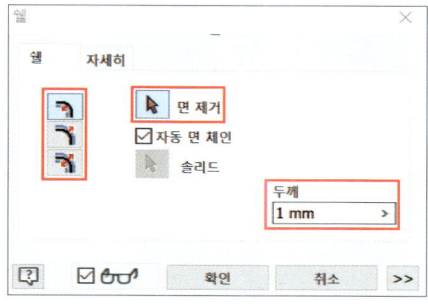

분할
분할 명령어는 솔리드 부품을 2등분으로 분할 및 제거할 수 있는 기능이다. 시험에서는 전혀 사용하지 않는 명령어지만 곡면모델링 CAM가공에서는 사용을 하는 명령어이다.

T·I·P

2D 스케치에 있는 패턴 기능과 3D 모형에 있는 패턴 기능은 별개의 기능입니다. 패턴 기능같은 경우에는 2D 스케치에서 작업하는 것보다 3D에서 작업하는 것이 훨씬 더 편리하며 수정이 용이합니다.

직사각형
오토캐드 Array 명령어와 동일하다. 객체를 선택 후 방향을 정한 다음 (방향은 반전 선택이 가능하다) 열과 행의 개수와 거리값을 입력한다.

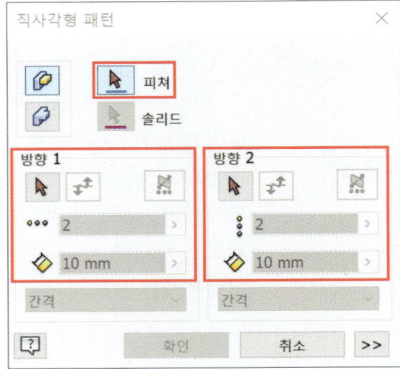

원형
오토캐드 Array 명령어와 동일하다. 객체를 선택 후 회전축을 선택한다. 개수와 회전할 각도를 입력한다.
(기본 회전할 각도는 360°로 되어 있다)

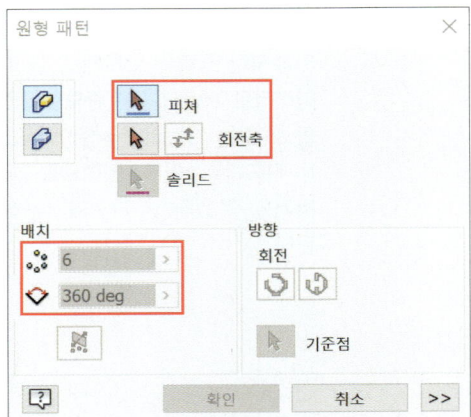

미러
오토캐드 Mirror 명령어와 동일하다. 객체를 선택 후 대칭 복사를 할 미러 평면을 지정해 준다. 보통 원점의 YZ, XZ, XY 평면으로 지정해 주는 것이 편리하다.

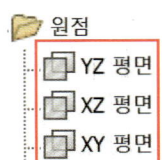

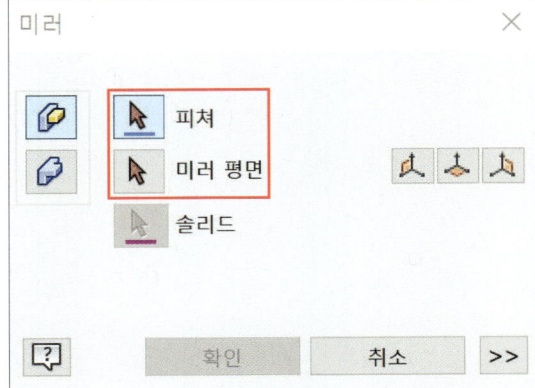

T·I·P

사용자 임의로 작업평면을 설정할 수 있는 방법은 10가지 이상이 있습니다. 그러나 시험에서 제일 많이 사용하는 3가지 평면 / 평면에서 간격띄우기 / 점을 통과하여 축에 수직 평면잡는 기능만 알면 실무에서까지 충분히 작업이 가능합니다. 작업평면은 기존 구성요소에 상대적으로 구속됩니다. 피처 재지정으로 작업평면은 다시 재지정이 가능합니다.

01 작업평면 작성

부품에서 작업평면은 새로운 스케치를 시작하는 평면이다. 원점의 기본 작업평면 YZ, XZ, XY 평면이 있지만 설계자 임의로 다양한 방법으로 작업평면을 설정할 수 있다.

평면
제일 간편하고 빠르게 평면을 잡을 수 있는 기능이다. 원점에서 원하는 작업평면을 클릭 후 원하는 모서리 또는 면(원통면)을 클릭하면 평면이 생성된다. 평면을 설정하면 해당 모서리나 면에 구속조건이 들어가서 이동이 불가능하다.

평면에서 간격띄우기
원하는 작업평면을 클릭한 후 거리값을 설정하면 거리값만큼 간격띄우기로 작업평면을 설정할 수 있다. 거리값은 언제든 수정할 수가 있어서 편리하다. 많이 사용되는 평면설정 방법이다.

점을 통과하여 축에 수직
스케치한 선의 끝점, 중간점 또는 작업점에 평면을 생성할 수 있다. 자주 사용하는 평면설정 방법은 아니지만 시험에서는 꼭 이 평면으로 작업을 해야하는 모델링이 한 번씩 출제되기 때문에 꼭 알아둬야 한다.

CHAPTER 05

기본예제

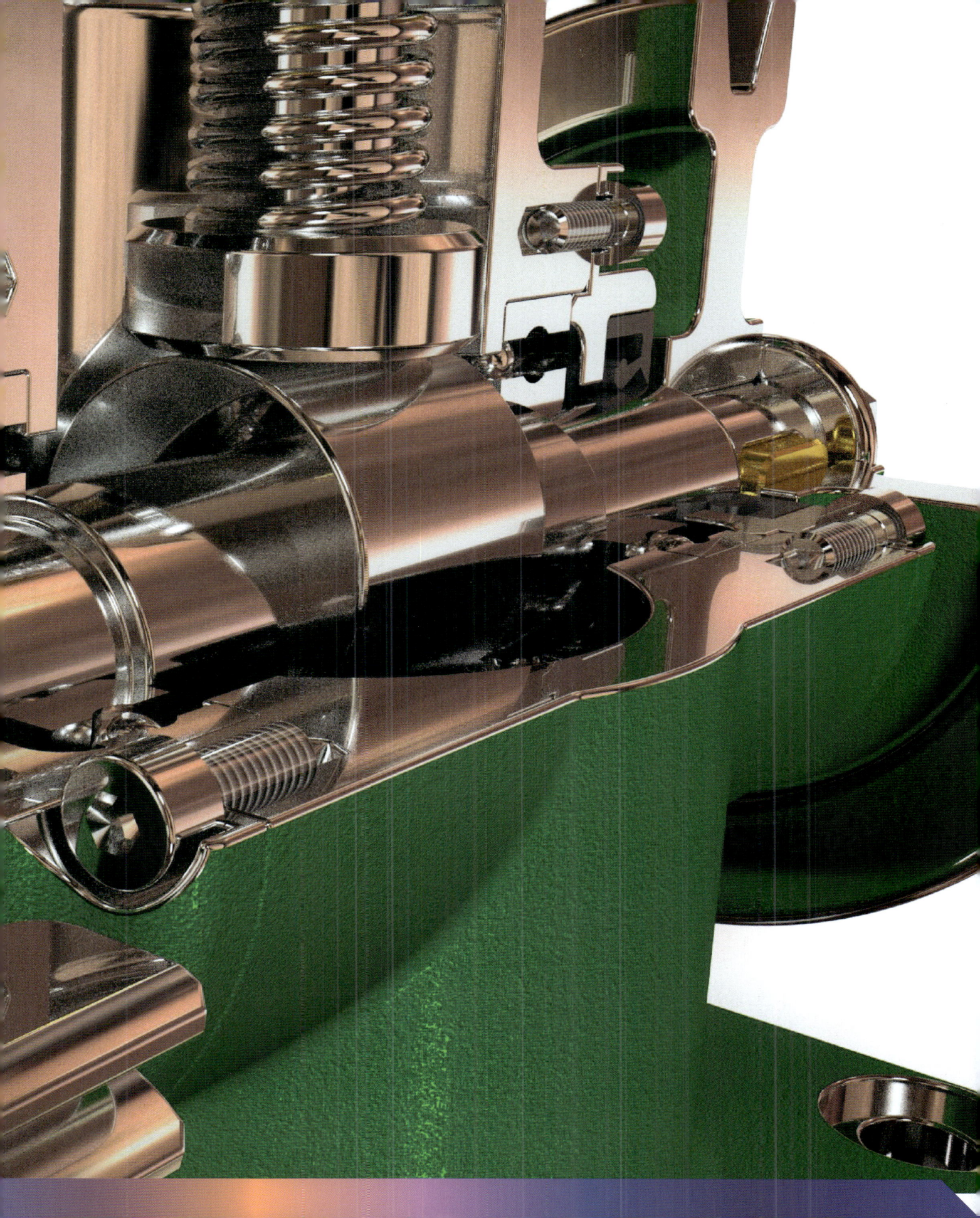

2D 스케치 기초

SECTION 01

2D 스케치 기초 명령어 사용방법에 대하여 알아보도록 하자. 인벤터는 오토캐드와 달리 모든 거리값을 치수로 제어를 한다. 치수 넣는 방법과 구속조건, 구성선, 중심선 사용방법을 잘 숙지하도록 하자.

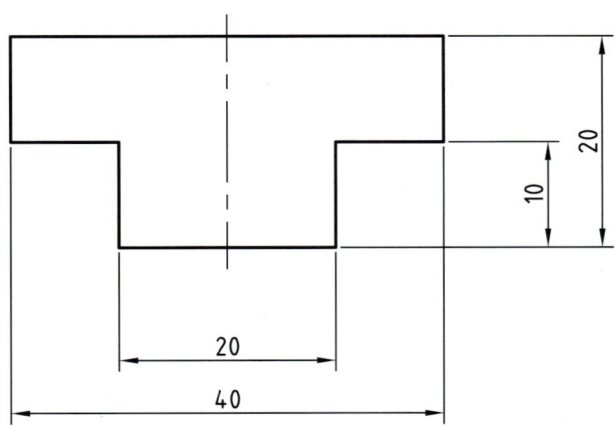
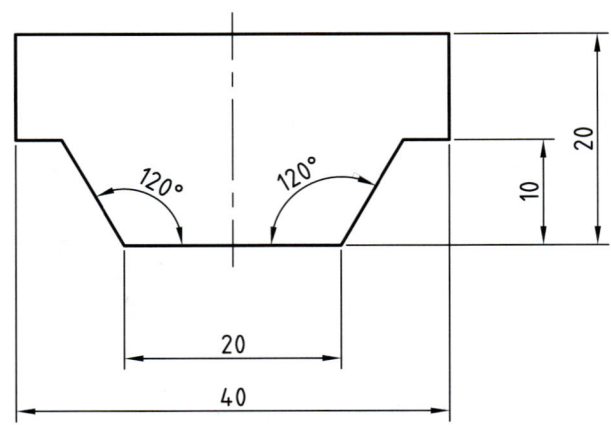
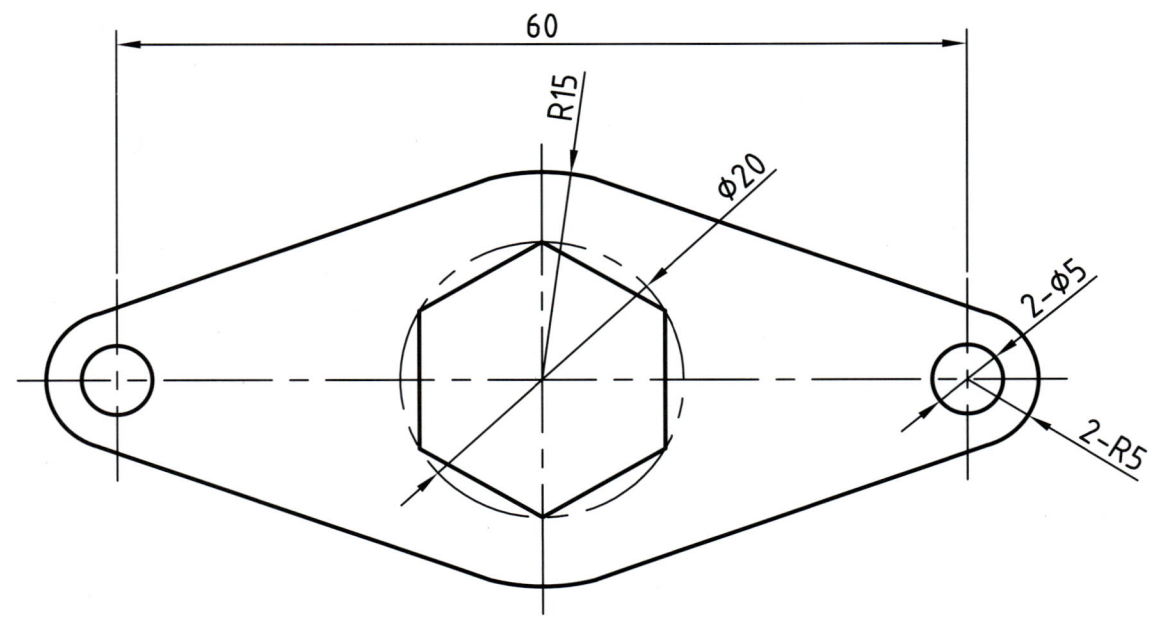

T·I·P

부품파일 생성 후 꼭 저장하는 습관을 들이자! 작업 중간에 한 번씩 저장(Ctrl+S)을 해야 시험 중에 컴퓨터가 다운이 되어도 작업을 이어서 할 수가 있습니다. 인벤터는 오토캐드와 달리 자동저장 기능이 없습니다. 부품 하나당 하나의 부품명.ipt 파일을 하나씩 생성해야 합니다. 하나의 부품파일에 여러가지 부품을 모델링할 수 없습니다.

NAVER앱 QR코드 스캔으로 해당 무료강좌를 시청하실 수 있습니다.

01 파일 → 새로만들기 클릭

02 Templates/Metric/Standard(mm).ipt 클릭

03 파일 → 다른 이름으로 저장 → 부품명 작성 → 확인

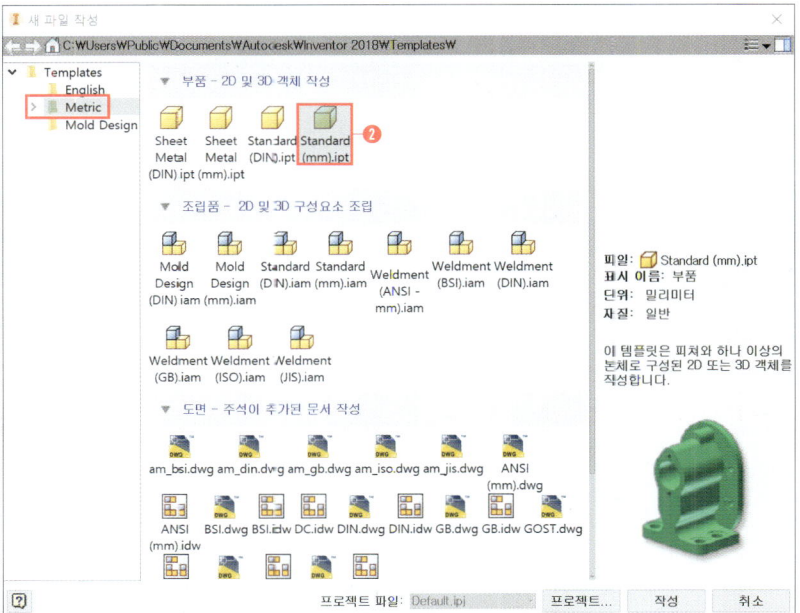

04 선 클릭

05 예제 모양과 동일하게 스케치

> **T·I·P**
> 인벤터는 스케치 시 자동으로 수직/수평 선상에 오면 수직/수평 구속조건이 들어간다. 오토캐드의 극좌표 모드와 사용방법이 비슷하다고 생각하면 된다.

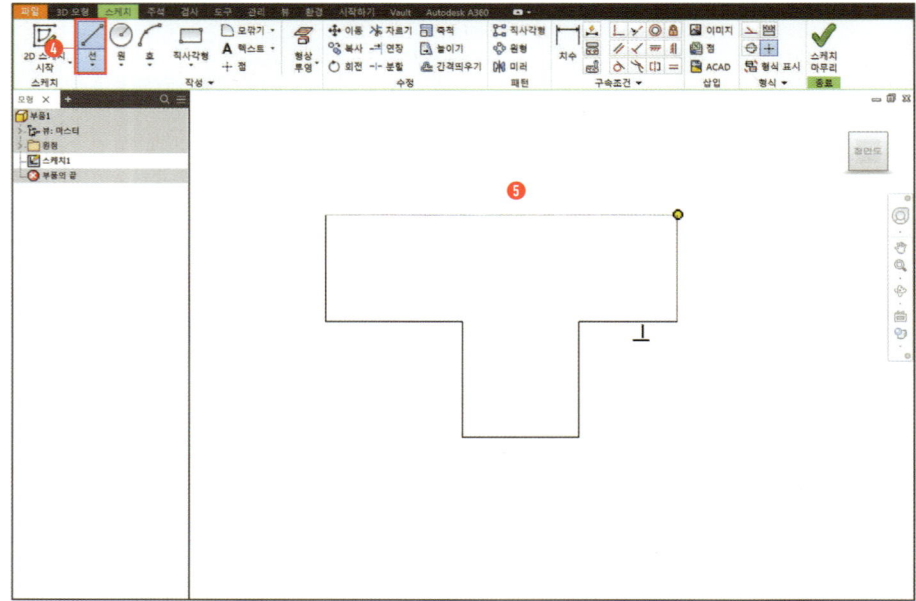

06 치수 클릭

07 치수를 순차적으로 기입

> **T·I·P**
> 치수는 기입할 때 입력하는 것보다는 한 번에 치수를 다 기입한 후 값이 큰 치수부터 변경을 해주는 것이 좋습니다. 치수 아이콘을 선택할 때에는 클릭 한 번, 치수 아이콘이 선택 안 되어 있을 때는 클릭 두 번을 해야 치수 편집을 할 수 있습니다.

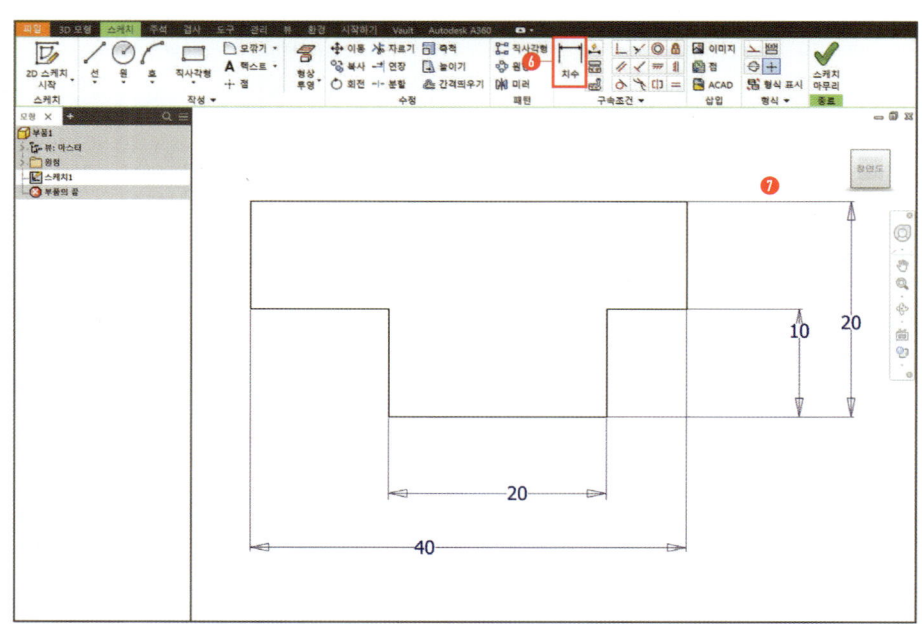

08 동일 = 구속조건 클릭

09 양쪽 선 선택

T·I·P

미러를 사용하지 않은 스케치일 때는 동일 구속조건을 주면 선 길이가 동일하게 됩니다.

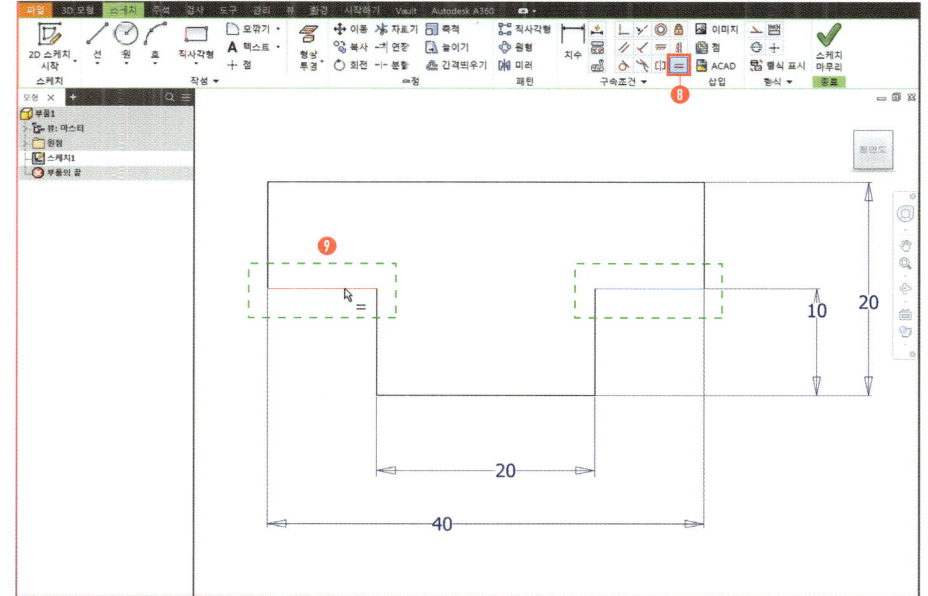

01 선 / 클릭

02 절반만 스케치

03 중간선을 선택

04 구성 ⌐ 선택

T·I·P

꼭 구성선으로 변경할 필요는 없으나 3D 돌출 시에 구성선은 프로파일로 인식을 하지 않기 때문에 잘 사용하면 편리합니다.

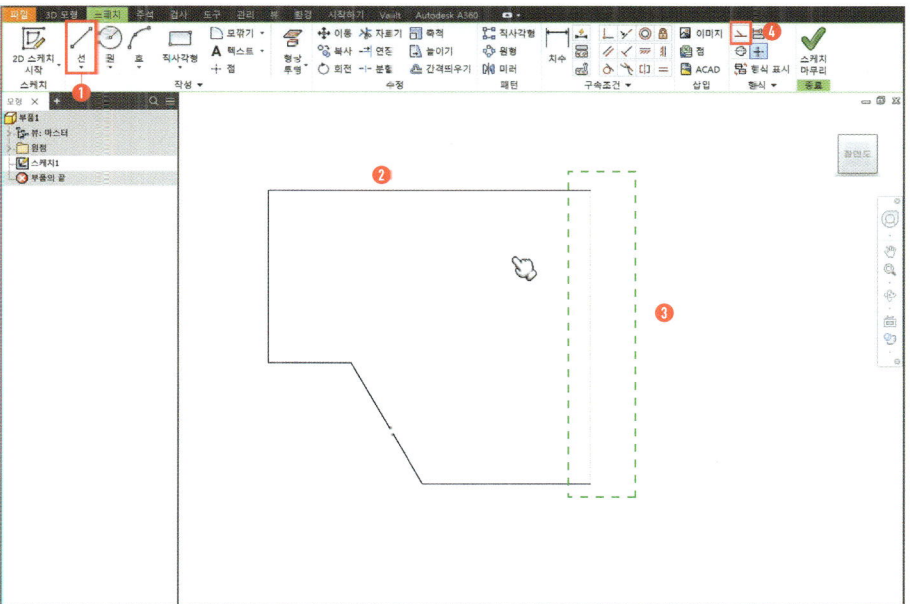

04 미러 클릭

05 미러할 객체 선택

06 미러 선(대칭 기준이 될 중심선) 선택

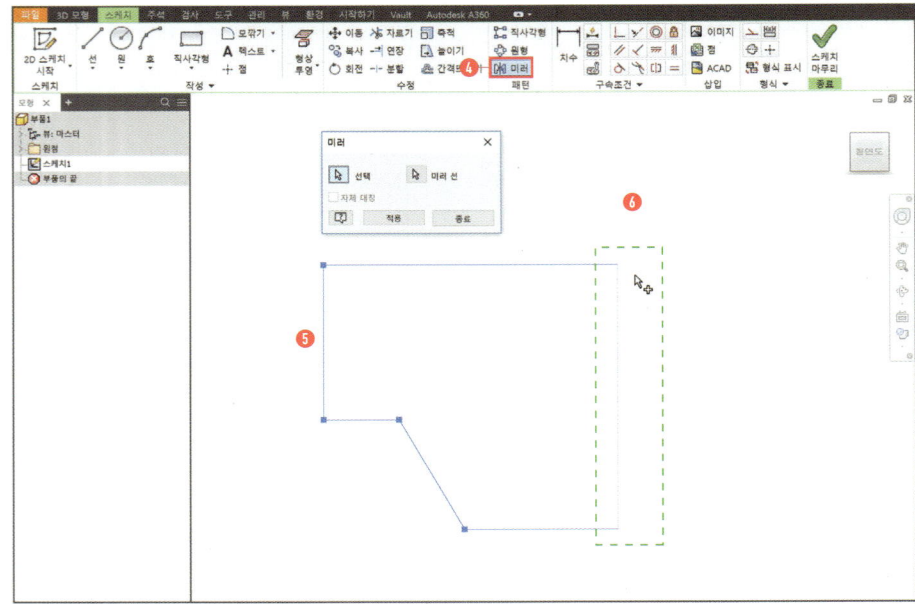

07 치수 클릭

08 치수를 순차적으로 기입

T·I·P
대칭일 때는 한 쪽에만 치수기입을 하여도 대칭한 객체 역시 동일하게 수정이 됩니다. 대칭한 객체에 치수 기입을 할 시에는 과도한 구속조건으로 치수기입이 안 됩니다.

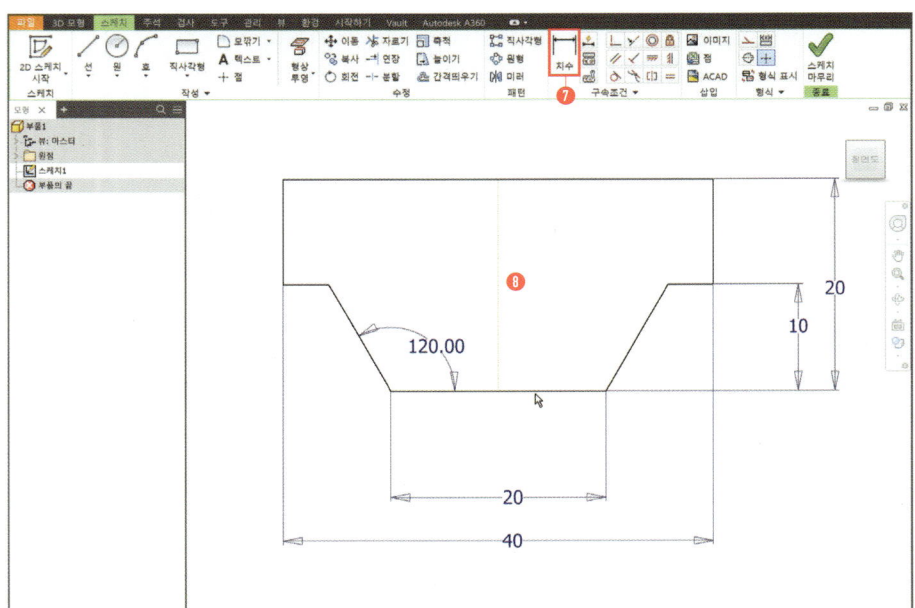

01 선 ╱ 클릭

02 수평선 스케치 후 치수 ┠┨ 60 기입

03 선 선택 → 구성 ⊥ 선택

04 원 ⊘ 클릭

05 양 쪽 끝점에 원 두 개 스케치 후 지름치수 10, 5 입력

06 한 쪽 치수만 기입하고 동일 = 구속조건을 줌

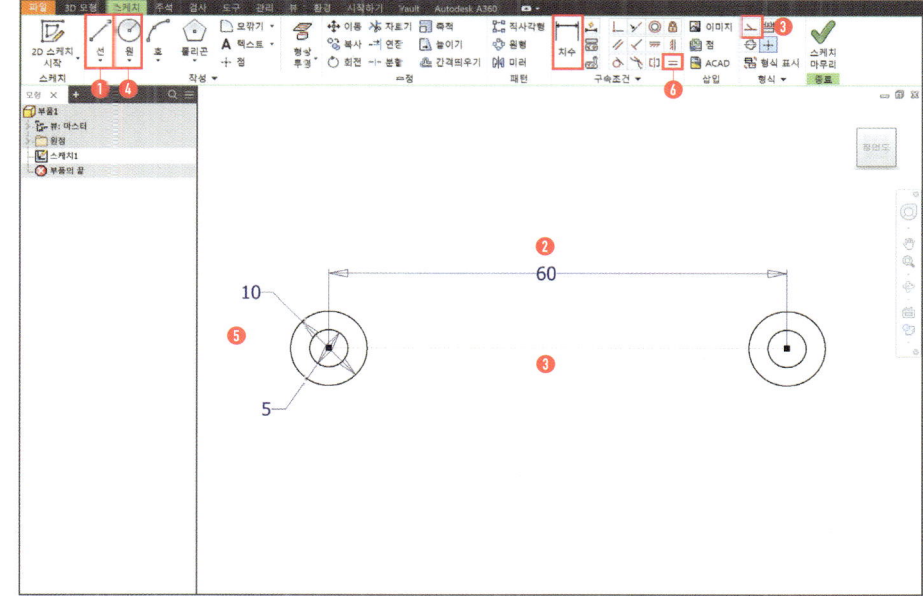

07 원 ⊘ 클릭

08 원 스케치 (중간점)

09 지름치수 30 입력

T·I·P
인벤터는 오토캐드와 달리 중간점 오스냅 기능이 없지만 모형을 스케치 할 시 선중간에 커서를 가져가면 자동으로 중간점 스냅이 걸립니다.

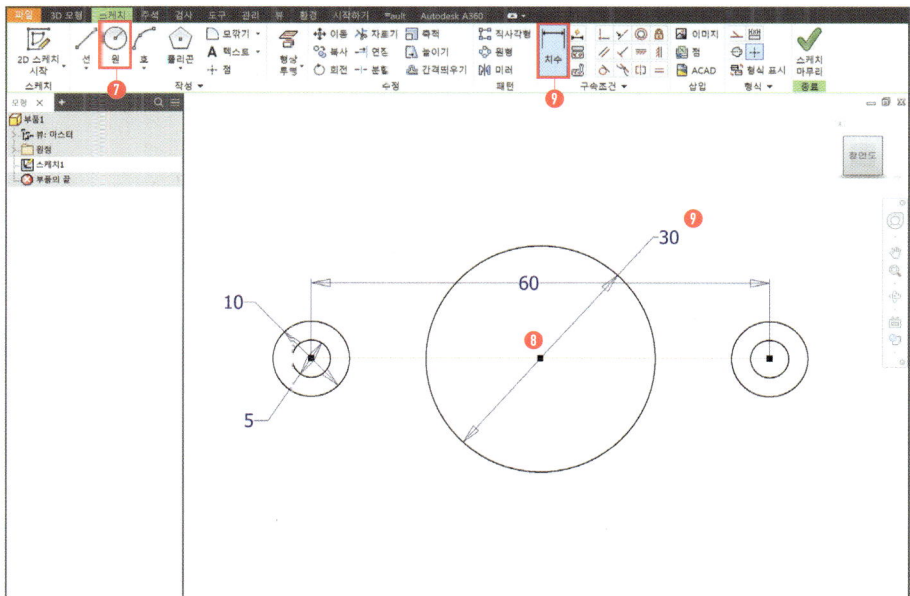

10 선 / 클릭

11 원과 원 사이에 선을 스케치

T·I·P

선을 스케치할 시 원의 중간점(사분점)을 클릭하면 구속조건이 들어가기 때문에 접선 구속조건을 줄 수가 없습니다.
선을 가져가면 접선구속 조건 아이콘이 활성화될 때, 원을 클릭해도 되며 임의점을 클릭하여 스케치 후 접선 구속조건을 줘도 됩니다.

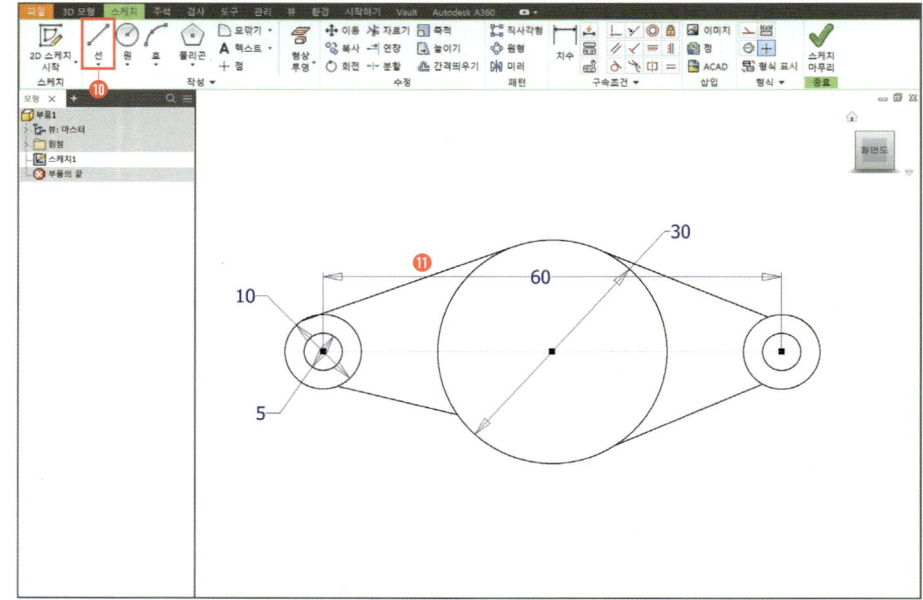

12 접선 구속조건 클릭

13 원과 원사이에 이어진 선들에 접선 구속조건을 줌

T·I·P

구속조건 확인 활성화는 F8번 클릭
비활성화는 F9번 클릭
삭제 시에는 구속조건 선택 후 Del 클릭

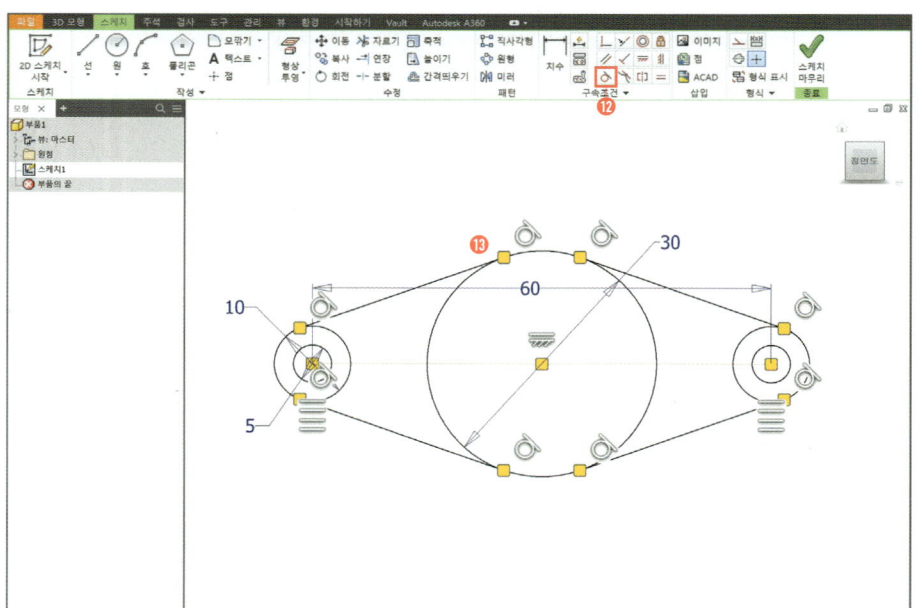

14 자르기 ✂ 클릭

15 필요없는 선들을 잘라 줌

16 동일 = 구속조건을 줌

T·I·P
자르기 기능은 오토캐드의 Trim 명령어와 동일합니다.
객체를 자르면 기입된 치수가 없어지는 경우가 있기 때문에 다시 치수를 기입하여 구속하여 줍니다.

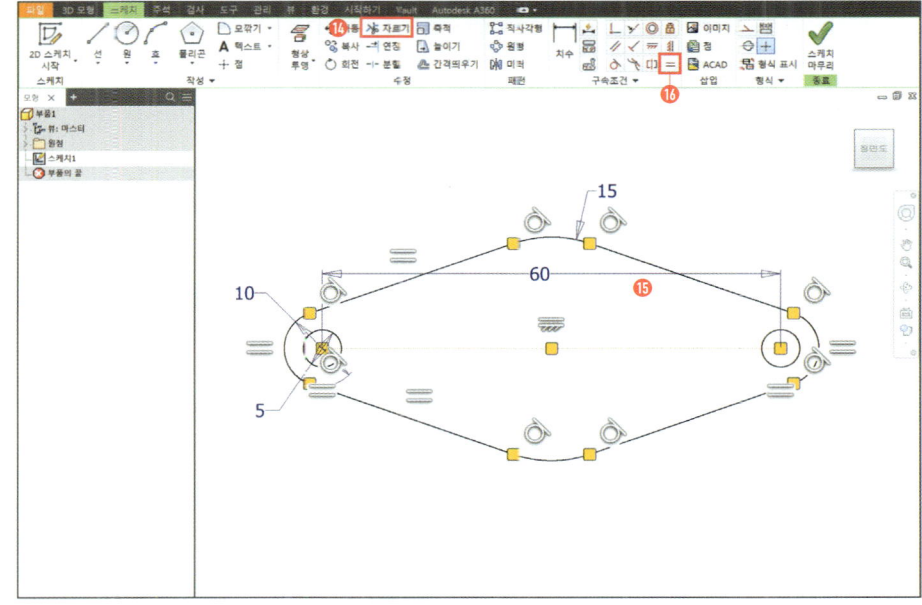

17 원 ⊙ 클릭

18 원 스케치 후 치수 20 기입

19 원 선택 → 구성 ⌐ 선택

20 폴리곤 ⬠ 클릭

21 6 입력 후 원의 사분점 선택

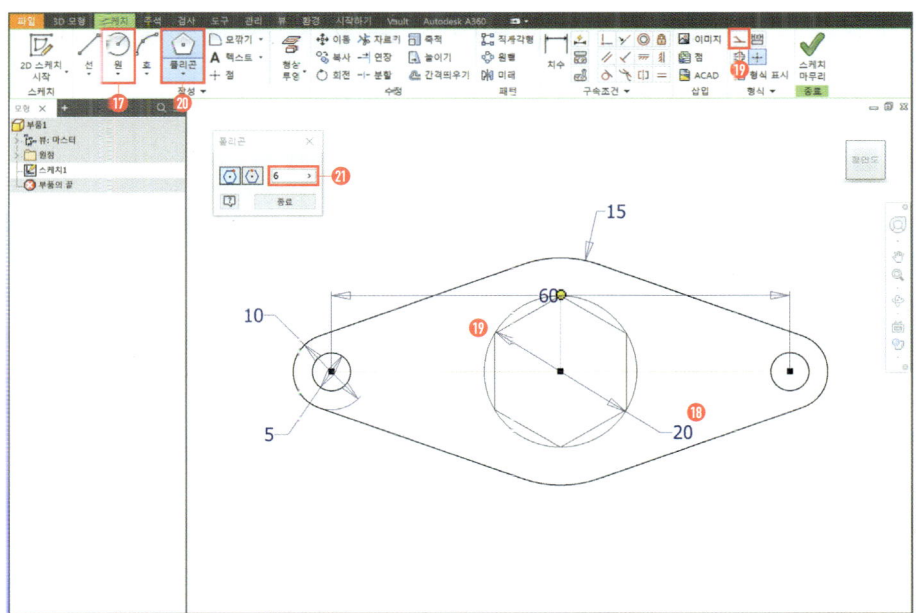

3D 모델링 기초
(구멍가공)

SECTION 02

시험에서는 조립용 모따기를 1해주면 됩니다.
주서에 도시되고 지시 없는 모따기는 1X45° 라고 명시를 하기 때문입니다.
조립용 모따기의 역할은 조립방향에 따라 약간의 기울기가 있으면 조립 시 편리해집니다.

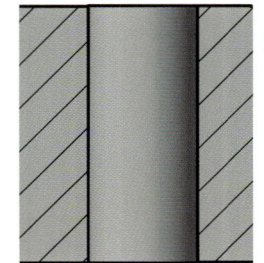
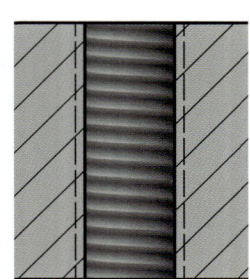
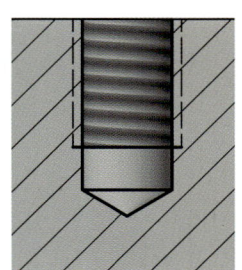
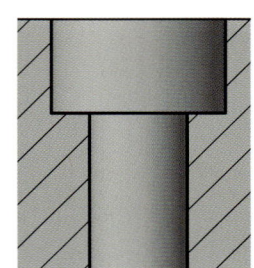
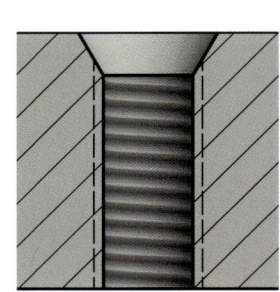

01 파일 → 새로만들기 클릭

① Templates/Metric/Standard(mm).ipt 클릭

② 파일 → 다른 이름으로 저장 → 부품명 작성 → 확인

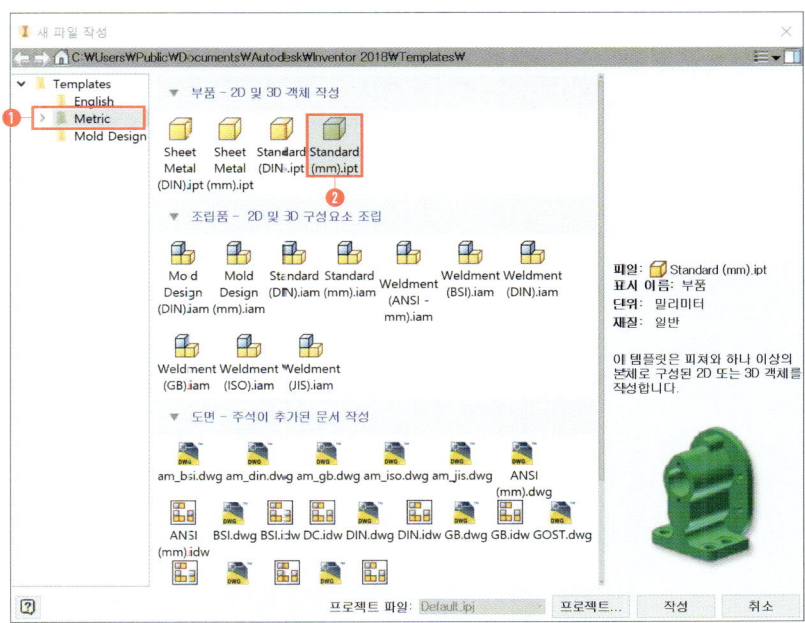

02 XY평면에 새 스케치(옵션설정을 하였으면 자동으로 시작)

① 2점 직사각형 선택

② 치수선택 가로 50, 세로 50 치수기입

T·I·P

치수단축키 : D
스케치 단축키 : S

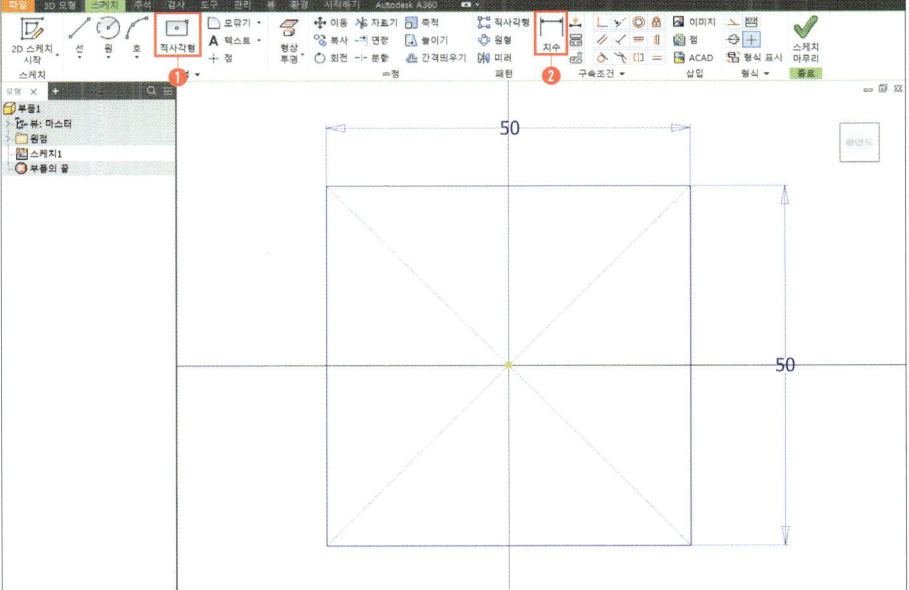

03 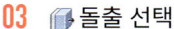 돌출 선택

① 거리 : 12

② 방향1 선택

③ 확인

T·I·P

돌출 단축키 : E

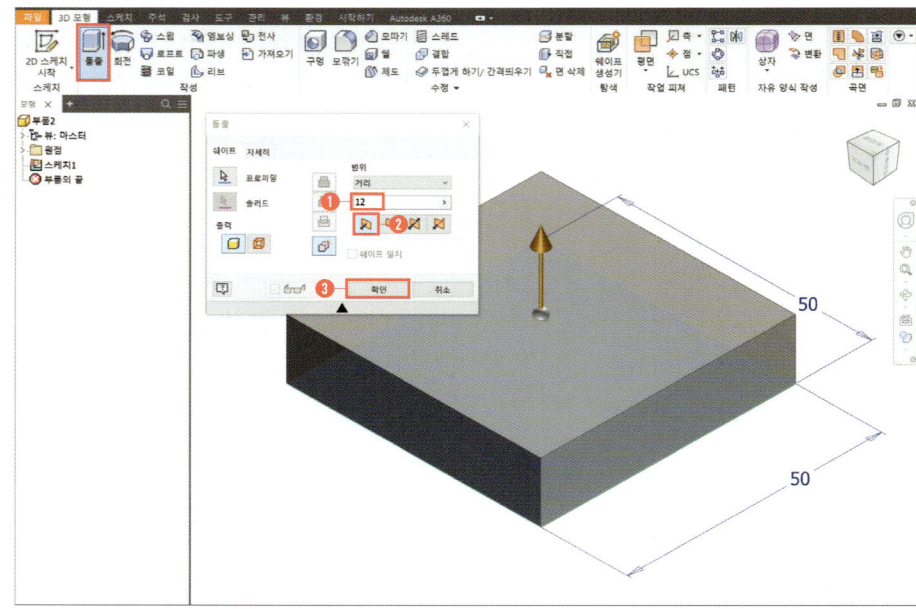

04 모깎기 선택

① 4개의 모서리 선택

② 반지름 : 8

③ 입력

T·I·P

모깎기 단축키 : F

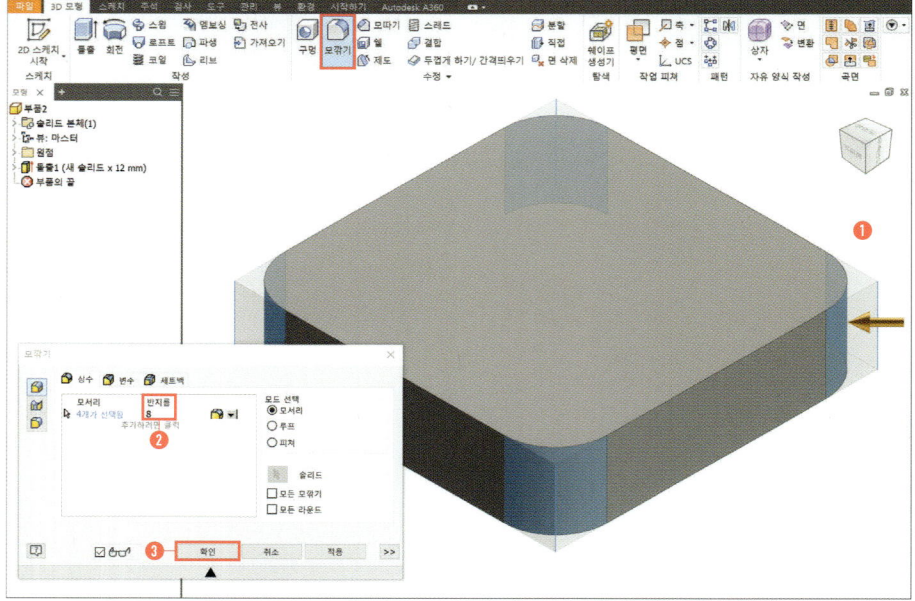

05 🔲 모깎기 선택

❶ 윗면 모서리 선택

❷ 반지름 : 3

❸ 입력

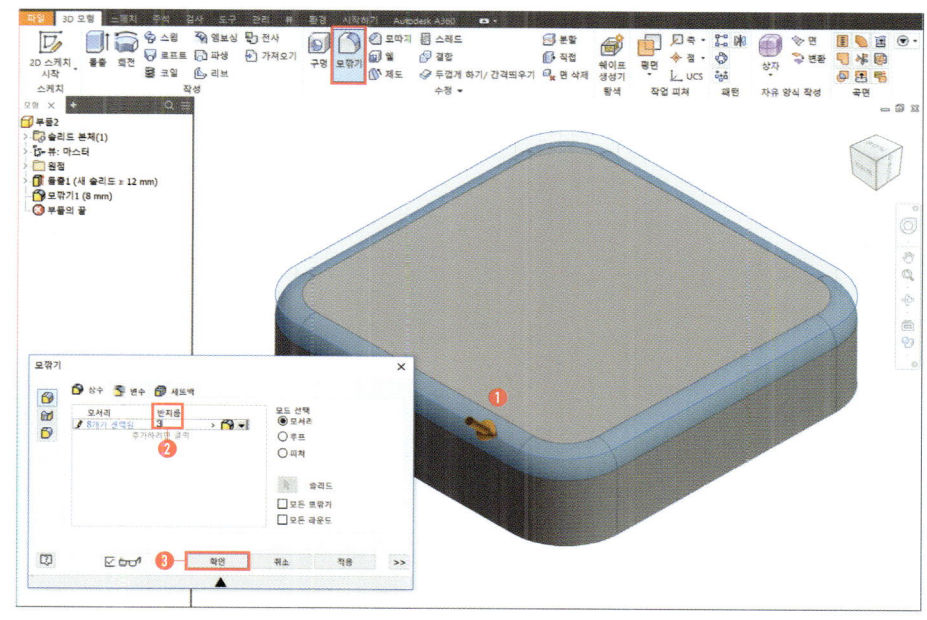

06 📝 스케치 시작 선택

❶ 부품 윗면에 스케치 작성

❷ 스케치 마무리 선택

※ 인벤터 옵션설정에서 자동 투영 체크를 해줘야 해당 이미지처럼 형상투영이 된다.

T·I·P

부품 윗면을 선택 후 스케치 단축키S를 누르면 바로 스케치 작성이 됩니다. 스케치 마무리 역시 단축키S를 누르면 바로 스케치 마무리가 됩니다.

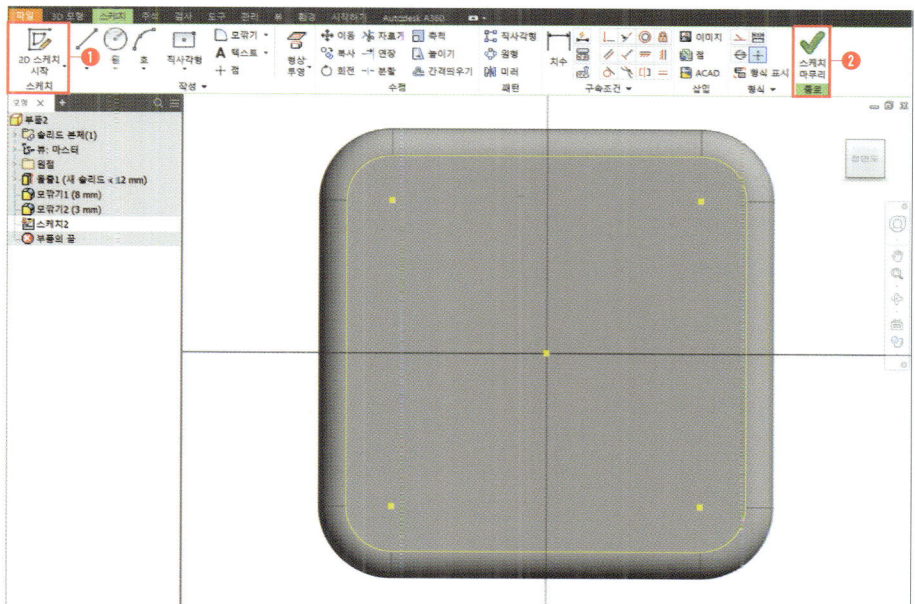

07 🕳 구멍 선택

① 드릴 선택
② 지름 : 5
③ 단순 구멍 선택
④ 전체관통 선택
⑤ 확인

T·I·P

구멍 단축키 : H

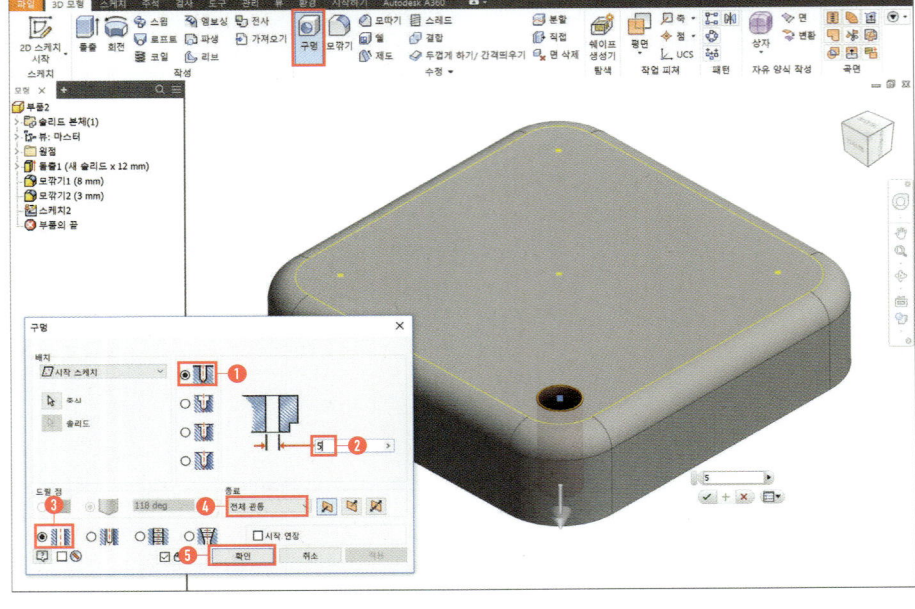

08 📝 스케치 시작 선택 (단축키:S)

① 부품 구멍가공면에 스케치 작성
② 스케치 마무리 선택
③ 🕳 구멍 선택(단축키: H)
④ 투영된 점 선택
⑤ 드릴 선택
⑥ 종료 : 전체 관통 선택
⑦ 탭 구멍 선택
⑧ 전체 깊이 체크
⑨ 크기 : 5 / ISO Metric profile 선택

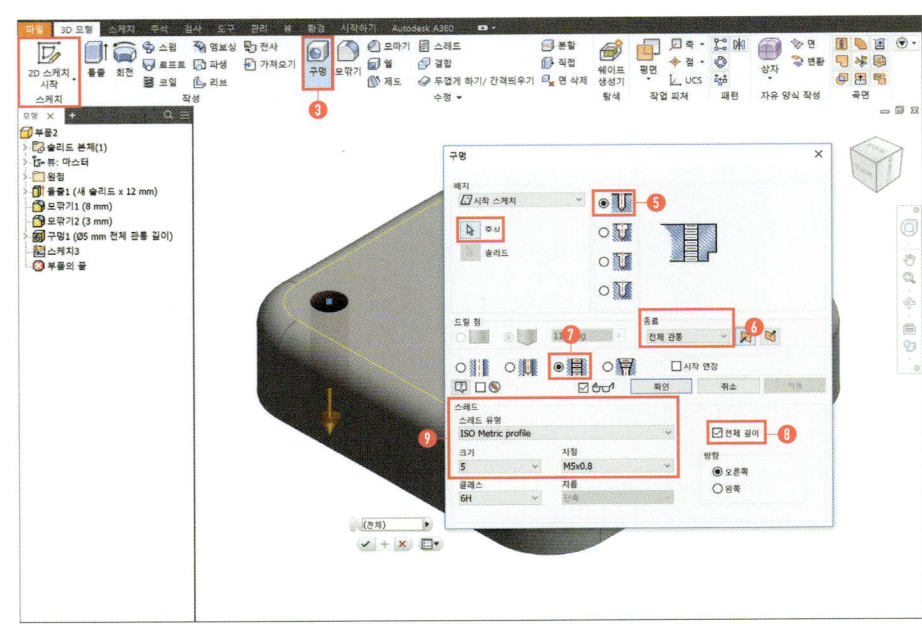

09 📝 스케치 시작 선택
(단축키:S)

❶ 부품 구멍가공면에 스케치 작성
❷ 스케치 마무리 선택
❸ 구멍 선택(단축키: H)
❹ 투영된 점 선택
❺ 드릴 선택
❻ 종료 : 거리 선택
❼ 스레드 깊이 : 6
   구멍 깊이 : 8
❽ 탭 구멍 선택
❾ 크기 : 5 / ISO Metric profile 선택

T·I·P
스레드 깊이가 10 이하일 때는 +2, 10 이상 일 때는 +3을 더하여 구멍깊이를 입력합니다.

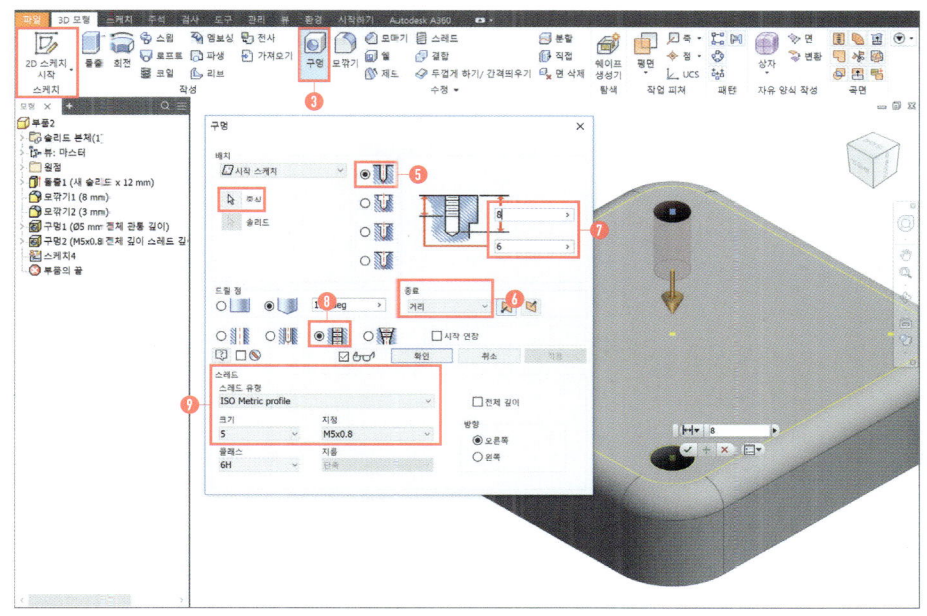

10 📝 스케치 시작 선택
(단축키:S)

❶ 부품 구멍가공면에 스케치 작성
❷ 스케치 마무리 선택
❸ 구멍 선택(단축키: H)
❹ 투영된 점 선택
❺ 카운터 보어 선택
❻ 종료 : 전체 관통 선택
❼ 단순 구멍 선택
❽ 지름 : 9.5, 깊이 : 5.4,
   지름 : 5.5

호칭		DCB	
나사	드릴(d)	D	DP
M3	3.4	6.5	3.3
M4	4.5	8	4.4
M5	5.5	9.5	5.4

T·I·P
시험에서 자리파기 규격은 M3~M5 3개만 숙지하면 됩니다.

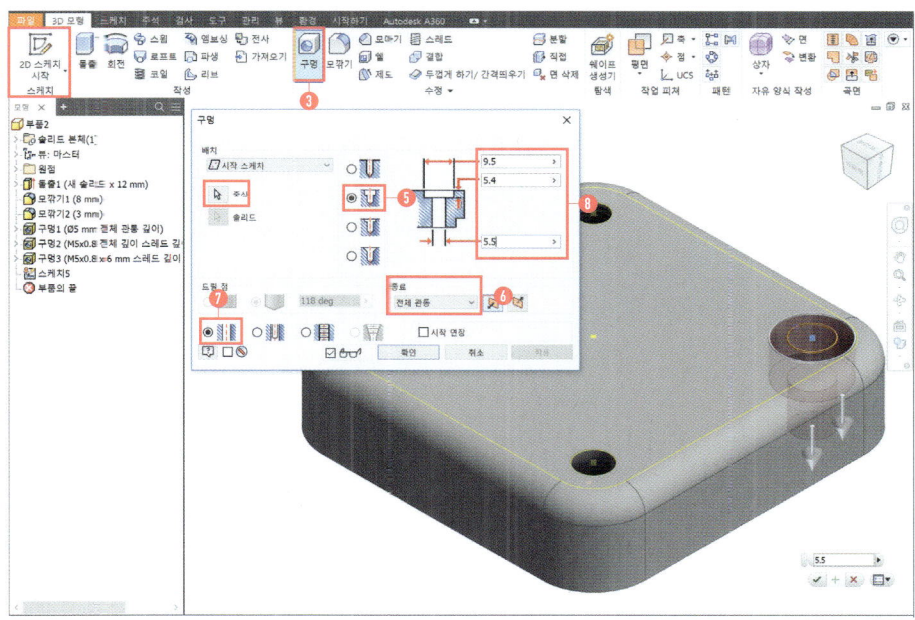

11 　 스케치 시작 선택
   (단축키:S)

   ❶ 부품 구멍가공면에
      스케치 작성
   ❷ 스케치 마무리 선택
   ❸ 　 구멍 선택(단축키: H)
   ❹ 투영된 점 선택
   ❺ 드릴 선택
   ❻ 종료 : 전체 관통 선택
   ❼ 탭 구멍 선택
   ❽ 전체 깊이 체크
   ❾ 크기 : 5 / ISO Metric
      profile 선택

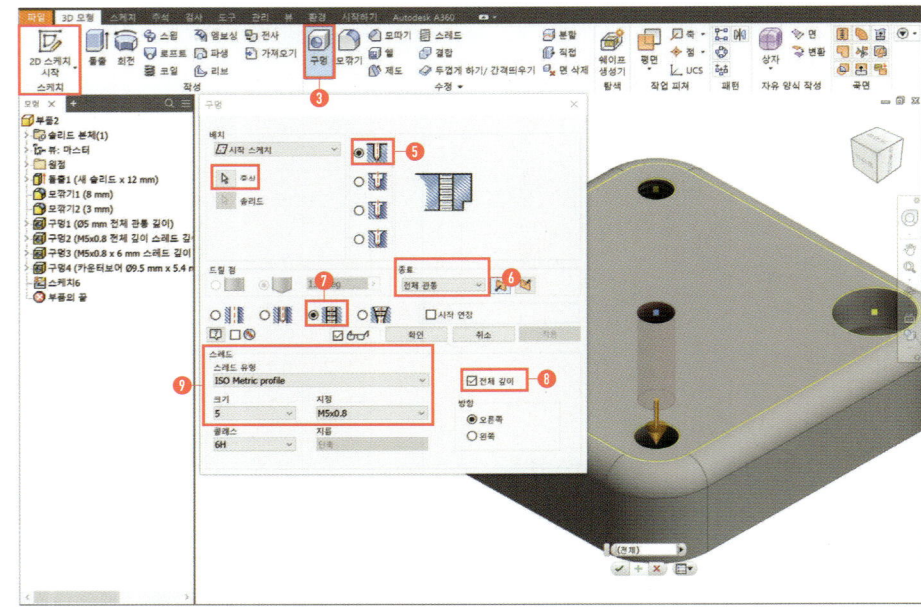

12 　 모따기 선택

   ❶ 구멍 모서리 선택
   ❷ 거리 : 2
   ❸ 확인

   T·I·P
   모따기 할 모서리를 바로 선택한 후
   모깎기 / 모따기 아이콘을 이용하여
   실행할 수 있습니다.

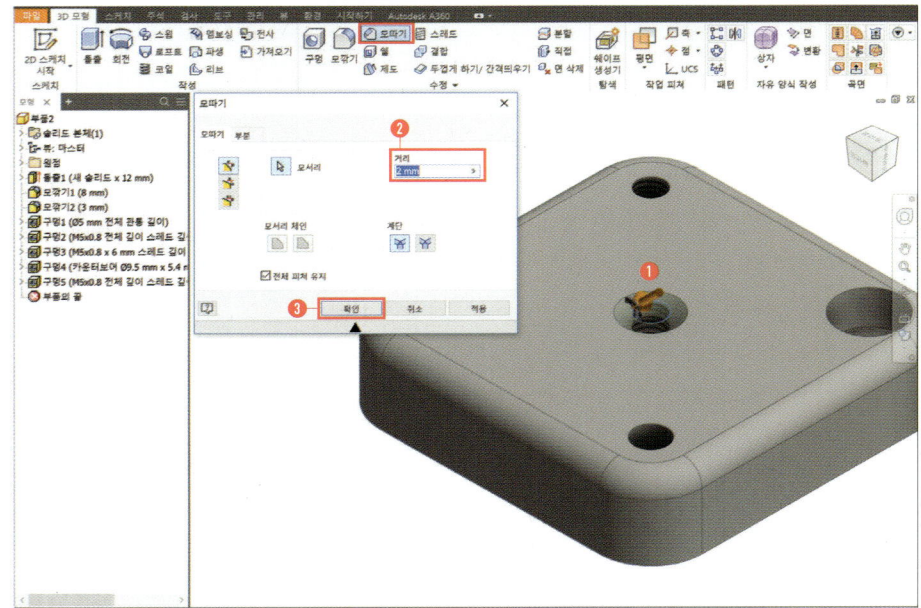

3D 모델링 기초
(볼트&너트)

SECTION 03

KS규격에 의거한 볼트&너트 모델링을 해보도록 하자! 시험에서는 볼트&너트 모델링을 하지 않으나 3D모델링 기초 연습을 하기에는 좋은 예제이므로 회전 및 스레드 명령어를 이해하면서 모델링 합니다.

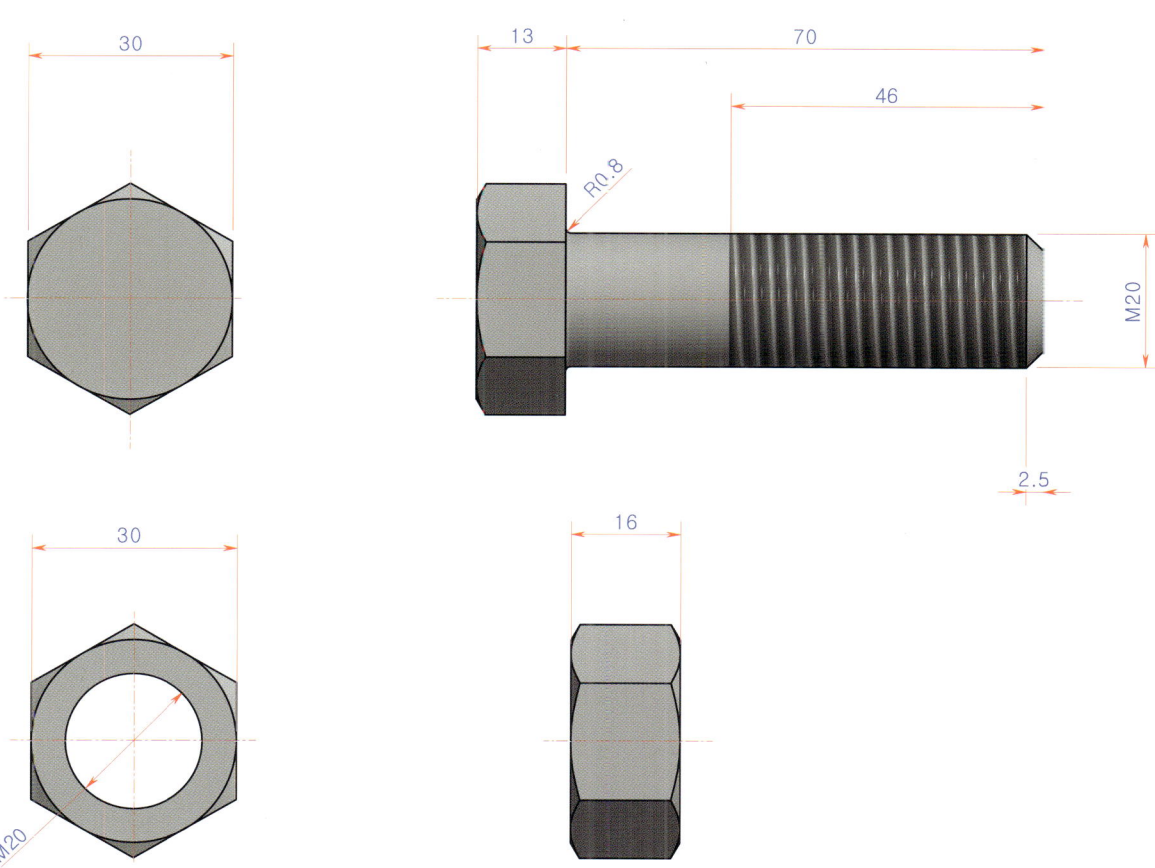

NAVER앱 QR코드 스캔으로 해당 무료강좌를 시청하실 수 있습니다.

01 파일 → 새로만들기 클릭

① Templates/Metric/Standard(mm).ipt 클릭

② 파일 → 다른 이름으로 저장 → 부품명 작성 → 확인

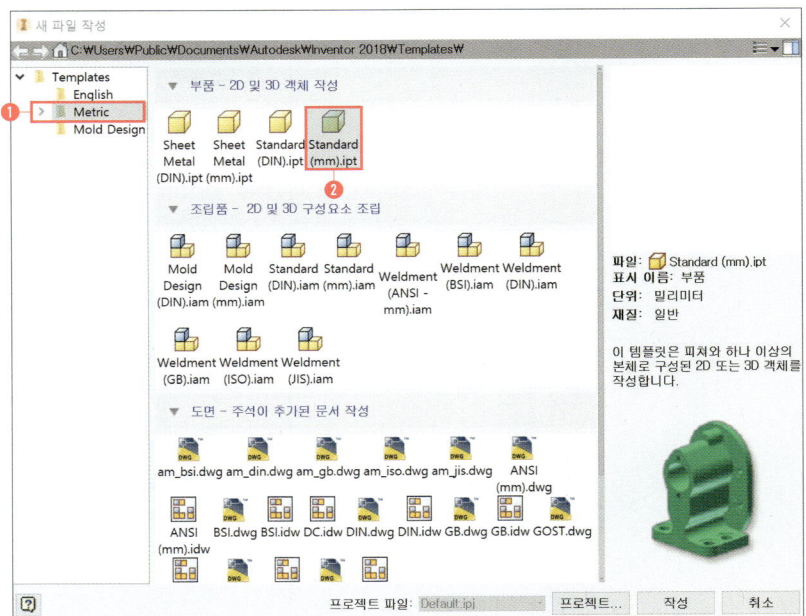

02 XY 평면에 새 스케치

① 폴리곤 선택
② 면의 수 : 6
③ 치수선택 30 치수기입
④ 수직 구속조건 클릭
⑤ 수직선 선택

T·I·P
수직 구속조건을 줘야 다각형이 완벽하게 구속이 됩니다.

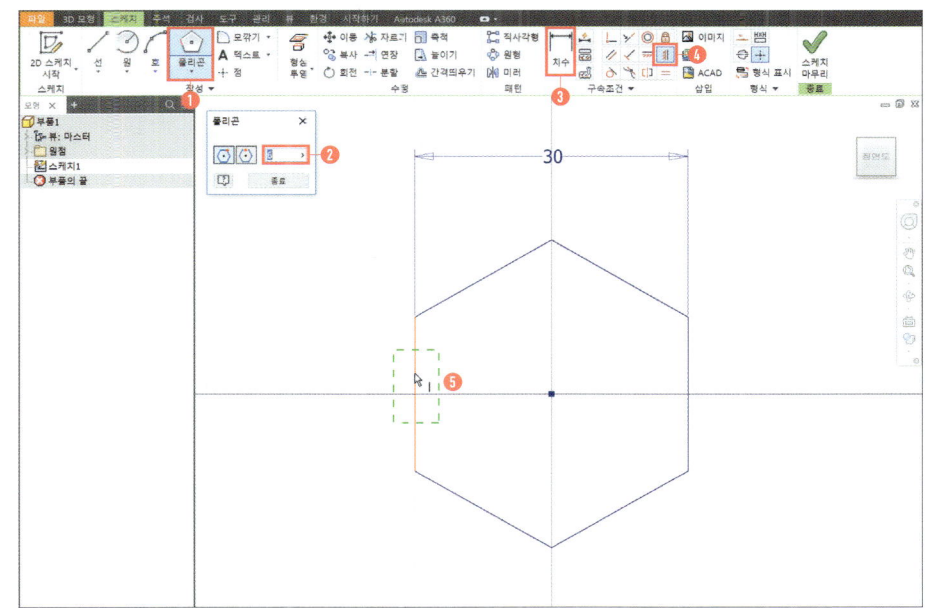

03 돌출 선택(단축키 : E)

① 거리 : 13
② 방향1 선택
③ 확인

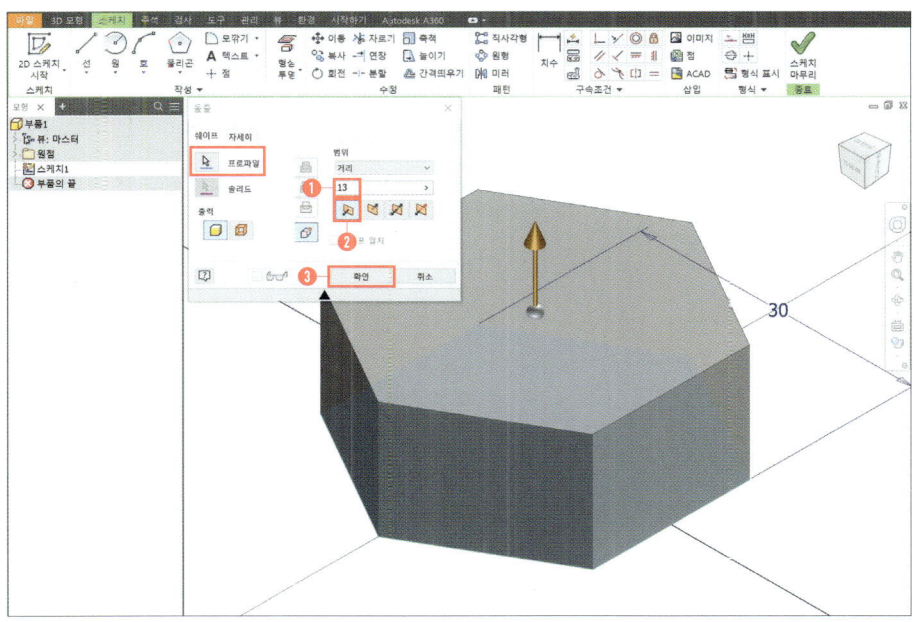

04 📝 스케치 시작 선택
   (단축키 : S)
   ❶ 부품 윗면에 스케치 작성
   ❷ 🔵 원 선택
   ❸ 지름 치수 20 기입

   T·I·P
   부품 윗면을 선택 후 스케치 단축키 S를
   누르면 바로 스케치 작성이 됩니다.

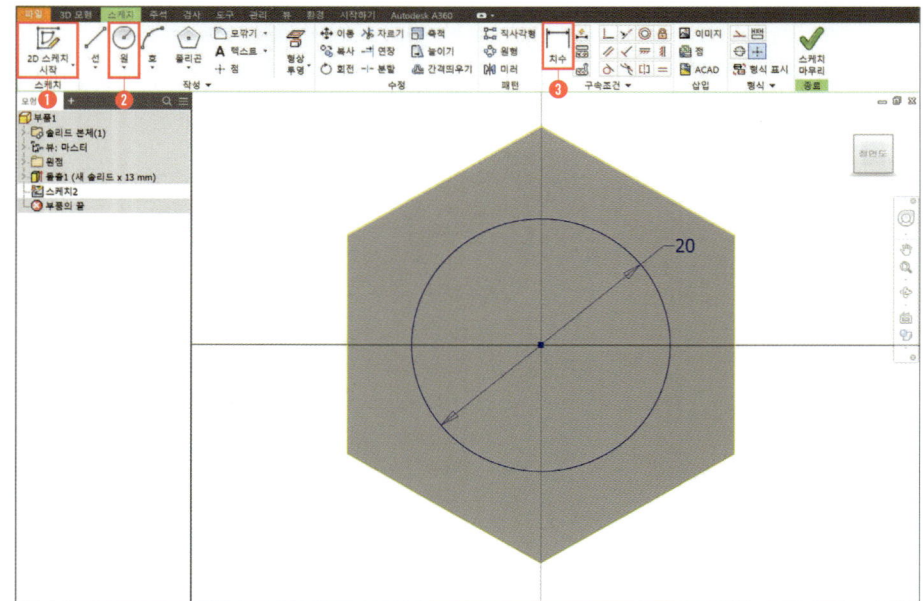

05 📦 돌출 선택(단축키 : E)
   ❶ 접합 선택
   ❷ 거리 : 70
   ❸ 방향1 선택
   ❹ 확인

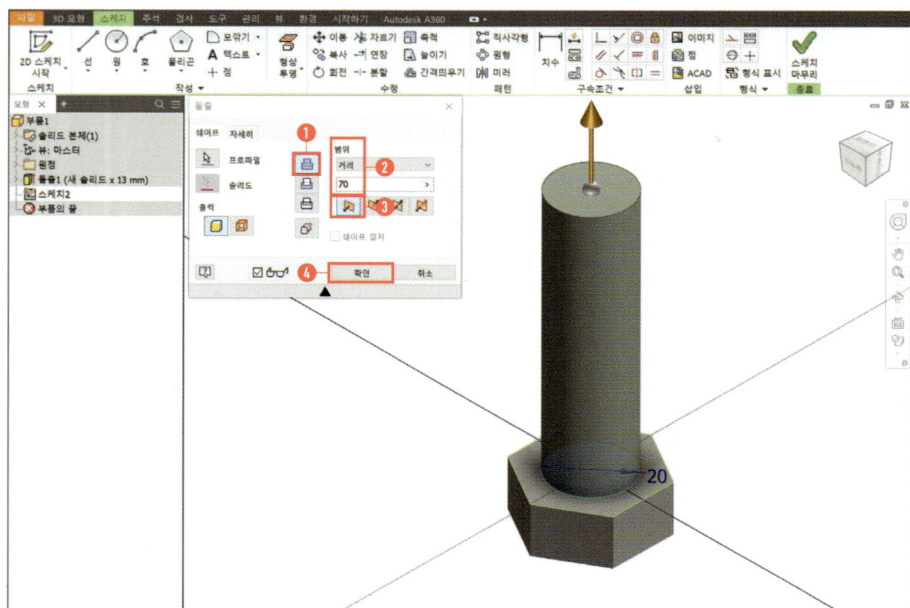

06 스레드 선택

① 면 선택
② 길이 : 46

T·I·P

스레드가 반대편으로 나올 경우는 면 선택을 클릭한 후 부품의 면을 나눠서 스레드가 표현될 편을 다시 재지정 하-면 됩니다.

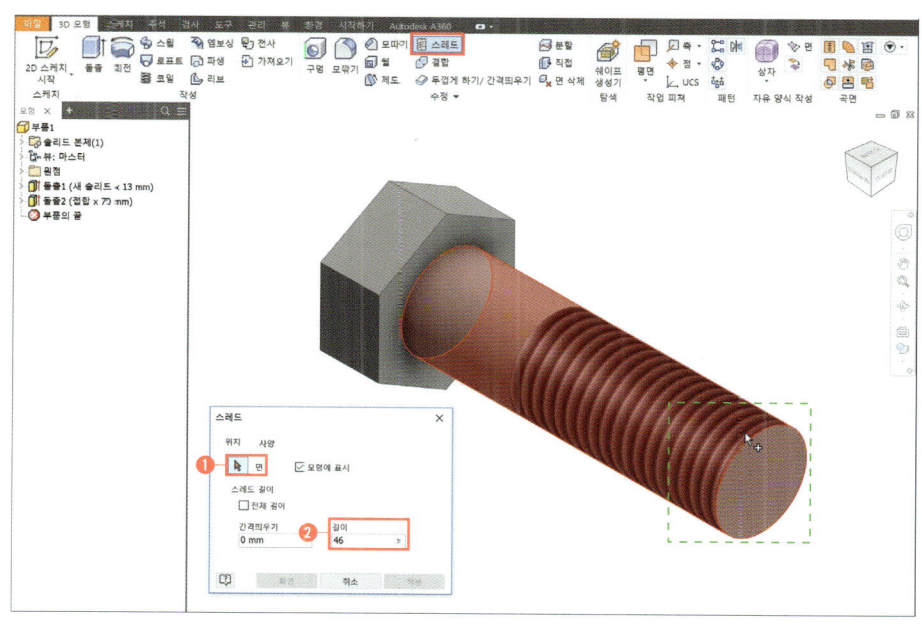

07 스레드 → 사양 탭 선택

① 스레드 유형 : ISO Metric profile
② 지정 : M20x2.5
③ 확인

T·I·P

시험에서는 스레드 표현만 하면 되기 때문에 굳이 사양 탭에 있는 값을 수정 하지 않아도 됩니다.
크기는 자동으로 지름값으로 정해지면 피치값은 수정을 할 수 있습니다(2.5).
피치값은 정해진 규격에서만 수정되며 피치값이 작아질수록 스레드가 촘촘해 집니다.

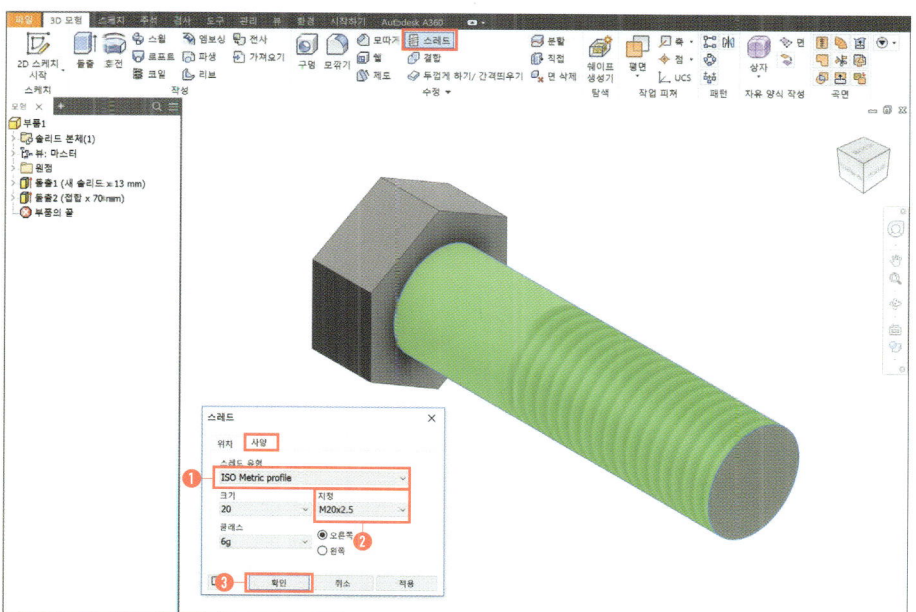

08 모따기 선택

① 모따기 할 모서리 선택
② 거리 : 2.5
③ 확인

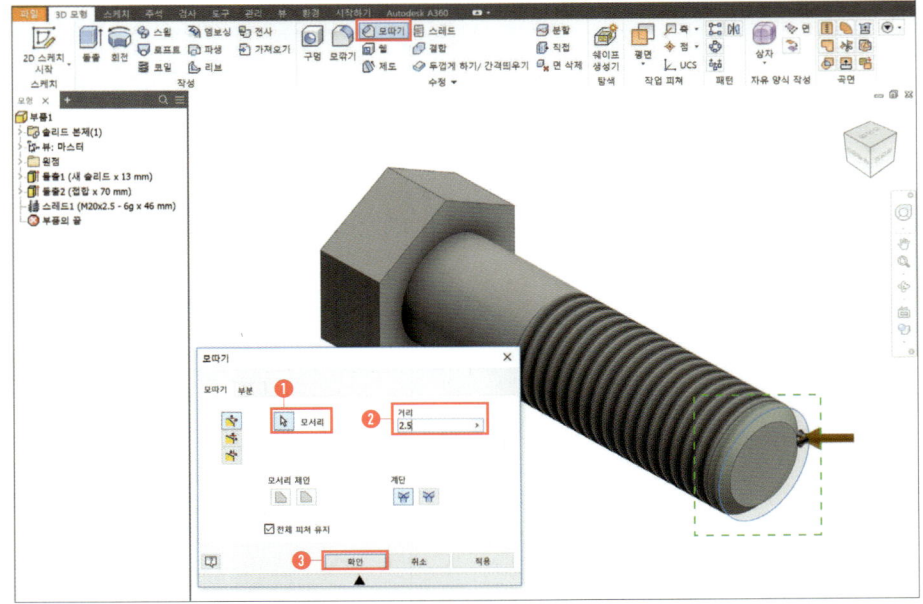

09 디자인트리에서 원점 선택

① YZ 평면 선택
② 마우스 오른쪽 클릭
③ 새 스케치 선택

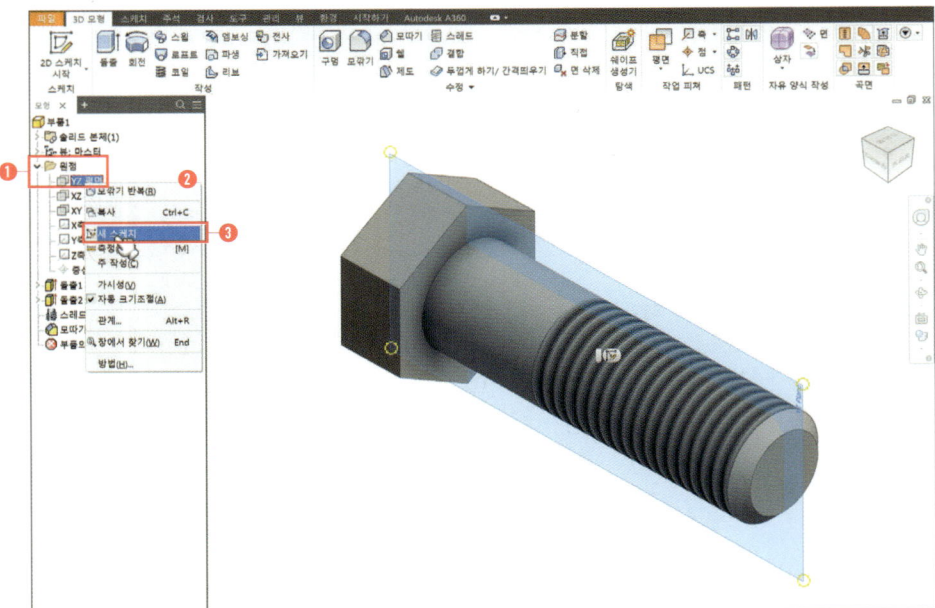

10 ／ 선 선택

1. 삼각형 스케치
2. 형상투영 선택 좌측 수직선 선택
3. 일치 구속조건 선택
4. 좌측 모서리 끝과 삼각형 모서리 끝 일치구속

T·I·P

형상투영이 된 점에서 삼각형을 스케치 하면 중간에 끊어지므로 삼각형을 따로 스케치하고 일치 구속조건으로 구속 하는 것이 더 편리합니다(동영상 강좌 참조).

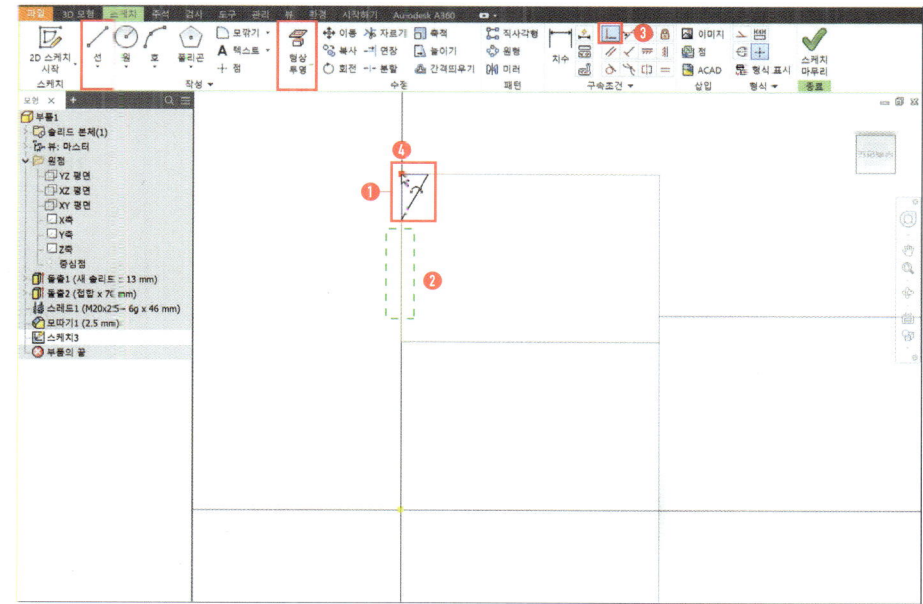

11 치수 선택

1. 거리 : 15
2. 각도 : 30
3. 확인

T·I·P

비주얼 스타일을 와이어 프레임으로 하면 좀 더 편리하게 스케치와 치수 기입이 가능합니다. 오른쪽 막대툴바 에서 선택할 수 있습니다.

12 회전 선택(단축키 : R)
   ❶ 회전할 프로파일 선택
   ❷ 회전할 중심축 선택
      (원점 Z축)
   ❸ 차집합 선택
   ❹ 범위 : 전체
   ❺ 확인

T·I·P

회전 명령어도 돌출 명령어와 마찬가지로 접합, 차집합, 교집합을 선택할 수 있습니다. 중심축은 직접 스케치한 선으로도 선택할 수 있습니다.

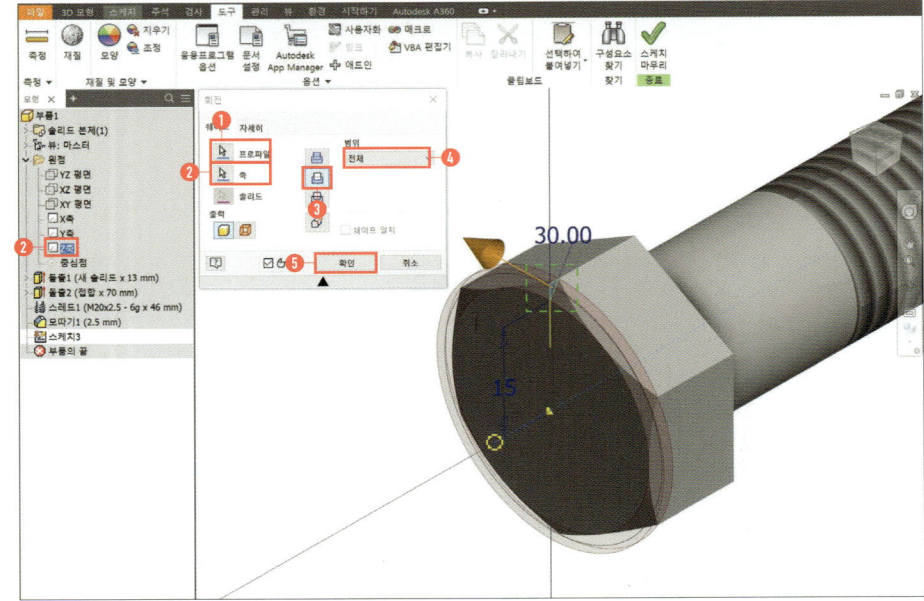

13 모깎기 선택
   ❶ 모서리 선택
   ❷ 반지름 : 0.8

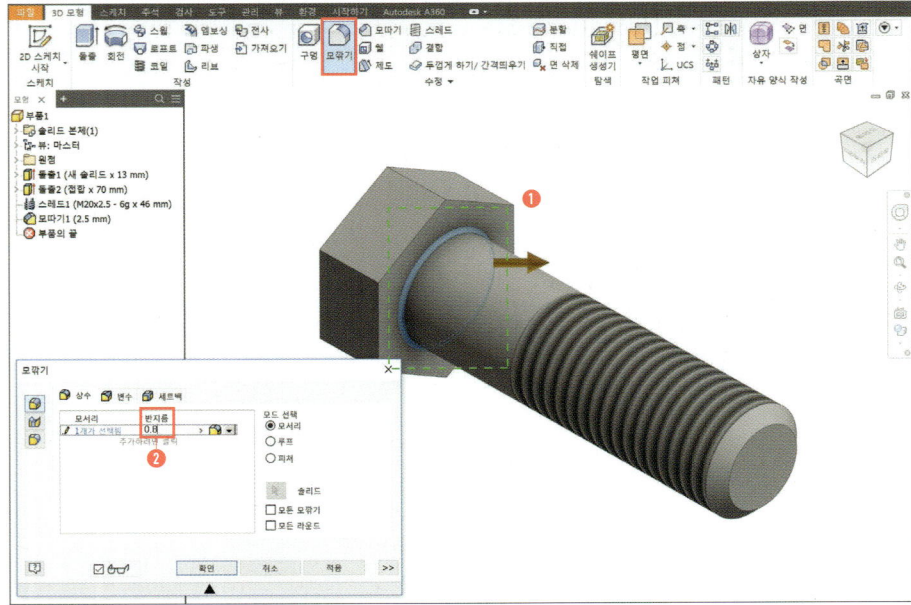

T·I·P

뷰큐브로 원하는 뷰를 선택한 다음 뷰큐브 아이콘 모서리 에서 마우스 오른쪽을 클릭한 후 현재 뷰를 홈 뷰로 설정 클릭 → 뷰에 맞춤 선택하면 해당 뷰가 홈 뷰가 되어서 작업이 편리합니다. 다시 홈 뷰로 돌아올 시에는 F6번을 클릭!

01 XY 평면에 새 스케치

① 폴리곤 선택
② 면의 수 : 6
③ 치수선택 30 치수기입
④ 수직구속 조건 클릭
⑤ 수직선 선택

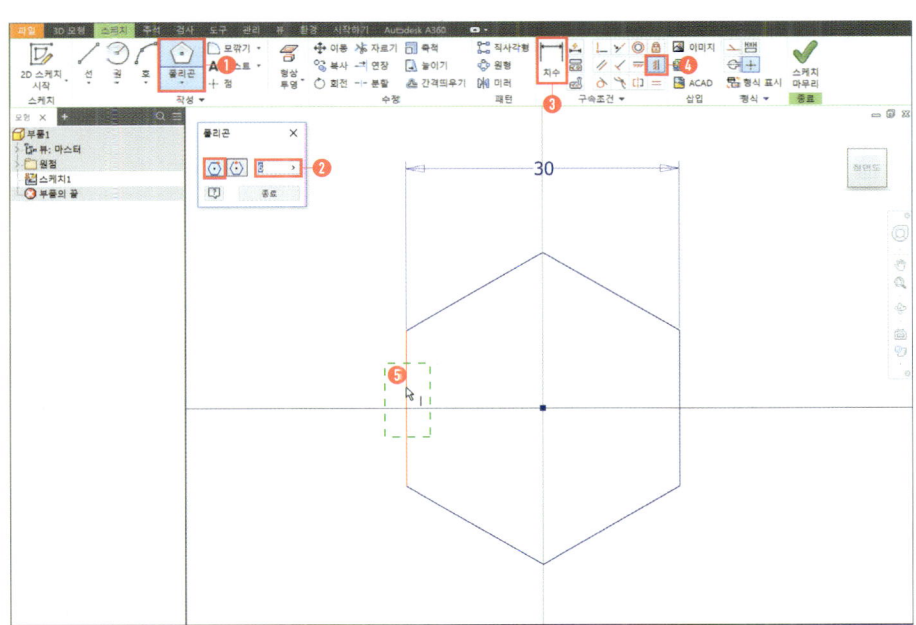

02 돌출 선택(단축키 : E)
1. 돌출할 프로파일 선택
2. 거리 : 16
3. 대칭 선택
4. 확인

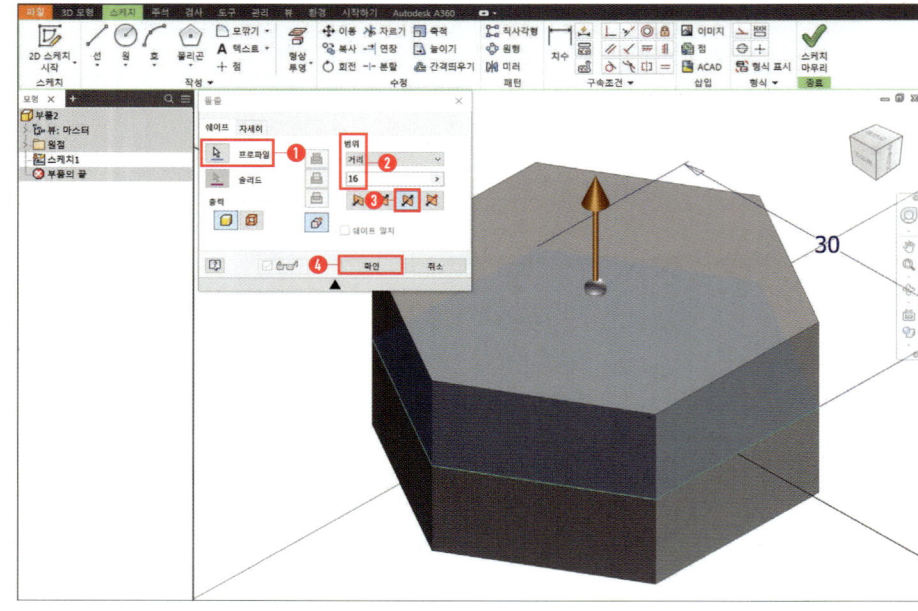

03 스케치 시작 선택 (단축키 : S)
1. 부품 구멍가공면에 스케치 작성
2. 스케치 마무리 선택
3. 구멍 선택(단축키 : H)
4. 투영된 점 선택
5. 드릴 선택
6. 종료 : 전체 관통 선택
7. 탭 구멍 선택
8. 전체 깊이 체크
9. 크기 : 20 / ISO Metric profile 선택

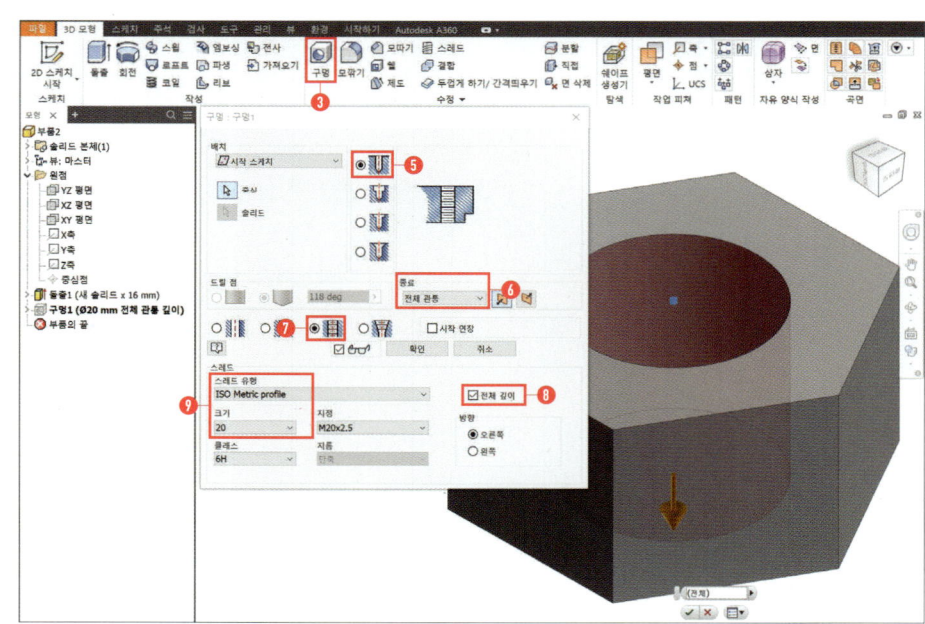

04 모형 검색기에서 원점 선택

❶ YZ 평면 선택
❷ 마우스 오른쪽 클릭
❸ 새 스케치 선택

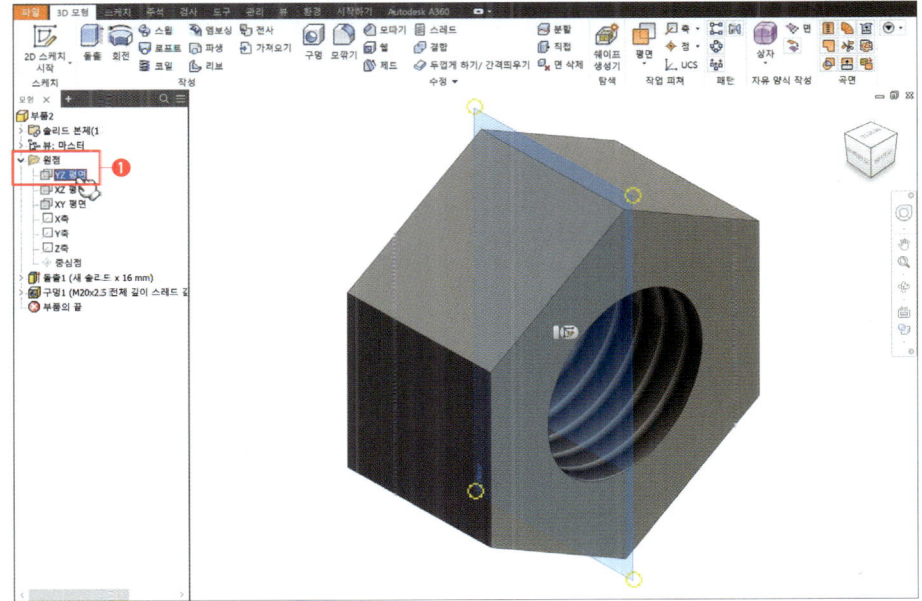

05 ✏ 선 선택

❶ 삼각형 스케치
❷ 형상투영 선택 좌측 수직선 선택
❸ ⌐ 일치 구속조건 선택
❹ 좌측 모서리 끝과 삼각형 모서리 끝 일치구속

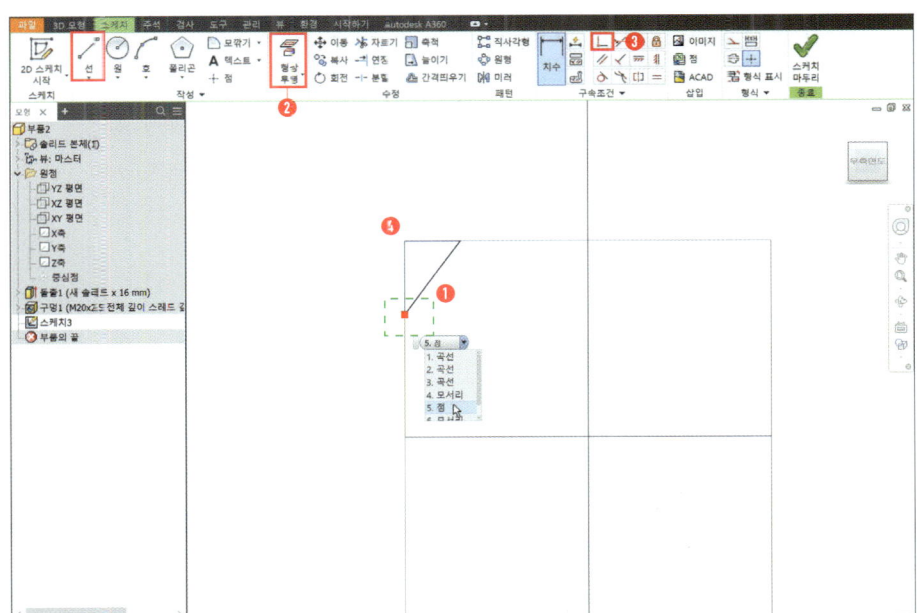

06 ┌┐ 치수 선택

① 거리 : 15

② 각도 : 30

③ 확인

T·I·P

치수기입시점 선택이 잘 안될 시 마우스 커서를 점 근처에 가져가 3초 정도 기다리면 선택할 수 있는 윈도우 창이 나타납니다.

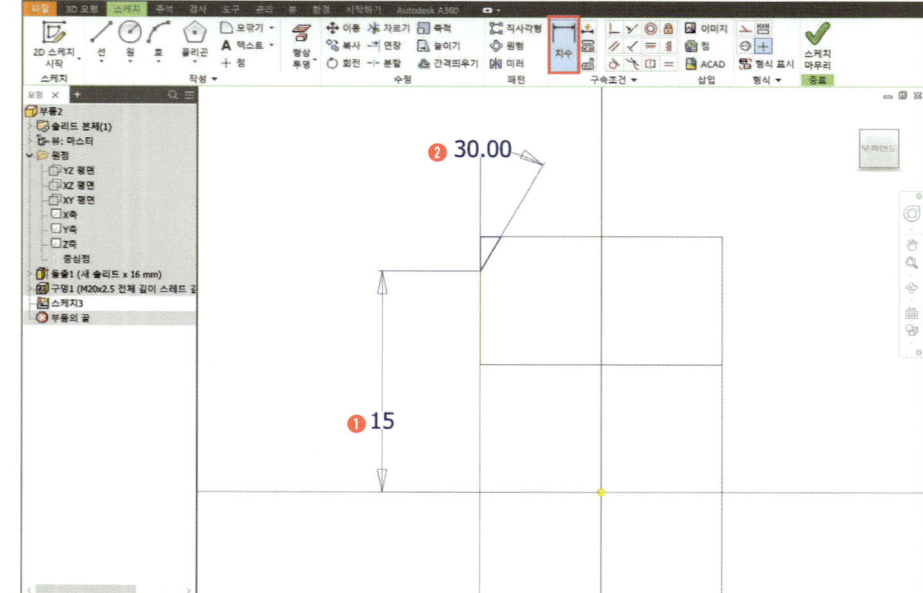

07 회전 선택(단축키 : R)

① 회전할 프로파일 선택

② 회전할 중심축 선택 (원점 Z축)

③ 차집합 선택

④ 범위 : 전체

⑤ 확인

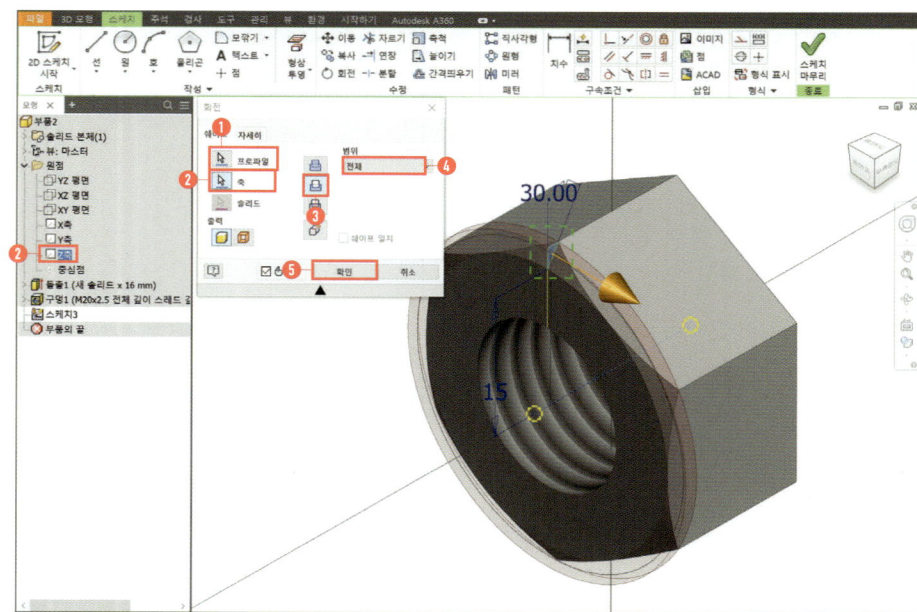

08 미러 선택

① 미러(대칭복사)할 피쳐 선택
② 미러 평면 선택(XY평면)
③ 확인

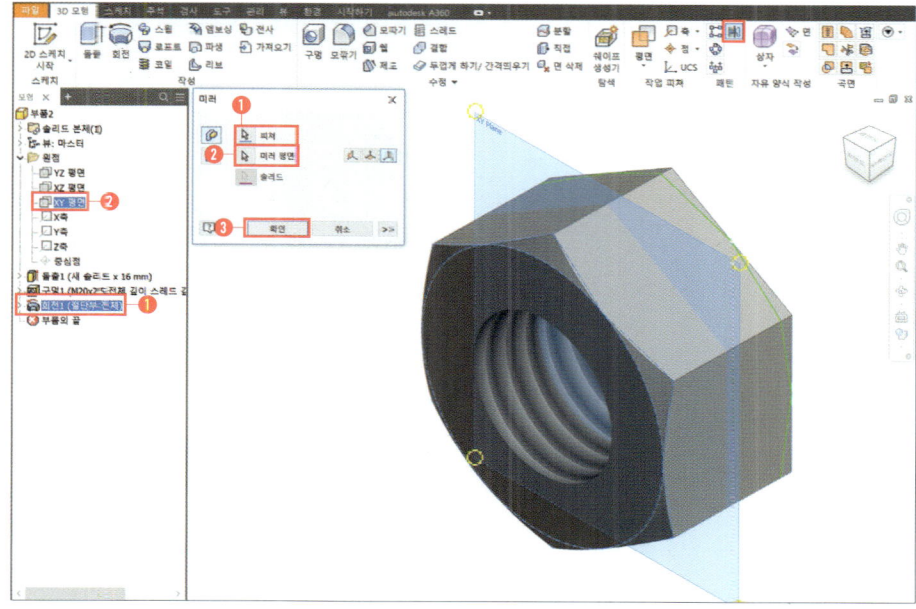

09 모따기 선택

① 구멍 모서리 선택
   (양쪽 다 선택)
② 거리 : 1
③ 확인

T·I·P

시험에서는 조립용 모따기를 1 해주면 됩니다. 주서에 도시되고 지시없는 모따기는 1X45° 라고 명시를 하기 때문입니다.
조립용 모따기의 역할은 조립방향에 따라 약간의 기울기가 있으면 조립 시 편리해집니다.

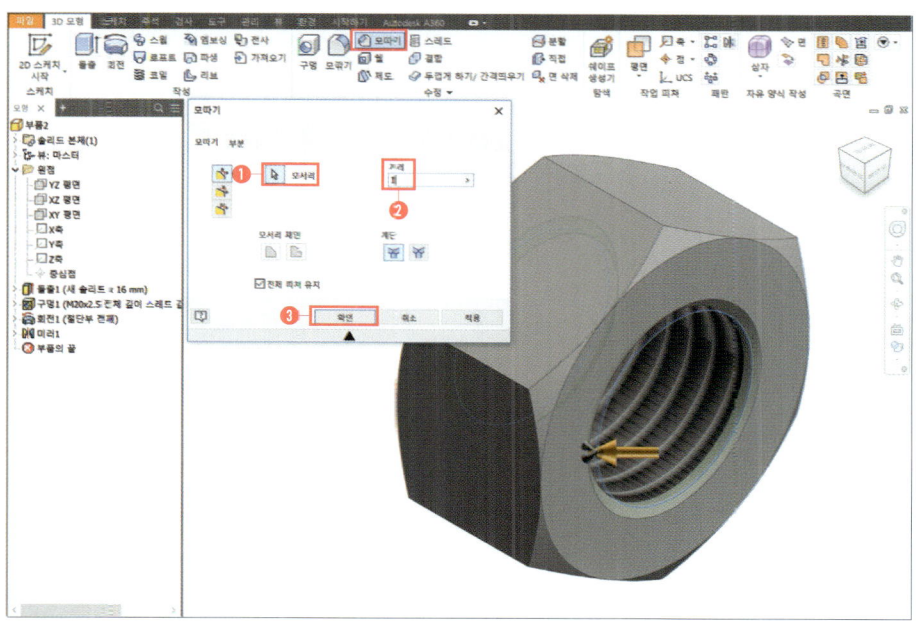

CHAPTER 06
3D기초 모델링

편심축 모델링

SECTION 01

편심축은 일반 축보다 모델링이 어렵다고 생각하는 수험생분들이 많으나 인벤터의 직접 편집을 사용하면 아주 손쉽게 편심축을 모델링할 수 있습니다. 편심축에 들어가는 KS규격 치수는 키홈 & 나사의 틈새가 있습니다.

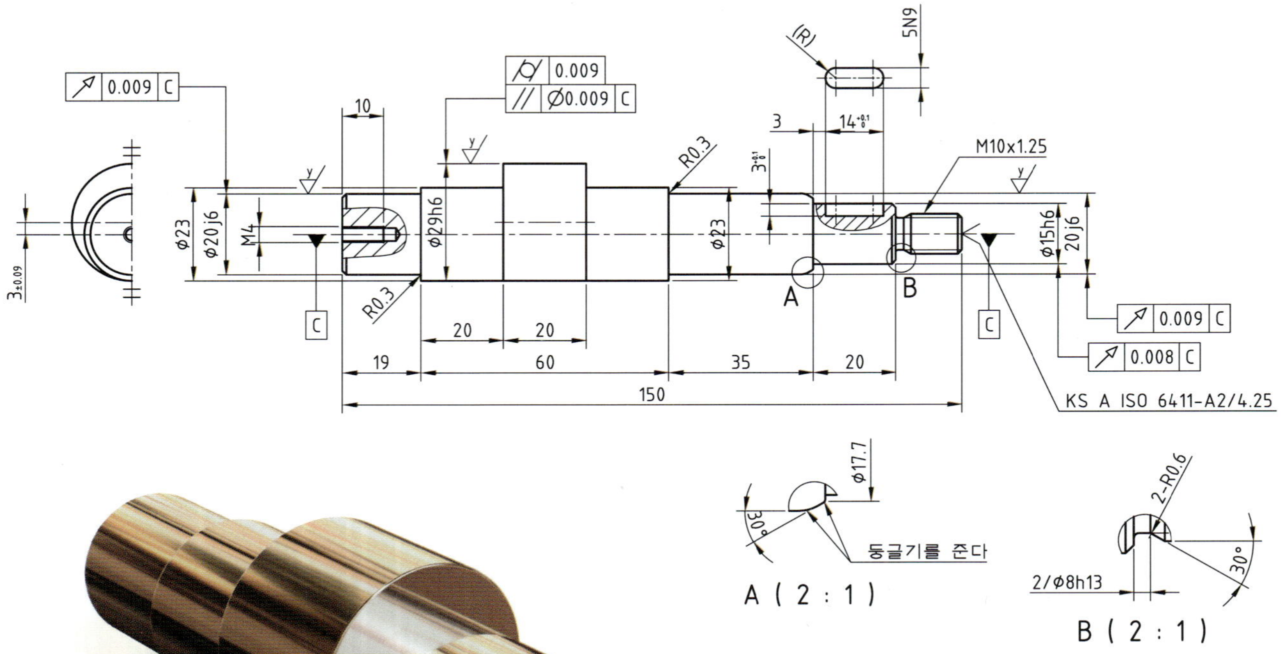

NAVER앱 **QR코드 스캔**으로 해당 무료강좌를 시청하실 수 있습니다.

01 파일 → 새로만들기 클릭

　❶ Templates/Metric/Standard(mm).ipt 클릭
　❷ 파일 → 다른 이름으로 저장 → 부품명 작성 → 확인

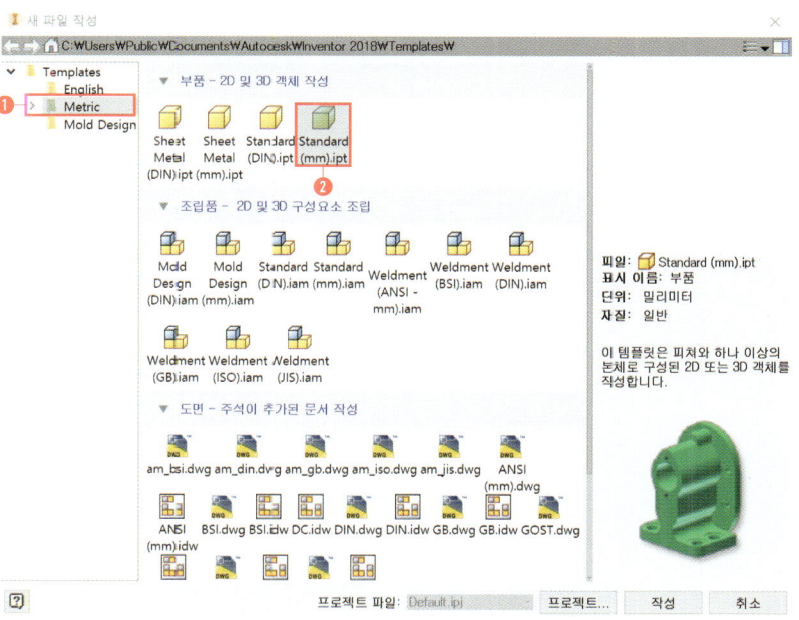

02 XY 평면에 새 스케치

❶ ▭ 2점 직사각형 선택
❷ 7개의 사각형을 스케치
❸ 세로 중심선 드래그로 선택
❹ 형식 : ⊕ 중심선 선택

T·I·P

사각형은 스케치하되 어느 정도 축의 모양 크기대로 사각형을 스케치하는 것이 좋습니다.

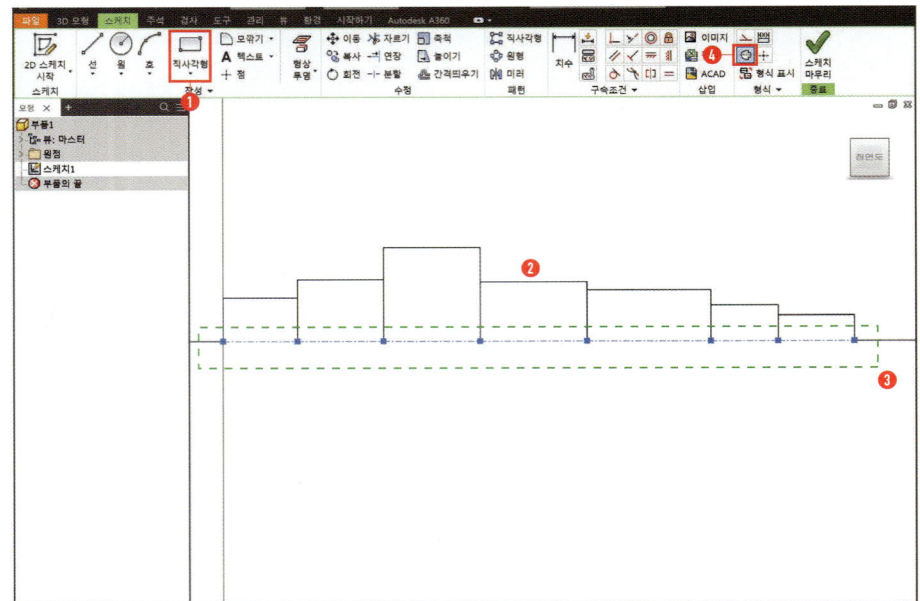

03 ╱ 치수 선택

❶ 전체 치수 150 기입
❷ 나머지 치수

T·I·P

처음 치수 기입 시 전체치수를 먼저 기입하는 것이 좋습니다.
전체치수를 먼저 기입하면 원래 형태를 유지하면서 스케치가 축소 / 확대 되기 때문입니다. 작은 치수를 먼저 기입할 시 스케치 형체가 변형이 될 수 있습니다.

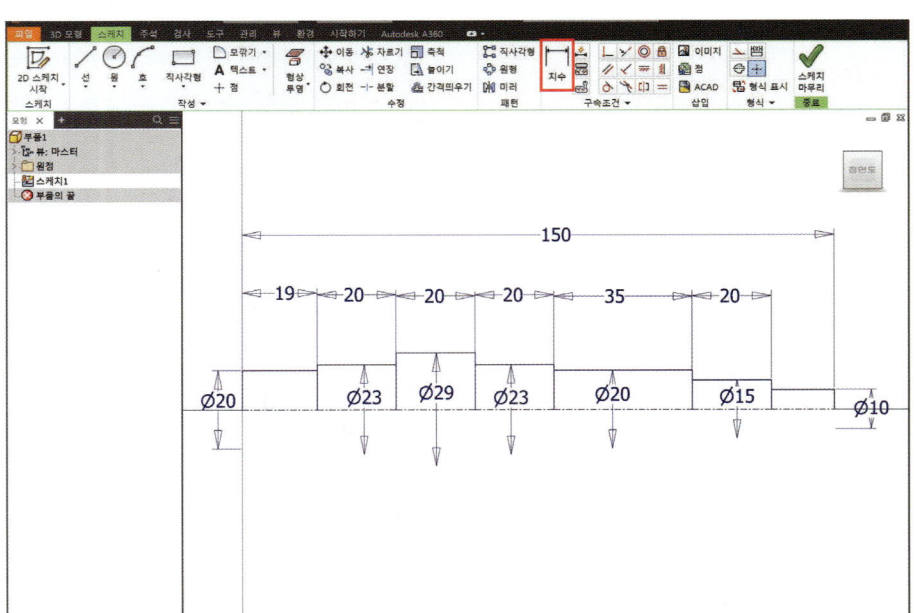

04 🔲 2점 사각형 선택

❶ 키홈 치수 기입
   가로 : 14 / 세로 : 3
❷ ✏ 선 선택
❸ 해당 이미지와 동일하게 스케치
❹ 나사의 틈새 KS규격 치수 기입

T·I·P
키홈 및 나사의 틈새 치수는 자로 측정한 치수가 아닌 KS규격집에 의거한 규격 치수를 적용하여야 합니다.
자세한 키홈 및 나사의 틈새 규격 적용 방법은 유튜브 완전정복 강좌 참조!

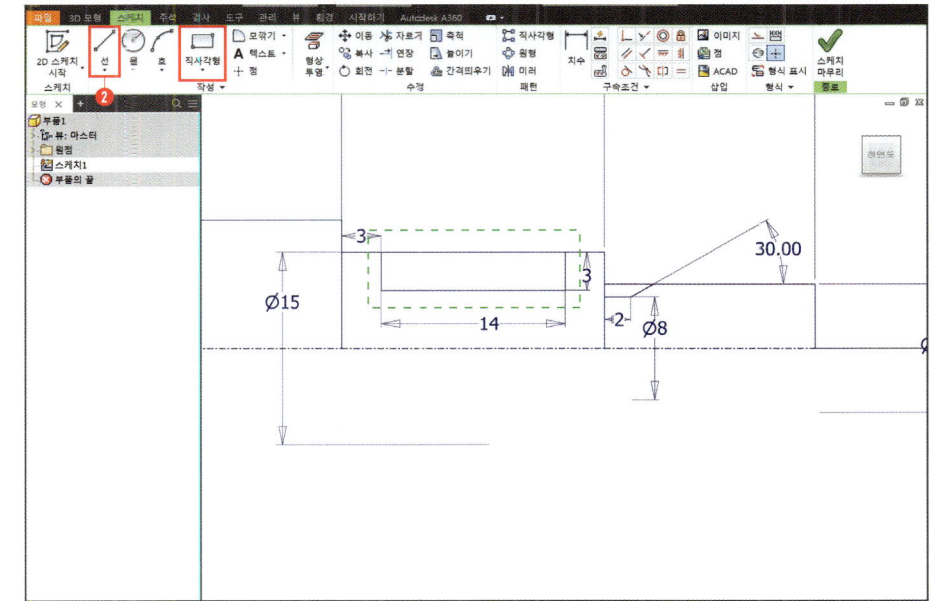

05 🔄 회전 선택(단축키 : R)

❶ 회전할 프로파일 선택
❷ 회전할 중심축 선택 (원점 Z축)
❸ 범위 : 전체
❹ 확인

T·I·P
키홈 스케치한 부분은 선택을 해주고 나사의 틈새 스케치한 부분은 프로파일에서 제외합니다.

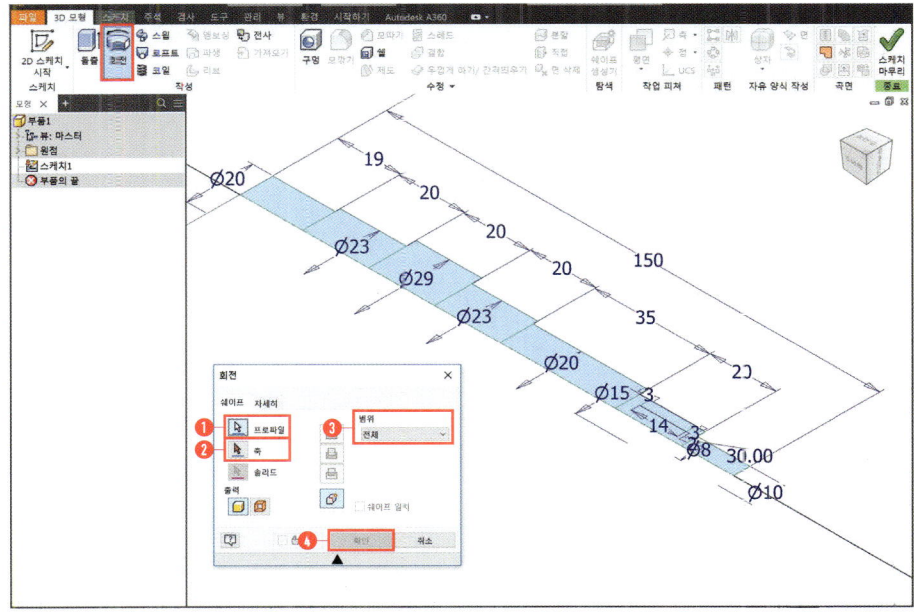

06 모형 검색기에서 회전1 피쳐 선택

① 스케치에서 마우스 오른쪽 클릭

② 스케치 공유

T·I·P
키홈 부분을 다시 평면을 잡아서 스케치를 해도 상관은 없지만 한 번에 스케한 후 스케치 공유를 사용하면 좀 더 빠른 모델링이 가능합니다.

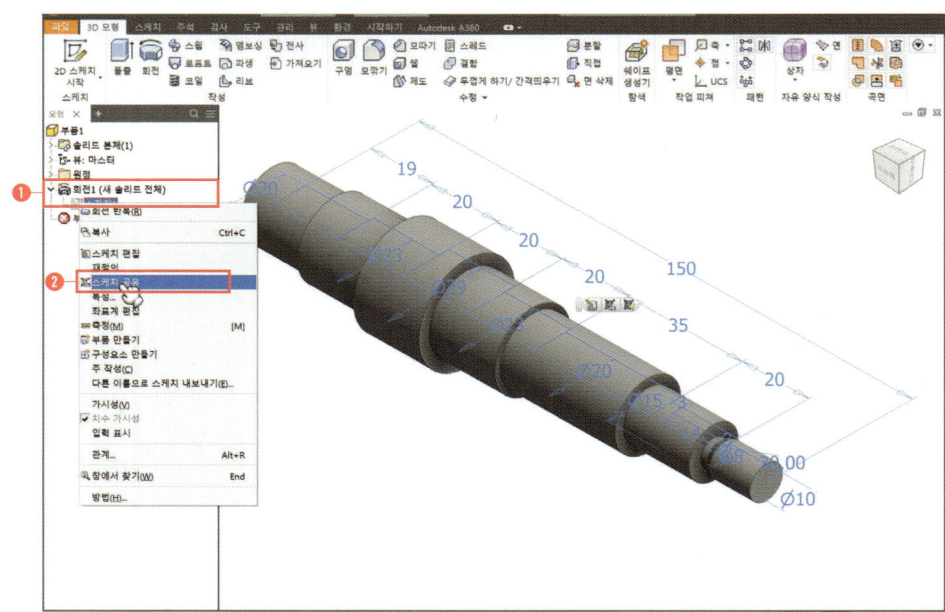

07 돌출 선택(단축키 : E)

① 돌출할 프로파일 선택
② 차집합 선택
③ 거리 : 5
④ 대칭 선택
⑤ 확인

T·I·P
키홈 부분 5mm 파는 부분도 KS규격 치수이기 때문에 한국산업인력공단에서 제공하는 KS규격집을 참조하여 적용시켜 줘야 합니다.

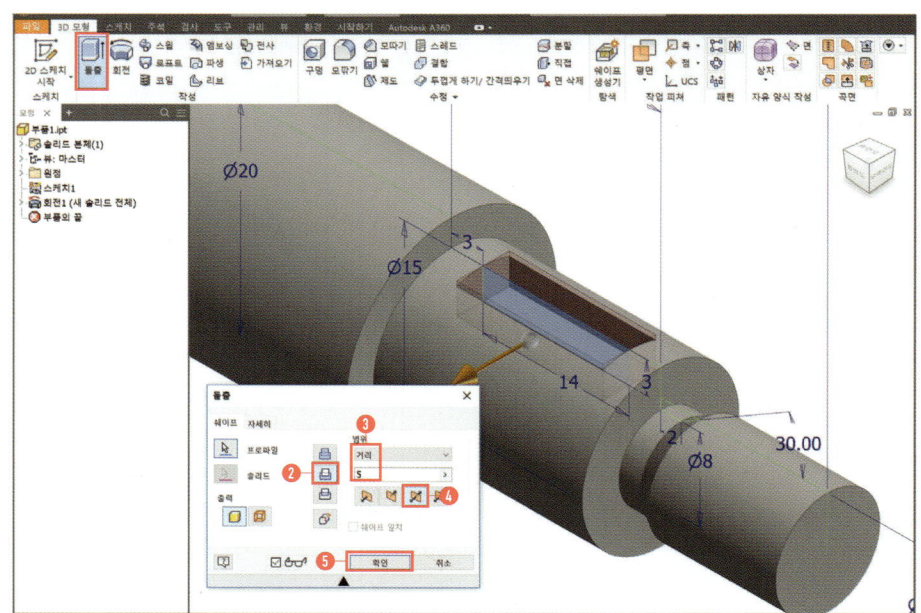

08 모깎기 선택

① 모서리 선택

② 반지름 : 2.5

③ 확인

T·I·P

반지름 값은 (키홈 돌출값/2)를 적용해 주면 양쪽 둥근형으로 모델링이 됩니다.

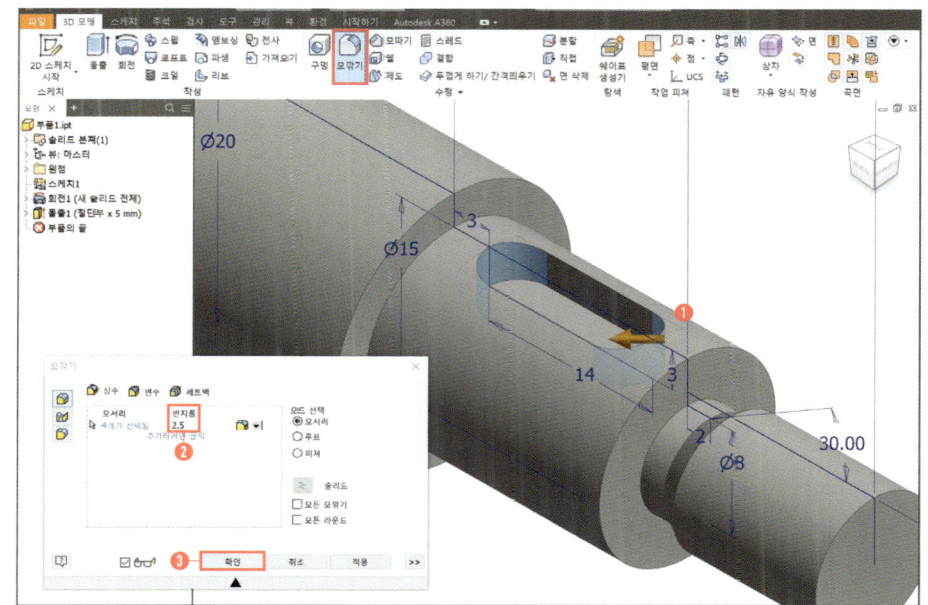

09 모형 검색기에서 스케치1 선택

① 마우스 오른쪽 클릭

② 가시성 체크 해제

T·I·P

스케치 공유를 사용한 작업이 다 끝났으면 가시성을 해제해야 합니다.
계속 스케치 공유가 되어 있으면 다른 작업을 할 때 불편하기 때문입니다.

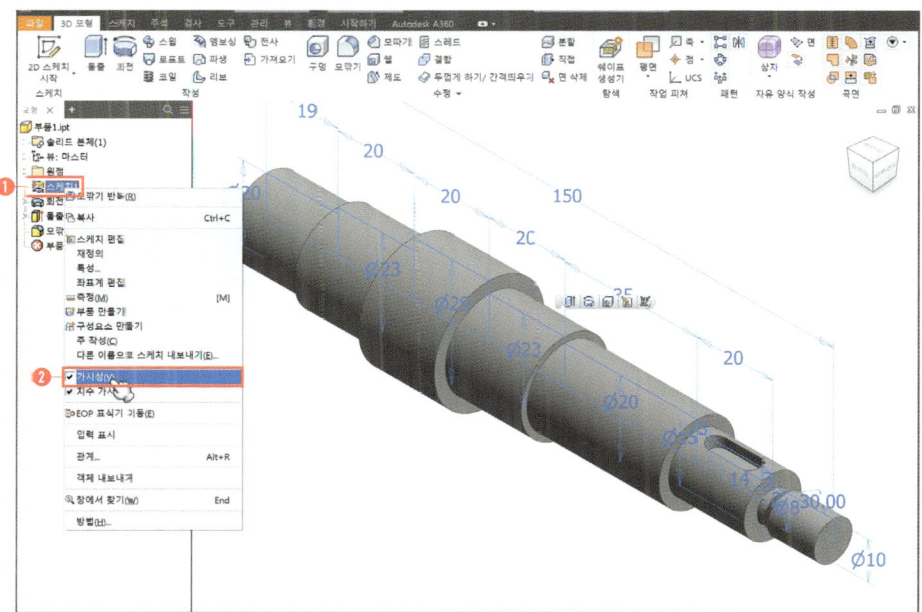

10 모따기 선택

    ❶ 모서리 선택(조립용 모따기)
    ❷ 거리 : 1
    ❸ 확인

T·I·P

시험에서는 조립용 모따기를 1로 해주시면 됩니다. 주서에 도시되고 지시없는 모따기는 1X45°라고 명시를 하기 때문입니다.
조립용 모따기의 역할은 조립방향에 따라 약간의 기울기가 있으면 조립 시 편리해 집니다.

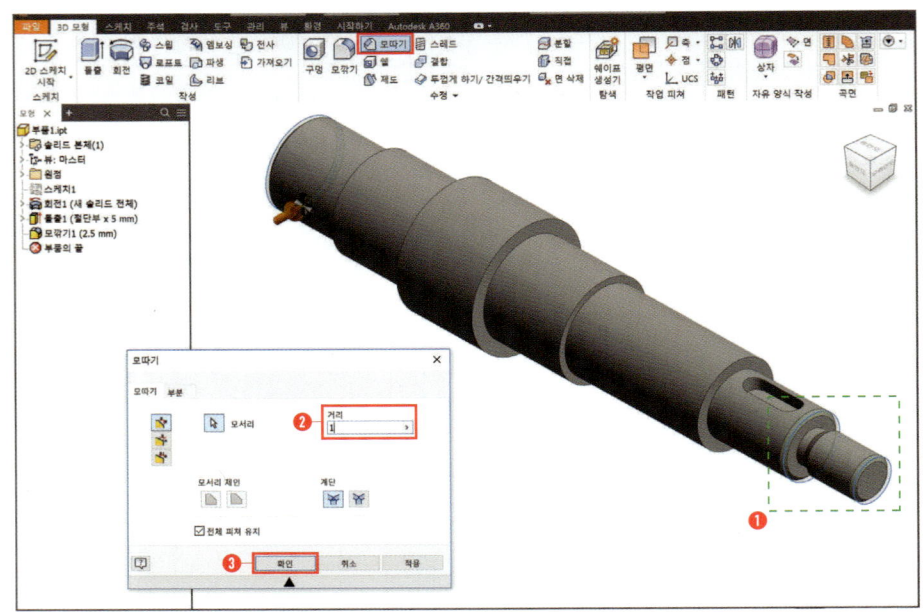

11 스레드 선택

    ❶ 면 선택
    ❷ 스레드 유형 : ISO Metric profile
    ❸ 지정 : M10x1.5
    ❹ 확인

T·I·P

시험에서 피치값은 정해진 것이 없기 때문에 스레드가 표현이 잘 보이도록 임의대로 선택해도 무관합니다. 보통 1~2 정도를 많이 사용합니다.

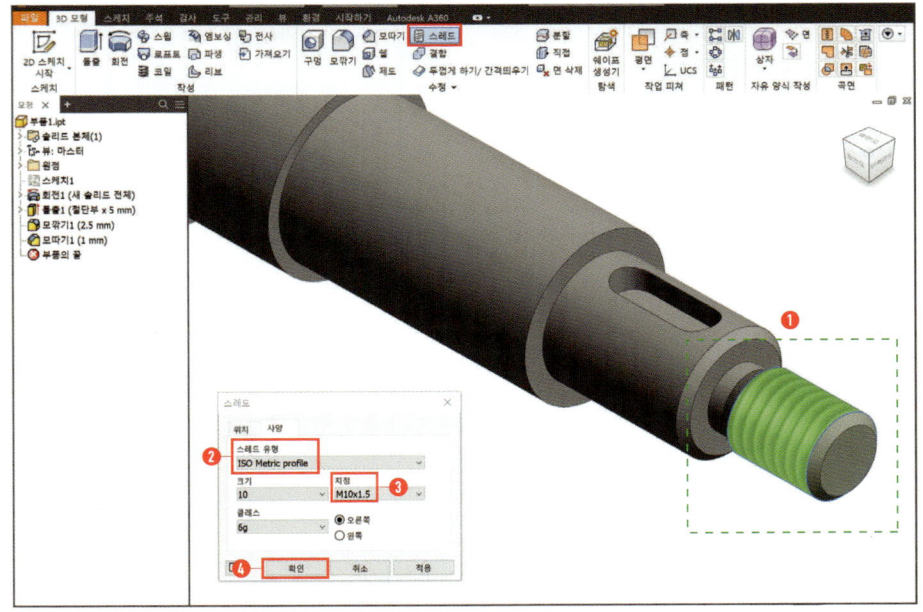

12 모따기 선택

   ❶ 거리 및 각도 선택 (2번째)
   ❷ 면 선택 후 모서리 선택
   ❸ 거리 : 2
   ❹ 각도 : 30
   ❺ 확인

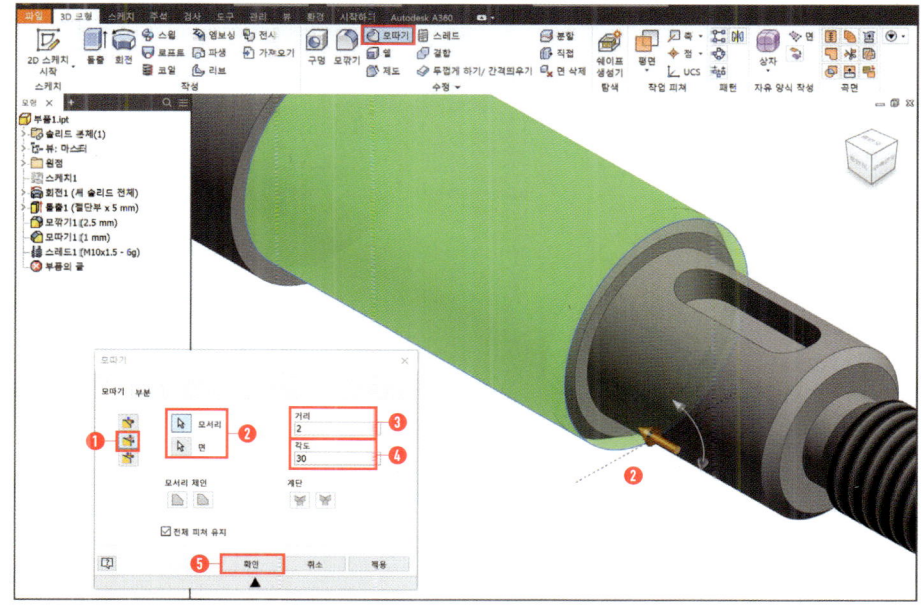

13 모깎기 선택

   ❶ 모서리 선택
   ❷ 반지름 : 4
   ❸ 확인

T·I·P

오일 실과 조립되는 부위는 오일 실 부착 관계 KS규격 치수가 적용되야 합니다. 자세한 규격치수 적용방법은 유튜브 완전정복 강좌 참조!

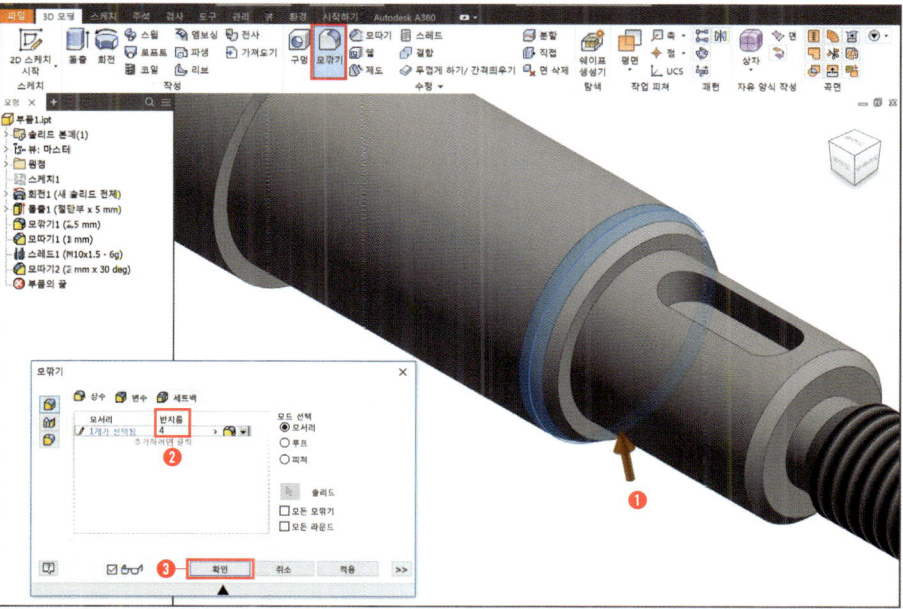

14 모깎기 선택

① 모서리 선택
② 반지름 : 0.3
③ 확인

T·I·P
베어링이 조립되는 곳은 모깎기를 해야 합니다.
시험에서는 0.3으로 처리를 해주면 됩니다.

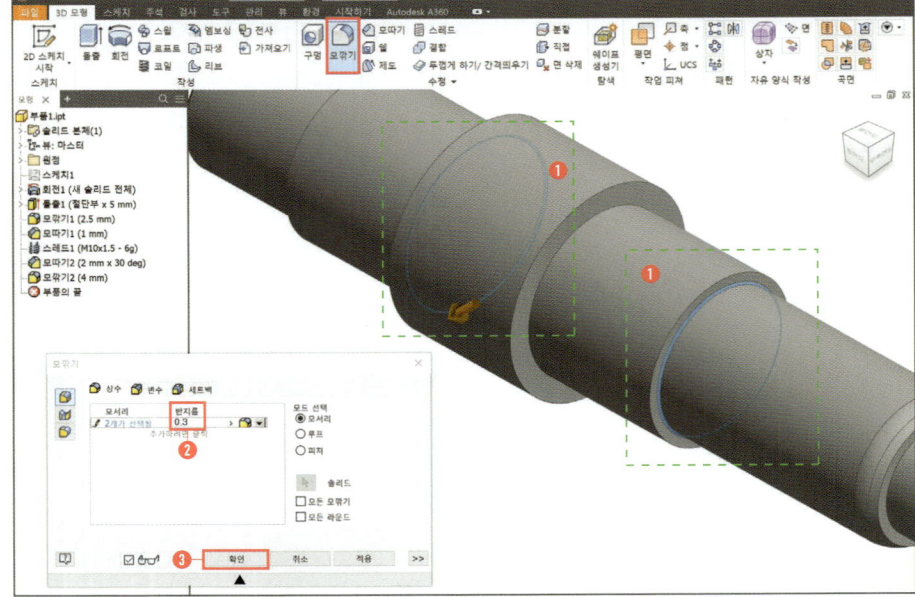

15 스케치 시작 선택 (단축키:S)

① 부품 구멍가공면에 스케치 작성
② 스케치 마무리 선택
③ 구멍 선택(단축키: H)
④ 투영된 점 선택
⑤ 드릴 선택
⑥ 종료 : 거리 선택
⑦ 스레드 깊이 : 10
   구멍 깊이 : 13
⑧ 탭 구멍 선택
⑨ 크기 : 4 / ISO Metric profile 선택

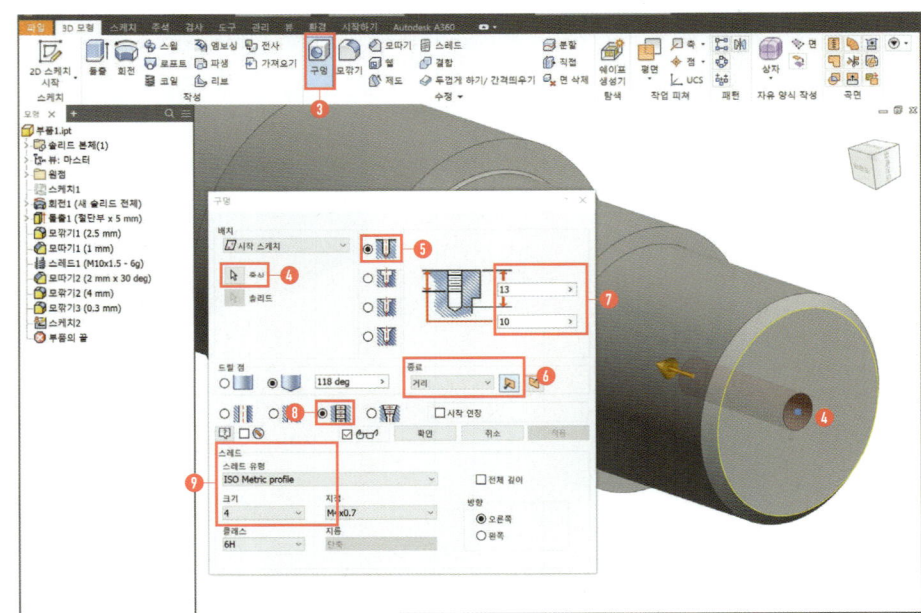

16   모따기 선택

① 거리 및 각도 선택 (2번째)

② 면 선택 후 모서리 선택

③ 거리 : 2

④ 각도 : 30

⑤ 확인

T·I·P

축에는 카운터 싱킹 처리를 해주는 것이 좋습니다(센터가공).

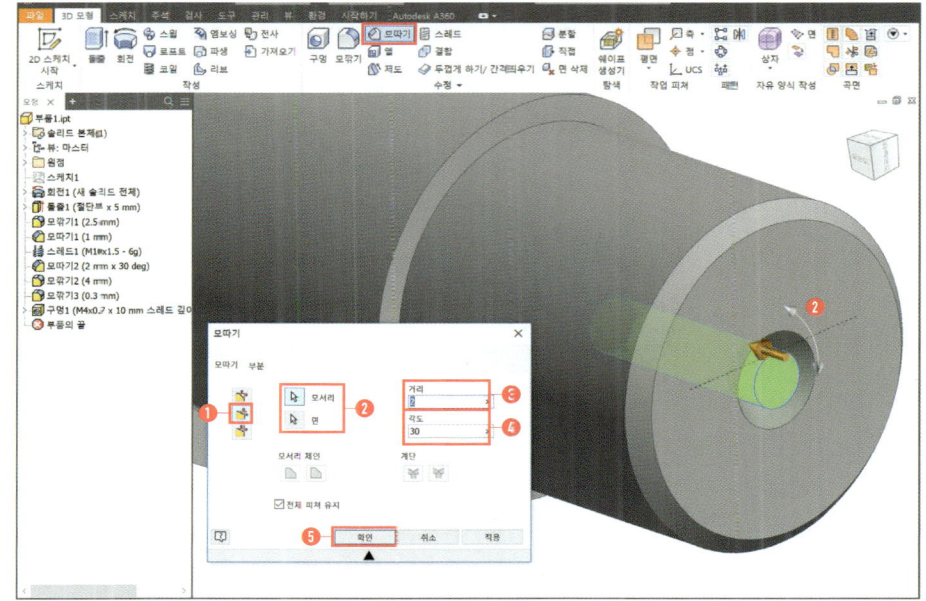

17   직접 편집 선택

① 편심축 면 선택

② 이동 선택

③ 거리 : 3

④ 확인

T·I·P

직접편집 기능을 사용하면 아주 쉽게 편심축 모델링을 할 수 있습니다.

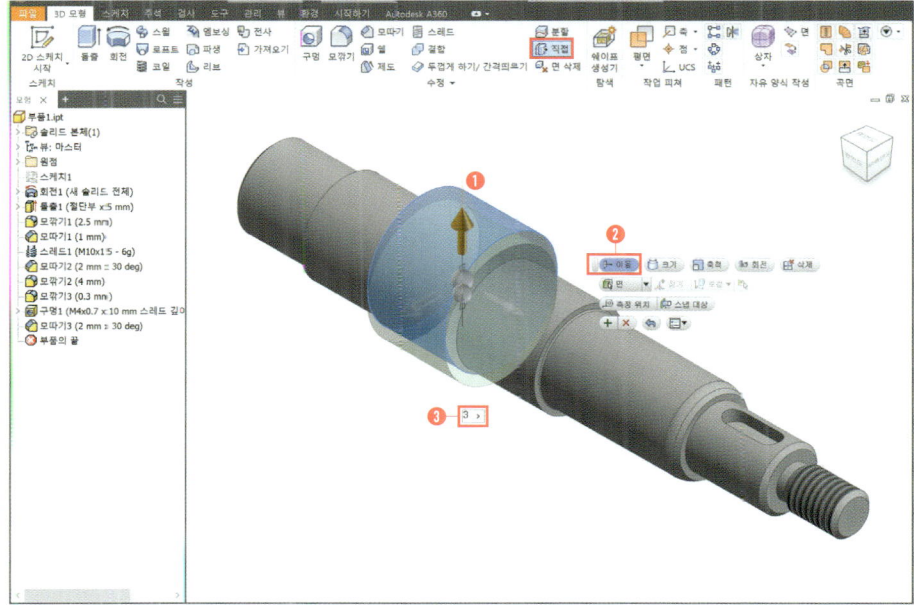

18 편심축 완성!

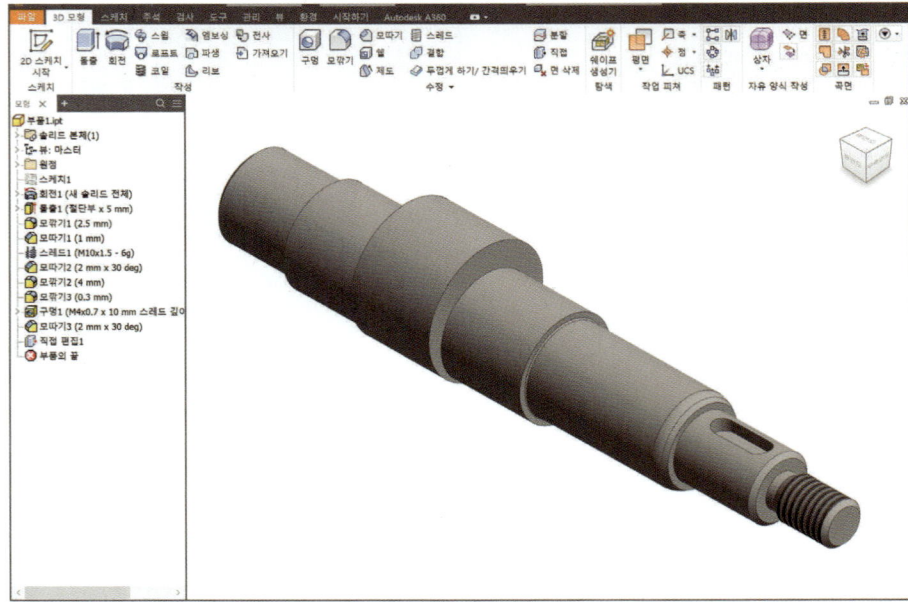

축 모델링

SECTION 02

이번 축 모델링에서는 반달키홈 & 멈춤링 KS규격치수 적용법 및 모델링하는 방법을 알아보자. 반달키홈은 시험에서는 자주 출제되지는 않으나 꼭 알아둬야 합니다.

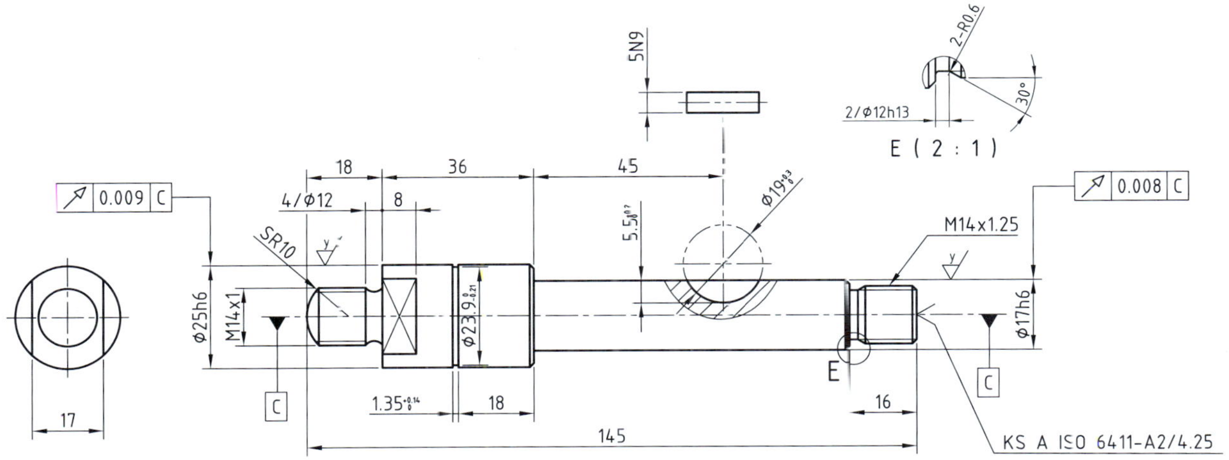

NAVER앱 QR코드 스캔으로 해당 무료강좌를 시청하실 수 있습니다.

01 XY 평면에 새 스케치

① 2점 직사각형 선택
② 4개의 사각형을 스케치
③ 중심선을 드래그로 선택 후 형식 : 중심선 선택
④ 치수 선택
⑤ 해당 이미지와 동일하게 치수기입

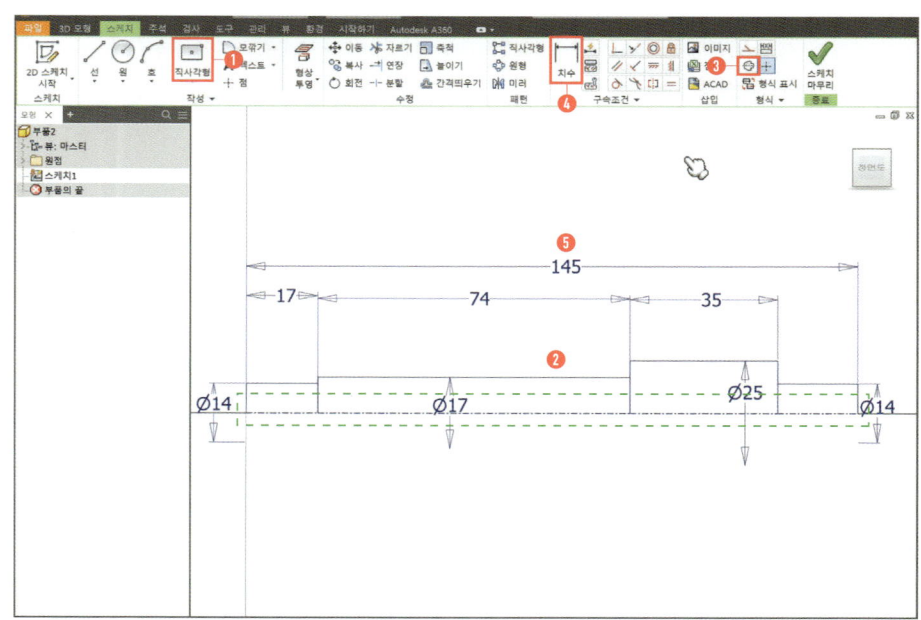

02 ✏ 선 선택

① 해당 이미지와 동일하게 스케치
② 나사의 틈새 KS규격 치수 기입

T·I·P
키홈 및 나사의 틈새 치수는 자로 측정한 치수가 아닌 KS규격집에 의거한 규격 치수를 적용하여야 합니다. 자세한 키홈 및 나사의 틈새 규격 적용방법은 유튜브 완전정복 강좌 참조!

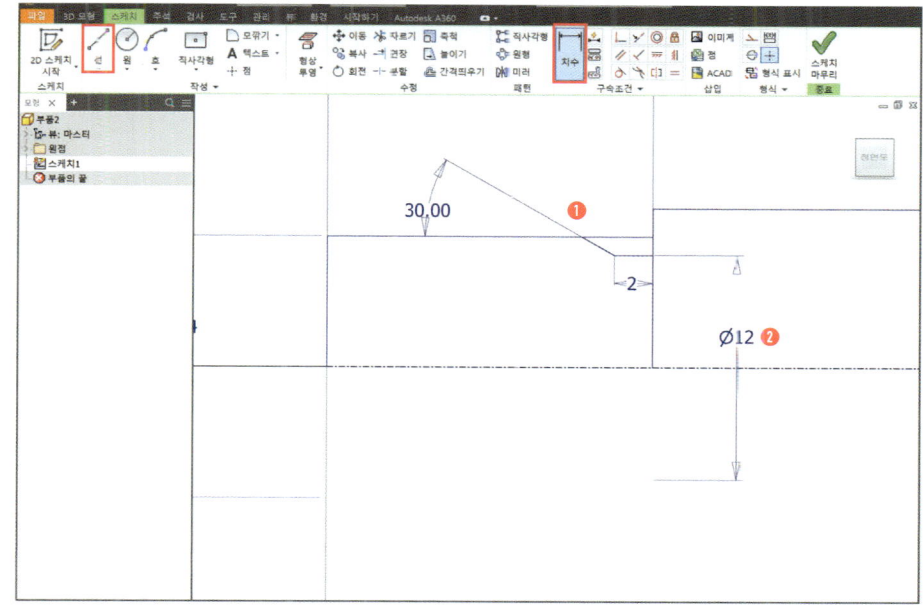

03 ▭ 2점 직사각형 선택

① 해당 이미지와 동일하게 스케치
② 멈춤링 KS규격 치수 기입

T·I·P
멈춤링 KS규격 치수 적용법은 유튜브 강좌 참조!

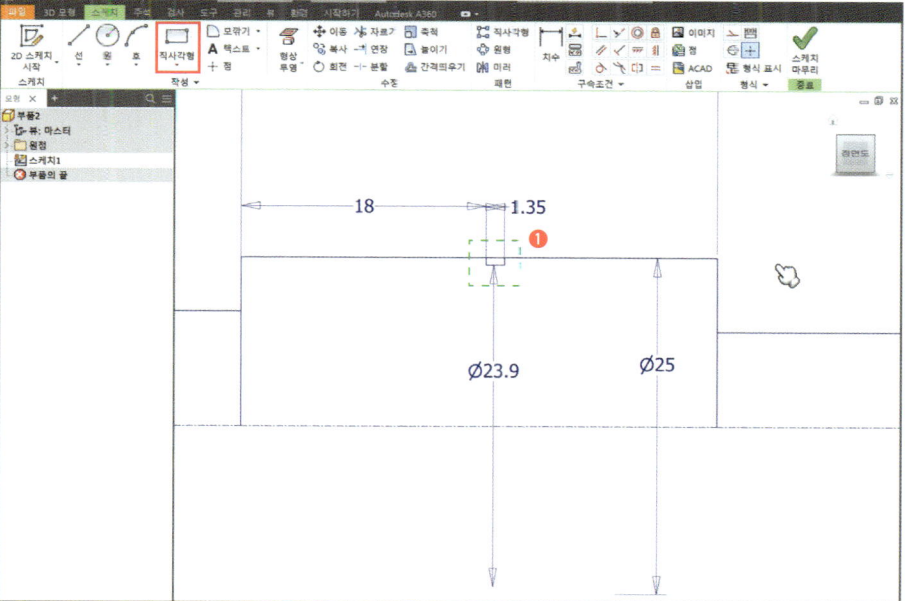

04 중심점 호 선택

① 2개의 호 스케치
② 치수 기입
③ 필요없는 선들은 자르기 선택 후 정리

T·I·P
자르기 기능은 오토캐드의 TRIM 명령과 동일합니다.
자르기를 사용하거나 일치 구속조건을 사용해도 무방합니다.

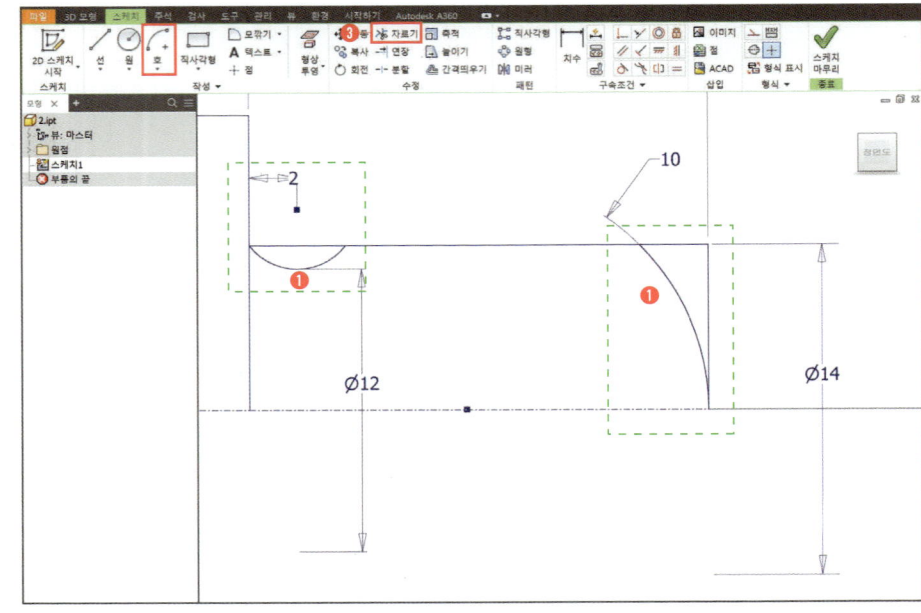

05 회전 선택(단축키 : R)

① 회전할 프로파일 선택
② 회전할 중심축 선택 (원점 Z축)
③ 범위 : 전체
④ 확인

T·I·P
프로파일 선택이 잘 안될 시에는 2D 스케치에서 분할기능으로 분할해주면 쉽게 선택을 할 수 있습니다.

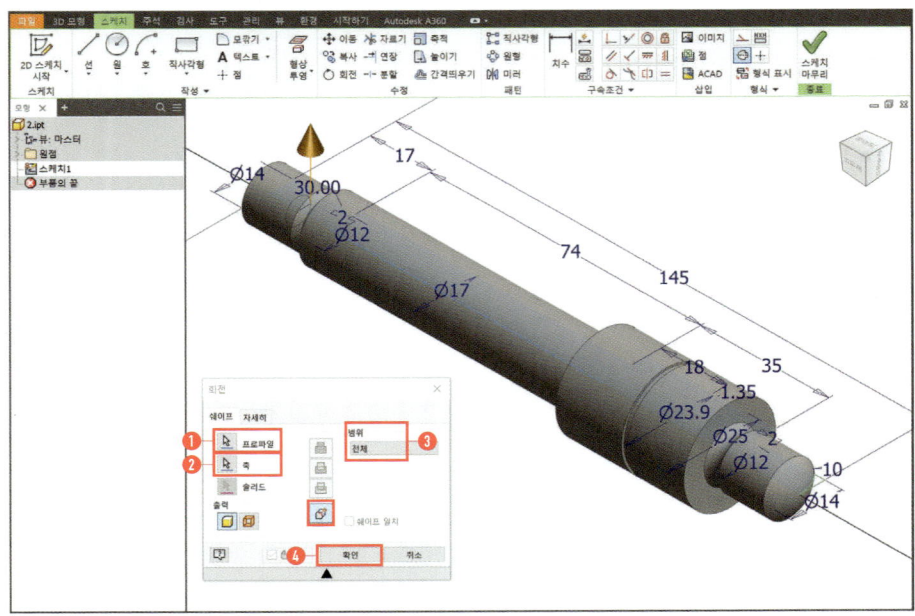

06 XY 평면에 새 스케치

① 원 선택

② 반달키 홈 KS규격 치수 기입

T·I·P
반달키 홈 KS규격 치수 적용법은 유튜브 강좌 참조!

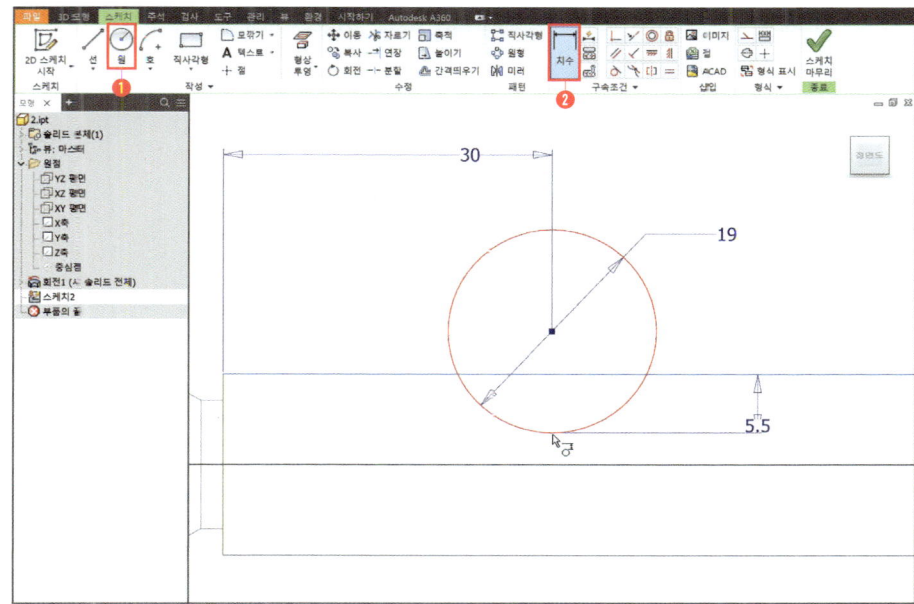

07 돌출 선택(단축키 : E)

① 돌출할 프로파일 선택
② 차집합 선택
③ 거리 : 5
④ 대칭 선택
⑤ 확인

T·I·P
키홈 부분 5mm 파는 부분도 KS규격 치수이기 때문에 한국산업인력공단에서 제공하는 KS규격집을 참조하여 적용시켜 줘야 합니다.

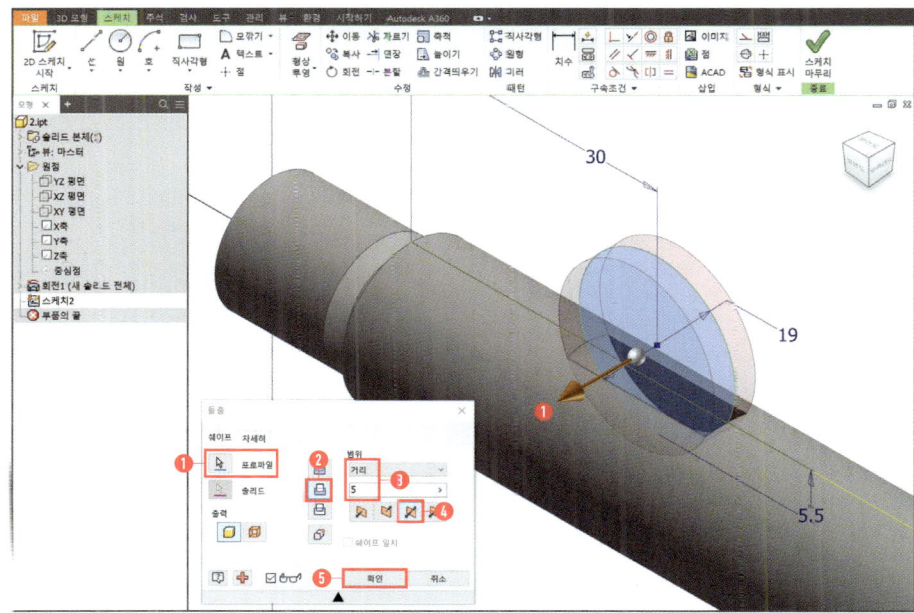

08 모따기 선택

① 모서리 선택(조립용 모따기)
② 거리 : 1
③ 확인

T·I·P

시험에서는 조립용 모따기를 1로 해주면 됩니다. 주서에 도시되고 지시 없는 모따기는 1X45°라고 명시를 하기 때문입니다.
조립용 모따기의 역할은 조립방향에 따라 약간의 기울기가 있으면 조립 시 편리해집니다.

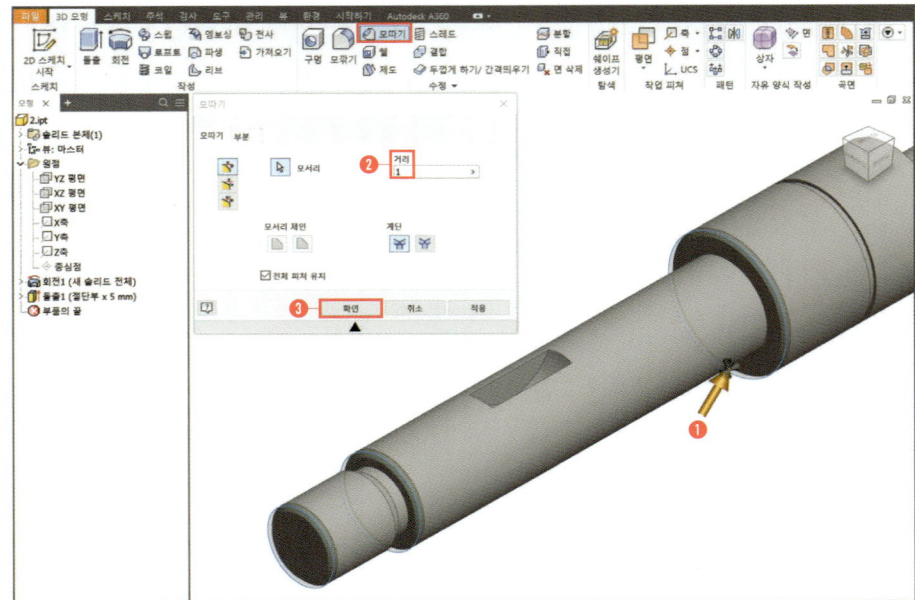

09 스레드 선택

① 면 선택
② 스레드 유형 : ISO Metric profile
③ 지정 : M14x1.5
④ 확인

T·I·P

시험에서 피치값은 정해진 것이 없기 때문에 스레드가 표현이 잘 보이도록 임의대로 선택해도 무관합니다. 보통 1~2 정도를 많이 사용합니다.

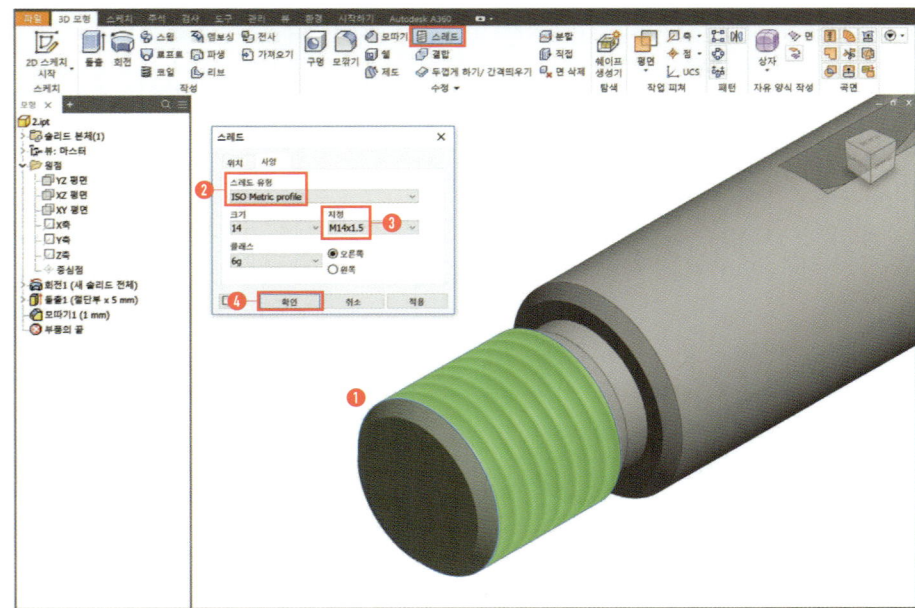

10 축 오른쪽 면에 스케치 작성

❶ 2점 중심 직사각형 선택
❷ 중심에서 스케치 후 치수 17 기입
❸ 분할 선택
❹ 4개의 교차점을 X표시가 나올 때 선택

T·I·P
분할기능으로 선을 분할해줘야 프로파일이 선택됩니다.

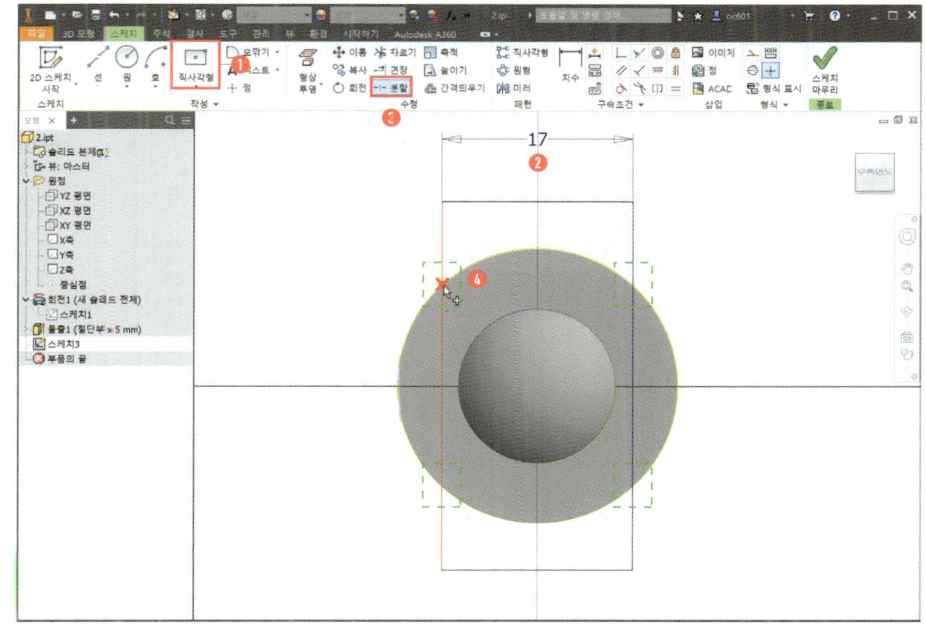

11 돌출 선택(단축키 : E)

❶ 차집합 선택
❷ 거리 : 8
❸ 방향2 선택
❹ 확인

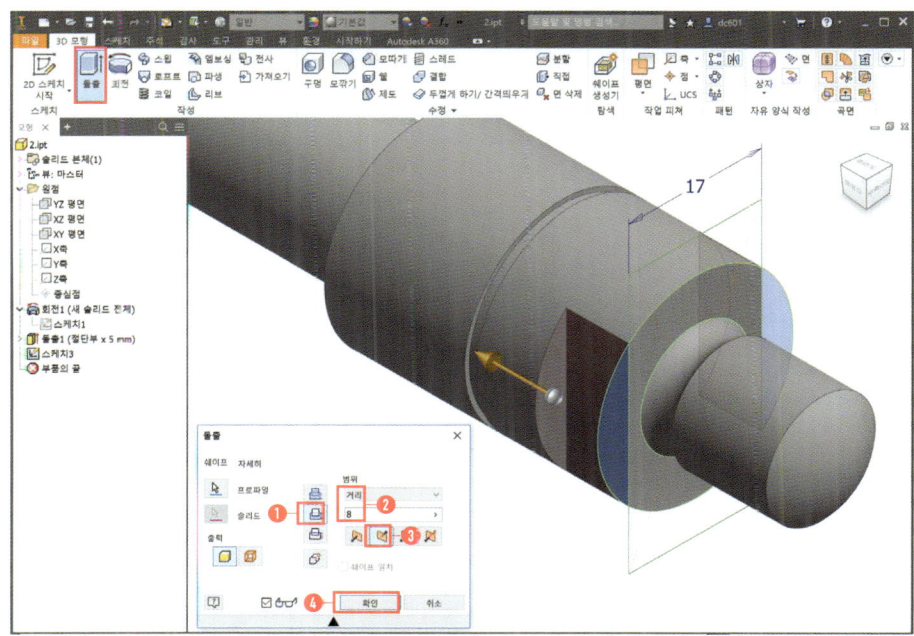

12 스레드 선택

　❶ 면 선택

　❷ 스레드 유형 : ISO Metric profile

　❸ 지정 : M14x1.5

　❹ 확인

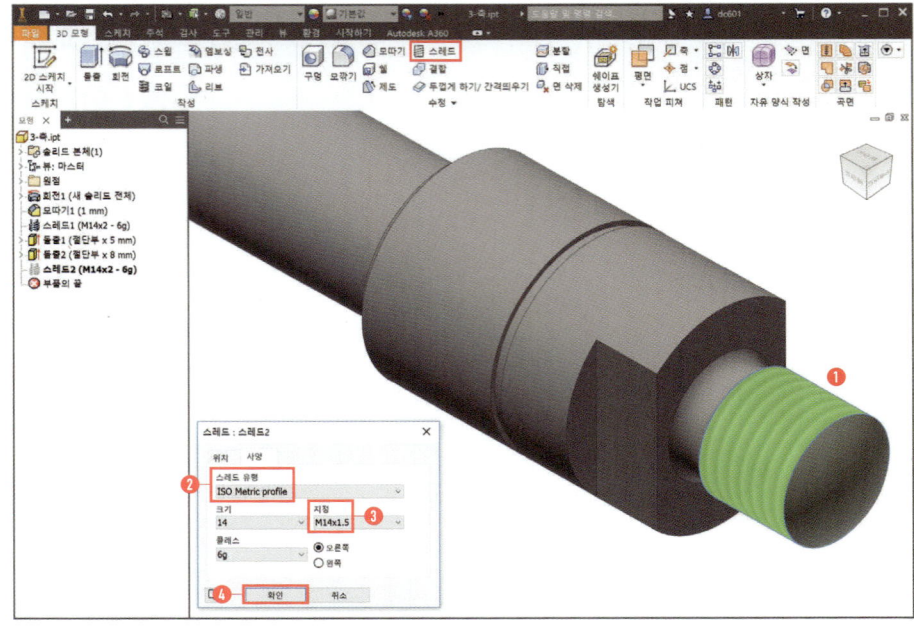

13 축 완성!

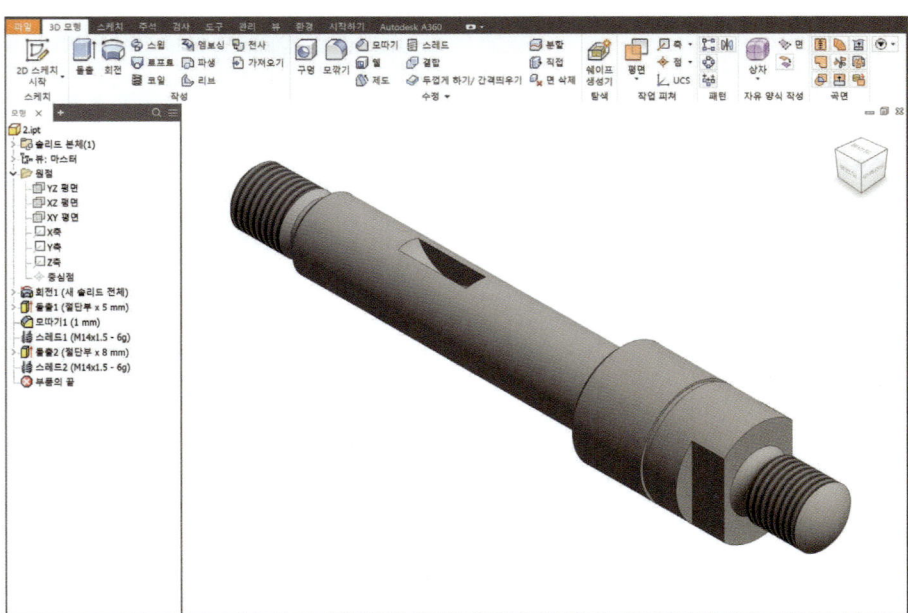

삽입부시 모델링

SECTION 03

치공구에서 자주 출제가 되는 '삽입부시'입니다. 모델링이 어려운 편이며 널링가공이 3D답안도면에서 표현이 돼야 하므로 널링가공 표현방법을 꼭 알아 두도록 하자!

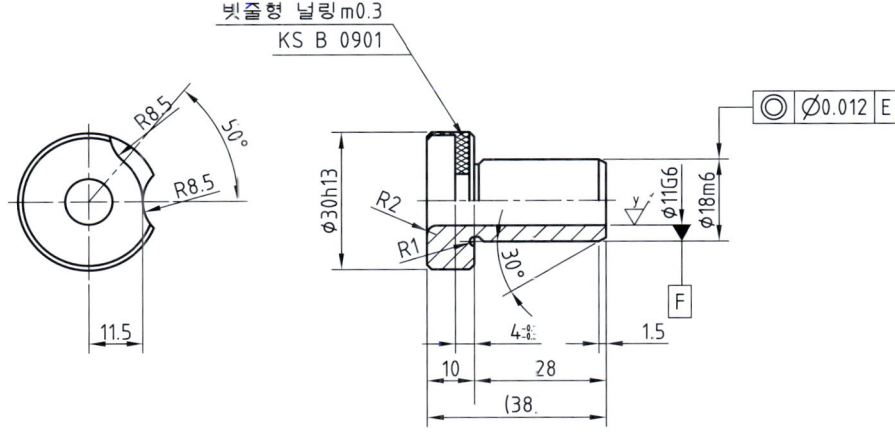

NAVER앱 QR코드 스캔으로 해당 무료강좌를 시청하실 수 있습니다.

01 파일 → 새로 만들기 클릭

❶ Templates/Metric/Standard(mm).ipt 클릭
❷ 파일 → 다른 이름으로 저장 → 부품명 작성 → 확인

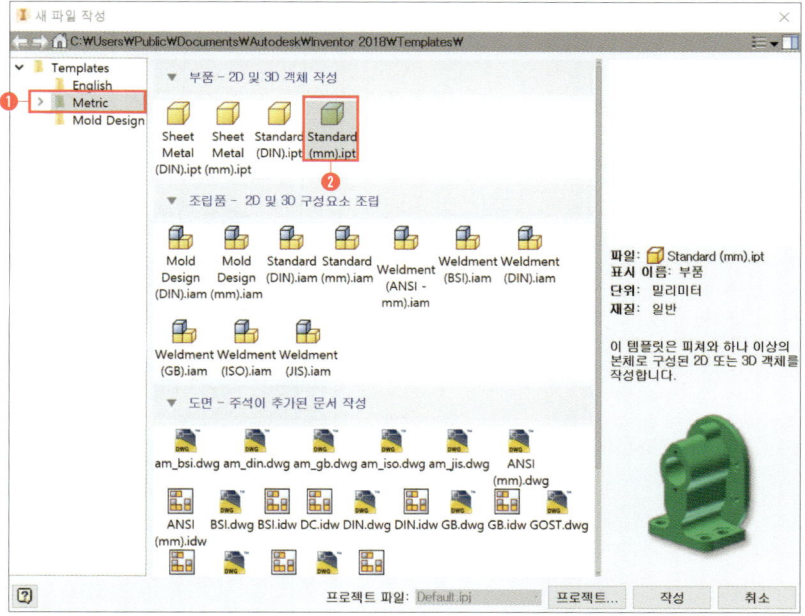

02 2점 직사각형 선택

① 2개의 직사각형 스케치
② 해당 이미지와 동일하게 치수 기입
③ 중심선을 드래그로 선택 후
④ 형식 : 중심선 선택

T·I·P
삽입부시는 KS규격 치수를 적용하여야 합니다. 자세한 적용방법은 유튜브 강좌 참조!

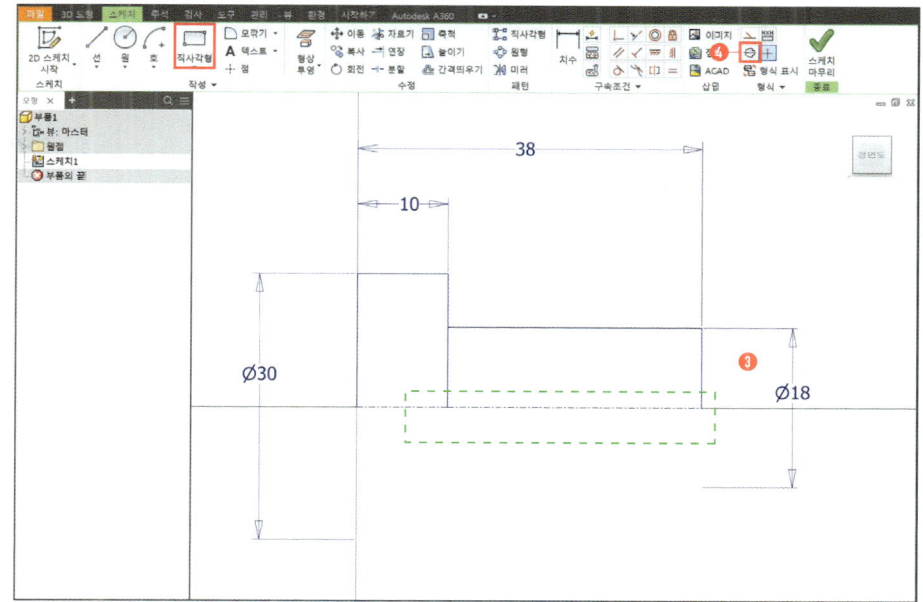

03 원 선택

① 교차점에 원 스케치
② 지름 : 2
③ 선 선택
④ 해당 이미지처럼 스케치
⑤ 치수 1 기입

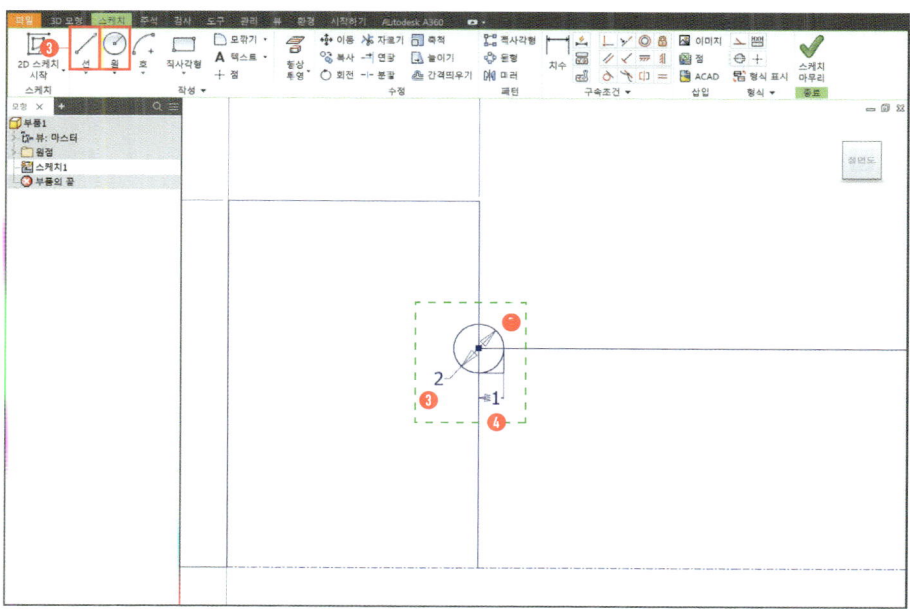

04 ✂ 자르기 선택
　① 원 우측상단을 잘라줌

T·I·P
자르기로 정리하는 이유는 회전 시 프로파일을 선택하기 편리하기 때문입니다.

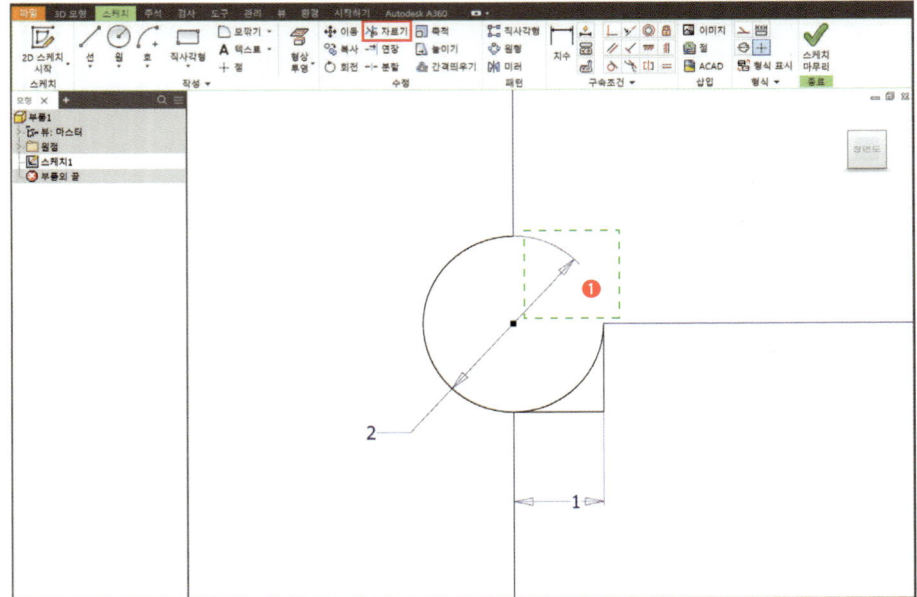

05 🗘 회전 선택(단축키 : R)
　① 회전할 프로파일 선택
　② 회전할 중심축 선택
　　(원점 Z축)
　③ 범위 : 전체
　④ 확인

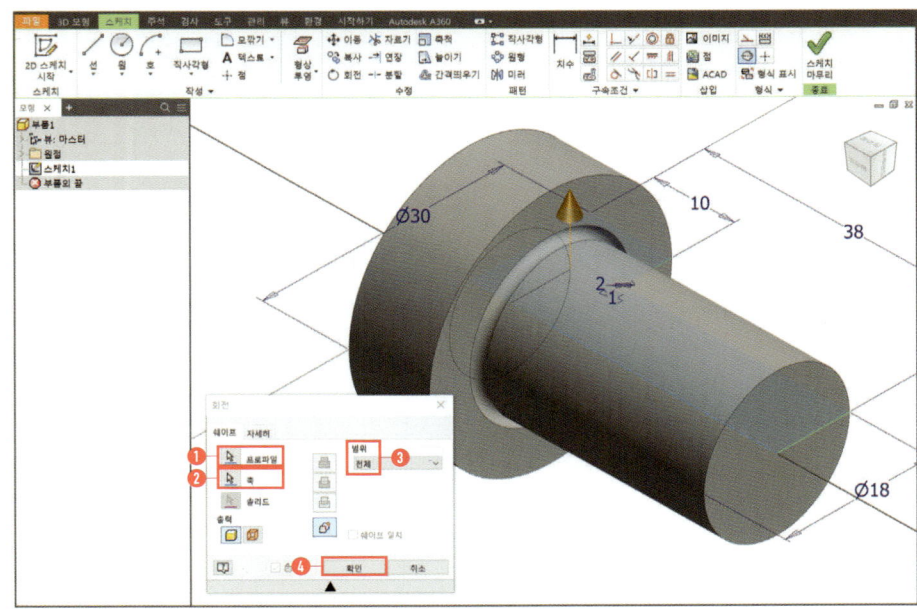

06 삽입부시 뒷면에 새 스케치 작성

① 중심점 호 선택
② 우측 상단은 기준에서 1/4 정도에 스케치
③ 치수 : 11.5

T·I·P
시험에서는 자로 측정하여 치수를 기입하지만 해당 치수 같은 소수점 단위 치수들은 전부 다 KS규격치수 입니다.

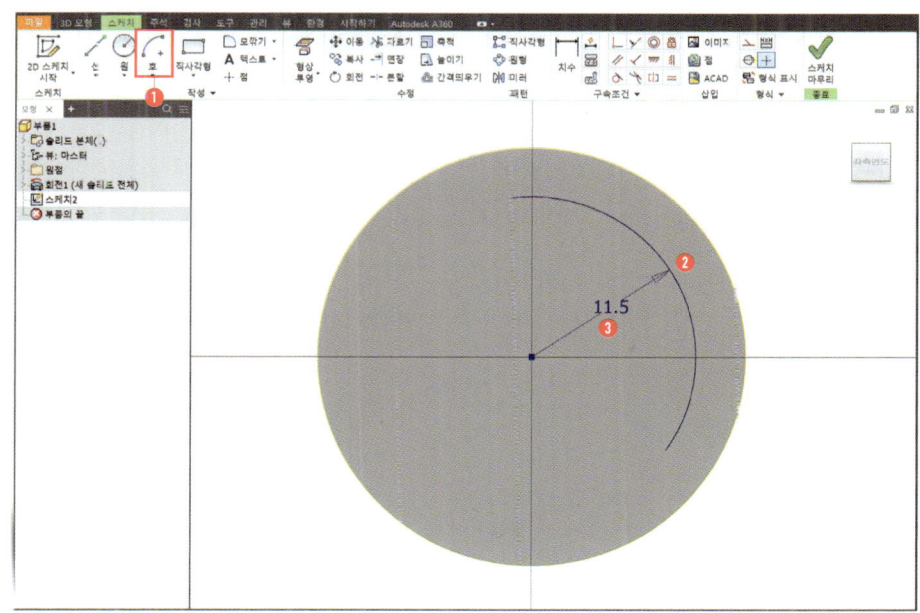

07 중심점 호 선택

① 우측 수평선에 호 스케치
② 치수 : 8.5
③ 접선 구속조건으로 구속

T·I·P
수평선에 스케치를 하였더라도 구속이 되어 있지 않아 스케치가 고정이 안될 경우는 수평 구속조건을 줘야 합니다.

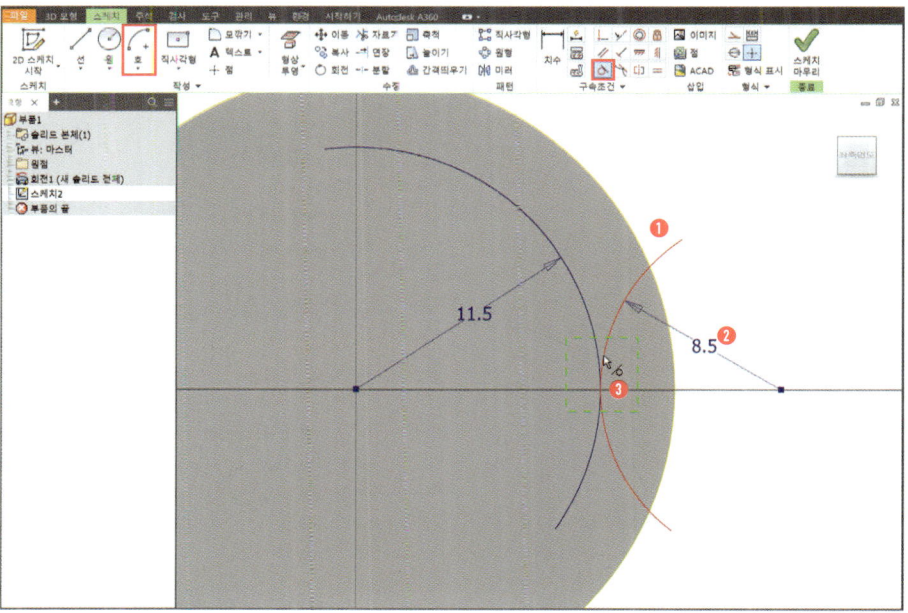

08 회전 선택

① 우측 호 선택

② 중심점 선택

③ 복사 체크

④ 각도 : 50

⑤ 적용

T·I·P

인벤터의 각도 방향 역시 오토캐드와 동일합니다. 동쪽을 기점으로 시작하여 수는 시계 반대방향으로 회전을 합니다.

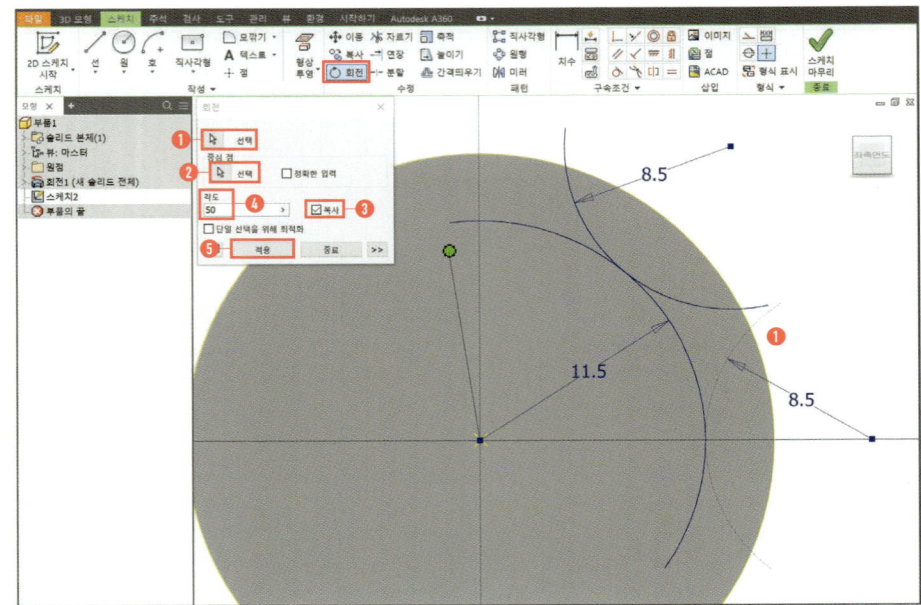

09 자르기 선택

① 해당 이미지처럼 필요 없는 부분을 정리한다.

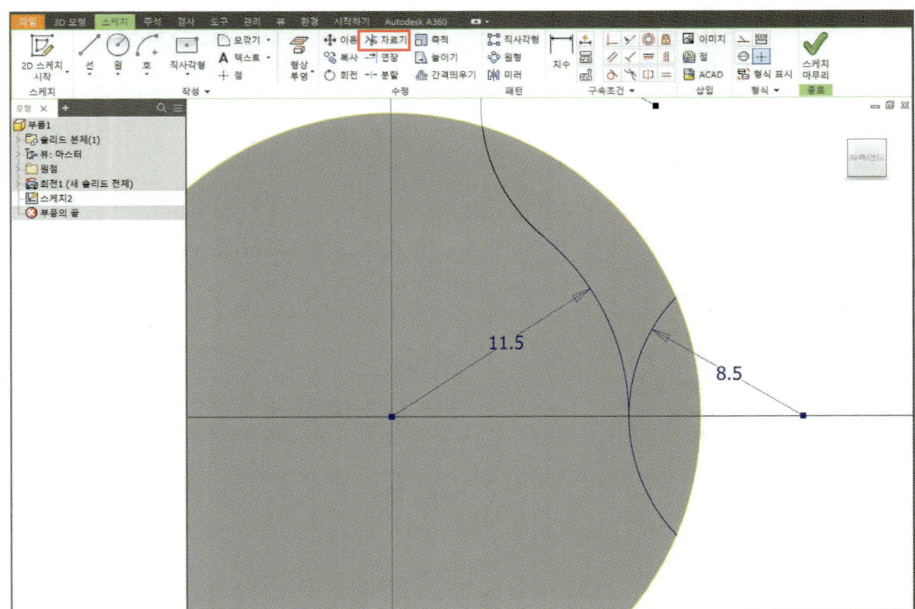

10 돌출 선택(단축키 : E)
   ❶ 상단 프로파일만 선택
   ❷ 차집합 선택
   ❸ 거리 : 6
   ❹ 방향2 선택
   ❺ 확인

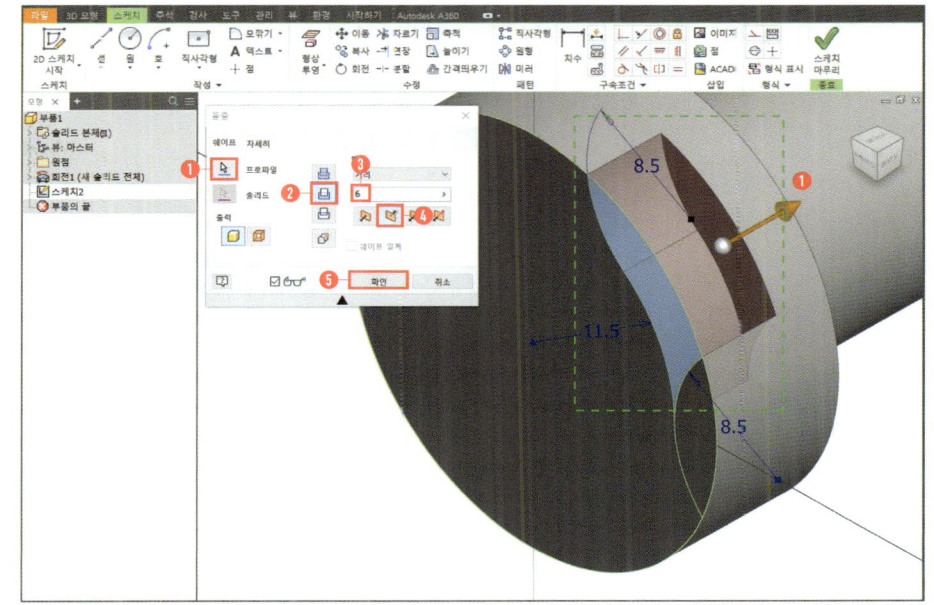

11 돌출 선택(단축키 : E)
   ❶ 하단 프로파일만 선택
   ❷ 차집합 선택
   ❸ 범위 : 전체
   ❹ 방향2 선택
   ❺ 확인

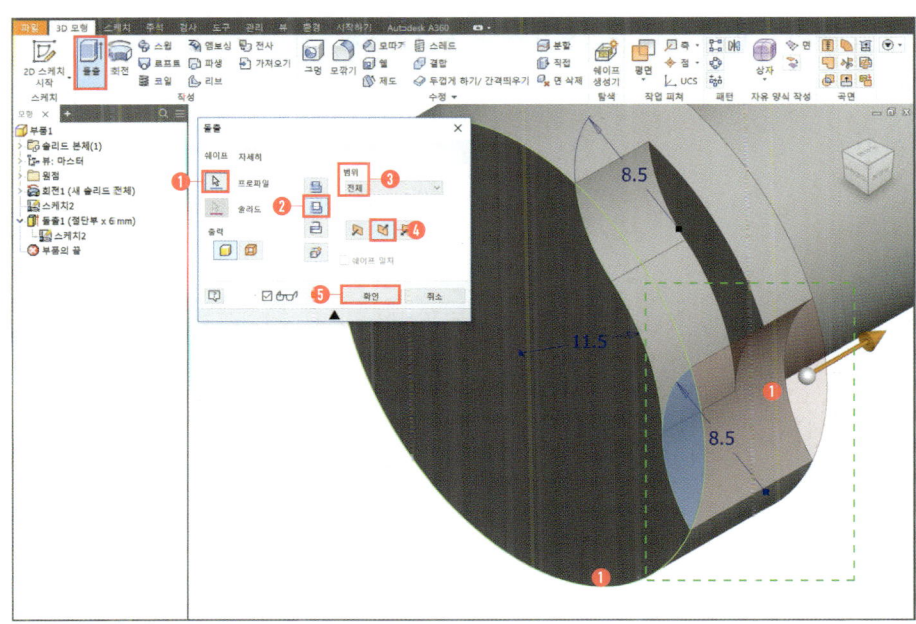

12 스케치 시작 선택
(단축키 : S)

① 부품 구멍 가공면에 스케치 작성
② 스케치 마무리 선택
③ 구멍 선택(단축키 : H)
④ 드릴 선택
⑤ 전체관통 선택
⑥ 단순 구멍 선택
⑦ 크기 : 11
⑧ 확인

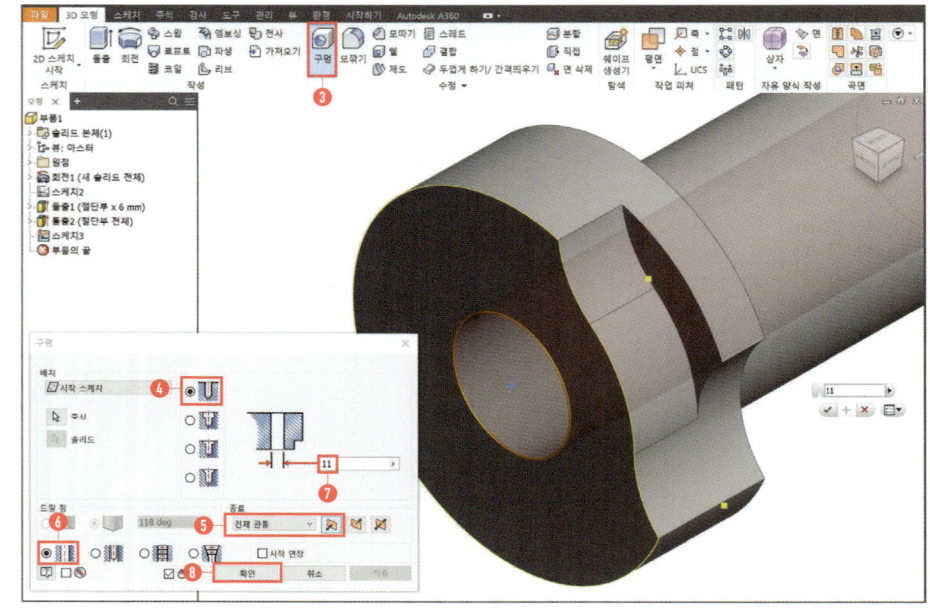

13 모따기 선택

① 모서리 3개 선택
② 거리 : 1
③ 확인

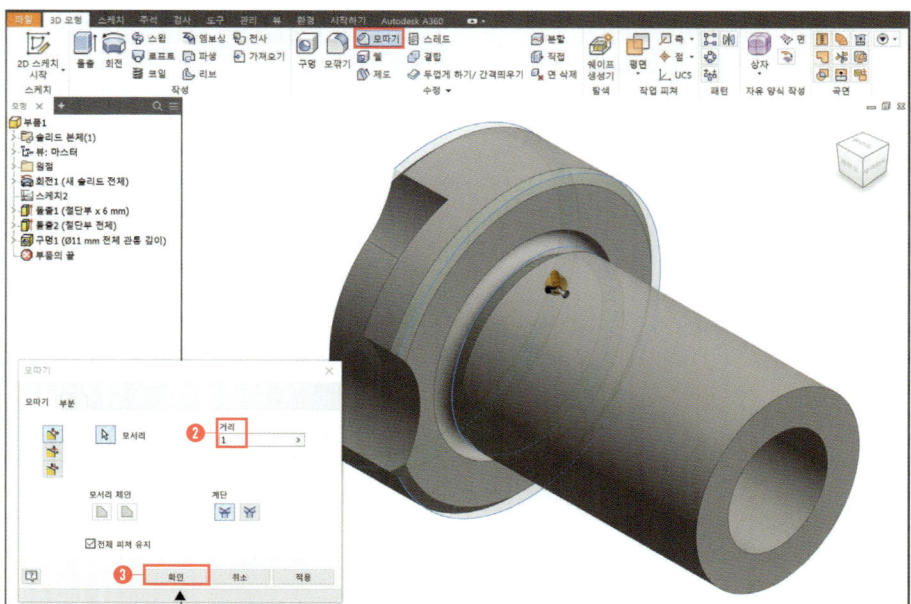

14 모깎기 선택

① 모서리 선택
② 반지름 : 2
③ 확인

T·I·P
반지름 2mm값은 삽입부시 KS규격 치수입니다. KS규격집 참조!

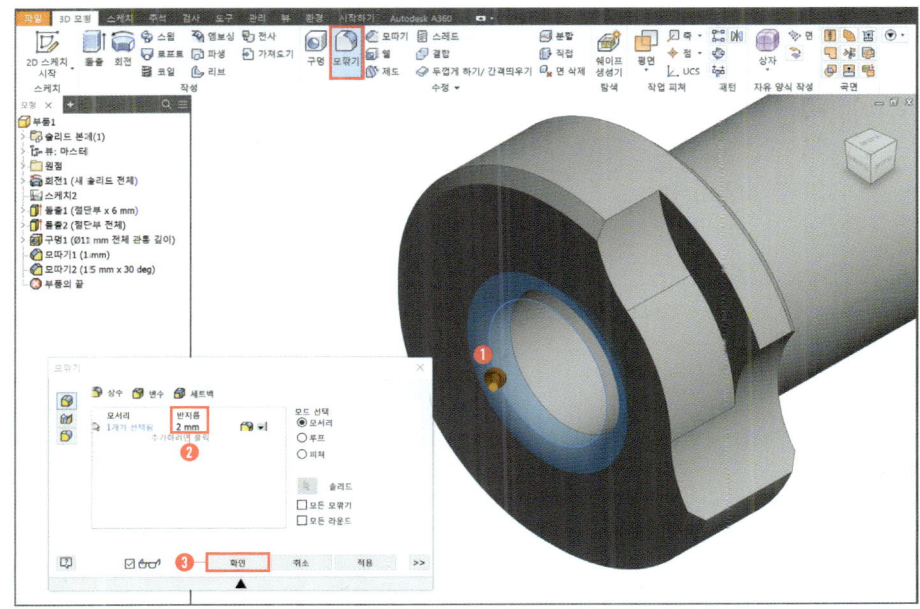

15 모따기 선택

① 거리 및 각도 선택 (2번째)
② 면 선택 후 모서리 선택
③ 거리 : 1.5
④ 각도 : 30
⑤ 확인

T·I·P
해당 모따기값은 삽입부시 KS규격 치수입니다. KS규격집 참조!

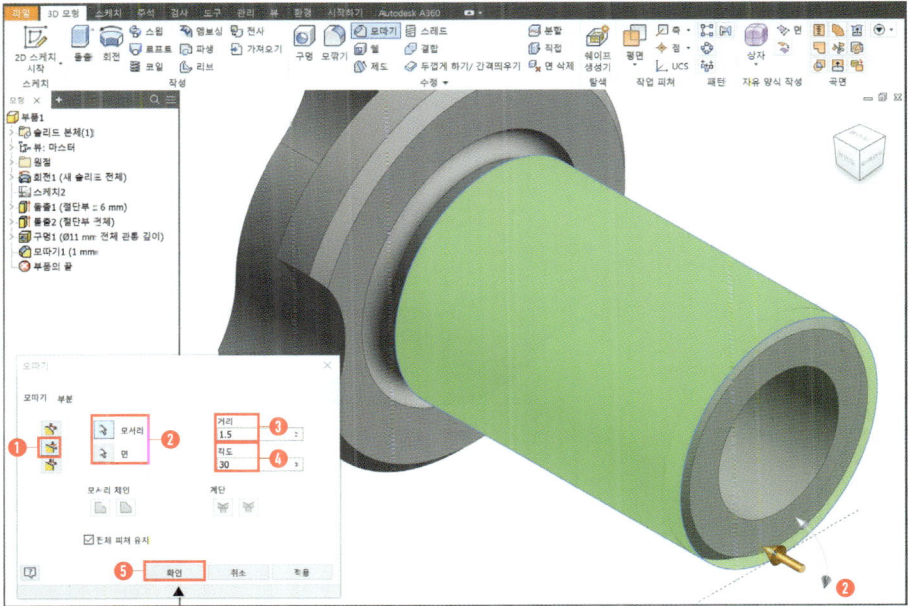

16 🎨 모양검색기 선택

❶ Inventor 재질 라이브러리 '널링 45' 선택

❷ 문서 모양창으로 위로 드래그

❸ 이미지 더블 클릭

❹ 유형 : 사용자 - 이미지 선택

❺ Plate_1 Bump.bmp 선택

❻ 축적 : 0.2(단위 설정마다 다름)

❼ 확인

T·I·P

이미지 경로는 해당 버전 라이브러리 폴더에서 확인할 수 있습니다.
C:\Users\Public\Documents\Autodesk\Inventor 2018\Textures\bumpmaps

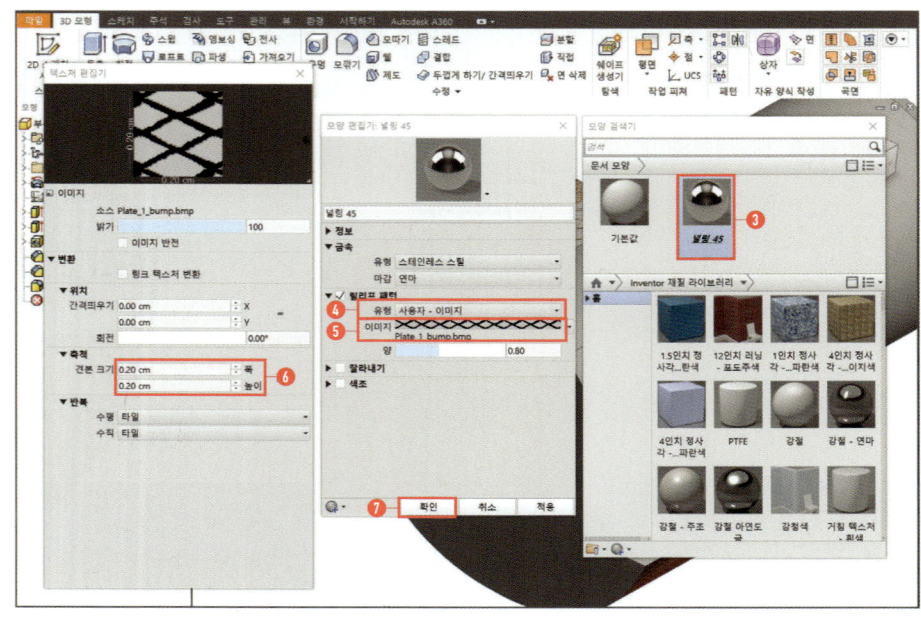

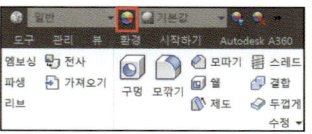

17 모양검색기에서 널링45 선택

❶ 널링이 표현될 삽입부시면 선택

❷ 널링표현 완료

T·I·P

널링표현이 안될 시 이미지 축적을 수정하면 됩니다.
예 0.5 / 0.1 등등...

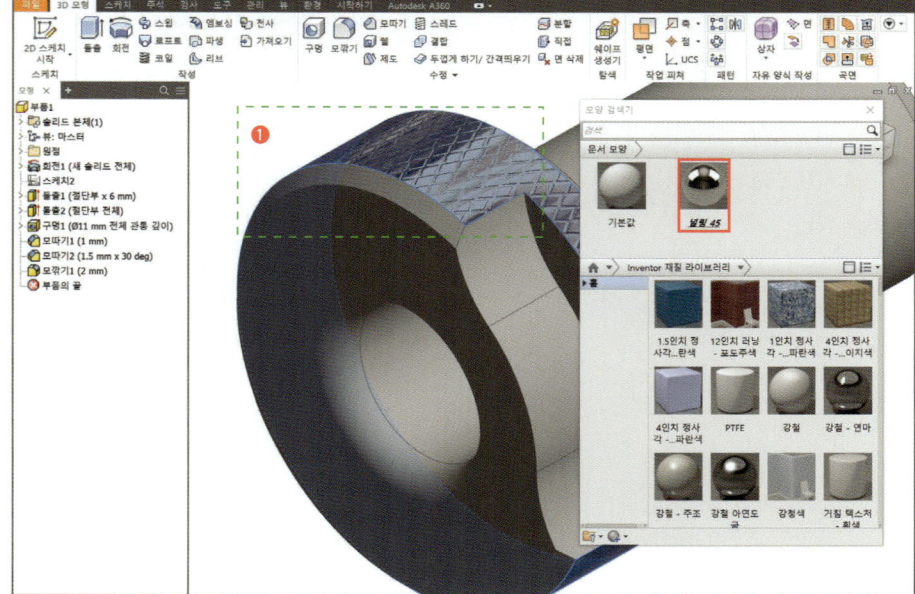

18 삽입부시 완성!

T·I·P

시험 시 널링 3D표현은 많은 상대적으로 많은 점수를 차지하는 부분이 아닙니다. 표현이 잘 안될 때는 2D 답안 도면에 정확한 표현과 주서만 작성해도 되기 때문에 해당 작업에서 시간을 허비하는 일이 없도록 합시다.

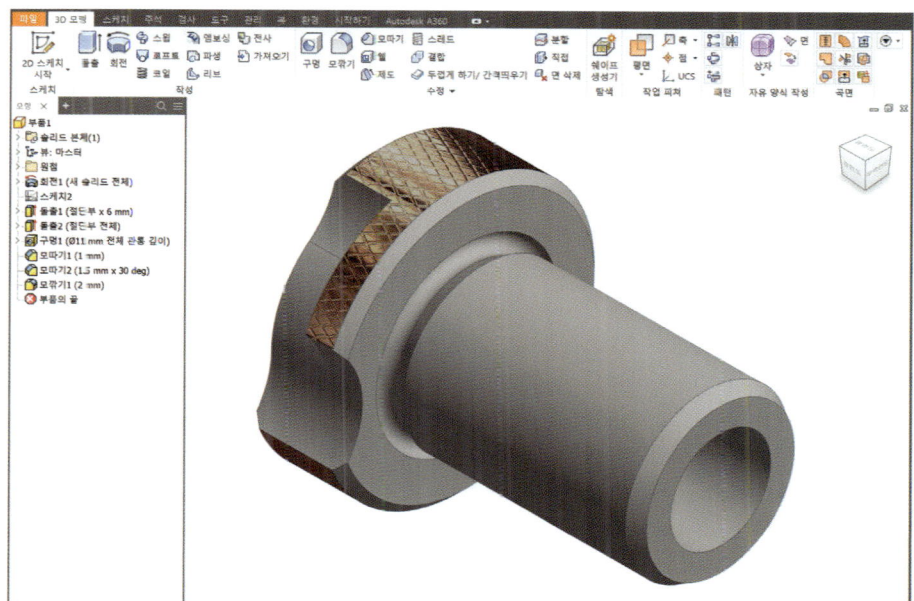

래크축 모델링

SECTION 04

래크와 피니언은 시험에는 자주 출제가 되지 않으나 래크축 모델링만 알면 어려울 것이 없기 때문에 래크축 모델링은 한 번은 꼭 해보는것을 추천합니다.

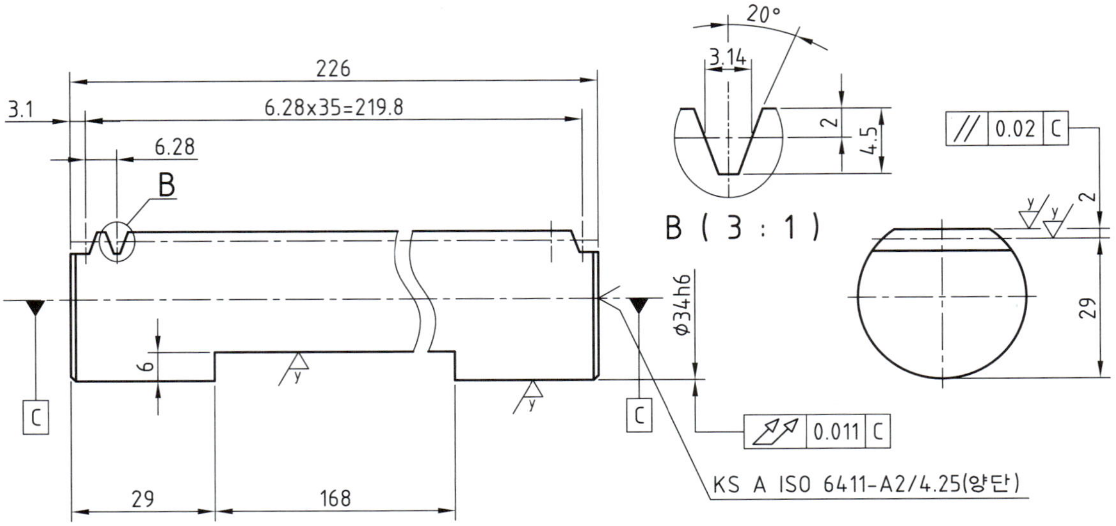

NAVER앱 QR코드 스캔으로 해당 무료강좌를 시청하실 수 있습니다.

01 파일 → 새로만들기 클릭

   ❶ Templates/Metric/Standarc(mm).ipt 클릭
   ❷ 파일 → 다른 이름으로 저장 → 부품명 작성 → 확인

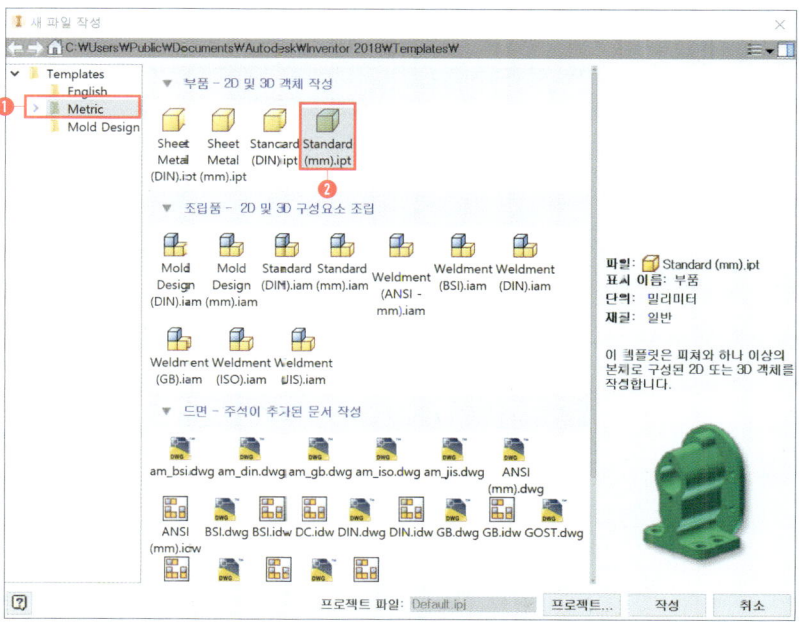

02 XY 평면에 새 스케치
  ❶ ☐ 2점 직사각형 선택
  ❷ 1개의 사각형을 스케치
  ❸ 해당 이미지와 동일하게 치수기입

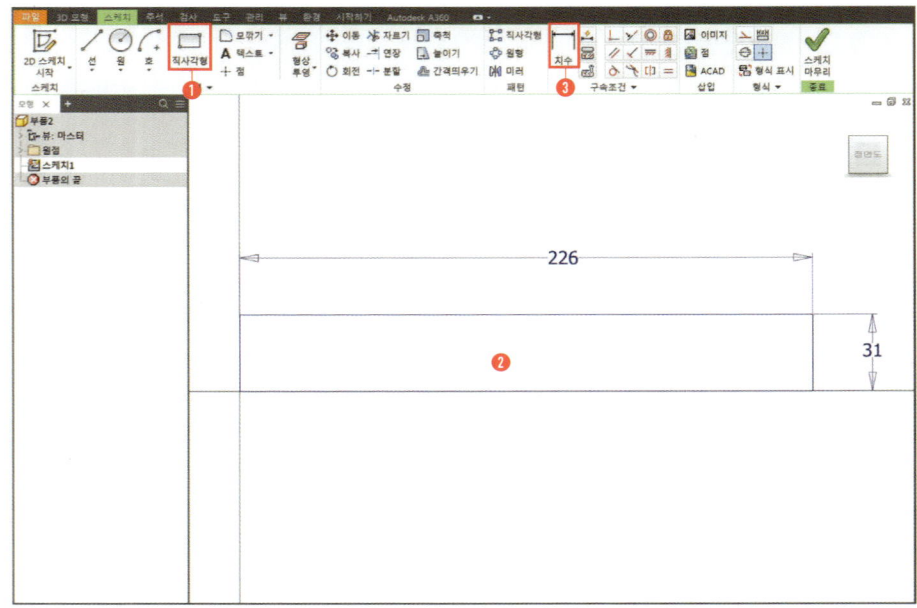

03 돌출 선택(단축키 : E)
  ❶ 돌출할 프로파일 선택
  ❷ 거리 : 34
  ❸ 방형 대칭 선택
  ❹ 확인

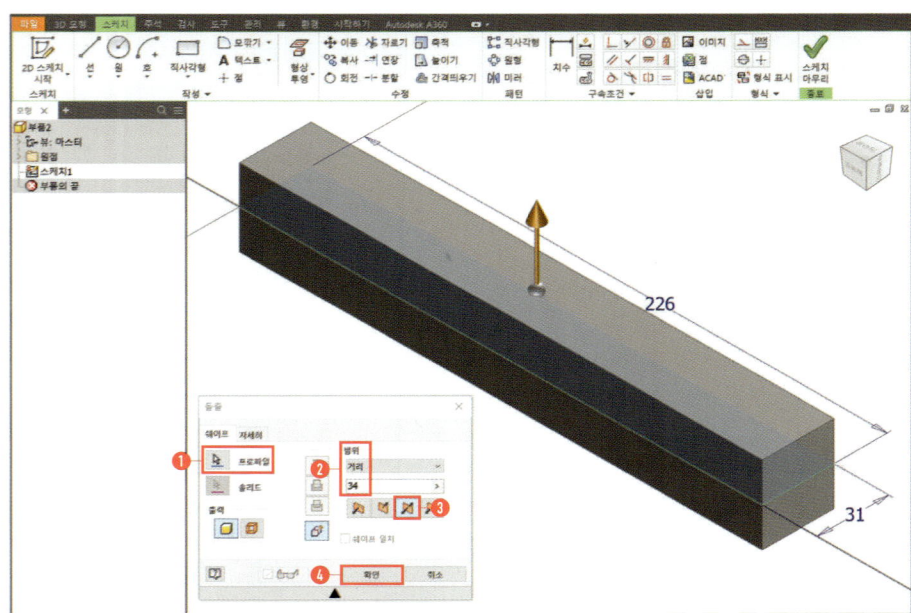

04 ✏ 선 선택

❶ 해당 이미지와 동일하게 스케치

❷ 중심선 선택 후 → ⟂ 구성 선택

❸ 〕〔 미러 선택

❹ 구성선을 제외한 나머지 선택

❺ 중심선 선택

❻ 확인

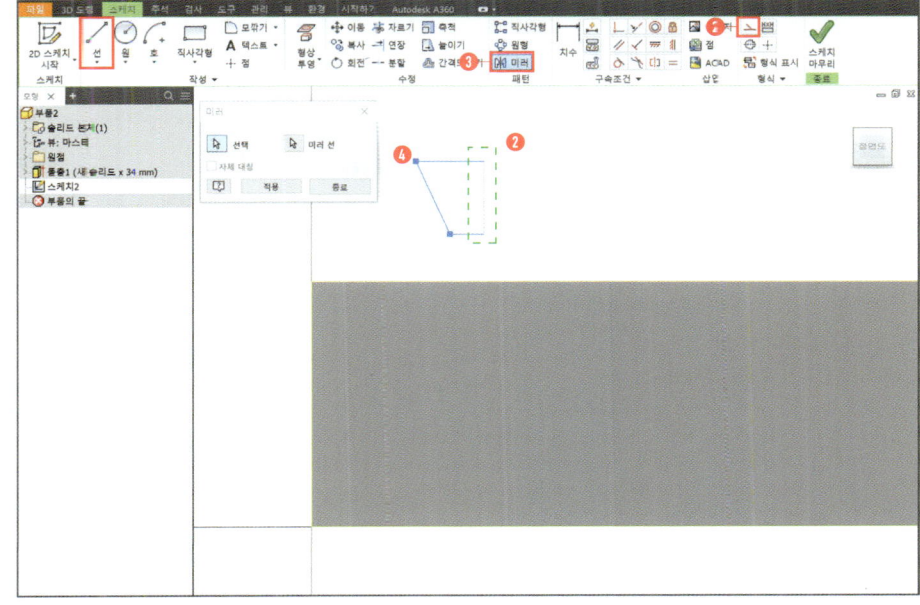

05 ✏ 선 선택

❶ 해당 이미지와 동일하게 십자선 스케치

T·I·P

십자선을 스케치할 때 가로선은 선의 중간보다 좀 더 위쪽에 스케치를 해줍니다. 왜냐하면 대각선 중간에 스케치를 할 경우 중간점에 일치 구속조건이 들어가 치수기입이 안 되는 경우가 생기기 때문입니다.

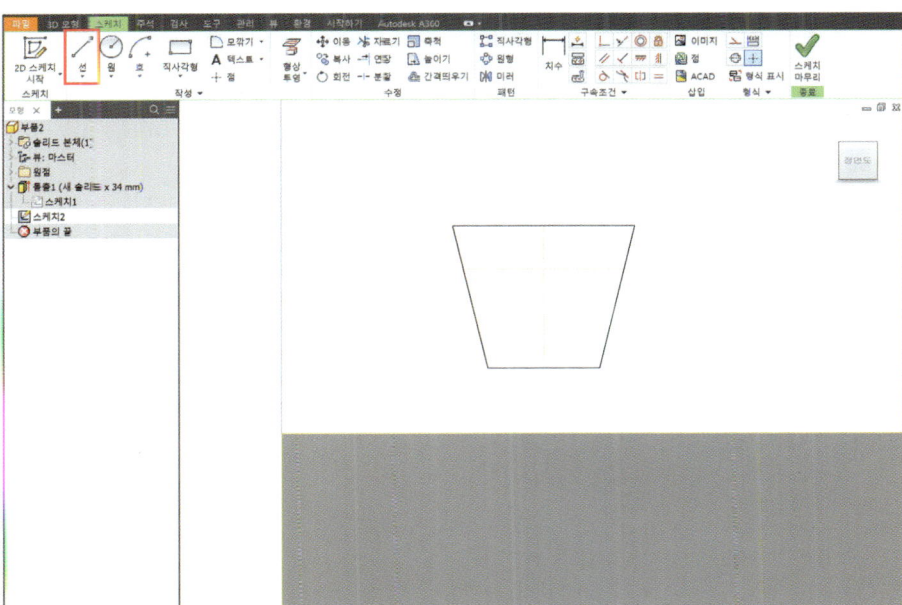

06 ⊢⊣ 치수 선택

❶ 해당 이미지와 동일하게 치수를 기입

T·I·P

해당 래크축은 모듈이 2인 예제입니다. 압력각은 20°이며 전체 이높이는 모듈 x 2.25 = 4.5입니다. 다음 잇수 거리 값까지는 t(원주율 x2) = 6.28이며 반만 입력해주면 되기 때문에 t/2 = 3.14만 기입을 해주면 됩니다(유튜브영상 참조).

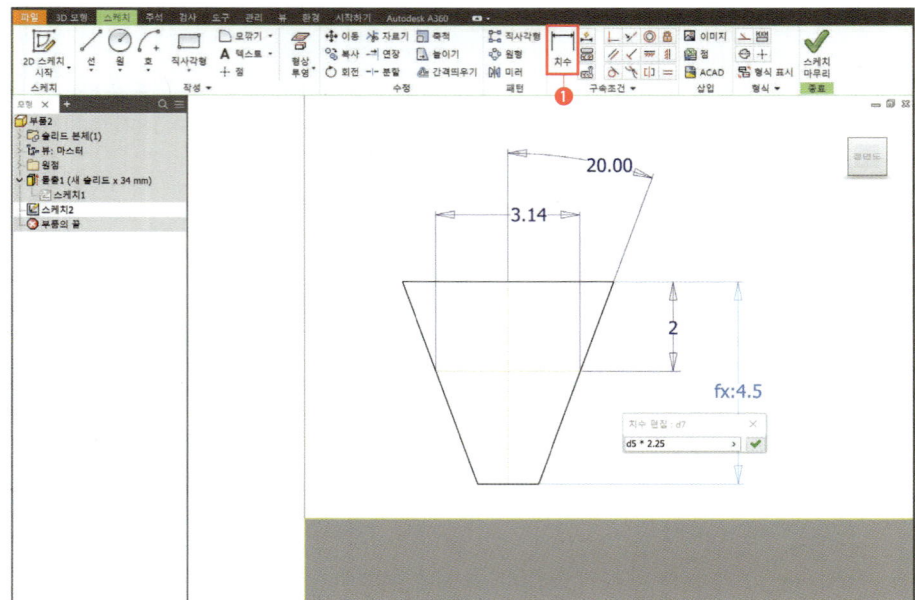

07 ✓ 동일선상 구속조건 선택

❶ 스케치한 위쪽선과 사각형의 위쪽선 선택

❷ ⊢⊣ 치수 선택

❸ 치수 기입 : 9.38

T·I·P

바로 사각면에 스케치를 하지 않고 따로 스케치 후 동일선상으로 구속을 주는 이유는 투영된 선에 바로 스케치하면 스케치가 도중에 끊기는 경우가 있어 따로 여백에 스케치를 한 후 치수를 기입하여 구속조건을 주는 것을 추천합니다.

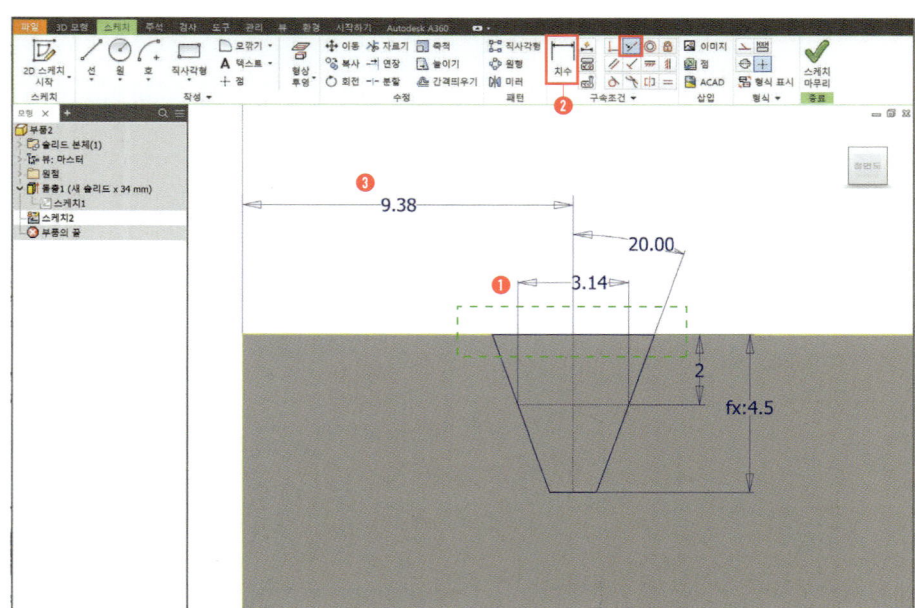

08 돌출 선택(단축키 : E)
  ❶ 돌출할 프로파일 선택
  ❷ 차집합 선택
  ❸ 범위 : 전체
  ❹ 방향2 선택
  ❺ 확인

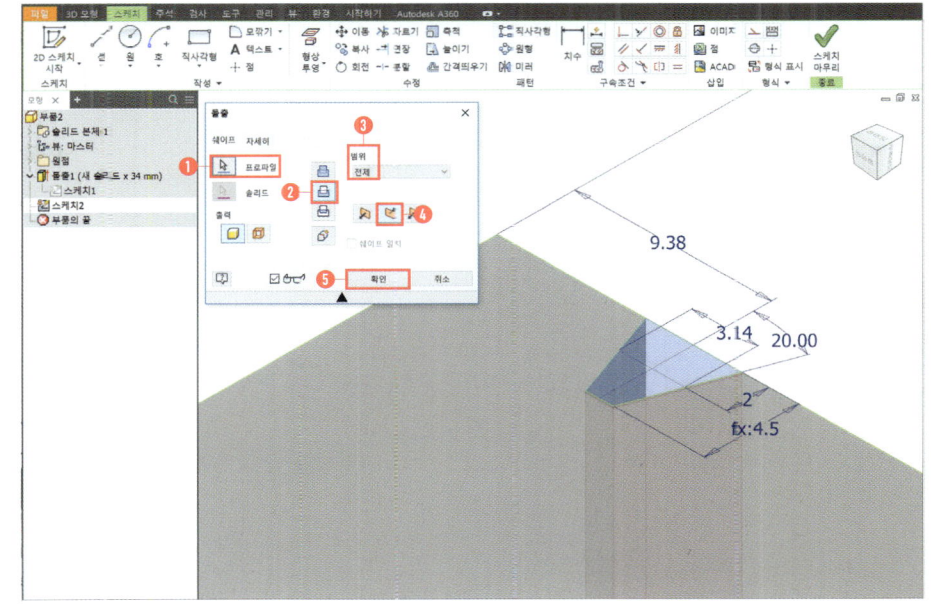

09 직사각형 패턴 선택
  ❶ 피쳐 : 돌출2 선택
  ❷ 방향 1 선택 후 위쪽 모서리 클릭
  ❸ 반전 선택
  ❹ 열 개수 : 35 / 열 간격 : 6.28
  ❺ 방향 2 선택 후 위쪽 모서리 클릭
  ❻ 열 개수 : 2 / 열 간격 : 6.28
  ❼ 확인

T·I·P
열간격 6.28 값은 t(원주율X모듈)값

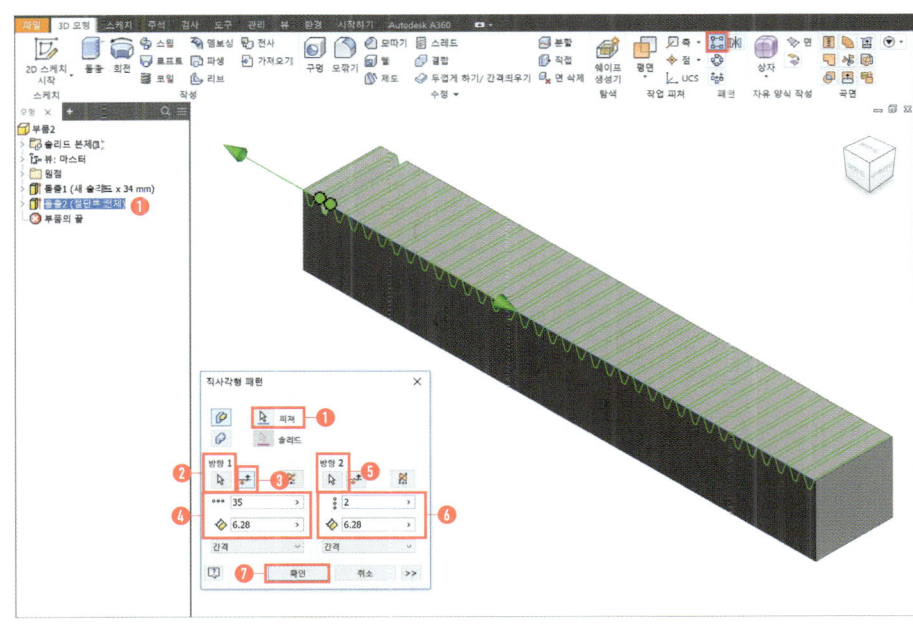

10 스케치 작성

❶ 🔲 2점 직사각형 선택

❷ 사각형을 해당 이미지와 동일하게 스케치

❸ 반대편도 동일하게 스케치

T·I·P

래크축의 돌출하고 남은 기어이를 삭제할 것이기 때문에 치수는 기입하지 않아도 무관하나 기어이보다는 사각형이 커야 합니다.

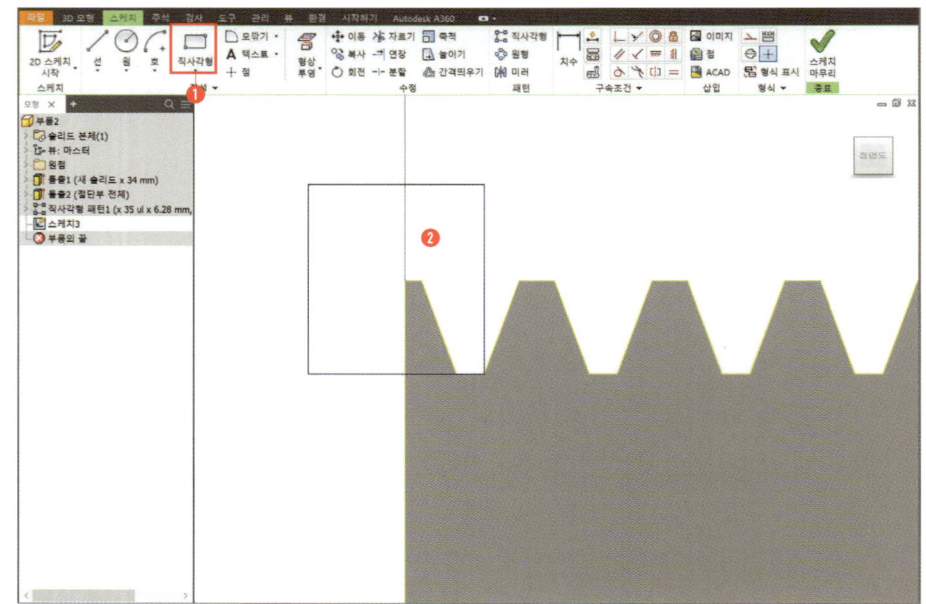

11 🔲 2점 직사각형 선택

❶ 1개의 사각형을 스케치

❷ ┤├ 치수 선택

❸ 해당 이미지와 동일하게 치수기입

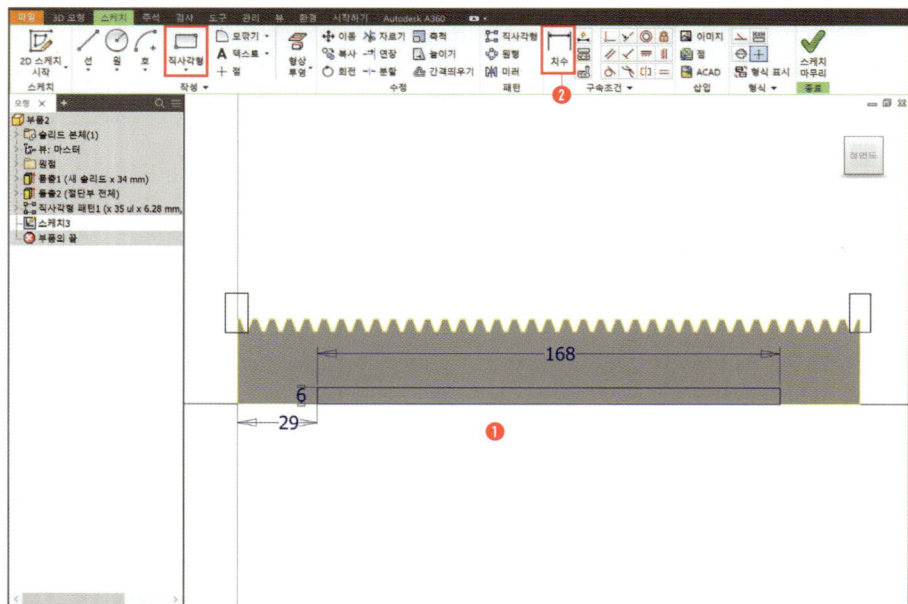

12 🗔 돌출 선택(단축키 : E)
   ❶ 돌출할 프로파일 선택
   ❷ 차집합 선택
   ❸ 범위 : 전체
   ❹ 방향2 선택
   ❺ 확인

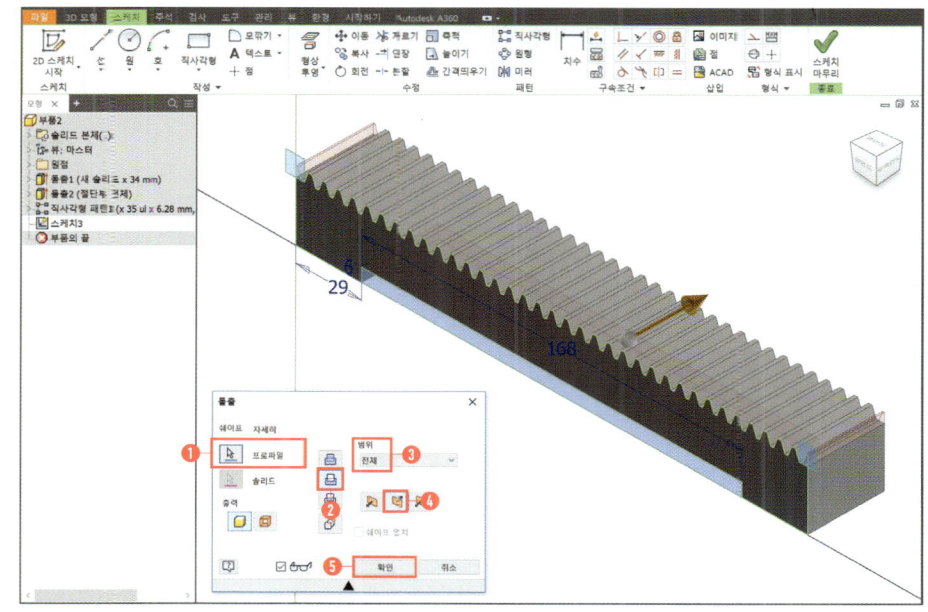

13 📝 스케치 시작 선택
   (단축키:S)
   ❶ 래크축 앞면 선택

T·I·P
기어이가 위쪽으로 보이도록 뷰큐브
에서 홈 뷰를 재설정할 수 있습니다.

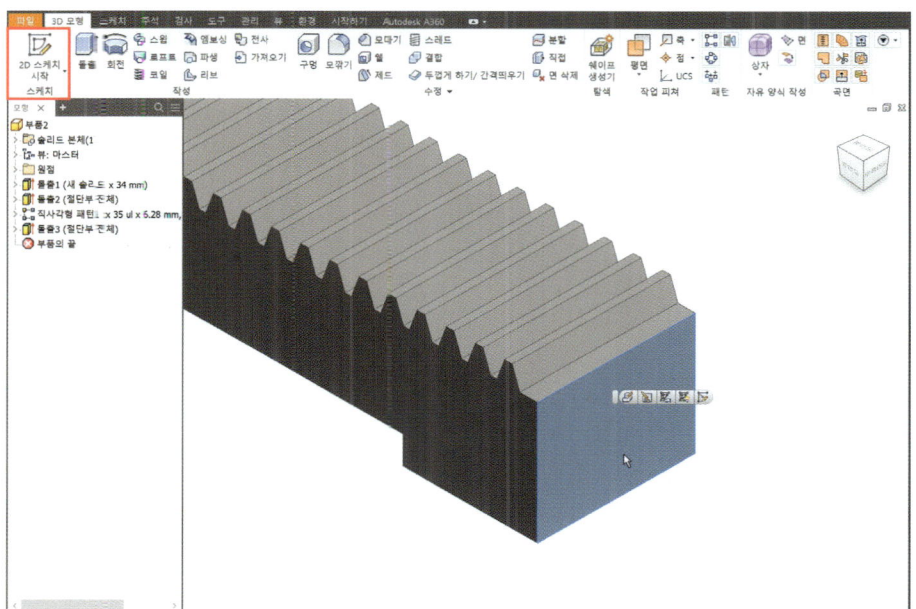

14 중심원 선택
  ① 지름 치수 기입 : 34
  ② 수직 구속조건 선택
  ③ 원의 중심과 투영된 선 아래쪽 중심점 클릭
  ④ 일치 구속조건 선택
  ⑤ 원 선택 후 투영된 선 아래쪽 중심점 클릭

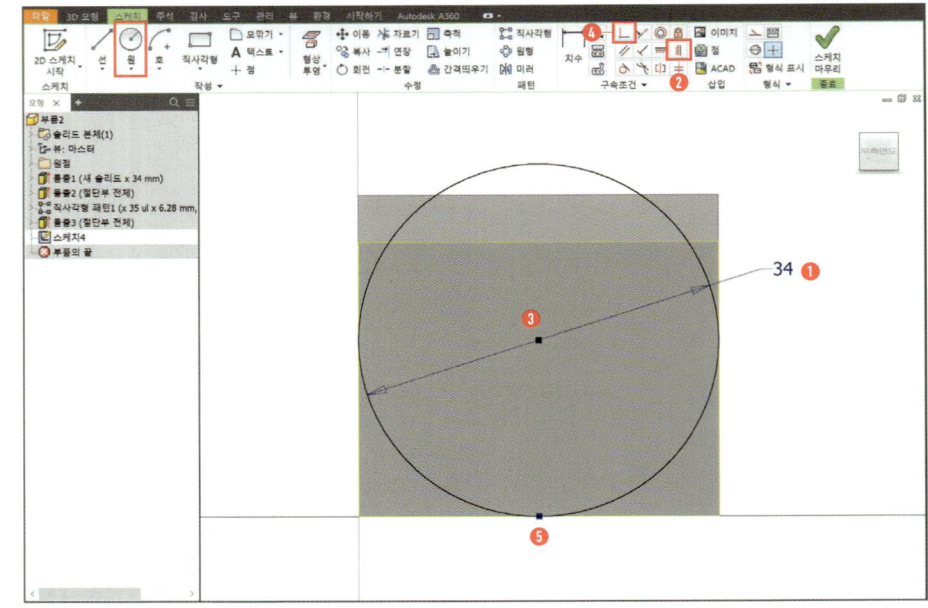

15 돌출 선택(단축키 : E)
  ① 돌출할 프로파일 선택
  ② 교집합 선택
  ③ 범위 : 전체
  ④ 방향 2 선택
  ⑤ 확인

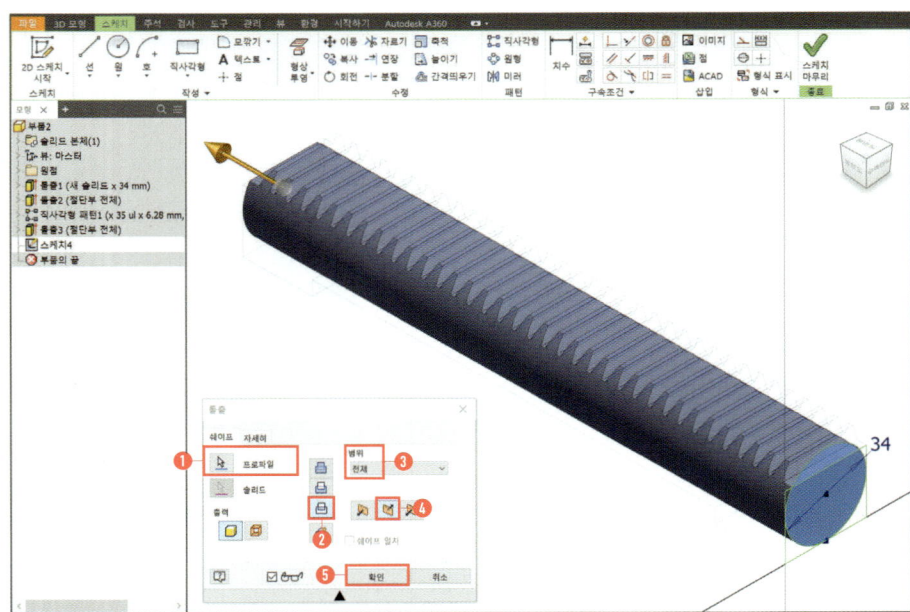

16 모따기 선택

① 양쪽 모서리 선택
② 거리 : 1
③ 확인

T·I·P

시험에서는 조립용 모따기를 1로 해주면 됩니다. 주서에 도시되고 지시 없는 모따기는 1X45º 라고 명시를 하기 때문입니다.
조립용 모따기의 역할은 조립방향에 따라 약간의 기울기가 있으면 조립 시 편리해집니다.

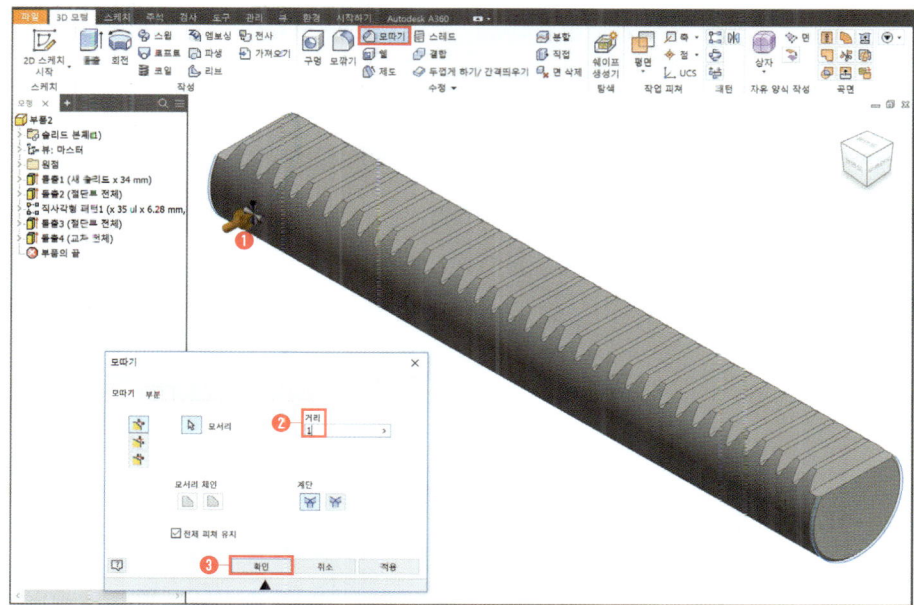

17 래크축 완성!

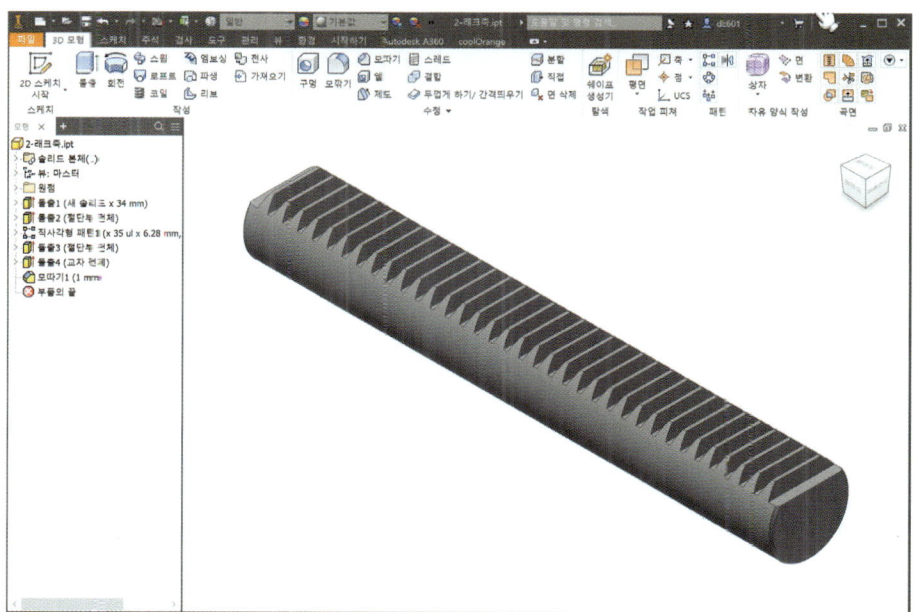

CHAPTER 07

국가자격시험 예시

출제되는 시험 문제지와 도면

SECTION 01

일반기계기사 / 기계설계산업기사 / 전산응용기계제도기능사 실기 시험에 출제되는 문제지와 도면에 대하여 알아보고 각 시험마다 어떤 점이 다른지 알아보도록 하자.

01 전산응용기계제도기능사 / 일반기계기사

① 시험이 시작되면 시험 요구사항 & 유의사항 및 문제도면 1부가 A4용지 크기로 주어진다.
② 연장시간은 폐지되었으며 시험시간은 5시간이다.
③ KS 기계제도 규격(Data Book)은 시험장 컴퓨터에 설치되어 있으며 자신의 노트북/데스크탑으로 시험을 응시하는 수험생들은 감독관이 USB로 KS 기계제도 규격(Data Book)을 설치하여 준다.
④ 프로그램의 제한은 없으며 파라메트릭 설계가 가능한 프로그램이면 가능하다. 해당 고사장에 자신이 사용하는 프로그램이 아닌 경우 노트북/데스크탑을 가져가야 한다.
⑤ 노트북/데스크탑으로 시험을 응시할 수 있으나 해당 고사장 버전과 동일하면 사용이 불가능하다(미리 해당 고사장에 문의를 하는 것이 좋습니다).
⑥ 노트북 / 데스크탑으로 시험을 응시하는 수험생분들은 미리 작성된 템플릿 매크로(리습)는 사용이 불가능하다(부정 행위).
⑦ 전산응용기계제도기능사/일반기계기사 실기 시험인 경우 보통 3~5개의 부품을 설계한다(난이도 따라 다름).
⑧ 2D에서는 4개를 배치할 수 있으나 3D답안도면에서는 3개를 배치할 수도 있으니 시험지를 잘 확인한다.
　예 부품번호 ①, ②, ④, ⑤를 2D로 배치하고 ①, ②, ④ 부품은 3D에 배치하는 경우
⑨ 부품번호는 꼭 시험지에 주어진 부품번호를 작성해야 한다. 수험생 임의로 번호를 지정하면 안 된다.
⑩ 5시간 동안 2D답안도면 1부, 3D답안도면 1부를 출력하여 제출하면 시험은 종료된다.
⑪ 전산응용기계제도기능사/일반기계기사 실기 시험유형과 난이도는 동일하다.
※ 2018년 3회차부터 전산응용기계제도기능사 실기는 질량 해석이 추가된다(자세한 건 유튜브 강좌 참조).

02 기계설계산업기사

① 작업형 실기 시험 중 난이도가 제일 높다.
② 일반 실기 작업형 시험에서 단면 및 질량해석이 추가된다.
③ 기계설계산업기사 실기는 전산응용기계제도기능사 / 일반기계기사 실기 시험보다 부품을 1~2개 정도 더 설계해야 한다.
④ 나머지는 위 사항과 동일하다.
※ 2018년 3회차부터 실기시간이 5시간 30분으로 변경되고 설계 변경 작업이 추가된다(자세한 건 유튜브 강좌 참조).

T·I·P

2018년 3회차부터 전산응용기계제도기능사 / 기계설계산업기사 실기 시험이 변경됩니다. 기능사는 질량해석이 추가되며 산업기사는 설계 변경 작업이 추가됩니다.

NAVER앱 QR코드 스캔으로 해당 무료강좌를 시청하실 수 있습니다.

03 기계설계산업기사 실기 변경사항(2018년)

	변경 전	현행
과제명	부품도 및 모델링도 작업	설계 변경 작업 및 부품도 / 모델링도 작업
작업 시간	5시간	5시간 30분
적용 시기	2018년 기사 2회 실기시험까지	2018년 기사 3회 실기시험부터

04 전산응용기계제도기능사 실기 변경사항(2018년)

	변경 전	현행
과제명	부품도 및 모델링도 작업	부품도 및 모델링도 작업 - 질량 해석 추가
작업 시간	5시간	5시간
적용 시기	2018년 기능사 2회 실기시험까지 (산업수요 맞춤형 고등학교 및 특성화 고등학교 등 필기시험 면제자 검정 포함)	2018년 기능사 3회 실기시험부터

자격종목	전산응용기계제도기능사	과제명	도면참조

비번호

※ 시험시간 : [○ 표준시간 : 5시간]

1. 요구사항

※ 지급된 재료 및 시설을 이용하여 다음 (1)의 부품도 (2D) 제도, (2)의 렌더링 등각 투상도 (3D) 제도를 순서에 관계없이 다음의 요구사항들에 의해 제도하시오.

(1) 부품도 (2D) 제도

    가) 주어진 문제의 조립도면에 표시된 부품번호(①, ②, ③, ④, ⑤)의 부품도를 CAD 프로그램을 이용하여 A2 용지에 1 : 1로 하여, 투상법은 제3각법으로 제도하시오.

    나) 각 부품들의 형상이 잘 나타나도록 투상도와 단면도 등을 빠짐없이 제도하고, 설계 목적에 맞는 가공을 하여 기능 및 작동을 할 수 있도록 치수 및 치수공차, 끼워 맞춤 공차와 기하공차 기호, 표면거칠기 기호, 표면처리, 열처리, 주서 등 부품 제작에 필요한 모든 사항을 기입하시오.

    다) 제도 완료 후 지급된 A3(420X297) 크기의 용지(트레이싱지)에 수험자가 직접 흑백으로 출력하여 확인하고 제출하시오.

(2) 렌더링 등각 투상도 (3D) 제도

    가) 주어진 문제의 조립도면에 표시된 부품번호 (①, ②, ③, ④, ⑤)의 부품을 파라메트릭 솔리드 모델링을 하고, 모양과 윤곽을 알아보기 쉽도록 뚜렷한 음영, 렌더링 처리를 하여 A2 용지에 제도하시오.

    나) 음영과 렌더링 처리는 아래 그림과 같이 형상이 잘 나타나도록 등각 축 2개를 정해 척도는 NS로 실물의 크기를 고려하여 제도하시오(단, 현상은 단면하여 표지하지 않는다).

    다) 제도 완료 후, 지급된 A3(420X297) 크기의 용지(트레이싱지)에 수험자가 직접 흑백으로 출력하여 확인하고 제출하시오.

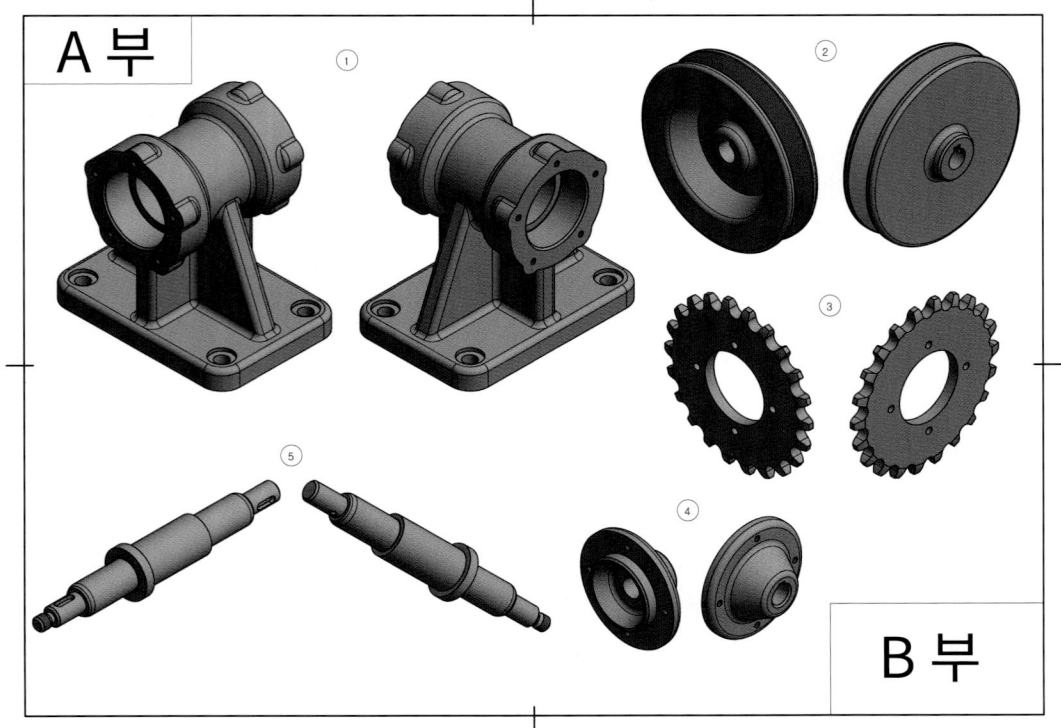

자격종목	전산응용기계제도기능사	과제명	도면참조

(3) 부품도 제도, 렌더링 등각 투상도 제도 - 공통

가) 도면의 크기별 한계설정(Limits), 윤곽선 및 중심마크 크기가 다음과 같이 설정하고, a와 b의 도면의 한계선(도면의 가장자리선)이 출력되지 않도록 하시오.

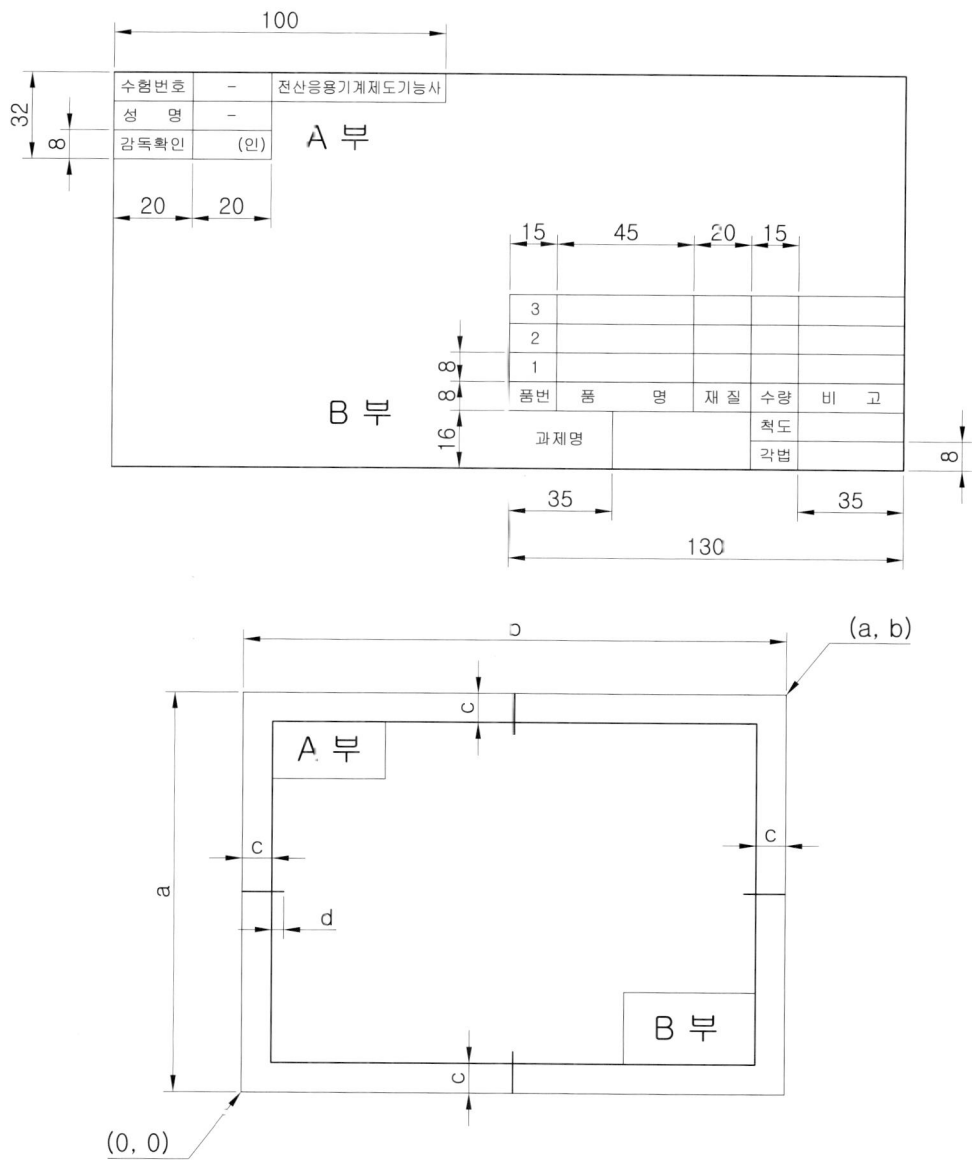

구분		도면의 한계		중심 마크	
도면크기	기호	a	b	c	d
A2(부품도)		420	594	10	5
A3(랜더링 등각 투상도)		297	420	10	5

자격종목	전산응용기계제도기능사	과제명	도면참조

나) 문자, 숫자, 기호의 크기, 선 굵기는 반드시 다음 표에서 지정한 용도에 따라 색상을 지정하여 제도하시오.

문자, 숫자, 기호의 높이	선 굵기	색상(color)	용도
7.0mm	0.70mm	청색(파란색, Blue)	윤곽선, 표제란과 부품란의 윤곽선 등
5.0mm	0.50mm	초록(Green), 갈색(Brown)	외형선, 부품번호, 개별 주서, 중심 마크 등
3.5mm	0.35mm	황색(노란색, Yellow)	숨은선, 치수와 기호, 일반주서 등
2.5mm	0.25mm	흰색(White), 빨간색(Red)	해치선, 치수선, 치수 보조선, 중심선, 가상선 등

다) 사용 문자의 크기는 7.0, 5.0, 3.5, 2.5 중 적절한 것을 사용하시오.
라) 아라비아 숫자, 로마자는 컴퓨터에 탑제된 ISO 표준을 사용하고, 한글은 굴림 또는 굴림체를 사용하시오.

2. 수험자 유의사항

※ 다음 유의사항을 고려하여 요구사항을 완성하시오.

(1) 제공한 KS 데이터에 수록되지 않은 제도 규격이나 데이터는 과제로 제시된 도면을 기준으로 제도하거나 ISO 규격과 관례에 따르시오.
(2) 주어진 문제의 조립도면에서 표시되지 않은 제도규격은 지급한 KS규격 데이터에서 선정하여 제도하시오.
(3) 주어진 문제의 조립도면에서 치수와 규격이 일치하지 않을 때는 해당 규격으로 제도하시오.
(4) 마련한 양식의 A부 내용을 기입하고 시험 위원의 확인 서명을 받아야 하며, B부는 수험자가 작성하시오.
(5) 수험자에게 주어진 문제는 수험번호를 기재하여 반드시 제출하시오.
(6) 시작 전 바탕화면에 본인 비번호로 폴더를 생성한 후 이 폴더에 비번호를 파일명으로 하여 작업 내용을 저장하고 작업이 끝나면 비번호 폴더 전체를 감독위원에게 제출하시오(파일제출 후에는 도면(파일) 수정 불가).
(7) 정전 또는 기계고장으로 인한 자료 손실을 방지하기 위하여 10분에 1회 이상 수시로 저장(save)하시오.
(8) 수험자는 제공된 장비의 안전한 사용과 작업 과정에서 안전수칙을 준수하시오.
(9) 다음 사항에 해당하는 작품은 채점 대상에서 제외하니 유의하시오.

    가) 부정행위
        1) 미리 작성된 Part program(도면, 단축 키 셋업 등) 또는 Block(도면양식, 표제란, 부품란, 요목표, 주서 및 표면 거칠기 비교표 등)을 사용할 경우
        2) 채점 시 도면 내용이 다른 수험자와 일부 또는 전부가 동일한 경우
        3) 파일로 제공한 KS 데이터에 의하지 않고 지참한 노트나 서적을 열람한 경우

    나) 미완성
        1) 시간 내에 요구 사항을 완성하지 못한 경우
        2) 수험자의 장비 조작 미숙으로 파손 및 고장을 일으킨 경우
        3) 수험자의 직접 출력시간이 10분을 초과할 경우(다만, 출력 시간은 시험 시간에서 제외하며, 출력된 도면의 크기 또는 색상 등이 채점하기 어렵다고 판단될 경우에는 시험 위원의 판단에 의해 1회에 한하여 재출력이 허용됩니다)

자격종목	전산응용기계제도기능사	과제명	도면참조

다) 기타

1) 시험시간 내에 부품도, 렌더링 등각 투상도 중에서 1개라도 투상도가 제도되지 않은 경우
2) 도면크기(윤곽선)와 내용이 일치하지 않은 도면
3) 각법이나 척도가 요구사항과 맞지 않은 도면
4) KS 제도규격에 의해 제도되지 않았다고 판단된 도면
5) 지급된 용지(트레이싱지)에 출력되지 않은 도면
6) 끼워맞춤 공차 기호를 부품도에 기입하지 않았거나 아무 위치에 지시하여 제도한 도면
7) 끼워맞춤 공차의 구멍 기호(대문자)와 축 기호(소문자)를 구분하지 않고 지시한 도면
8) 기하공차 기호를 부품도에 기호를 기입하지 않았거나 아무 위치에 지시하여 제도한 도면
9) 표면거칠기 기호를 부품도에 기호를 기입하지 않았거나 아무 위치에 지시하여 제도한 도면
10) 조립상태로 제도하여 기본지식이 없다고 판단된 경우

※ 출력은 사용하는 CAD 프로그램으로 출력하는 것이 원칙이나, 출력어 애로사항이 발생할 경우 PDF 파일로 변환하여 출력하는 것도 무방합니다.

| 자격종목 | 기능사/산업기사/기사 | 과제명 | 동력전달장치 | 척도 | 1:1 |

- ② V벨트풀리 GC250
- ① 본체 GC250
- ⑤ 축 SM45C
- ⑥ 커버 GC250
- ④ 플랜지 GC250
- ③ 스프로킷 SC480

2-6003
A-Type
호칭번호:41
Z:22

단면부 A-A

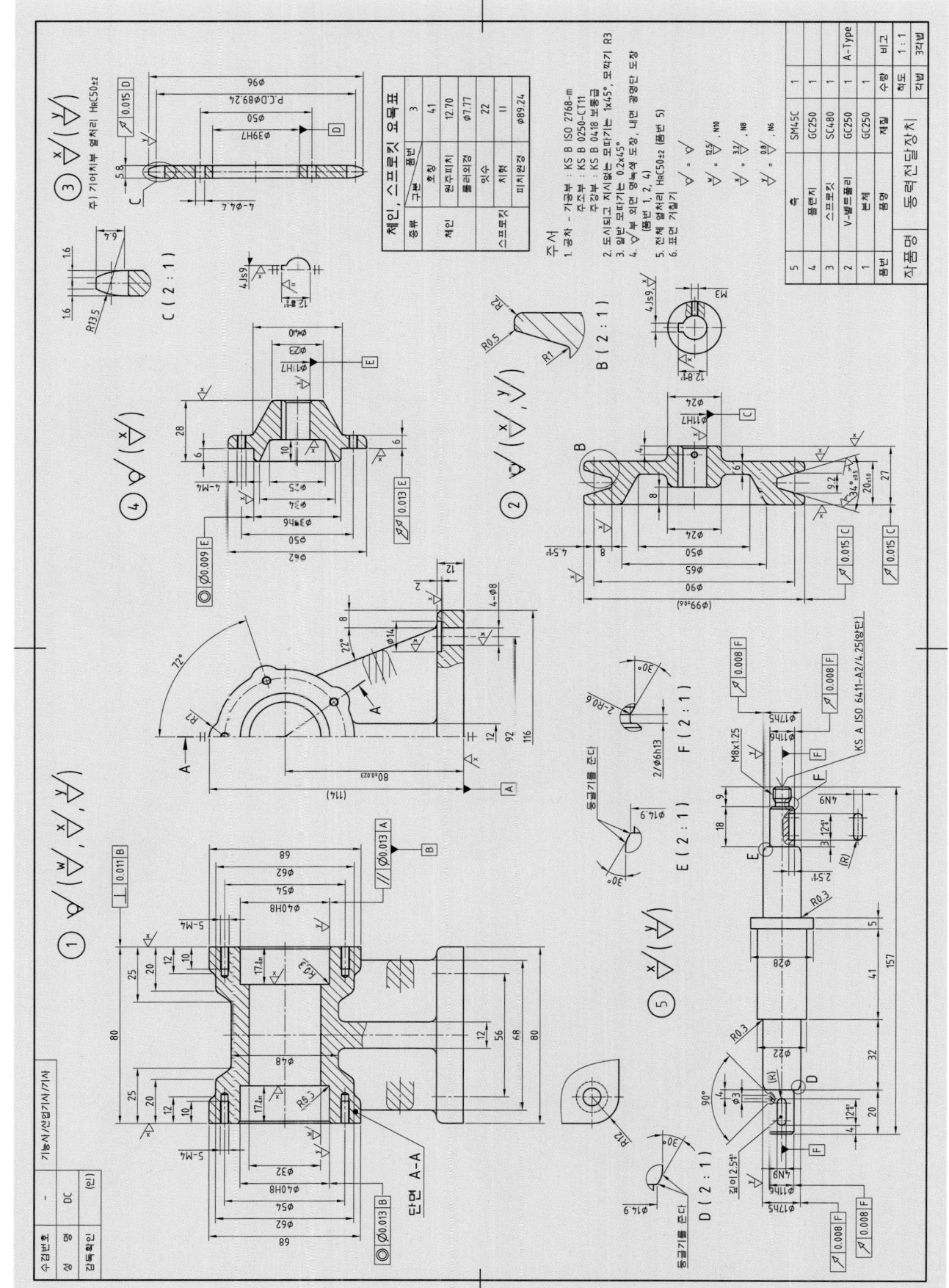

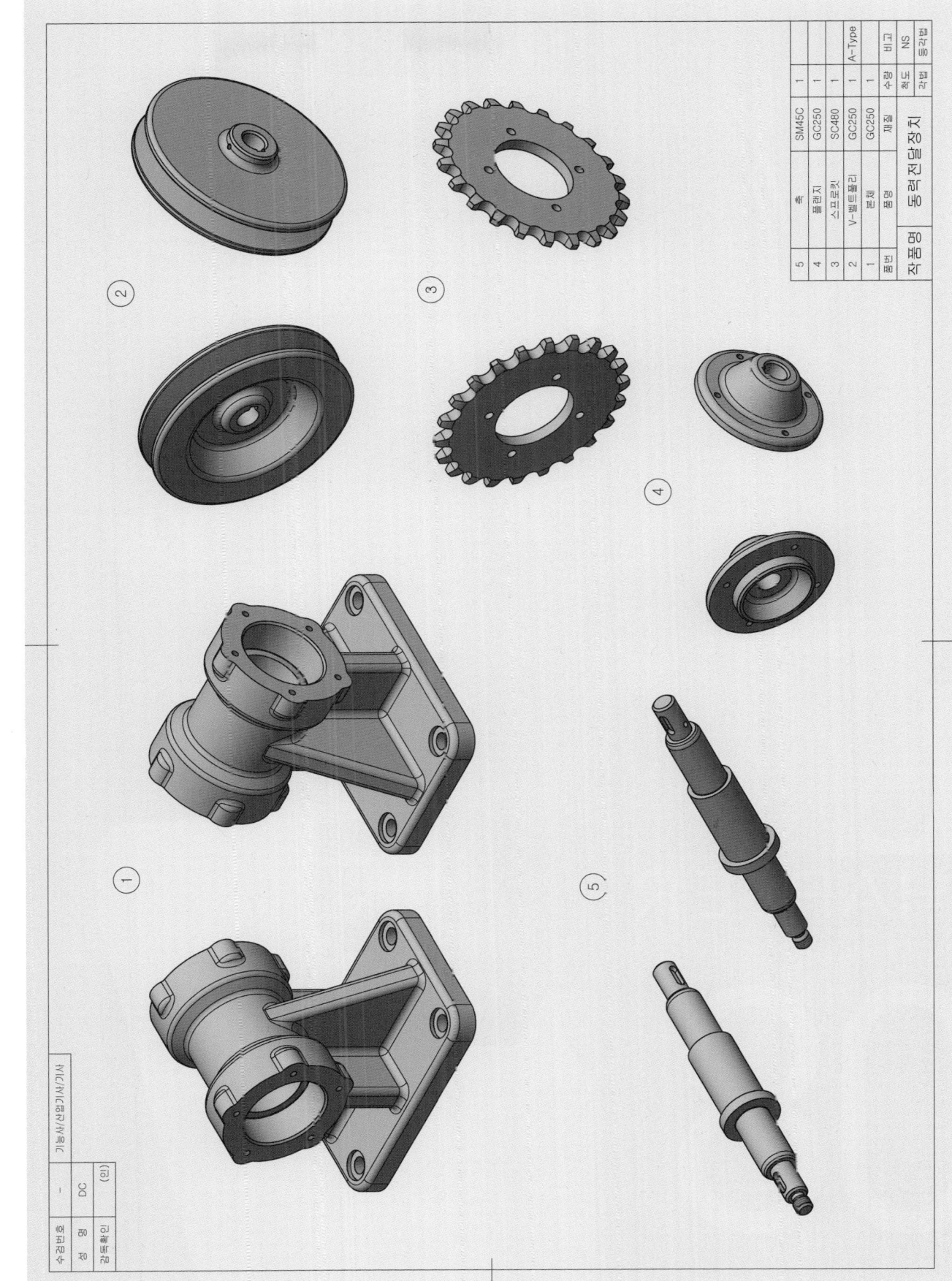

CHAPTER 08

완전정복 - 동력전달장치

CAD 2D
도면틀(템플릿) 만들기

SECTION 01

유의사항

2D 도면틀은 템플릿으로 만들어 놓으면 시험문제를 연습할 때 다시 레이어/치수설정/도면틀을 작성할 필요가 없어서 편리하게 2D 답안도면을 작성할 수 있습니다. 그러나 개인 노트북으로 응시하는 분들은 개인이 준비한 도면틀이나 템플릿 파일을 사용할 시 부정행위에 속하게 됩니다. 부정행위 적발 시 무효처리가 되며 당해 시험으로부터 5년간 시험 응시자격이 정지됩니다.

시험장 가기 전에는 꼭 노트북 포맷을 하신 후 시험장에 입실하여야 합니다(노트북 포맷은 유튜브 강좌 참조).

NAVER앱 QR코드 스캔으로 해당 무료강좌를 시청하실 수 있습니다.

NAVER앱 QR코드 스캔으로 해당 무료강좌를 시청하실 수 있습니다.

NAVER앱 QR코드 스캔으로 해당 무료강좌를 시청하실 수 있습니다.

유의사항

인벤터 완전정복 유튜브 강좌는 시험 시작부터 끝까지(출력) 모든 과정을 알려주는 강좌입니다. 예제는 시험에서 제일 많이 출제가 되는 동력전달장치입니다. 해당 서적은 인벤터에 관련한 내용만 제작된 서적이기 때문에 CAD 기초 사용방법은 언급하지 않습니다.
오토캐드 기초가 있으신 분들은 유튜브 강좌를 참조하여 충분히 따라할 수 있습니다.

3D 모델링
- 본체

SECTION 02

시험문제에서 제일 시간이 오래걸리는 본체(하우징) 모델링입니다. 동력전달장치에서는 보통 본체에 베어링이 들어가기 때문에 KS규격집에서 꼭 베어링 규격을 확인해야 합니다.

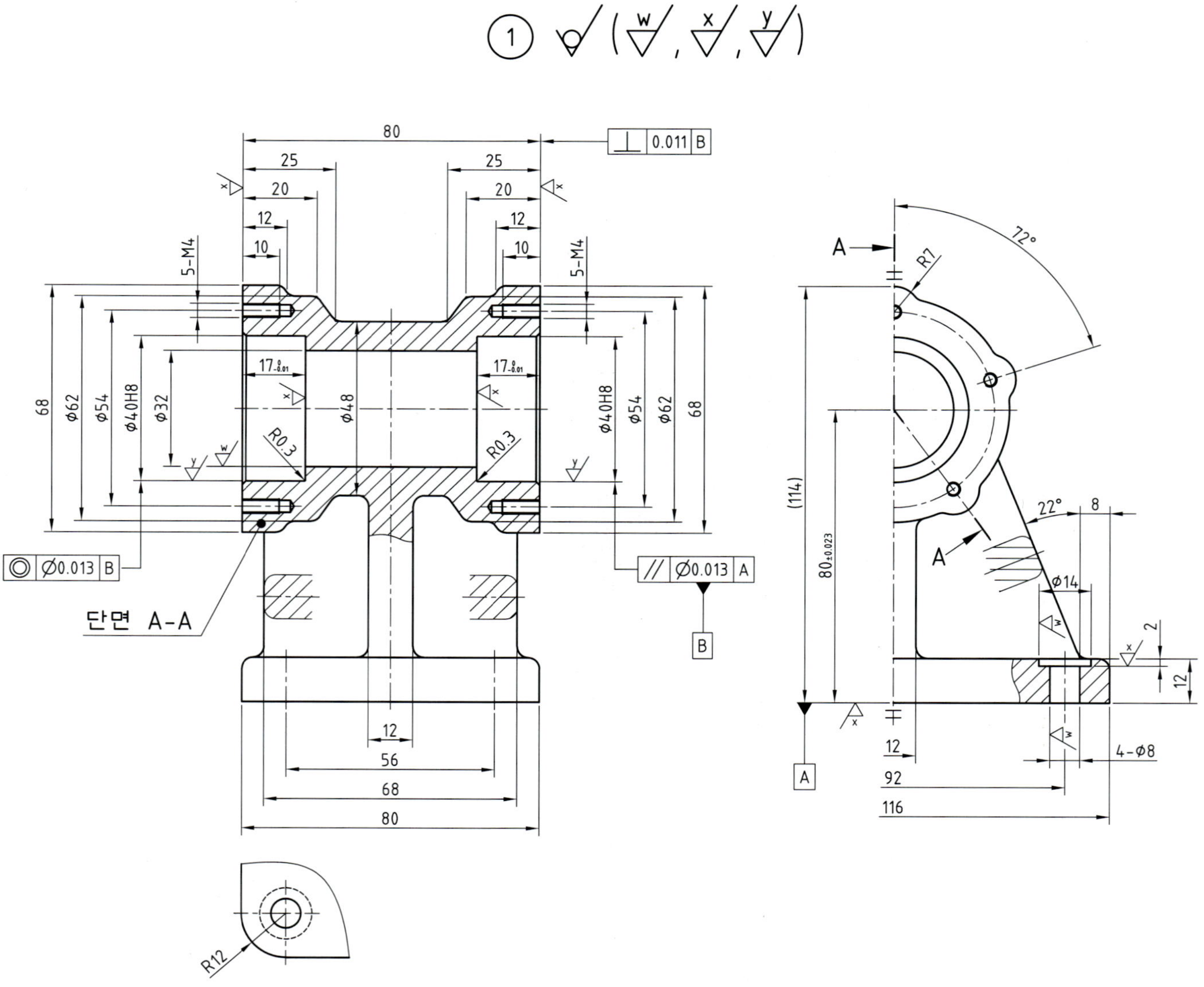

NAVER앱 QR코드 스캔으로 해당 무료강좌를 시청하실 수 있습니다.

01 파일 → 새로만들기 클릭

❶ Templates/Metric/Standard(mm).ipt 클릭

❷ 파일 → 다른 이름으로 저장 → 부품명 작성 → 확인

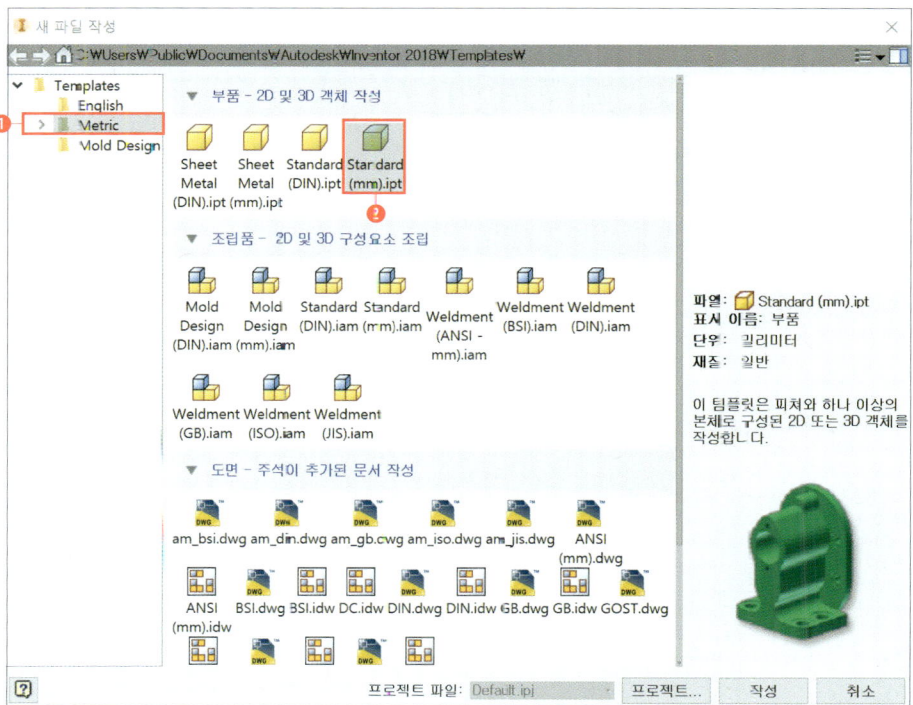

02 XY 평면에 새 스케치

① ╱ 선 선택
② 해당 이미지와 동일하게 스케치
③ 가로 중심선 선택
④ 형식 : ⊥ 구성 선택
⑤ 세로 중심선 선택
⑥ 형식 : ⊕ 중심선 선택
⑦ ▷|◁ 미러 선택
⑧ 대칭복사할 객체 선택
⑨ 가로 중심선을 기준으로 대칭복사

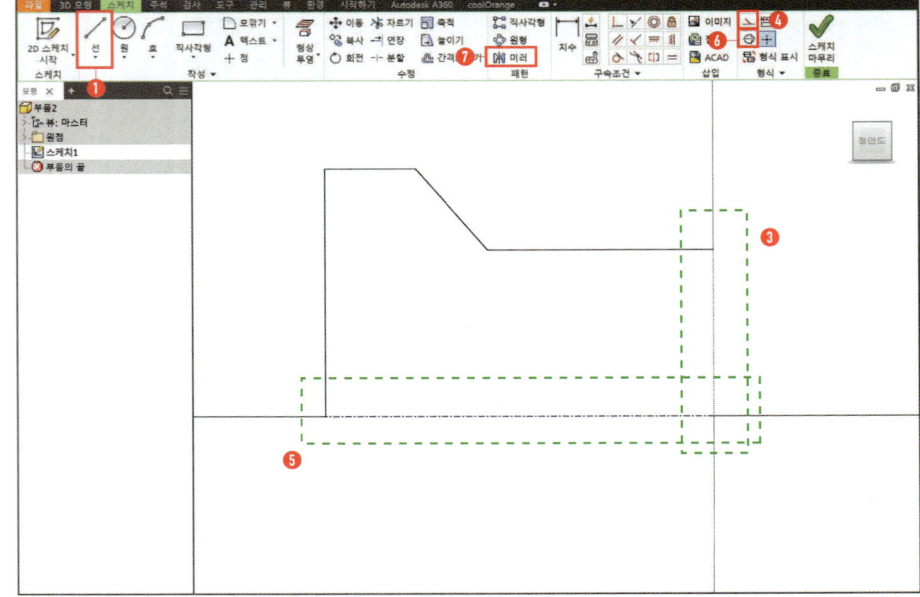

03 ┌┐ 치수 선택 (단축키:D)

① 전체 치수를 먼저 기입
② 나머지 치수 기입

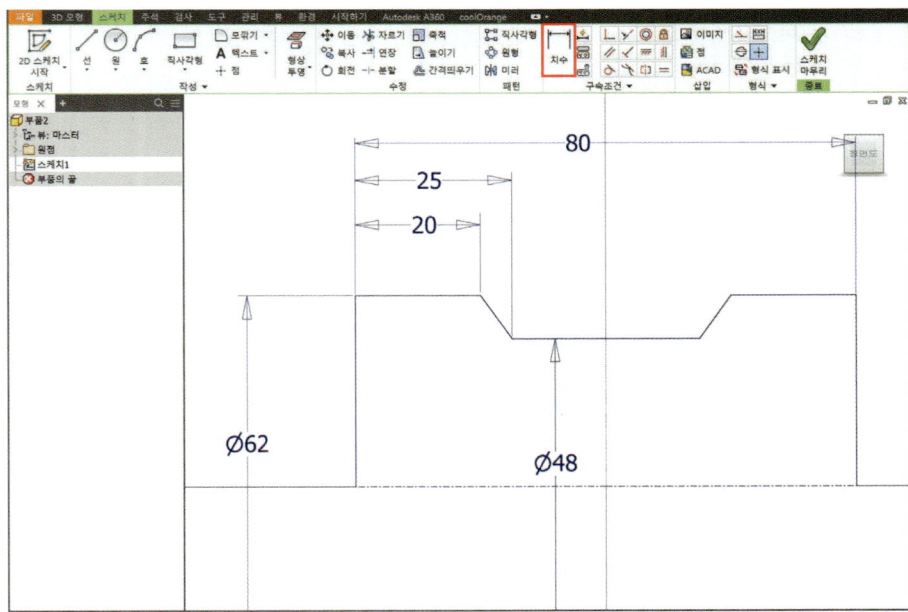

04 회전 선택(단축키:R)
  ① 회전할 프로파일 선택
  ② 회전할 중심축 선택
  ③ 범위 : 전체
  ④ 확인

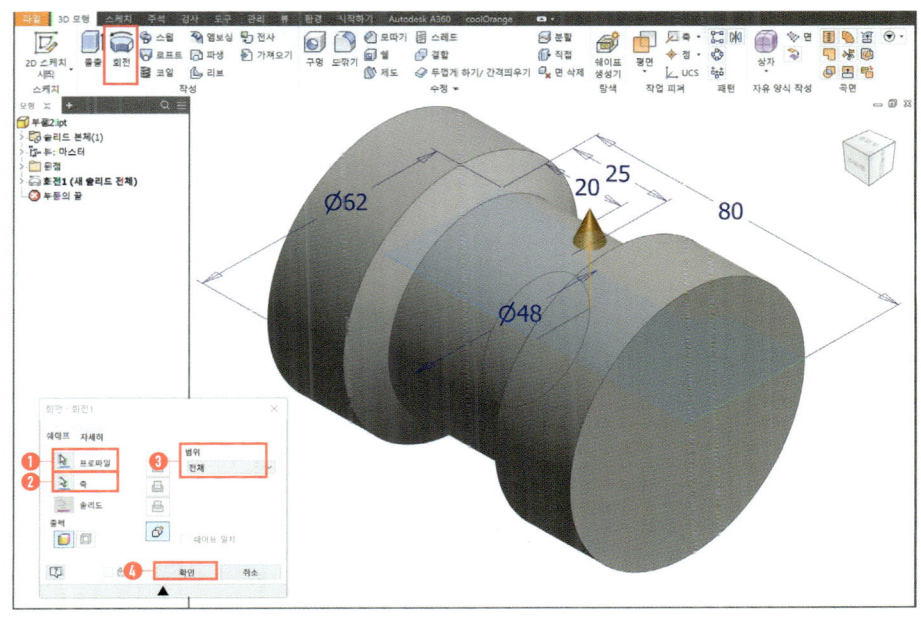

05 스케치 시작 선택 (단축키:S)
  ① 부품 오른쪽면에 스케치 작성
  ② 스케치 마무리 선택
  ③ 원 선택
  ④ 지름 : 54 치수 기입
  ⑤ 사분점에 원(지름 : 14) 스케치

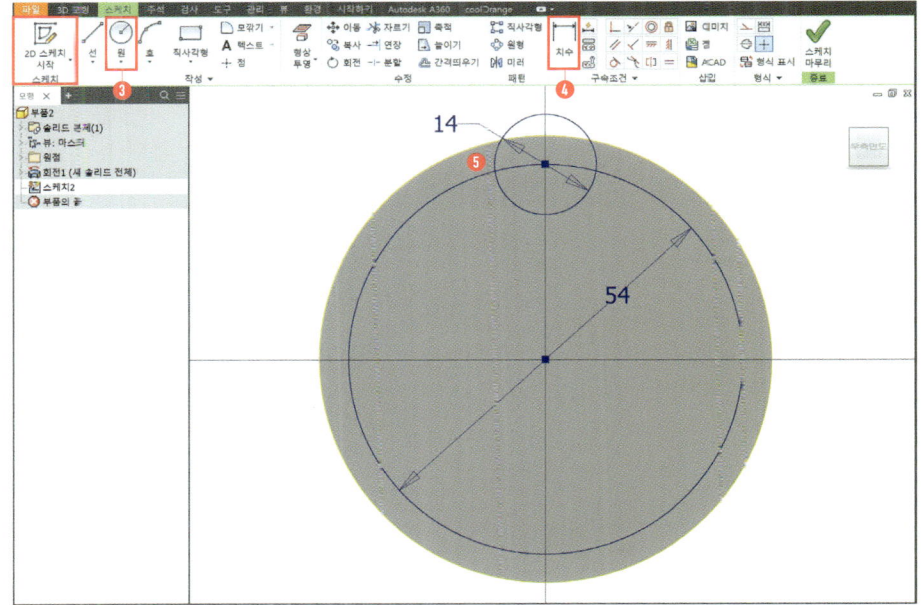

06 돌출 선택(단축키:E)
  ❶ 돌출할 프로파일 선택
  ❷ 접합 선택
  ❸ 거리 : 12
  ❹ 방향2 선택
  ❺ 확인

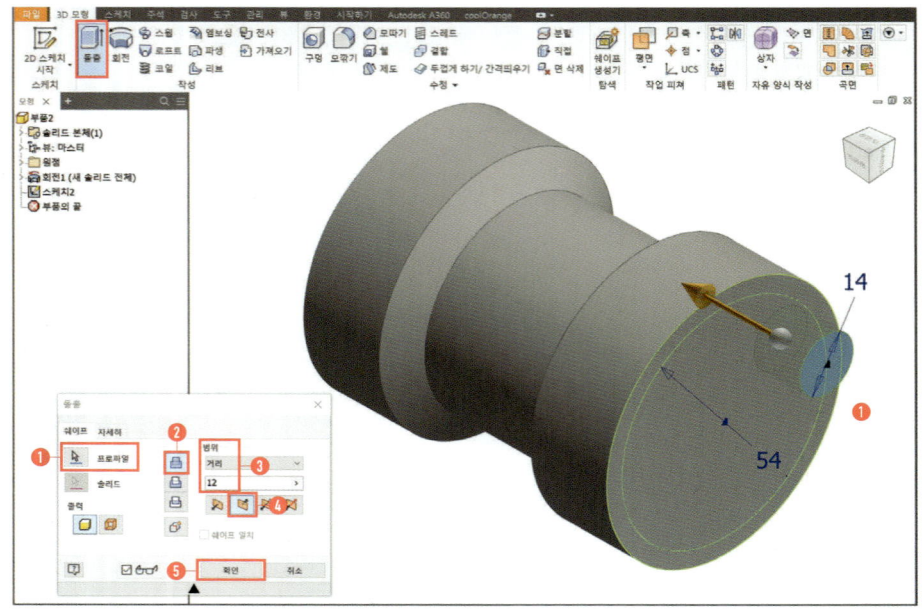

07 원형패턴 선택
  ❶ 피쳐 선택(돌출1)
  ❷ 회전축 선택
  ❸ 배치 : 5
  ❹ 각도 : 360
  ❺ 확인

T·I·P
회전축을 선택할 시 원점의 축을 선택 하여도 되며 원통의 원통면을 선택 하여도 가능합니다.

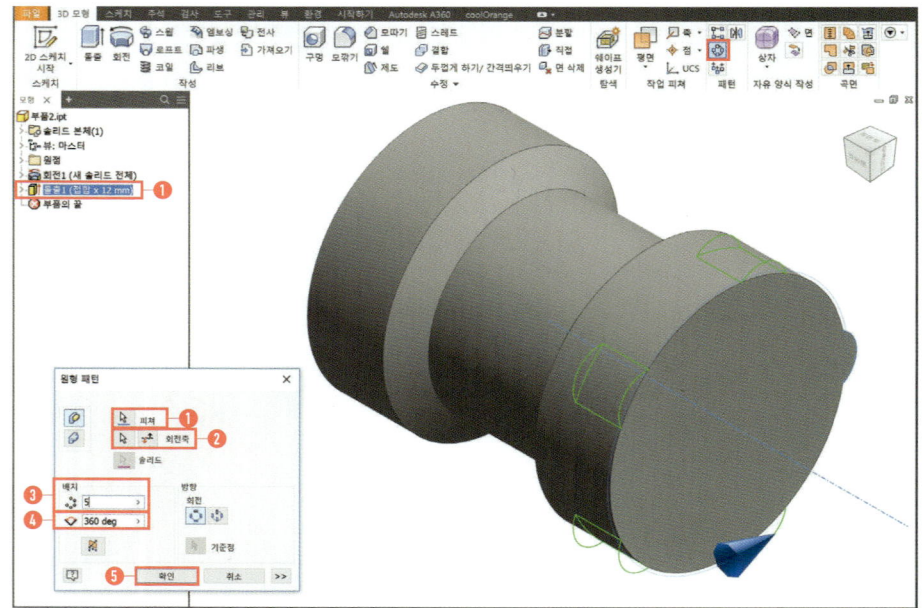

08 미러 선택

① 피쳐 선택
 (돌출1, 원형 패턴1)
② 미러 평면 클릭
③ 원점 클릭
④ YZ평면 선택
⑤ 확인

T·I·P

3D모형에서의 미러, 원형 패턴과 2D 스케치의 미러, 원형 패턴은 서로 다른 명령이기 때문에 혼돈하지 말자. 3D 모형에서 미러, 원형 패턴은 3D에서만 사용이 가능합니다.

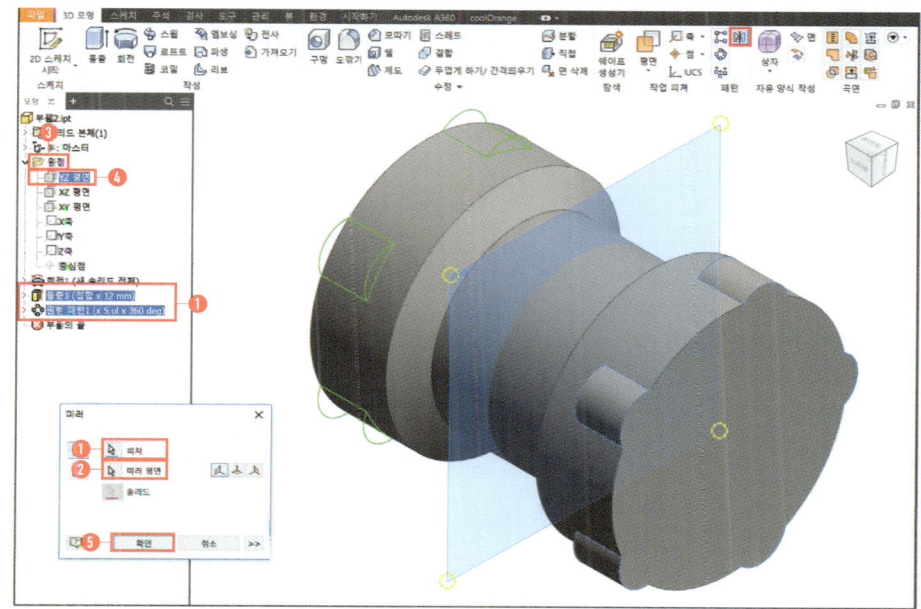

09 모깎기 선택

① 모서리 선택
② 반지름 : 3
③ 확인

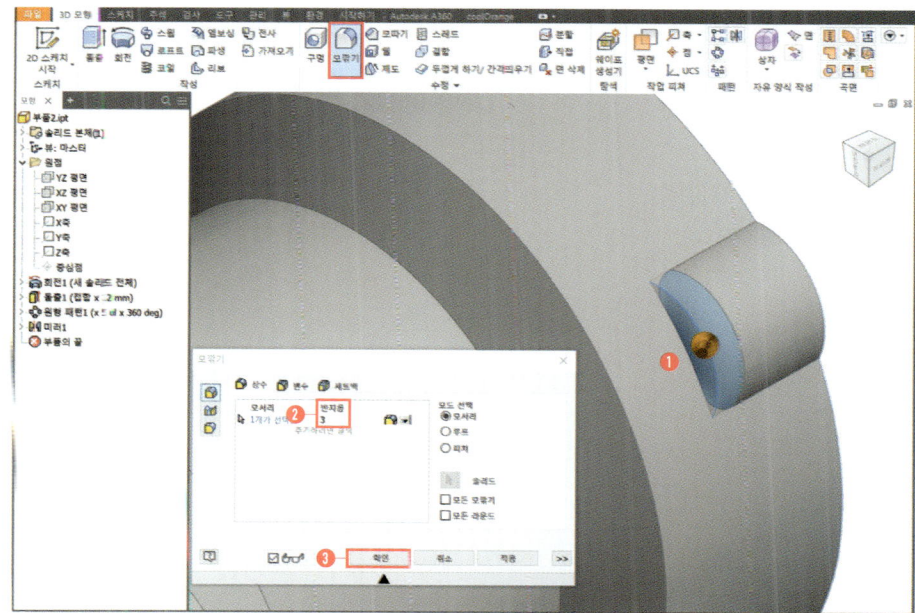

10 모깎기 선택

❶ 모서리 선택

❷ 반지름 : 3

❸ 확인

T·I·P

모서리를 한 번에 모두 선택하지 않은 이유는 모깎기 모양이 해당 이미지와 다르게 모델링되기 때문입니다.

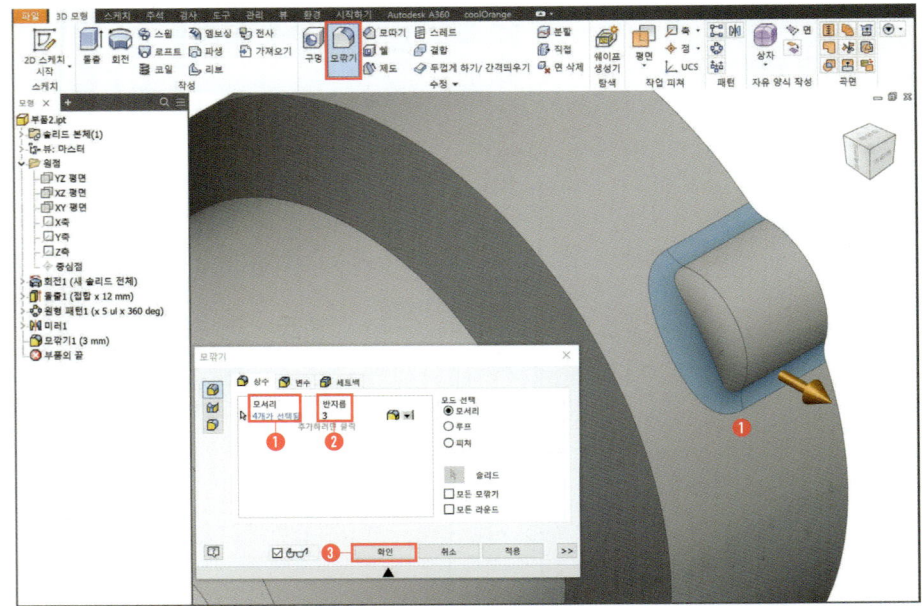

11 원형패턴 선택

❶ 피쳐 선택
(모깎기1, 모깎기2)

❷ 회전축 선택
(원통면 or 원점축)

❸ 배치 : 5

❹ 각도 : 360

❺ 확인

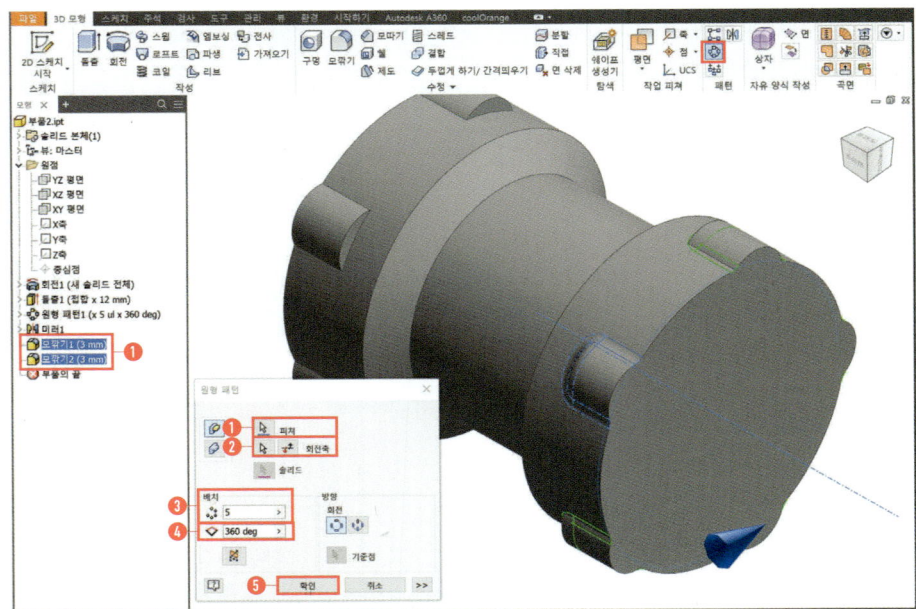

12 미러 선택

❶ 피쳐 선택(모깎기1, 모깎기2, 원형 패턴2)
❷ 미러 평면 클릭
❸ 원점 클릭
❹ YZ평면 선택
❺ 확인

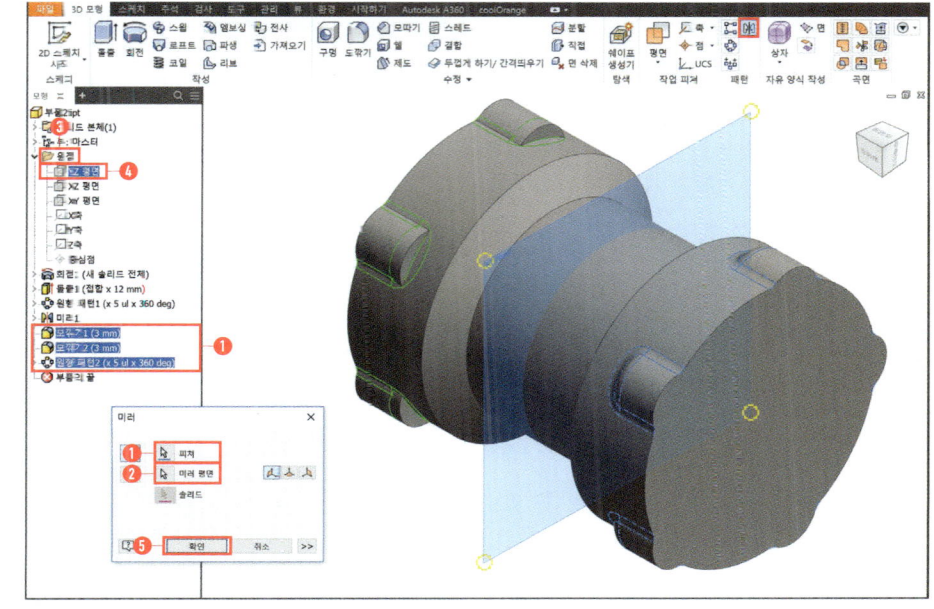

13 원점 클릭

❶ XY평면 선택
❷ 2D 스케치 시작 클릭

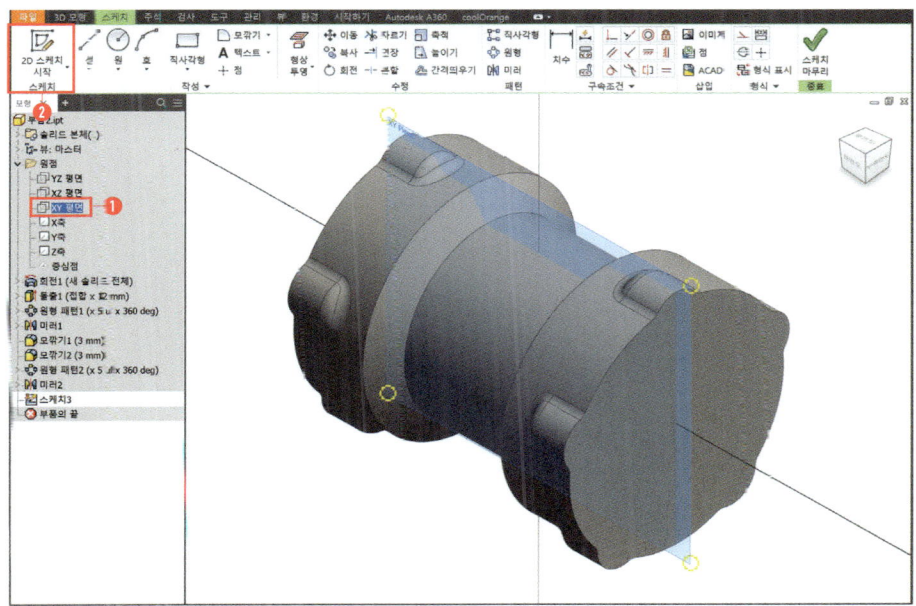

14 형상투영 선택

① 본체 왼쪽 모서리 형상투영
② 2점 직사각형 선택
③ 투영한 선의 중간점을 시작으로 3개의 사각형 스케치
④ 세로 중심선 선택 후 중심선으로 변경
⑤ 해당 이미지와 동일하게 치수기입

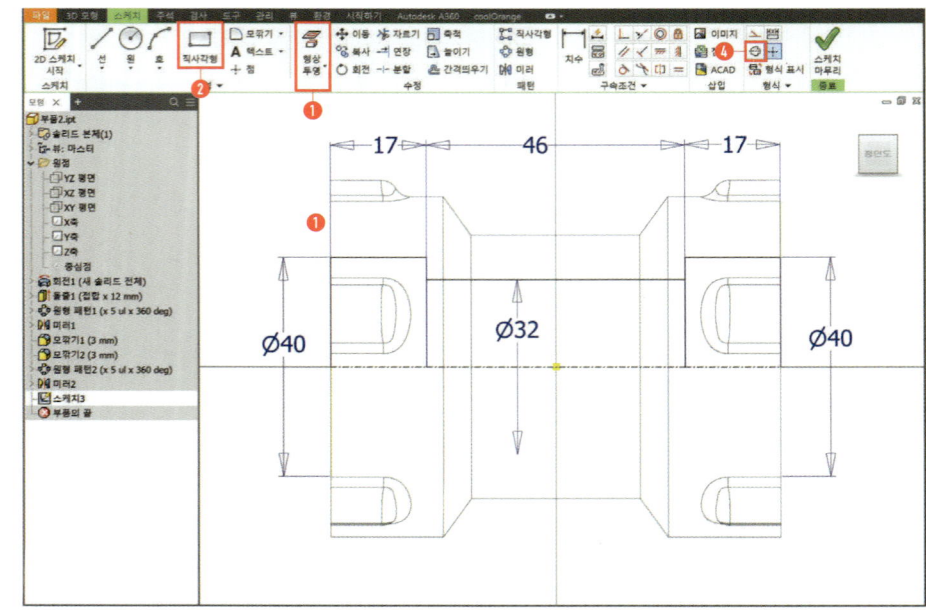

15 회전 선택(단축키:R)

① 회전할 프로파일 선택
② 회전할 중심축 선택
③ 차집합 선택
④ 범위 : 전체
⑤ 확인

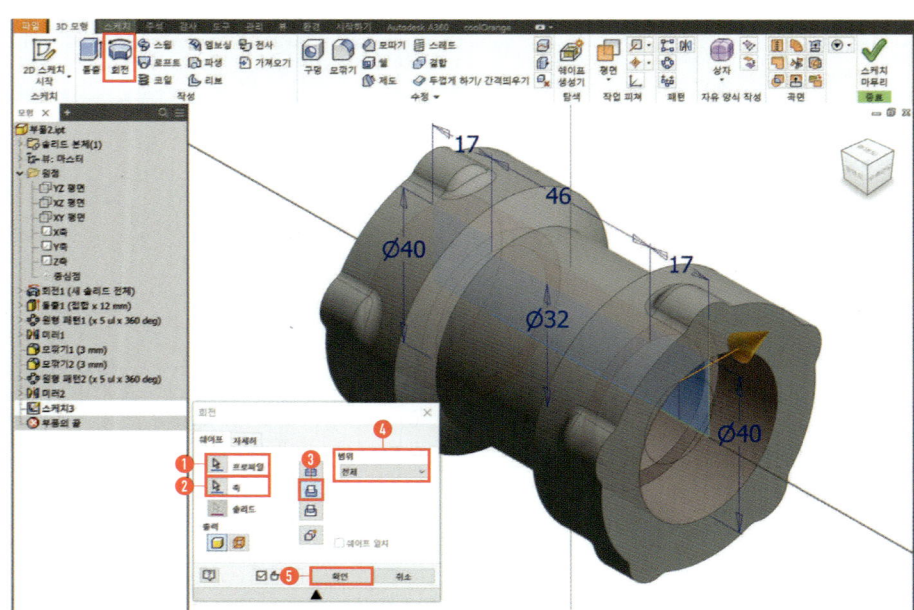

16 🔲 모깎기 선택

① 모서리 선택

② 반지름 : 0.3

③ 확인

T·I·P

베어링이 조립되는 곳은 모깎기를 해야 합니다.
시험에서는 0.3으로 처리를 해주면 됩니다.

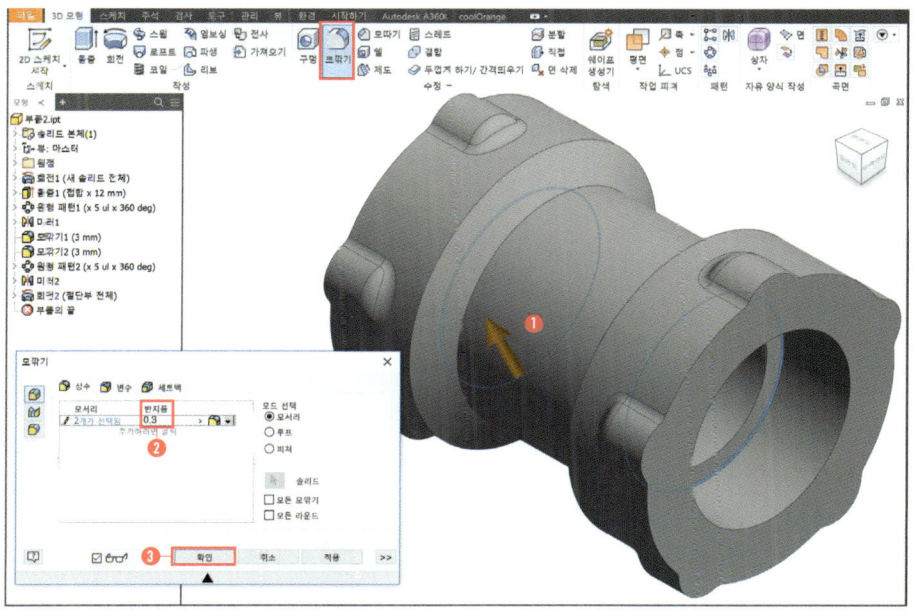

17 🔲 모따기 선택

① 구멍 모서리 선택
   (양쪽 다 선택)

② 거리 : 1

③ 확인

T·I·P

시험에서는 조립용 모따기를 1해주면 됩니다. 주서에 도시되고 지시없는 모따기는 1X45° 라고 명시를 하기 때문입니다.
조립용 모따기의 역할은 조립방향에 따라 약간의 기울기가 있으면 조립 시 편리해집니다.

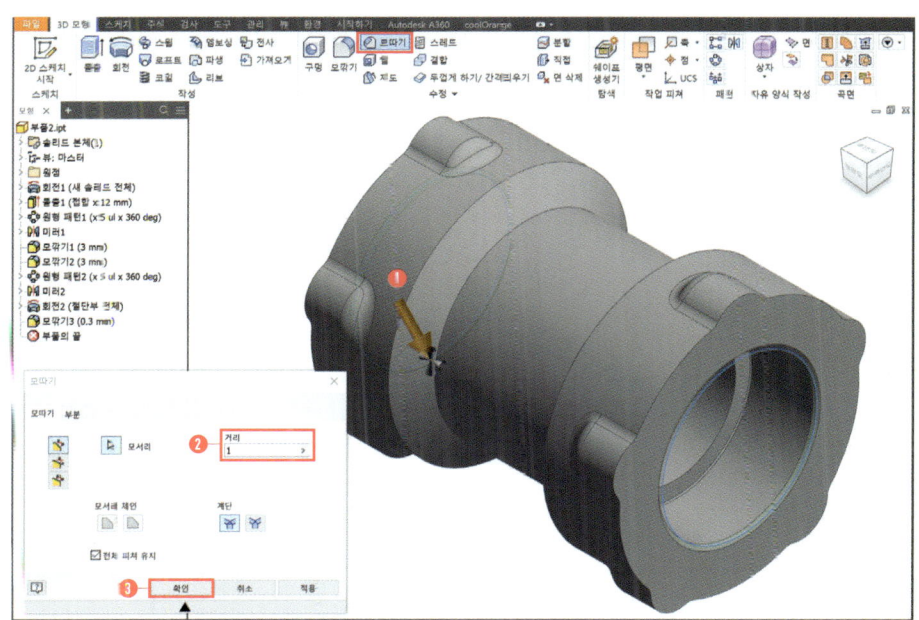

18. 🖉 스케치 시작 선택
(단축키:S)

❶ 부품 구멍가공면에 스케치 작성
❷ 스케치 마무리 선택
❸ 🔲 구멍 선택(단축키:H)
❹ 투영된 5개의 점 선택
❺ 드릴 선택
❻ 종료 : 거리 선택
❼ 스레드 깊이 : 10
  구멍 깊이 : 13
❽ 탭 구멍 선택
❾ 스레드 유형 : ISO Metric profile 선택 / 크기 : 4

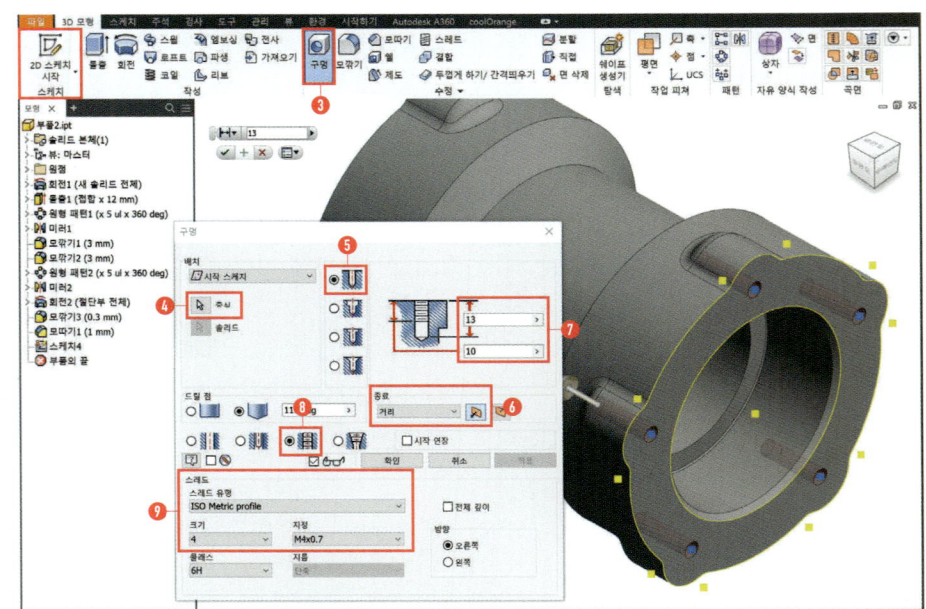

19. 🪞 미러 선택

❶ 피쳐 선택(구멍1)
❷ 미러 평면 클릭
❸ 원점 클릭
❹ YZ평면 선택
❺ 확인

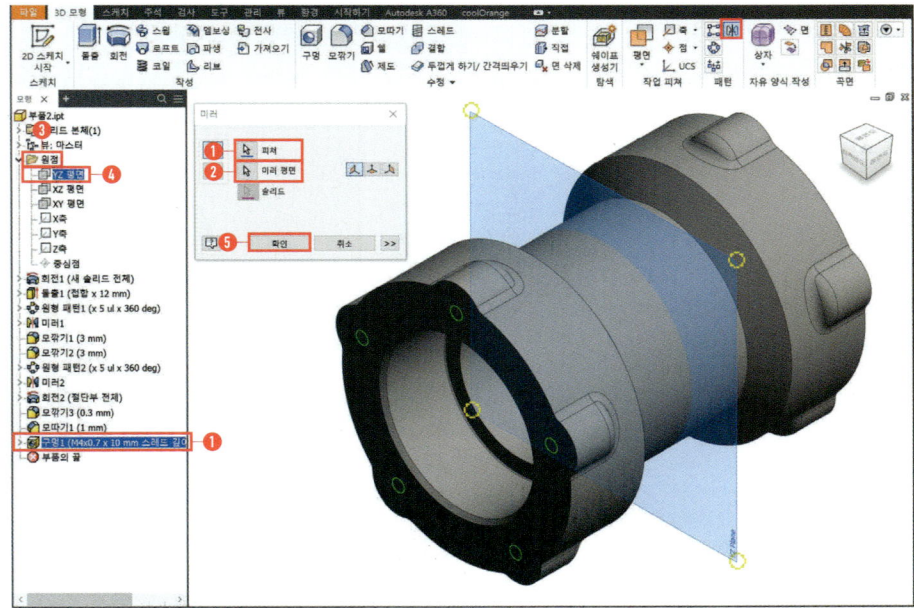

20 XY 평면에 새 스케치

❶ 2점 직사각형 선택
❷ 1개의 직사각형 스케치
❸ 수직 구속조건 선택
❹ 중심점이랑 사각형의 중간점 구속
❺ 치수 선택
❻ 해당 이미지와 동일하게 치수기입

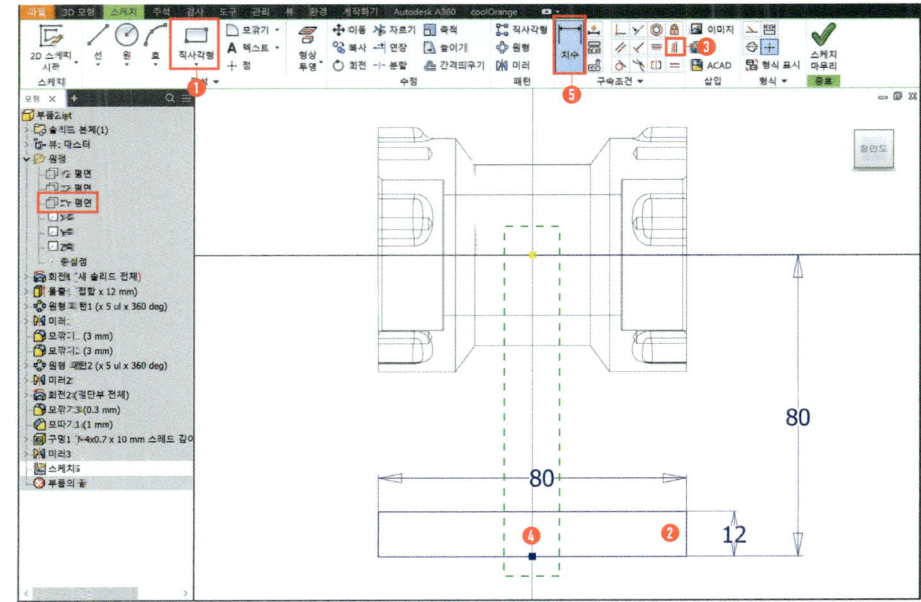

21 돌출 선택(단축키:E)

❶ 돌출할 프로파일 선택
❷ 접합 선택
❸ 거리 : 116
❹ 대칭 선택
❺ 확인

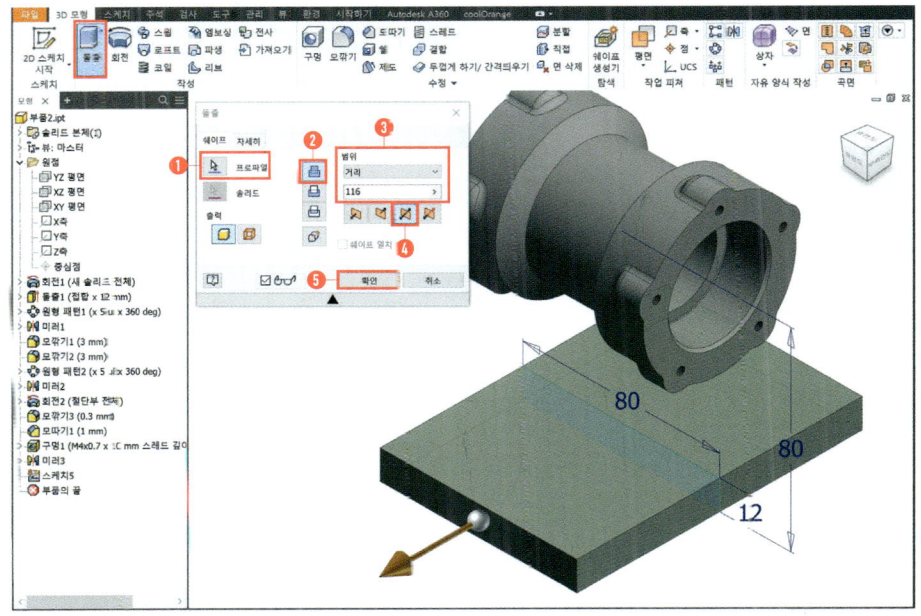

22 모깎기 선택

① 4개의 모서리 선택
② 반지름 : 12
③ 확인

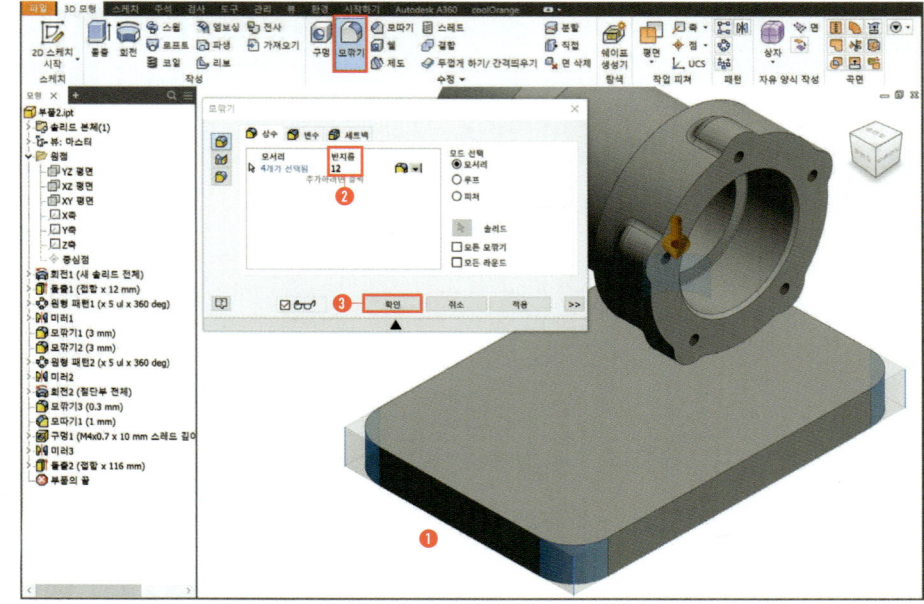

23 모깎기 선택

① 모서리 선택
② 반지름 : 3
③ 확인

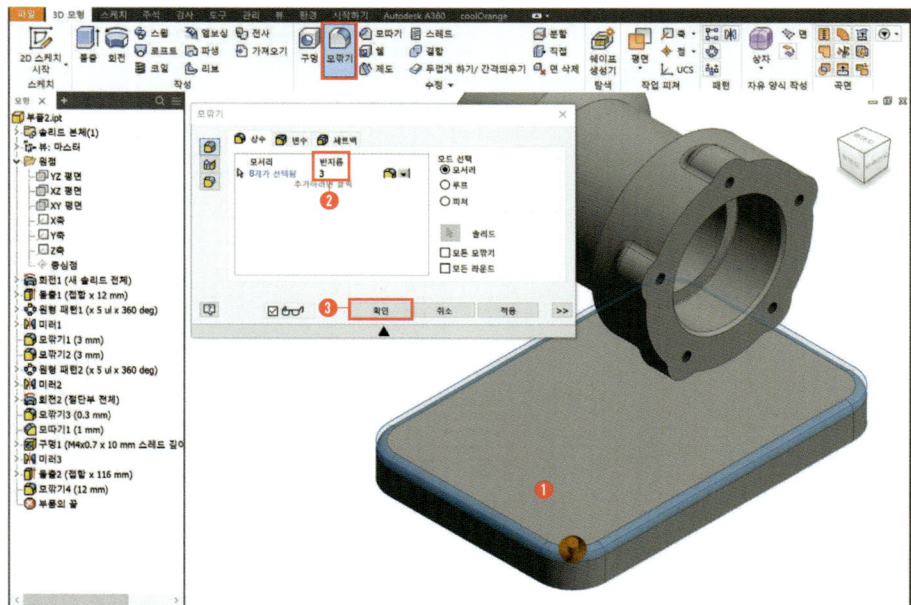

24 📝 스케치 시작 선택
(단축키:S)

❶ 부품 구멍가공 면에 스케치 작성
❷ 스케치 마무리 선택
❸ 🔘 구멍 선택
❹ 투영된 4개의 점 선택
❺ 카운터 보어 선택
❻ 종료 : 전체 관통 선택
❼ 단순 구멍 선택
❽ 지름 : 14 / 깊이 : 2 / 지름 : 8

T·I·P
해당치수는 자리파기 치수가 아니기 때문에 시험문제를 실측한 치수를 적용하면 됩니다.

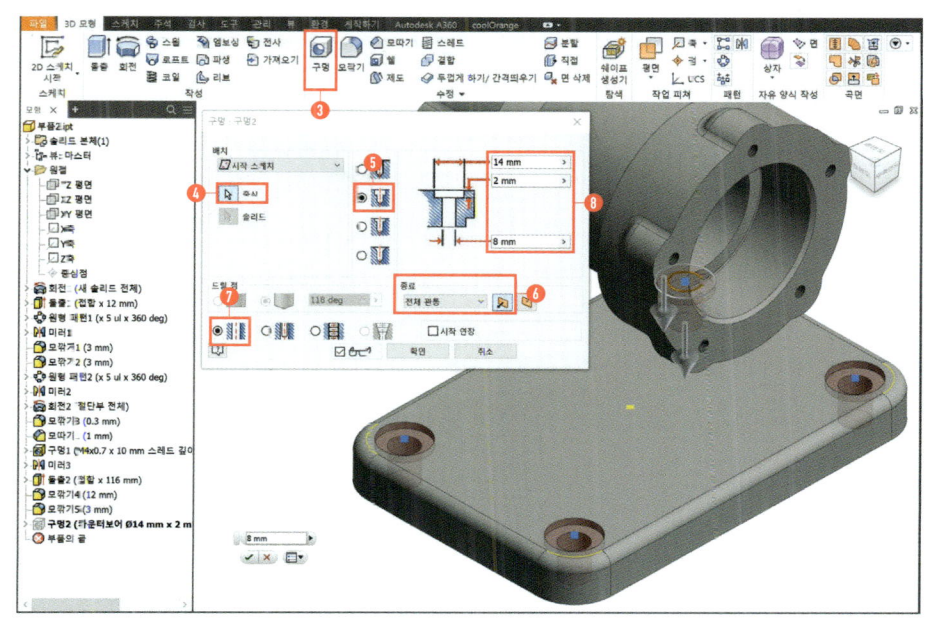

25 📝 스케치 시작 선택
(단축키:S)

❶ 플레이트 윗면 선택
❷ ▫ 2점 중심 직사각형 선택
❸ 중심점에 사각형 스케치
❹ ⊢⊣ 치수 선택(단축키:D)
❺ 가로 : 68 / 세로 : 12 치수기입

T·I·P
스케치를 할 뷰포트가 이미 모델링된 부품때문에 복잡하게 보일 경우는 스케치를 시작한 평면을 기준으로 단면해서 볼 수도 있습니다.
토글 키 (단축키 : F7)

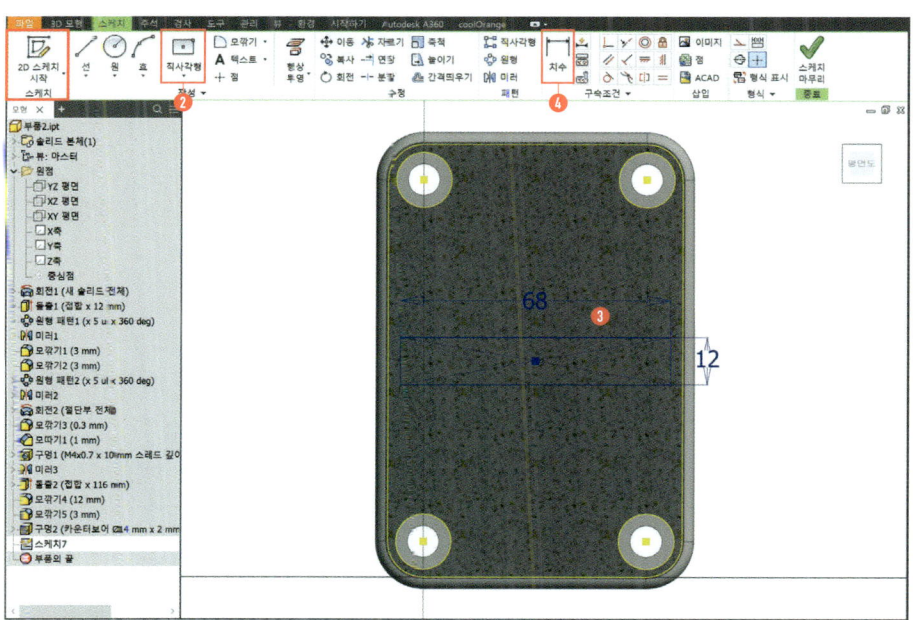

26 돌출 선택(단축키:E)
   ① 돌출할 프로파일 선택
   ② 접합 선택
   ③ 범위 : 다음 면까지
   ④ 방향1 선택
   ⑤ 확인

T·I·P
범위를 다음 면까지 선택할 경우 일정 거리로 돌출되는 것이 아닌 돌출할 범위의 다음 면까지를 인식하기 때문에 원통면이나 곡면에 사용하기 유용합니다.

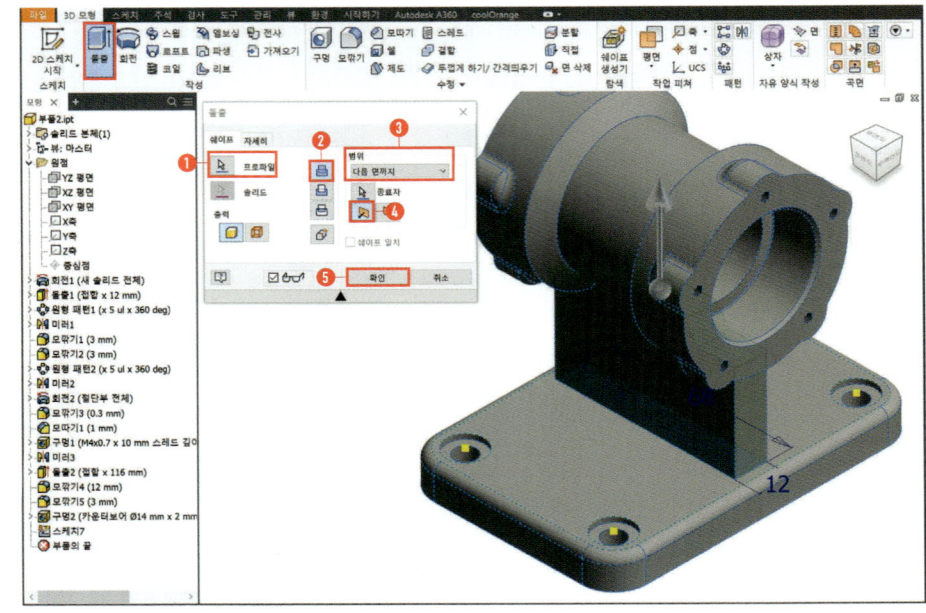

27 XY 평면에 새 스케치
   ① 형상투영 선택
   ② 플레이트 윗면선 형상투영
   ③ 선 선택
   ④ 해당 이미지와 동일하게 스케치
   ⑤ 치수 선택
   ⑥ 해당 이미지와 동일하게 치수기입

T·I·P
리브 명령어를 사용해도 되지만 안 되는 경우가 한 번씩 발생하기 때문에 스케치로 작성해 주는 것이 더 시간 절약이 될 수 있습니다.

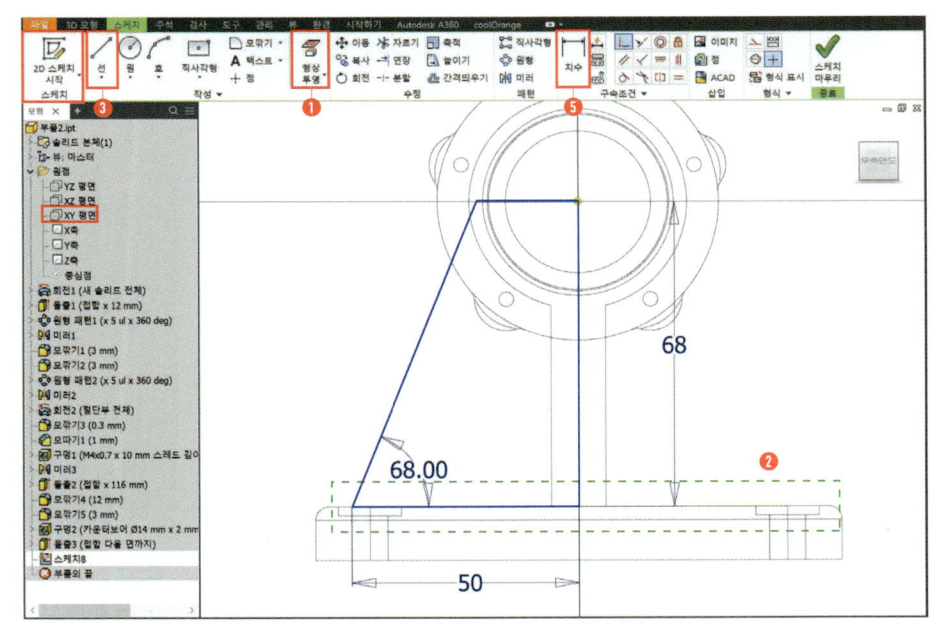

28 돌출 선택(단축키:E)
　❶ 돌출할 프로파일 선택
　❷ 접합 선택
　❸ 거리 : 12
　❹ 대칭 선택
　❺ 확인

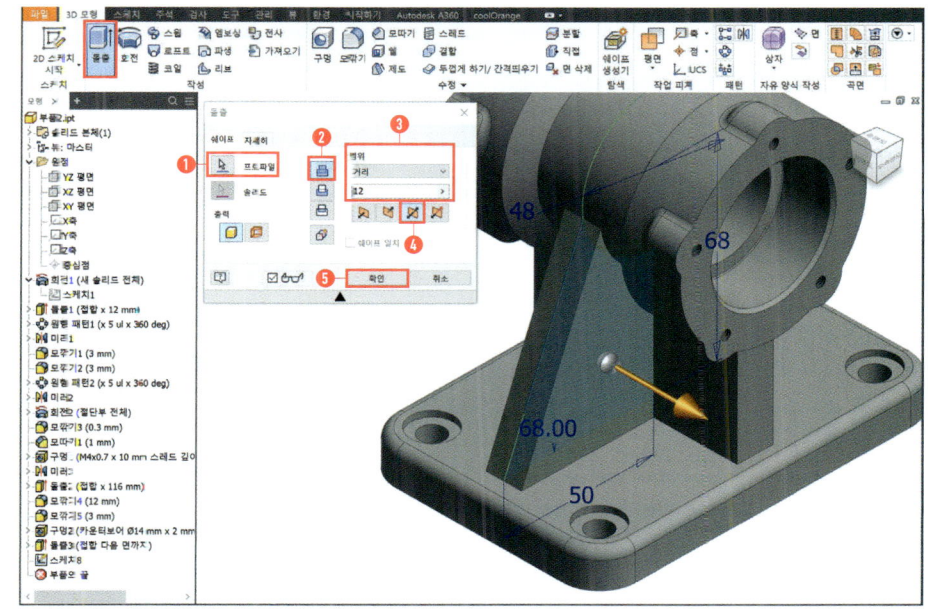

29 미러 선택
　❶ 피쳐 선택(돌출4)
　❷ 미러 평면 클릭
　❸ 원점 클릭
　❹ XY평면 선택
　❺ 확인

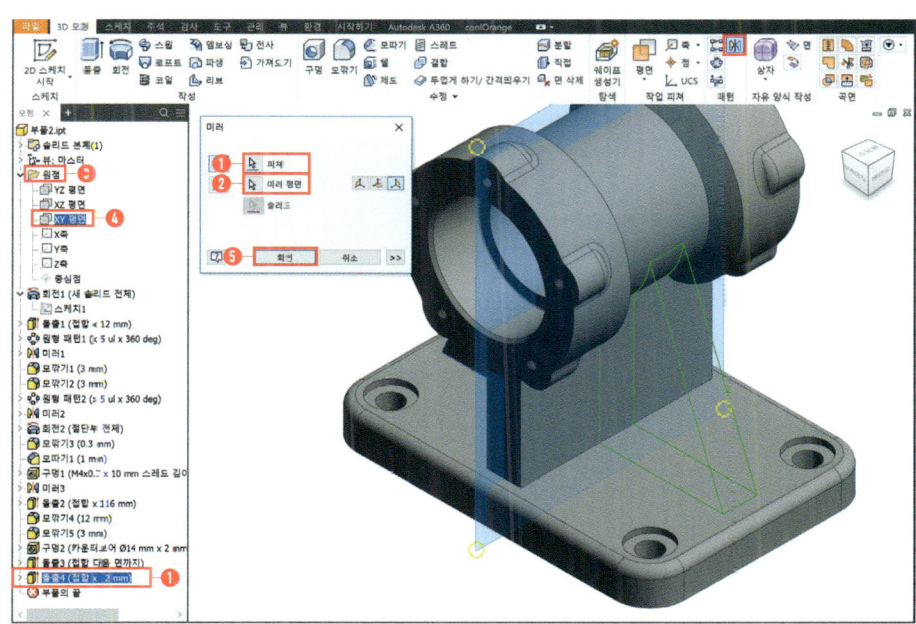

30 회전2 클릭

① 스케치 선택 후 마우스 오른쪽 클릭

② 스케치 공유 선택

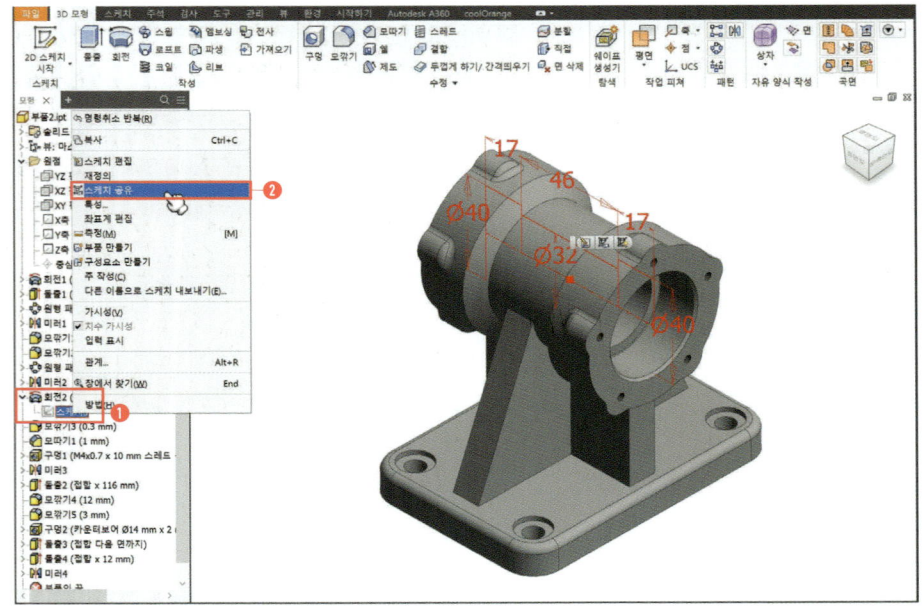

31 회전 선택(단축키:R)

① 차집합 선택

② 회전할 프로파일 선택(중간 사각형 프로파일만 선택)

③ 회전할 중심축 선택

④ 범위 : 전체

⑤ 확인

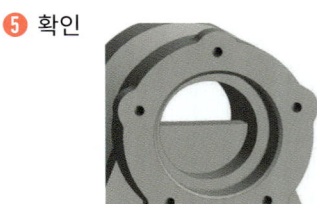

T·I·P
리브를 돌출해서 안쪽 구멍이 막혀있기 때문에 차집합으로 다시 정리해줘야 합니다.

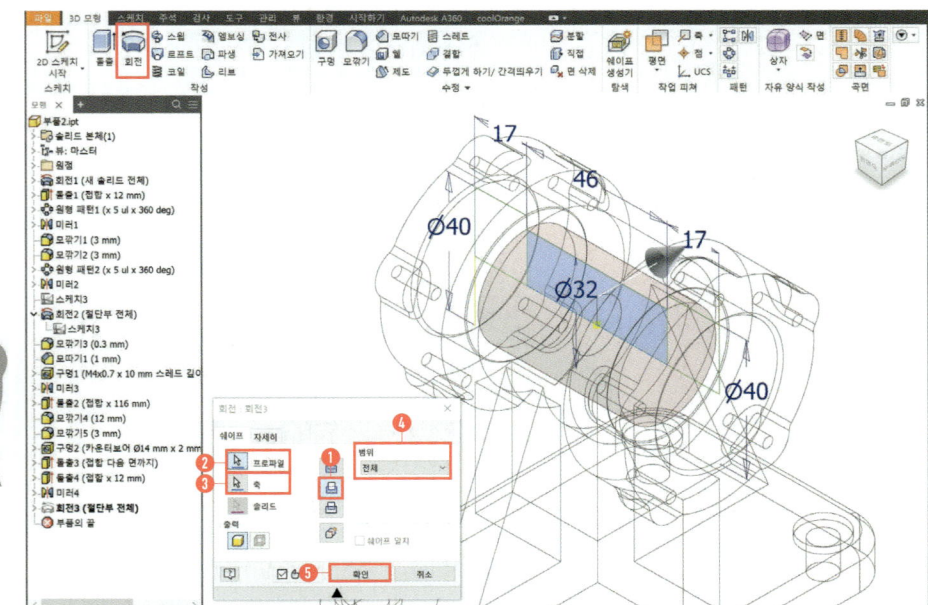

32 모형 검색창 공유한 스케치 선택

① 마우스 오른쪽 클릭
② 가시성 체크 해제

T·I·P
공유한 스케치는 사용 후 꼭 가시성을 꺼주도록 합니다.
가시성을 끄지 않으면 계속 뷰포트에 남아있기 때문에 불편합니다.

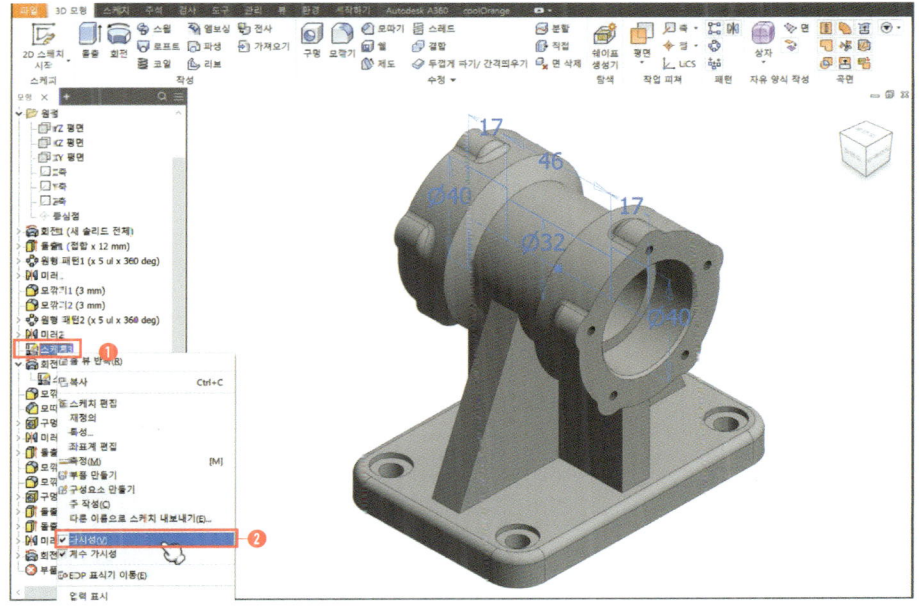

33 모깎기 선택

① 12개 세로 모서리 선택
② 반지름 : 3
③ 확인

T·I·P
리브의 모깎기값은 시험에서 3으로 처리를 해주면 됩니다.
리브의 경우 모깎기를 어떤 순서로 넣는지에 따라서 모양이 변합니다.
리브의 세로방향부터 모깎기를 넣고 그 다음 가로방향 모서리에 모깎기를 주면 한 번에 모깎기값이 적용되는 것을 확인할 수 있습니다.

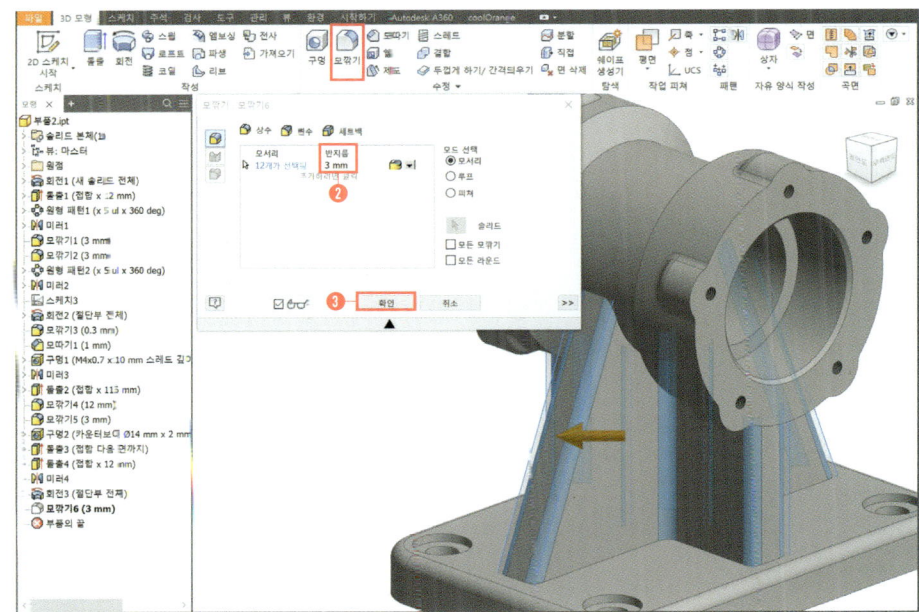

34 모깎기 선택

① 가로 모서리 선택

② 반지름 : 3

③ 확인

T·I·P

리브의 가로 모서리 선택 시 해당 이미지처럼 한 번에 모깎기값이 적용되어야 정상적인 리브의 모양이 생성됩니다.

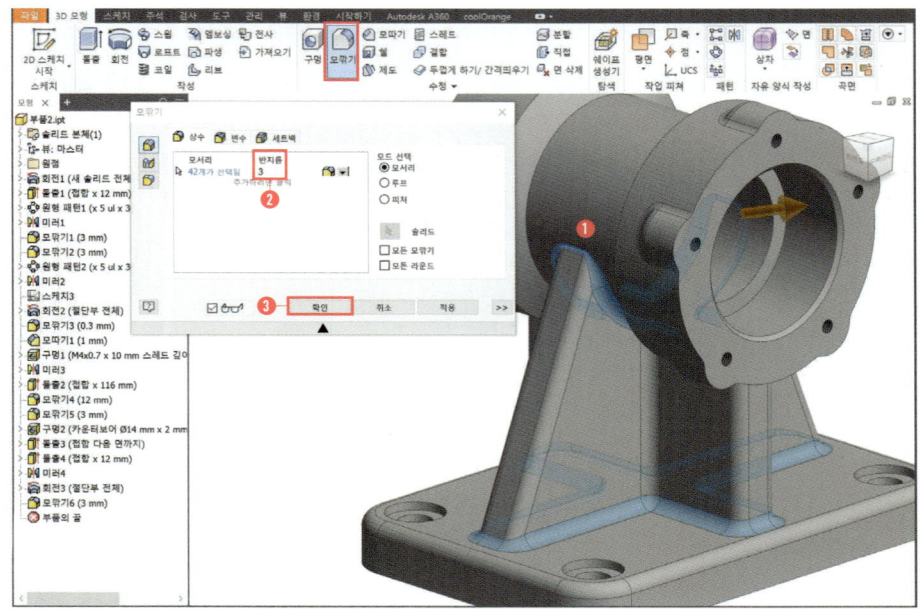

35 모깎기 선택

① 본체 모서리 선택

② 반지름 : 3

③ 확인

T·I·P

주물 제품은 가공되는 면을 제외하고는 전부 다 라운딩 처리를 해야 합니다. 라운드 처리가 되지 않으면 주조 시 쉽게 깨지거나 균열이 일어날 수 있기 때문에 응력 집중을 방지하기 위해 라운딩 처리를 합니다.

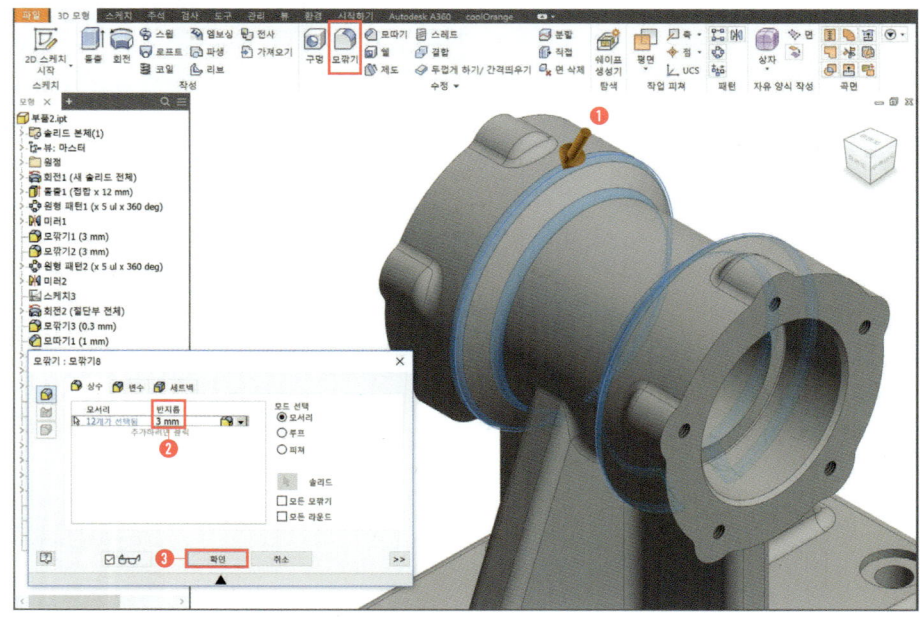

36 동력전달장치 본체 완성!

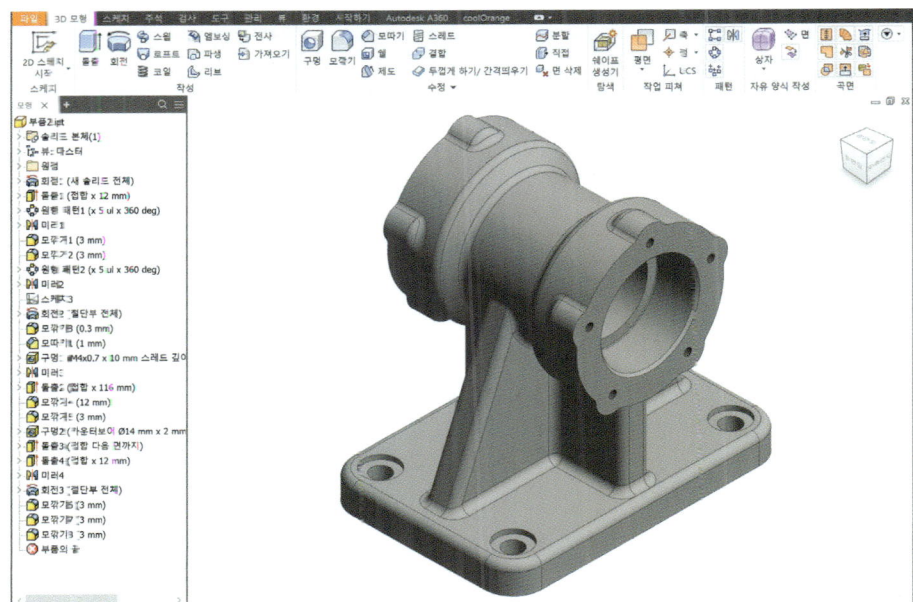

3D 모델링
- V 벨트풀리

SECTION 03

시험에서 제일 많이 출제가 되는 단골손님 V 벨트풀리입니다. 공단 KS규격집을 참조하여 규격치수대로 설계를 해야 하며 V 벨트규격치수 및 키홈 규격치수 또한 KS규격집을 참조하여 모델링을 해야 합니다.

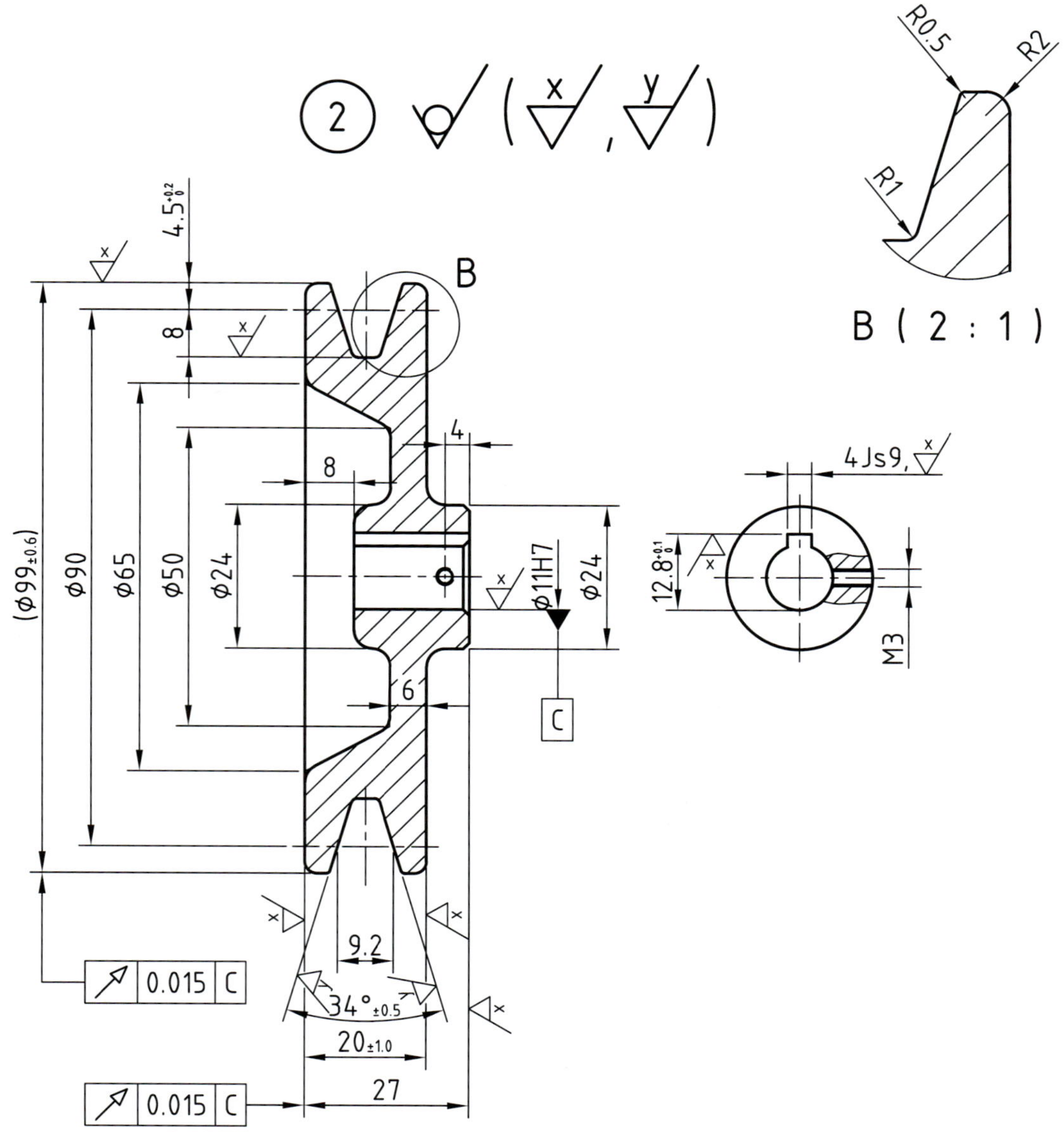

NAVER앱 QR코드 스캔으로 해당 무료강좌를 시청하실 수 있습니다.

01 파일 → 새로만들기 클릭
  ❶ Templates/Metric/ Standard(mm).ipt 클릭
  ❷ 파일 → 다른 이름으로 저장 → 부품명 작성 → 확인

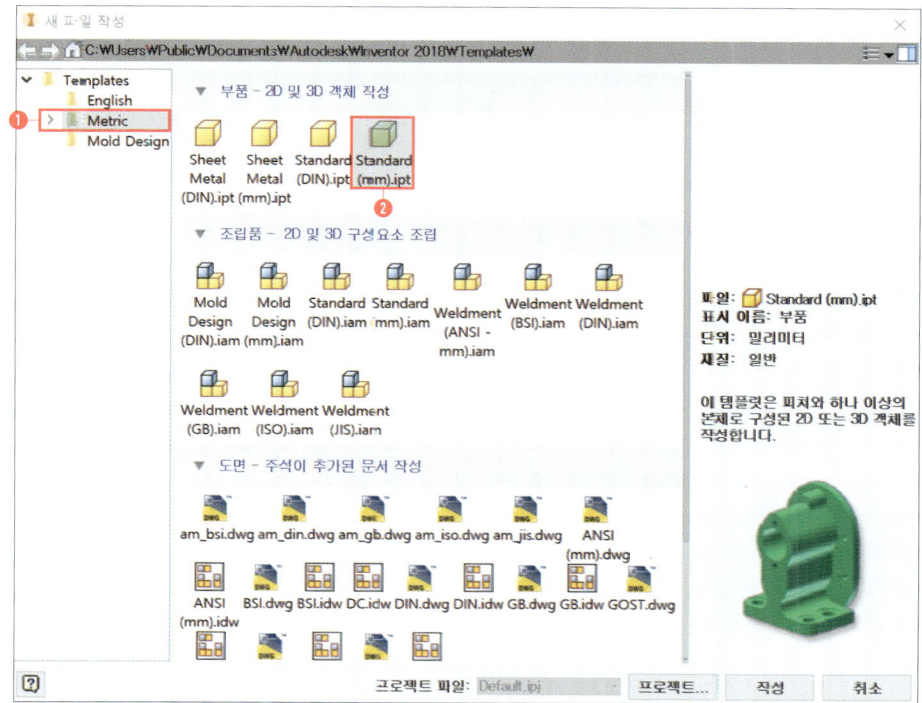

02 XY 평면에 새 스케치

① ／ 선 선택

② 해당 이미지와 동일하게 스케치

③ 가로 중심선 선택

④ 형식 : ⊥ 구성 선택

⑤ 세로 중심선 선택

⑥ 형식 : ⊕ 중심선 선택

⑦ ▷◁ 미러 선택

⑧ 대칭복사할 객체 선택

⑨ 가로 중심선을 기준으로 대칭복사

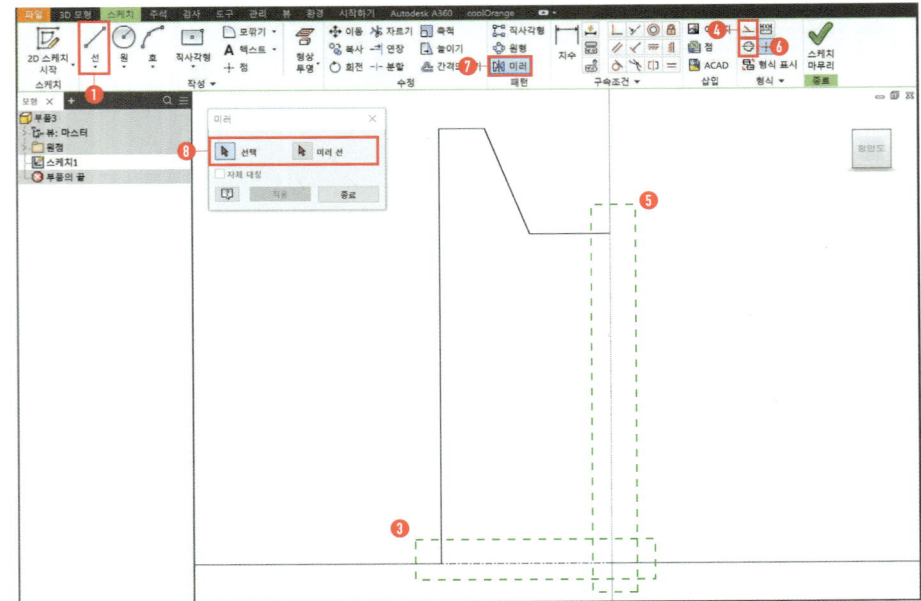

03 ／ 선 선택

① 벨트 홈 사이에 수평선을 스케치

② 수평선을 ⊥ 구성으로 변경

③ 해당 이미지와 동일하게 치수를 기입

T·I·P

V 벨트풀리는 시험지에 어떤 타입형인지 주어집니다.
공단 KS규격집에서 해당 타입형 규격을 찾아서 적용시켜야 합니다.
수평선을 스케치할 시 중간점에 구속조건이 적용되면 치수 기입이 안 되기 때문에 중간에서 조금 위쪽이나 아래쪽에 스케치하는 것이 좋습니다.

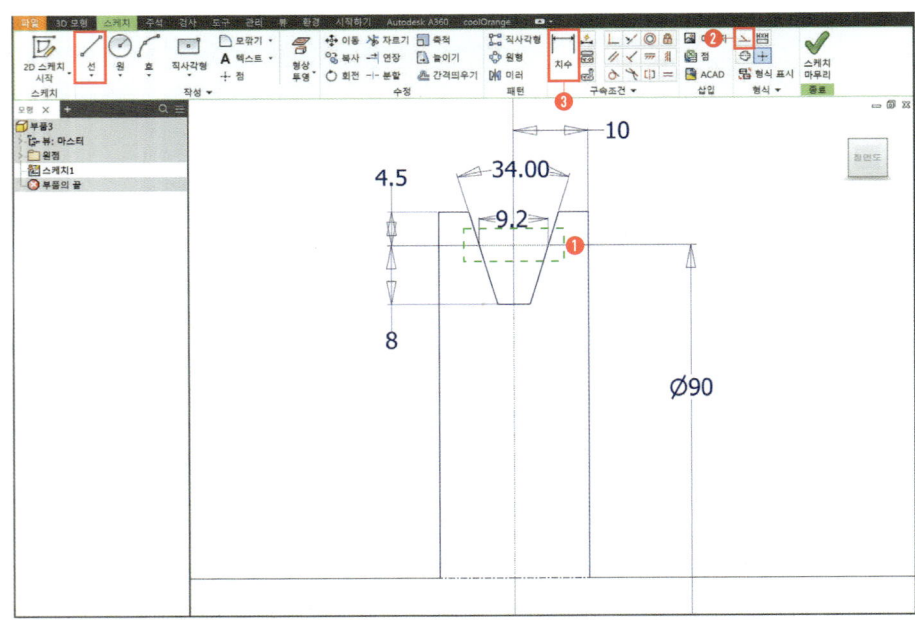

04 ☐ 2점 직사각형 선택

① V 벨트풀리 왼쪽에 스케치
② 지름 : 24
③ 거리 : 27

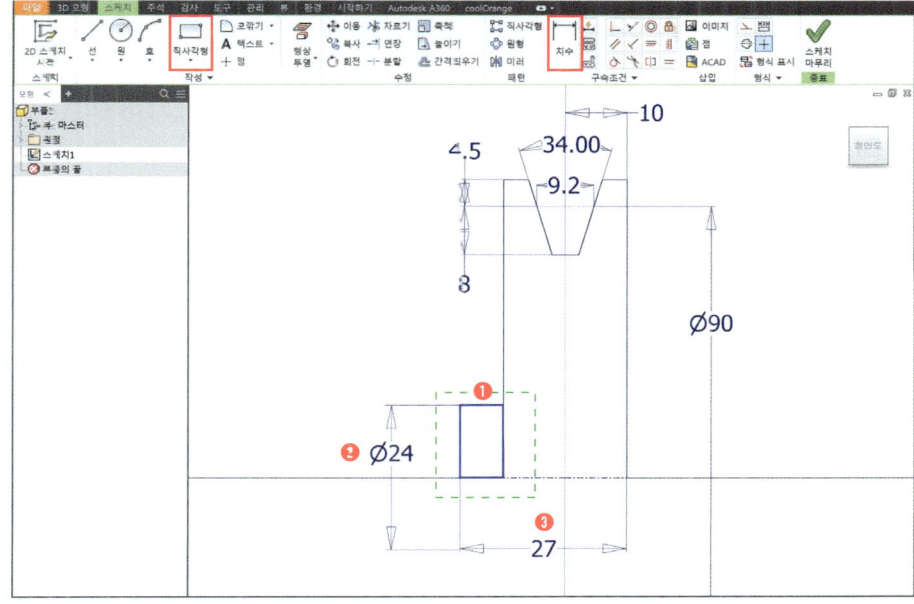

05 ☐ 2점 직사각형 선택

① V 벨트풀리 내부에 스케치
② 길이 : 19

T·I·P

사각형을 스케치할 때 미리 그려진 지름 24 사각형의 끝점에 스케치를 시작하면 일치 구속조건이 적용되기 때문에 별도로 지름 치수는 기입을 하지 않아도 됩니다.

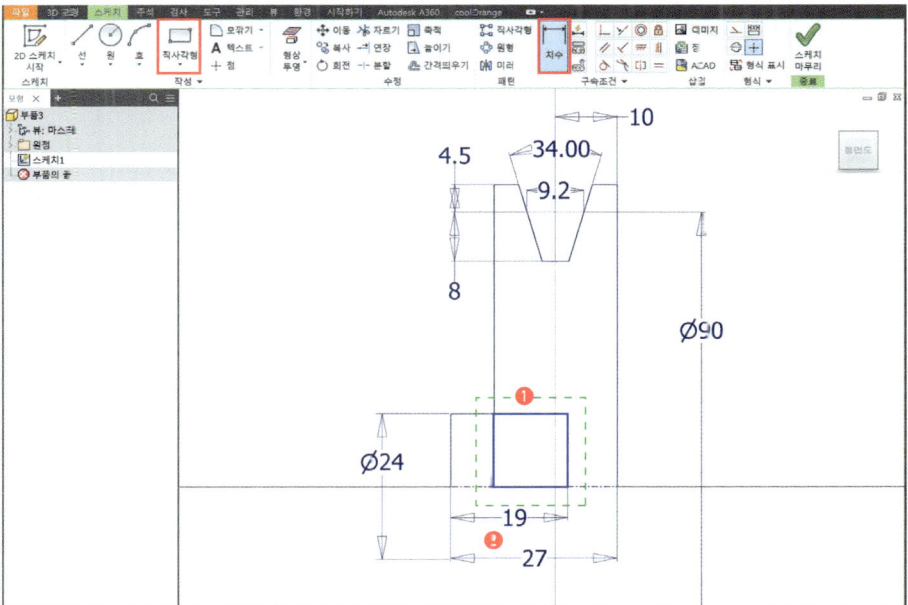

06 선 선택

① 사각형 위쪽에 스케치
② 지름 : 50 / 65
③ 거리 : 14

T·I·P

오토캐드는 선이 겹치면 3D 돌출이나 회전 시 에러가 발생하지만 인벤터는 사각형을 겹쳐서 그리거나 선이 겹쳐도 무방합니다.

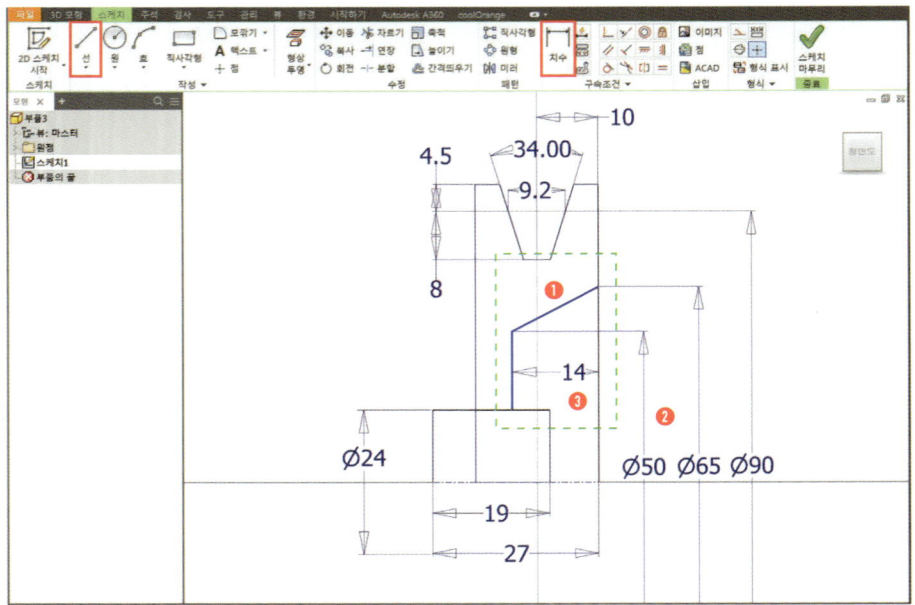

07 회전 선택(단축키:R)

① 회전할 프로파일 선택
② 회전할 중심축 선택
③ 범위 : 전체
④ 확인

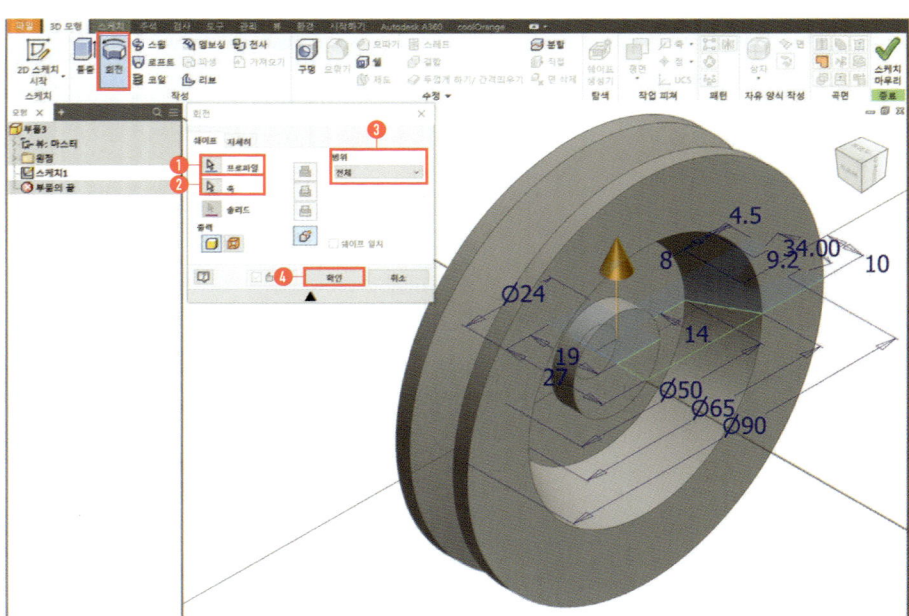

08 모깎기 선택

① 바깥쪽 모서리 2개 선택
② 반지름 : 2
③ 추가하려면 클릭

T·I·P
인벤터는 다양한 반지름 값으로 여러 번 모깎기값을 줄 수 있습니다.
이런 식으로 작업을 하면 모형트리가 간소화되서 보기 편하고 수정할 때 편리합니다.

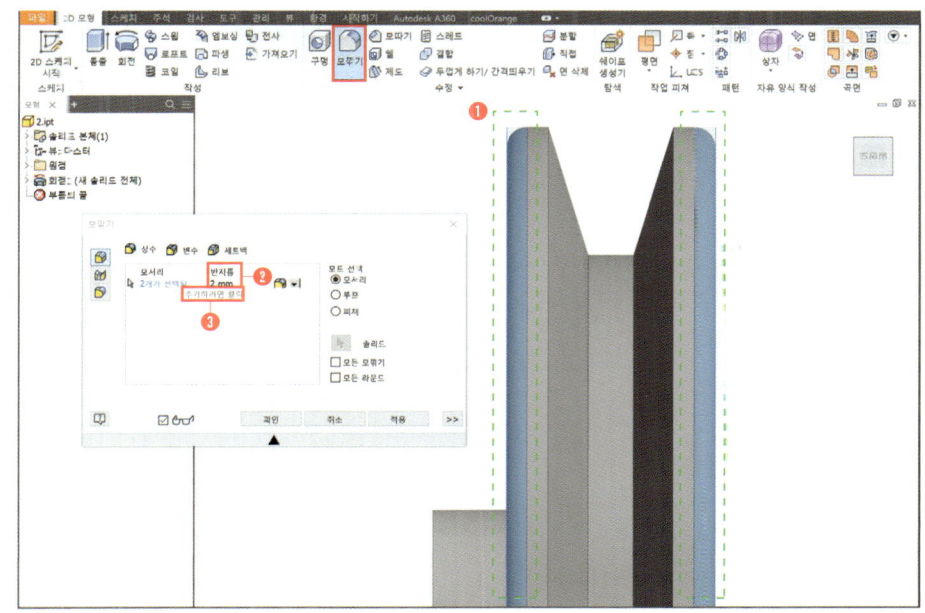

09 중간 모서리 2개 선택

① 반지름 : 0.5
② 추가하려면 클릭

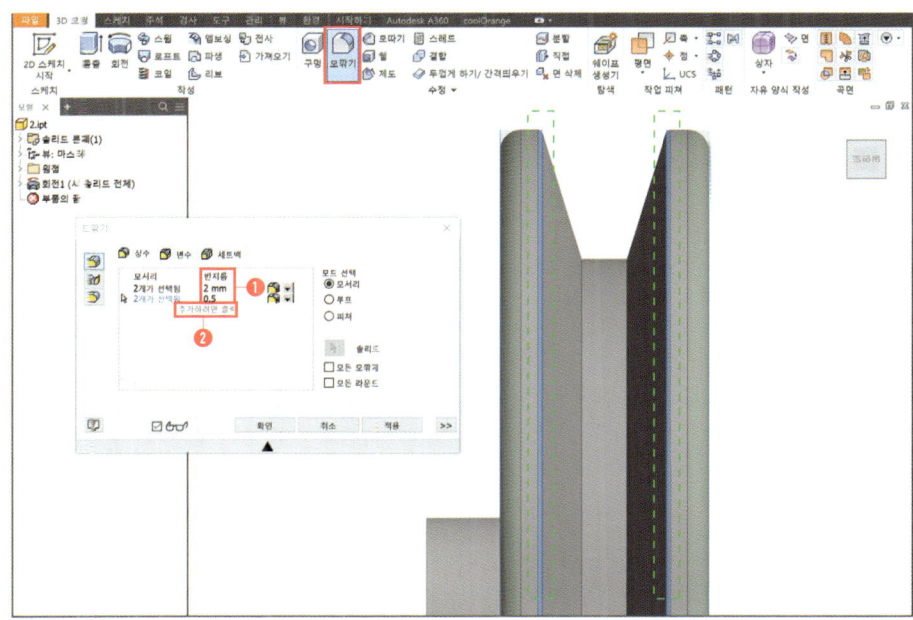

10 안쪽 모서리 2개 선택

　❶ 반지름 : 1
　❷ 확인

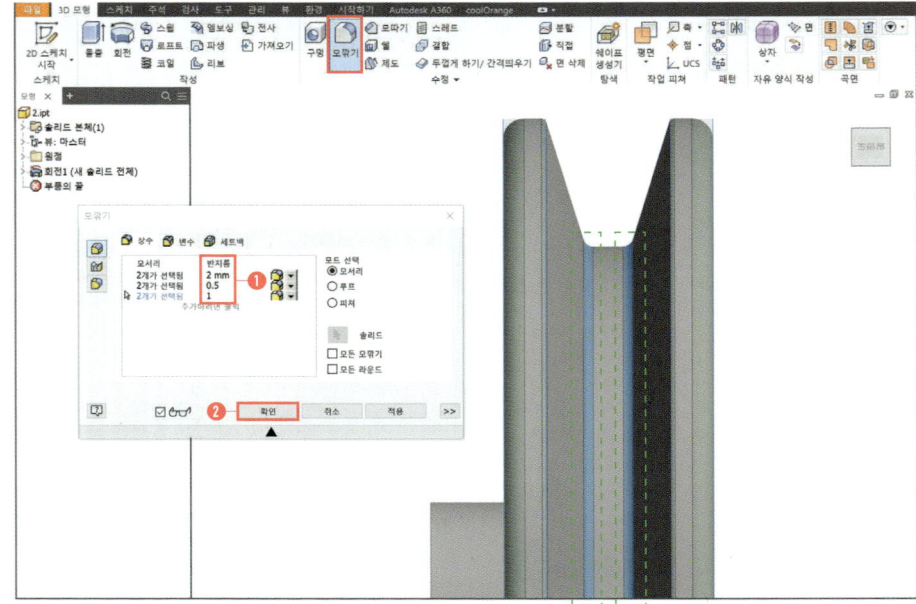

11 🟦 모깎기 선택

　❶ 5개 모서리 선택
　❷ 반지름 : 3
　❸ 확인

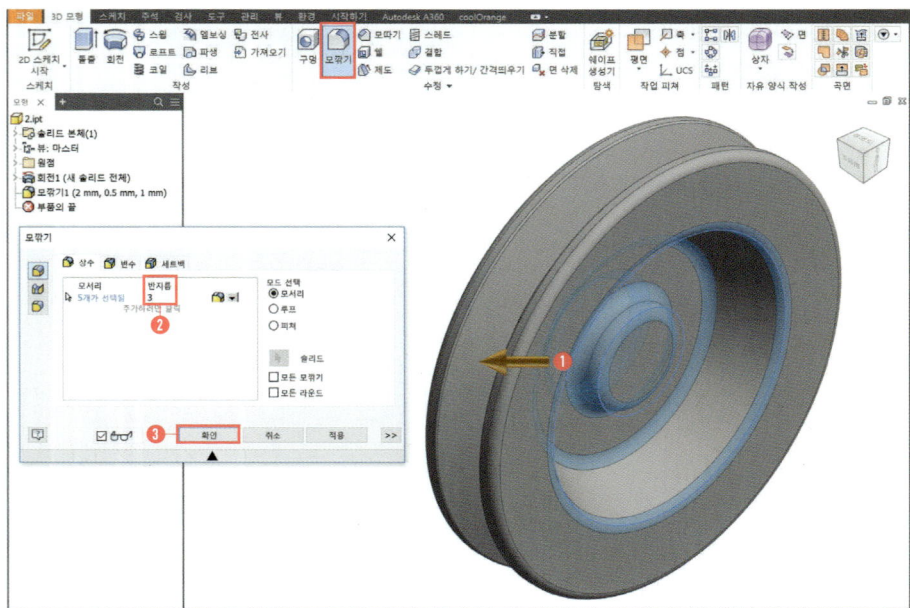

12 V 벨트풀리 뒷면에 새 스케치

① 중심점에서 원 스케치
② 2점 직사각형 스케치
③ 직사각형의 아래쪽 중간점과 원점 중심점 일치 구속 조건
④ 치수 선택
⑤ 지름 : 11 / 가로 : 4 / 세로 : 12.8

T·I·P

키홈은 KS규격집의 규격치수가 적용되어야 합니다. 키홈의 규격치수를 적용하려면 문제도면의 축 지름값을 자로 측정하여 해당하는 KS규격 키홈 치수를 적용하면 됩니다.

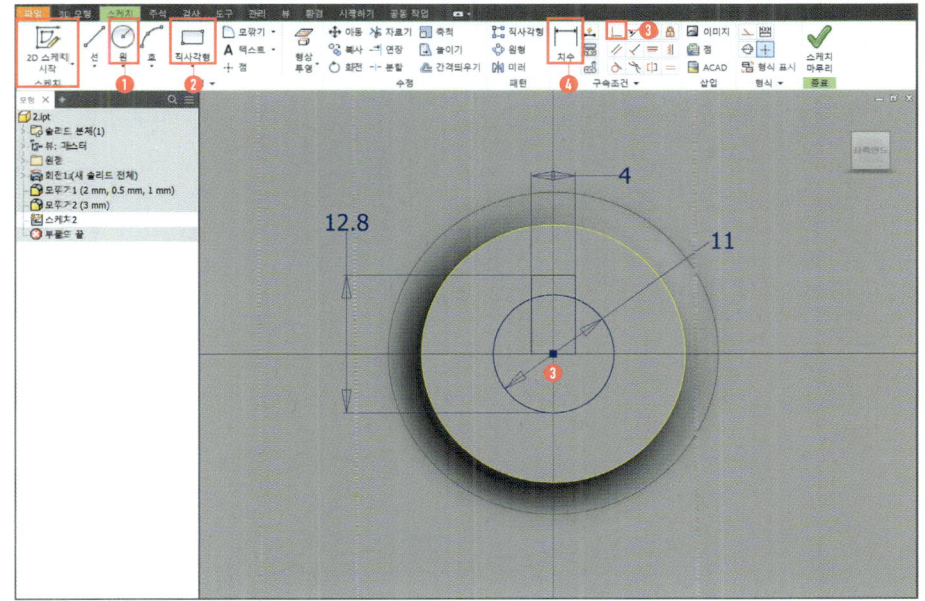

13 돌출 선택(단축키:E)

① 돌출할 프로파일 선택
② 차집합 선택
③ 범위 : 전체
④ 방향2 선택
⑤ 확인

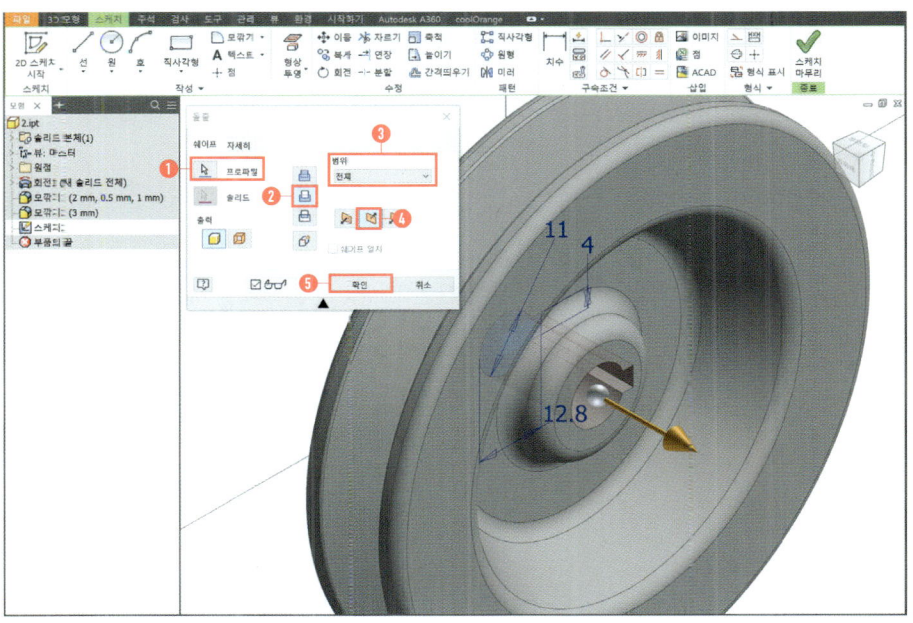

14 XY 평면에 새 스케치

❶ ┼ 점 선택

❷ 중심 수평선에 점 스케치

❸ ┌┐ 치수 선택

❹ 거리 : 4

T·I·P

점 기능을 사용하면 다양한 위치에 구멍가공을 할 수 있습니다.
일반적으로 시험에서는 구멍가공의 중심점 역할로 많이 사용합니다.

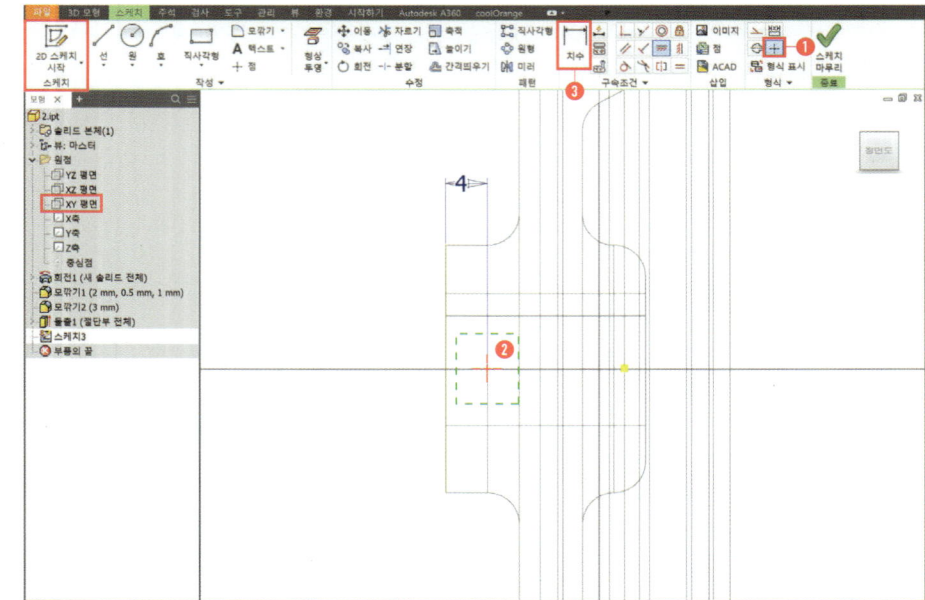

15 🔘 구멍 선택(단축키:H)

❶ 스케치한 점 선택

❷ 드릴 선택

❸ 종료 : 전체 관통 선택

❹ 방향2 선택

❺ 탭 구멍 선택

❻ 전체 깊이 체크

❼ 크기 : 3 / ISO Metric profile 선택

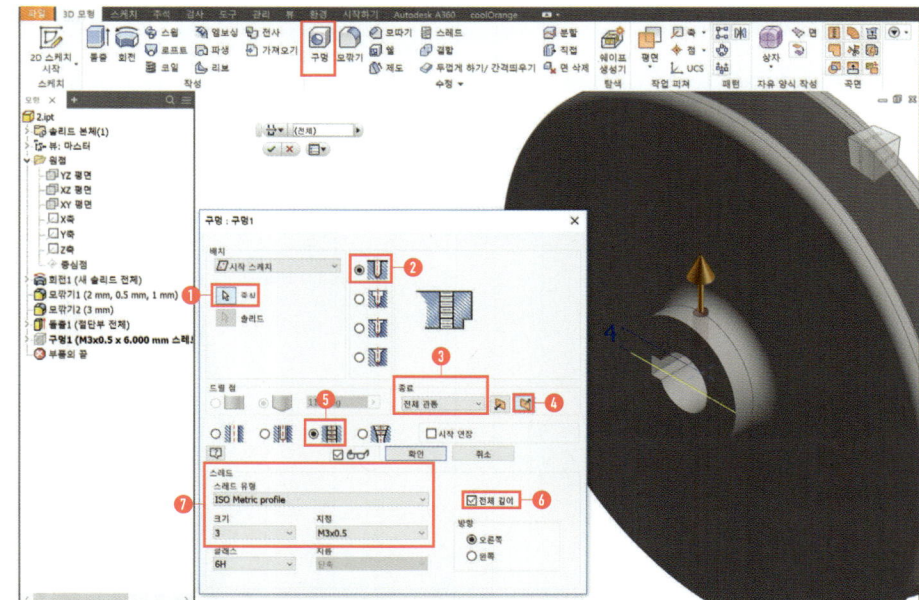

16 모따기 선택

❶ 2개의 모서리 선택

❷ 거리 : 1

❸ 확인

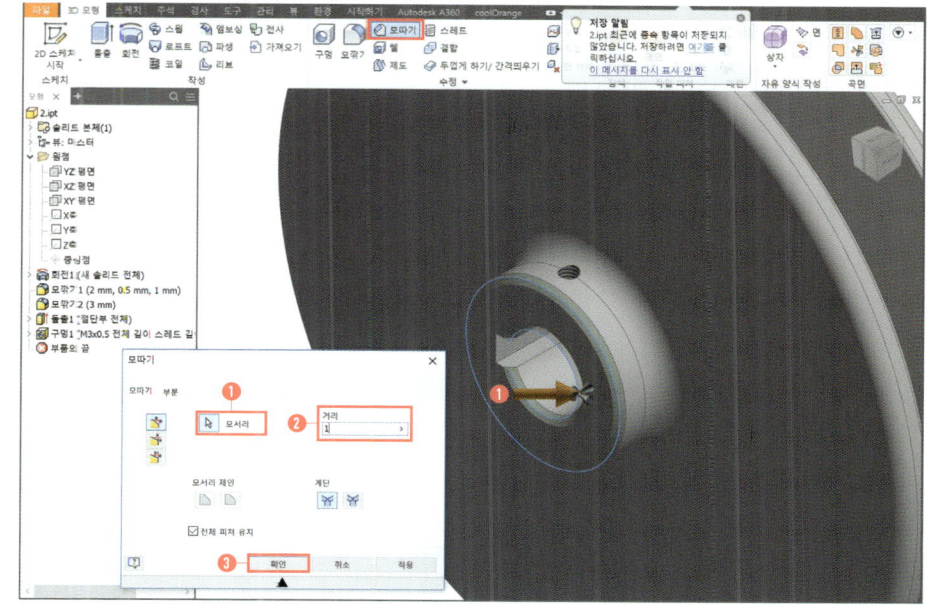

17 V 벨트풀리 완성!

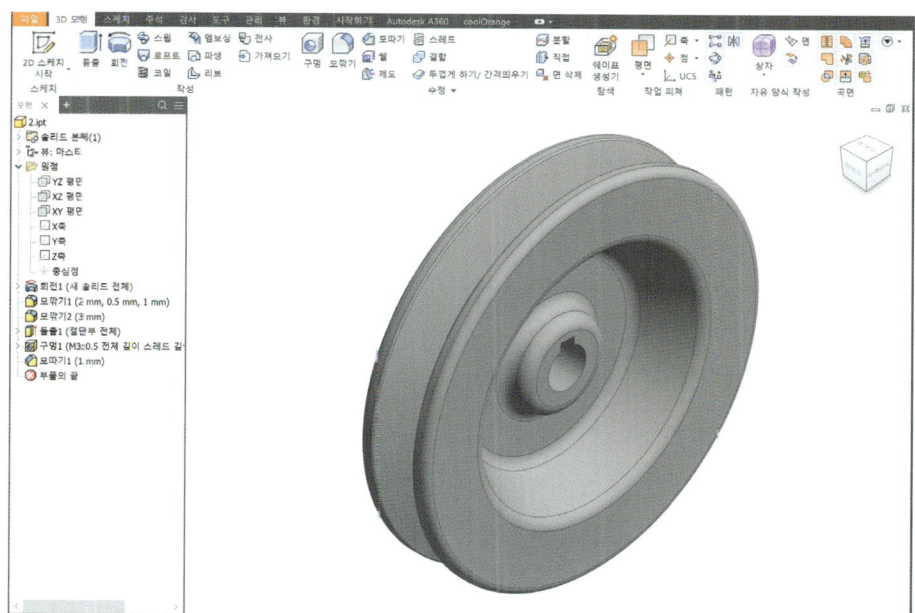

3D 모델링
- 스프로킷

SECTION 04

스프로킷은 모델링 난이도가 상급입니다. 스퍼기어는 P.C.D값이 모듈*잇수이지만 스프로킷은 모든 치수를 KS규격집에서 찾아 적용해야 합니다. 시험에서 치형은 U형을 사용합니다.

주) 기어치부 열처리 HrC50±2

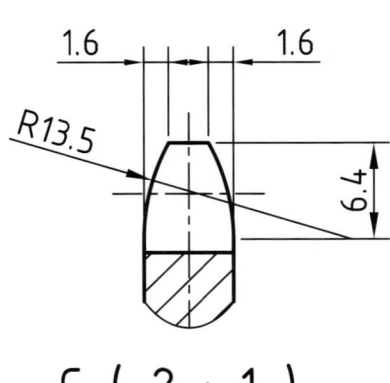

C (2 : 1)

종류	구분 품번	3
체인	호칭	41
	원주피치	12.70
	롤러외경	∅7.77
스프로킷	잇수	22
	치형	U
	피치원경	∅89.24

체인, 스프로킷 요목표

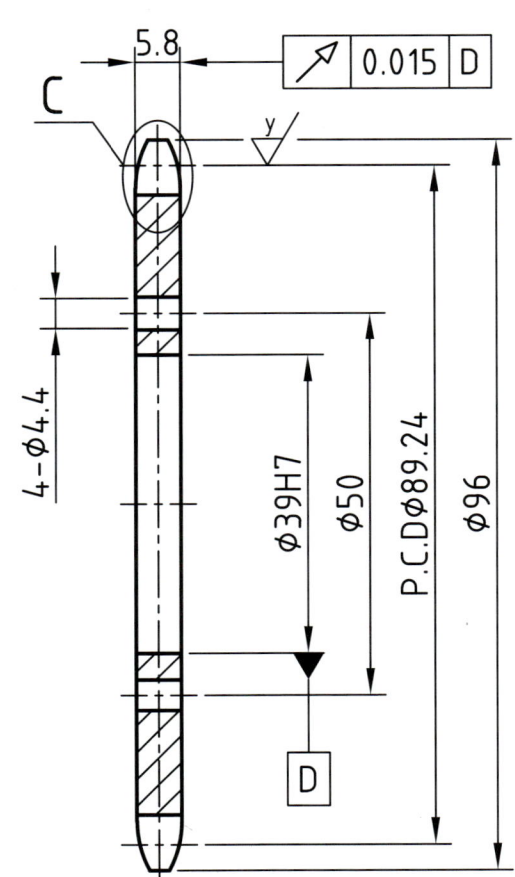

NAVER앱 QR코드 스캔으로 해당 무료강좌를 시청하실 수 있습니다.

01 파일 → 새로만들기 클릭

❶ Templates/Metric/ Standard(mm).ipt 클릭

❷ 파일 → 다른 이름으로 저장 → 부품명 작성 → 확인

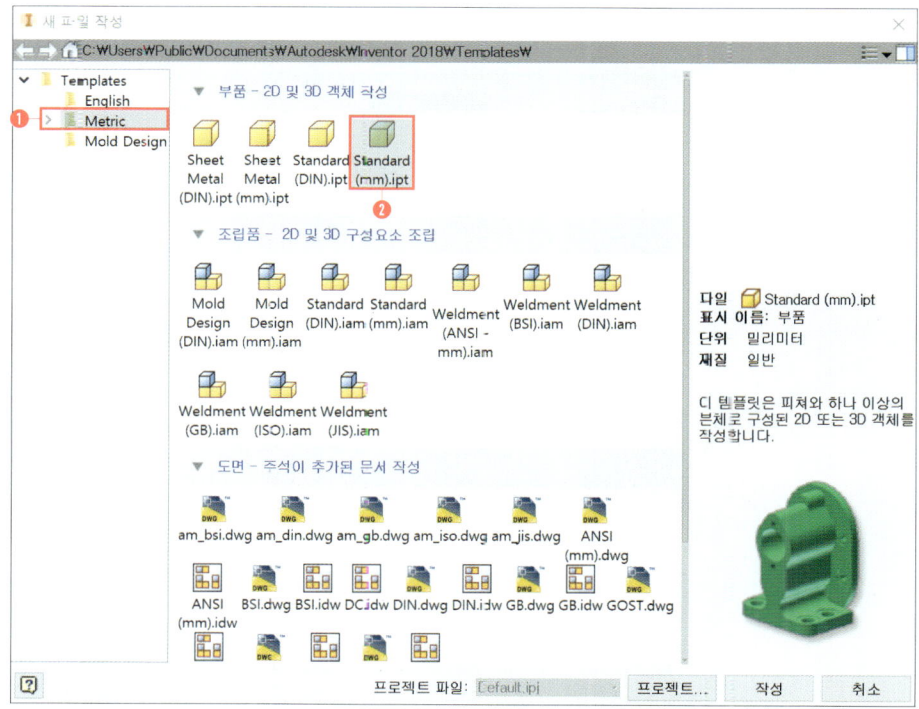

02 XY 평면에 새 스케치

① ▭ 2점 직사각형 선택
② 원점에서 스케치
③ 가로/세로 중심선 선택
④ 형식 : ⌬ 중심선 선택
⑤ 지름 : 5.8 / 지름 : 96

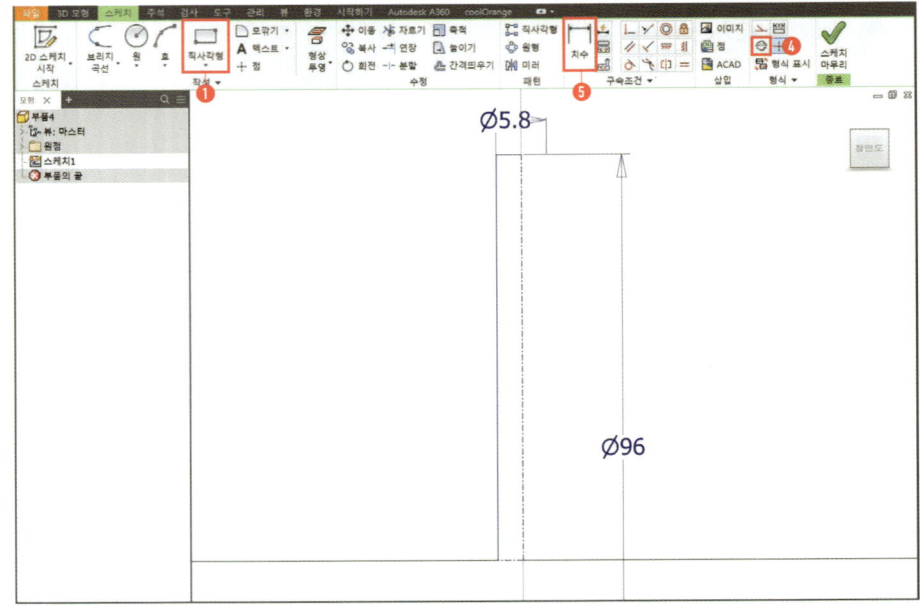

03 ⌒ 3점 호 선택

① 3점을 선택하여 호 스케치
② 해당 이미지와 동일하게 치수기입

T·I·P
호칭번호 41(잇수 : 22) KS규격치수
모떼기 폭 : 1.6
모떼기 깊이 : 6.4
모떼기 반지름 : 13.5

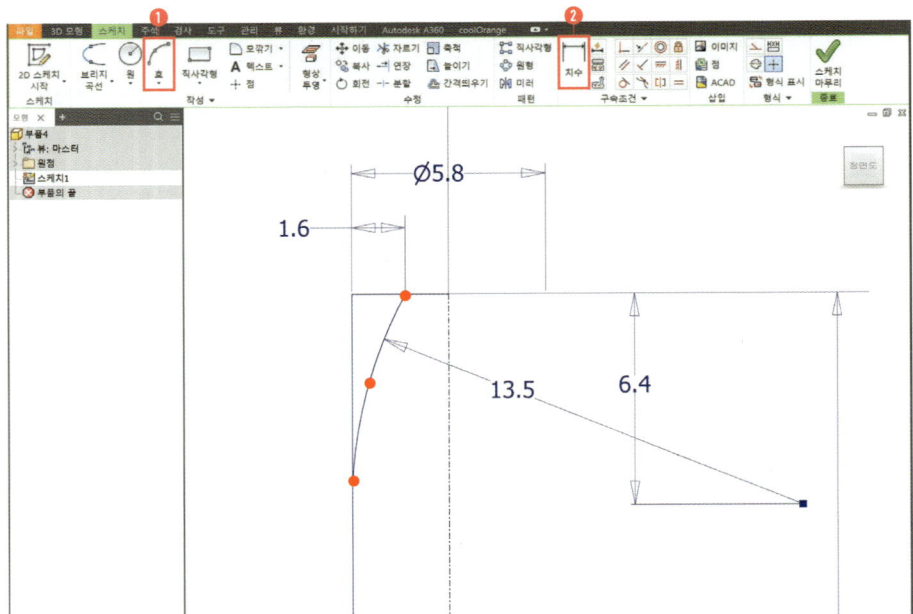

04 미러 선택
  ① 대칭복사할 객체 선택
  ② 가로 중심선 선택
  ③ 확인

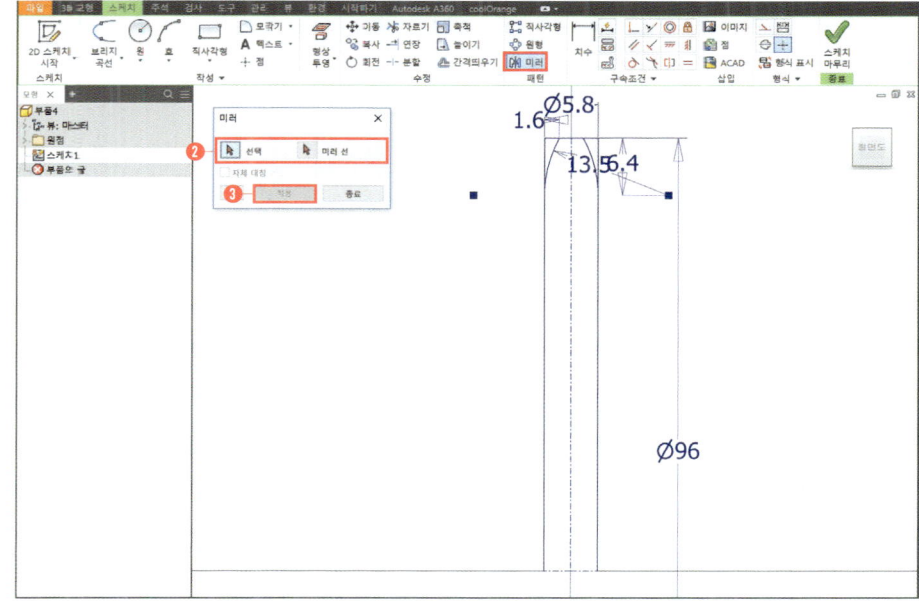

05 회전 선택(단축키:R)
  ① 회전할 프로파일 선택
  ② 회전할 중심축 선택
  ③ 범위 : 전체
  ④ 확인

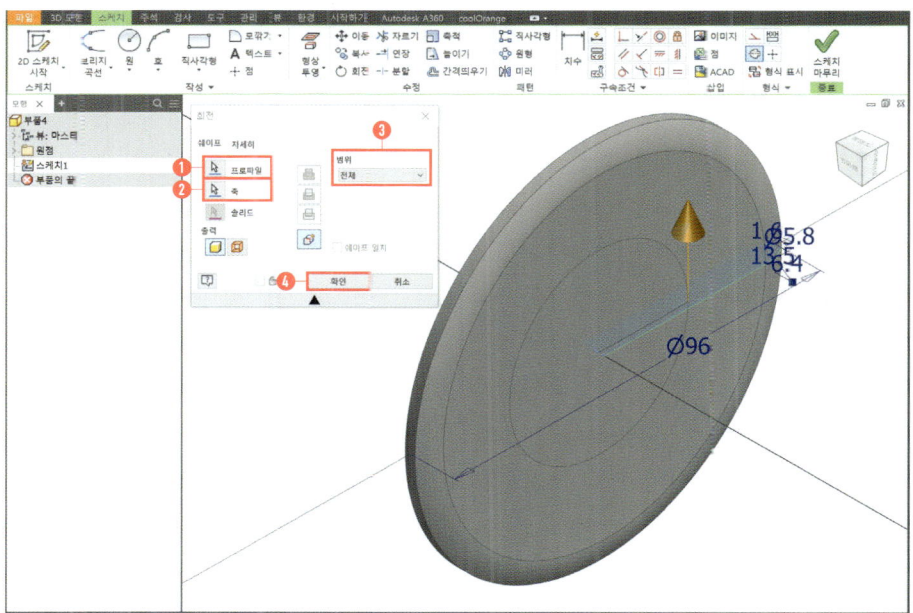

06 스프로킷 윗면에 새 스케치 시작

① 원 선택
② 중심점에서 원 스케치
③ 지름 : 89. 24

T·I·P

호칭번호 41(잇수 : 22) KS규격치수
피치 원 지름 : 89.24

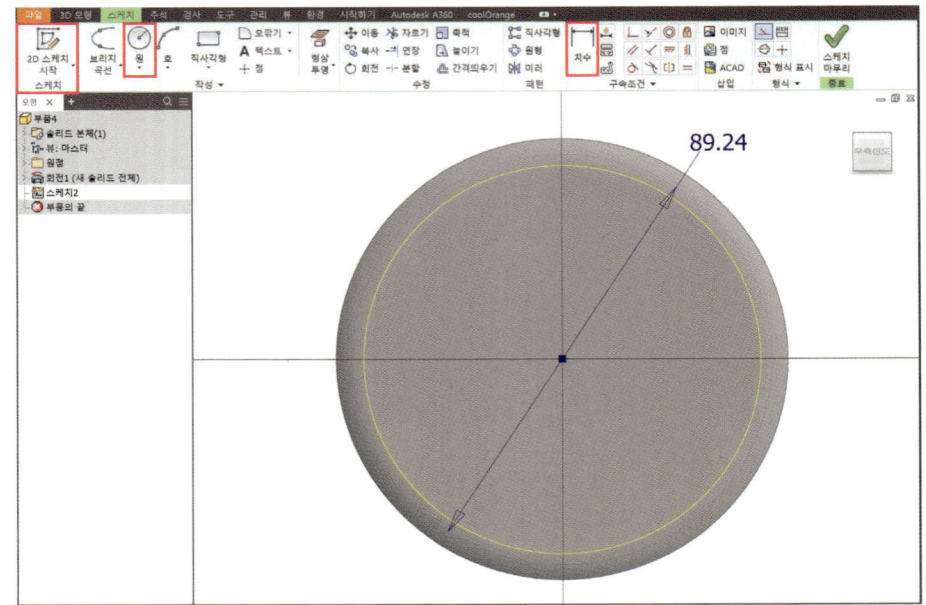

07 원 선택

① 피치 원 지름 사분점에 원 스케치
② 지름 : 7.77

T·I·P

호칭번호 41(잇수 : 22) KS규격치수
롤러 바깥 지름 : 7.77

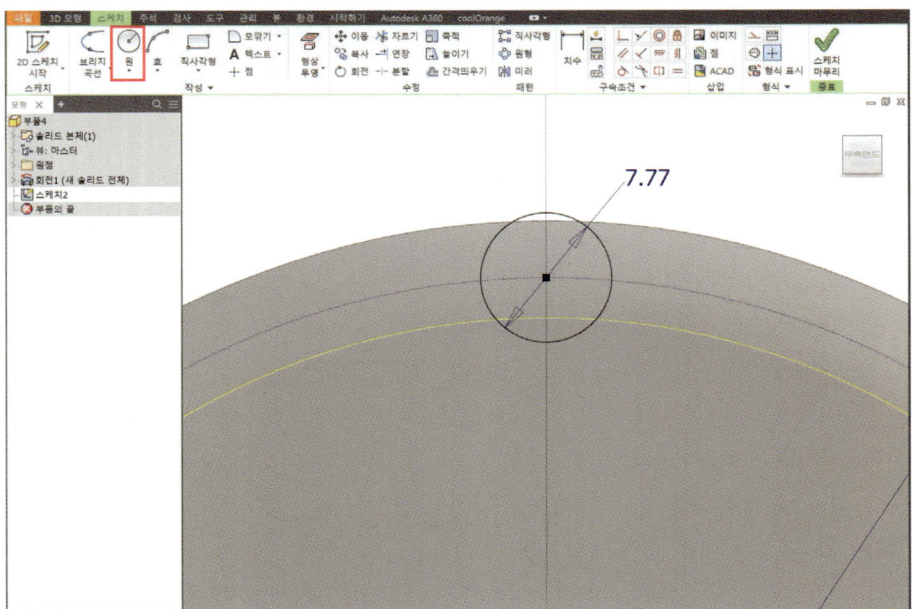

08 ⌒ 3점 호 선택

① 3점을 선택하여 호 스케치

② 반지름 : 12.7

T·I·P

3번째점을 선택할때는 접선 구속조건 아이콘이 활성화되면 선택을 합니다. 아니면 호 스케치 후 따로 접선 구속 조건을 줘도 무관합니다.
호칭번호 41(잇수 : 22) KS규격치수
피치 : 12.7

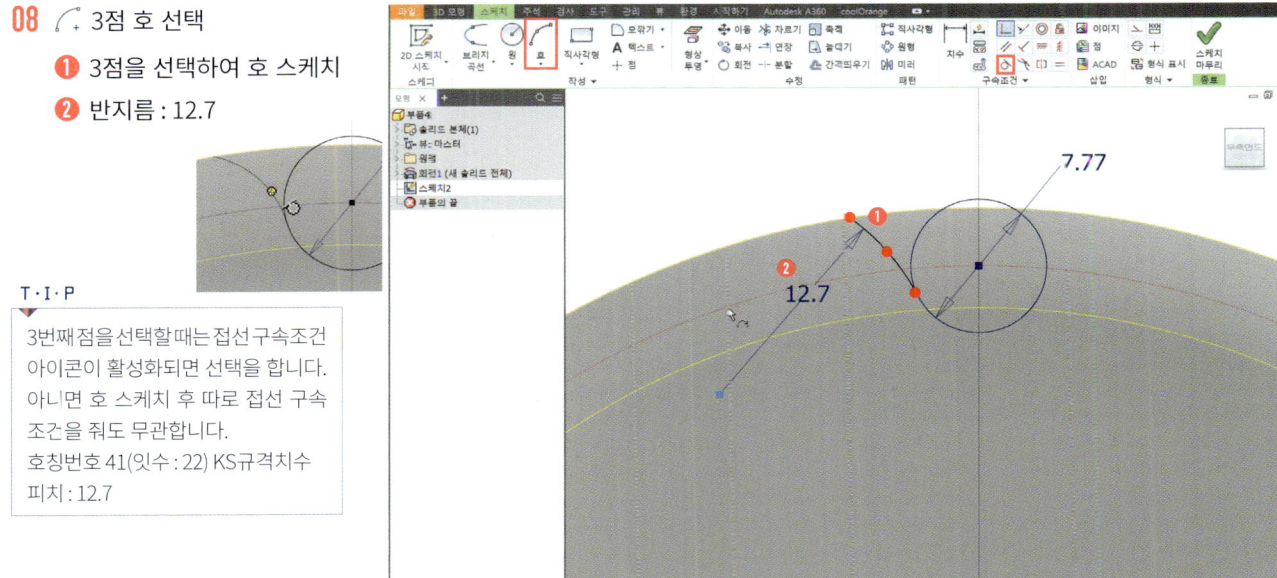

09 ⌐ 일치 구속조건 선택

① 방금 스케치한 호의 중심 점과 피치 원 지름 선택

② 반대편도 동일하게 스케치 한다.

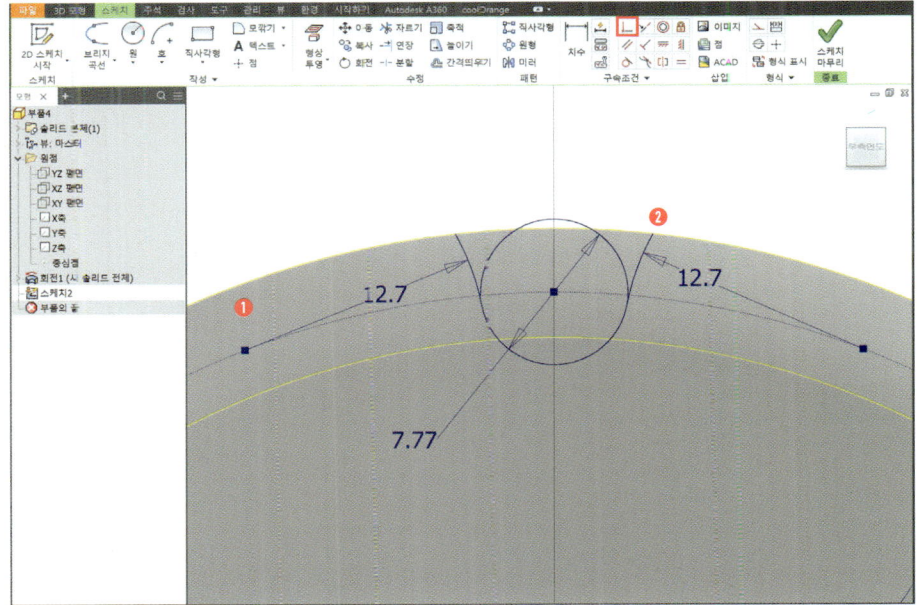

10 ┼ 분할 선택

　❶ 교차점 2개 분할

　❷ 분할된 호를 선택

　❸ 형식 : ⌐ 구성 선택

T·I·P

분할을 하는 이유는 돌출 시 편하게
프로파일을 선택하기 위해서 입니다.
구성으로 바꾼 선들은 프로파일로
인식하지 않습니다

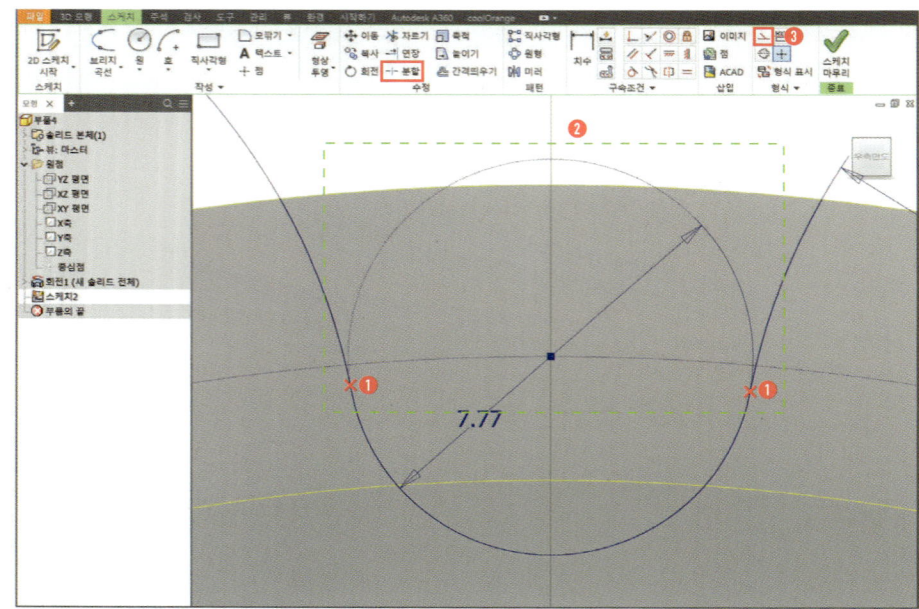

11 돌출 선택(단축키:E)

　❶ 돌출할 프로파일 선택

　❷ 차집합 선택

　❸ 범위 : 전체

　❹ 대칭 선택

　❺ 확인

T·I·P

방향은 꼭 대칭으로 해줘야 합니다.
한쪽 방향으로만 돌출을 하면 완벽
하게 정리가 안 됩니다.

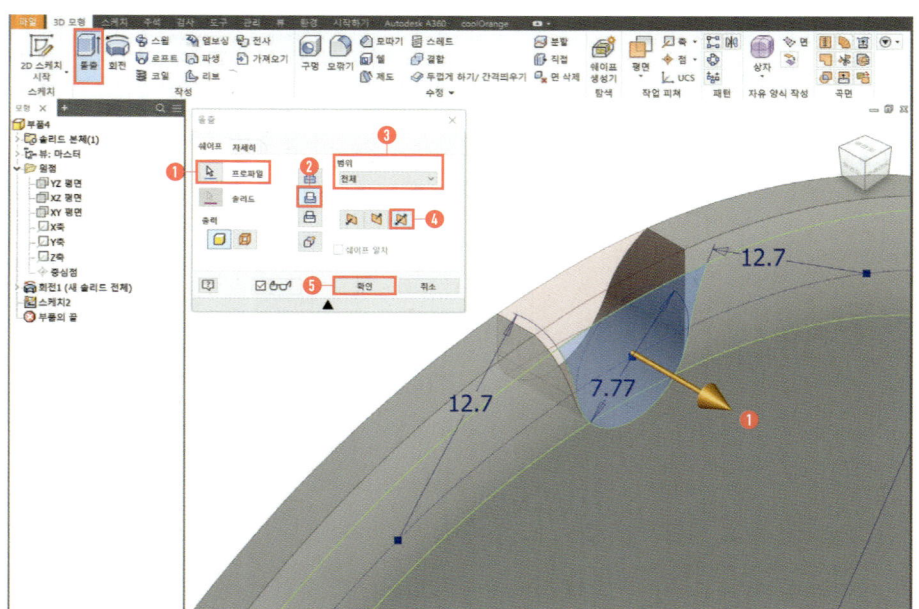

12 🔷 원형패턴 선택
   ❶ 피쳐 선택(돌출1)
   ❷ 회전축 선택(X축)
   ❸ 배치 : 22
   ❹ 각도 : 360
   ❺ 확인

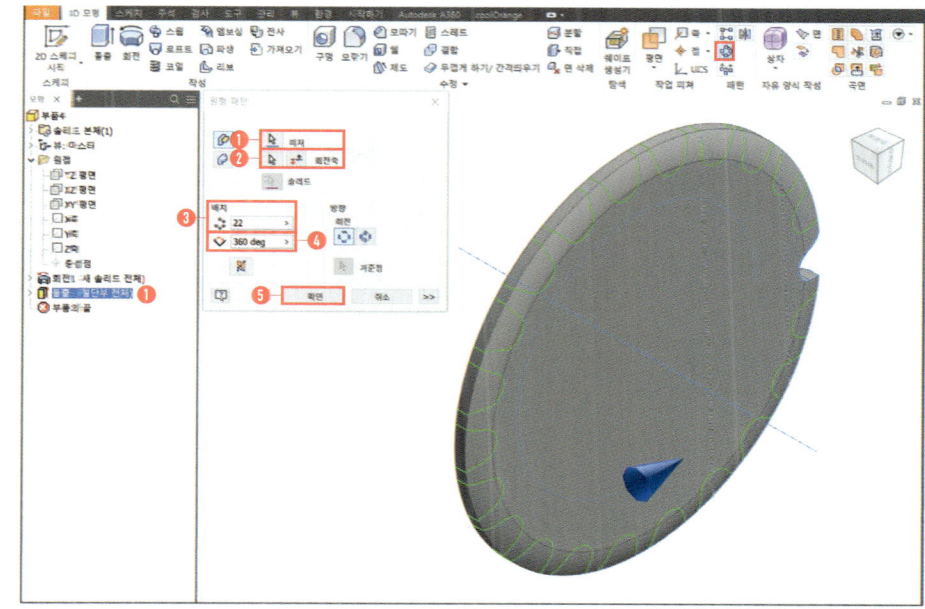

13 스프로킷 윗면에 새 스케치 시작
   ❶ ⊘ 원 선택
   ❷ 중심점에서 원 스케치
   ❸ 지름 : 39

T·I·P
해당 치수는 규격치수가 아니기 때문에 자로 측정한 문제지의 치수를 기입하면됩니다. 사람마다 1 ~ 2mm 정도 차이가 날 수 있습니다.

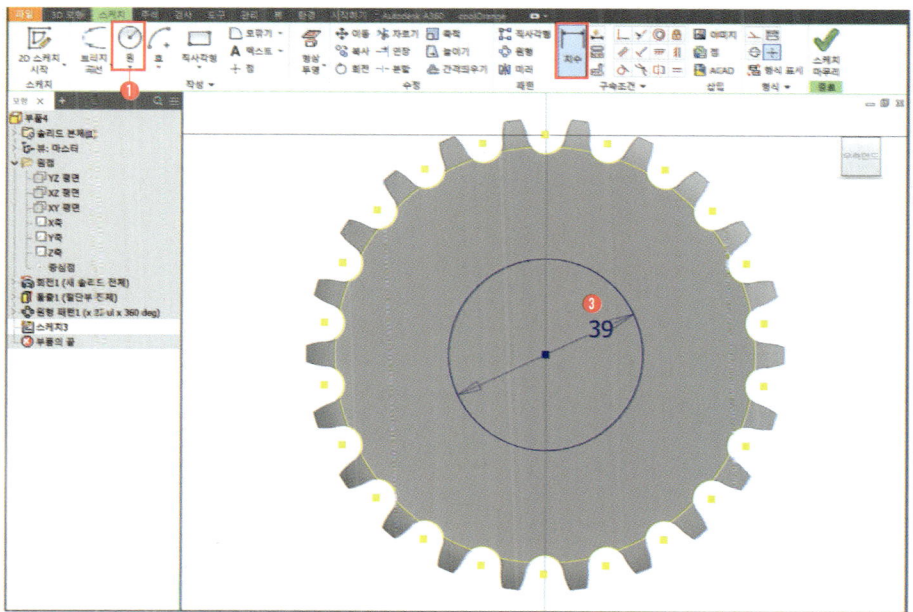

14 돌출 선택(단축키:E)

❶ 돌출할 프로파일 선택
❷ 차집합 선택
❸ 범위 : 전체
❹ 방향2 선택
❺ 확인

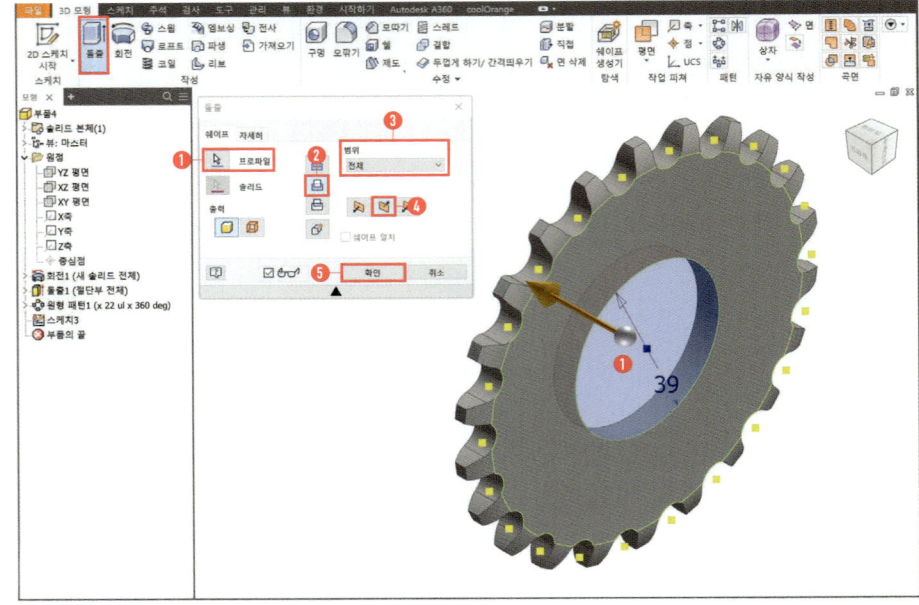

15 스프로킷 윗면에 새 스케치 시작

❶ 원 선택
❷ 중심점에서 원 스케치
❸ 지름 : 50
❹ 점 선택
❺ 원의 사분점에 스케치

T·I·P
점 기능을 사용하면 다양한 위치에 구멍가공을 할 수 있습니다.
일반적으로 시험에서는 구멍가공의 중심점 역할로 많이 사용합니다.

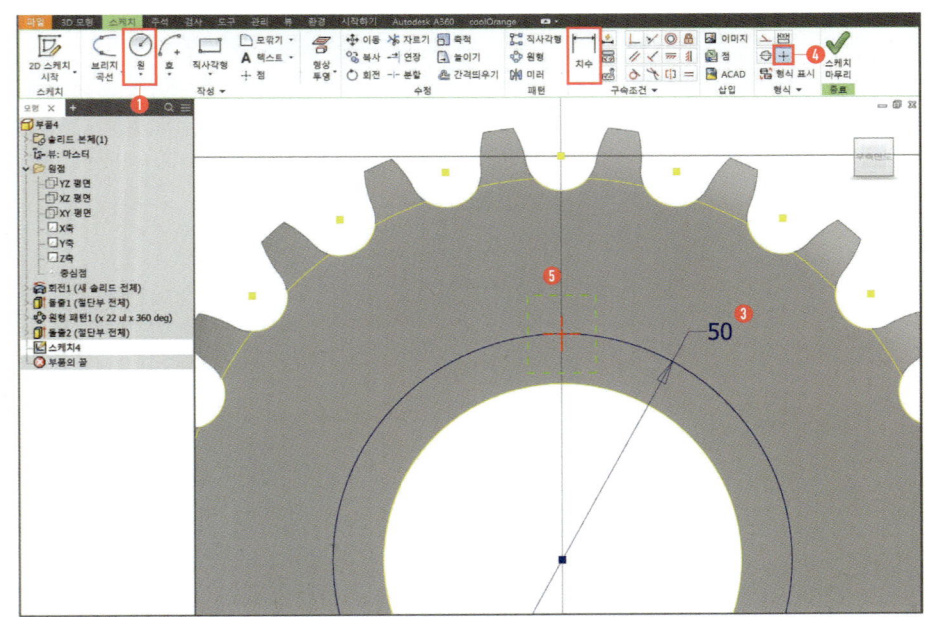

16 구멍 선택

① 스케치한 점 선택
② 드릴 선택
③ 지름 : 4
④ 단순 구멍 선택
⑤ 종료 : 전체 관통 선택
⑥ 확인

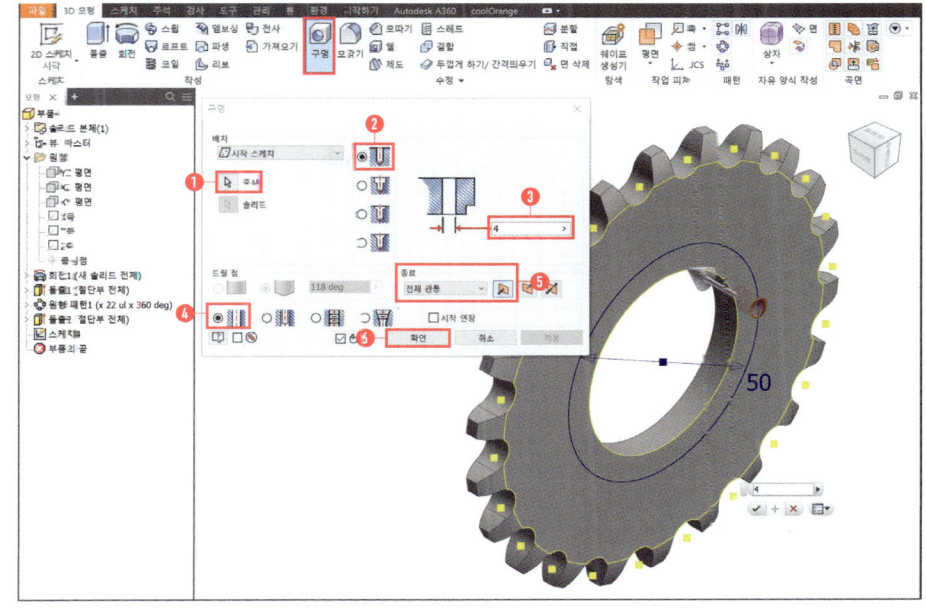

17 원형패턴 선택

① 피쳐 선택(구멍1)
② 회전축 선택
③ 배치 : 4
④ 각도 : 360
⑤ 확인

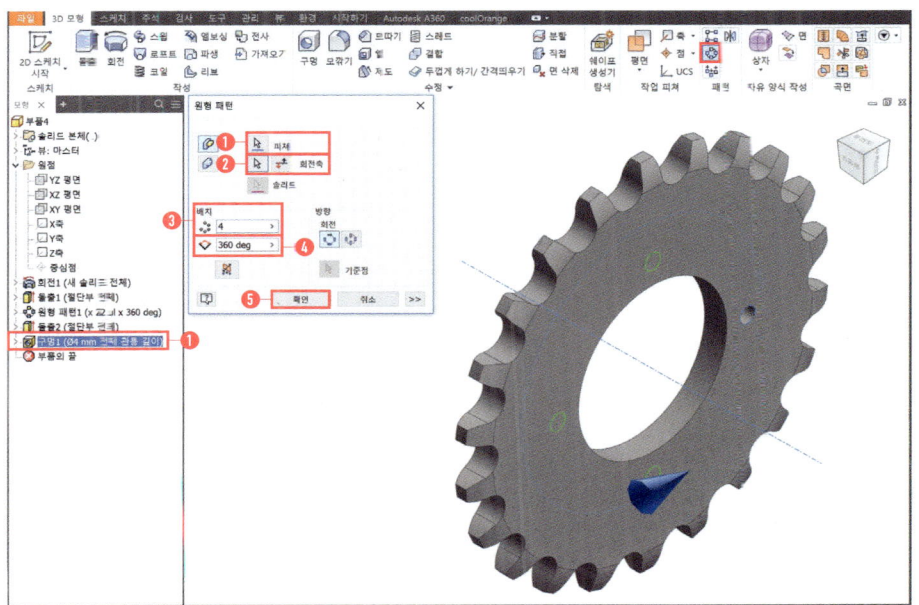

18 스프로킷 완성!

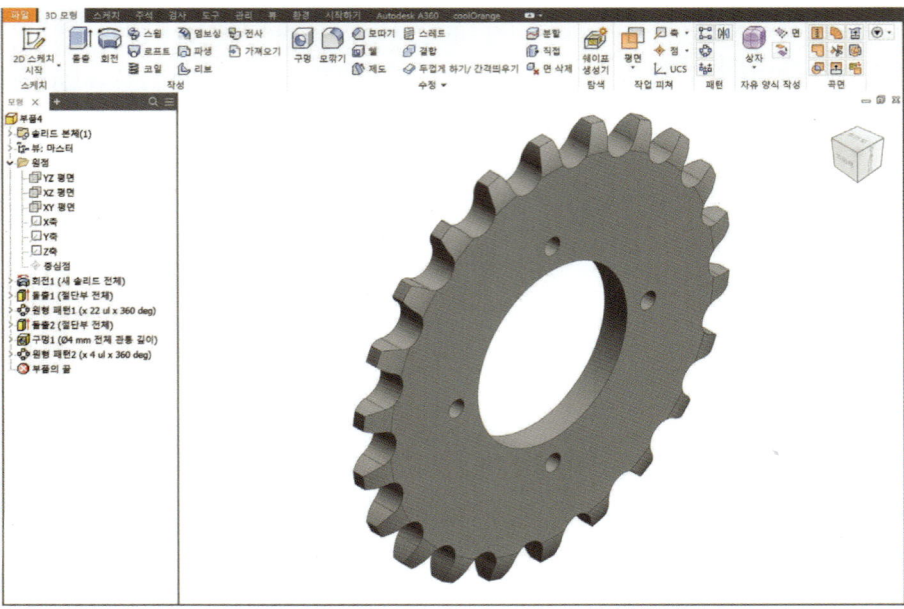

3D 모델링
- 플랜지

SECTION 05

플랜지는 다른 기계부품을 결합할 때 사용하는 부품이며 스프로킷이랑 결합이 됩니다. 모델링은 간단한 편이며 적용되는 KS규격치수는 키홈이 있습니다.

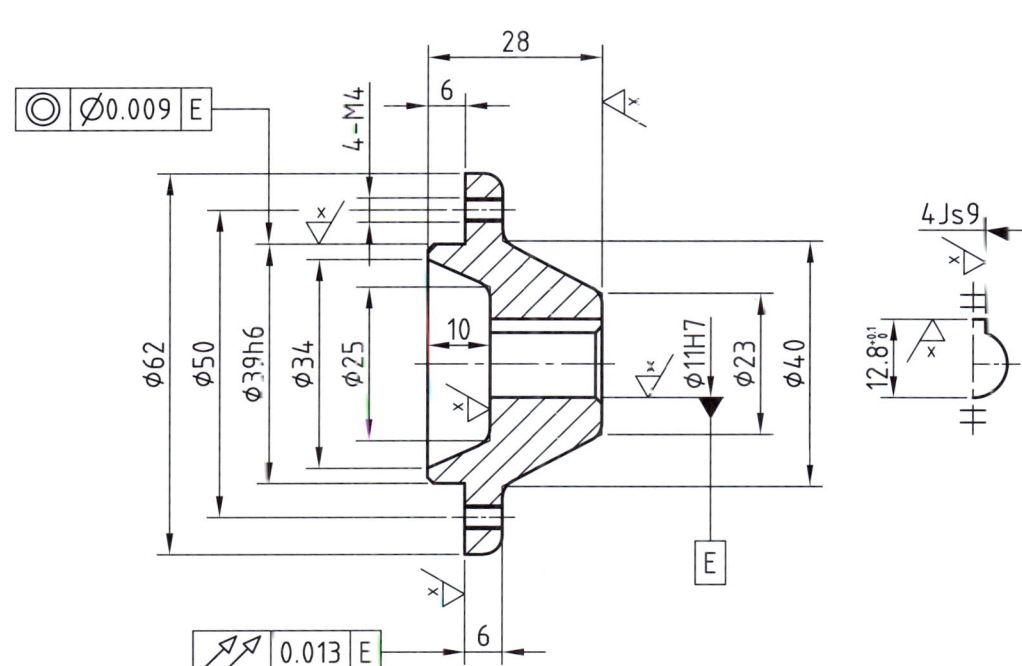

NAVER앱 QR코드 스캔으로 해당 무료강좌를 시청하실 수 있습니다.

01 파일 → 새로만들기 클릭

❶ Templates/Metric/ Standard(mm).ipt 클릭

❷ 파일 → 다른 이름으로 저장 → 부품명 작성 → 확인

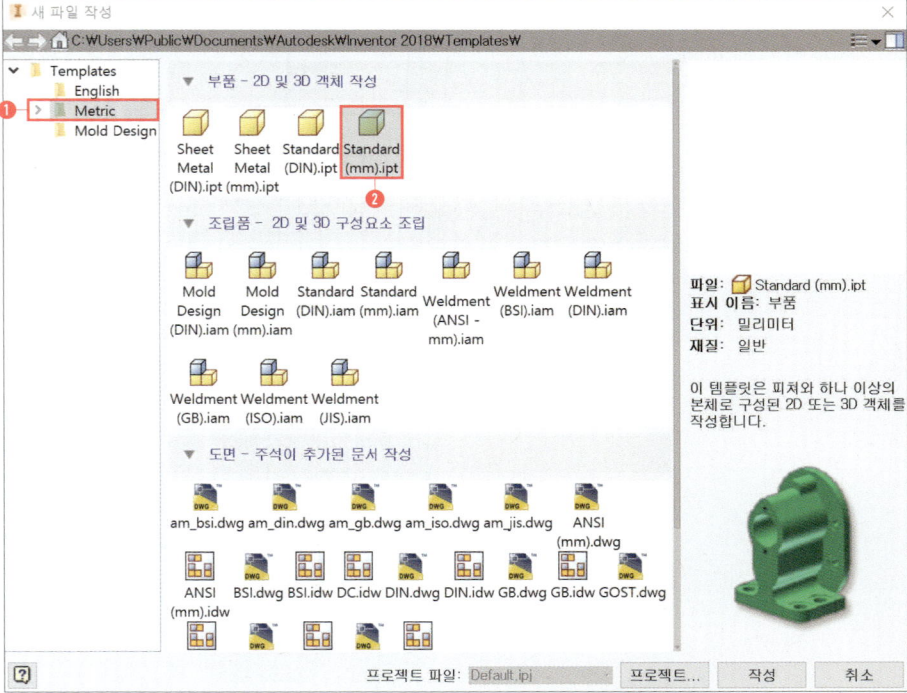

02 XY 평면에 새 스케치

① ∕ 선 선택
② 해당 이미지와 동일하게 스케치
③ 세로 중심선 선택
④ 형식 : 중심선 선택
⑤ 치수 선택
⑥ 전체 치수를 먼저 기입
⑦ 나머지 치수 기입

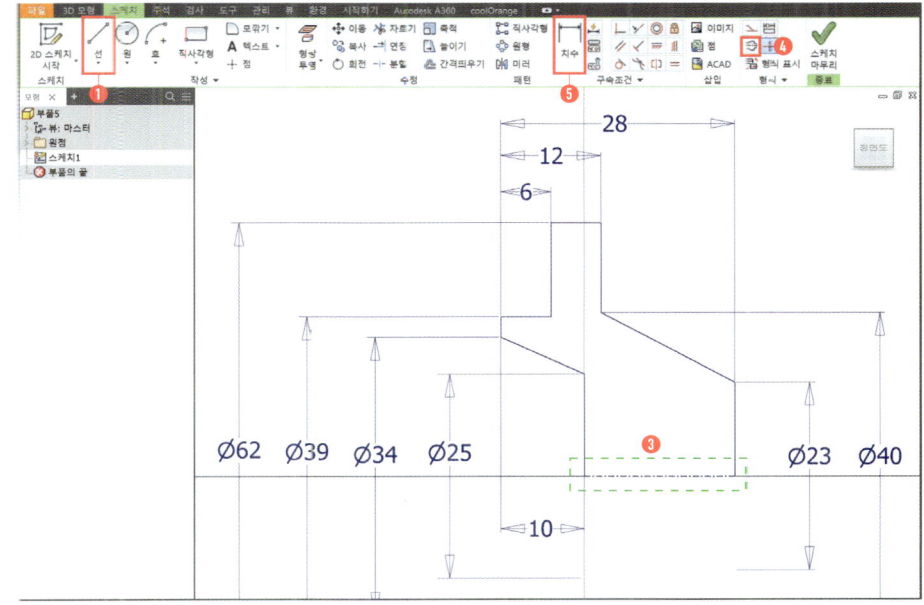

03 회전 선택(단축키:R)
① 회전할 프로파일 선택
② 회전할 중심축 선택
③ 범위 : 전체
④ 확인

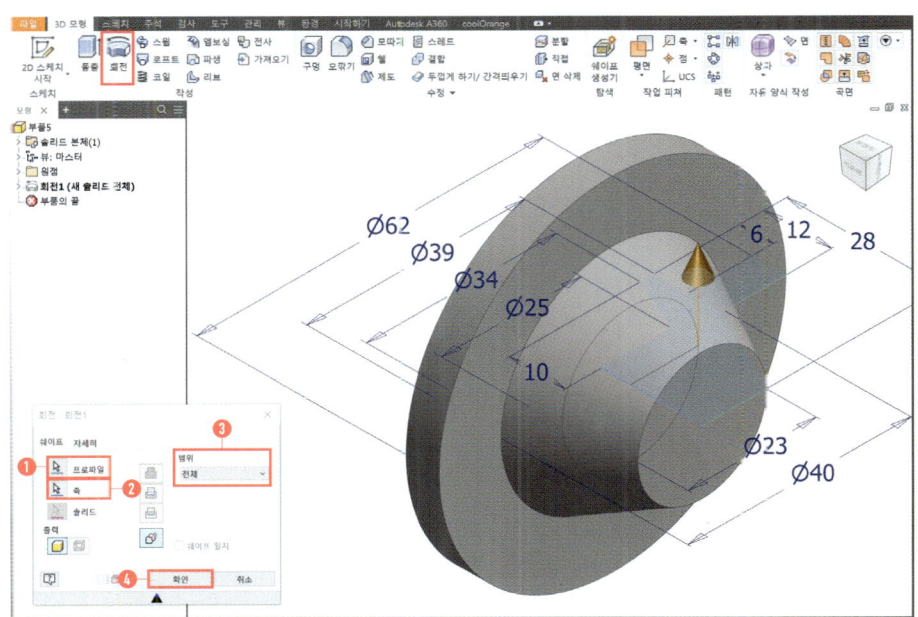

04 모깎기 선택

① 4개 모서리 선택
② 반지름 : 3
③ 확인

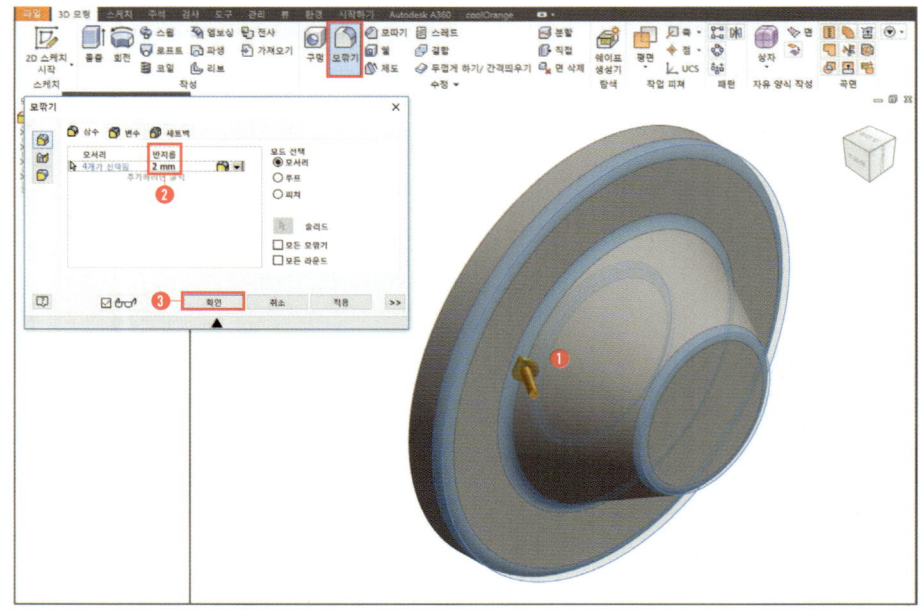

05 모따기 선택

① 2개 모서리 선택
② 거리 : 1
③ 확인

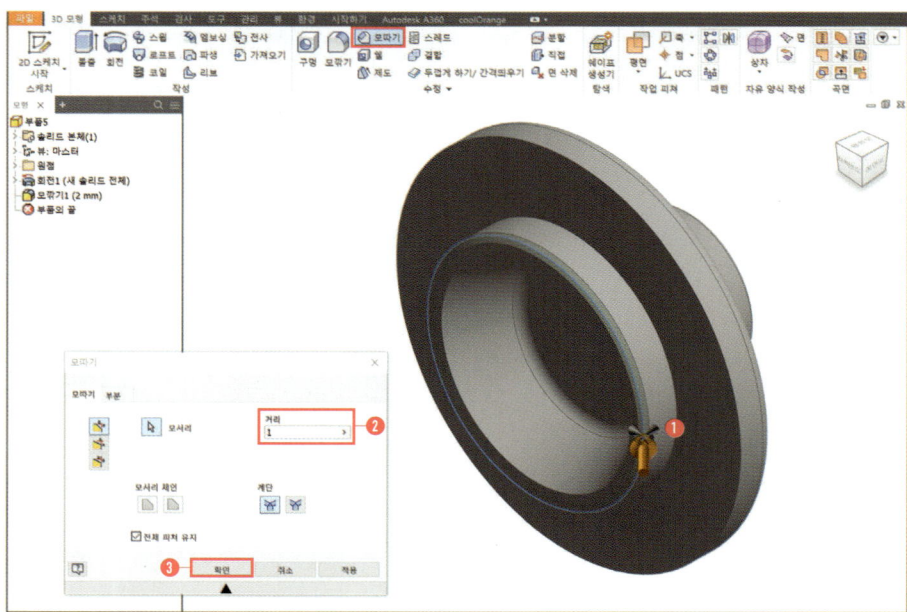

06 플랜지 앞면에 새 스케치 시작

① 원 선택
② 중심점에서 원 스케치
③ 지름 : 50
④ 점 선택
⑤ 원의 사분점에 스케치

T·I·P
점 기능을 사용하면 다양한 위치에 구멍가공을 할 수 있습니다.
일반적으로 시험에서는 구멍가공의 중심점 역할로 많이 사용합니다.

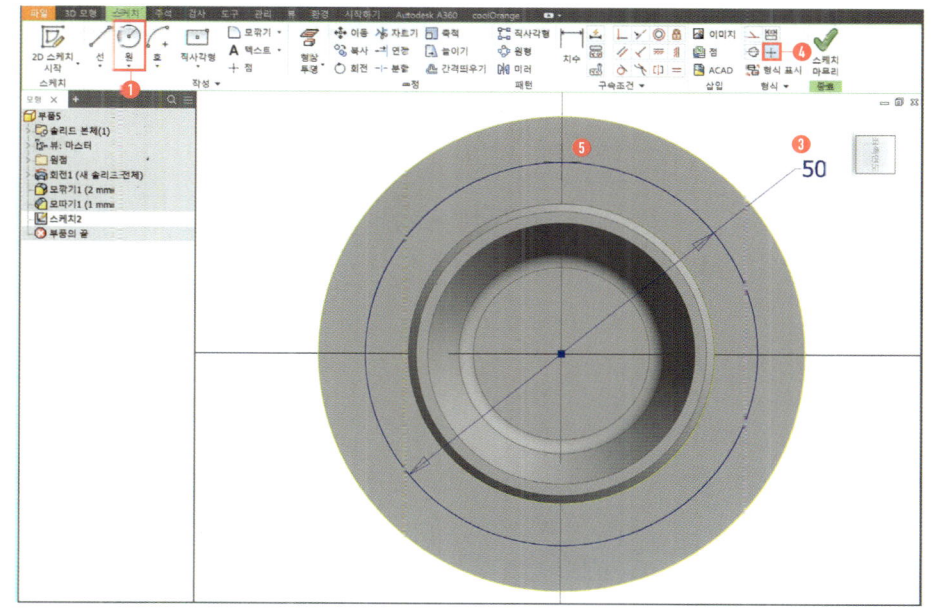

07 구멍 선택

① 스케치한 점 선택
② 종료 : 전체 관통 선택
③ 탭 구멍 선택
④ 전체 깊이 체크
⑤ 크기 : 4 / ISO Metric profile 선택
⑥ 확인

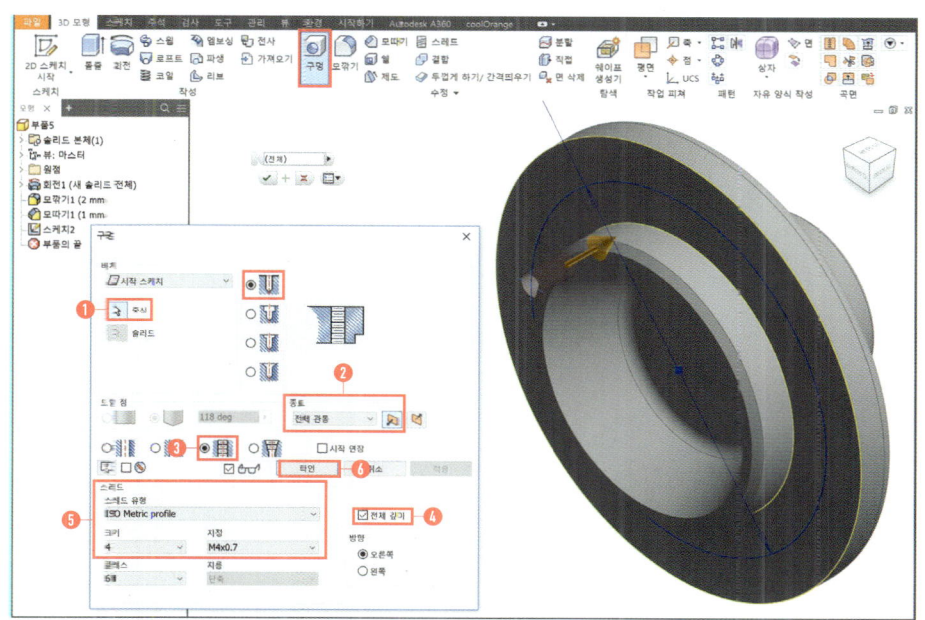

08 원형패턴 선택

① 피쳐 선택(구멍1)
② 회전축 선택
③ 배치 : 4
④ 각도 : 360
⑤ 확인

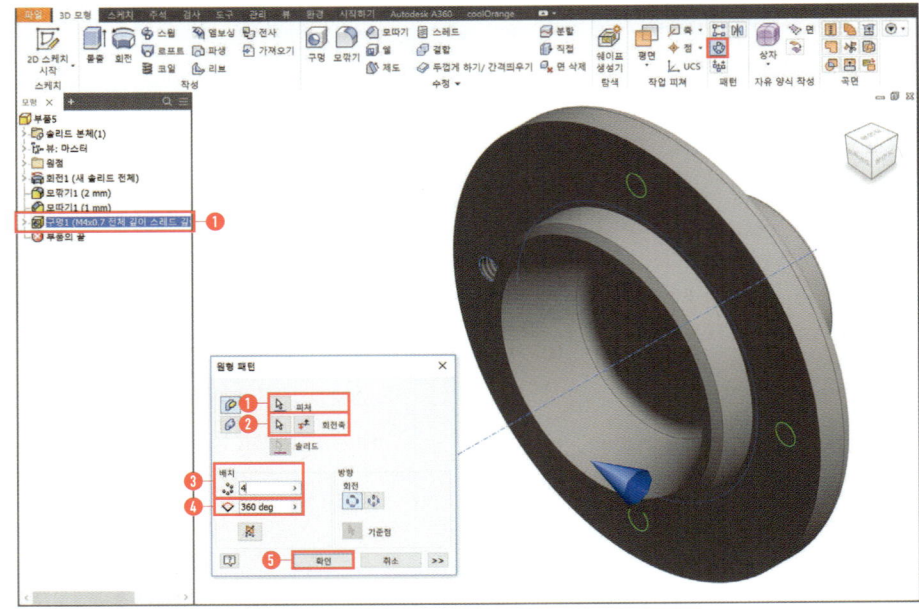

09 플랜지 뒷면에 새 스케치

① 중심점에서 원 스케치
② 2점 직사각형 스케치
③ 직사각형의 아래쪽 중간점과 원점 중심점 일치 구속 조건
④ 치수 선택
⑤ 지름 : 11 / 가로 : 4
   세로 : 12.8

T·I·P

키홈은 KS규격집에 규격치수가 적용되어야 합니다. 키홈의 규격치수를 적용하려면 문제도면의 축 지름값을 자로 측정하여 해당하는 KS규격 키홈 치수를 적용하면 됩니다.

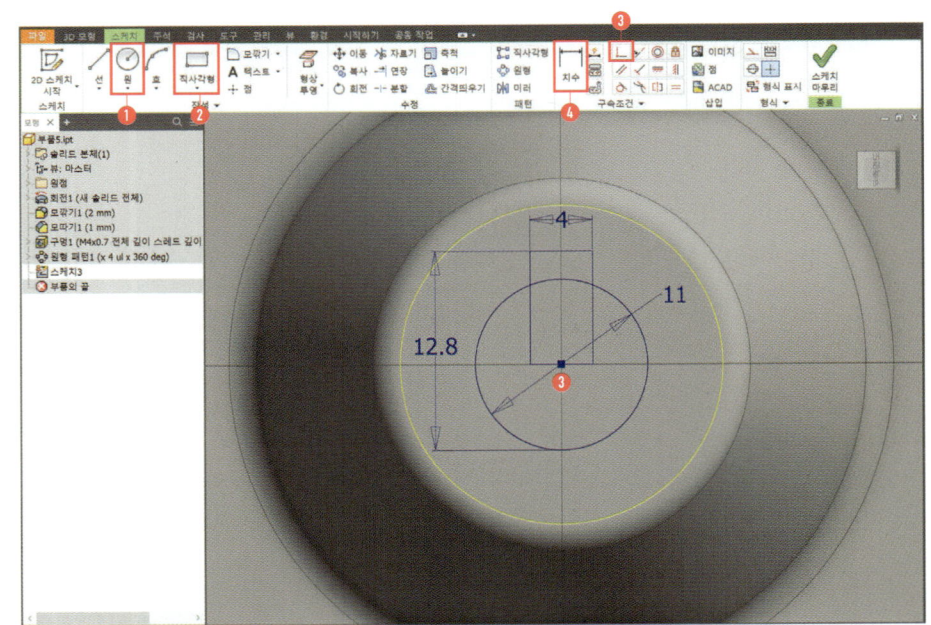

10 돌출 선택(단축키:E)
  ① 돌출할 프로파일 선택
  ② 차집합 선택
  ③ 범위 : 전체
  ④ 방향2 선택
  ⑤ 확인

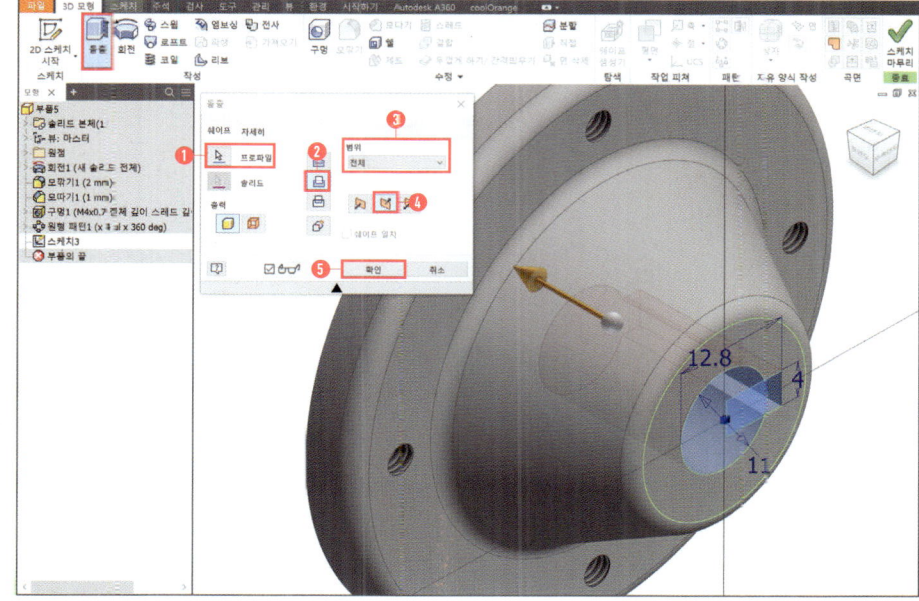

11 모따기 선택
  ① 모서리 선택(조립용 모따기)
  ② 거리 : 1
  ③ 확인

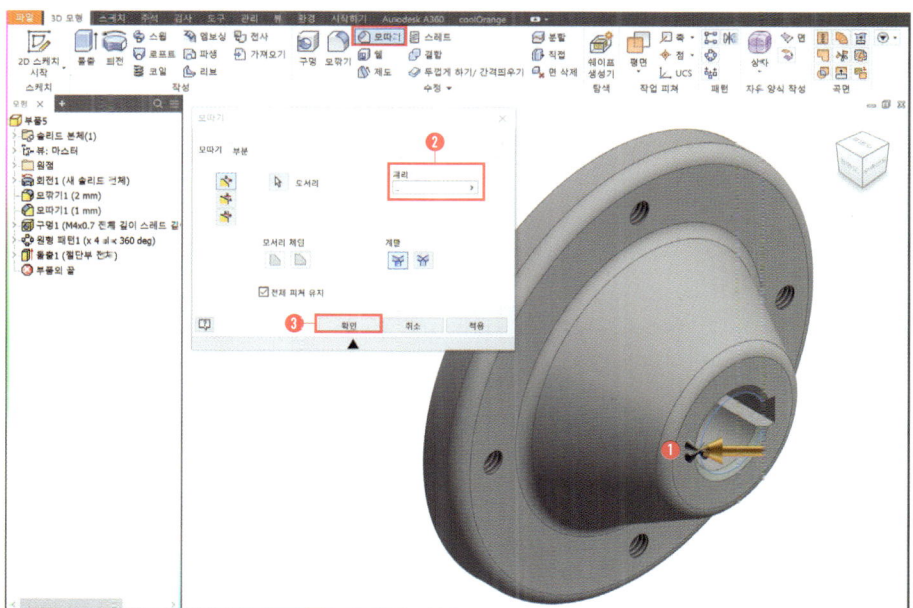

12 플랜지 완성!

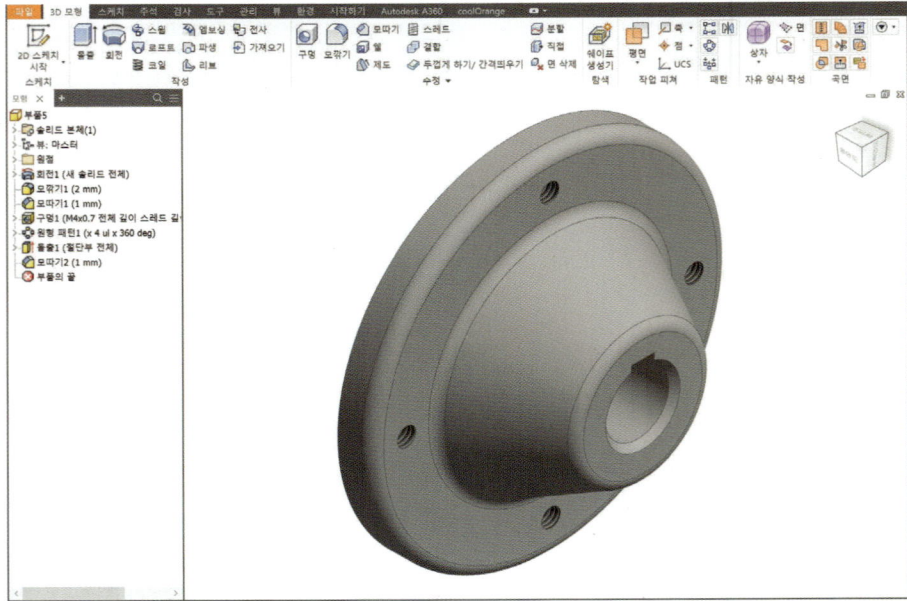

3D 모델링
- 축

SECTION 06

축에 들어가는 KS규격치수는 오일실 부착 관계, 키홈, 나사의 틈새 등이 있습니다. 해당 치수들은 KS규격집에서 직접 찾은 다음 적용시켜야 합니다.

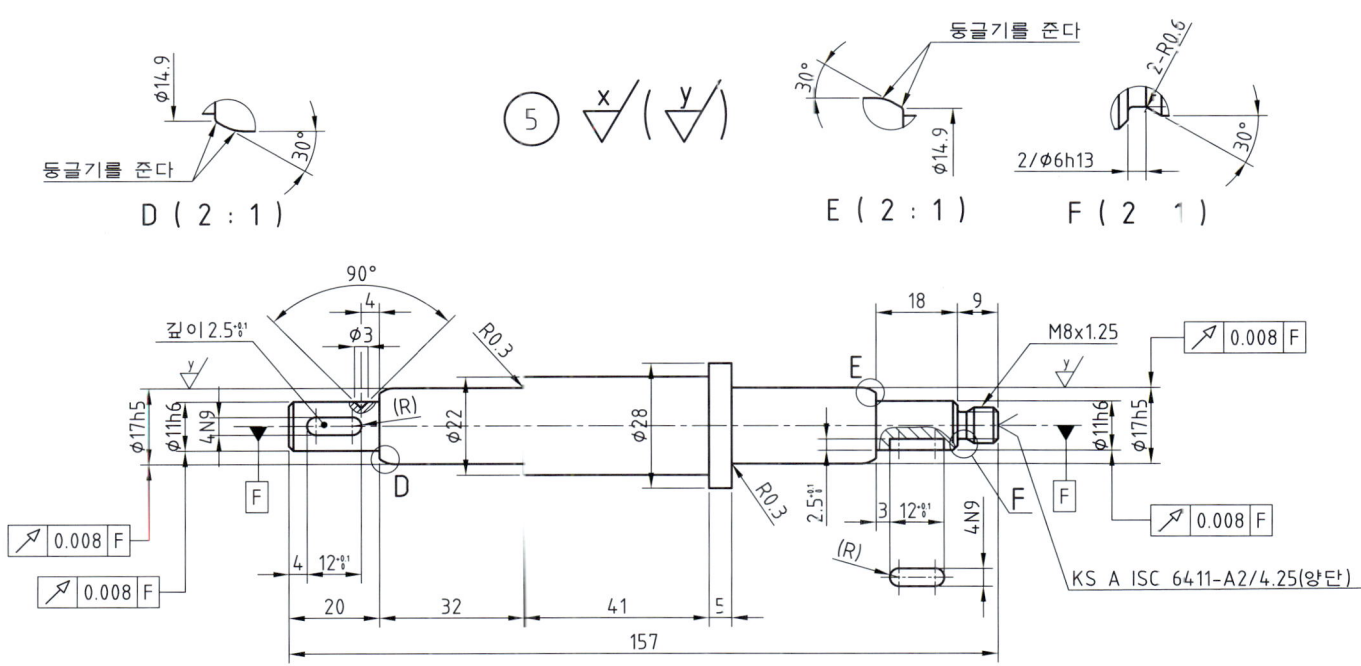

NAVER앱 QR코드 스캔으로 해당 무료강좌를 시청하실 수 있습니다.

01 파일 → 새로만들기 클릭

❶ Templates/Metric/Standard(mm).ipt 클릭

❷ 파일 → 다른 이름으로 저장 → 부품명 작성 → 확인

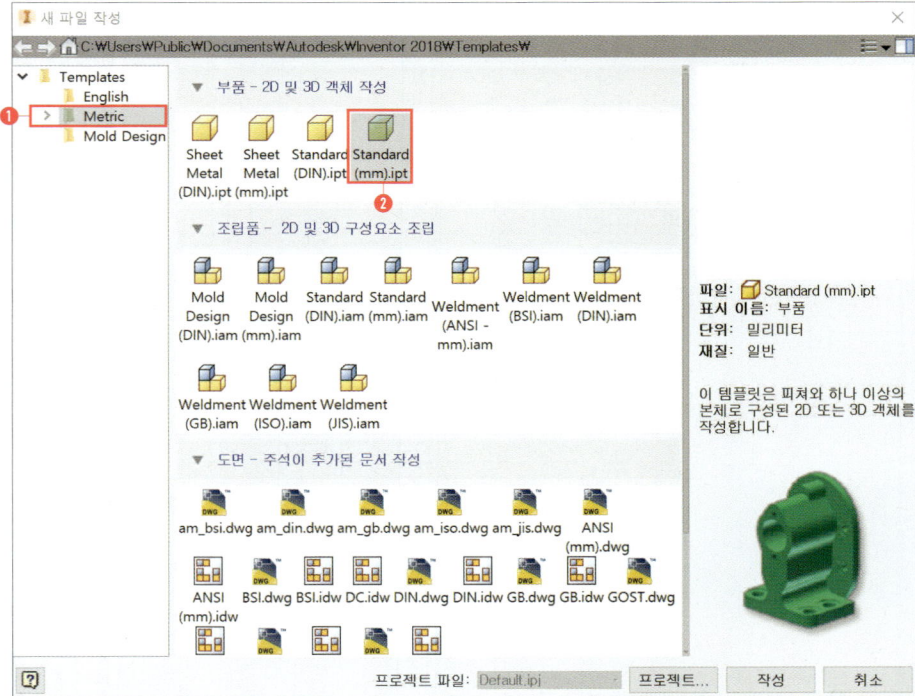

02 XY 평면에 새 스케치

1. ▭ 2점 직사각형 선택
2. 7개의 사각형을 스케치
3. 세로 중심선 드래그로 선택
4. 형식 : ⊕ 중심선 선택
5. ⊢⊣ 치수 선택
6. 전체 치수 157 기입
7. 나머지 치수 기입

T·I·P
사각형은 스케치하되 어느 정도 축의 모양 크기대로 사각형을 스케치하는 것이 좋습니다.

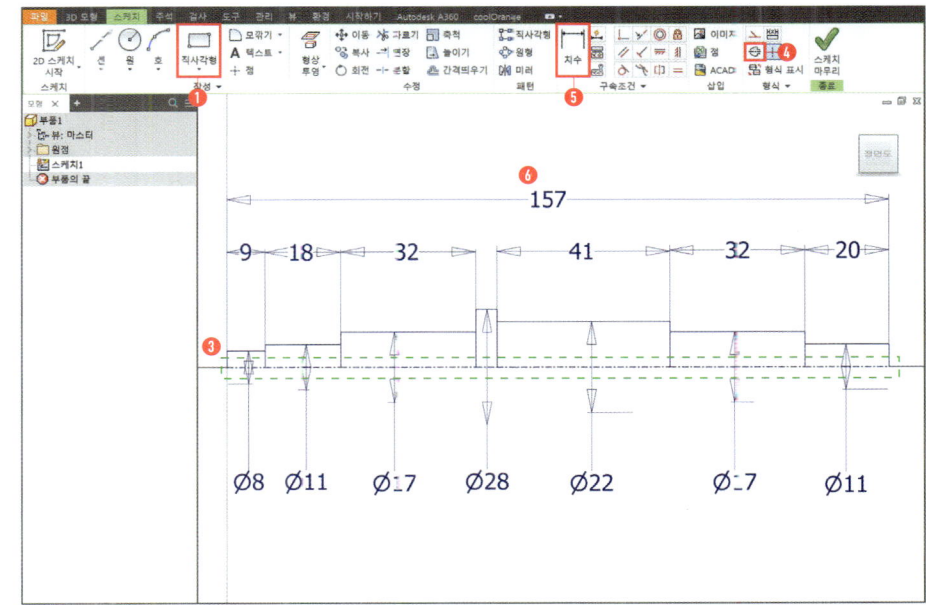

03 ▭ 2점 사각형 선택

1. 사각형 스케치
2. 키홈 치수 기입 가로 : 12 / 세로 : 2.5
3. ╱ 선 선택
4. 해당 이미지와 동일하게 스케치
5. 나사의 틈새 KS규격 치수 기입

T·I·P
키홈 및 나사의 틈새 치수는 자로 측정한 치수가 아닌 KS규격집에 의거한 규격 치수를 적용해야 합니다. (자세한 키홈 및 나사의 틈새 규격 적용 방법은 유튜브 완전정복 강좌 참조)

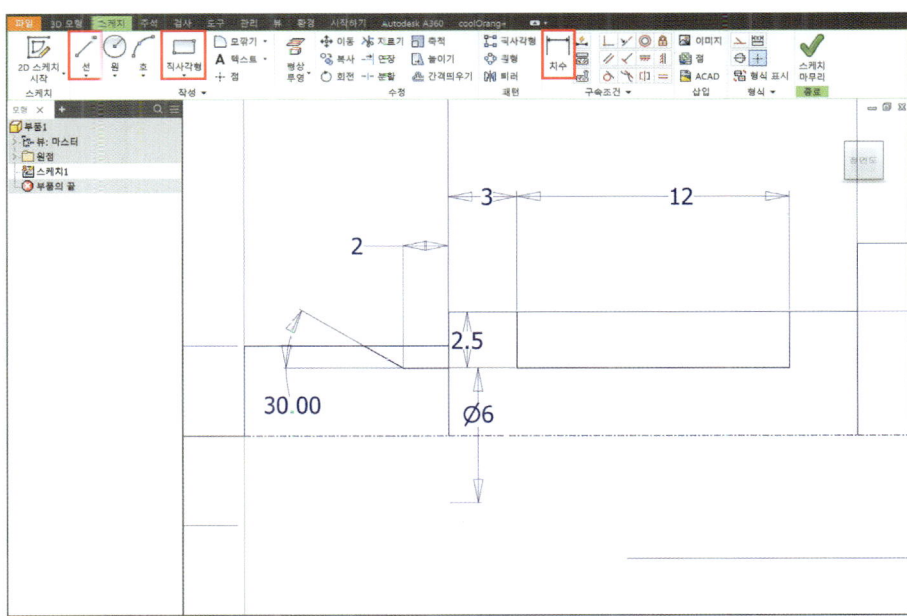

04 회전 선택(단축키 : R)

❶ 회전할 프로파일 선택
❷ 회전할 중심축 선택
❸ 범위 : 전체
❹ 확인

T·I·P
키홈 스케치한 부분은 선택을 해주고 나사의 틈새 스케치한 부분은 프로파일에서 제외합니다.

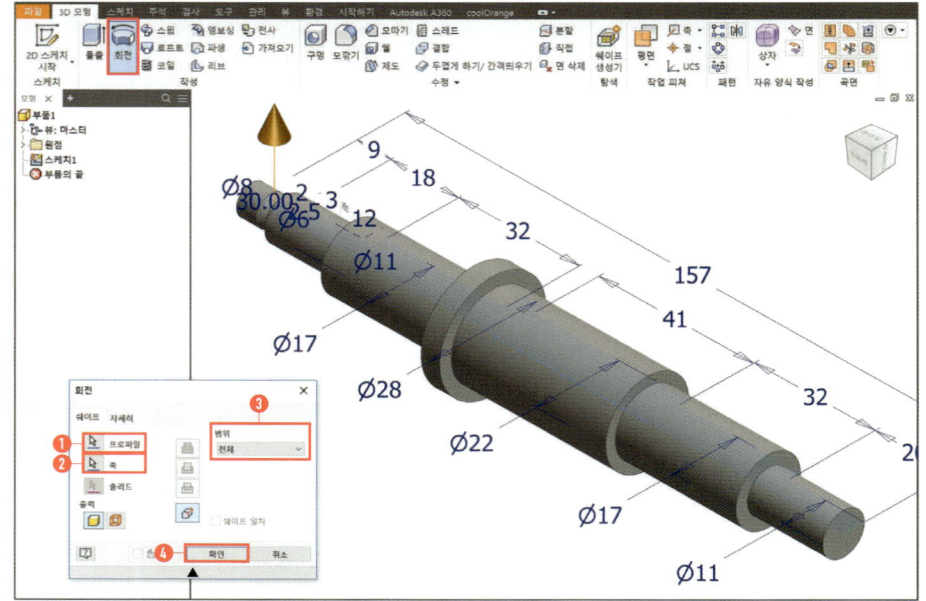

05 모형 검색창 회전1 피쳐 선택

❶ 스케치에서 마우스 오른쪽 클릭
❷ 스케치 공유(가시성)

T·I·P
키홈 부분을 다시 평면을 잡아서 스케치를 해도 되지만 한 번에 스케치 후 스케치 공유를 사용하면 좀 더 빠른 모델링이 가능합니다.

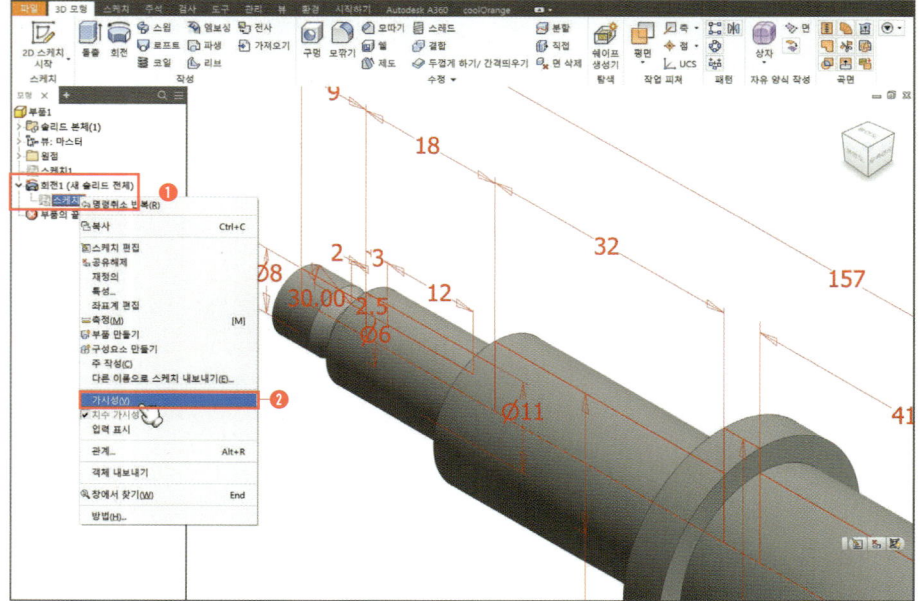

06 📦 돌출 선택(단축키:E)

① 돌출할 프로파일 선택
② 차집합 선택
③ 거리 : 4
④ 대칭 선택
⑤ 확인

T·I·P
키홈 부분 4mm 파는 부분도 KS규격 치수이기 때문에 한국산업인력공단에서 제공하는 KS규격집을 참조하여 적용시켜야 합니다.

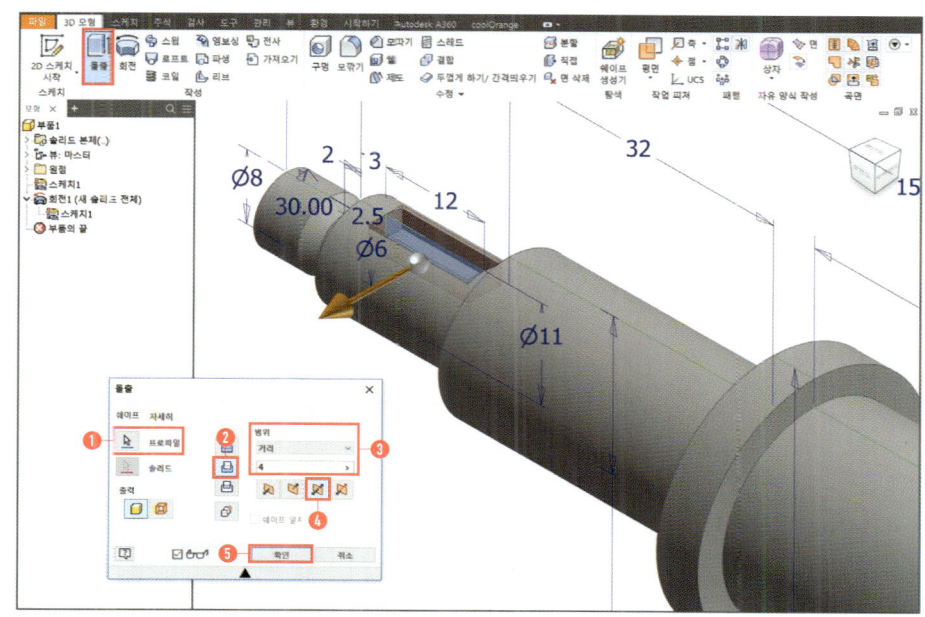

07 🔲 모깎기 선택

① 모서리 선택
② 반지름 : 2
③ 확인

T·I·P
반지름 값은 (키홈 돌출값/2)를 적용해 주면 양쪽 둥근형으로 모델링이 됩니다.

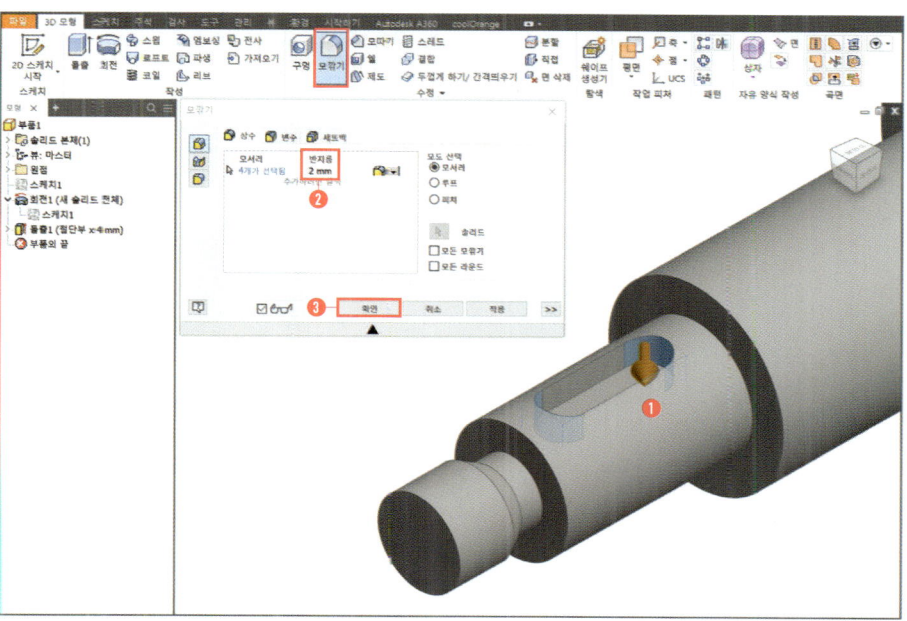

08 모따기 선택

① 3개의 모서리 선택 (조립용 모따기)
② 거리 : 1
③ 확인

T·I·P

시험에서는 조립용 모따기를 1로 해주면 됩니다. 주서에 도시되고 지시 없는 모따기는 1X45° 라고 명시를 하기 때문입니다. 조립용 모따기의 역할은 조립방향에 따라 약간의 기울기가 있으면 조립 시 편리해집니다.

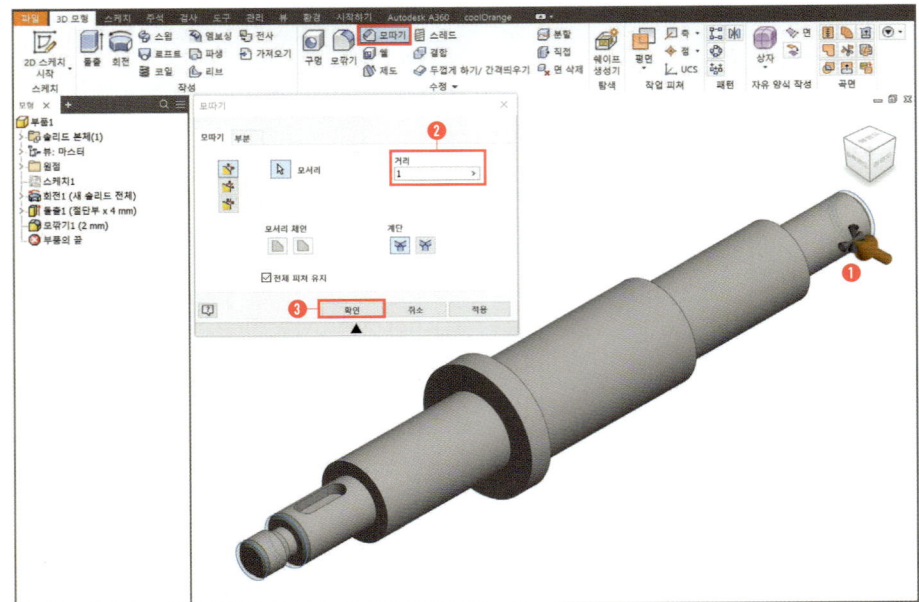

09 모따기 선택

① 거리 및 각도 선택 (2번째)
② 면 선택 후 모서리 선택
③ 거리 : 2
④ 각도 : 30
⑤ 확인

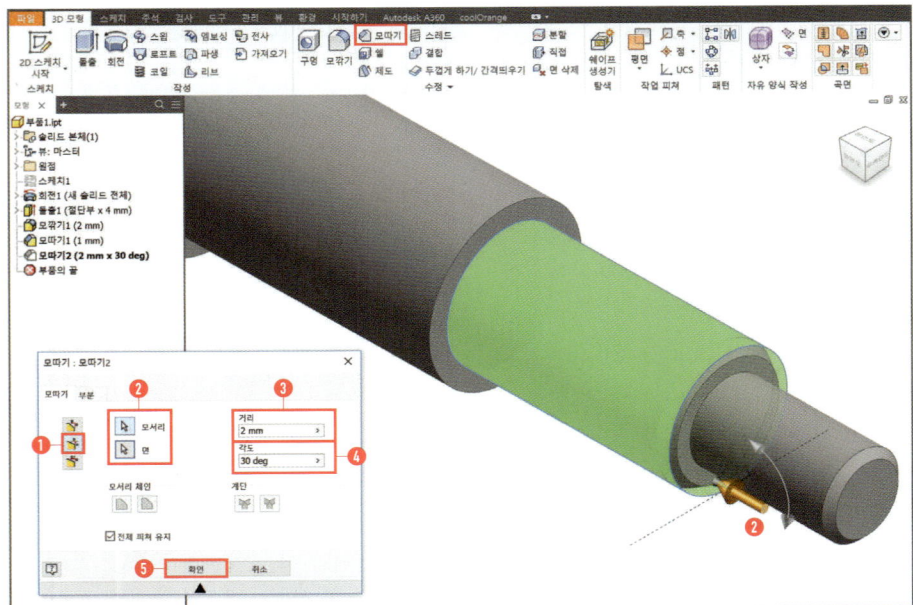

10 모깎기 선택

1. 모서리 선택
2. 반지름 : 4
3. 확인

T·I·P

오일 실과 조립되는 부위는 오일 실 부착 관계 KS규격 치수가 적용되어야 합니다(자세한 규격치수 적용방법은 유튜브 완전정복 강좌 참조).

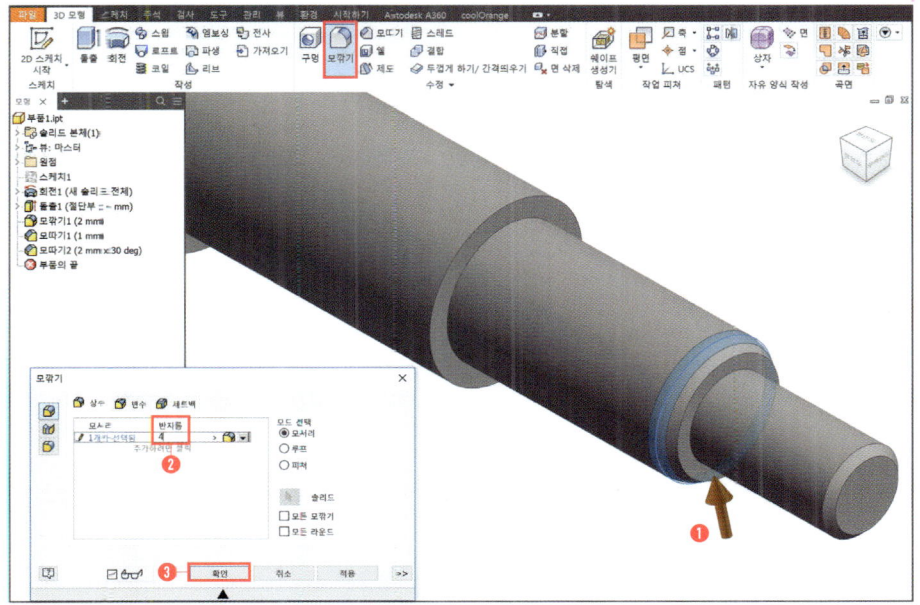

11 모따기 선택

1. 거리 및 각도 선택(2번째)
2. 면 선택 후 모서리 선택
3. 거리 : 2
4. 각도 : 30
5. 확인

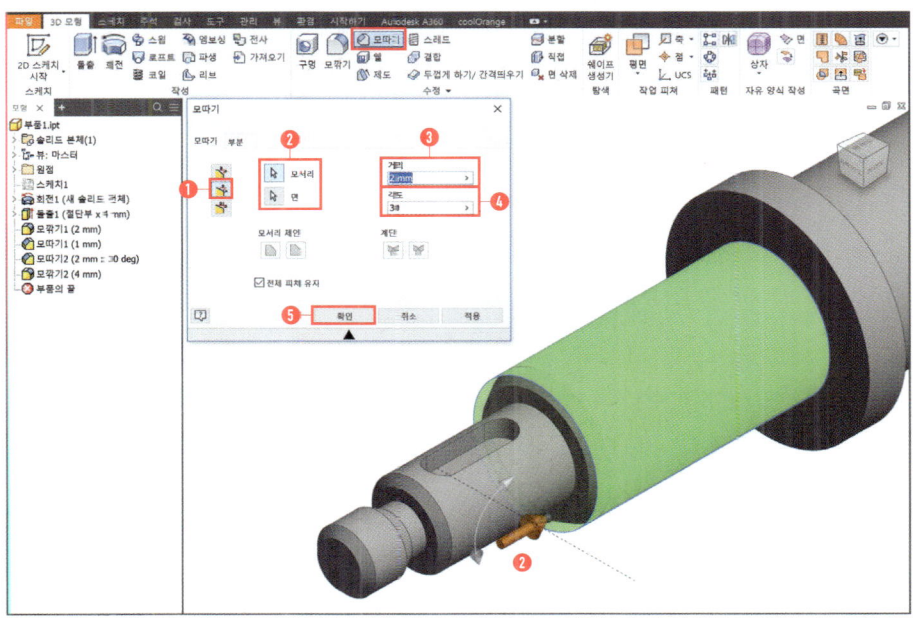

12 모깎기 선택

① 모서리 선택

② 반지름 : 4

③ 확인

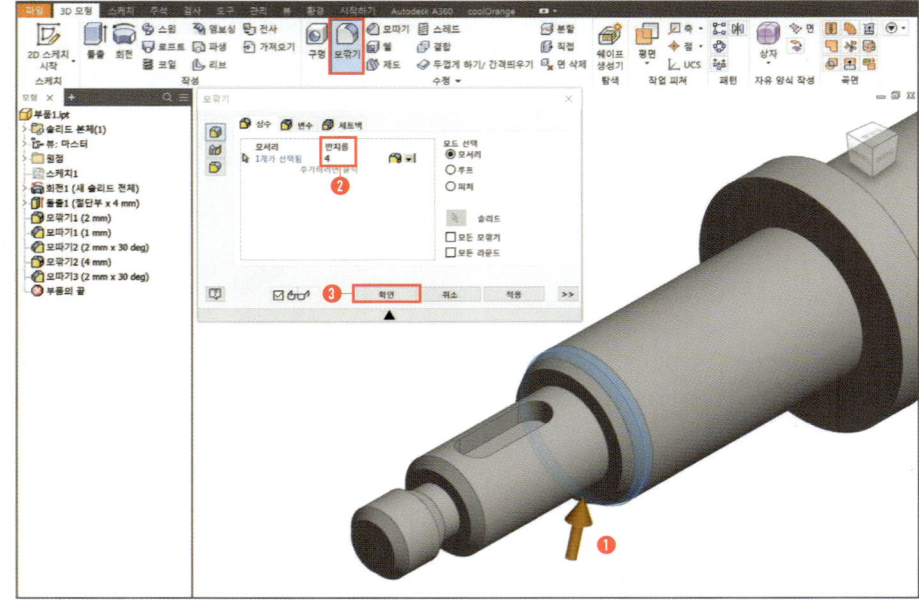

13 스케치 시작 선택
(단축키:S)

① XZ 평면에 새 스케치

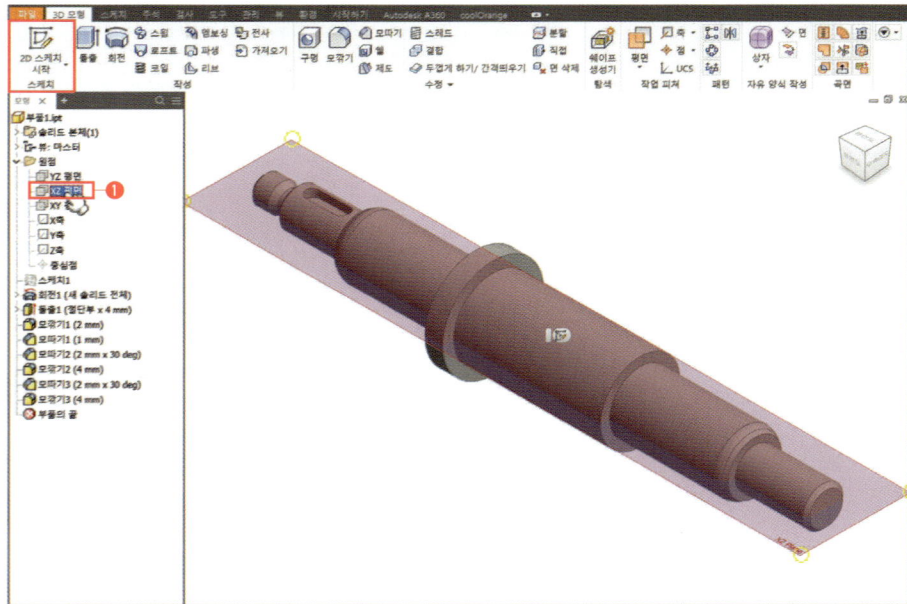

14 ▢ 2점 직사각형 선택
   ❶ 사각형 스케치
   ❷ 키홈 치수 기입 가로 : 12 / 세로 : 2.5
   ❸ 나머지 치수 기입

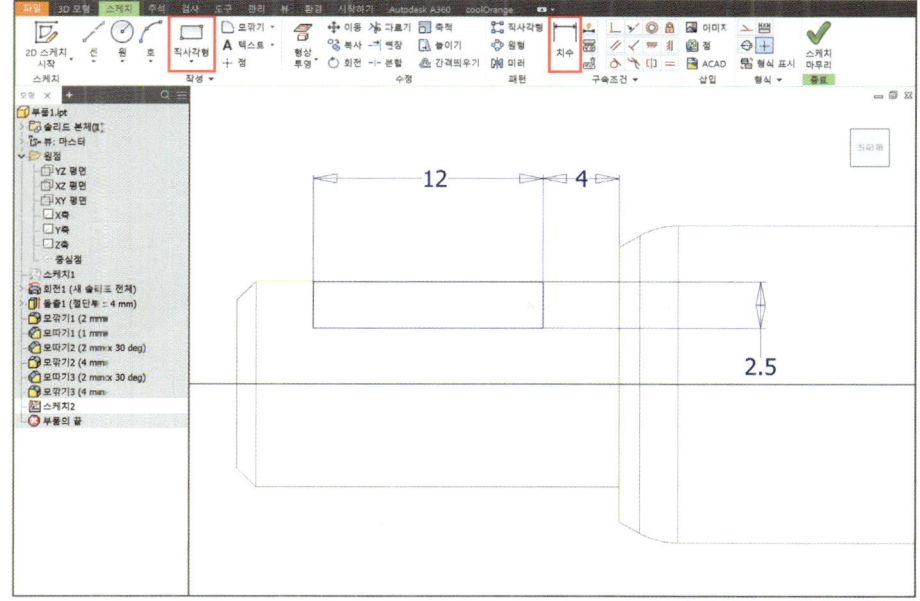

15 ▢ 돌출 선택(단축키:E)
   ❶ 돌출할 프로파일 선택
   ❷ 차집합 선택
   ❸ 거리 : 4
   ❹ 대칭 선택
   ❺ 확인

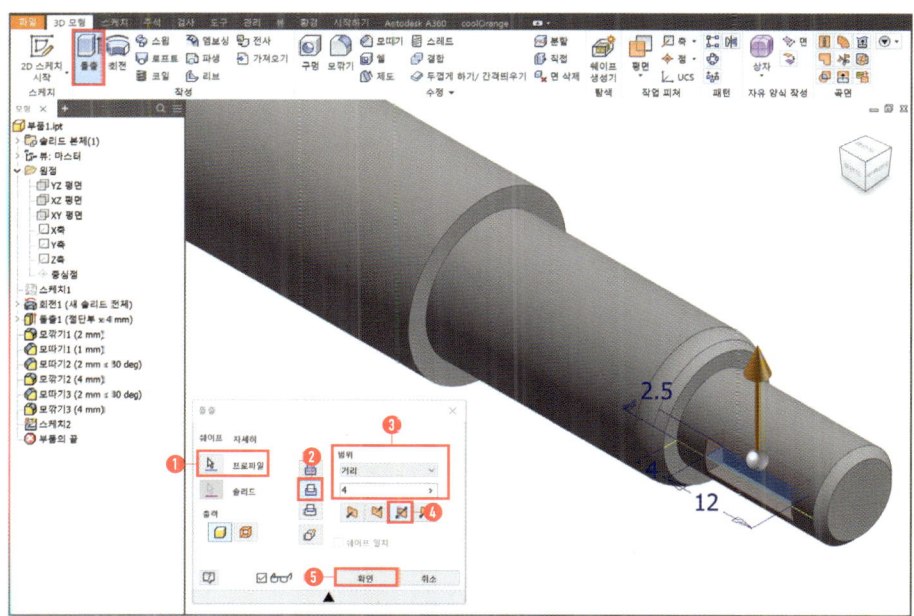

16 모깎기 선택

❶ 모서리 선택
❷ 반지름 : 2
❸ 확인

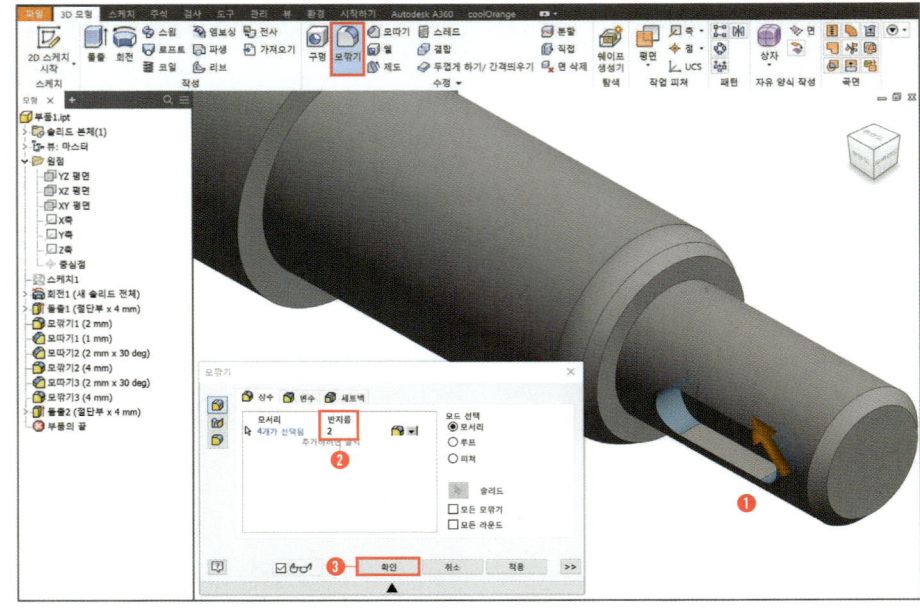

17 XY 평면에 새 스케치

❶ 선 선택
❷ 삼각형 스케치
❸ 가로 중심선을 선택
❹ 형식 : 중심선 선택
❺ 치수 선택
❻ 지름 : 3 / 각도 : 45
❼ 나머지 치수 기입

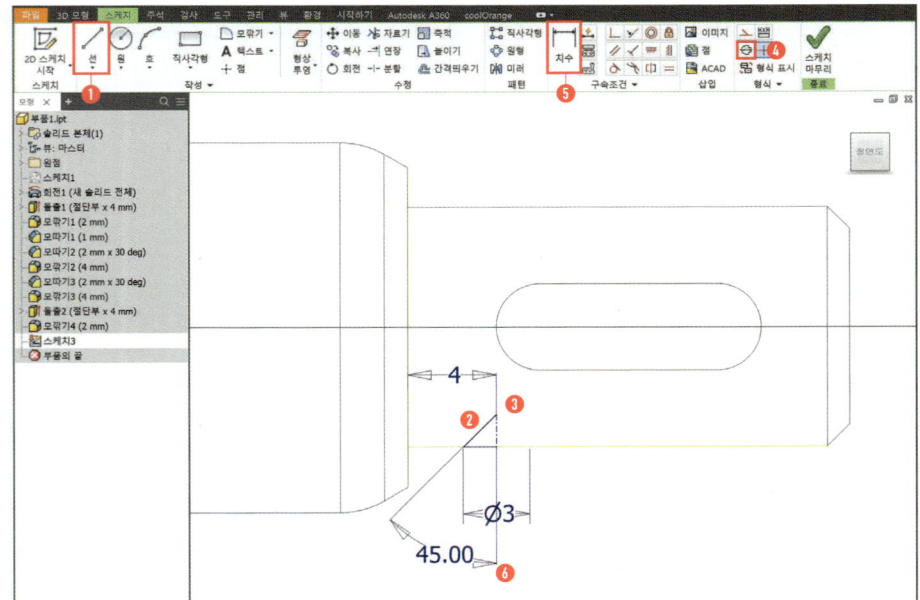

18 회전 선택(단축키:R)
   ① 회전할 프로파일 선택
   ② 회전할 중심축 선택
   ③ 차집합 선택
   ④ 범위 : 전체
   ⑤ 확인

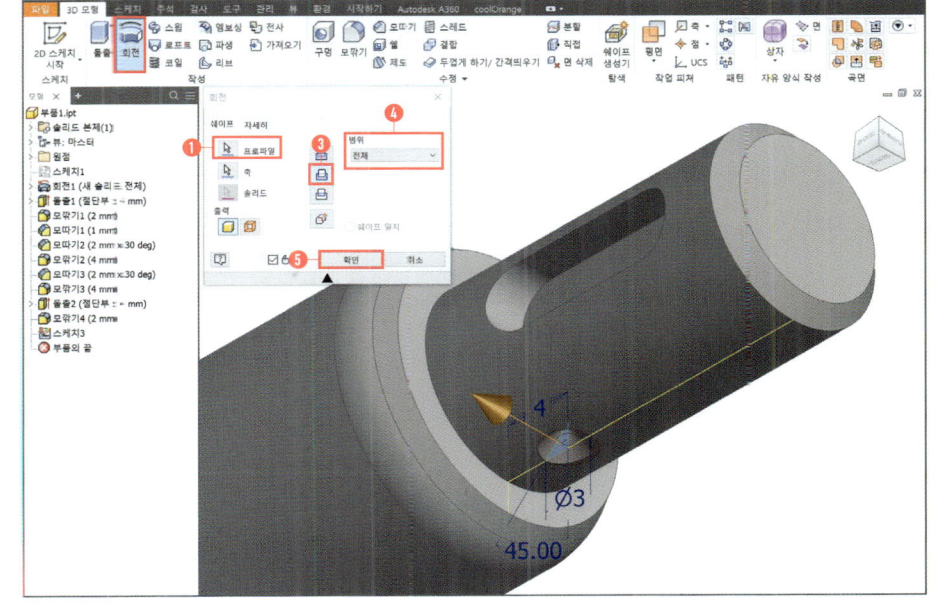

19 도깎기 선택
   ① 2개의 모서리 선택
   ② 반지름 : 0.3
   ③ 확인

T·I·P
베어링이 조립되는 곳은 모깎기를 해야 합니다.
시험에서는 0.3으로 처리를 해주면 됩니다.

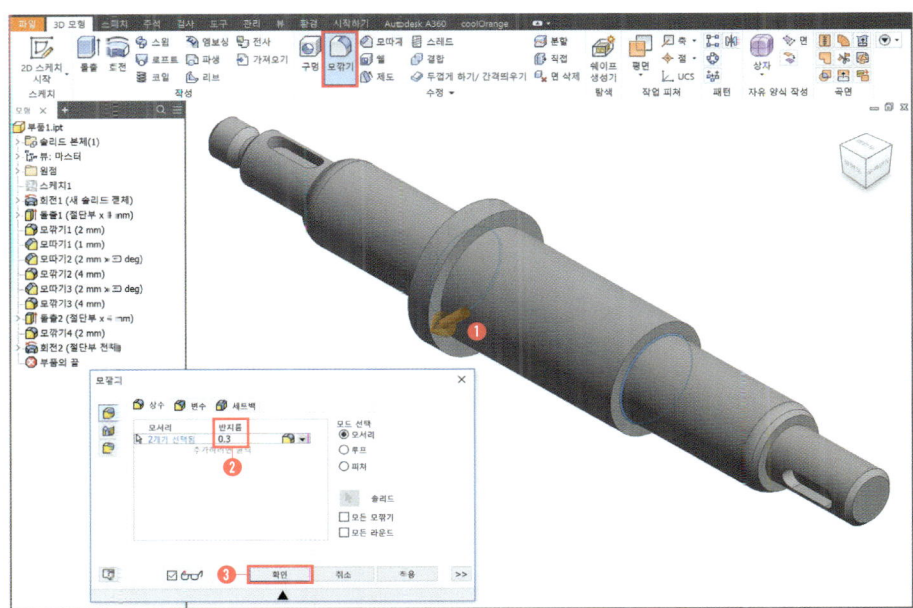

20 스레드 선택

① 면 선택
② 스레드 유형 : ISO Metric profile
③ 지정 : M8x1
④ 확인

T·I·P
시험에서 피치값은 정해진 것이 없기 때문에 스레드가 표현이 잘 보이도록 임의대로 선택해도 무관합니다.

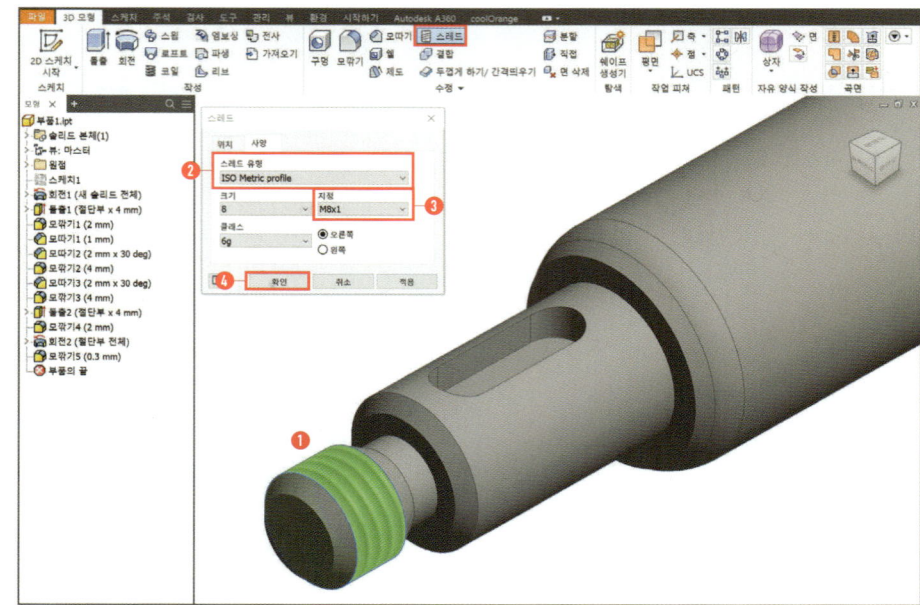

21 축 완성!

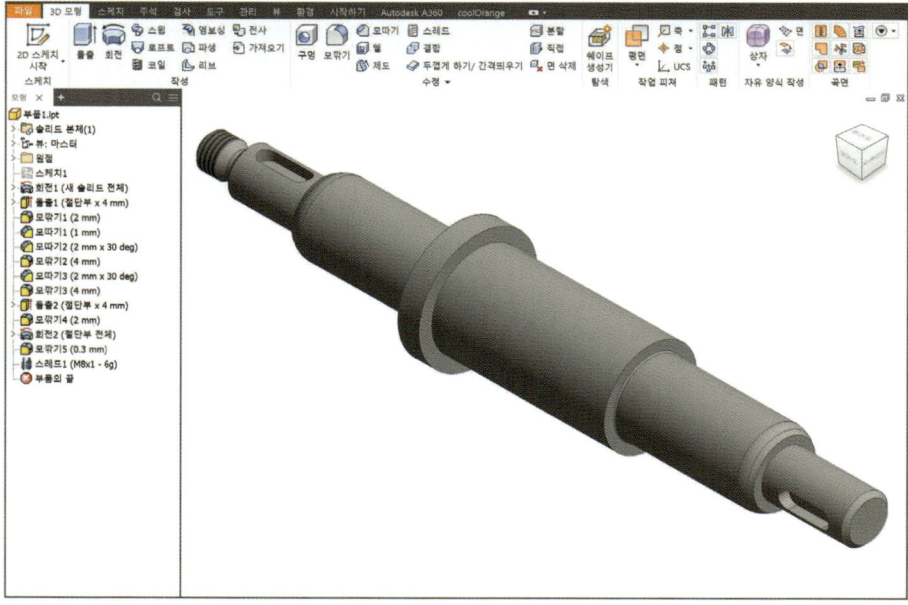

3D 모델링 - 커버

SECTION 07

커버에는 볼트가 체결이 되는 자리파기 규격치수를 적용시켜야 합니다. 그 밖에 KS규격집에서 오일실 규격을 찾아서 오일실 규격치수 또한 적용시켜야 합니다.

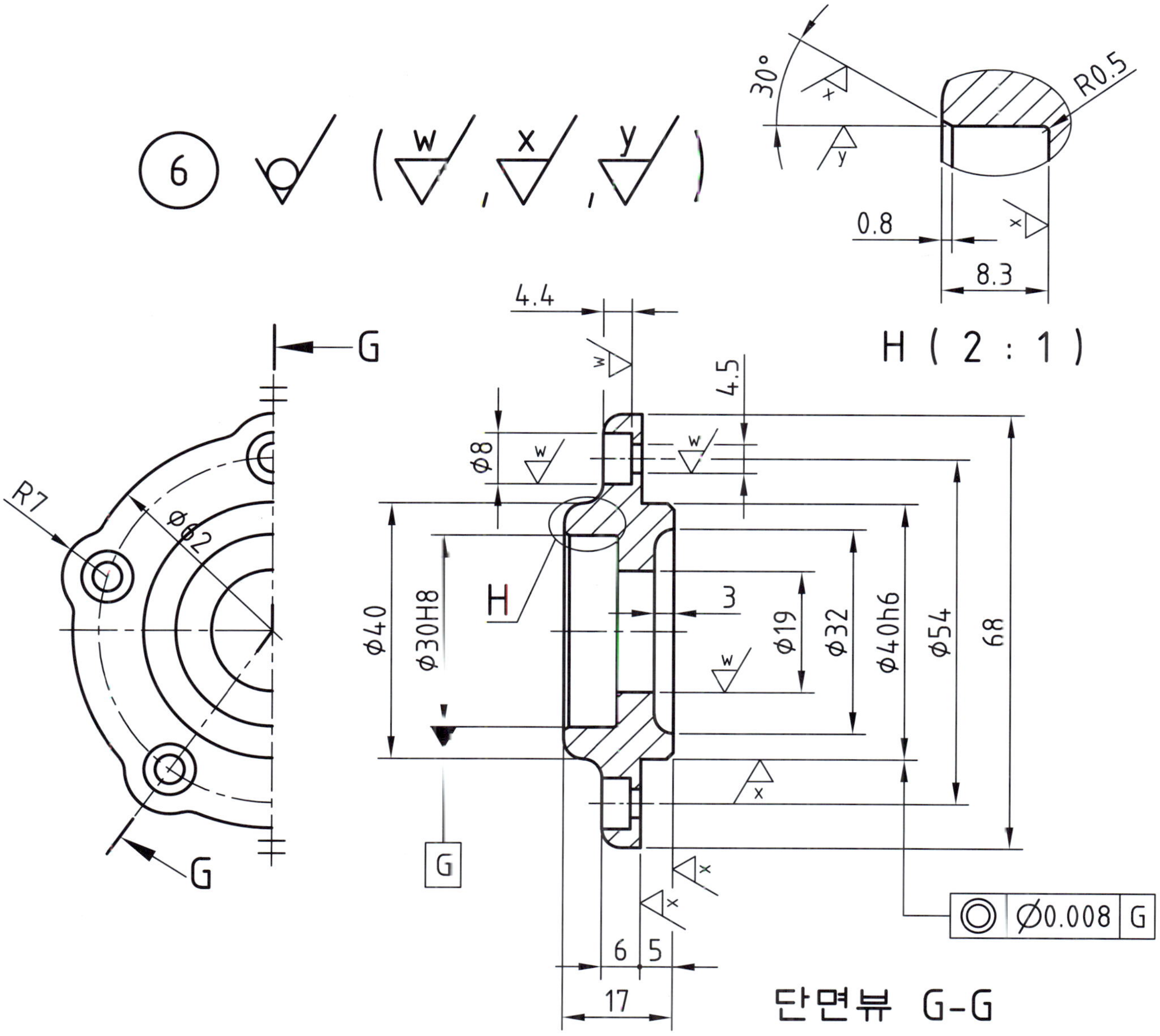

단면뷰 G-G

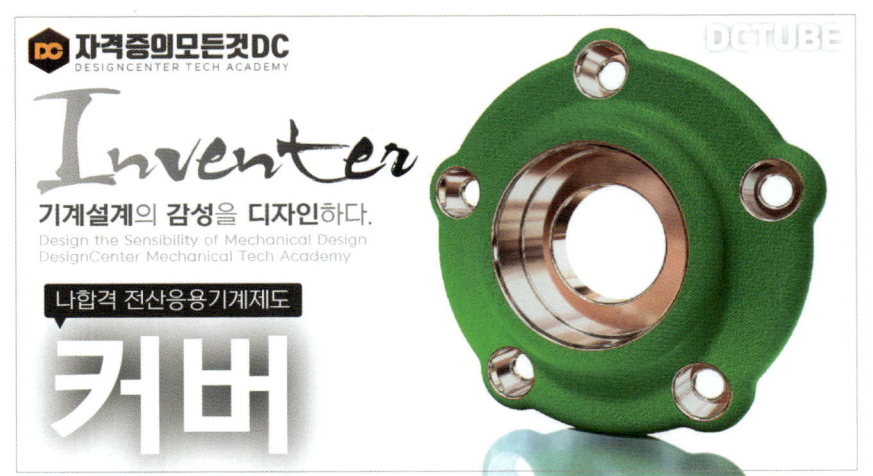

NAVER앱 QR코드 스캔으로 해당 무료강좌를 시청하실 수 있습니다.

01 파일 → 새로만들기 클릭

❶ Templates/Metric/Standard(mm).ipt 클릭

❷ 파일 → 다른 이름으로 저장 → 부품명 작성 → 확인

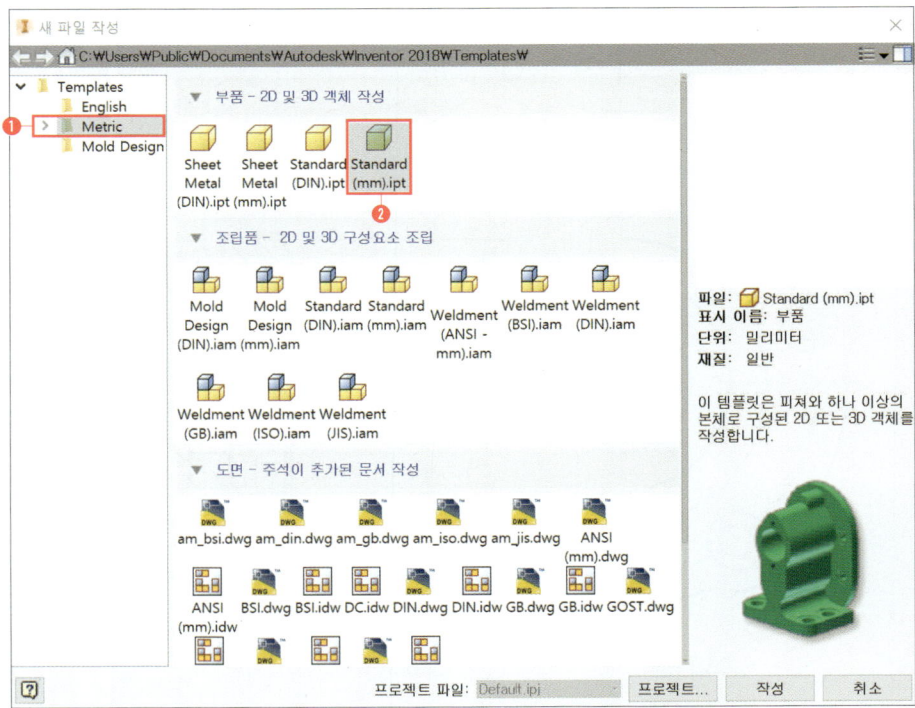

02 XY 평면에 새 스케치

① ▭ 2점 직사각형 선택
② 3개의 사각형 스케치
③ 중심선을 드래그로 선택
④ 형식 : 중심선 선택
⑤ ┤├ 치수 선택
⑥ 전체 치수 62 기입
⑦ 나머지 치수 기입

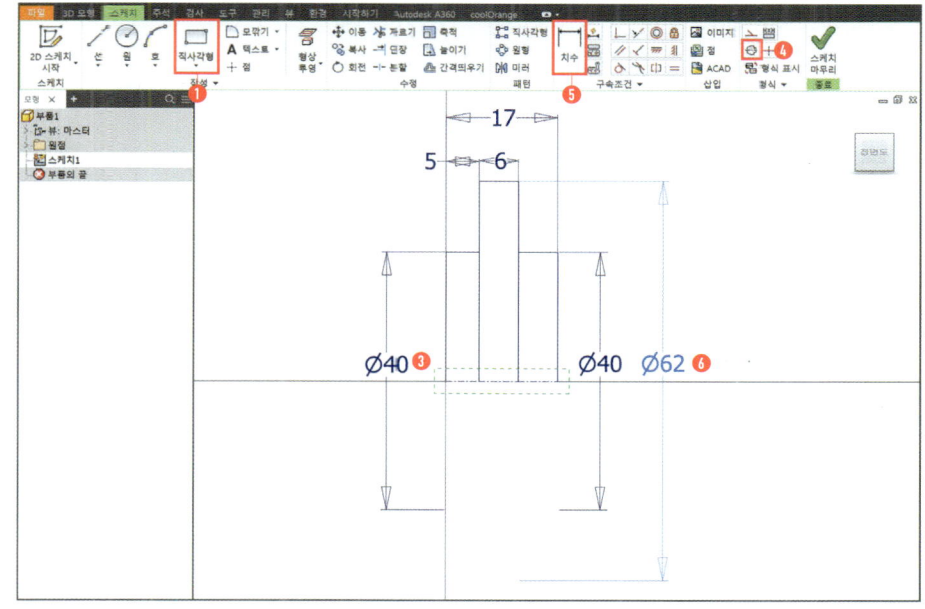

03 회전 선택(단축키:R)

① 회전할 프로파일 선택
② 회전할 중심축 선택
③ 범위 : 전체
④ 확인

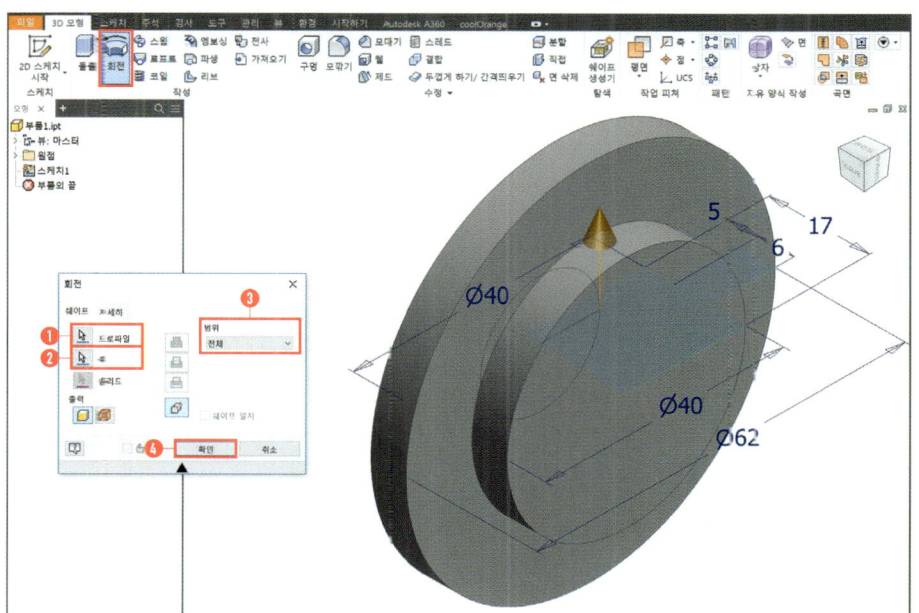

04 📝 스케치 시작 선택 (단축키:S)

❶ 부품 구멍가공면에 스케치 작성
❷ 스케치 마무리 선택
❸ 🔘 구멍 선택(단축키:H)
❹ 투영된 점 선택
❺ 카운터 보어 선택
❻ 종료 : 전체 관통 선택
❼ 단순 구멍 선택
❽ 지름 : 32 / 깊이 : 3 / 지름 : 19
❾ 확인

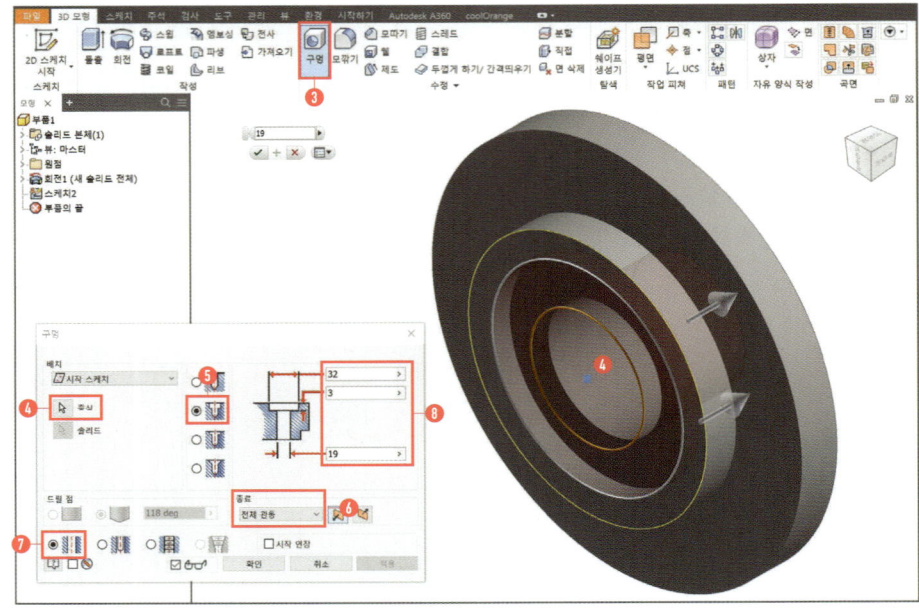

05 📝 스케치 시작 선택 (단축키:S)

❶ 부품 구멍가공면에 스케치 작성
❷ 스케치 마무리 선택
❸ 🔘 구멍 선택(단축키:H)
❹ 투영된 점 선택
❺ 드릴 선택
❻ 종료 : 거리 선택
❼ 드릴점 : 플랫 선택
❽ 단순 구멍 선택
❾ 지름 : 30 / 깊이 : 8.3
❿ 확인

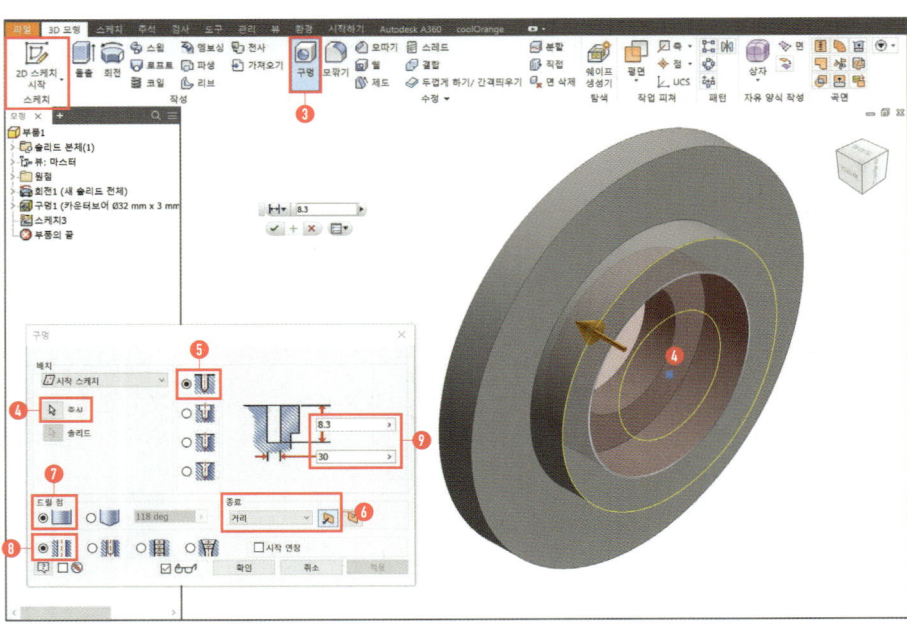

06 모깎기 선택

① 모서리 선택
② 반지름 : 0.5
③ 확인

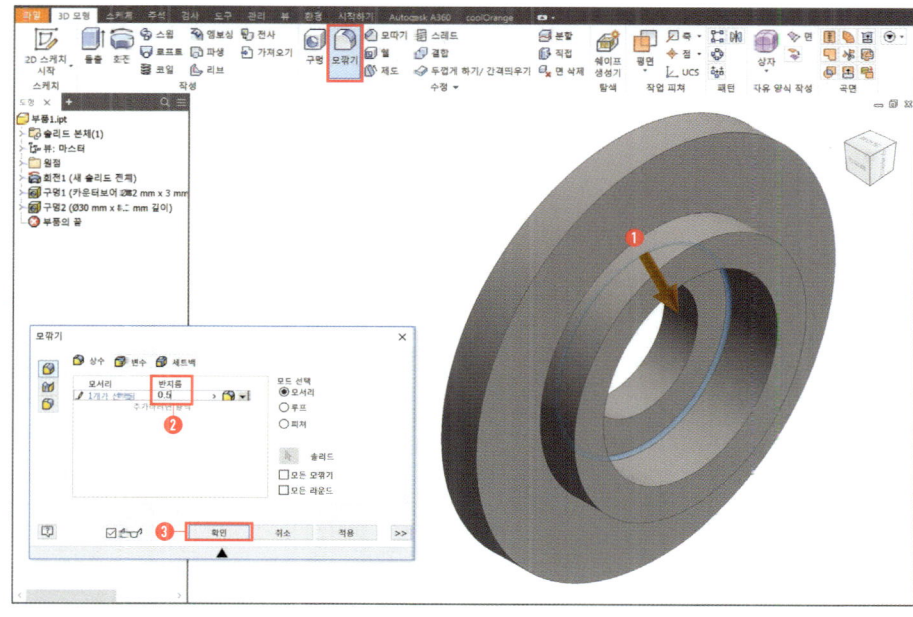

07 모따기 선택

① 거리 및 각도 선택(2번째)
② 면 선택 후 모서리 선택
③ 거리 : 0.8
④ 각도 : 30
⑤ 확인

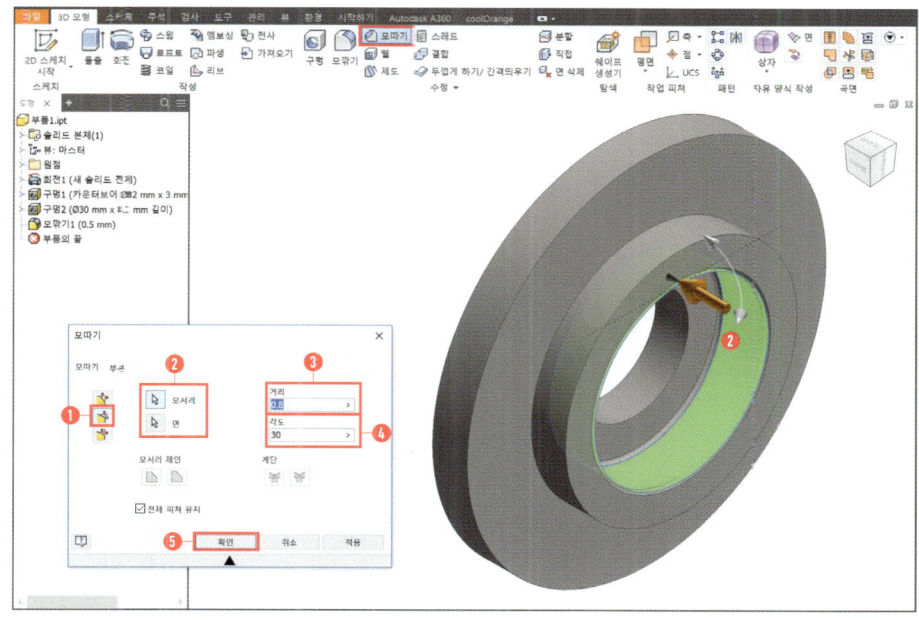

08 커버 앞면에 새 스케치 시작

① 원 선택

② 중심점에서 원 스케치

③ 지름 : 54

④ 원(지름 : 54) 사분점에서 원 스케치

⑤ 지름 : 14

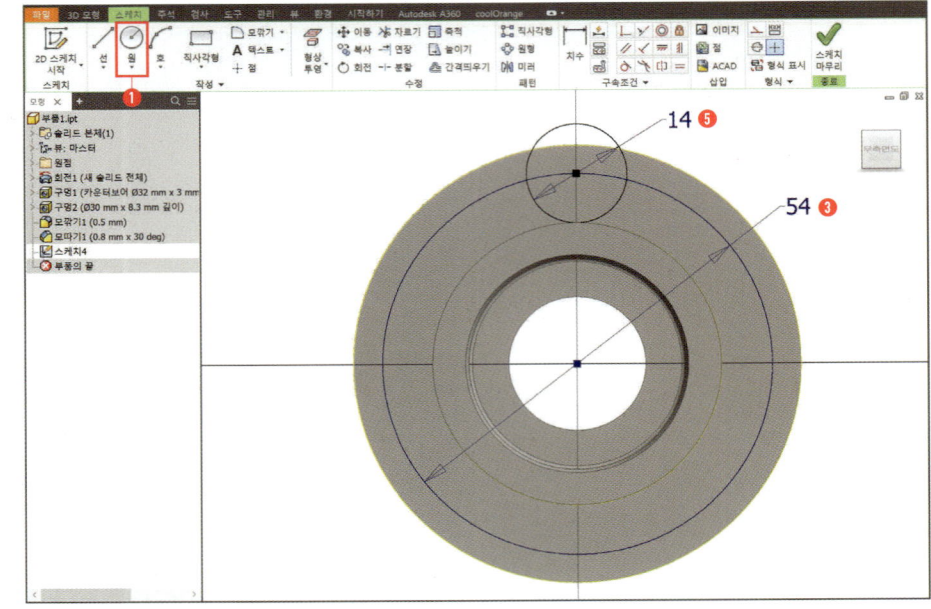

09 돌출 선택(단축키:E)

① 돌출할 프로파일 선택 (지름 : 14 원)

② 접합 선택

③ 거리 : 6

④ 방향2 선택

⑤ 확인

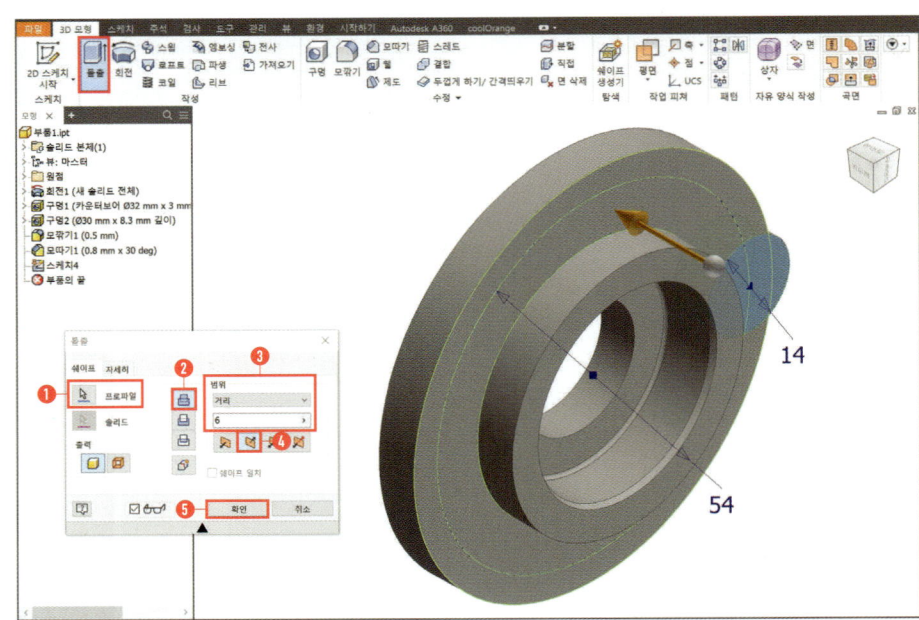

10 모깎기 선택

① 2개의 모서리 선택

② 반지름 : 3

③ 확인

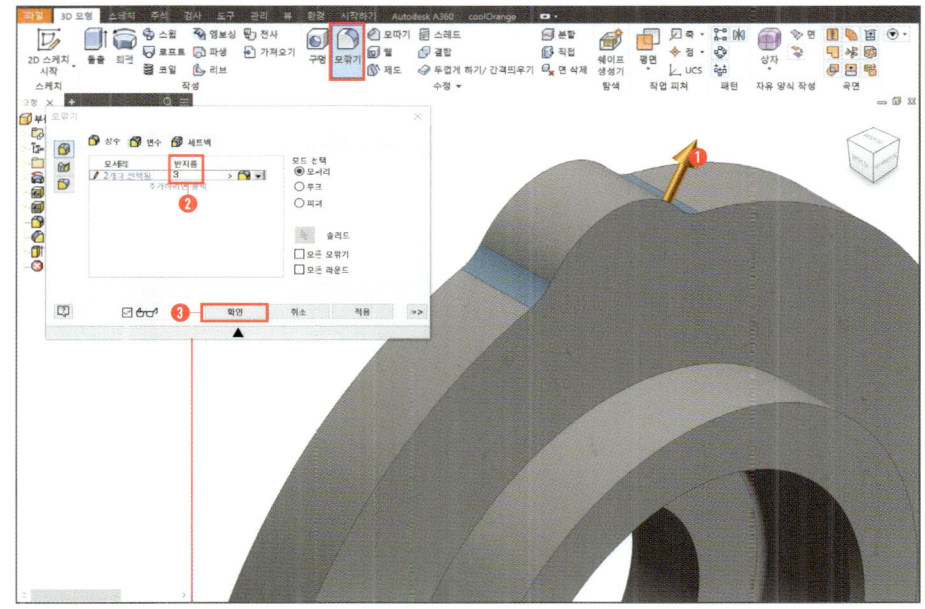

11 원형패턴 선택

① 피쳐 선택(돌출1, 모깎기2)

② 회전축 선택

③ 배치 : 5

④ 각도 : 360

⑤ 확인

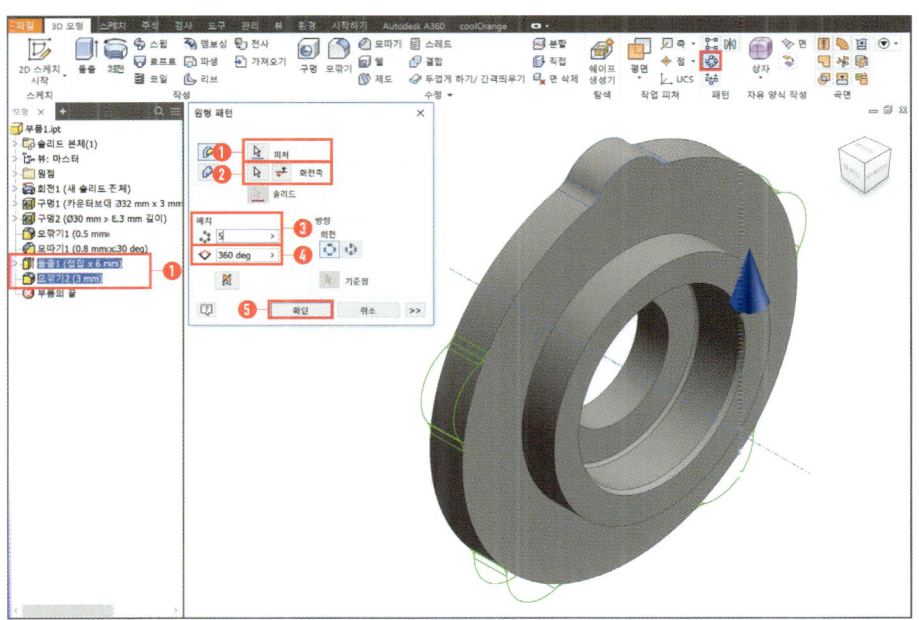

12 모깎기 선택

❶ 3개의 모서리 선택
❷ 반지름 : 3
❸ 확인

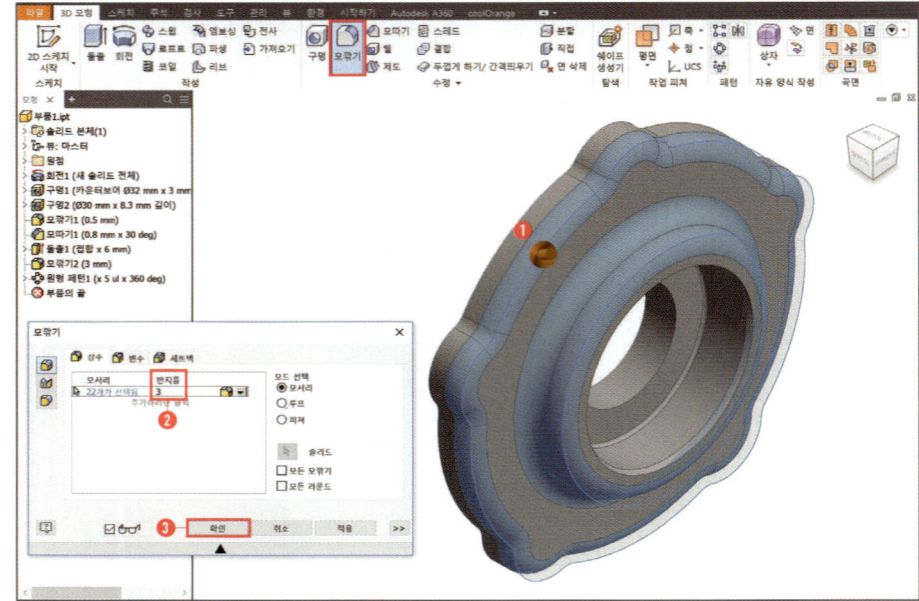

13 모따기 선택

❶ 모서리 선택(조립용 모따기)
❷ 거리 : 1
❸ 확인

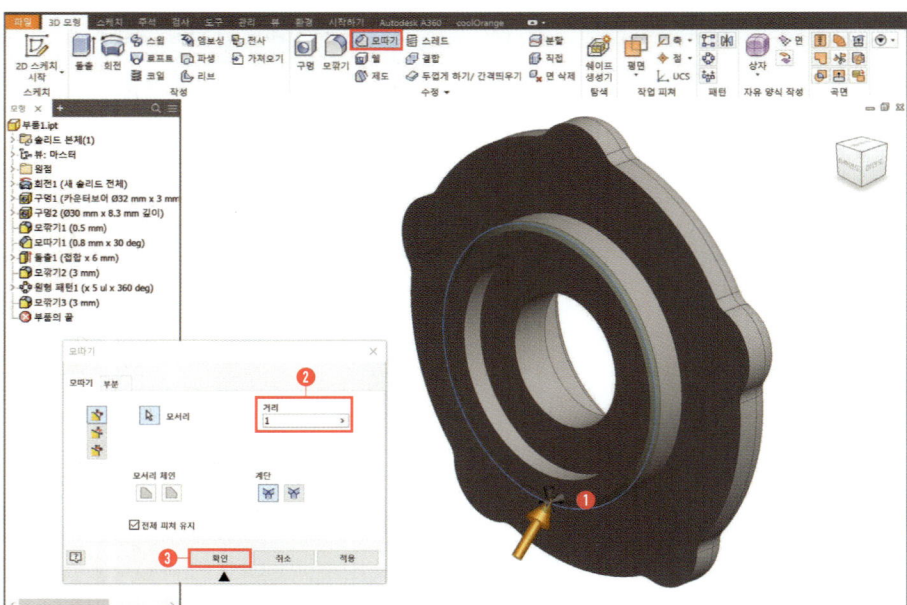

14 📝 스케치 시작 선택 (단축키:S)

❶ 부품 구멍가공면에 스케치 작성
❷ 스케치 마무리 선택
❸ 구멍 선택(단축키:H)
❹ 투영된 5개점 선택
❺ 카운터 보어 선택
❻ 종료 : 전체 관통 선택
❼ 단순 구멍 선택
❽ 지름 : 8 / 깊이 : 4.4 / 지름 : 4.5
❾ 확인

호칭		DCB	
나사	드릴(d)	D	DP
M3	3.4	6.5	3.3
M4	4.5	8	4.4
M5	5.5	9.5	5.4

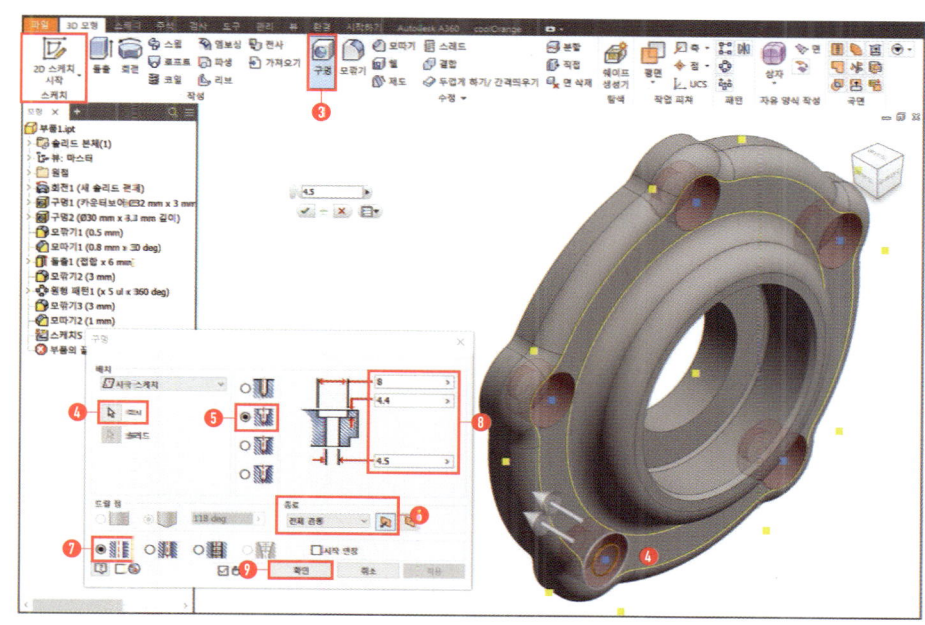

T·I·P
시험에서 자리파기 규격은 M3~M5 3개만 숙지하면 됩니다.

15 커버 완성!

T·I·P

오일실 규격치수 적용법

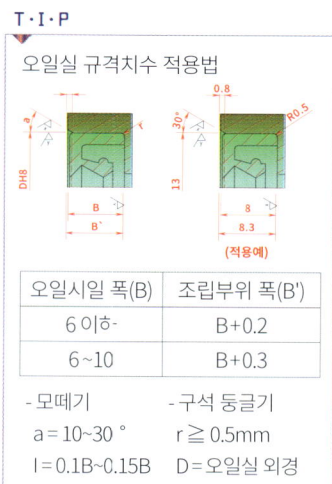

오일시일 폭(B)	조립부위 폭(B')
6 이하	B+0.2
6~10	B+0.3

- 모떼기
  a = 10~30°
  l = 0.1B~0.15B
- 구석 둥글기
  r ≧ 0.5mm
  D = 오일실 외경

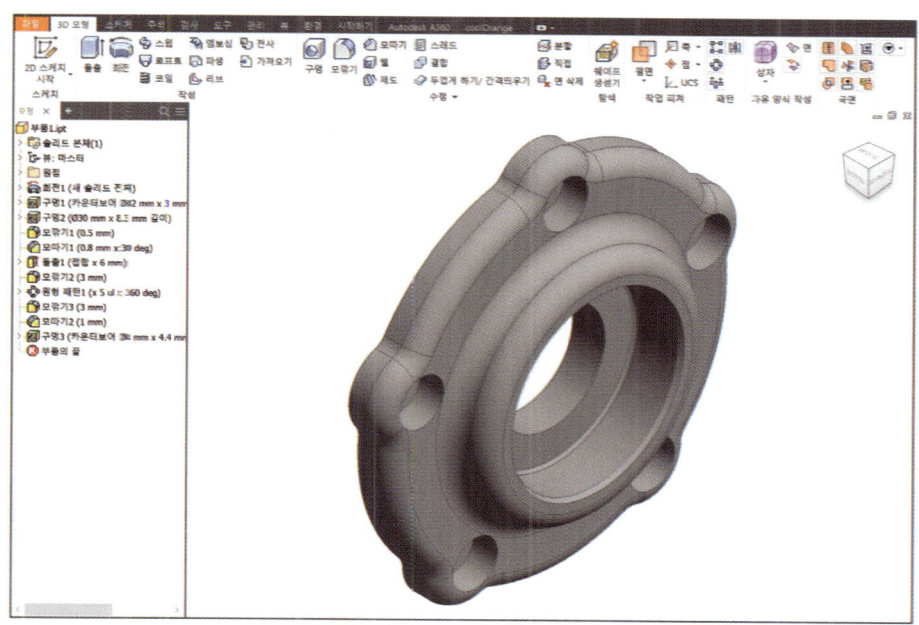

3D 모델링
- 스퍼기어

SECTION 08

유의사항 ▶▶▶

설계가속기는 인벤터를 설치하면 사용할 수 있는 인벤터의 기본 기능입니다. 그러나 시험장마다 버전의 차이나 시험장의 환경에 따라서 사용을 못하는 경우가 있기 때문에 일반적인 방법으로 스케치를 해서 모델링하는 방법을 추천합니다. 하지만 설계가속기 사용방법은 실무에서 많이 사용하는 기능이기 때문에 알아두면 좋습니다.

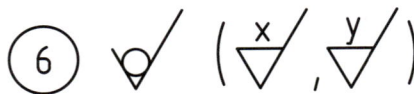

주)기어치부 열처리 HRC50±2

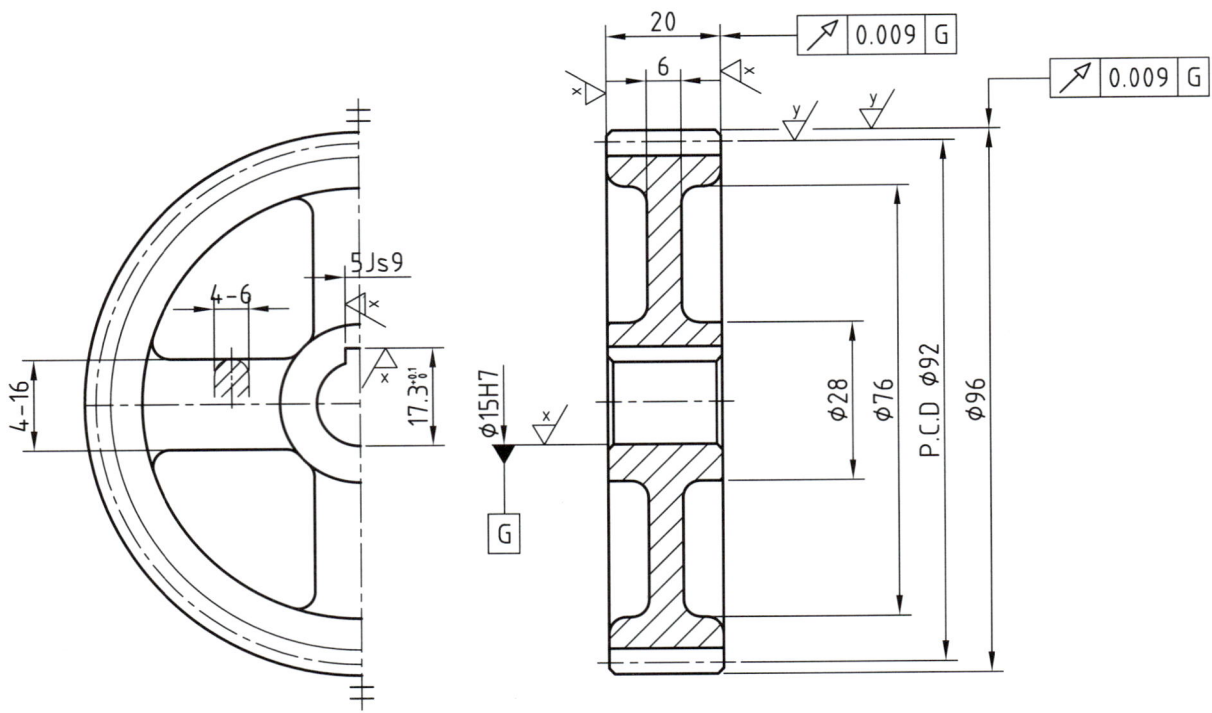

NAVER앱 QR코드 스캔으로 해당 무료강좌를 시청하실 수 있습니다.

01 파일 → 새로만들기 클릭
  ❶ Templates/Metric/Standard(mm).ipt 클릭
  ❷ 파일 → 다른 이름으로 저장 → 부품명 작성 → 확인

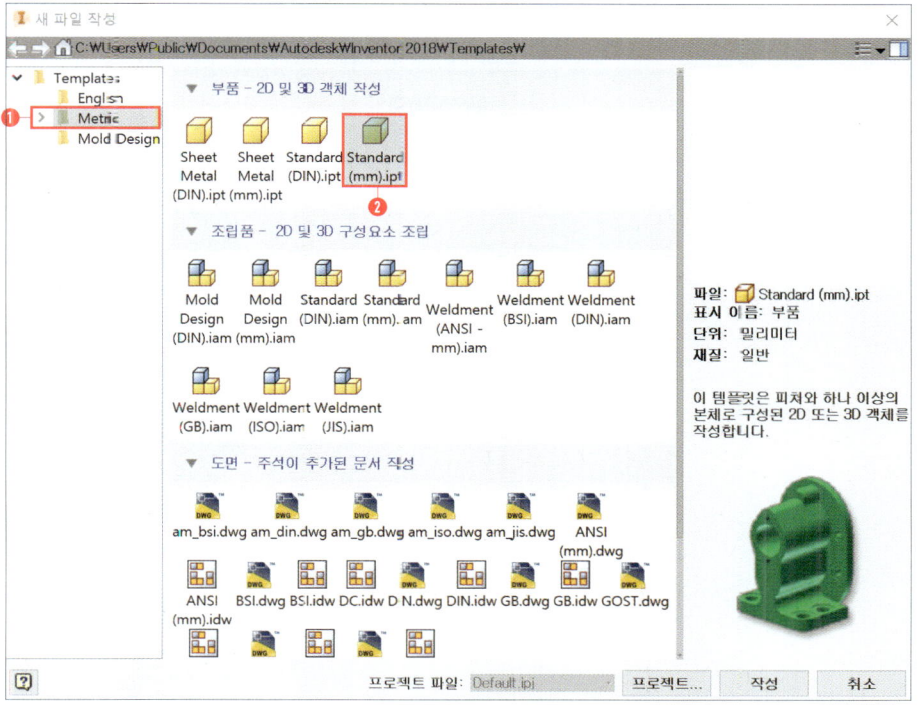

02 XY 평면에 새 스케치
① 원 선택
② 중심점에서 원 스케치
③ 지름 : 87 [96(전체지름)-4.5(이 높이)*2]
④ 치수기입

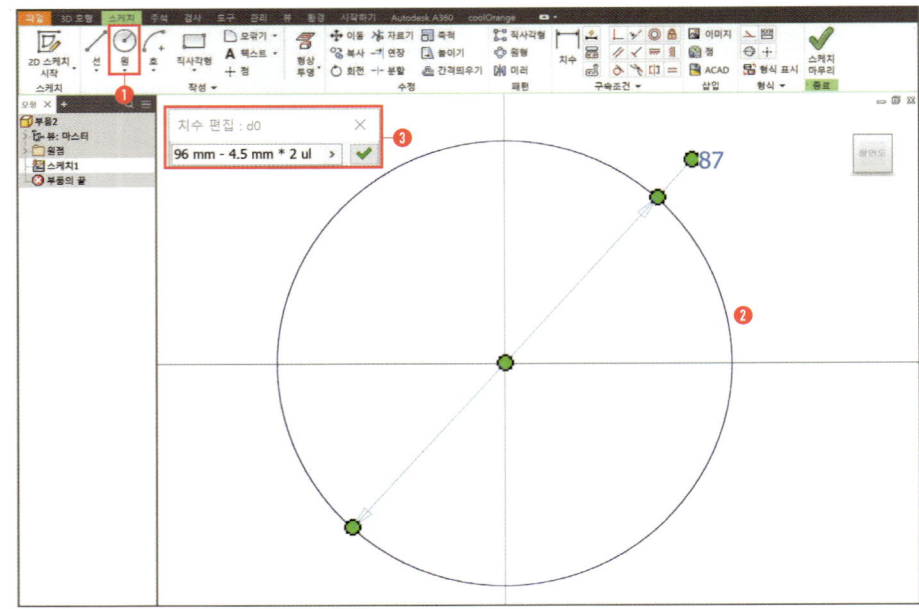

03 돌출 선택(단축키:E)
① 돌출할 프로파일 선택
② 거리 : 20
③ 대칭 선택
④ 확인

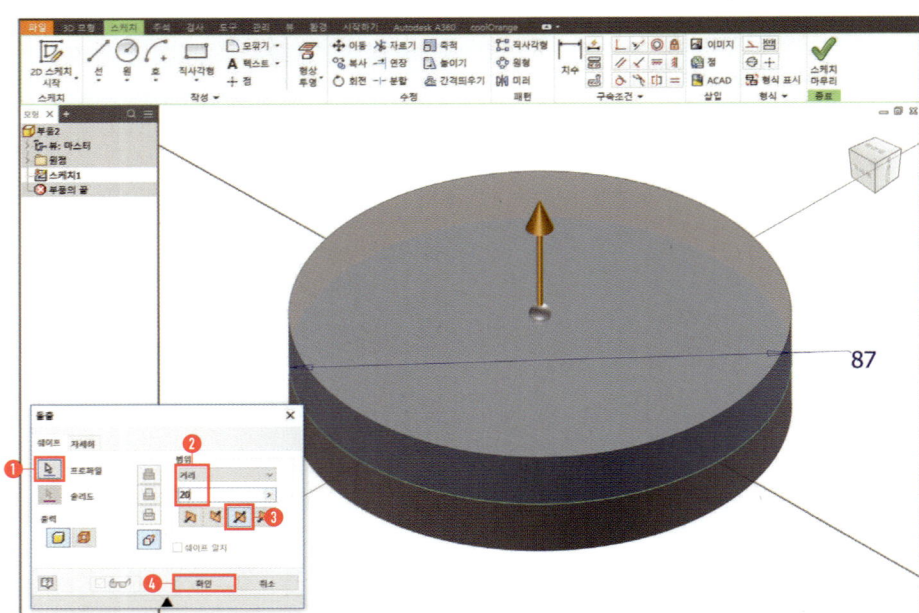

04 선 선택

1. 투영된 사각형의 중간점에서 가로/세로선 스케치
2. 가로/세로 선 선택
3. 형식 : 중심선 선택
4. 2점 직사각형 선택
5. 사각형 스케치 후 치수기입
6. 지름 : 28 / 지름 : 76

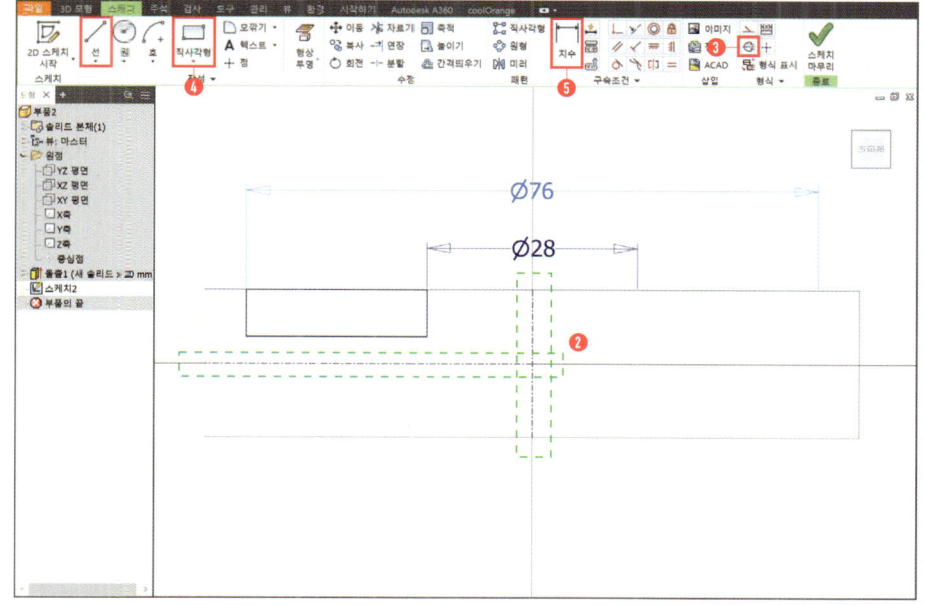

05 미러 선택

1. 대칭 복사할 객체 선택
2. 세로 중심선을 기준으로 대칭복사
3. 치수 선택
4. 거리 : 6

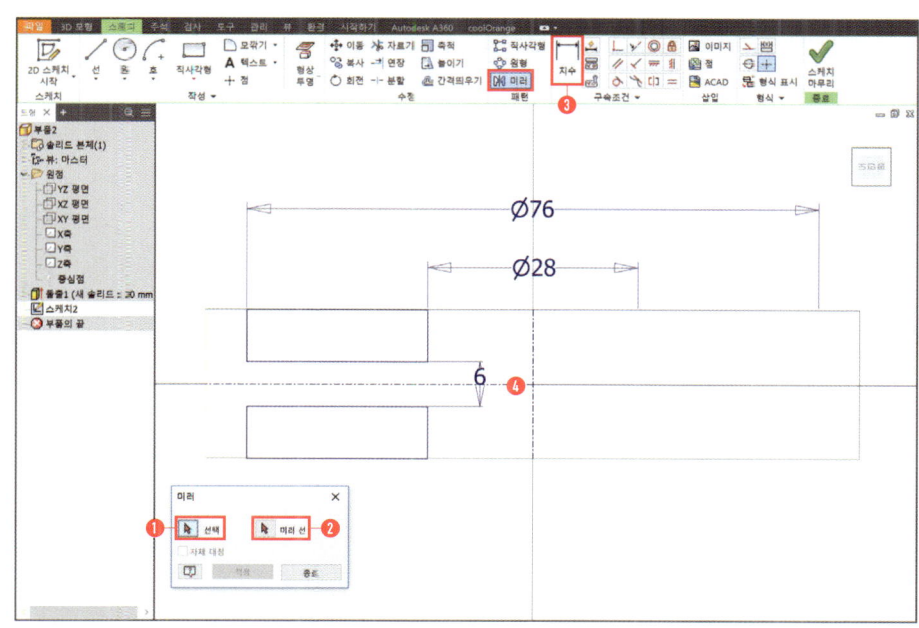

06 회전 선택(단축키:R)
  ① 회전할 프로파일 선택
  ② 회전할 중심축 선택
  ③ 차집합 선택
  ④ 범위 : 전체
  ⑤ 확인

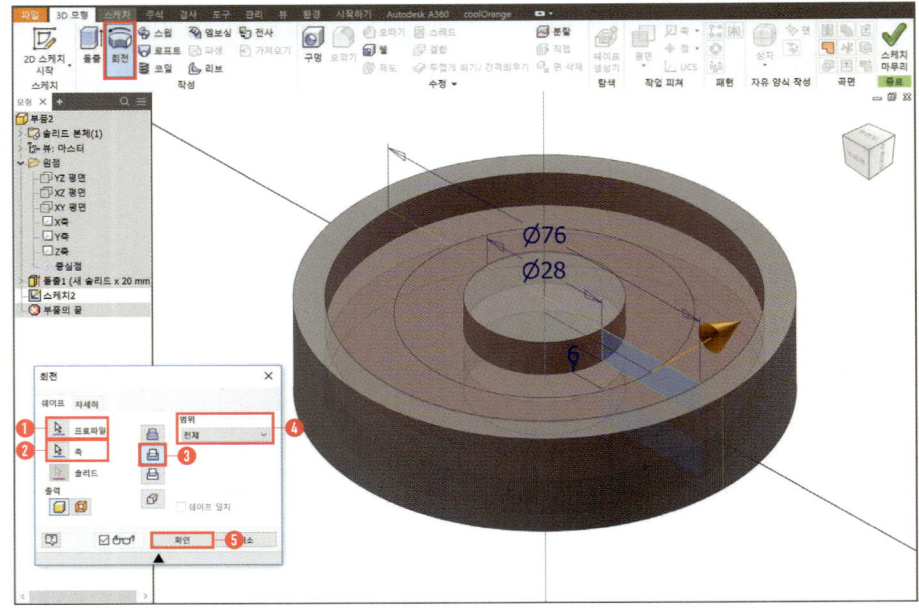

07 스퍼기어 윗면에 새 스케치
  ① 2점 중심 직사각형 선택
  ② 중심점을 기준으로 2개의 사각형 스케치
  ③ 치수 : 16 기입

T·I·P
직사각형은 투영된 원보다 크게 스케치 하면 됩니다.

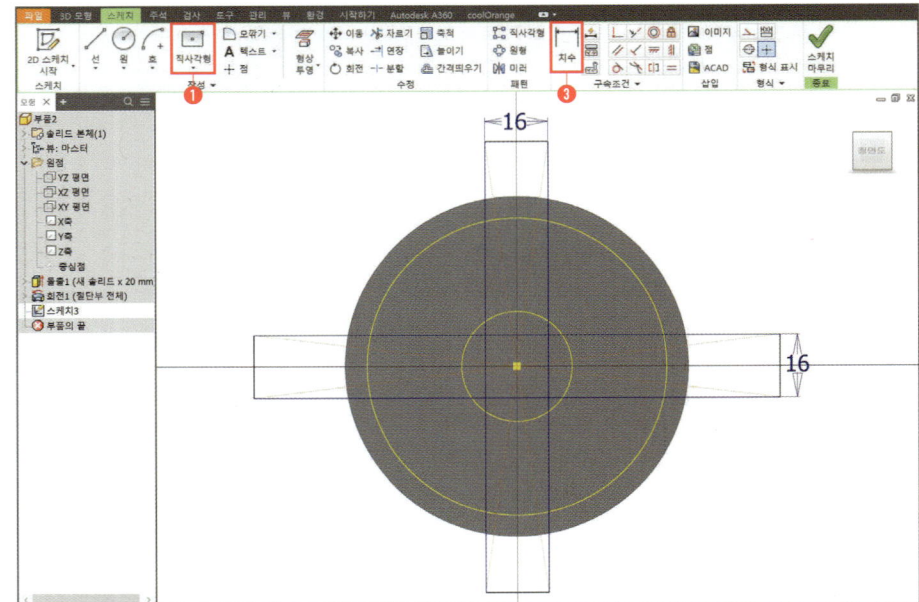

08 ┼ 분할 선택

❶ 좌측 위쪽 투영된 2개의 원과 직사각형의 교차점 분할

❷ 4개의 교차점 클릭

T·I·P
4개의 교차점을 분할해 주는 이유는 교차점을 전부 다 분할해주어야 돌출 시 프로파일이 선택됩니다.

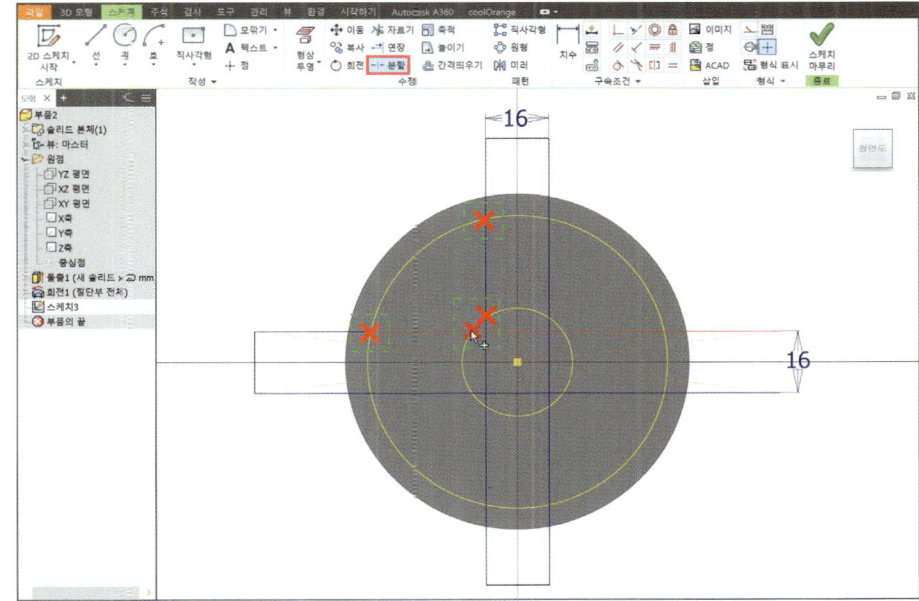

09 돌출 선택(단축키:E)

❶ 돌출할 프로파일 선택
❷ 차집합 선택
❸ 범위 : 전체
❹ 방향2 선택
❺ 확인

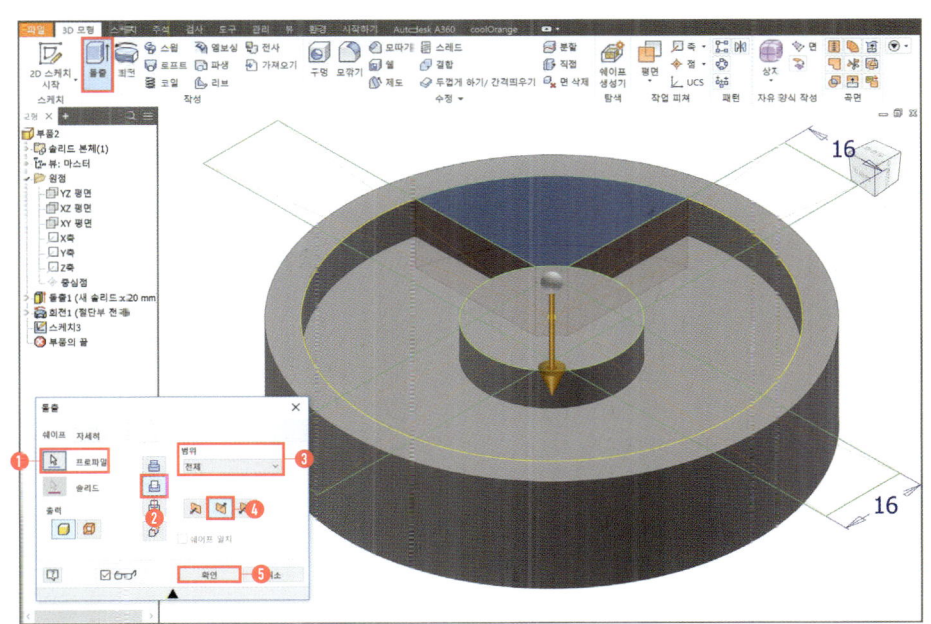

10 원형패턴 선택

① 피쳐 선택(돌출2)
② 회전축 선택
③ 배치 : 4
④ 각도 : 360
⑤ 확인

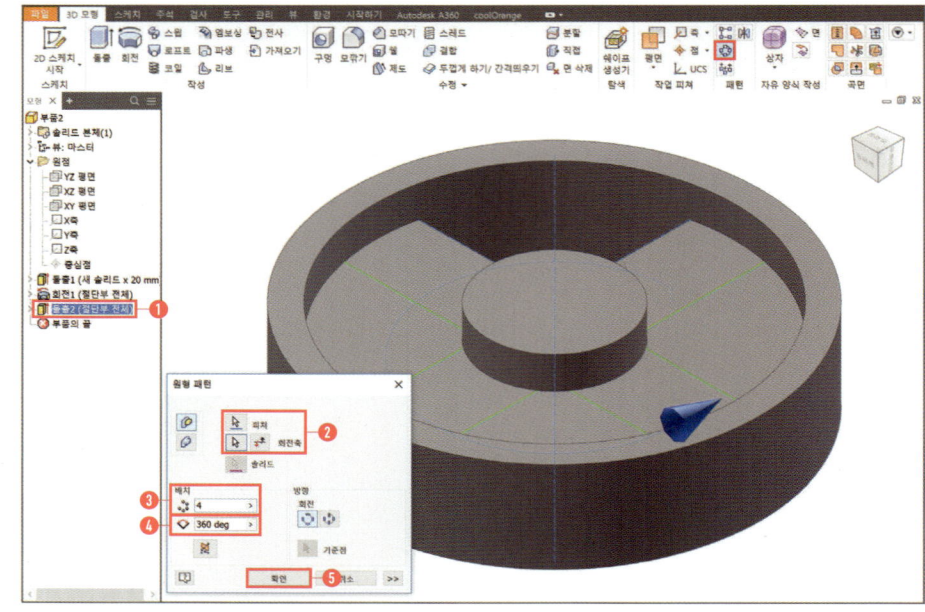

11 스퍼기어 윗면에 새 스케치

① 중심점에서 원 스케치
② 2점 직사각형 스케치
③ 직사각형의 아래쪽 중간점과 원점 중심점 일치구속조건
④ 치수 선택
⑤ 지름 : 15 / 가로 : 5 / 세로 : 17.3

T·I·P

키홈은 KS규격집에 규격치수가 적용되어야 합니다. 키홈의 규격치수를 적용하려면 문제도면의 축 지름값을 자로 측정하여 해당하는 KS규격 키홈 치수를 적용하면 됩니다.

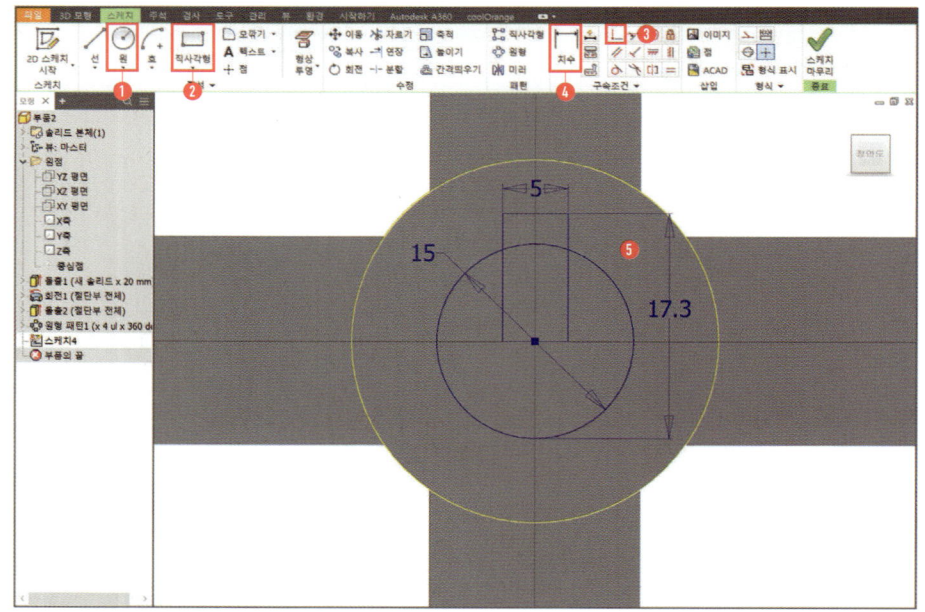

12 돌출 선택(단축키:E)
  ① 돌출할 프로파일 선택
  ② 차집합 선택
  ③ 범위 : 전체
  ④ 방향2 선택
  ⑤ 확인

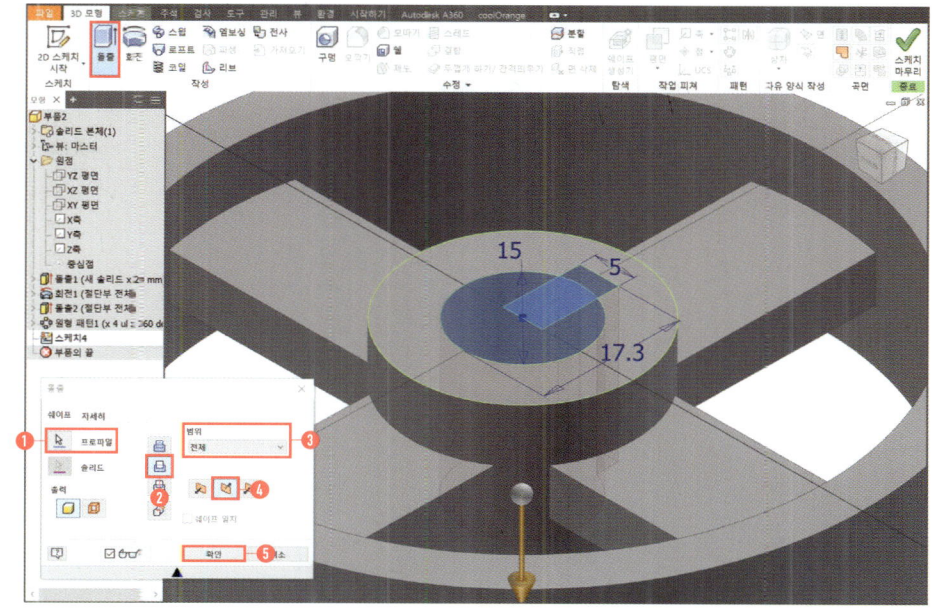

13 모깎기 선택
  ① 4개의 모서리 선택 (리브부분)
  ② 반지름 : 3
  ③ 확인

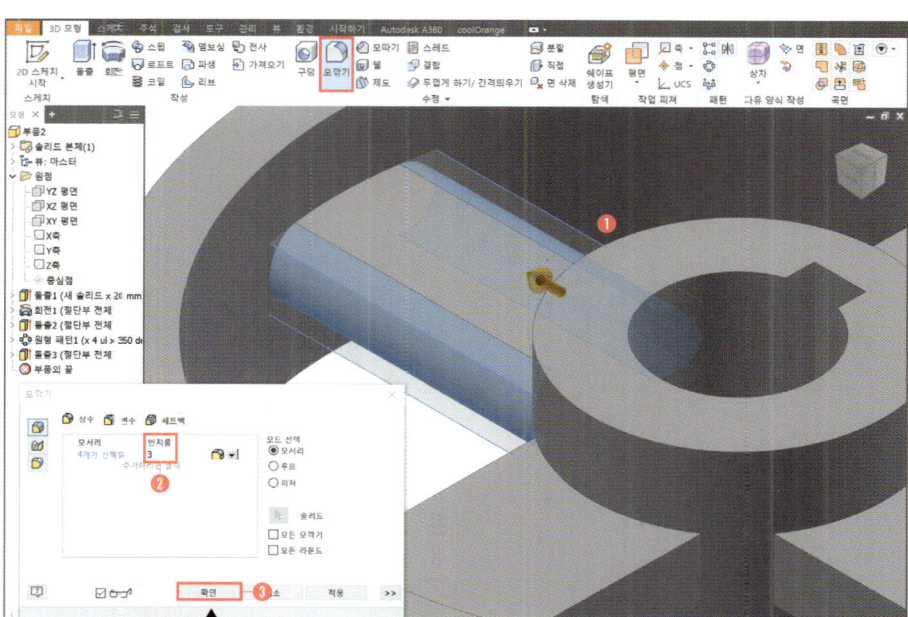

14 모깎기 선택

❶ 2개의 모서리 선택 (리브부분)
❷ 반지름 : 3
❸ 확인

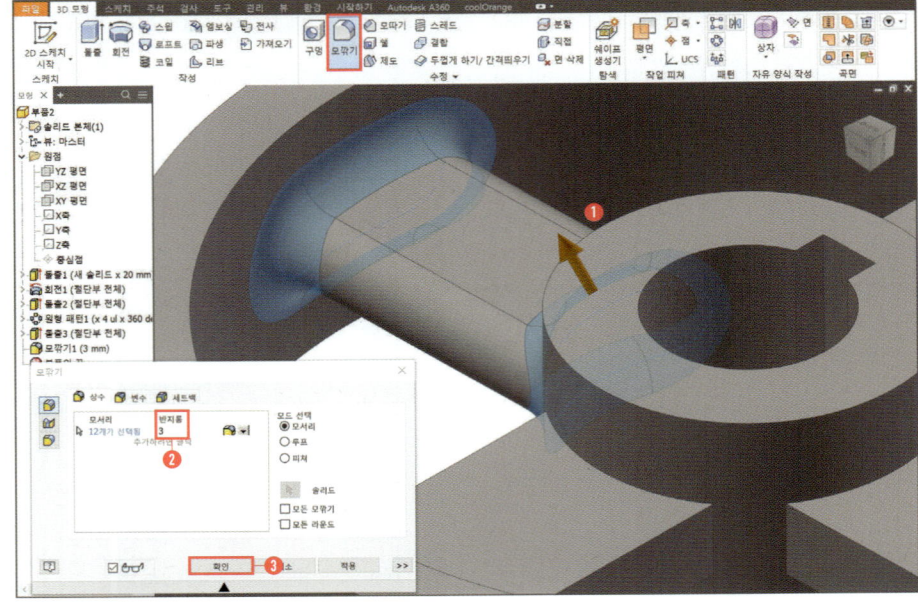

15 원형패턴 선택

❶ 피쳐 선택 (모깎기1, 모깎기2)
❷ 회전축 선택
❸ 배치 : 4
❹ 각도 : 360
❺ 확인

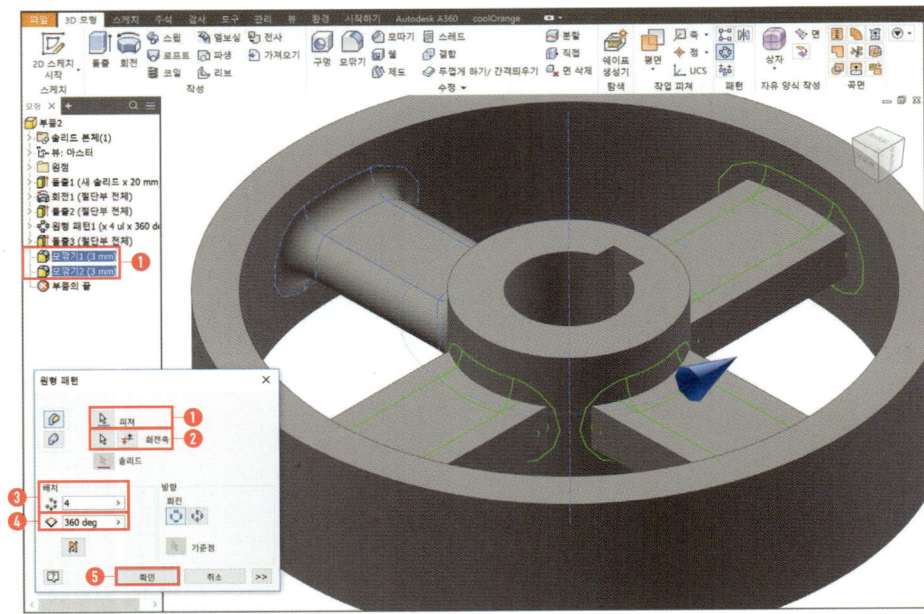

16 모깎기 선택

① 2개의 모서리 선택
② 반지름 : 3
③ 확인

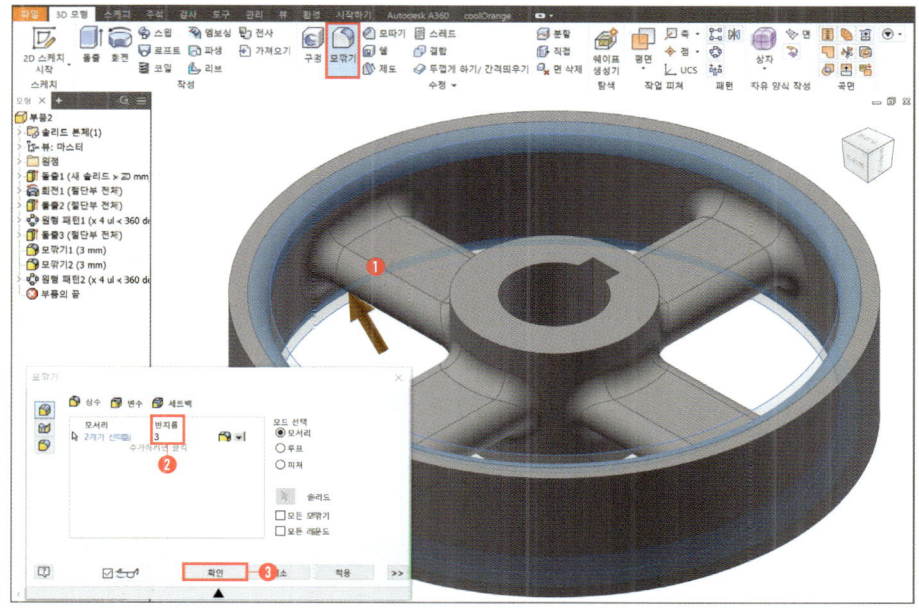

17 모형트리 원점 클릭

① 원점에서 XY 평면 선택
② 마우스 오른쪽 클릭
③ 새 스케치

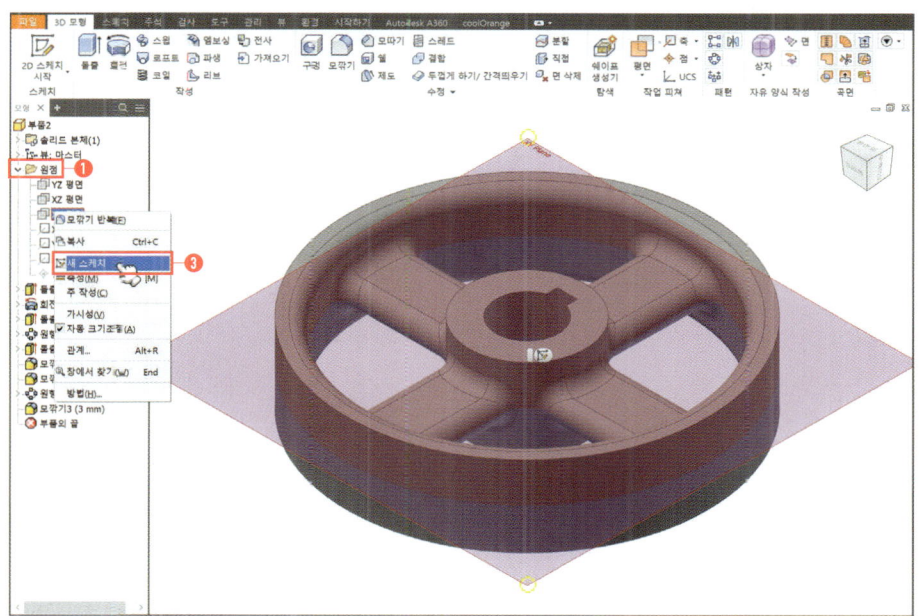

18 원 선택
  ① 지름 : 92
  ② 치수기입

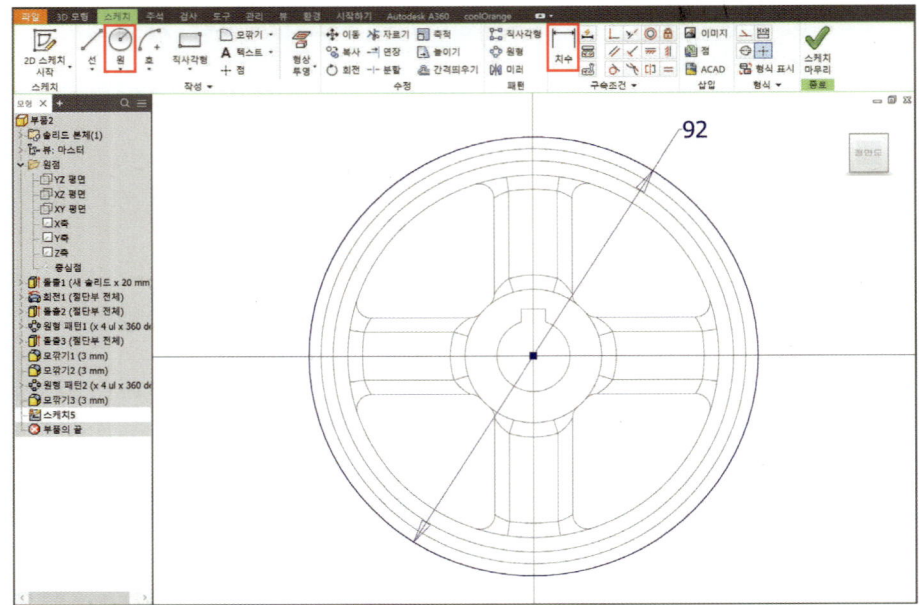

19 간격띄우기 선택
  ① 원 선택 후 3개 간격 띄우기
  ② 원 간격 치수기입
     (2 / 2 / 4.5)

T·I·P
치수 2는 모듈값을 입력하시면 됩니다
4.5치수는 2(모듈) X 2.25입니다.

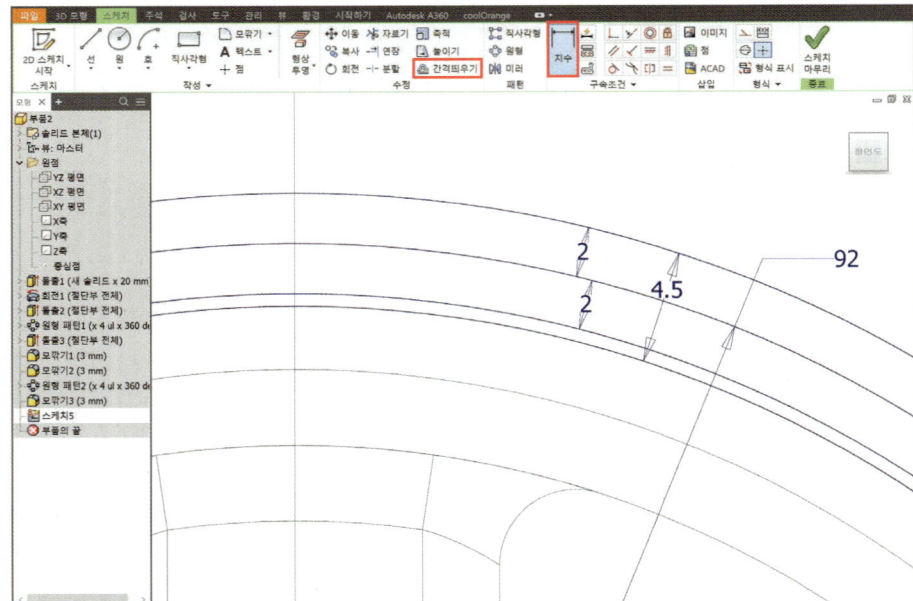

20 ✏ 선 선택
   ❶ 하단 원 간격 2 사이에 스케치

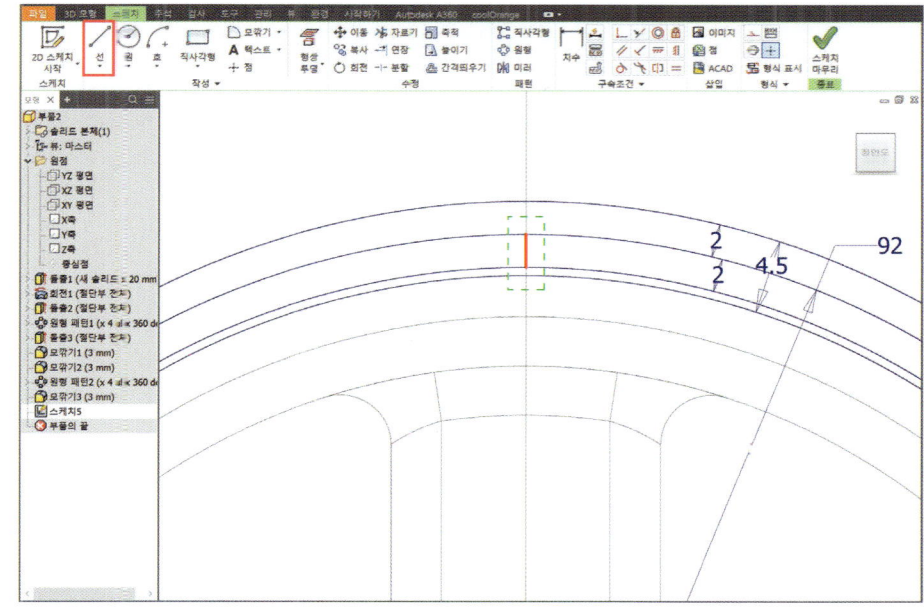

21 🔁 원형패턴 선택
   ❶ 형상 선택(스케치한 선)
   ❷ 축 선택(중심점 선택)
   ❸ 배치 : 92 / 각도 : 360
   ❹ 확인

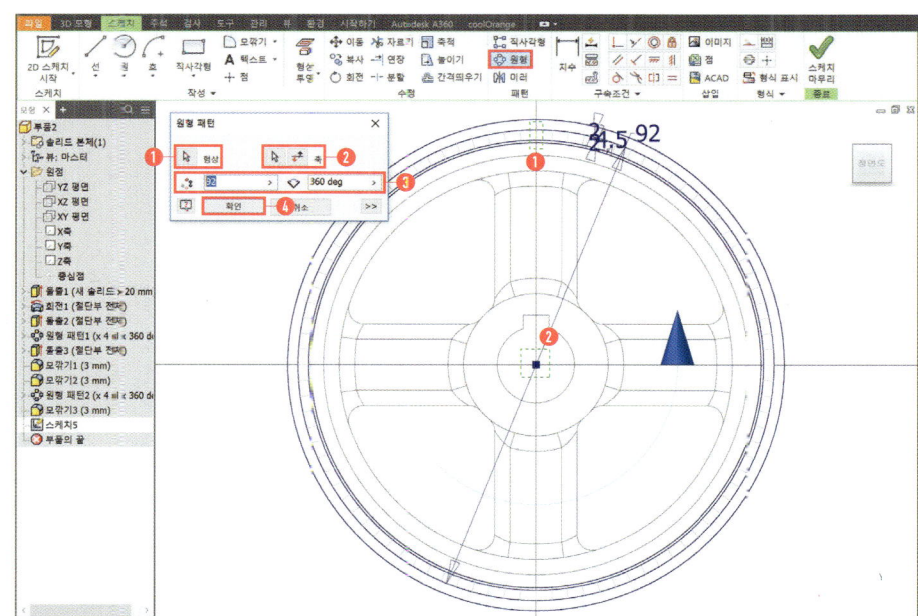

22 원 선택

① 1번 중심점 선택
② 2번 점 선택
③ 3번 중심점 선택
④ 4번 점 선택

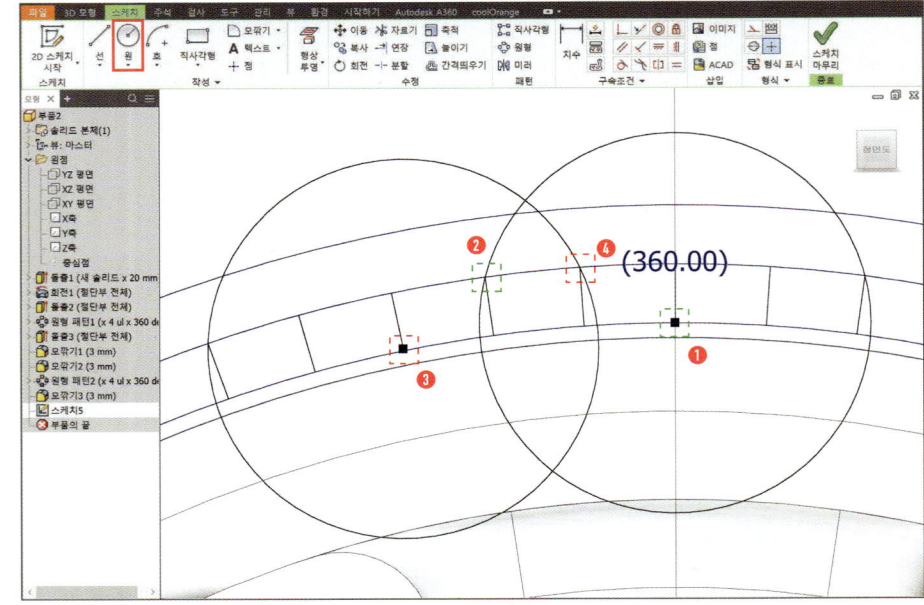

23 자르기 선택

① 불필요한 선 정리

T·I·P
인벤터의 자르기 기능은 오토캐드의 TRIM 기능과 동일하며 선택을 해서 자르기가 가능하며 드래그를 해서 자르기도 가능합니다.

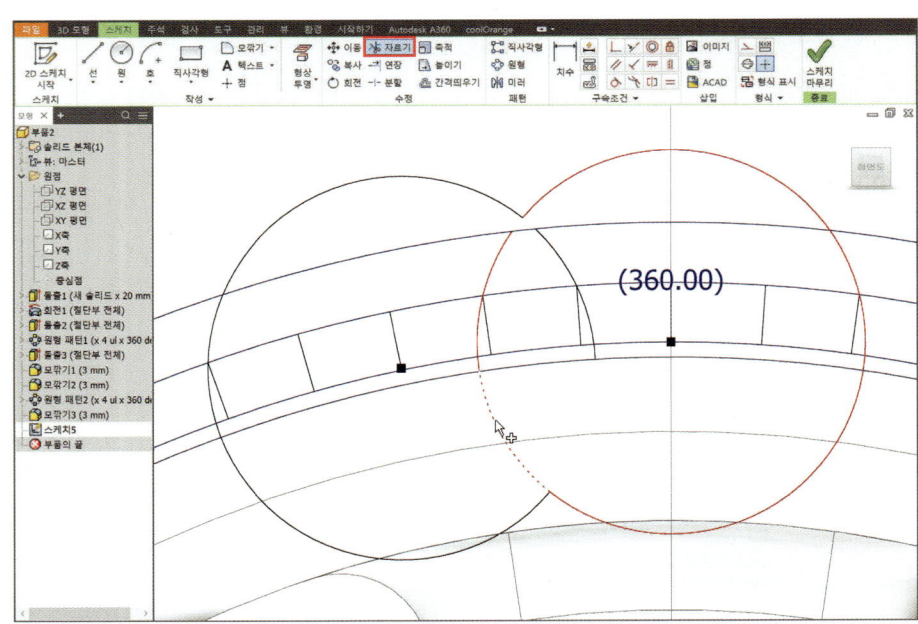

24 2개 호 선택

❶ 삭제

T·I·P

나머지 불필요한 선들을 자르기 기능으로 정리하는 것보다 교차되는 선들만 정리하고 남은 객체는 삭제로 정리하는 편이 더욱 편리합니다.
삭제는 키보드의 Del 키를 누르면 됩니다.

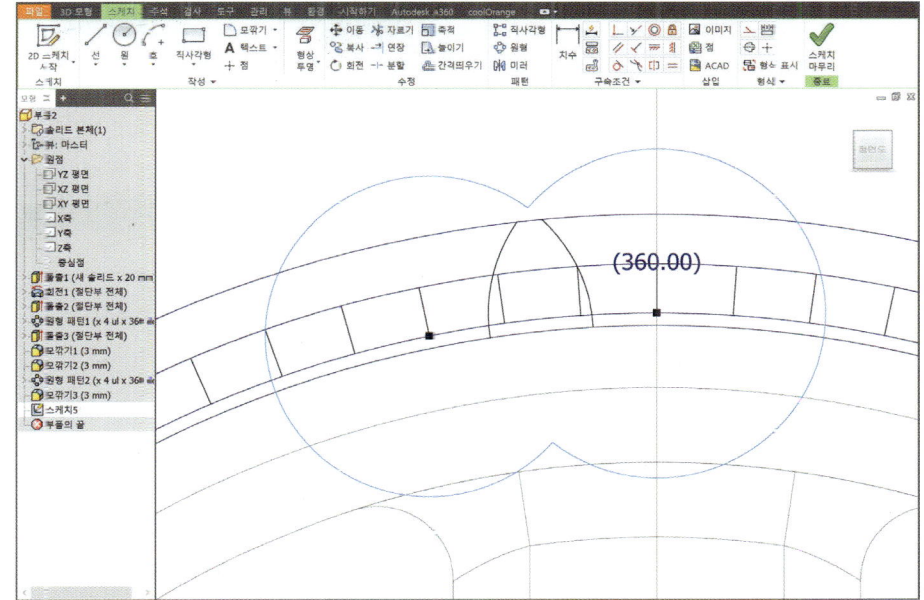

25 돌출 선택(단축키:E)

❶ 돌출할 프로파일 선택
❷ 접합 선택
❸ 거리 : 20
❹ 대칭 선택
❺ 확인

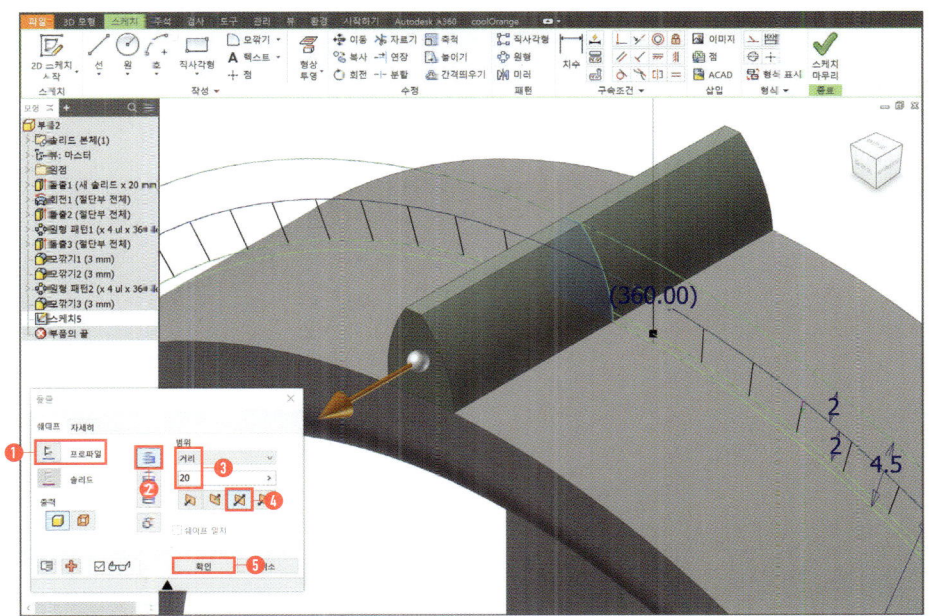

26 모깎기 선택

① 2개의 모서리 선택
② 반지름 : 0.5
③ 확인

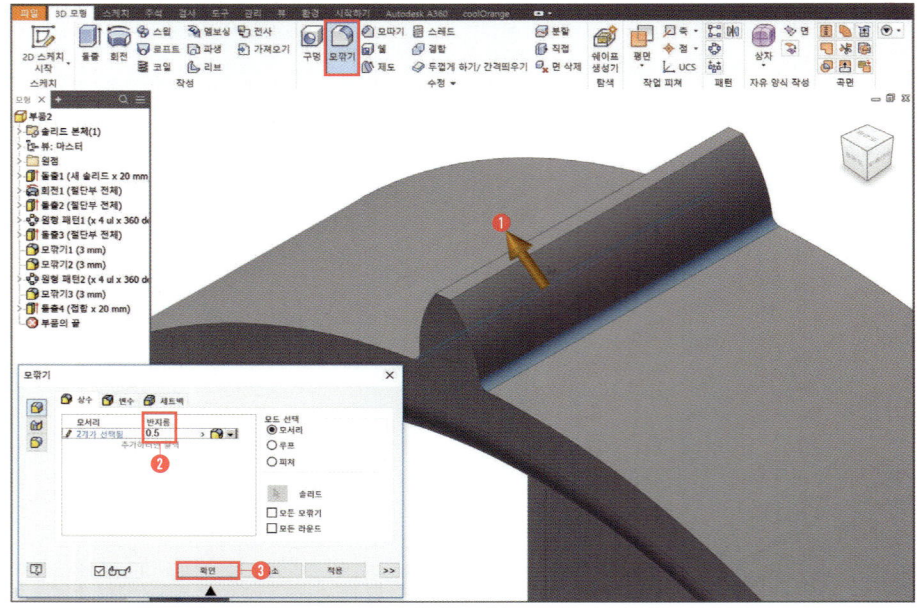

27 모따기 선택

① 모서리 선택(양쪽)
② 거리 : 1
③ 확인

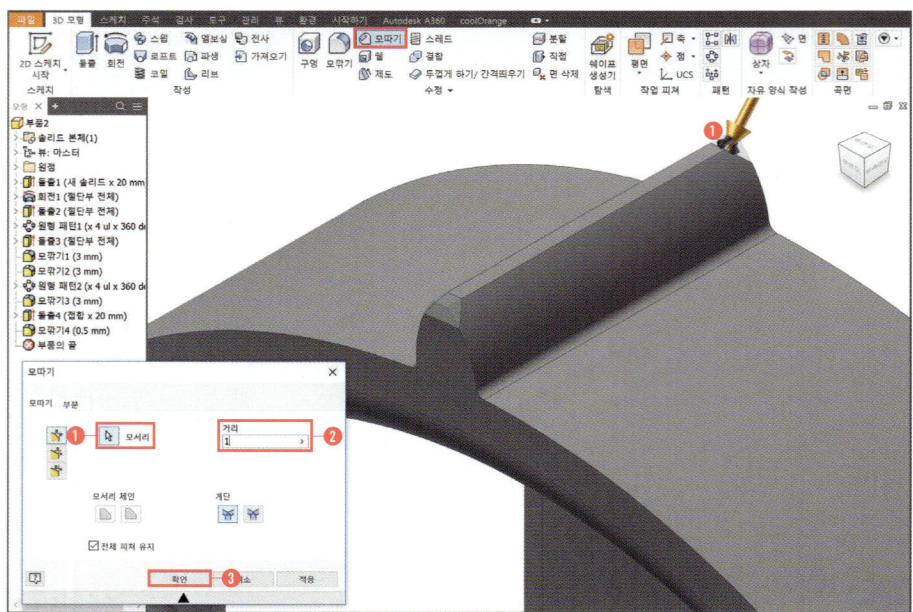

28 원형패턴 선택
   ① 피쳐 선택
      (돌출4, 모깎기4, 모따기1)
   ② 회전축 선택
   ③ 배치 : 46 / 각도 : 360
   ④ 확인

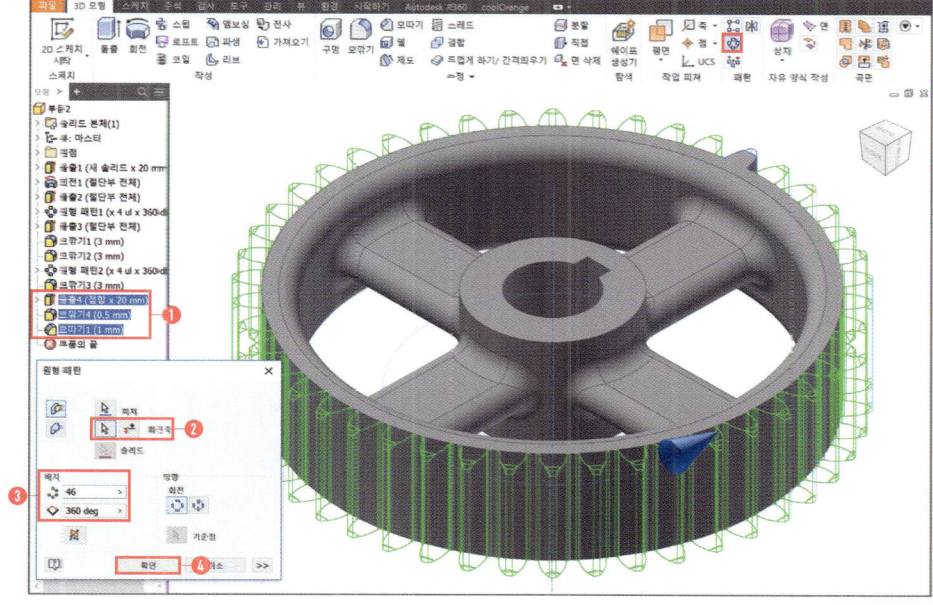

29 모따기 선택
   ① 모서리 선택(양쪽)
   ② 거리 : 1
   ③ 확인

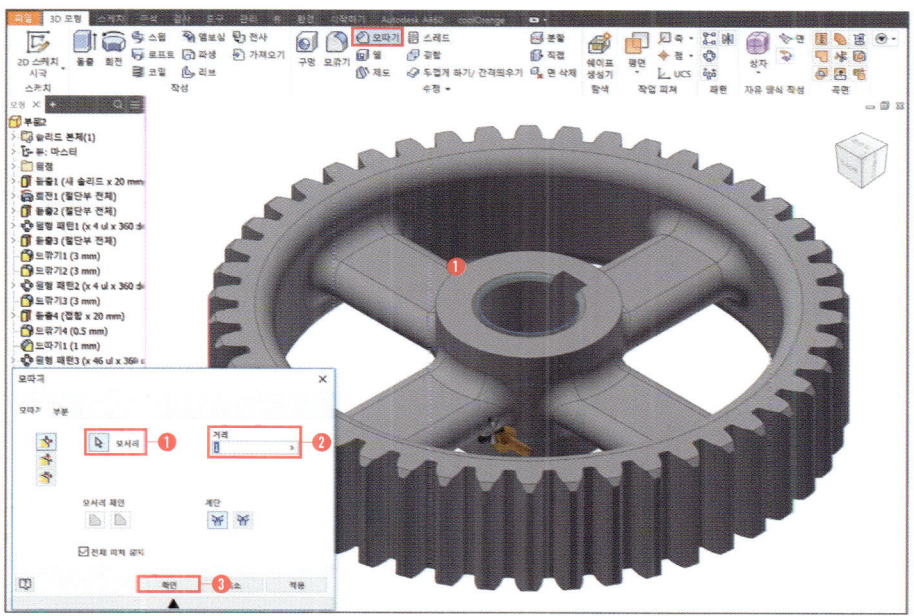

30 스퍼기어 완성

> **유의사항**
>
> 해당 강좌는 설계가속기를 사용하여 모델링하는 방법이며, 설계가속기는 인벤터를 설치하면 사용할 수 있는 인벤터의 기본 기능입니다. 그러나 시험장마다 버전의 차이나 시험장의 환경에 따라서 사용을 못하는 경우가 있기 때문에 일반적인 방법으로 스케치를 해서 모델링을 하는 방법을 추천합니다. 하지만 설계가속기 사용방법은 실무에서 많이 사용하는 기능이기 때문에 알아두면 좋습니다.

01 파일 → 새로만들기 클릭

① Templates/Metric/Standard(mm).iam 클릭

② 파일 → 다른 이름으로 저장 → 부품명 작성 → 확인

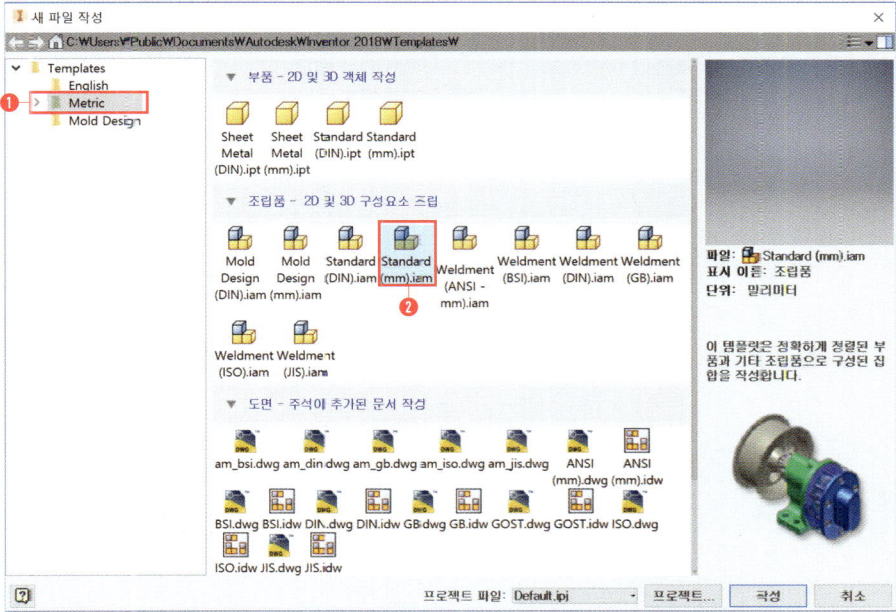

02 설계 탭 클릭

❶ 스퍼기어 클릭

T·I·P
파일을 저장하지 않으면 가속기가 실행이 안 됩니다.
꼭 부품명.iam 파일로 저장한 다음 실행하세요!

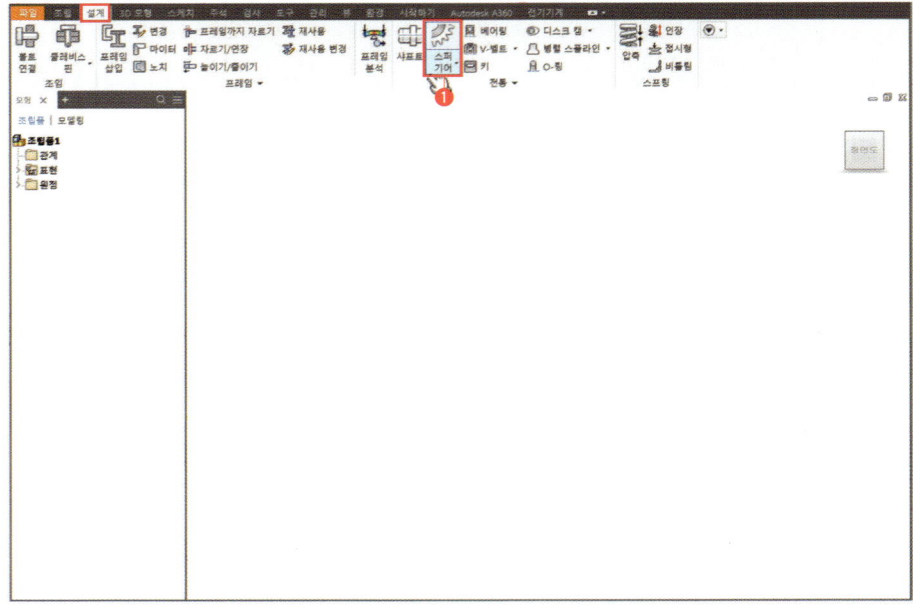

03 스퍼기어 구성요소 생성기

❶ 설계 안내서: 전체 단위 정정
❷ 원하는 기어비 : 1
❸ 모듈 : 2
❹ 중심거리 :
　46(잇수) x 2(모듈)
❺ 기어1 : 구성요소
❻ 톱니 수 : 46(잇수)
❼ 이나비 : 20
❽ 계산 → 확인

T·I·P
기어비 1이 입력이 안될 시에는 설계 안내서를 다른 유형으로 변경 후 다시 전체 단위 정정으로 선택하면 입력이 됩니다.

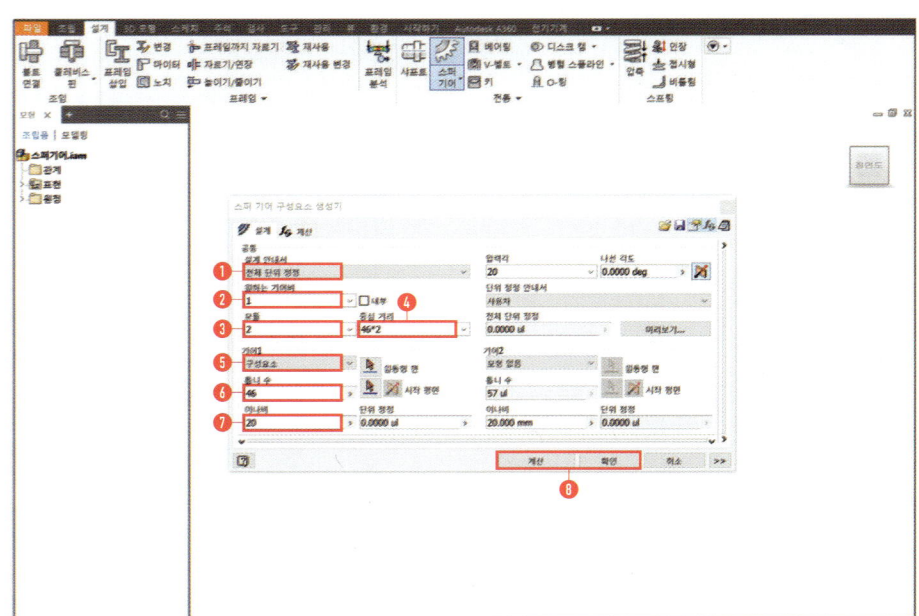

04 생성된 스퍼기어 배치

❶ 모형 검색기 스퍼기어1 선택
❷ 마우스 오른쪽 클릭
❸ 열기 선택

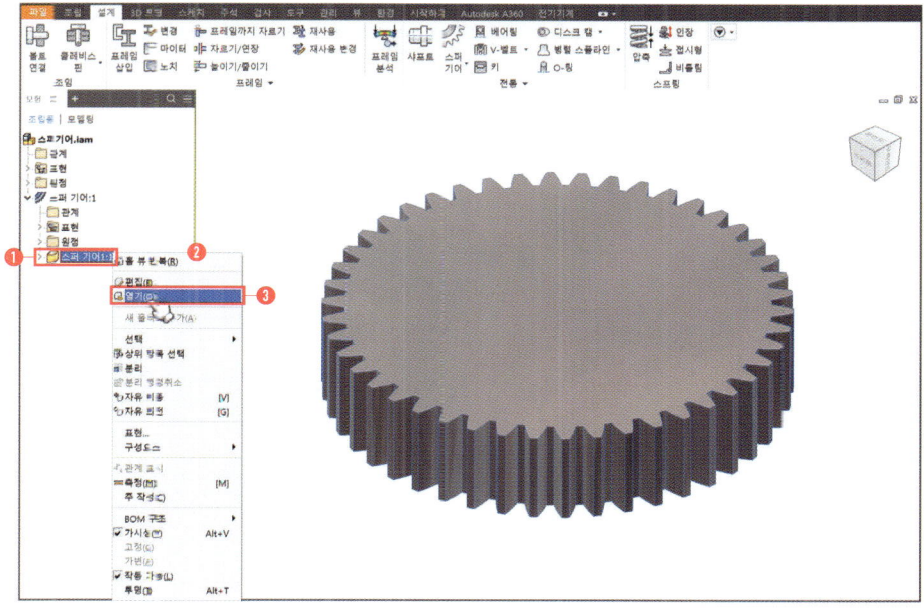

05 파일 선택

❶ 다른 이름으로 저장
❷ 스퍼기어.ipt 저장

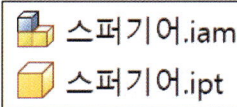

T·I·P

*.iam 파일은 조립을 하기 위한 템플릿이기 때문에 수정이 가능한 *.ipt 파일로 다시 저장을 해야 합니다.
저장이 완료되면 *.iam 파일은 삭제해도 됩니다.

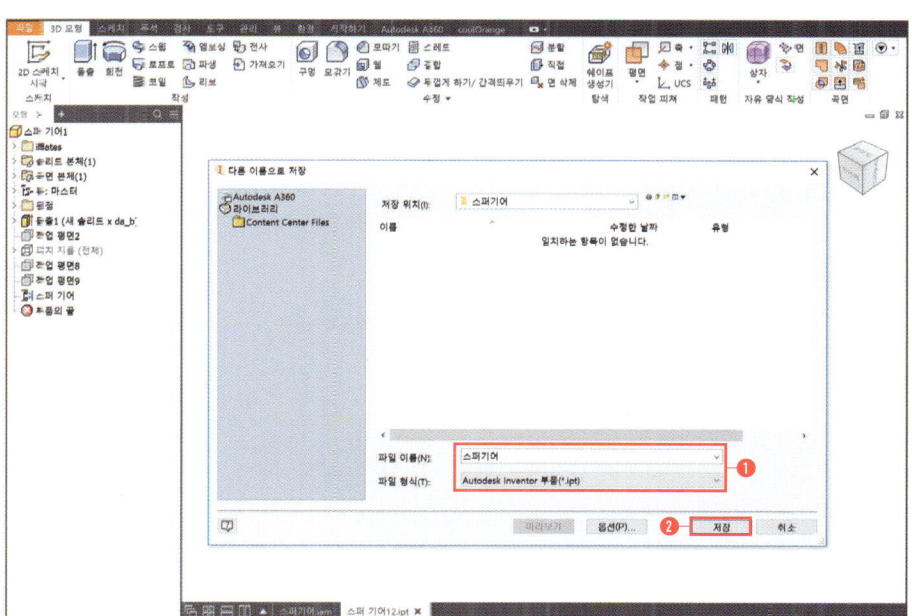

06 🟢 모양검색기 선택

   ❶ Inventor 재질 라이브러리 기본값 선택

   ❷ 문서 모양창으로 위로 드래그

   ❸ 모형트리 스퍼 기어1 선택

   ❹ 기본값 재질 적용

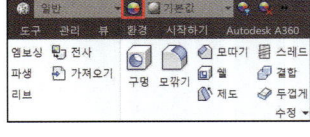

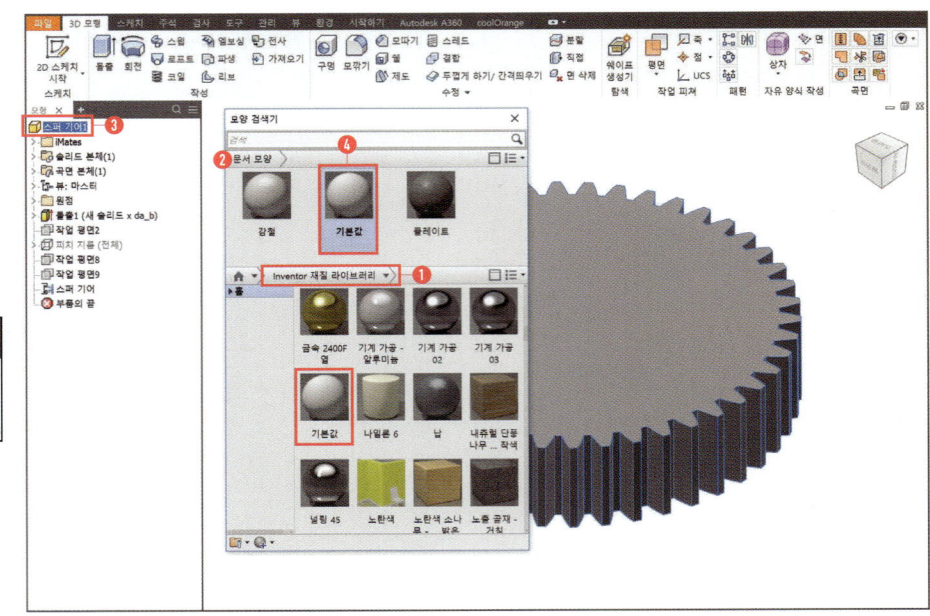

T·I·P

설계가속기를 사용해 스퍼기어를 생성할 시 재질이 강철로 적용이 되어 있습니다. 3D 배치를 할 시 반값이 보이므로 재질을 기본값으로 바꿔야 합니다.

07 모형 검색기 돌출1 선택

   ❶ 마우스 오른쪽 클릭

   ❷ 피쳐 편집

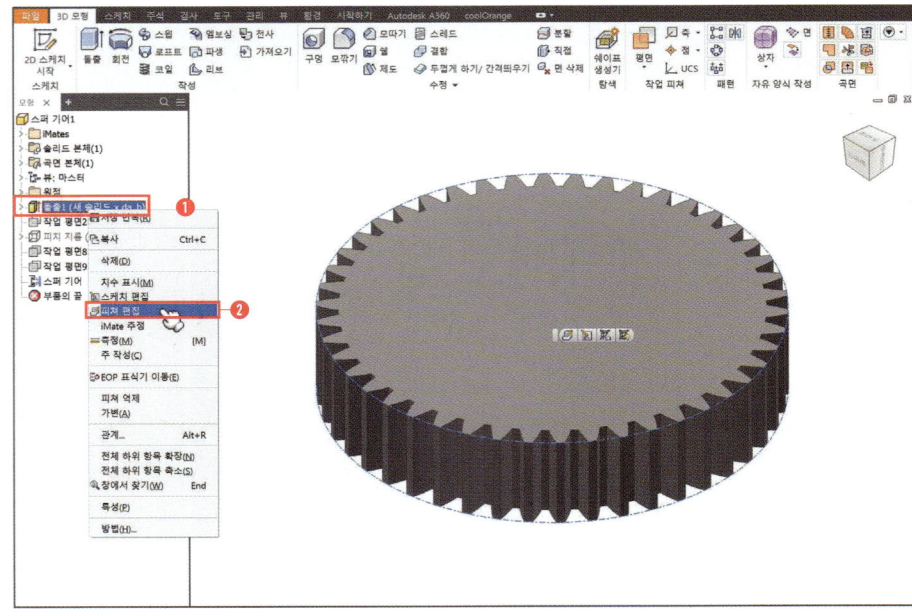

08 돌출 편집창

❶ 방향 : 대칭 선택

❷ 확인

T·I·P

돌출 방향을 대칭으로 변경해 주는 이유는 나머지 스퍼기어 모델링을 할 때 대칭 평면을 잡기가 더 수월하기 때문입니다.

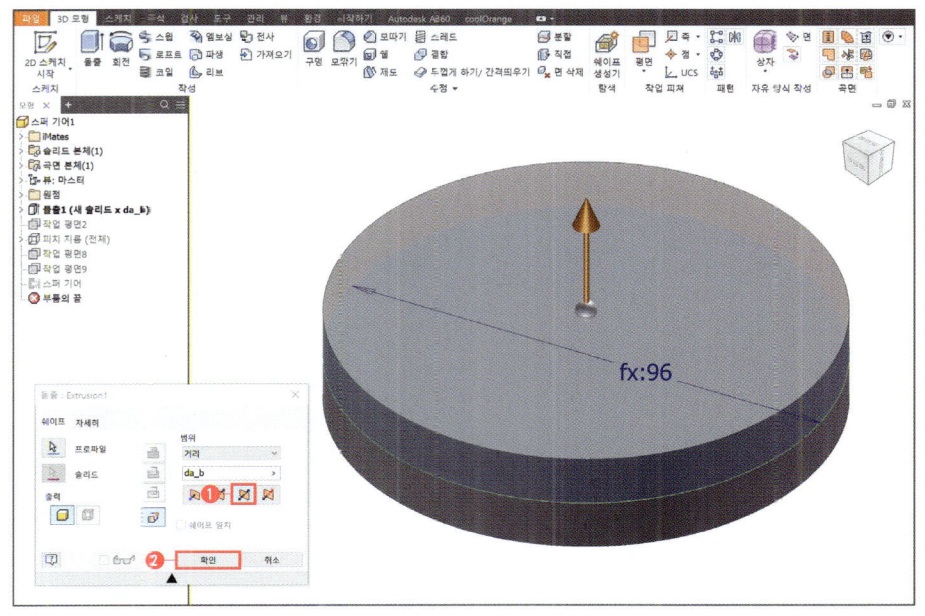

09 모형 검색창 부품의 끝 선택

❶ 드래그로 돌출1 아래로 이동

T·I·P

부품의 끝을 이동하는 이유는 자동화 설계가 된 스퍼 기어가 2D선으로 전부 투상되어 보이기 때문에 모델링 시 너무 복잡해집니다. 자동화 설계가 되기 전으로 부품의 끝을 이동시켜 주면 좀 더 편리하게 모델링이 가능해 집니다.

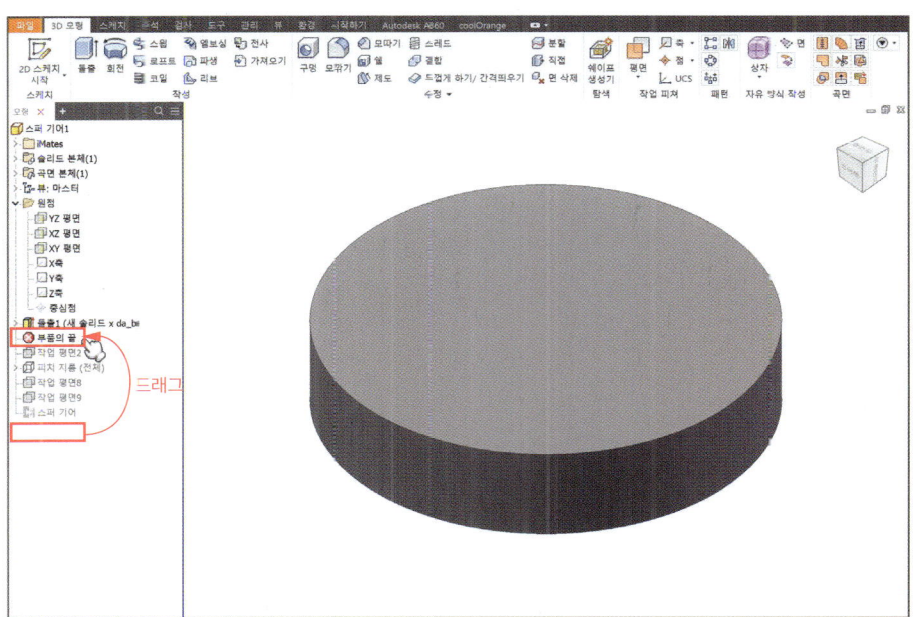

10 모형 검색창 원점 선택

❶ YZ 평면 선택

❷ 마우스 오른쪽 클릭

❸ 📝 새 스케치 선택

T·I·P

XZ평면에 새 스케치를 하셔도 무관합니다.

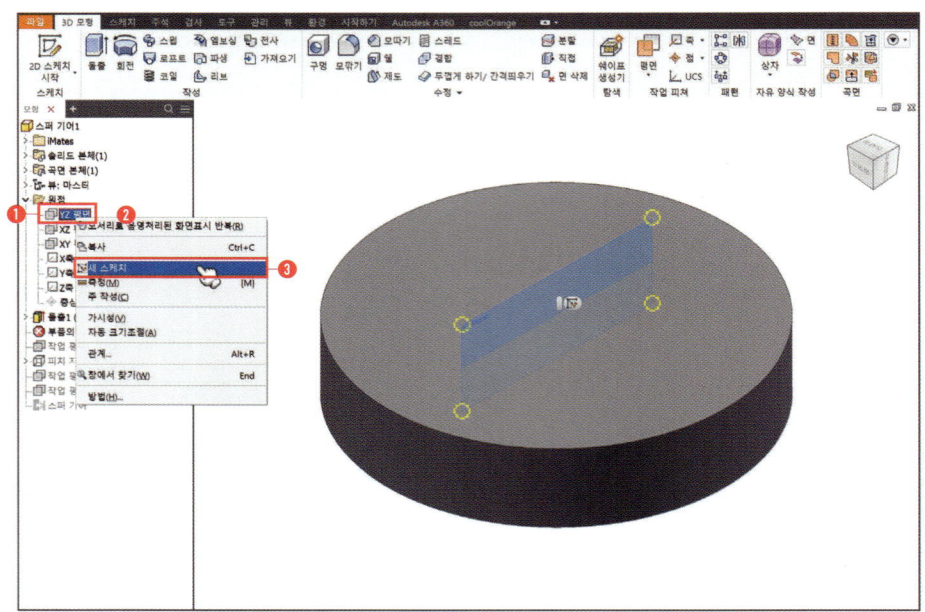

11 형상투영 선택

❶ 🗗 절단 모서리 투영 선택

T·I·P

형상투영은 원하는 투영선을 선택해서 투영할 수 있으며, 절단 모서리 투영은 스케치된 평면을 기준으로 절단된 모서리를 전부 다 투영시켜 주는 편리한 기능입니다.

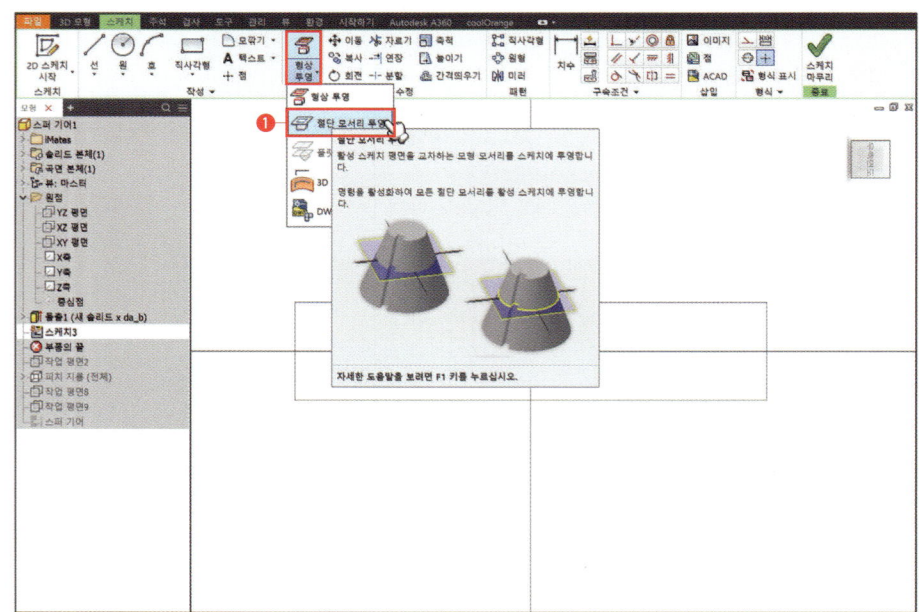

12 / 선 선택

① 투영된 사각형의 중간점에서 가로/세로선 스케치
② 가로/세로선 선택
③ 형식 : 중심선 선택
④ 2점 직사각형 선택
⑤ 사각형 스케치 후 치수기입
⑥ 지름 : 28 / 지름 : 76

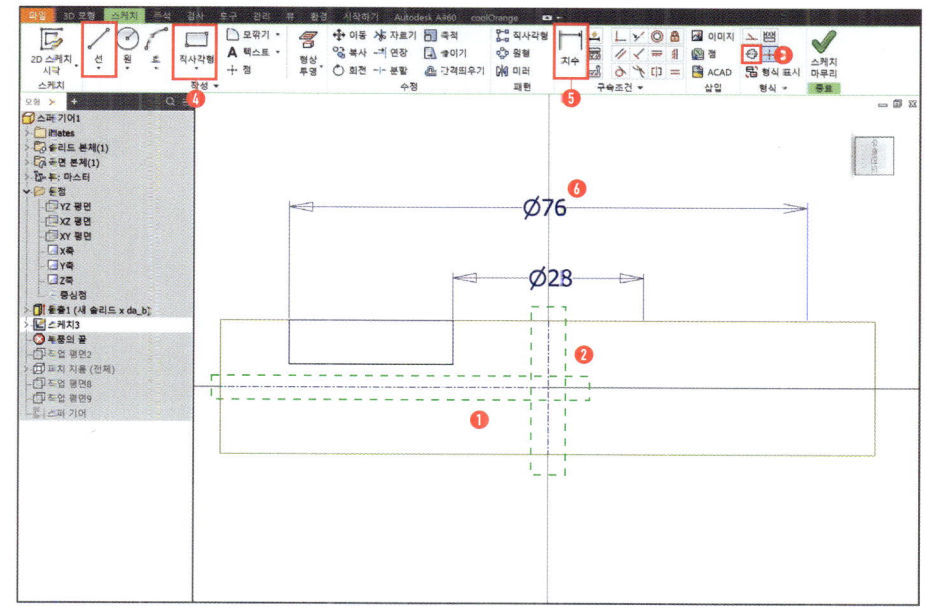

13 미러 선택

① 대칭 복사할 객체 선택
② 세로 중심선을 기준으로 대칭복사
③ 치수 선택
④ 거리 : 6

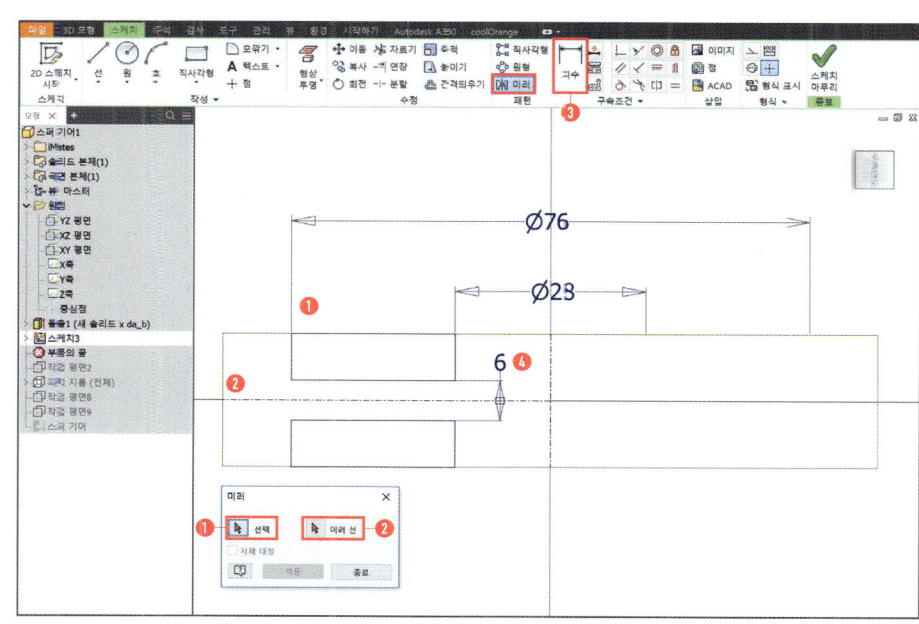

14 회전 선택(단축키:R)

① 회전할 프로파일 선택
② 회전할 중심축 선택
③ 차집합 선택
④ 범위 : 전체
⑤ 확인

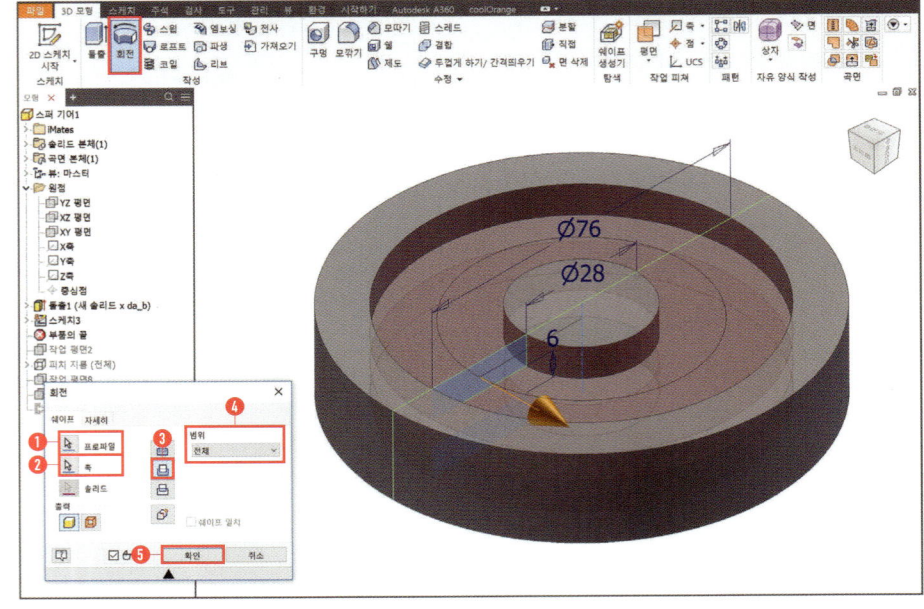

15 스퍼기어 윗면에 새 스케치

① 2점 중심 직사각형 선택
② 중심점을 기준으로 2개의 사각형 스케치
③ 치수 : 16 기입

T·I·P
직사각형은 투영된 원보다 크게 스케치 하면 됩니다.

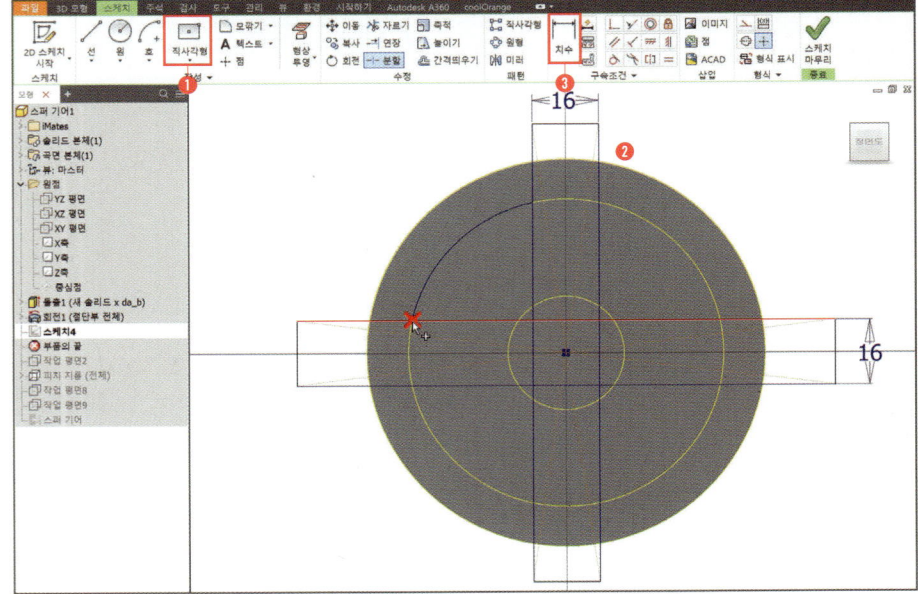

16 ┼ 분할 선택

❶ 좌측 위쪽 투영된 2개의 원과 직사각형의 교차점 분할

❷ 4개의 교차점 클릭

T·I·P
4개의 교차점을 분할해 주는 이유는 교차점을 전부 다 분할해야 돌출 시 프로파일이 선택됩니다.

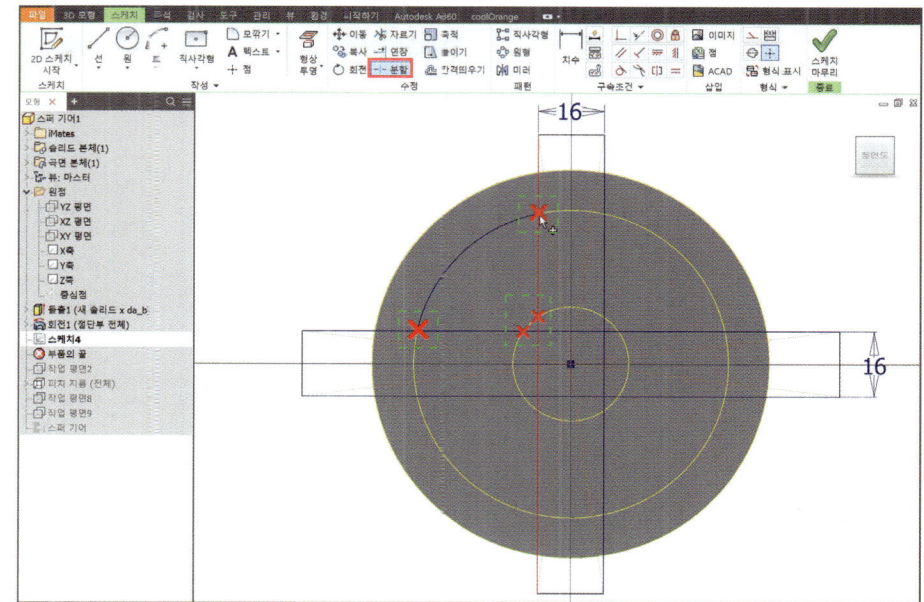

17 돌출 선택(단축키:E)

❶ 돌출할 프로파일 선택
❷ 차집합 선택
❸ 범위 : 전체
❹ 방향2 선택
❺ 확인

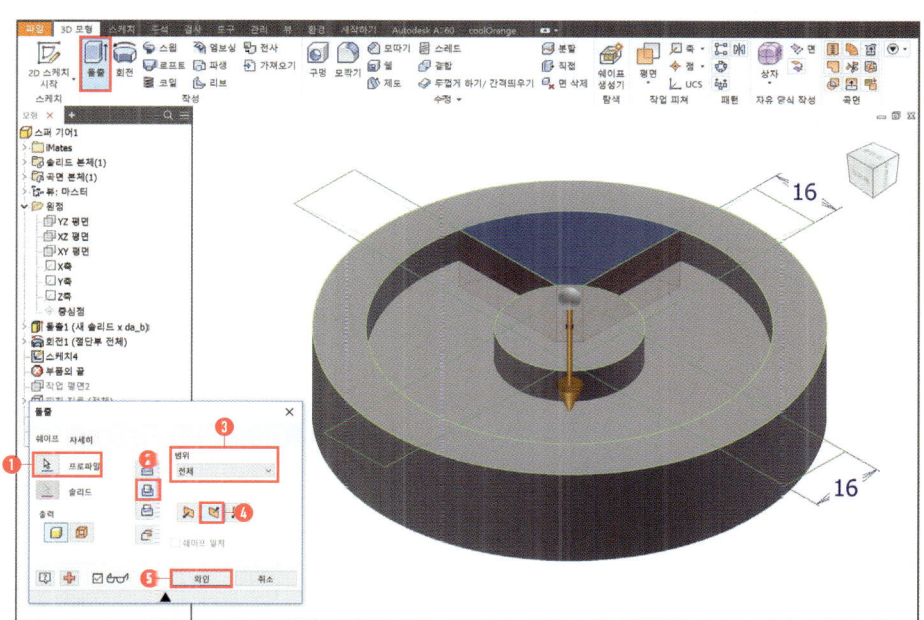

18 원형패턴 선택

① 피쳐 선택(돌출2)

② 회전축 선택

③ 배치 : 4

④ 각도 : 360

⑤ 확인

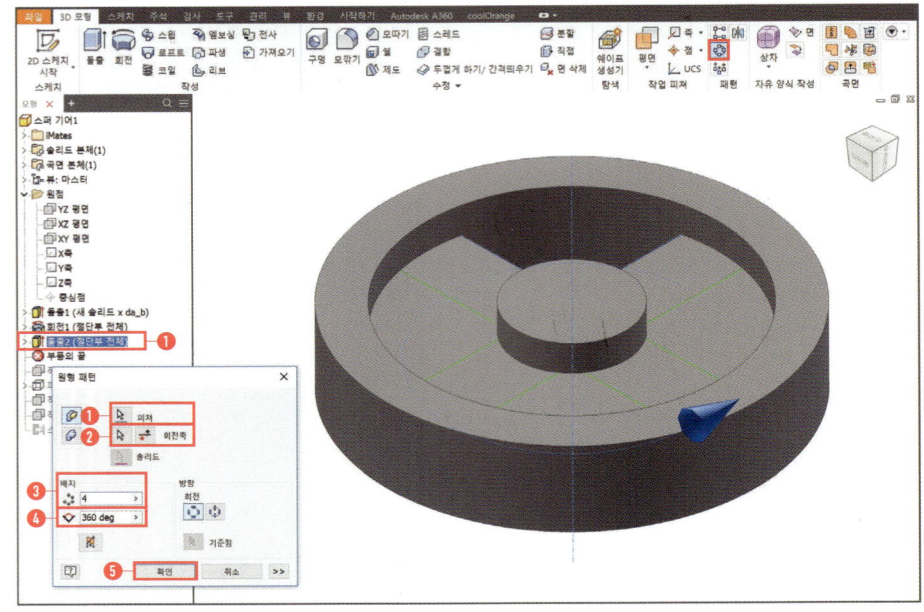

19 스퍼기어 윗면에 새 스케치

① 중심점에서 원 스케치

② 2점 직사각형 스케치

③ 직사각형의 아래쪽 중간점과 원점 중심점 일치 구속 조건

④ 치수 선택

⑤ 지름 : 15 / 가로 : 5 / 세로 : 17.3

T·I·P

키홈은 KS규격집에 규격치수가 적용되어야 합니다. 키홈의 규격치수를 적용하려면 문제도면의 축 지름값을 자로 측정하여 해당 KS규격 키홈 치수를 적용하면 됩니다.

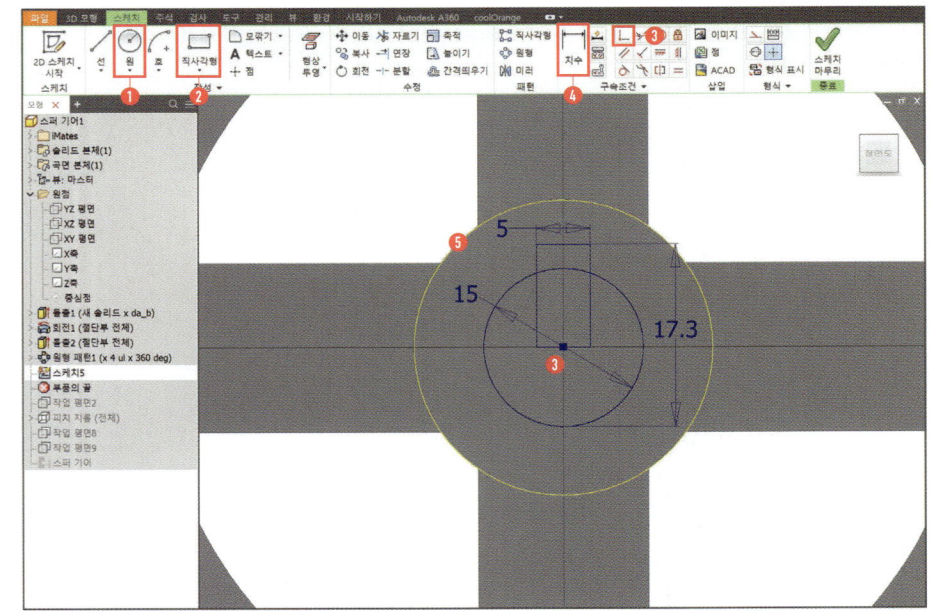

20 돌출 선택(단축키:E)
  ① 돌출할 프로파일 선택
  ② 차집합 선택
  ③ 범위 : 전체
  ④ 방향2 선택
  ⑤ 확인

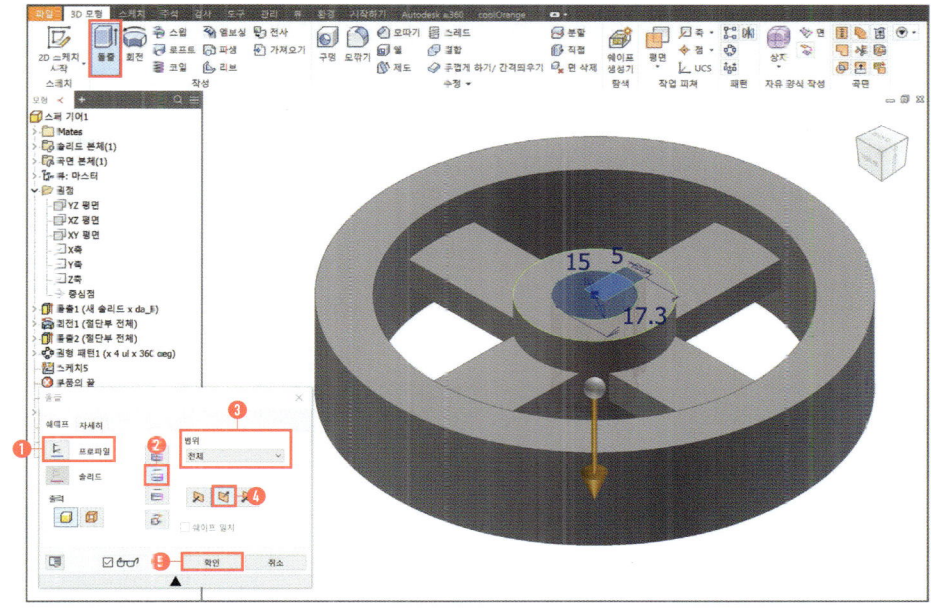

21 모따기 선택
  ① 4개의 모서리 선택(양쪽)
  ② 거리 : 1
  ③ 확인

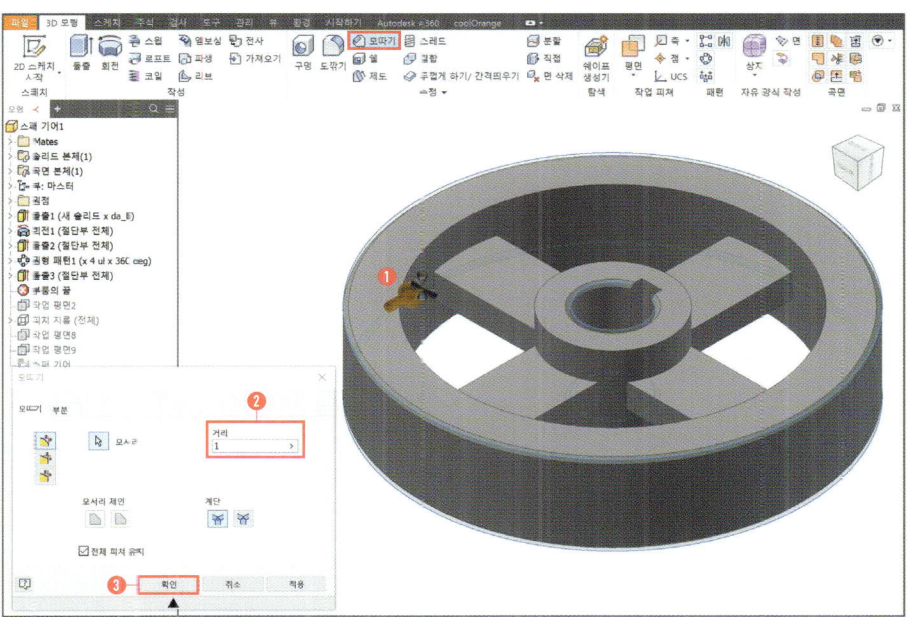

22 모깎기 선택

❶ 4개의 모서리 선택 (리브부분)
❷ 반지름 : 3
❸ 확인

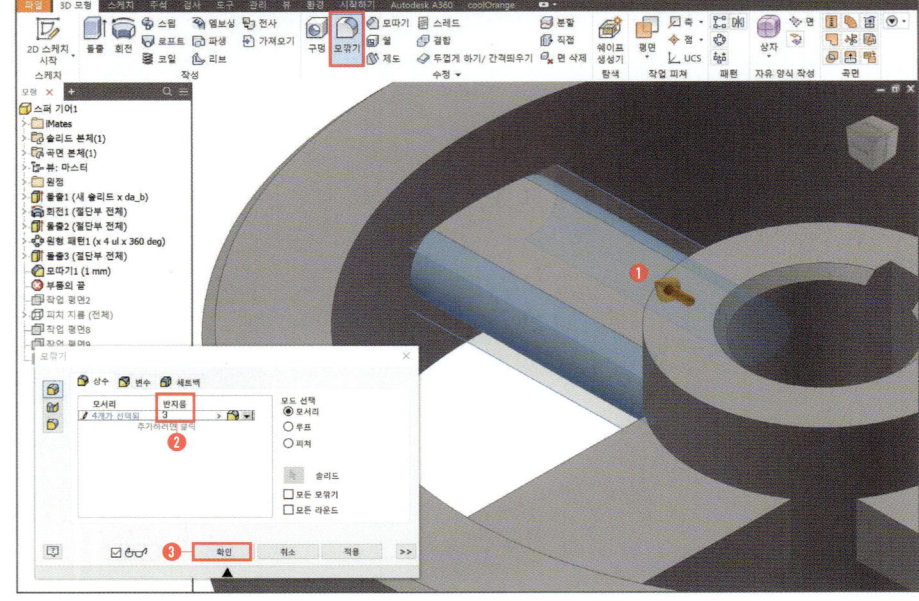

23 모깎기 선택

❶ 모서리 선택 (리브부분)
❷ 반지름 : 3
❸ 확인

T·I·P
22번의 모깎기 값을 정확히 입력했으면 해당 모깎기는 2번만 선택하면 전부 다 선택이 됩니다.

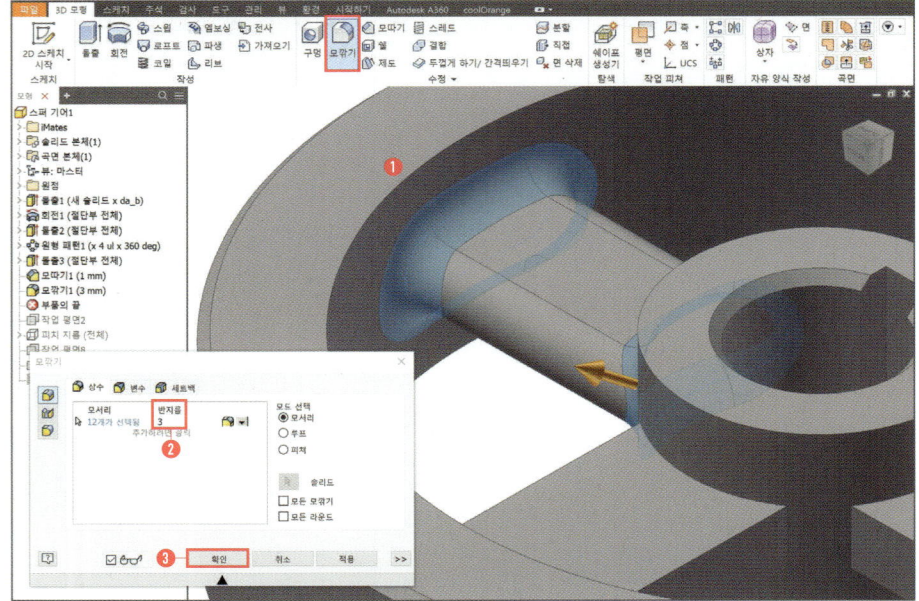

24 원형패턴 선택
① 피쳐 선택
   (모깎기1, 모깎기2)
② 회전축 선택
③ 배치 : 4
④ 각도 : 360
⑤ 확인

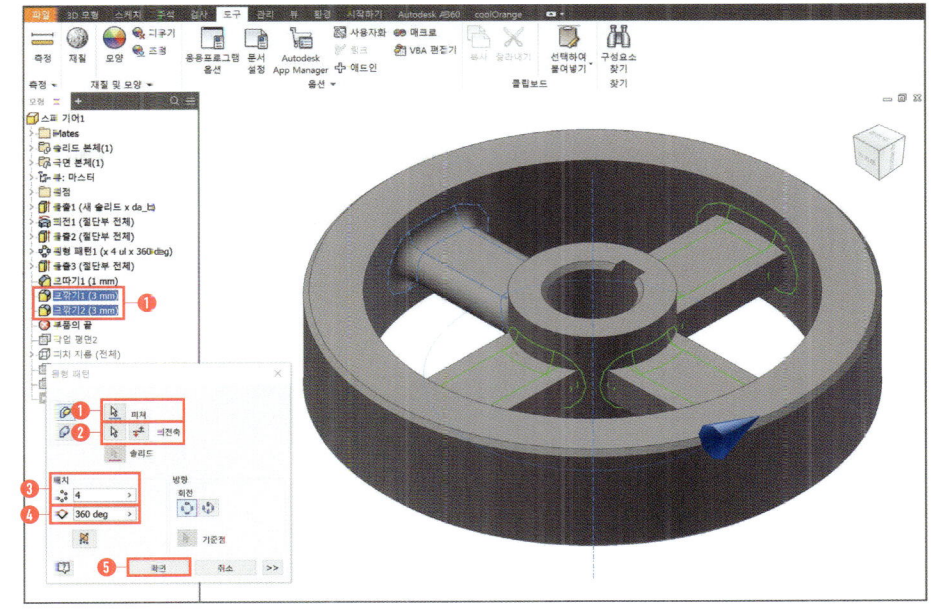

25 모깎기 선택
① 2개의 모서리 선택
② 반지름 : 3
③ 확인

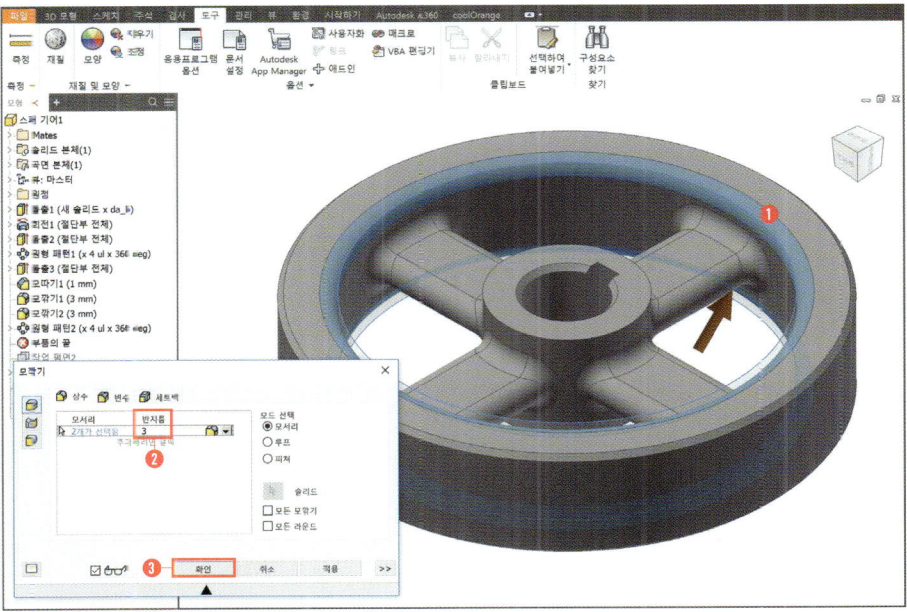

26 모형 검색창 부품의 끝 선택

❶ 스퍼기어 아래로 이동

T·I·P

모든 모델링 작업 후 부품의 끝을 다시 이동시키면 모델링된 부품에 자동으로 스퍼기어가 설계가 됩니다.

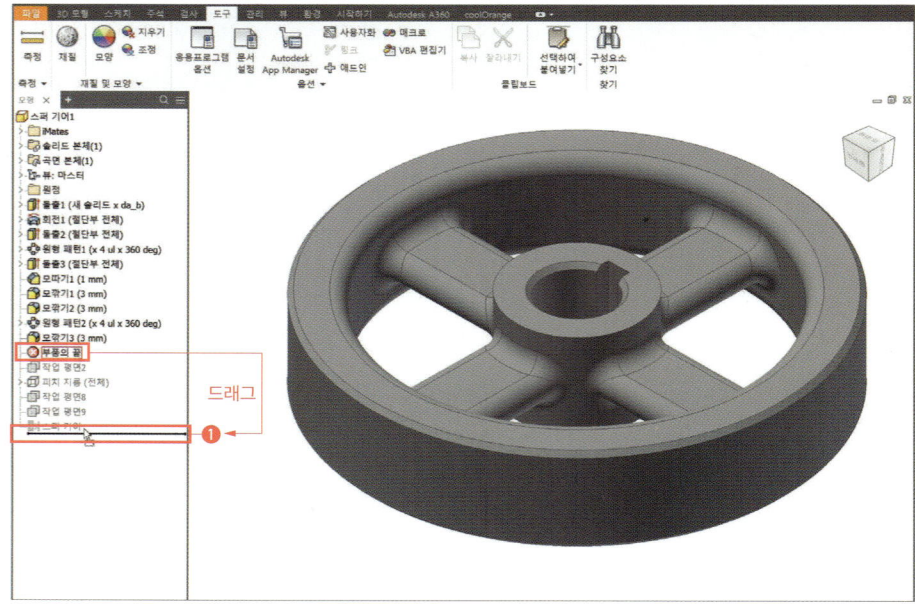

27 모깎기 선택

❶ 2개의 모서리 선택
❷ 반지름 : 0.5
❸ 확인

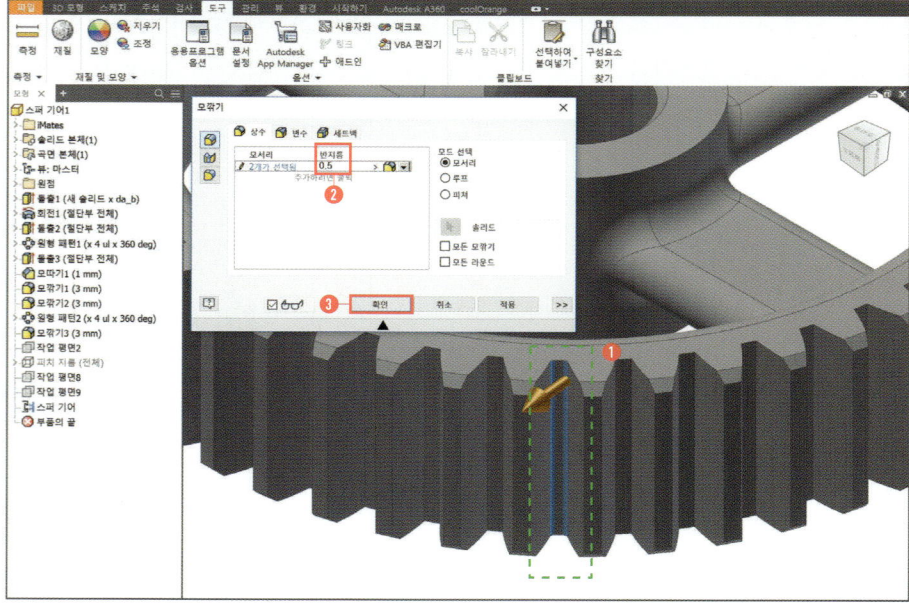

28 원형패턴 선택

① 피쳐 선택(모깎기4)
② 회전축 선택
③ 배치 : 46
④ 각도 : 360
⑤ 확인

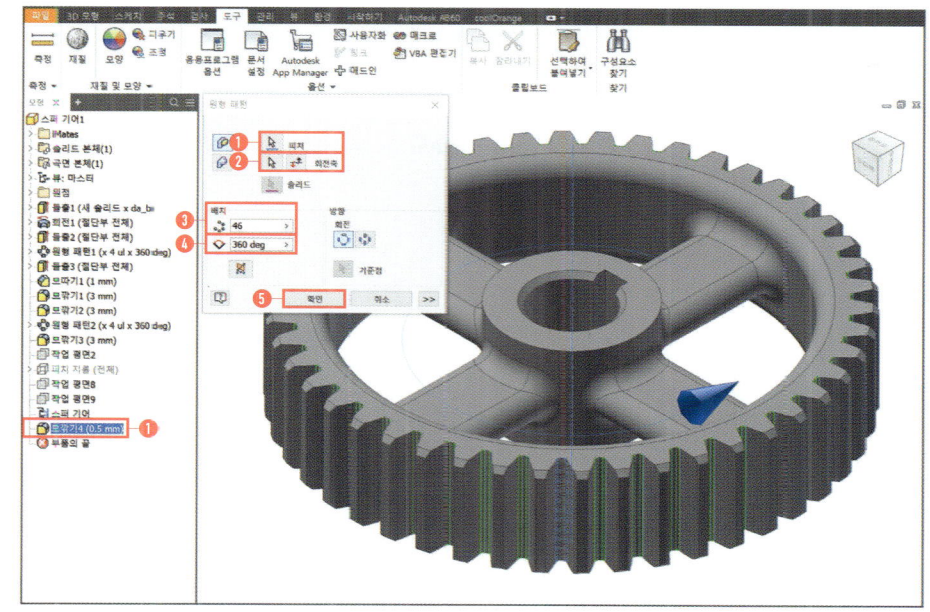

29 스퍼기어 완성!

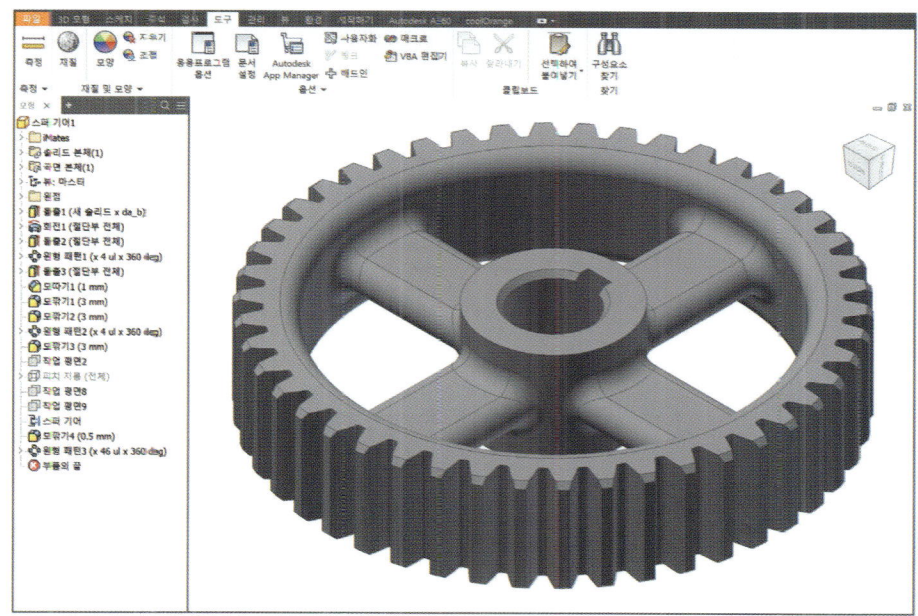

3D 모델링
- 2단 스퍼기어

SECTION 09

2단 스퍼기어는 기어박스가 출제되면 보통 같이 나오는 부품이며, 기어박스는 자주 출제되지는 않지만 모델링하는 방법은 알고 있어야 합니다. 설계가속기를 사용할 수는 있으나 일반 스퍼기어랑 사용방법이 다르기 때문에 반복 연습이 요구되며, 2단 스퍼기어 역시 가속기를 사용하지 않고 일반 스케치로 모델링을 할 수 있습니다.

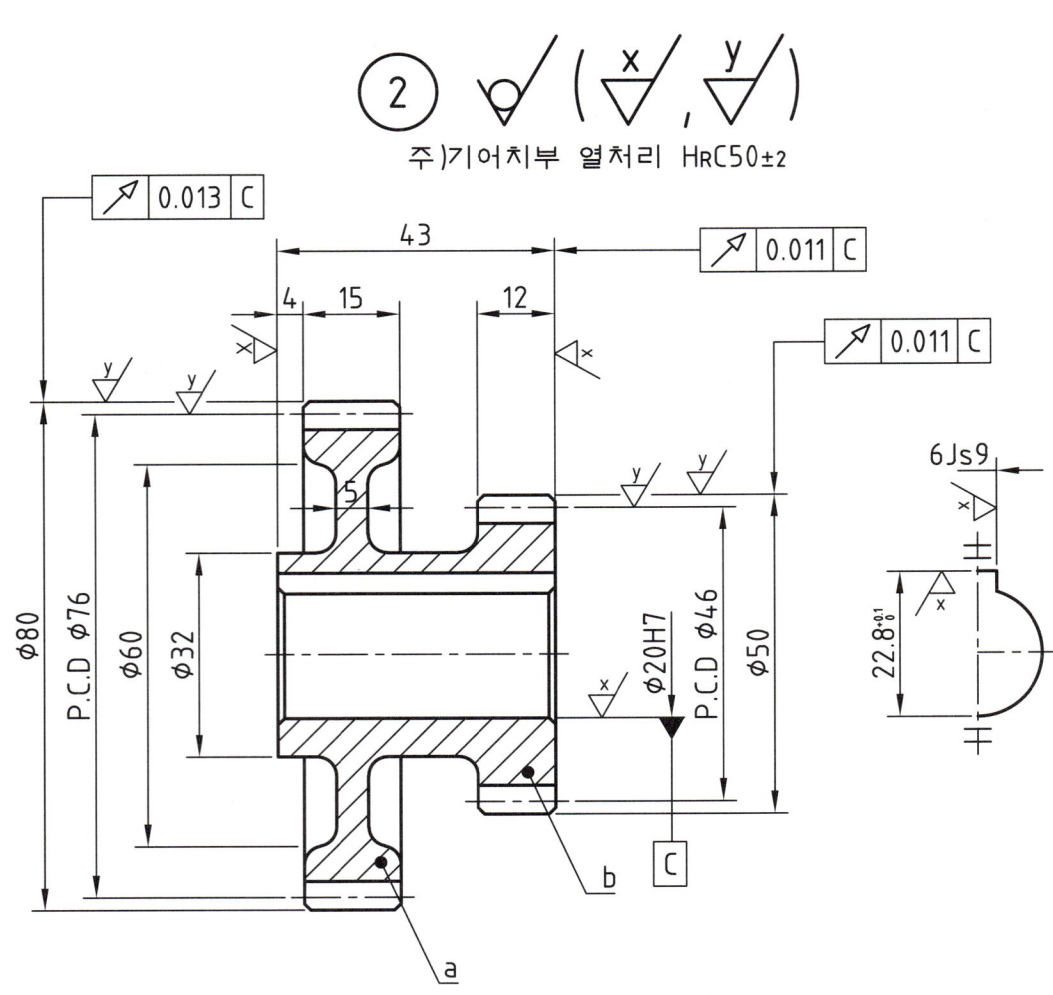

NAVER앱 QR코드 스캔으로 해당 무료강좌를 시청하실 수 있습니다.

01 파일 → 새로만들기 클릭

❶ Templates/Metric/Standard(mm).ipt 클릭
❷ 파일 → 다른 이름으로 저장 → 부품명 작성 → 확인

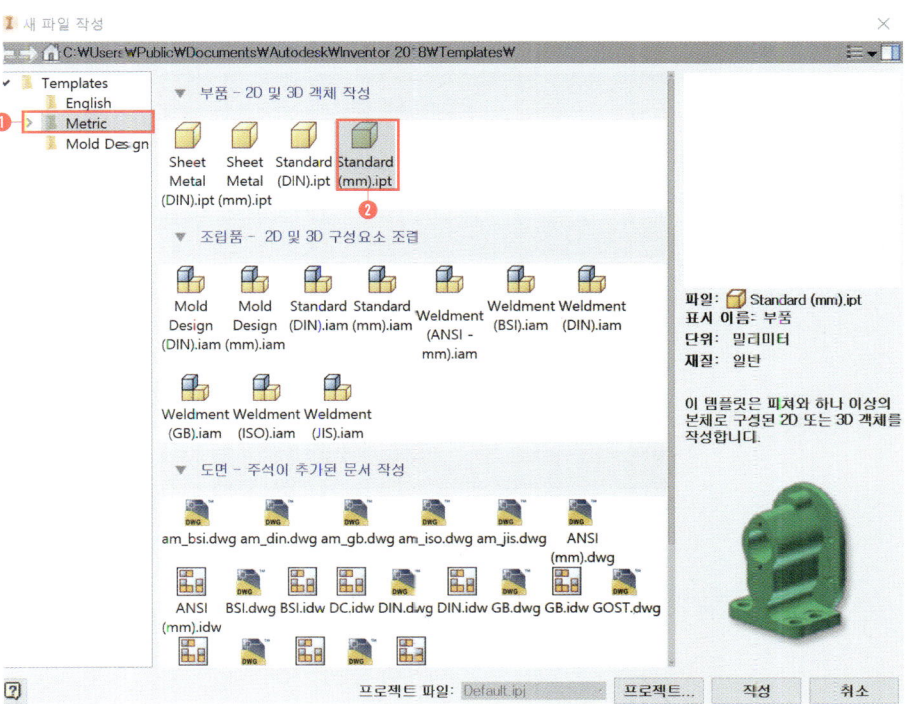

02 XY 평면에 새 스케치

1. ▭ 2점 직사각형 선택
2. 3개의 사각형 스케치
3. 세로 중심선을 드래그로 선택
4. 형식 : ⟷ 중심선 선택
5. ⊢┤ 치수 선택
6. 전체 치수 43 기입
7. 나머지 치수 기입

T·I·P

사각형 스케치 순서는 R → G → B 색상 순으로 스케치하면 됩니다.
인벤터는 선이 겹쳐도 상관이 없습니다.

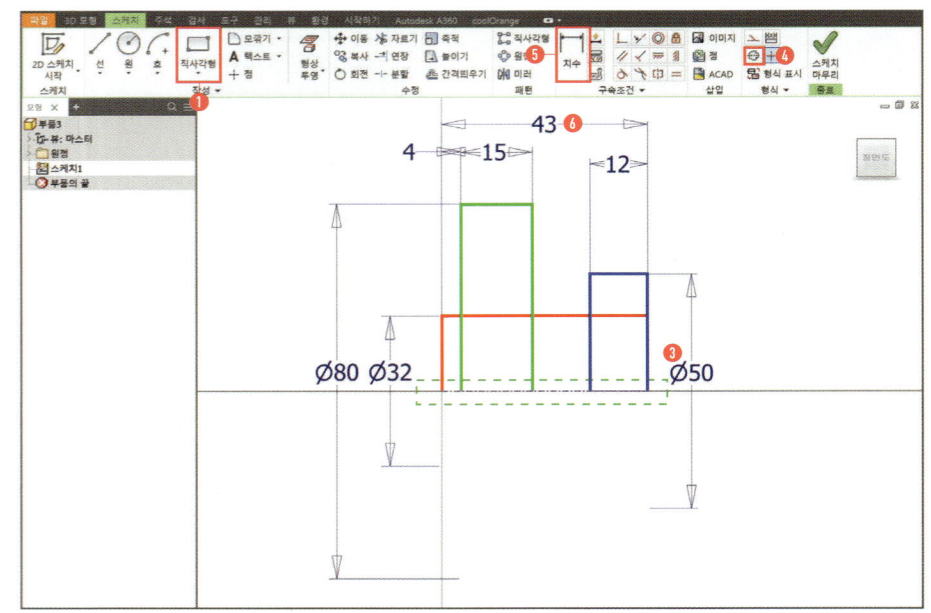

03 ▭ 2점 직사각형 선택

1. 2개의 사각형 스케치
2. 치수 기입

T·I·P

2번째 사각형을 스케치할 시 이미 스케치된 사각형의 위쪽선과 같은 수평선에(수평이 되면 점선으로 나타남) 스케치를 하면 수평 구속조건이 적용되어 따로 치수를 기입할 필요가 없습니다.

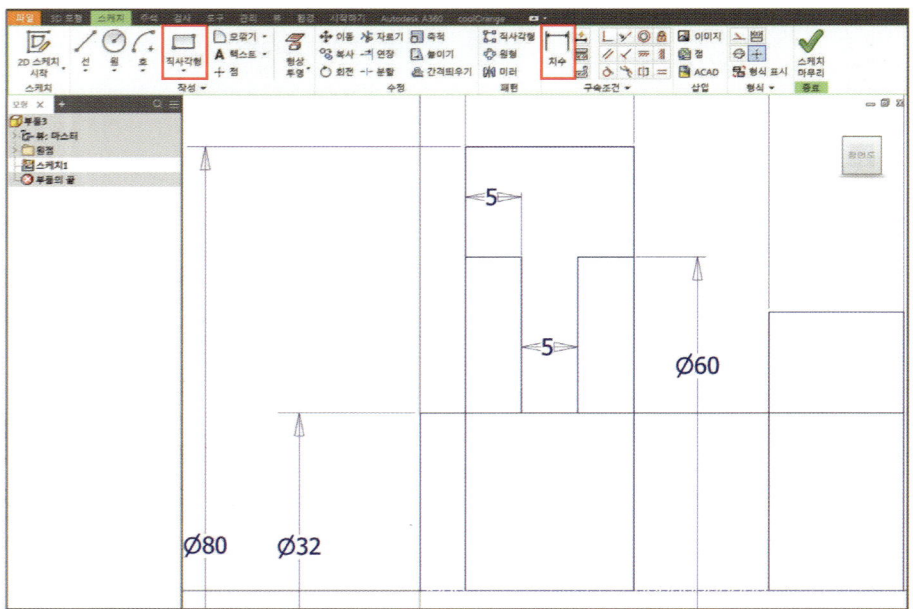

04 회전 선택(단축키:R)
   ① 회전할 프로파일 선택
   ② 회전할 중심축 선택
   ③ 범위 : 전체
   ④ 확인

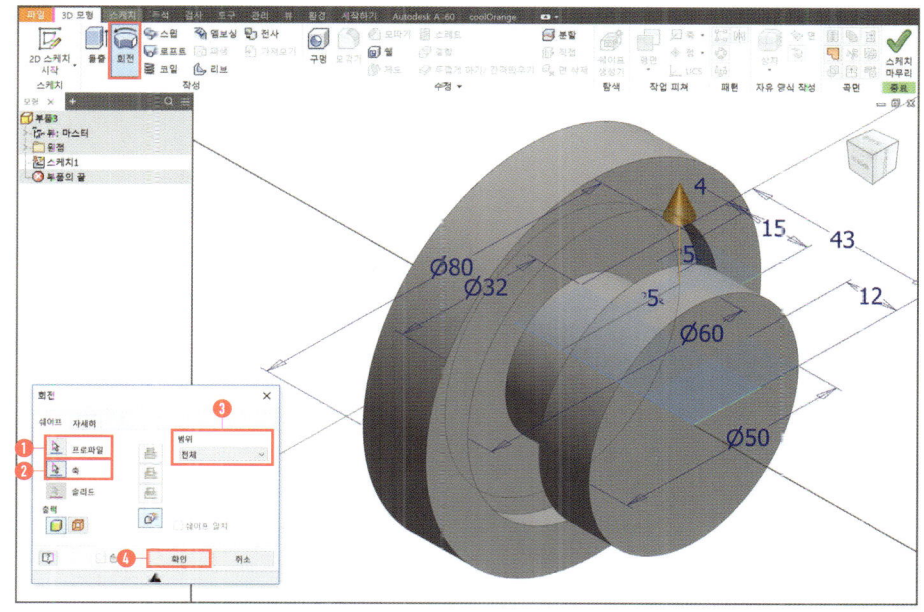

05 모따기 선택
   ① 4개의 모서리 선택(기어이)
   ② 거리 : 1
   ③ 확인

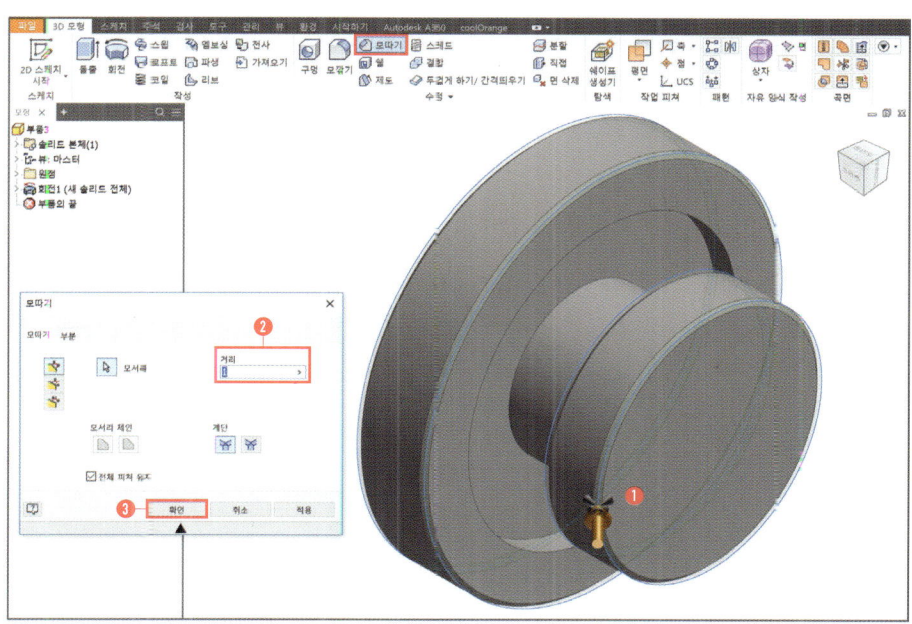

06 모깎기 선택

① 7개의 모서리 선택
② 반지름 : 3
③ 확인

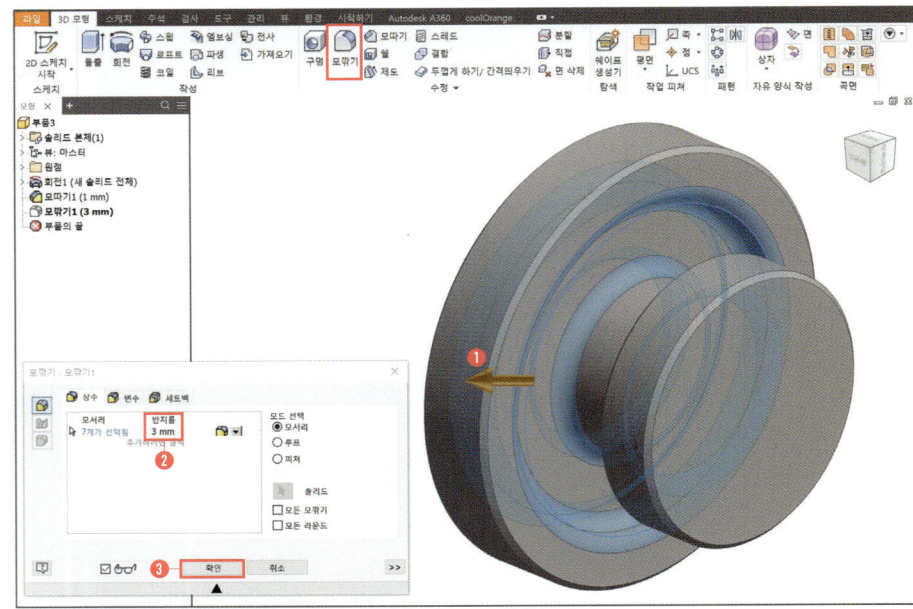

07 플랜지 뒷면에 새 스케치

① 중심점에서 원 스케치
② 2점 직사각형 스케치
③ 직사각형의 아래쪽 중간점과 원점 중심점 일치 구속조건
④ 치수 선택
⑤ 지름 : 20 / 가로 : 6 / 세로 : 22.8

T·I·P

키홈은 KS규격집에 규격치수가 적용되어야 합니다. 키홈의 규격치수를 적용하려면 문제도면의 축 지름값을 자로 측정하여 해당하는 KS규격 키홈 치수를 적용하면 됩니다.

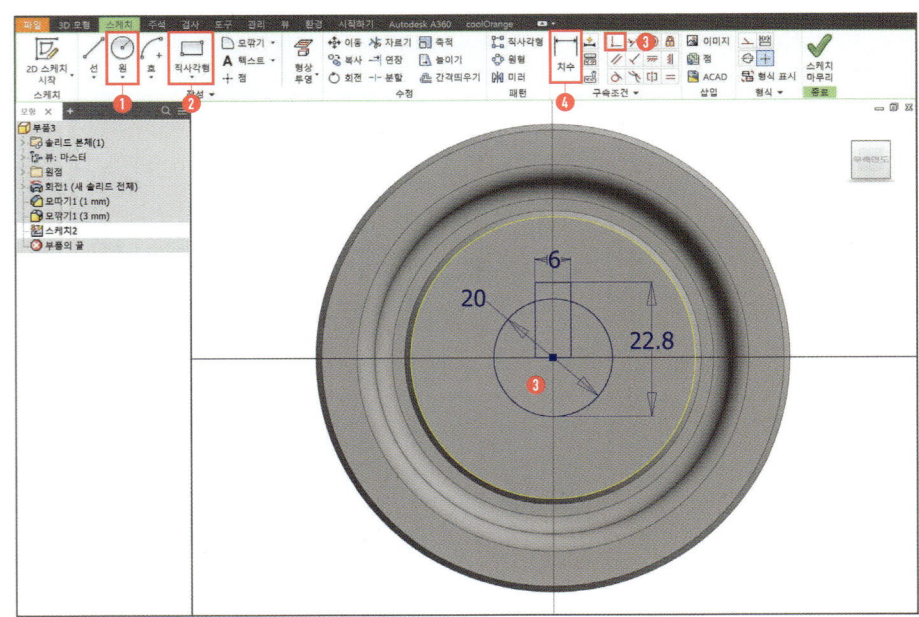

08 돌출 선택(단축키:E)
   ① 돌출할 프로파일 선택
   ② 차집합 선택
   ③ 범위 : 전체
   ④ 방향2 선택
   ⑤ 확인

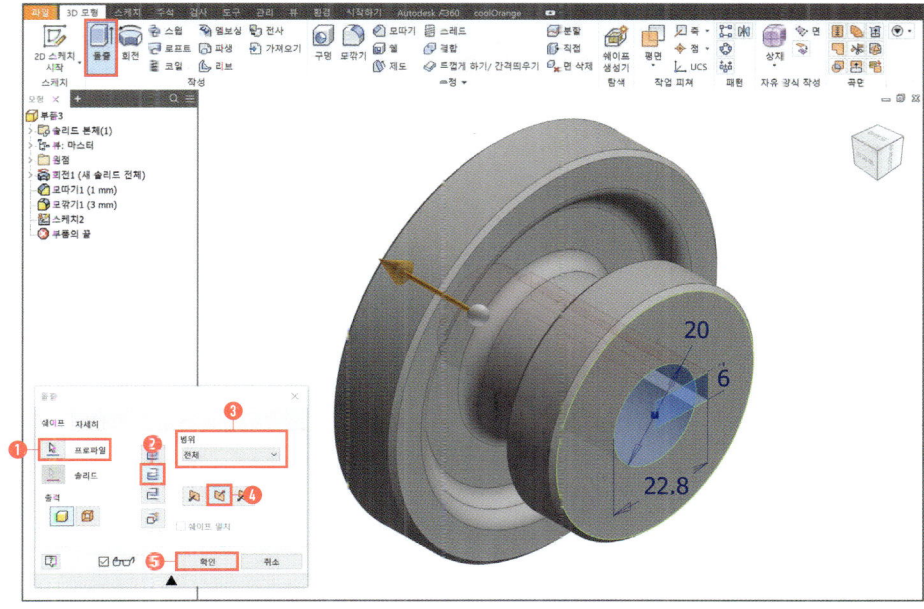

09 모따기 선택
   ① 2개의 모서리 선택
      (조립용 모따기)
   ② 거리 : 1
   ③ 확인
   ④ 파일 선택
   ⑤ 다른 이름으로 저장
   ⑥ 2단 스퍼기어.ipt 저장

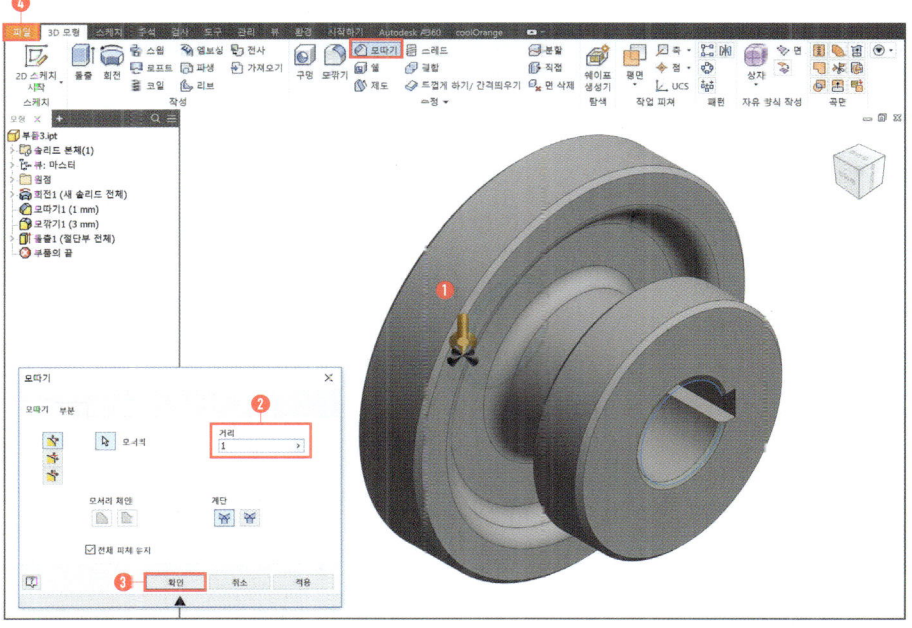

10 파일 → 새로만들기 클릭

❶ Templates/Metric/ Standard(mm).iam 클릭

❷ 파일 → 다른 이름으로 저장 → 부품명 작성 → 확인

T·I·P

설계가속기는 *.iam 템플릿에서 사용이 가능합니다.

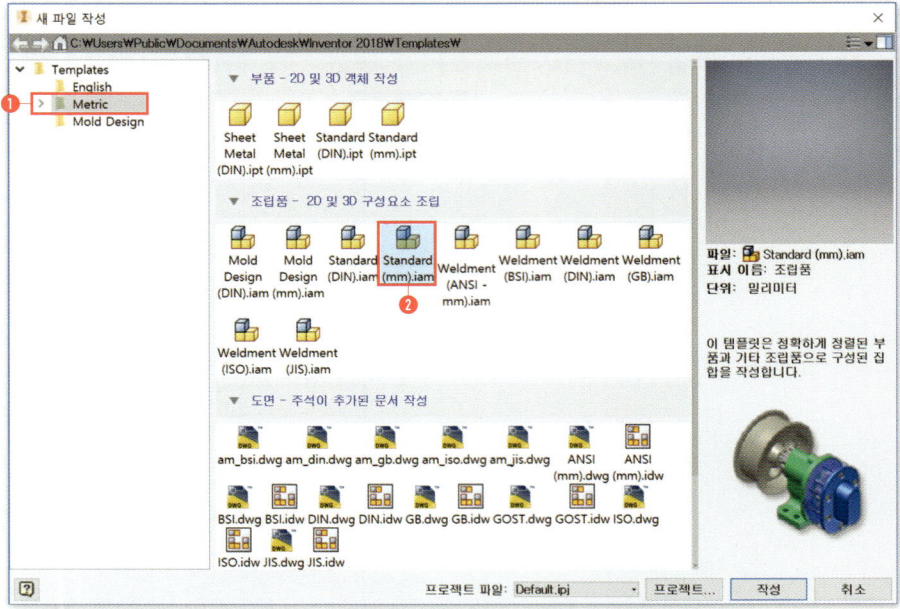

11 도구 탭 선택

❶ 조립품 탭 선택

❷ 원점에 첫 번째 구성요소 배치 및 고정 체크

T·I·P

해당 옵션을 체크해야 조립부품을 불러올 시 고정이 되서 움직이지 않습니다.

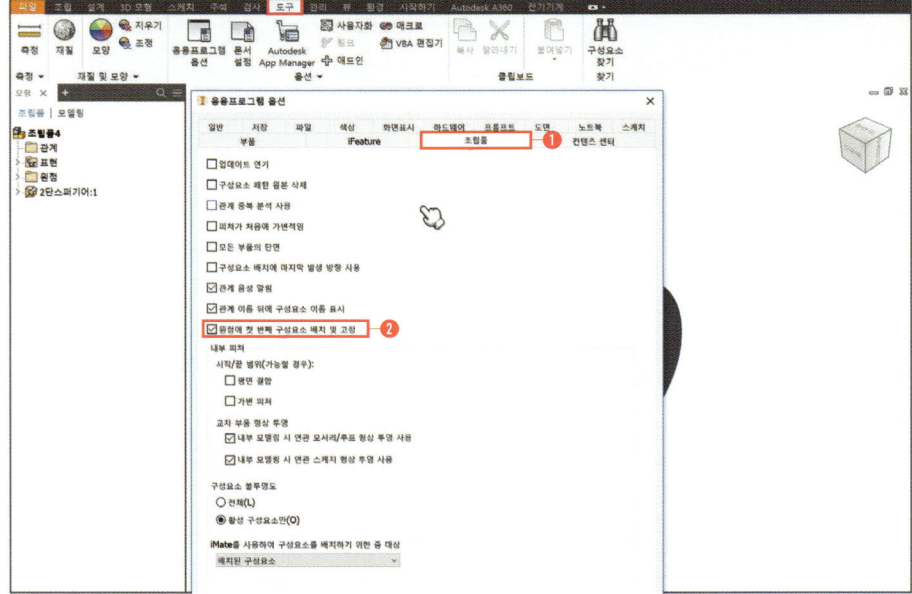

12 조립 탭 선택

① 🖼 배치 선택

② 2단 스퍼기어.ipt 열기

T·I·P

확장자 ipt로 저장을 해야 iam 템플릿으로 불러올 수 있기 때문에 미리 모델링한 스퍼기어를 꼭 저장해야 합니다.

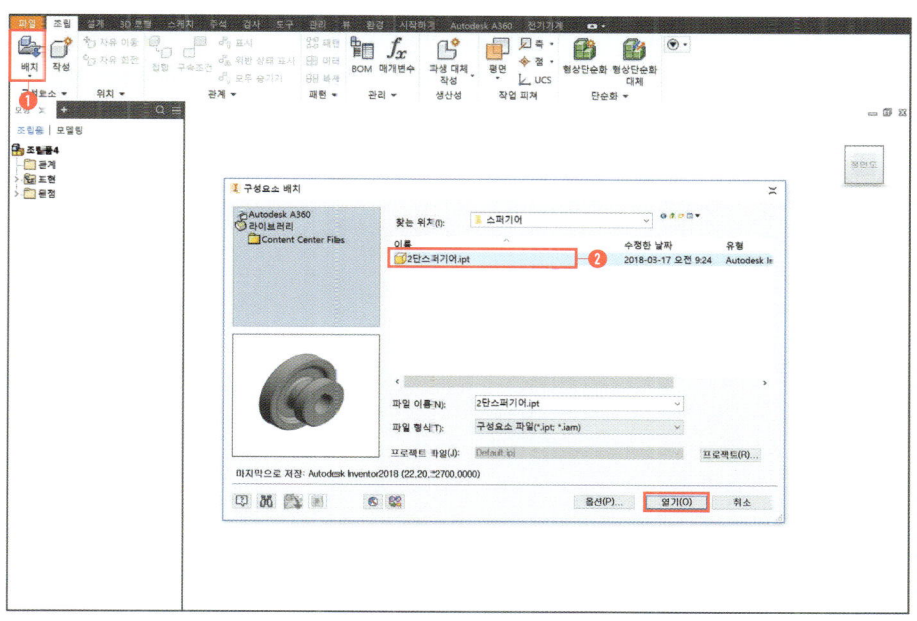

13 설계 탭 클릭

① 🖼 스퍼기어 클릭

T·I·P

파일을 저장하지 않으면 가속기가 실행이 안됩니다.
꼭 부품명.iam 파일로 저장한 다음 실행하세요!

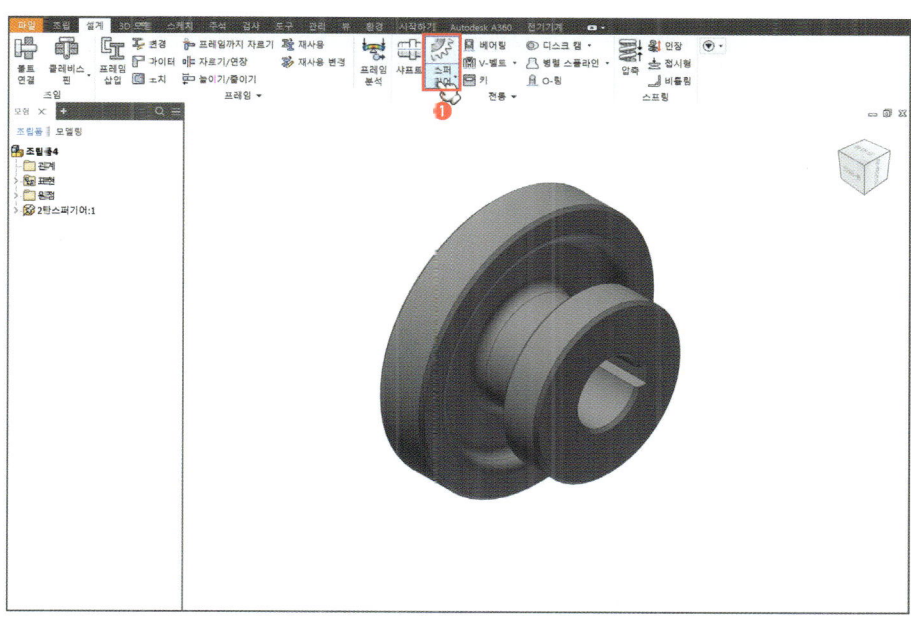

14 스퍼기어 구성요소 생성기

❶ 설계 안내서 : 전체 단위 정정
❷ 원하는 기어비 : 1 / 모듈 : 2
❸ 중심거리 :
    38(잇수) x 2(모듈)
❹ 기어1 : 피쳐
❺ 원통형 면 선택(좌측 스퍼기어 윗면 선택)
❻ 시작 평면 선택(우측 면 선택)
❼ 톱니 수 : 38(잇수)
❽ 이나비 : 15
❾ 계산 → 확인

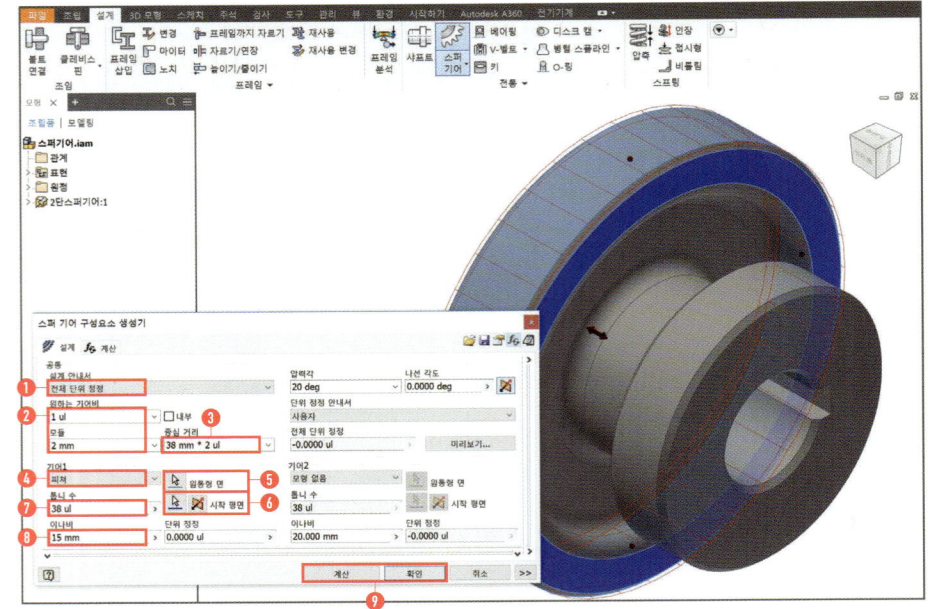

15 스퍼기어 구성요소 생성기

❶ 설계 안내서 : 전체 단위 정정
❷ 원하는 기어비 : 1 / 모듈 : 2
❸ 중심거리 :
    23(잇수) x 2(모듈)
❹ 기어1 : 피쳐
❺ 원통형 면 선택(우측 스퍼기어 윗면 선택)
❻ 시작 평면 선택(우측 면 선택)
❼ 톱니 수 : 23(잇수)
❽ 이나비 : 12
❾ 계산 → 확인

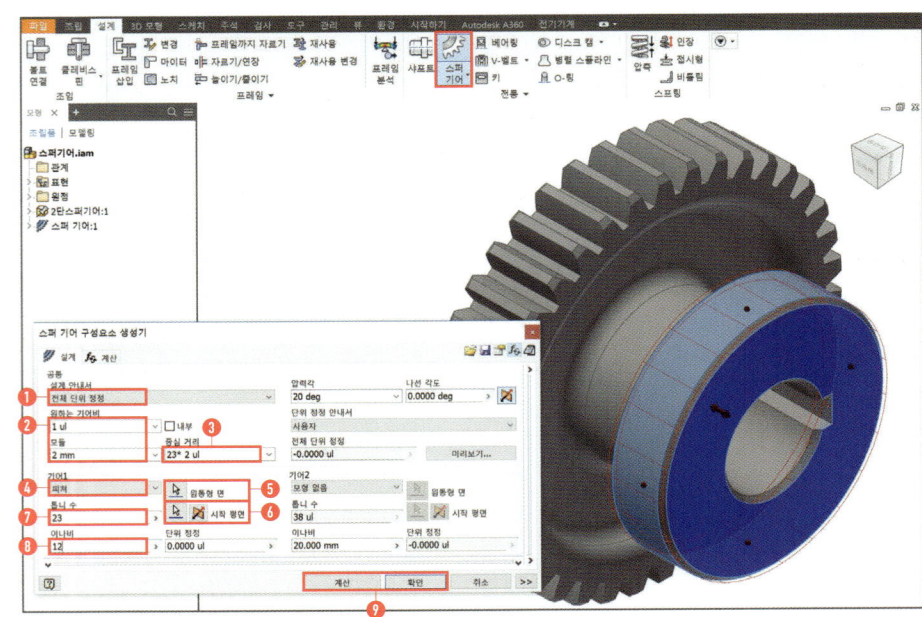

16 생성된 스퍼기어 배치

❶ 모형 검색기 2단 스퍼기어 선택

❷ 마우스 오른쪽 클릭

❸ 열기 선택

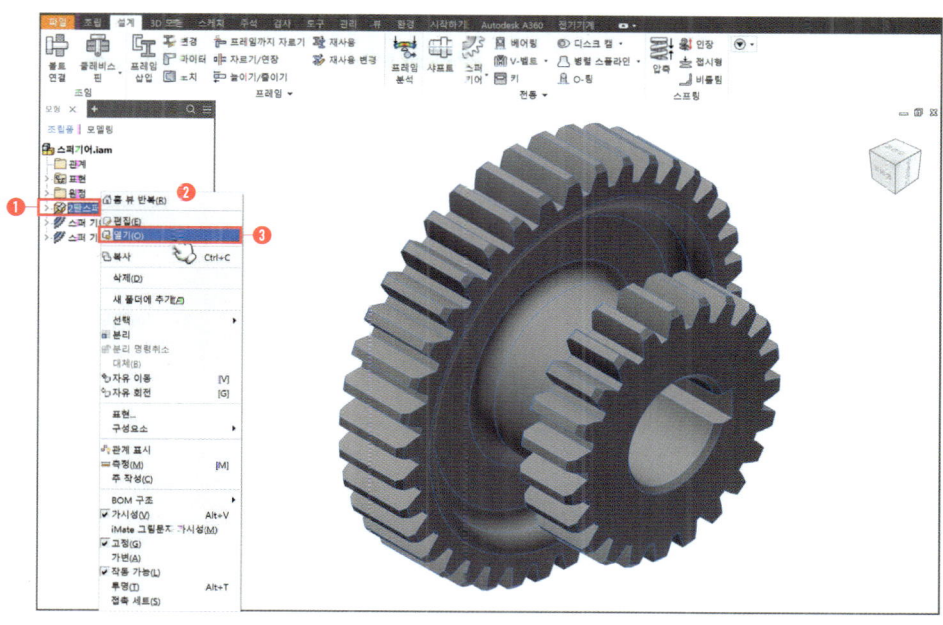

17 파일 선택

❶ 저장 선택(Ctrl+S)

T·I·P
저장을 꼭 해야 합니다. 저장을 하지 않을 경우 설계가속기에서 작업한 내용이 적용되지 않습니다.

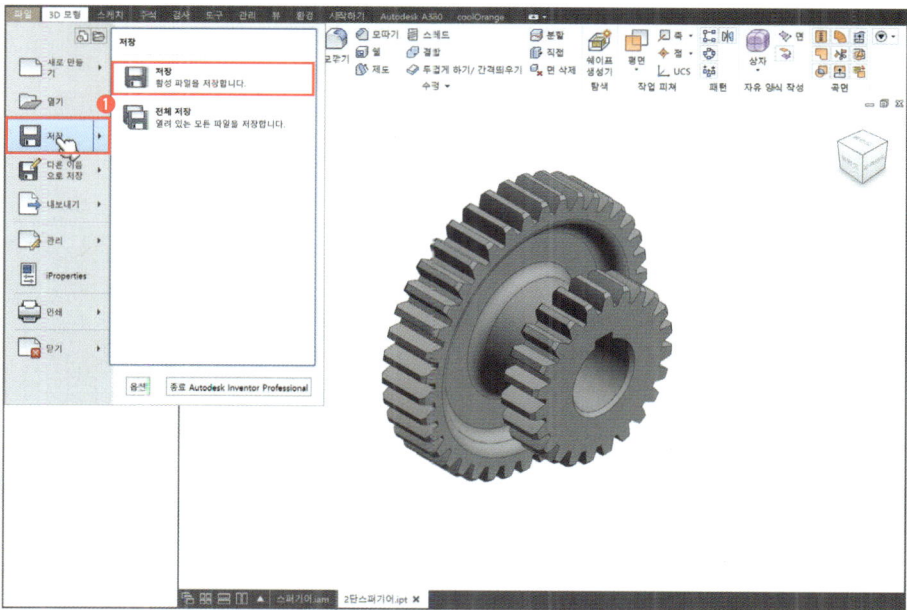

18 모깎기 선택

① 2개의 모서리 선택
② 반지름 : 0.5
③ 확인

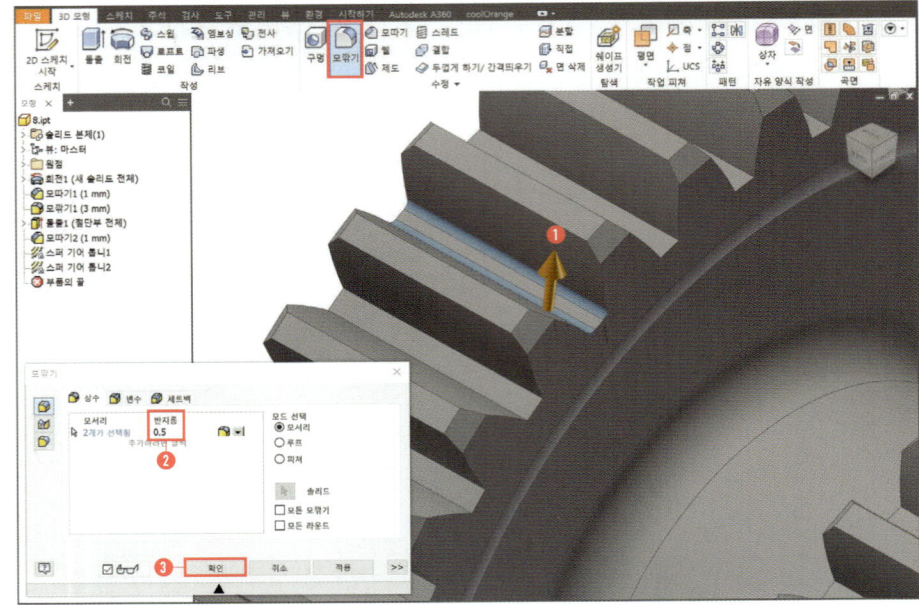

19 원형패턴 선택

① 피쳐 선택(모깎기2)
② 회전축 선택
③ 배치 : 38
④ 각도 : 360
⑤ 확인

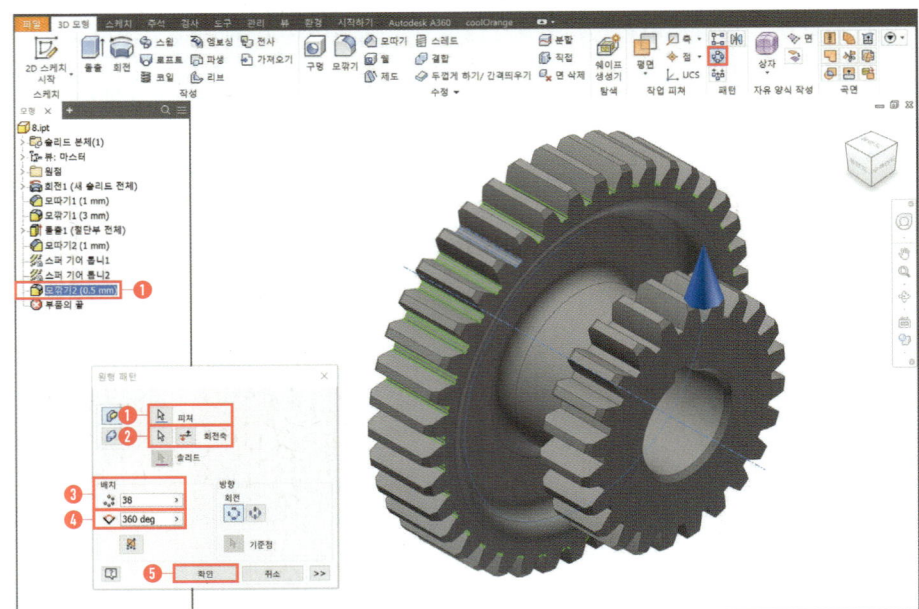

20 모깎기 선택

① 2개의 모서리 선택

② 반지름 : 0.5

③ 확인

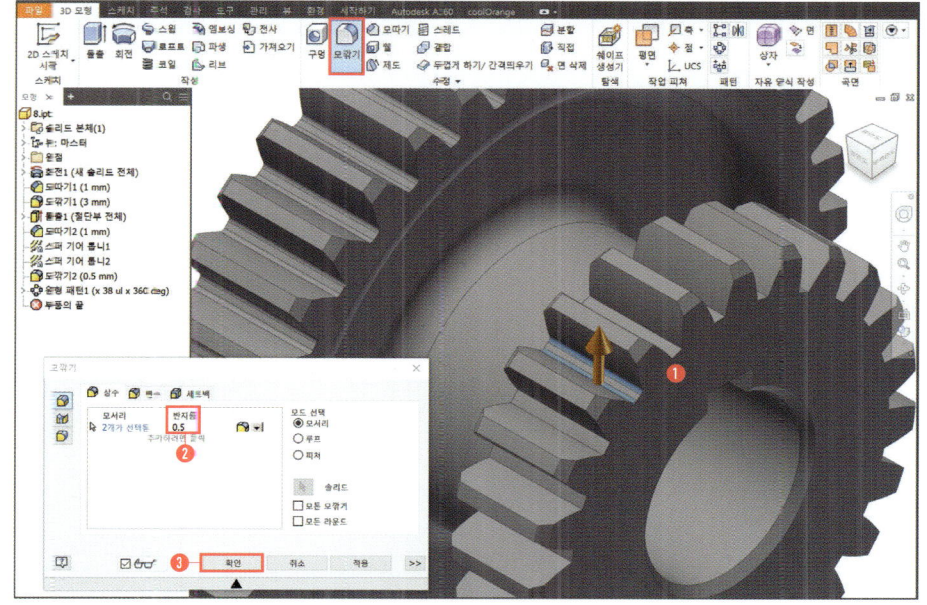

21 원형패턴 선택

① 피쳐 선택(모깎기3)

② 회전축 선택

③ 배치 : 23

④ 각도 : 360

⑤ 확인

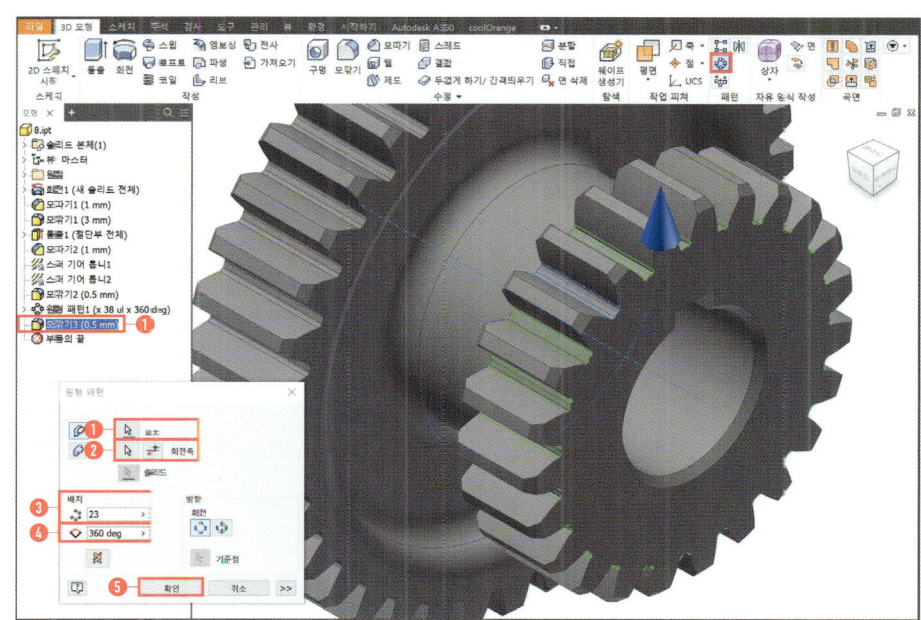

22 스퍼기어 완성

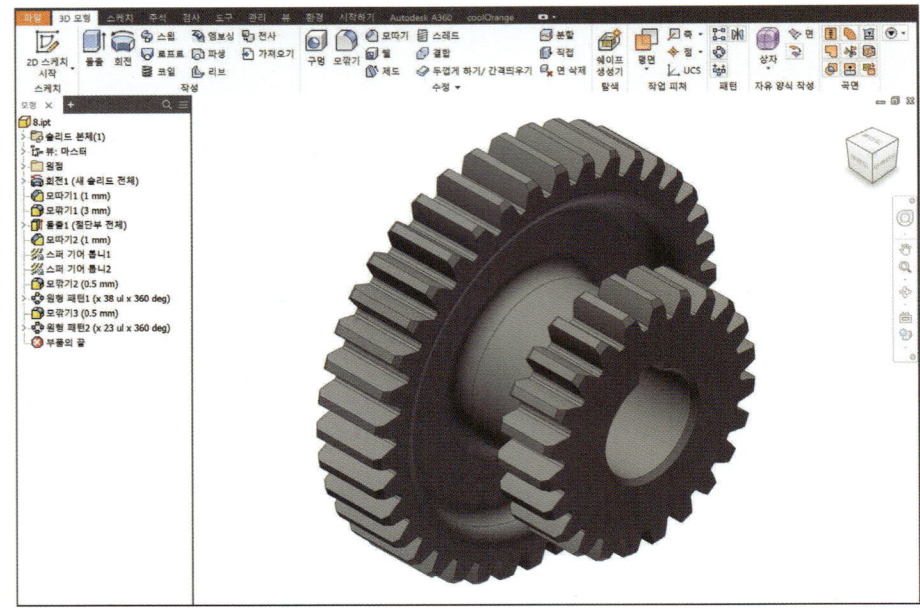

> **T·I·P**
> 내접기어는 시험에 거의 출제되진 않지만 모델링하는 방법은 알고 넘어가도록 합시다. 설계가속기를 사용하면 2개의 기어를 1분만에 모델링하는 것이 가능합니다. 그 밖에 가속기를 사용하지 않고 스케치로만 모델링하는 방법 또한 아래 유튜브강좌에 포함이 되어 있습니다.

NAVER앱 QR코드 스캔으로 해당 무료강좌를 시청하실 수 있습니다.

2D 도면배치
- 도면해독

SECTION 10

2D 도면틀을 템플릿으로 미리 만들어 놓으면 빠르게 2D답안 도면을 작성할 수 있으나, 시험장 가기 전에는 꼭 미리 만들어진 도면 템플릿 및 블럭은 삭제하고, 시험장에 입실하여야 합니다.

NAVER앱 QR코드 스캔으로 해당 무료강좌를 시청하실 수 있습니다.

NAVER앱 QR코드 스캔으로 해당 무료강좌를 시청하실 수 있습니다.

01 파일 → 새로만들기 클릭

　❶ Templates/Metric/
　　ANSI(mm).idw 클릭
　❷ 파일 → 다른 이름으로 저장
　　→ 부품명 작성 → 확인

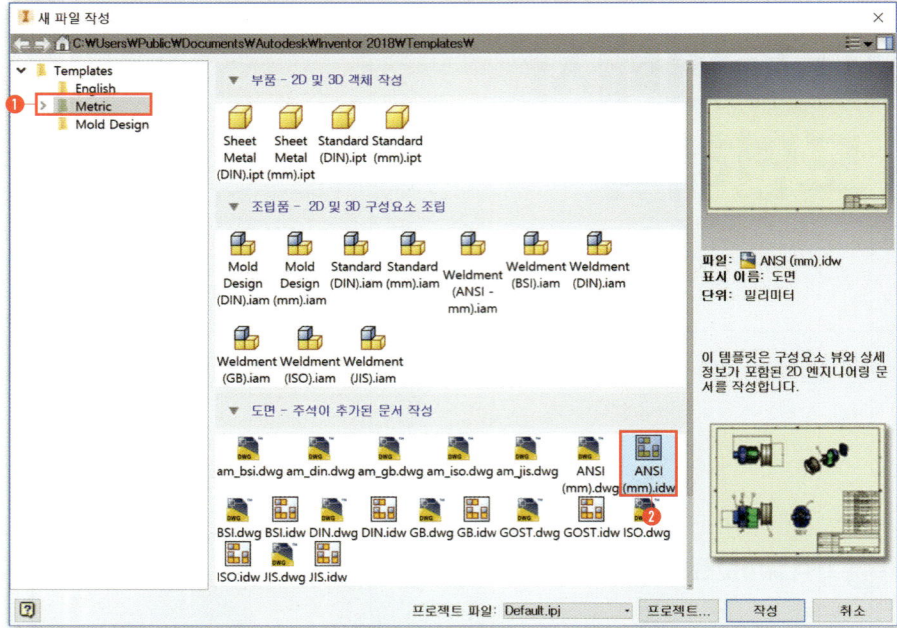

02 모형 검색창 기본 경계, ANSI-
　큼 선택

　❶ 마우스 오른쪽 클릭
　❷ 삭제

T·I·P
추가 선택은 Ctrl 누른 상태로 클릭하면 됩니다.

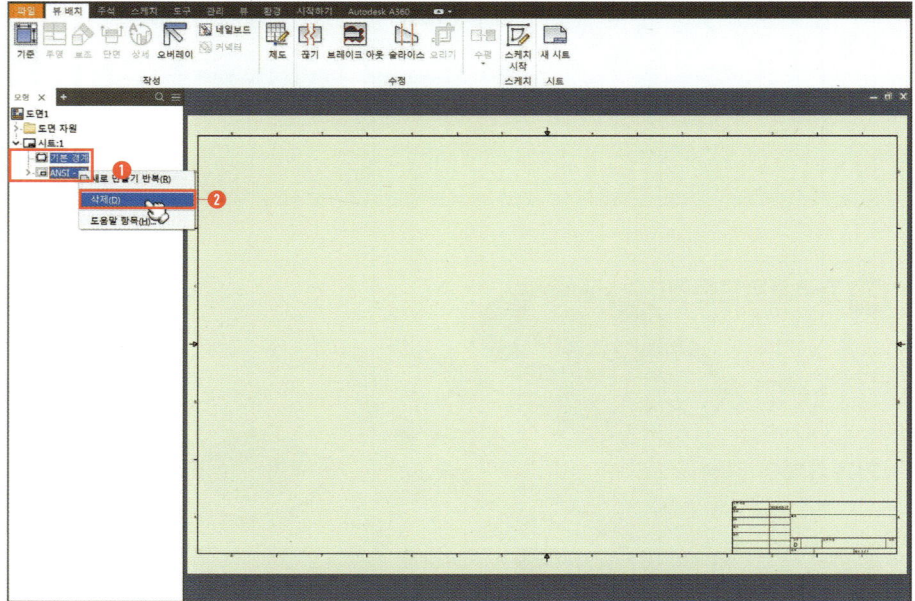

03 기준 선택

① 기존 파일 열기 선택
② 1-본체.ipt 선택
③ 열기

T·I·P
부품 저장 시 이름은 정해져 있지 않기 때문에 작업자가 알아보기 쉽게 이름을 변경하여 저장해도 무방합니다.

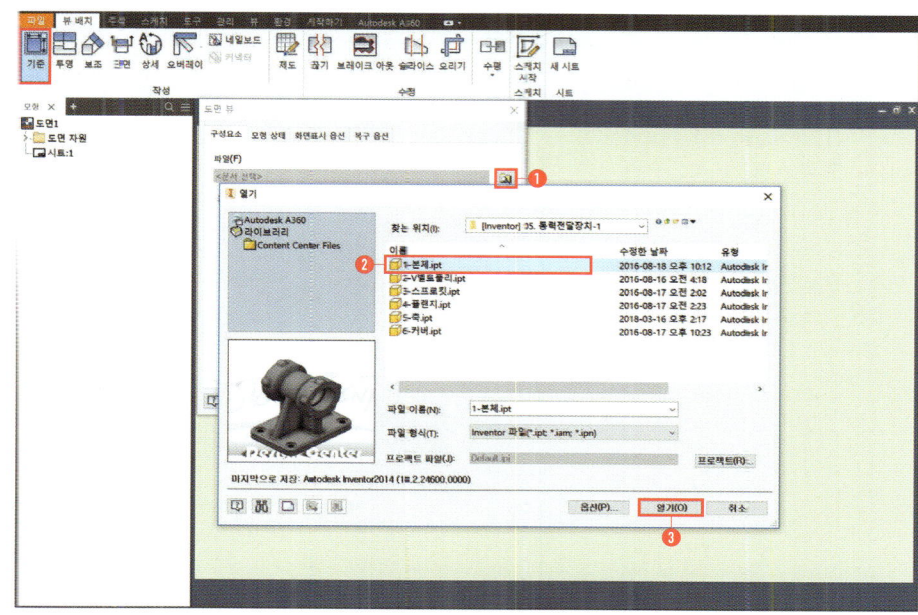

04 뷰큐브를 사용하여 정면도 배치

① 은선제거 선택
② 음영처리 선택
③ 축척 : 1 : 1

T·I·P
뷰 배치를 할 때 형상이 제일 뚜렷하고 잘 표현되는 뷰를 정면도로 배치합니다. 축척은 1:1인지 꼭 확인해야 합니다. 2016버전부터 뷰 배치창이 다르기 때문에 DC튜브 "신버전 배치사용 방법" 강좌를 참조하세요.

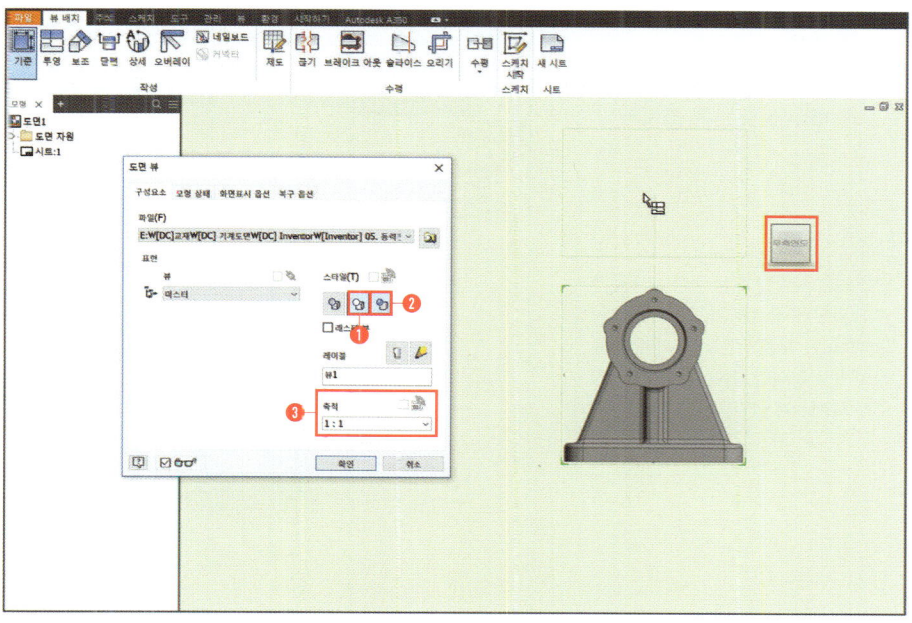

05 화면표시 옵션 선택

　❶ 접하는 모서리 체크 해제
　❷ 평면도 / 좌측면도 배치
　❸ 확인

T·I·P

접하는 모서리 체크 해제를 해야 2D 작업할 때 불필요한 선들을 정리할 수 있습니다. 3D배치 시 다시 체크하여 작업합니다.

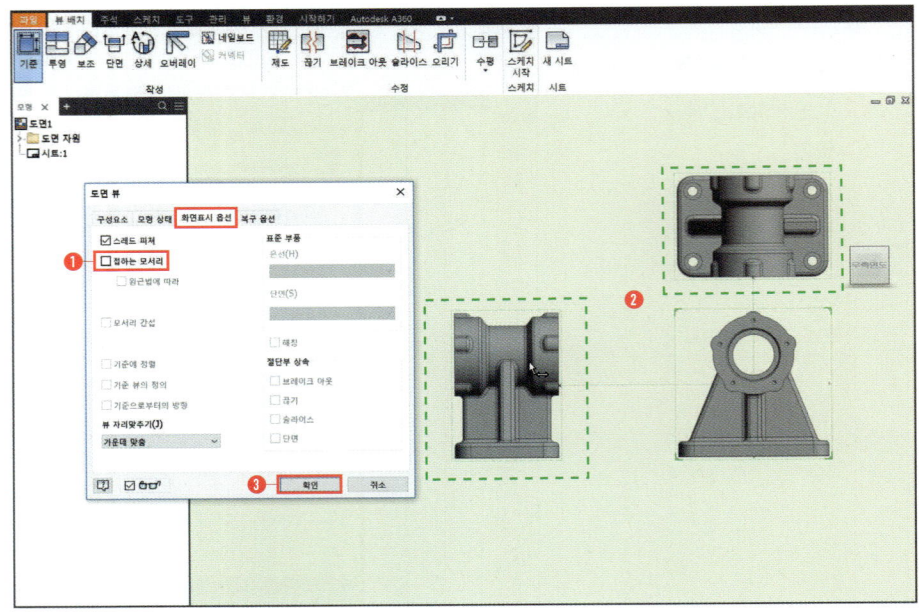

06 단면 선택

　❶ 정면도에서 단면선을 작성
　❷ 마우스 오른쪽 클릭
　❸ 계속

T·I·P

단면선을 작성할 때는 중심이나 중간점에 마우스 커서를 가져가면 스냅이 활성화되기 때문에 정확하게 단면선을 작성해야 합니다. 잘못 작성하면 2D 배치 시 치수가 맞지 않을 수 있습니다.

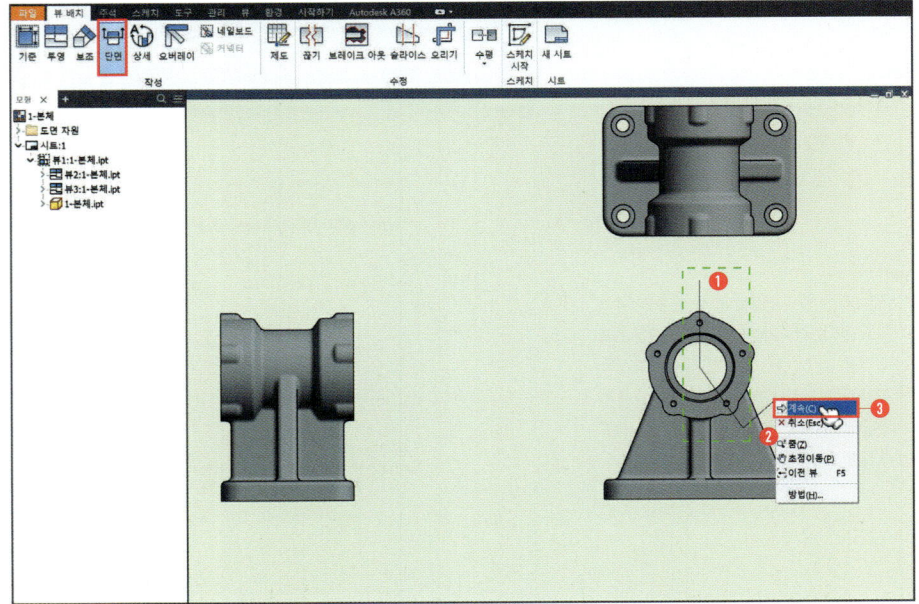

07 단면 방향으로 배치

❶ 은선제거 선택
❷ 음영처리 선택
❸ 뷰 식별자 : A
❹ 축척 : 1 : 1
❺ 확인

T·I·P

조합단면도를 하나 더 배치하는 이유는 오토캐드 2D에서 2D답안도면을 작성하기 때문에 자신이 2D답안도면에 필요한 뷰를 인벤터에서 배치를 하면 됩니다.

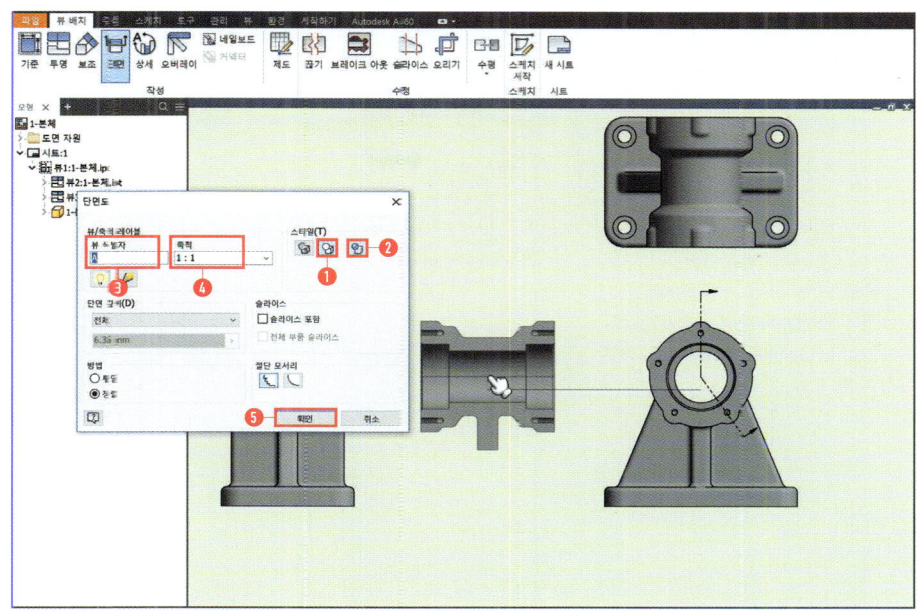

08 브레이크 아웃할 뷰 선택

❶ 스케치 시작 선택

T·I·P

보통 브레이크 아웃 오류(닫힌 프로파일)창이 뜨는 이유는 뷰를 정확하게 선택하지 않고 스케치 시작을 누르고 스케치를 시작했기 때문입니다. 정확하게 뷰가 선택되었는지 확인(왼쪽 모형트리에서 확인)하고 스케치를 시작하세요.

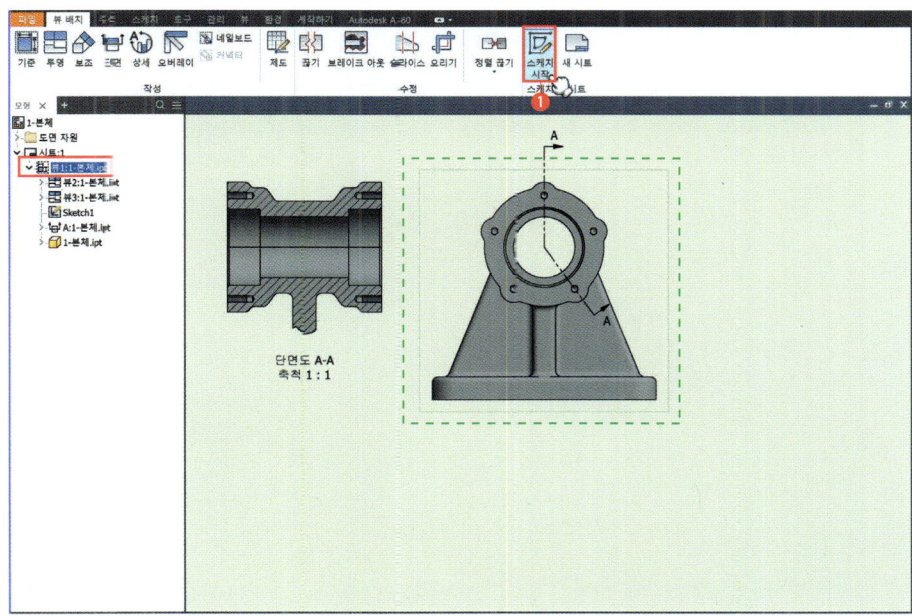

09 ▭ 2점 직사각형 선택

❶ 부분단면할 위치에 사각형 스케치

T·I·P

자신이 부분단면할 위치를 정확하게 알 수 없을 때는 뷰를 선택 → 마우스 오른쪽 클릭 → 뷰편집창에서 은선으로 선택하면 은선으로 표시됩니다. 작업이 다 끝나면 다시 은선을 제거하면 됩니다.

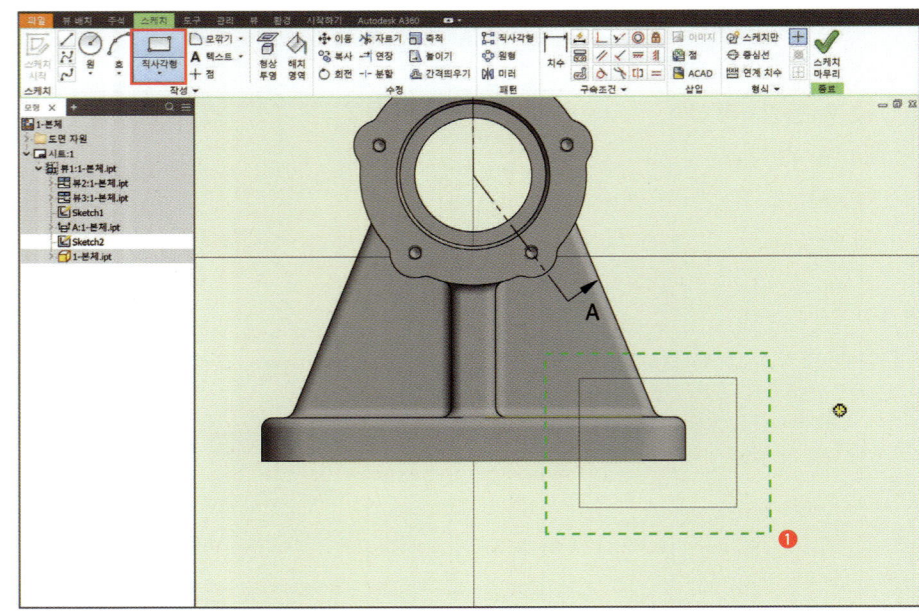

10 🖼 브레이크 아웃 선택

❶ 프로파일 선택 (스케치한 사각형)
❷ 시작 점 선택(단면 기준점)
❸ 확인

T·I·P

브레이크 아웃을 처음 사용할 때 단면할 시작점을 어디로 잡아야 할지 모르겠다면 DC튜브 "브레이크 아웃 제대로 알고 사용하자" 강좌를 참조하세요.

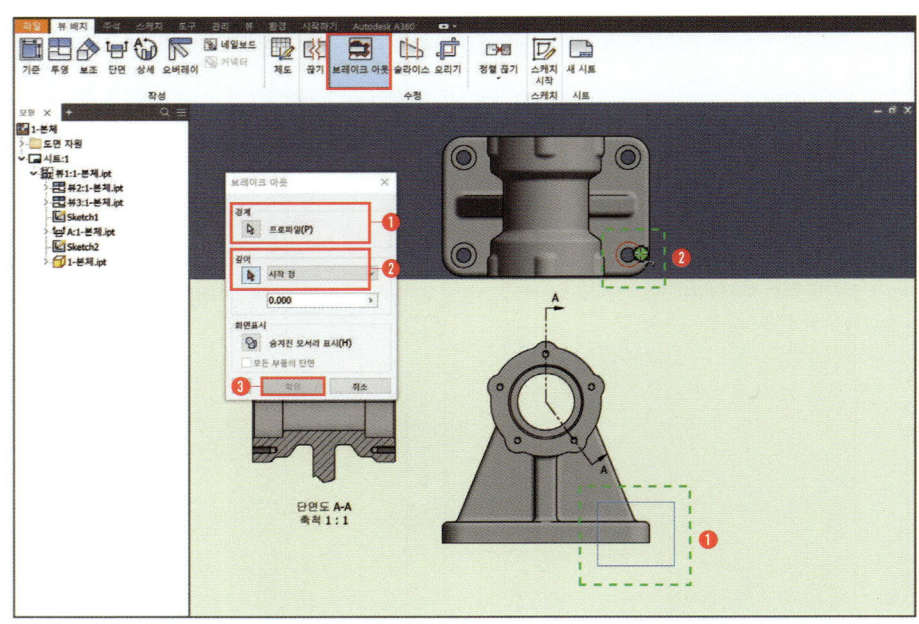

11 3~5번과 동일한 방법으로
V 벨트풀리 배치

❶ 은선제거 선택
❷ 음영처리 선택
❸ 접하는 모서리 체크 해제
   (5번 참조)
❹ 축척 : 1 : 1
❺ 확인

T·I·P
배치하는 방법은 동일하기 때문에 따로 설정하지 않고 진행합니다.

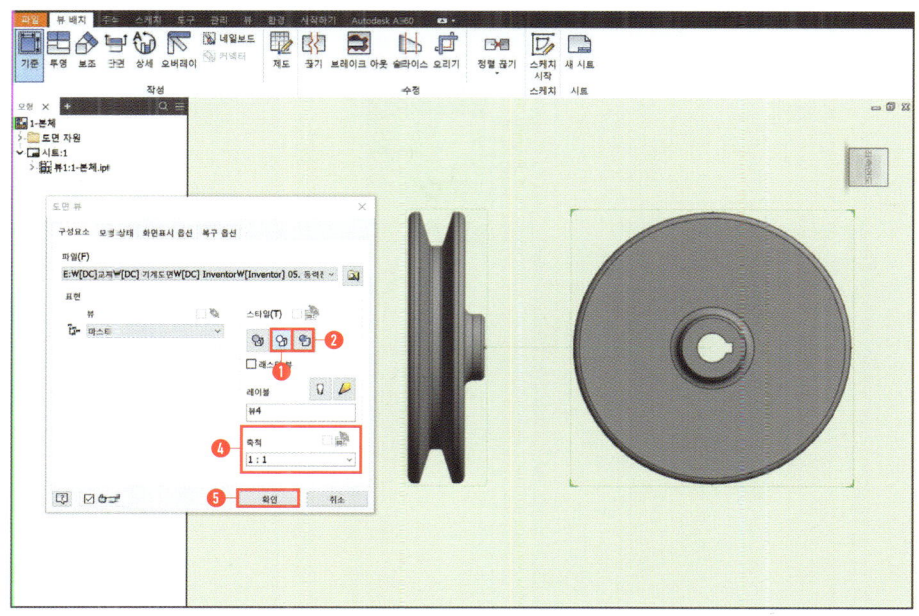

12 브레이크 아웃할 뷰 선택

❶ 스케치 시작 선택

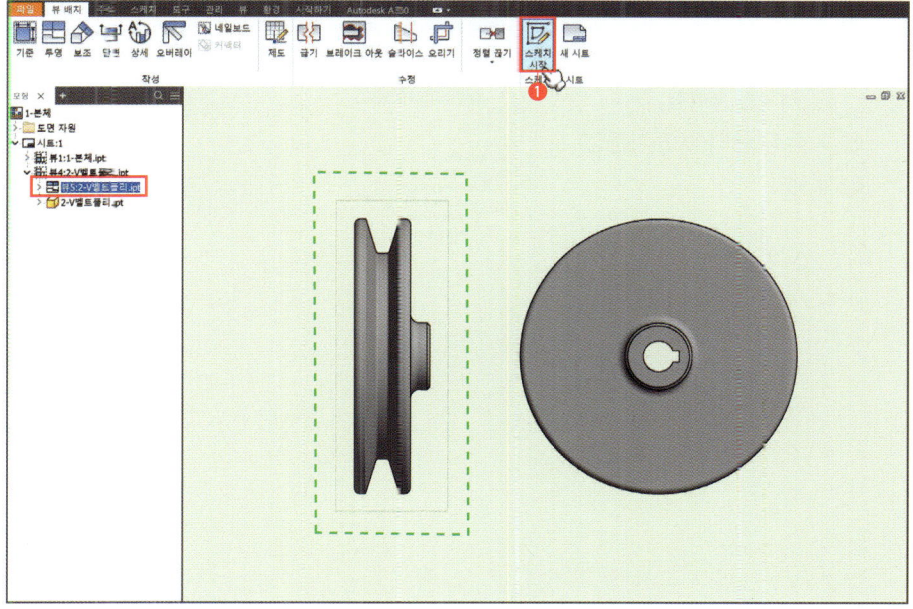

13 ▭ 2점 직사각형 선택

❶ 부분단면할 위치에 사각형 스케치

T·I·P
사각형은 특별한 치수는 없으며 V 벨트 풀리보다 크게 스케치하면 됩니다.

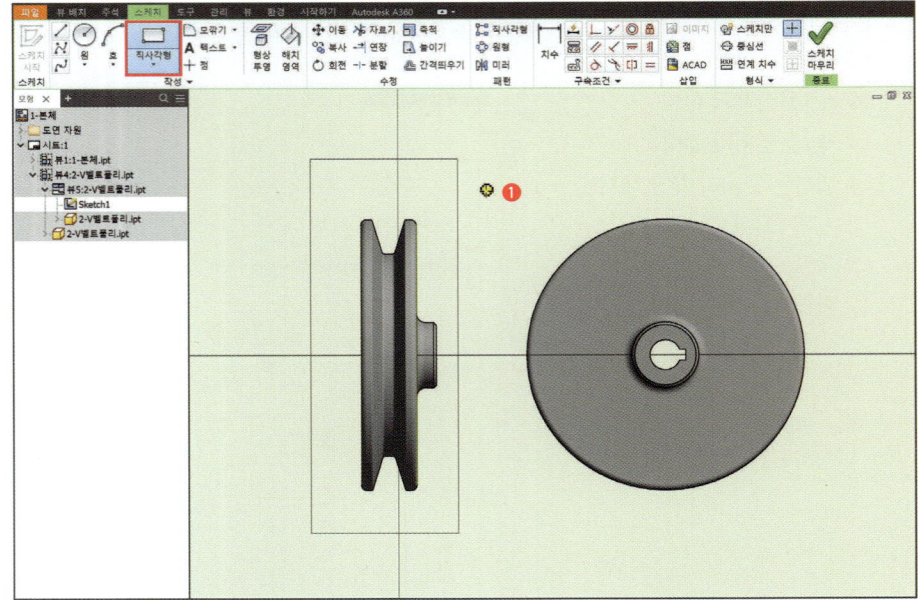

14 🗔 브레이크 아웃 선택

❶ 프로파일 선택 (스케치한 사각형)
❷ 시작 점 선택(단면 기준점)
❸ 확인

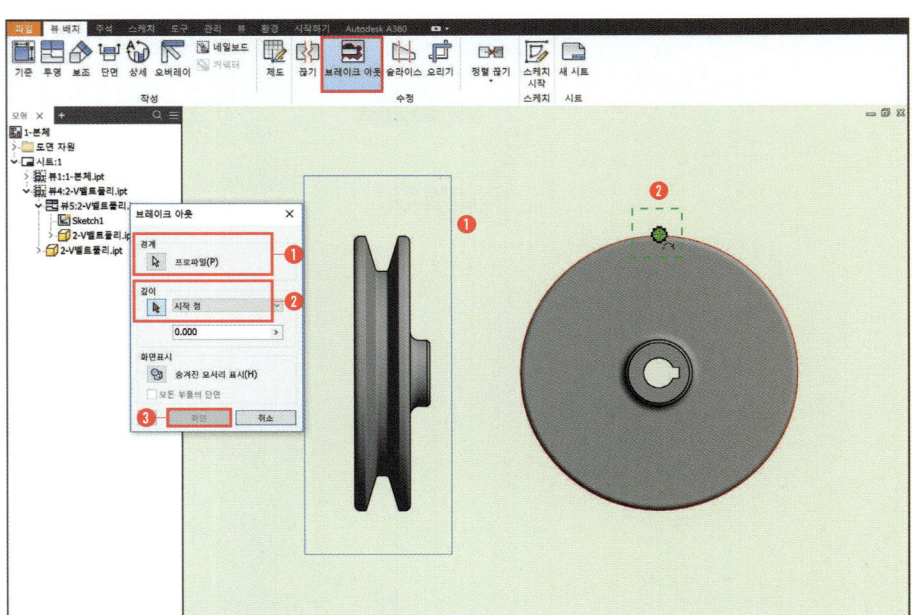

15 전단면도 완성

T·I·P

전체를 단면하는 전단면도일 경우는 브레이크 아웃과 단면기능 중에서 본인이 편한 기능으로 단면뷰를 완성하면 됩니다.

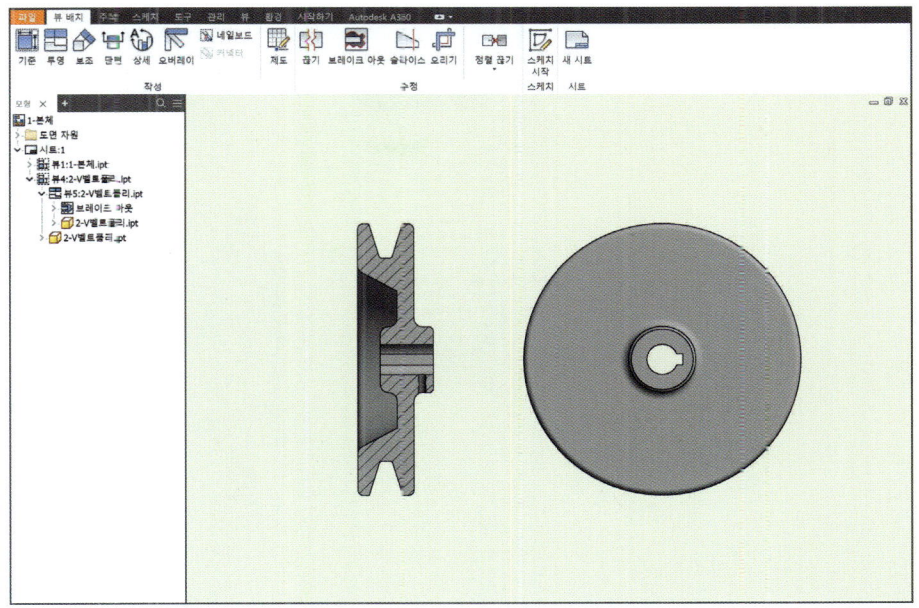

16 스프로킷 배치

❶ 11~15번과 동일하게 작업

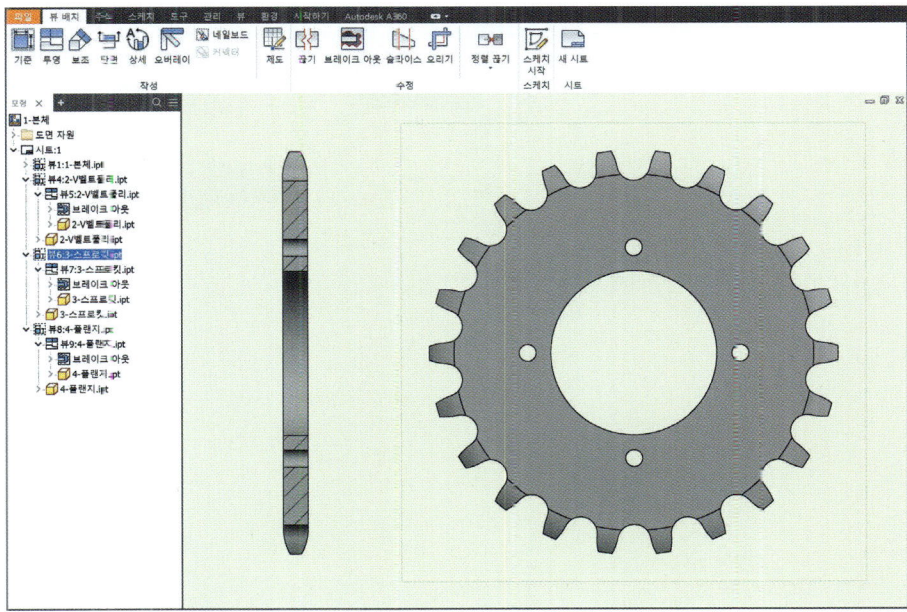

17 스프로킷 배치

❶ 11~15번과 동일하게 작업

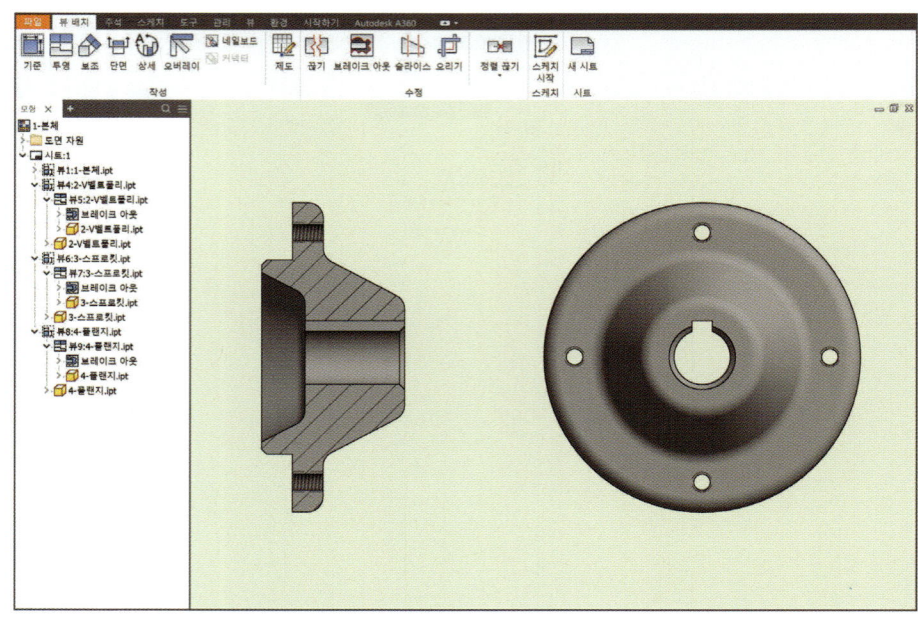

18 축 배치

❶ 11~15번과 동일하게 작업

T·I·P

2D도면작업은 오토캐드에서 하기 때문에 축의 경우 단면을 하지 않고 은선을 선택한 다음 배치하면 됩니다. 축은 단면하면 안 되는 부품입니다.

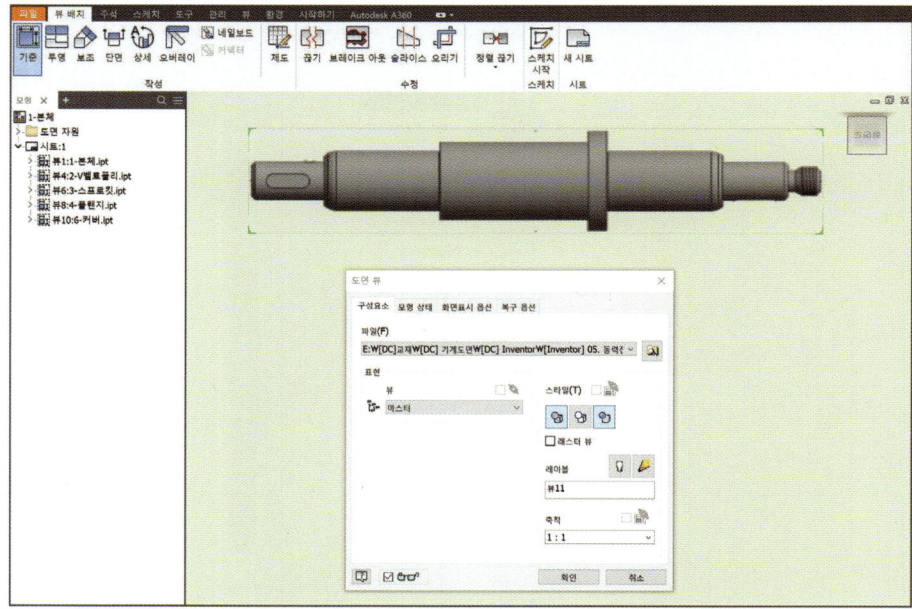

19 커버 배치

① 🗐 단면 선택
② 정면도에서 단면선을 작성
③ 마우스 오른쪽 클릭
④ 계속

T·I·P

단면선을 작성할 때는 중심이나 중간점에 마우스 커서를 두면 스냅이 활성화되기 때문에 정확하게 단면선을 작성해야 합니다. 작성을 잘못할 경우 2D 배치 시 치수가 맞지 않을 수 있습니다.

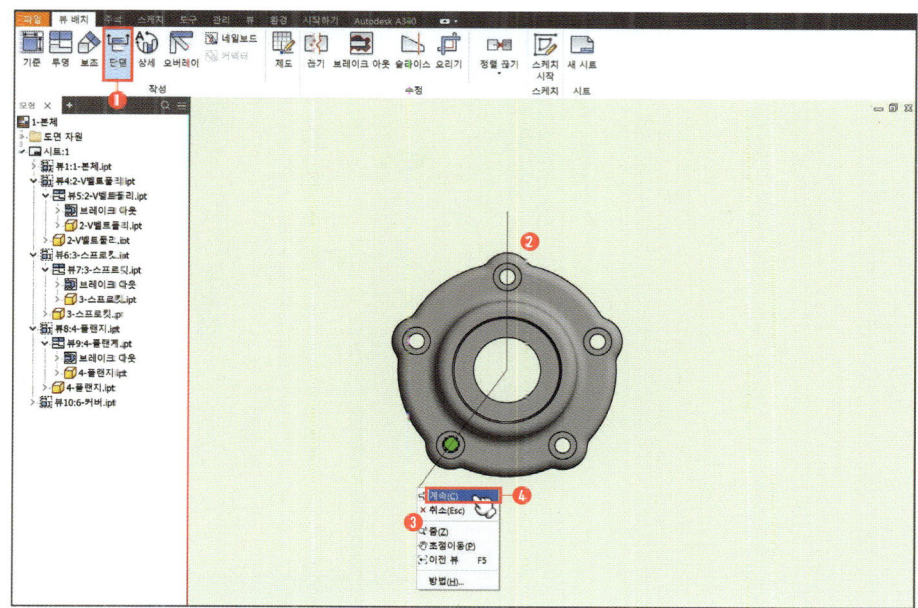

20 단면 방향으로 배치

① 🔘 은선제거 선택
② 🔘 음영처리 선택
③ 뷰 식별자 : B
④ 축척 : 1 : 1
⑤ 확인

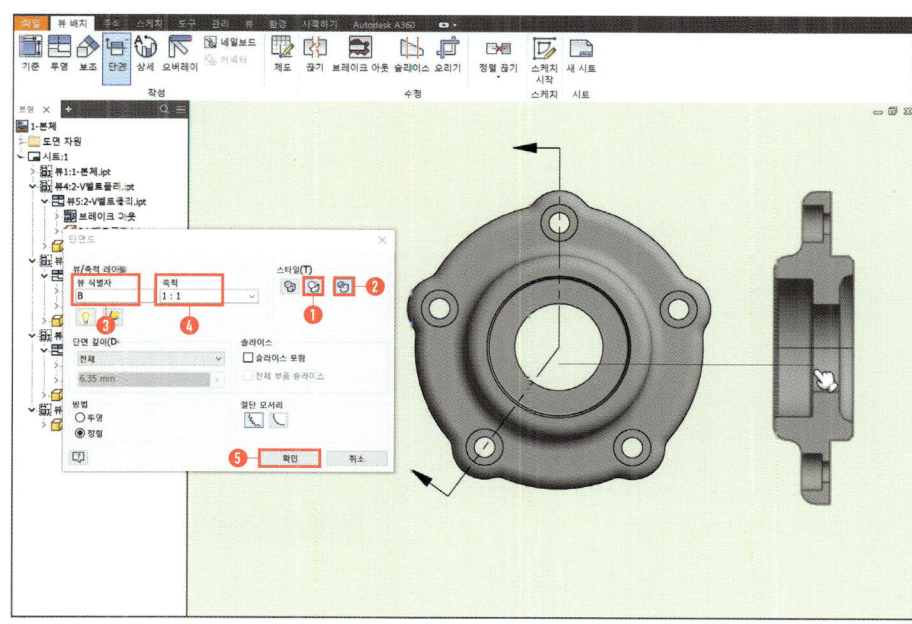

21 파일 선택

❶ DWG로 내보내기

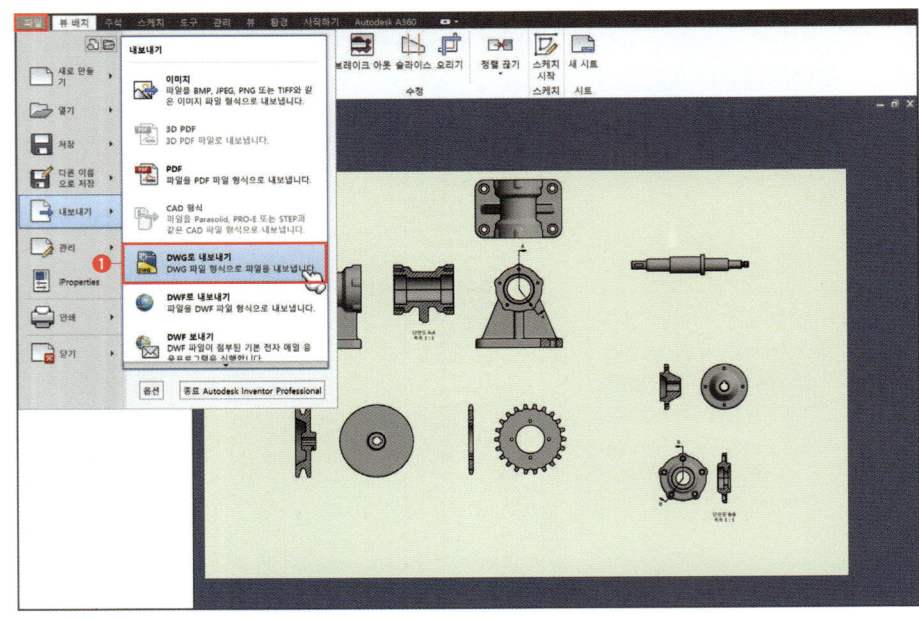

22 옵션 선택

❶ 구성 : 기본 DWG 구성
❷ 파일 버전 :
   AutoCAD 2007 도면
❸ 파일이름 :
   동력전달장치-CAD
❹ 저장

T·I·P

옵션에서 기본 DWG 구성으로 선택을 하지 않을 경우 Zip파일로 압축이 되어서 저장됩니다. 또한 파일의 버전을 AutoCAD 2007로 선택해야 하위버전에서도 캐드파일이 열립니다.

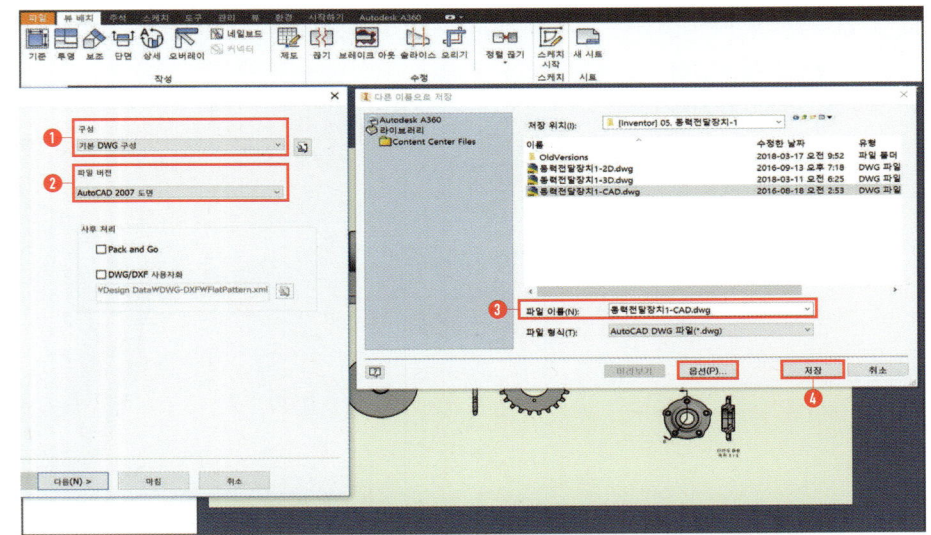

23 AutoCAD 실행

❶ DWG로 내보내기한 캐드파일 열기

❷ 전체 선택 후 Layer 0 선택

T·I·P

레이어를 변경하는 이유는 템플릿으로 이동 시 불필요한 레이어들이 같이 들어오기 때문에 기본 0번 레이어로 변경해서 복사한 후 가져오는 것을 추천합니다.

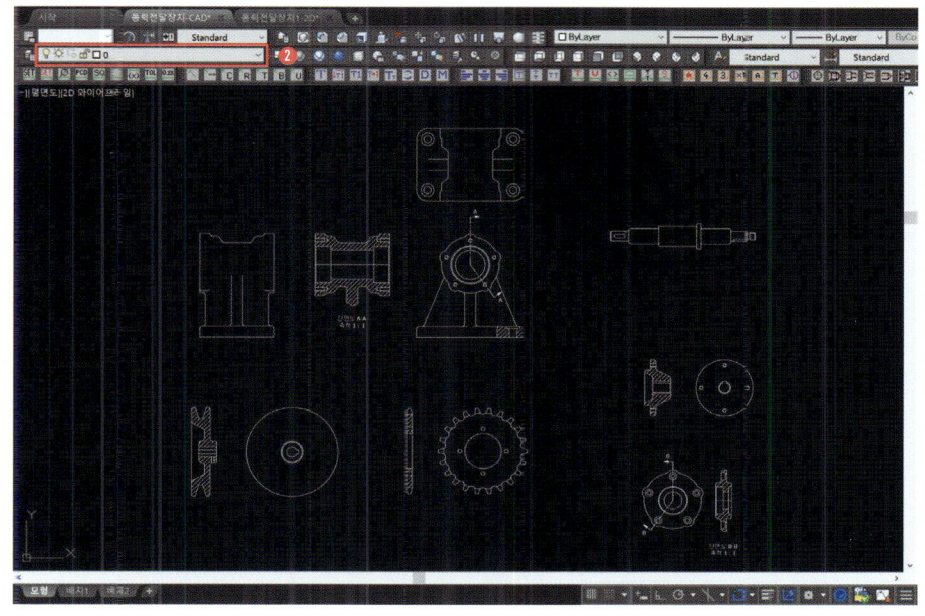

24 1강에서 만든 도면 템플릿파일 열기

❶ 템플릿 파일로 복사
 (전체 선택 Ctrl+C → Ctrl+V)

❷ 인벤터에서 배치한 도면으로 2D도면 정리

T·I·P

2D도면 작업속도는 오토캐드가 제일 빠릅니다. 인벤터에서도 2D도면 작업을 할 수 있지만, 시간이 오래 걸리며 실무에서는 오토캐드를 주로 사용하기 때문에 반드시 숙지해야 합니다.

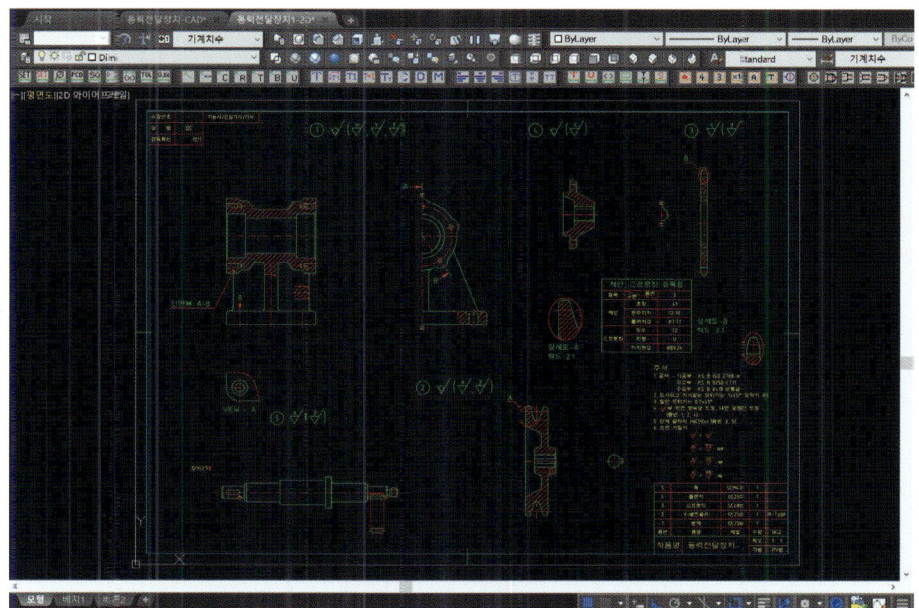

25 치수 기입

❶ 개별주서 작성
❷ 끼워맞춤 공차 기입

T·I·P

주서 작성법 및 끼워맞춤 공차 개념 강좌는 유튜브 도면해독 강좌를 참조하면 됩니다. 시험에서는 헐거움 끼워맞춤, 중간 끼워맞춤을 많이 사용합니다.

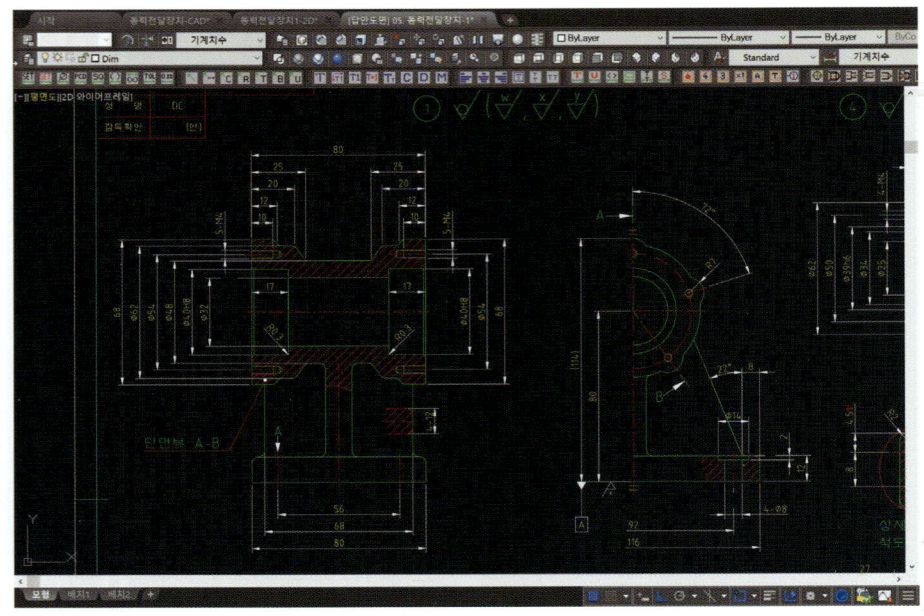

26 표면 거칠기 작성

T·I·P

∇ : 주물제품 기본거칠기입니다.
∇ : 가공은 하나 접촉하지 않는 면
∇ : 가공 후 조립되는 접촉하는 면
∇ : 정밀가공 및 회전운동이 있는 면

※ 시험에서 z거칠기는 사용하지 않아도 됩니다.

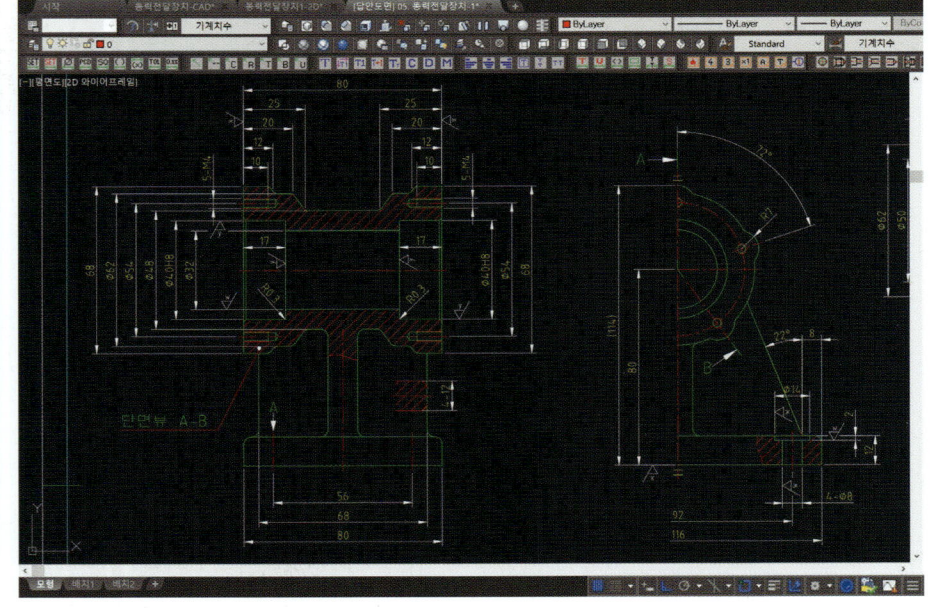

27 데이텀 & 기하공차 작성

T·I·P

기하공차 종류는 14가지 정도가 있으며, 실질적으로 시험에서 사용하는 기하공차는 평행도, 직각도, 동심도, 원통도, 흔들림(원주), 흔들림(온) 6가지 정도만 사용해도 충분합니다.
IT 공차는 5급을 규격집에서 찾아 적용시켜야 하지만 시간이 많이 소모되기 때문에 하나로 통일해서 기입해도 무관합니다.

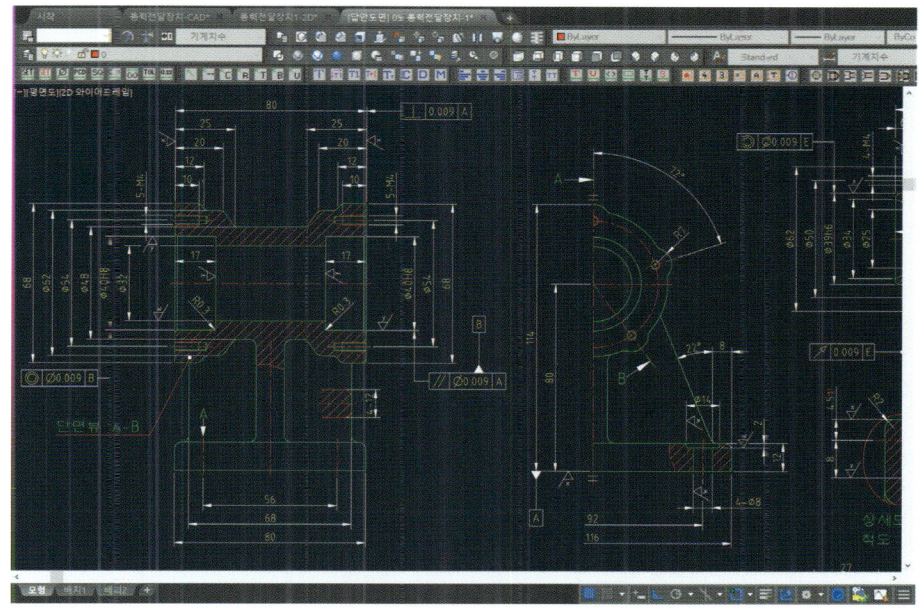

28 2D 답안도면 완성!

유의사항 ▶▶▶

본서는 인벤터에 관한 내용을 담고 있으며, CAD 기초 사용방법에 대해 다루지 않고 있습니다. CAD 기초를 다룰 줄 안다면 유투브 강좌를 참조하여 충분히 따라할 수 있습니다.

T·I·P

인벤터는 2016버전부터 2D 배치하는 인터페이스가 변경되었습니다.
신버전을 사용하는 분들은 '신버전 도면뷰 배치 사용방법' 강좌를 참조하세요.

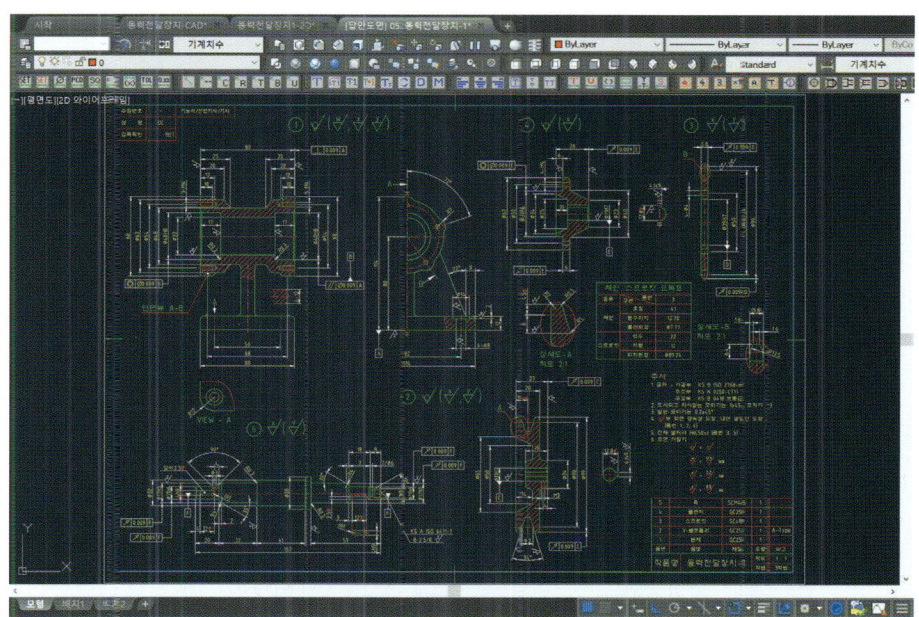

3D 도면배치

SECTION 11

3D 답안도면을 완성하는 과정입니다.
3D답안도면 표제란은 2D 답안도면에서 사용한 CAD도면틀을 불러와서 사용하면 되고, 도면틀 저장 시에 '척도 : NS, 각법 : 등각'으로 변경하고 글자체는 굴림으로 변경해야 PDF로 출력 시 글자오류가 나지 않습니다.
일반기계기사도 우측하단에 표제란을 작성해야 하며, 인벤터 신버전을 사용하는 분들은 3D답안도면 출력 시 부품이 어둡게 출력이 되기 때문에 좀 더 밝은 톤으로 출력을 하면 됩니다.
변경 방법은 아래 유튜브강좌를 참조하세요!

NAVER앱 QR코드 스캔으로 해당 무료강좌를 시청하실 수 있습니다.

01 파일 → 새로만들기 클릭

❶ Templates/Metric/ANSI(mm).idw 클릭

❷ 파일→다른 이름으로 저장 → 부품명 작성 → 확인

02 모형 검색창 기본 경계, ANSI-큼 선택

❶ 마우스 오른쪽 클릭

❷ 삭제

T·I·P
추가 선택은 Ctrl을 누른 상태로 클릭하면 추가 선택됩니다.

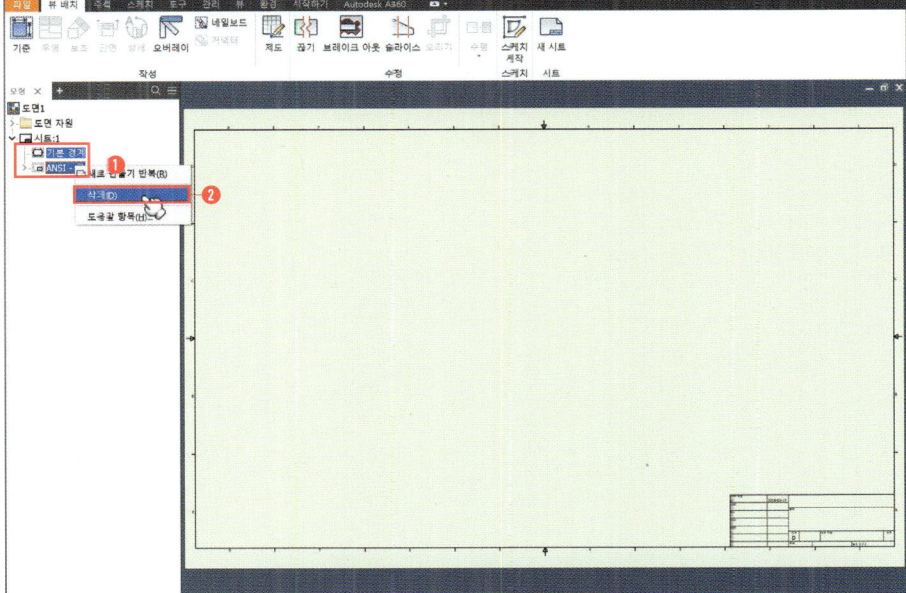

03 시트 선택

① 마우스 오른쪽 클릭

② 시트 편집 선택

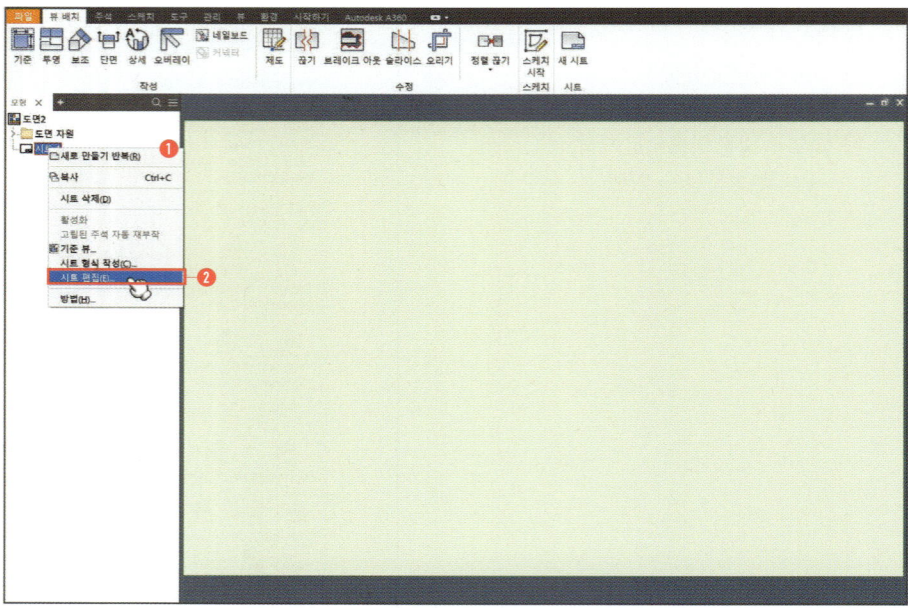

04 시트 편집창 설정

① 크기 : A2

② 확인

T·I·P

배치는 A2에 하고 PDF로 저장 후 출력은 A3에 합니다.

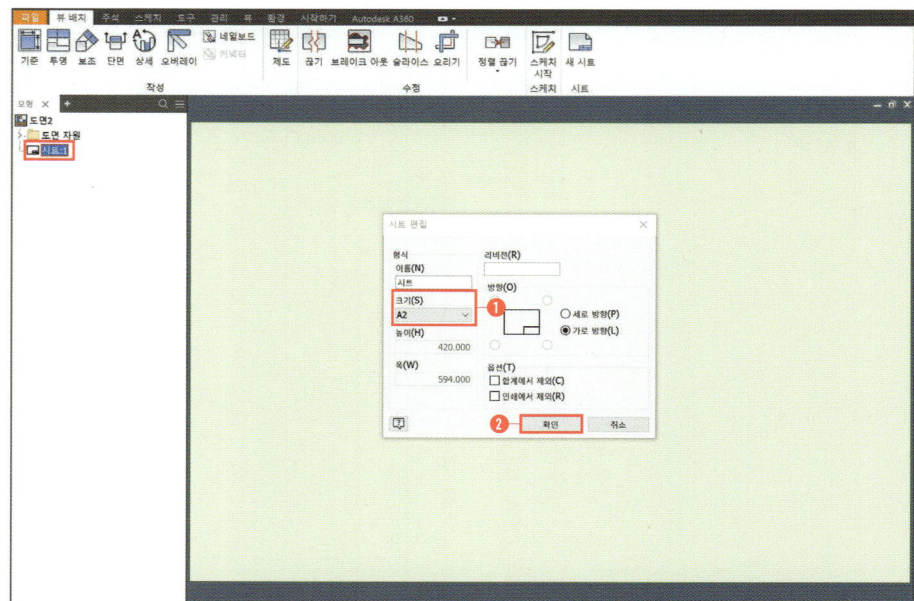

05 뷰 배치 탭 선택

❶ 스케치 시작 선택

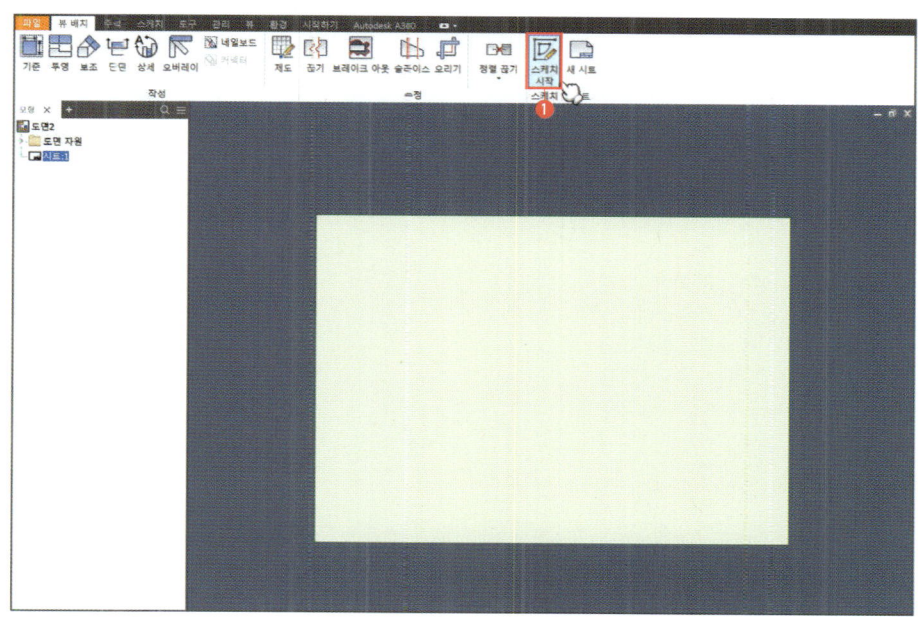

06 CAD에서 미리 작업한 3D 표제란 파일 불러오기

T·I·P
3D 표제란 작성 방법은 유튜브 강좌 참조!

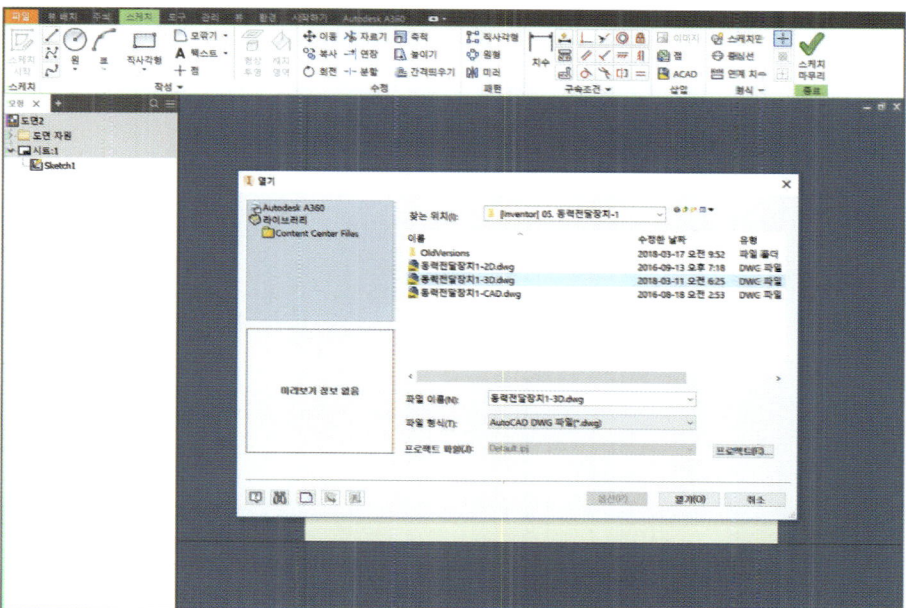

07 Model 선택 후 마침

T·I·P

처음 가져오기할 때 Model 선택이 안되어 있고 배치1이 선택되어 있으면 아무것도 안 나오기 때문에 Model을 선택해야 합니다.
DWG TrueView가 설치되어 있지 않으면 해당 창은 나오지 않습니다.
도면틀을 가져올 시 오류가 발생하는 수험생 분들은 DC튜브 유튜브강좌 "DWG True View 오류 해결법" 강좌를 참조하세요.

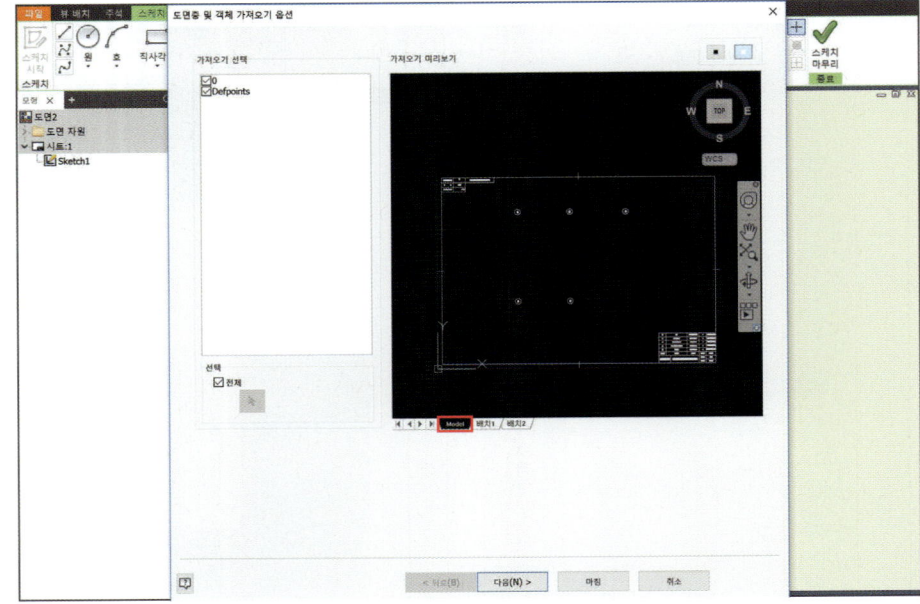

08 스케치 마무리 선택

T·I·P

표제란을 가져올 시 해당 문자들 앞에 qc라고 기입이 된다면 CAD에서 문자 설정을 잘못했기 때문입니다.
DC튜브 유튜브 강좌 "qc문자오류 해결방법" 강좌를 참조하세요.

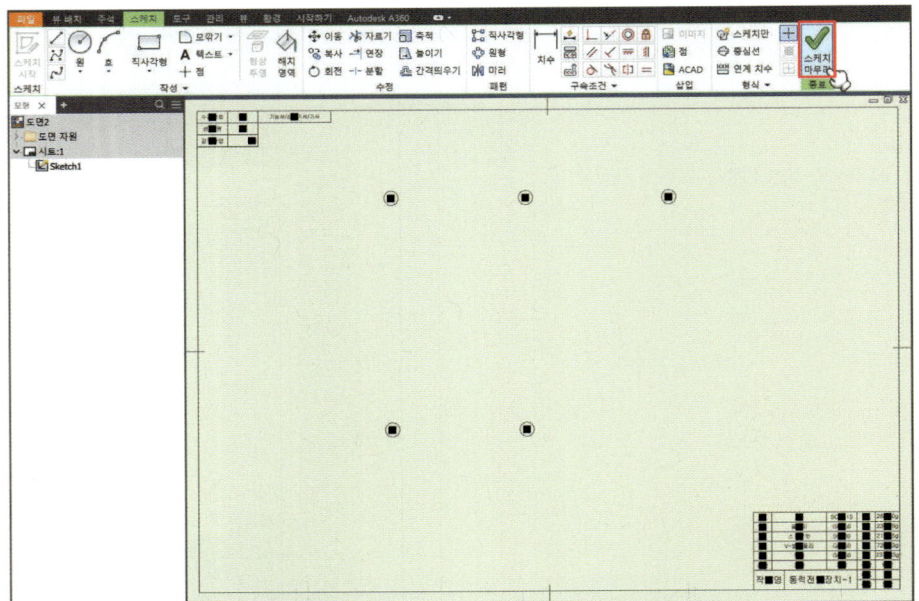

09 　기준 선택

　❶ 　뷰큐브를 사용하여 부품 배치

　❷ 형상이 잘 보이는 등각뷰 2개 배치

　❸ 　은선제거 선택

　❹ 　음영처리 선택

　❺ 화면표시옵션:스레드피쳐 /접하는 모서리 체크

　❻ 확인

T·I·P

3D답안도면 배치 시 접하는 모서리를 체크 해야 합니다.

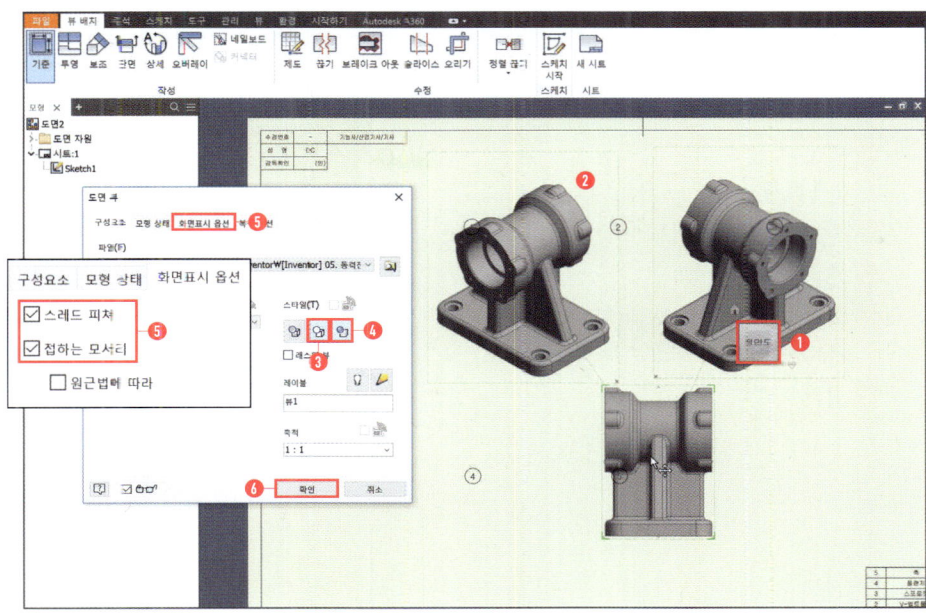

10 　배치에 사용한 뷰 선택

　❶ 마우스 오른쪽 클릭

　❷ 억제 선택

T·I·P

등각뷰를 배치할 때 사용했던 뷰는 필요 없을 시 해당 내용과 같이 억제를 해도 되지만 Del 키로 삭제해도 됩니다.

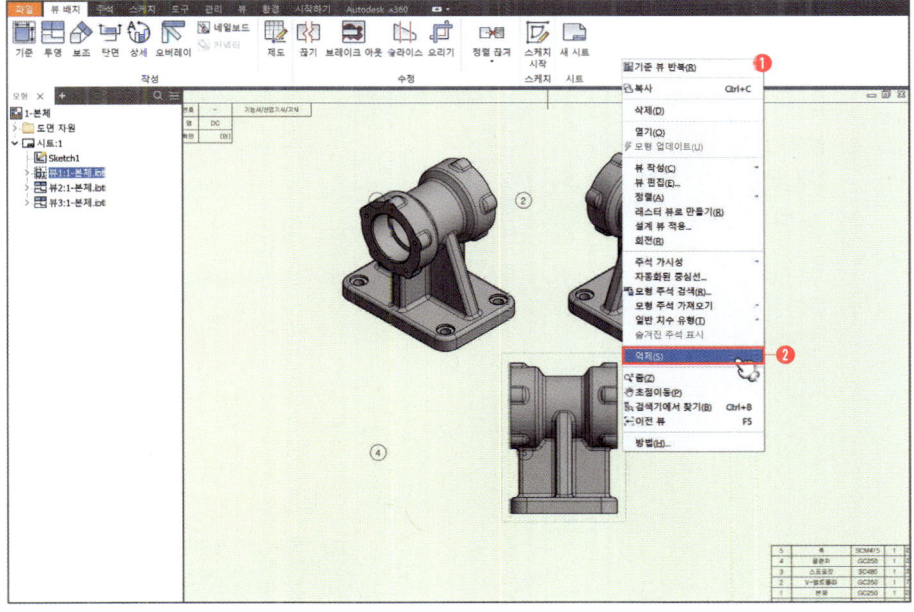

11 ▨ 기준 선택

① ▨ 뷰큐브를 사용하여 스프로킷 배치

② 형상이 잘 보이는 등각뷰 2개 배치

③ ⌬ 은선제거 선택

④ ⌬ 음영처리 선택

⑤ 화면표시옵션:스레드피쳐 /접하는 모서리 체크

⑥ 확인

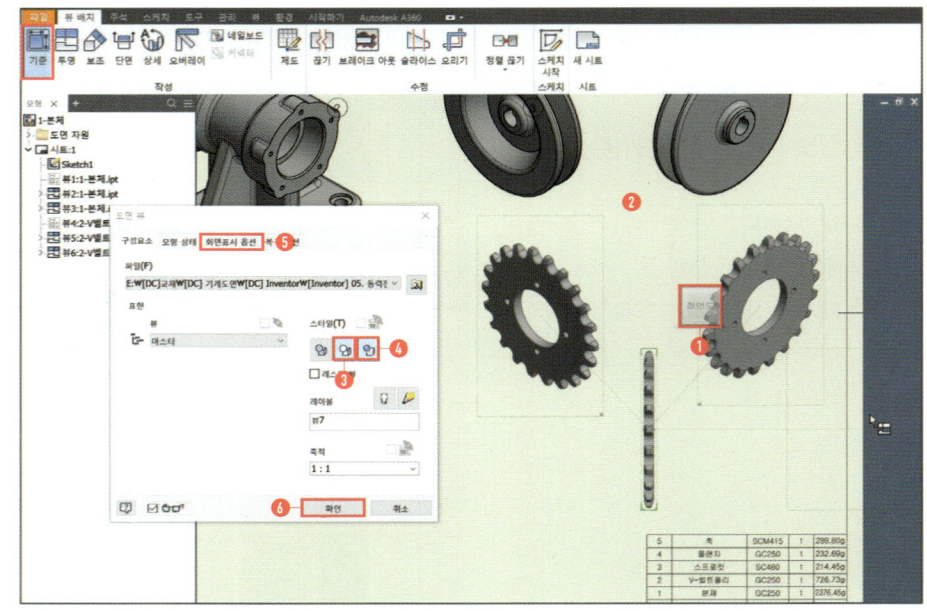

12 ▨ 기준 선택

① ▨ 뷰큐브를 사용하여 플랜지 배치

② 형상이 잘 보이는 등각뷰 2개 배치

③ ⌬ 은선제거 선택

④ ⌬ 음영처리 선택

⑤ 화면표시옵션:스레드피쳐 /접하는 모서리 체크

⑥ 확인

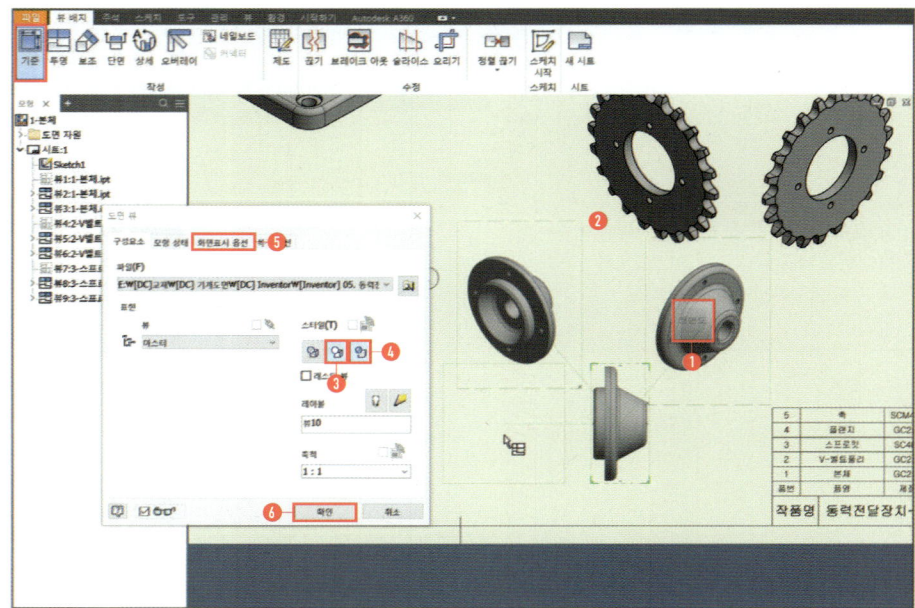

13 ▣ 기준 선택

❶ 뷰큐브를 사용하여 축 배치
❷ 형상이 잘 보이는 등각뷰 2개 배치
❸ 은선제거 선택
❹ 음영처리 선택
❺ 화면표시옵션:스레드피쳐/접하는 모서리 체크
❻ 확인

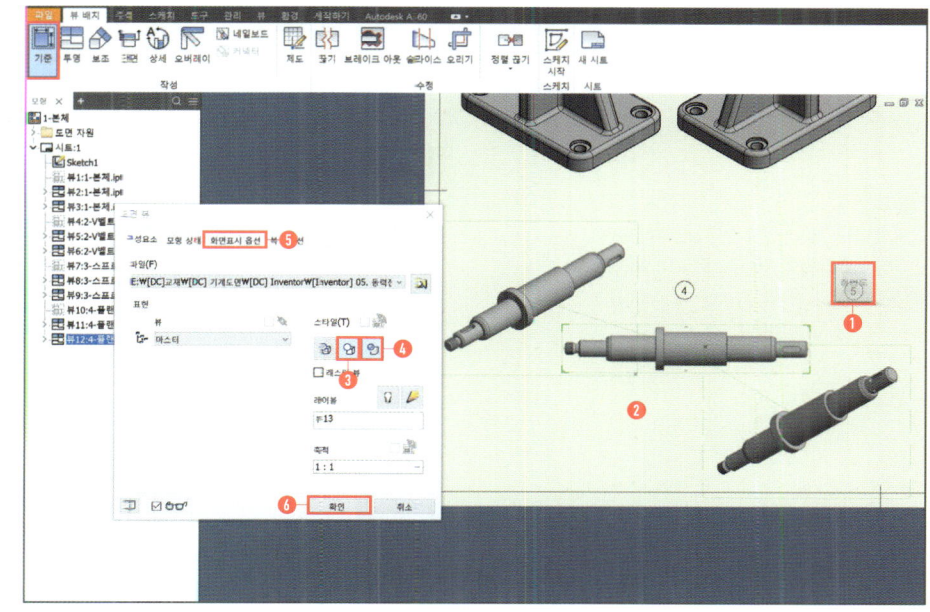

14 적당한 위치에 부품들을 배치

❶ 도면틀 더블 클릭
❷ 해당 부품에 맞는 부품번호를 배치
❸ 스케치 마무리 선택

T·I·P

부품번호는 미리 CAD에서 작업해서 표제란이랑 같이 가져오면 됩니다. 스케일이 N/S이므로 너무 작거나 크지 않게 축척을 설정해도 됩니다. 단, 부품 하나만 크게 하거나 작게 해서는 안됩니다. 축척을 1 : 1.3으로 배치를 했으면 전 부품 동일하게 설정해야 합니다.

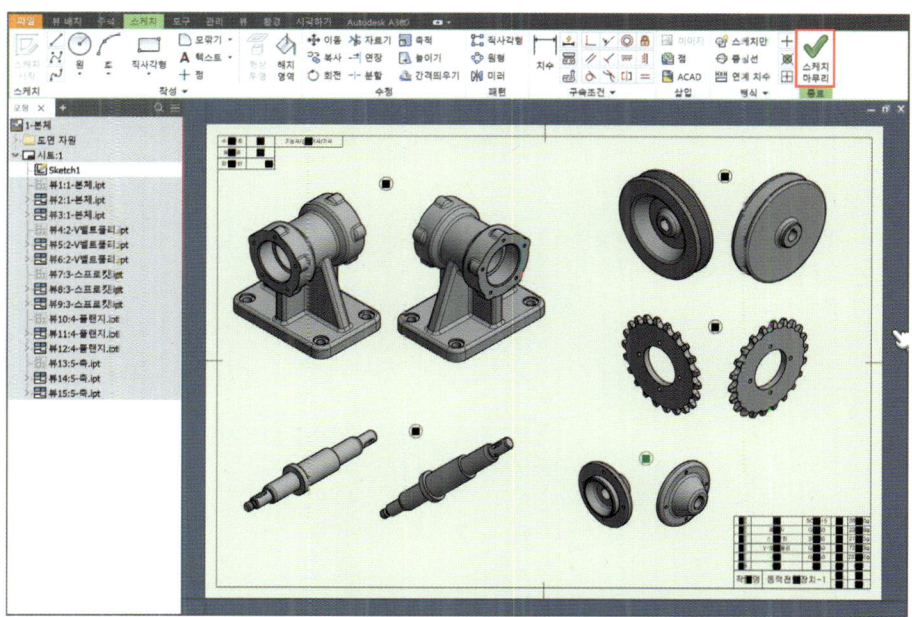

15 파일 선택

❶ 내보내기

❷ PDF 선택

T·I·P

오토캐드 및 인벤터는 자체적으로 'PDF 내보내기' 기능이 있으며 PDF 에서 레이어 목록 및 레이어 on/off 기능까지 지원합니다.

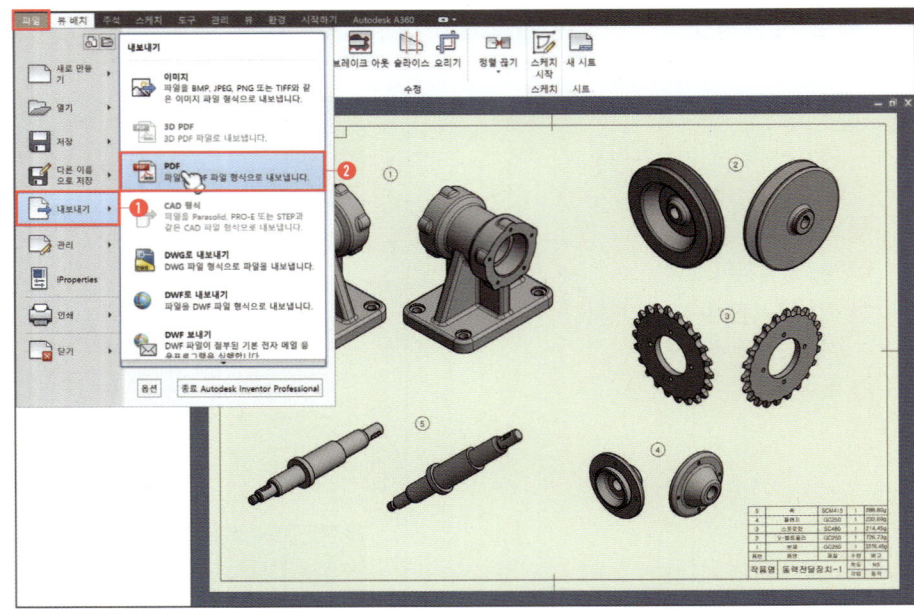

16 옵션 선택

❶ 벡터 해상도 4800 DPI 선택

❷ 저장

T·I·P

벡터 해상도를 높게 설정하면 출력 도면이 더 선명하게 나옵니다.

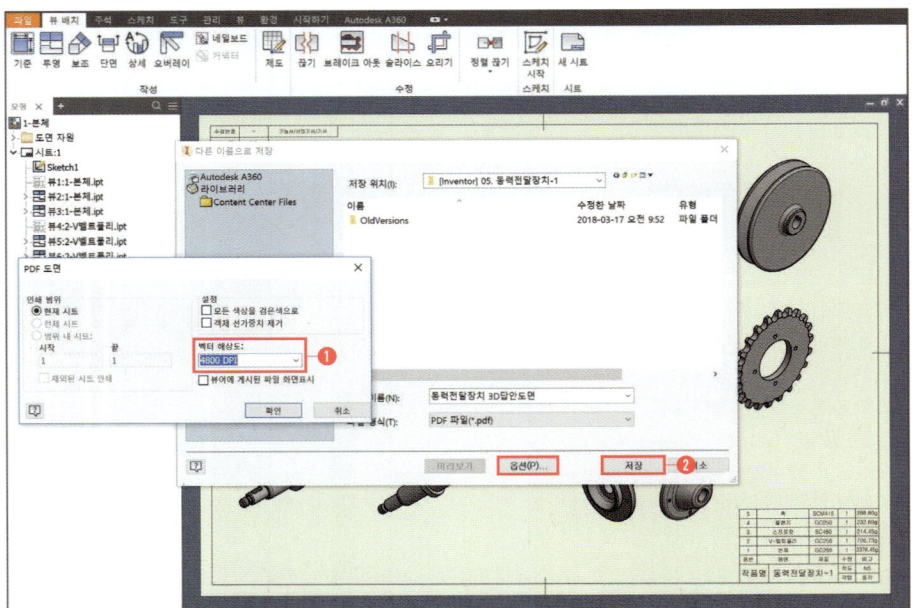

17 3D 답안도면 완성!

> **T·I·P**
> 3D답안 도면에 질량값은 전산응용 기계제도기능사만 기입을 합니다.
> 기계설계산업기사/일반기계기사는 해당되지 않습니다.

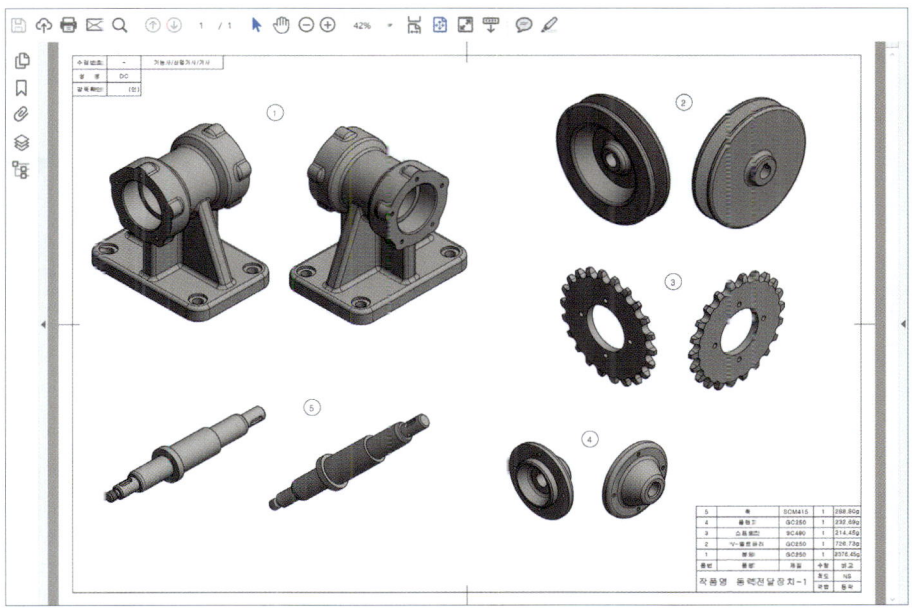

질량해석
(전산응용기계제도기능사)

SECTION 12

2018년 3회차부터 전산응용기계제도기능사 실기에 질량해석이 추가됩니다.
그렇기 때문에 전산응용기계제도기능사를 준비하는 분들도 질량해석을 한 다음 3D 답안도면에 기입해야 합니다. 2D 답안도면에는 기입은 하지 않습니다.

01 질량 해석할 부품 열기

　❶ 도구 탭 선택

　❷ 문서 설정 선택

　❸ 질량 : 그램 or 킬로그램

T·I·P

질량 단위는 시험마다 다르기 때문에 시험지 유의사항을 꼭 확인해야 합니다.

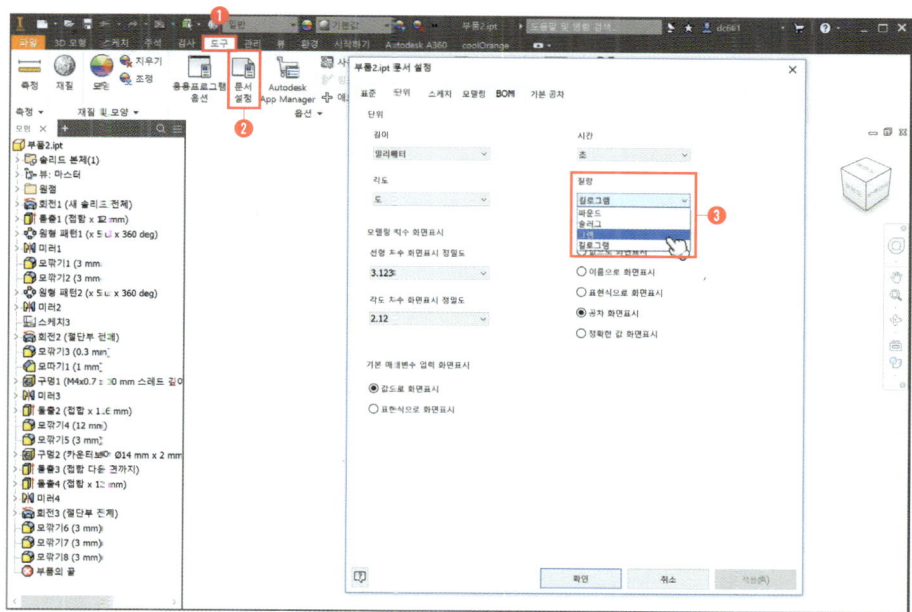

02 모형 검색창 부품명.ipt 선택

　❶ 마우스 오른쪽 클릭

　❷ iProperties 선택

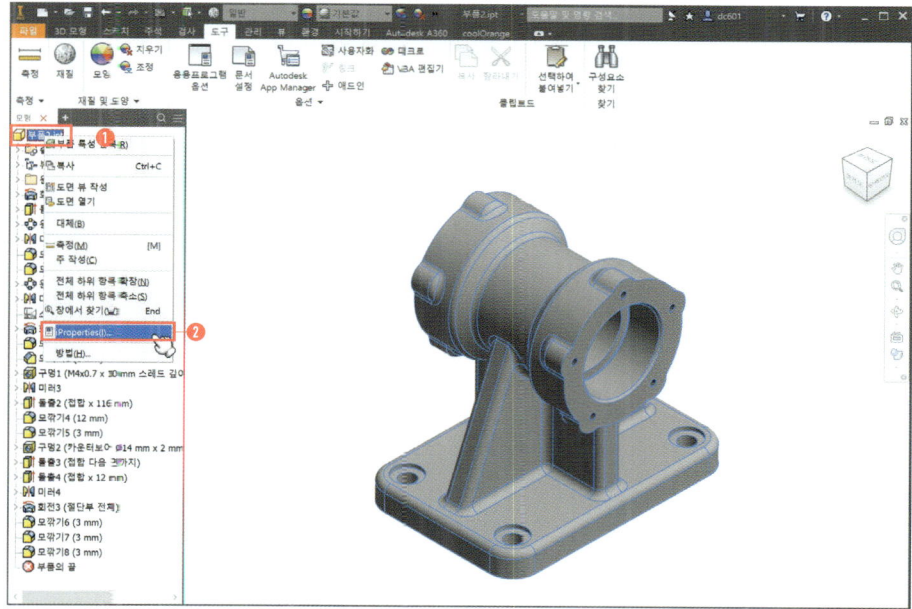

03 iProperties 설정

❶ 재질 : 일반

❷ 밀도 : 1.000(기본값)

❸ 요청된 정확도 : 매우 높음

❹ 업데이트 클릭

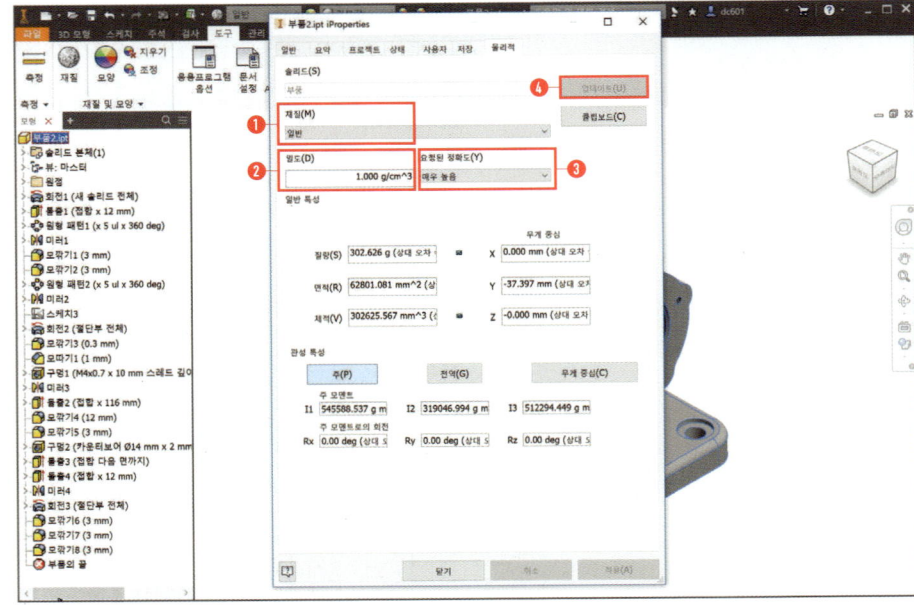

04 질량 복사 후 계산

❶ 302.626g(질량) * 7.85(밀도)

❷ 질량 산출 값 : 2375.61g

T·I·P

밀도값은 보통 시험에서 7.85로 출제가 되며 시험지에 주어진 밀도값이 다르면 해당 밀도값을 곱해주면 됩니다.
질량 단위 역시 시험지에 주어진 단위로 산출하시고 소수점 둘째 자리까지 반올림해서 질량 산출해 주면 됩니다.

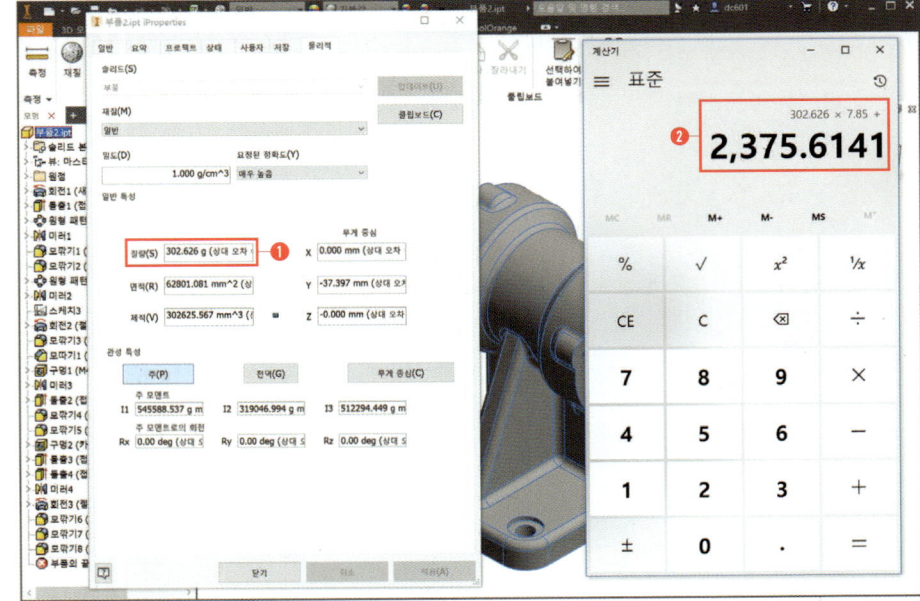

05 CAD 3D 답안도면 표제란 비고란에 질량기입

T·I·P
CAD에서 3D 답안도면 표제란에 질량을 기입하고 인벤터에서 표제란을 불러온 뒤 3D배치를 해서 3D 답안도면을 완성하면 됩니다. 질량값은 개인마다 차이가 날 수 있습니다. 큰 차이가 아니면 채점에서는 무관합니다.

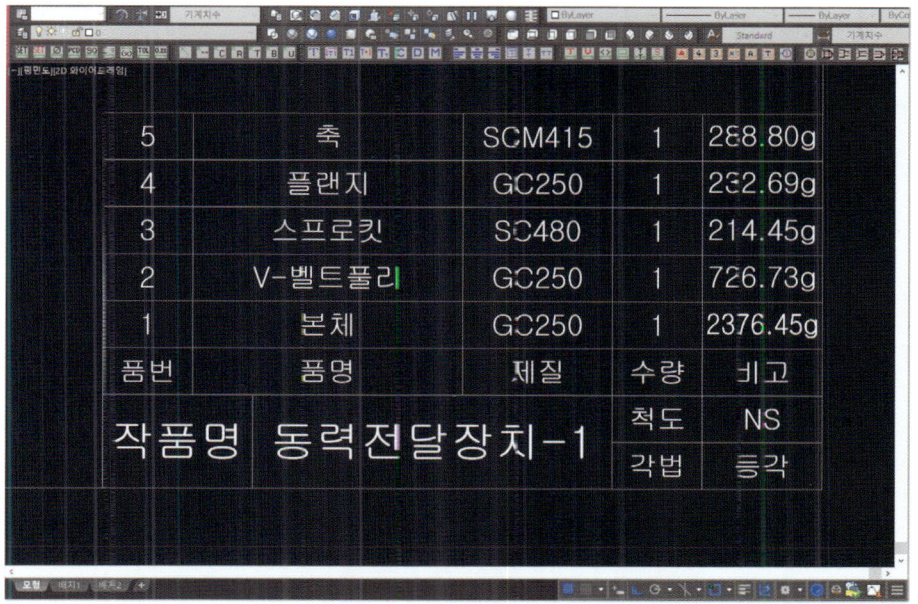

2D 답안도면 출력방법

SECTION 13

시험에서 제일 중요한 것은 출력입니다. 배치는 A2에 한 다음 출력은 A3로 합니다.
아무리 완벽한 도면이라도 출력을 잘못하면 실격될 수 있습니다. 출력시간은 시험시간에 포함되지 않으며, 답안도면이 다 완성되었으면 시험장 감독관 자리에서 출력을 하게 됩니다. PDF로 출력하는 것이 제일 편하며 PDF로 출력을 하지않고 시험장에서 바로 출력을 하는 방법은 아래 유튜브강좌 참조하세요.

NAVER앱 QR코드 스캔으로 해당 무료강좌를 시청하실 수 있습니다.

01 2D 답안도면 파일 열기

① CAD 명령창 : Plot + 엔터
② 플롯 스타일 : monochrome.ctb
③ 🔲 편집 선택

T·I·P

monochrome.ctb를 선택하는 이유는 기본 색상들이 모두 검은색으로 설정이 되어 있기 때문입니다(흑백 출력).

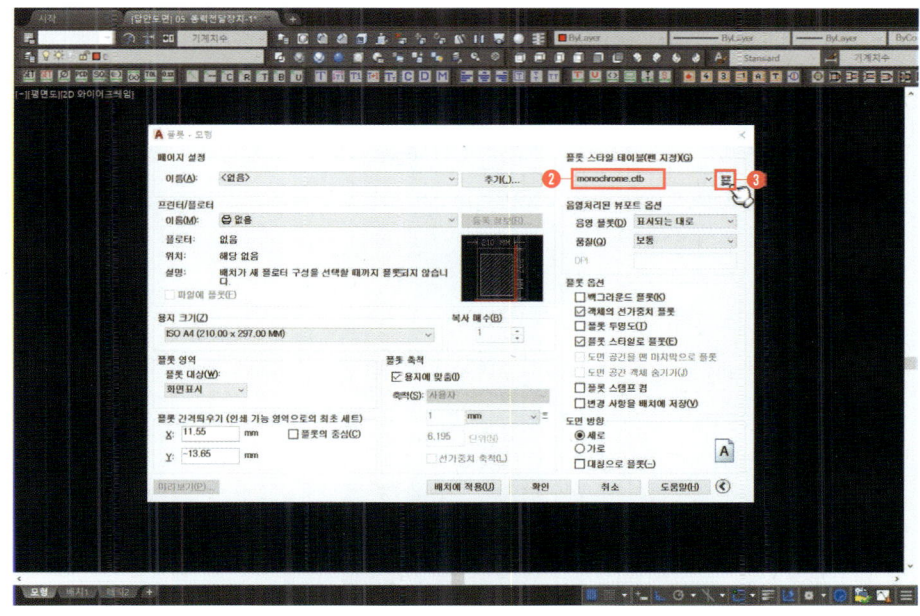

02 색상마다 선 가중치 설정

① 청색(파란색, Blue) : 0.70
② 초록(Green), 갈색(Brown) : 0.50
③ 황색(노란색, Yellow) : 0.35
④ 흰색(Whien), 빨간색(Red) : 0.25

T·I·P

PDF로 출력하려면 시험지에 주어진 가중치 그대로 해주면 됩니다. 시험장에서 A3에 바로 출력하려면 가중치를 조금 작게 주시면 더 좋습니다(그대로 사용하면 너무 두껍게 나옵니다).

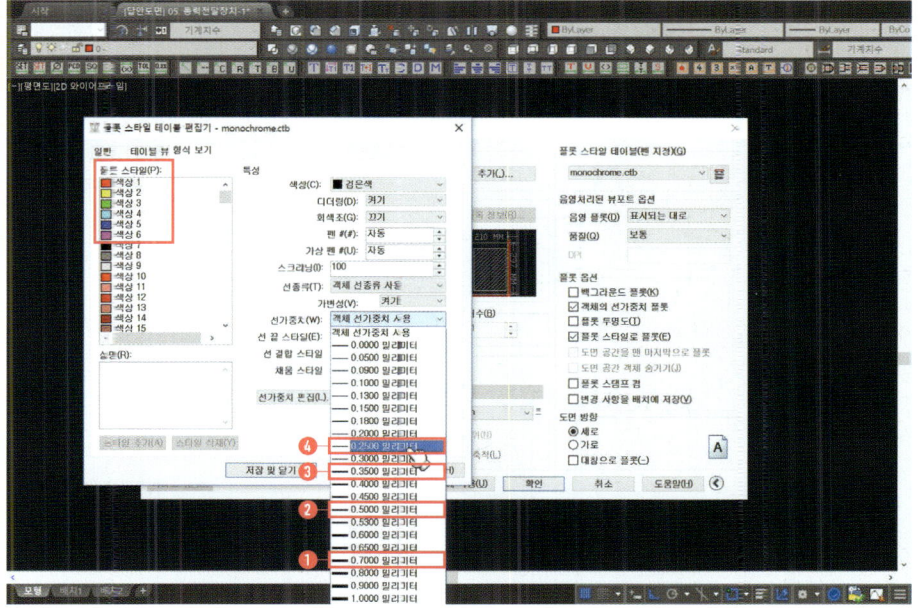

03 프린트 설정

❶ 프린트 : DWG TO PDF.pc3
❷ 용지 크기 : ISO 전체 페이지 A2(594x420)
❸ 플롯의 중심 체크
❹ 용지의 맞춤 체크 해제
❺ 축척 1 : 1
❻ 배치에 적용 선택
❼ 플롯 대상 : 윈도우
❽ 윈도우 선택

T·I·P
'배치에 적용'을 눌러주면 인쇄설정 값이 저장됩니다.

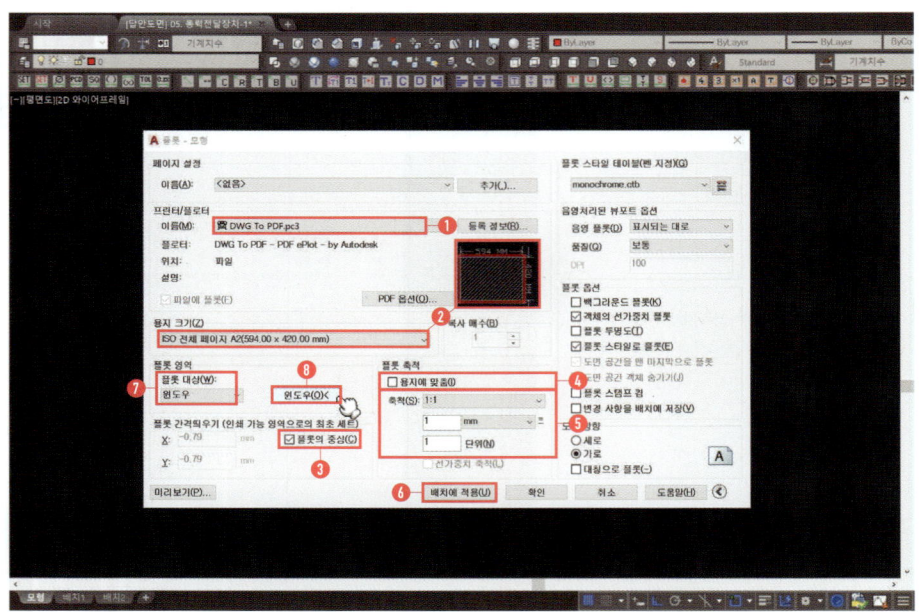

04 외각 테두리 선을 윈도우로 선택

T·I·P
용지는 꼭 ISO 전체 페이지 A2로 선택해야 합니다.
ISO A2를 사용하면 도면이 제대로 출력이 안됩니다.

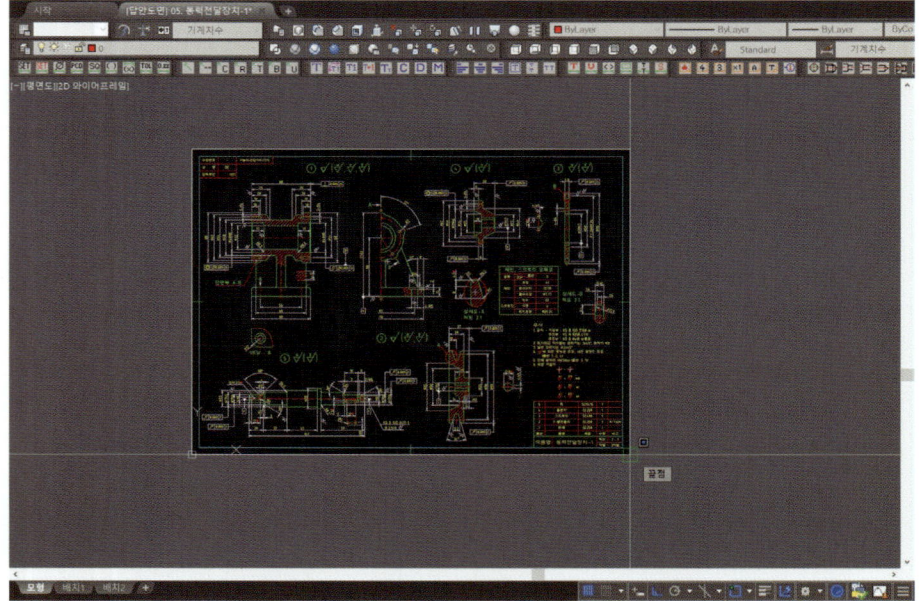

05 확인 클릭!

❶ 부품명.PDF 저장

T·I·P

출력을 하여도 출력이 되는 것이 아니라 PDF가 생성이 됩니다.
2D 답안도면 하나, 3D 답안도면(인벤터에서 출력한) 하나 총 2개의 pdf파일을 시험장 감독관 자리에서 출력하면 됩니다.

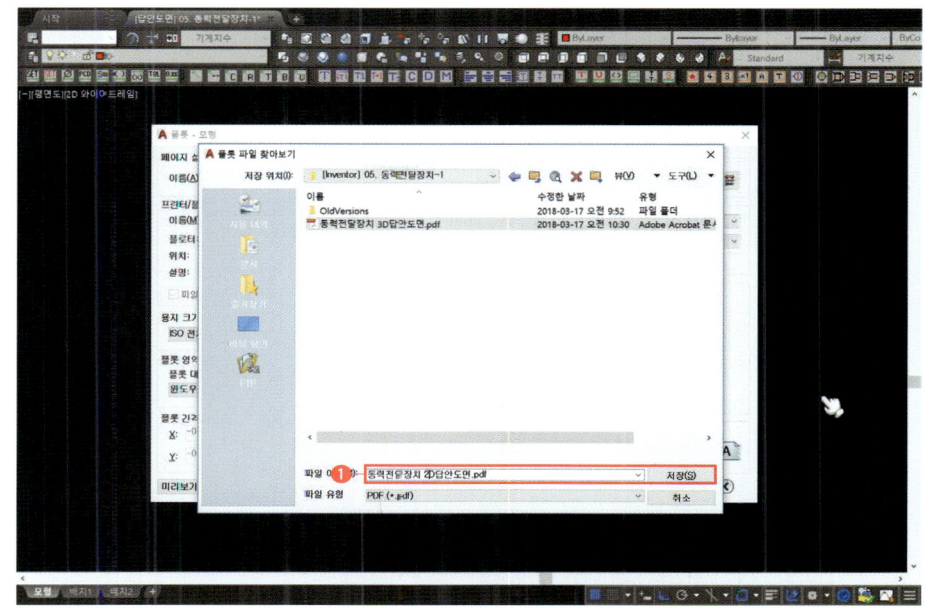

06 2D 답안도면 완성!

T·I·P

DWG TO PDF.pc3 프린터는 오토캐드가 설치되어 있으면 자동으로 설치되는 PDF내보내기 프린터 입니다. 시험장에서 캐드파일로 바로 출력하는 분들은 시험장 프린터를 선택하고 용지크기 : A3 용지의 맞춤 체크를 한 다음 출력하면 됩니다.
(자세한 건 유튜브 강좌 참조)

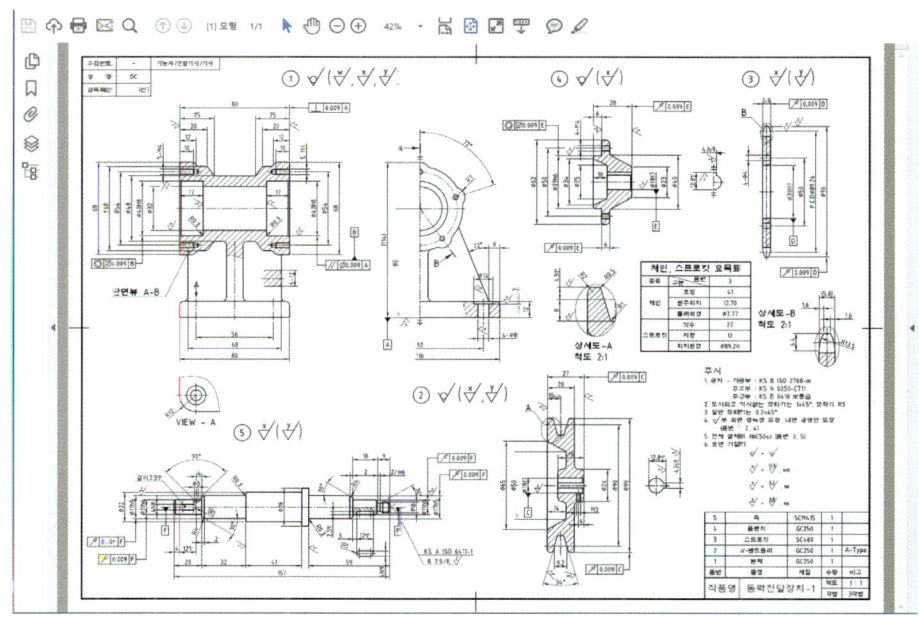

CHAPTER 09
유튜브 이용방법

 이용방법

SECTION 01

PC로 강좌를 시청하려면 유튜브에서 'DC튜브'를 검색하세요. 강좌가 많기 때문에 원하는 강좌를 시청하려면 DC튜브채널 검색창에 관련 키워드를 검색하면 됩니다.

예) 스퍼기어

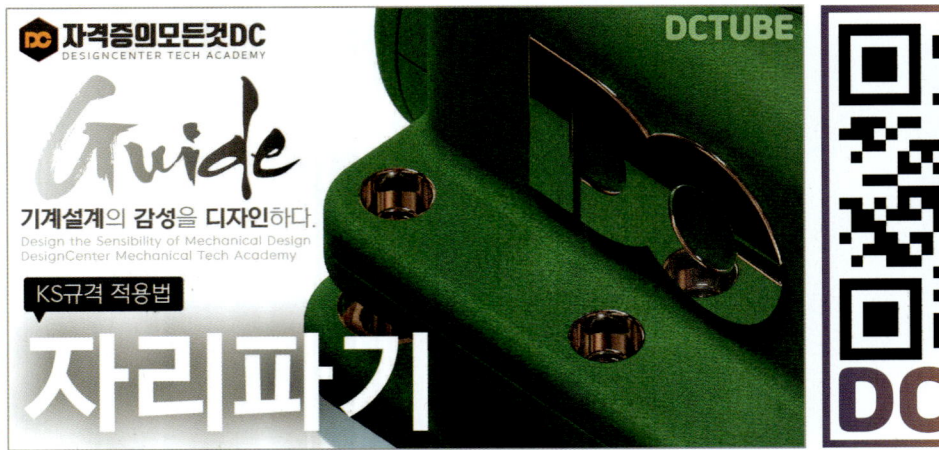

NAVER앱 QR코드 스캔으로 해당 무료강좌를 시청하실 수 있습니다.

NAVER앱 QR코드 스캔으로 해당 무료강좌를 시청하실 수 있습니다.

NAVER앱 QR코드 스캔으로 해당 무료강좌를 시청하실 수 있습니다.

NAVER앱 QR코드 스캔으로 해당 무료강좌를 시청하실 수 있습니다.

NAVER앱 QR코드 스캔으로 해당 무료강좌를 시청하실 수 있습니다.

NAVER앱 QR코드 스캔으로 해당 무료강좌를 시청하실 수 있습니다.

NAVER앱 QR코드 스캔으로 해당 무료강좌를 시청하실 수 있습니다.

NAVER앱 QR코드 스캔으로 해당 무료강좌를 시청하실 수 있습니다.

NAVER앱 QR코드 스캔으로 해당 무료강좌를 시청하실 수 있습니다.

NAVER앱 QR코드 스캔으로 해당 무료강좌를 시청하실 수 있습니다.

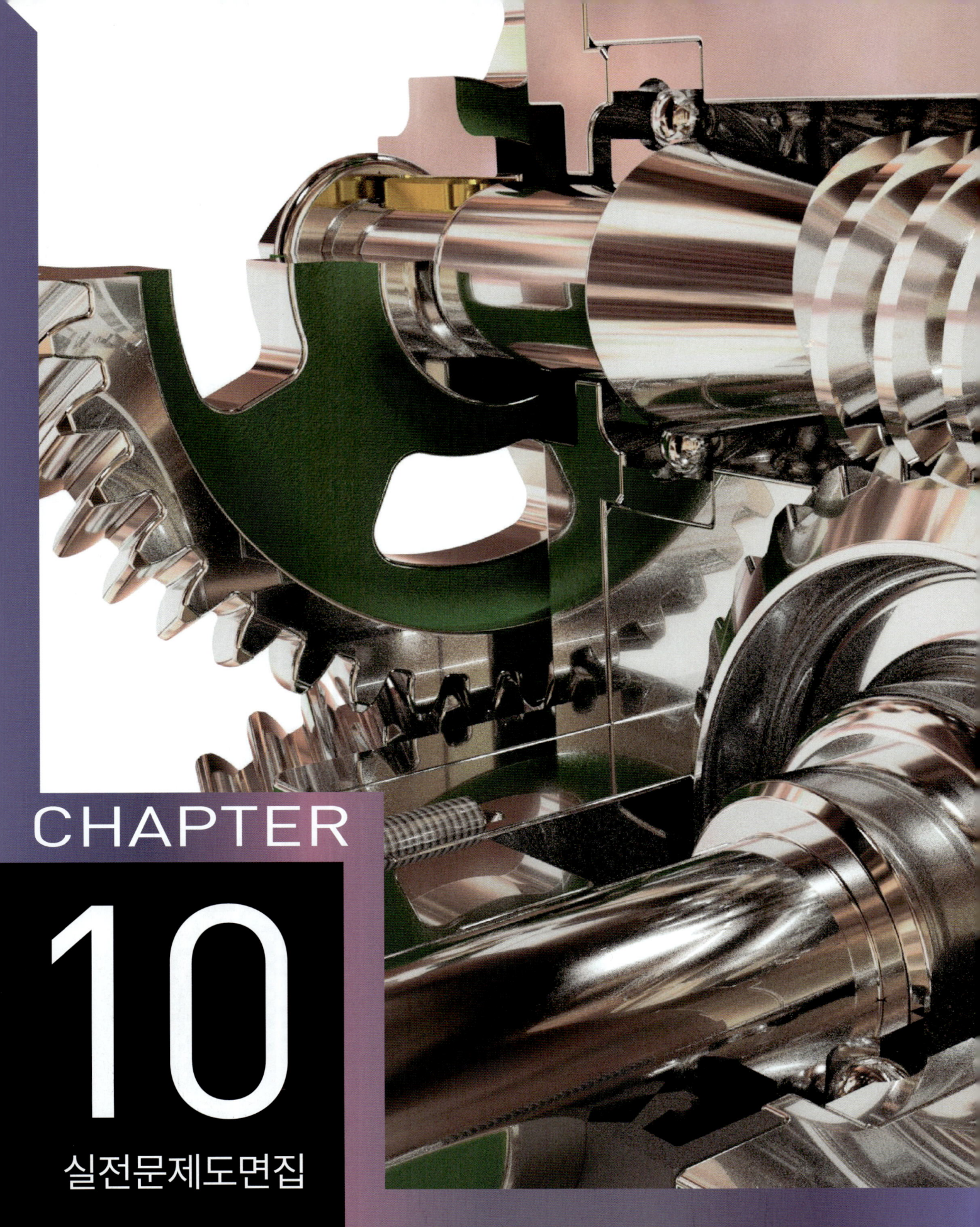

CHAPTER 10
실전문제도면집

EXERCISE 01

[조립분해도] 바이스

바이스

기계설계의 감성을 디자인하다
Design the Sensibility of Mechanical Design
DesignCenter Mechanical Tech Academy

QR코드를 스캔하시면
3D VIEW 부품을 360°
회전 / 단면 / 분해하며
볼 수 있습니다.

QR코드를 스캔하시면
조립 / 구동 유튜브 영상을
시청할 수 있습니다.

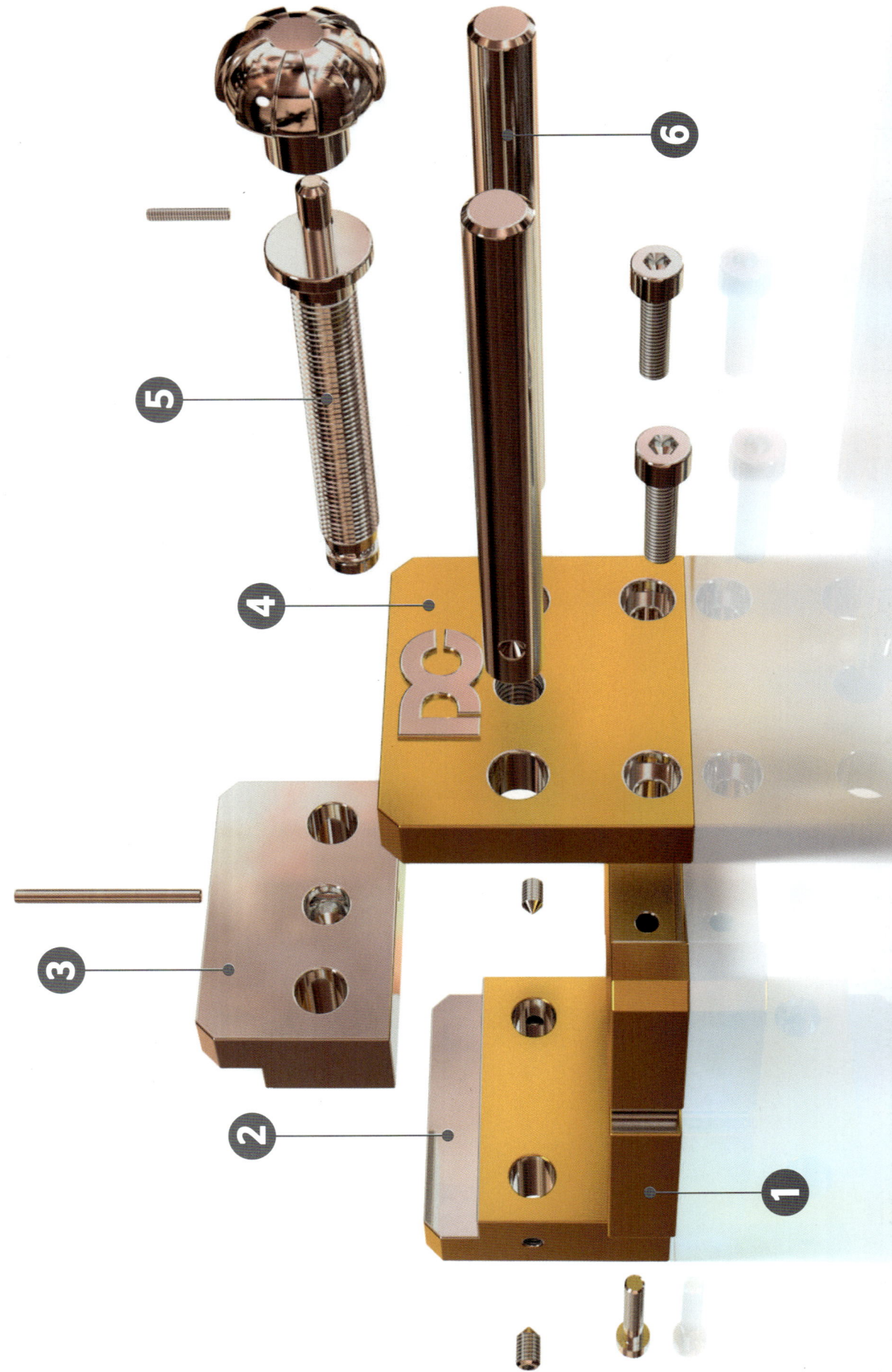

| 자격종목 | 기능사/산업기사/기사 | 과제명 | 바이스 | 척도 | 1:1 |

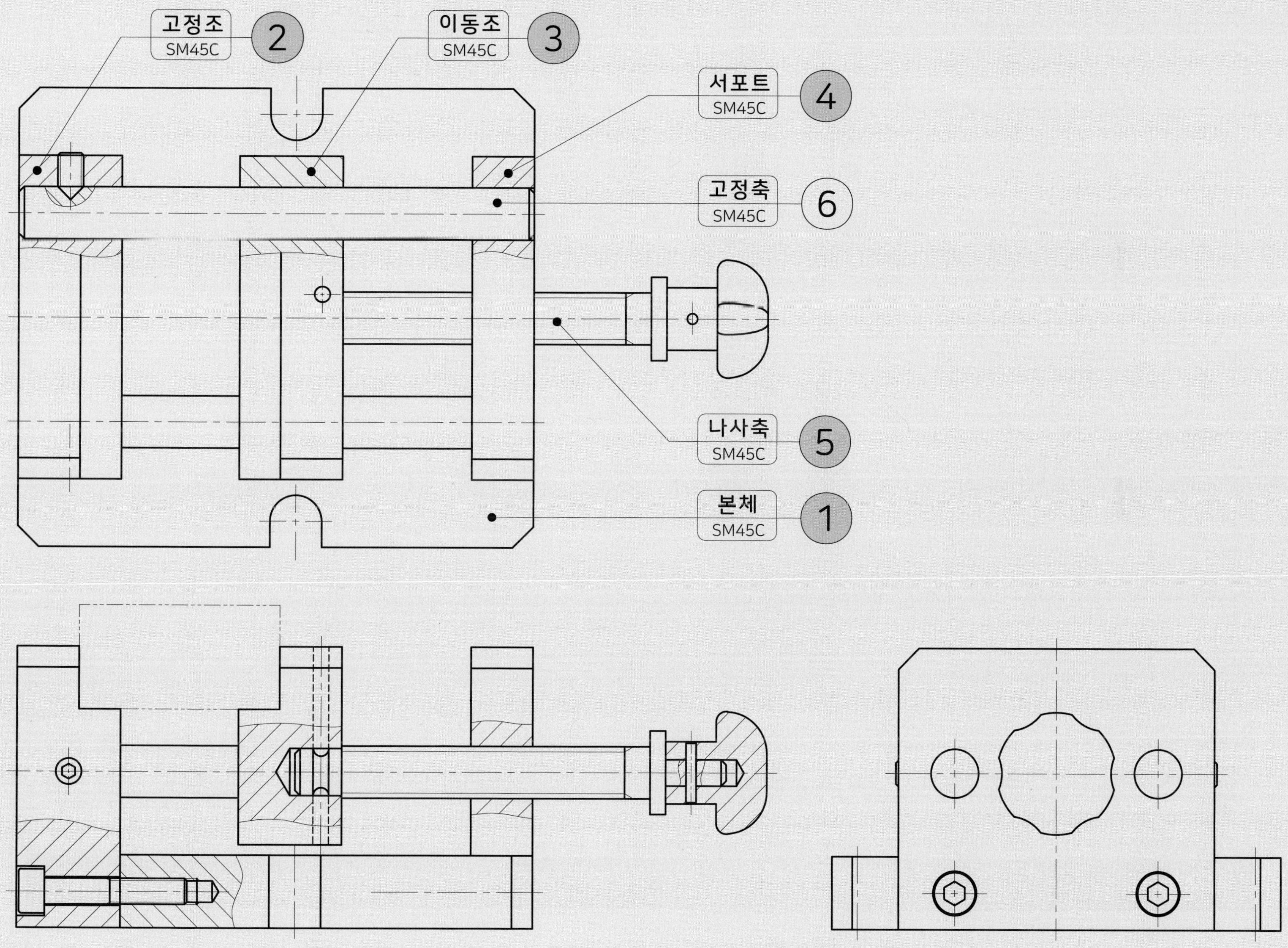

- 4 서포트 SM45C
- 6 고정축 SM45C
- 5 나사축 SM45C
- 1 본체 SM45C
- 3 이동조 SM45C
- 2 고정조 SM45C

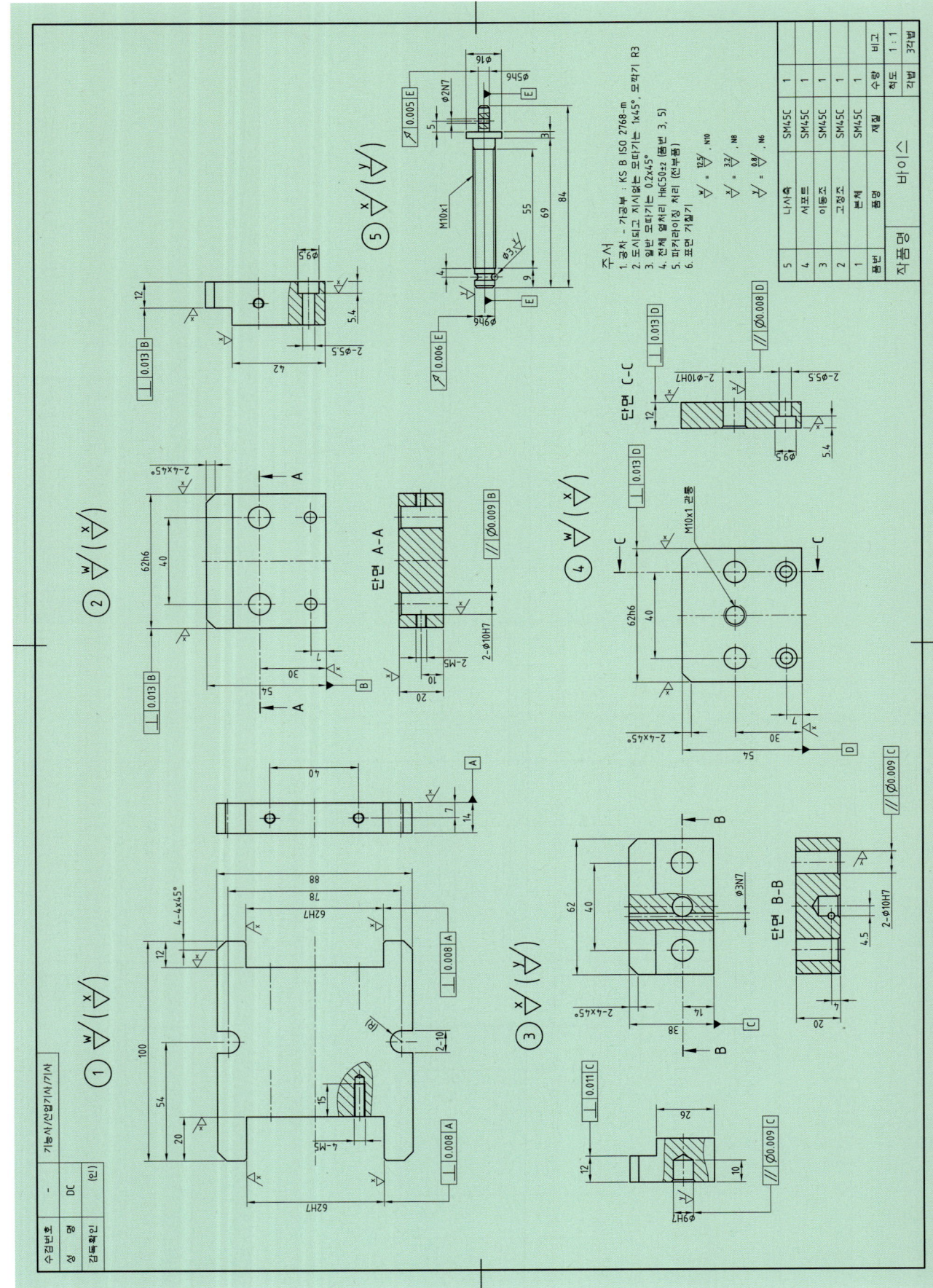

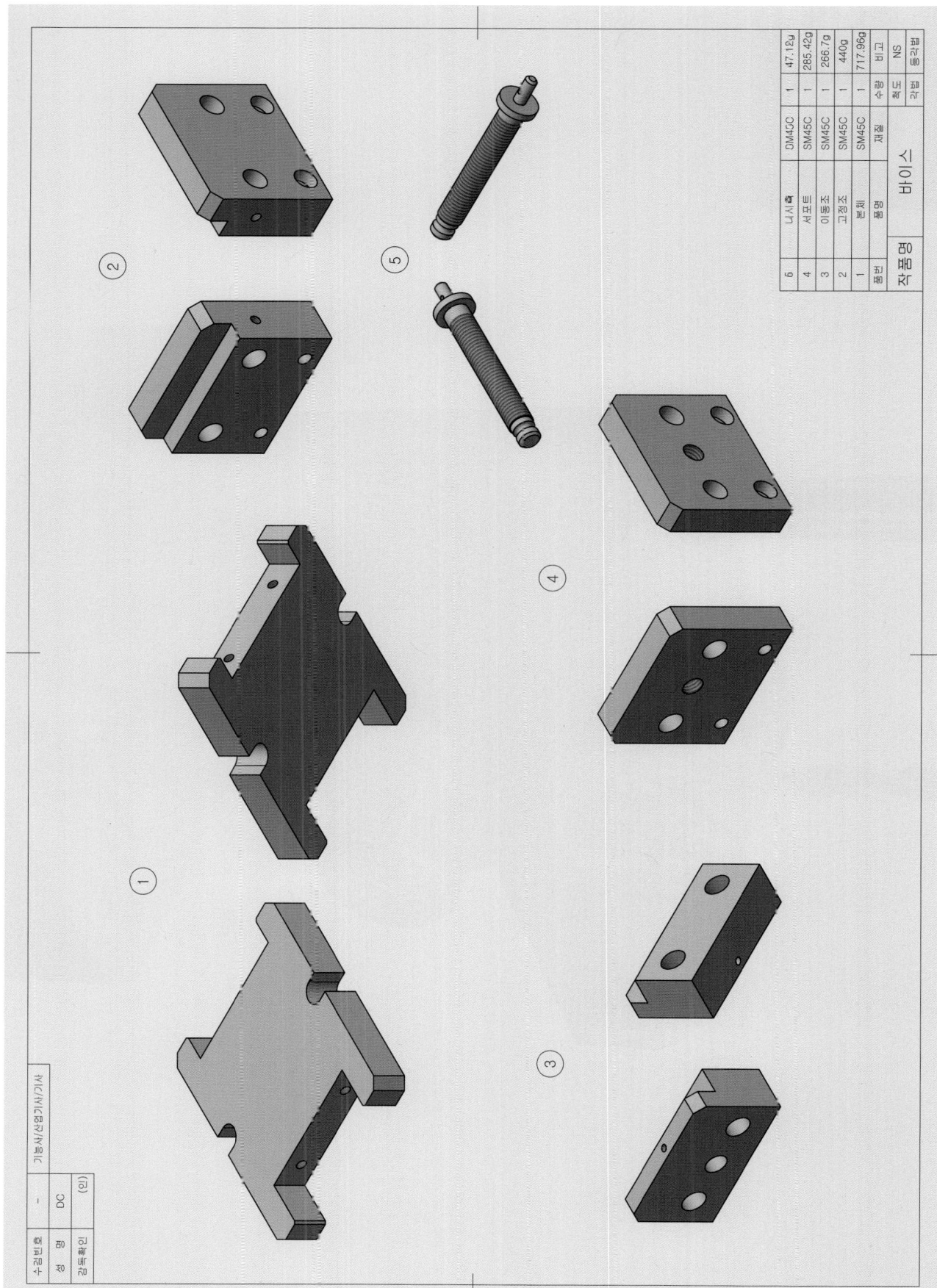

EXERCISE 02

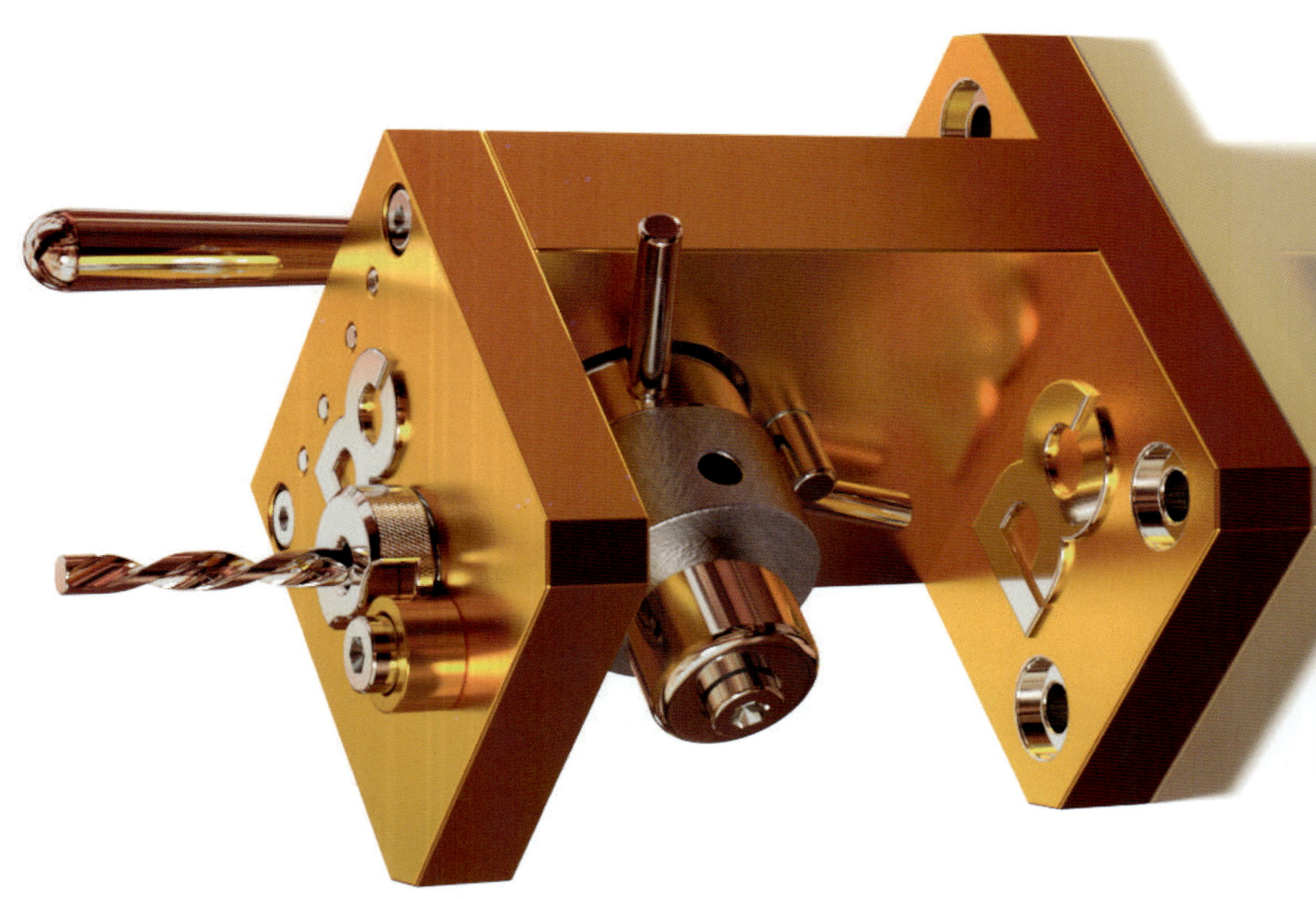

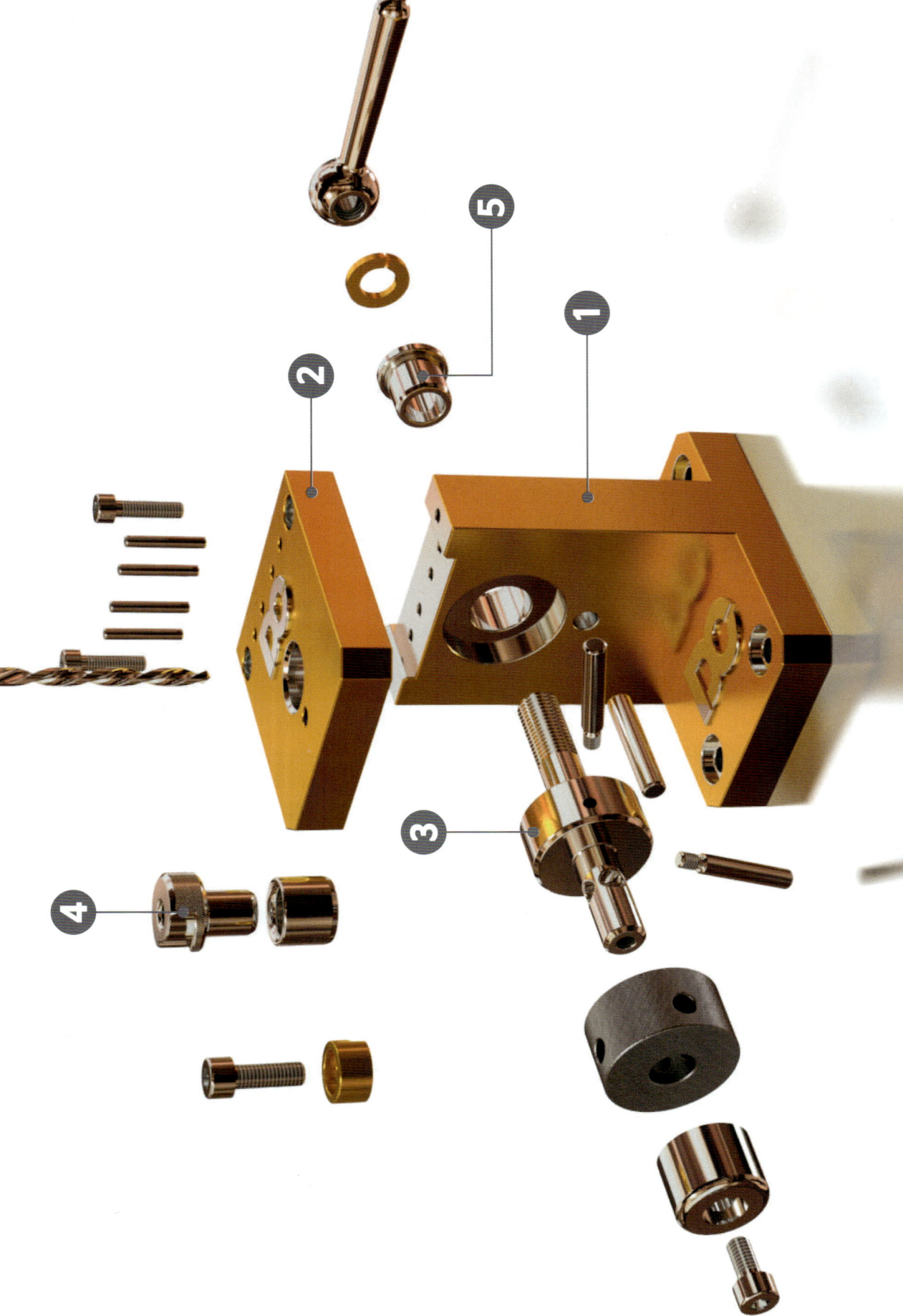

| 자격종목 | 기능사/산업기사/기사 | 과제명 | 드릴지그 | 척도 | 1:1 |

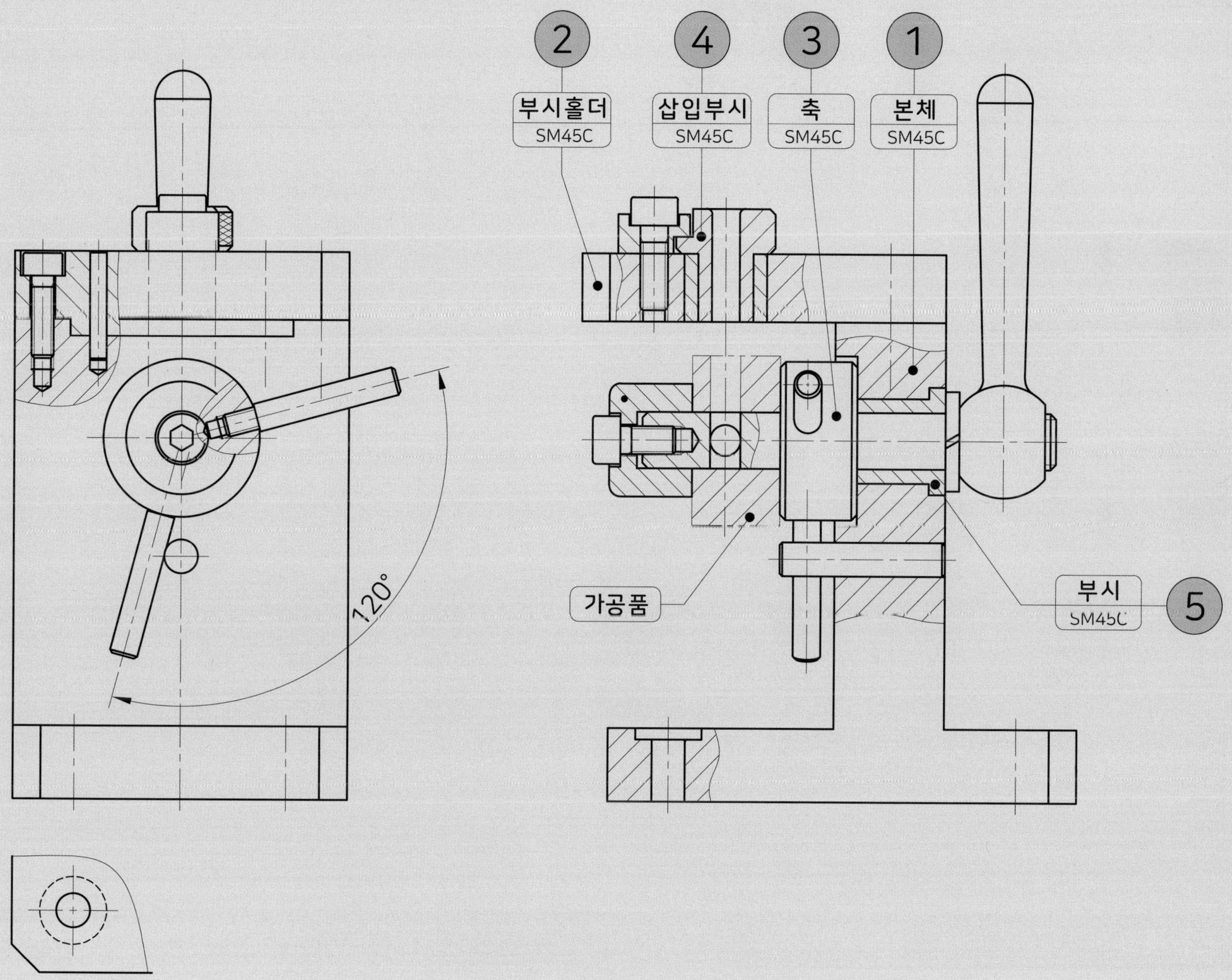

1 본체 SM45C
3 축 SM45C
4 삽입부시 SM45C
2 부시홀더 SM45C
5 부시 SM45C

가공물

120°

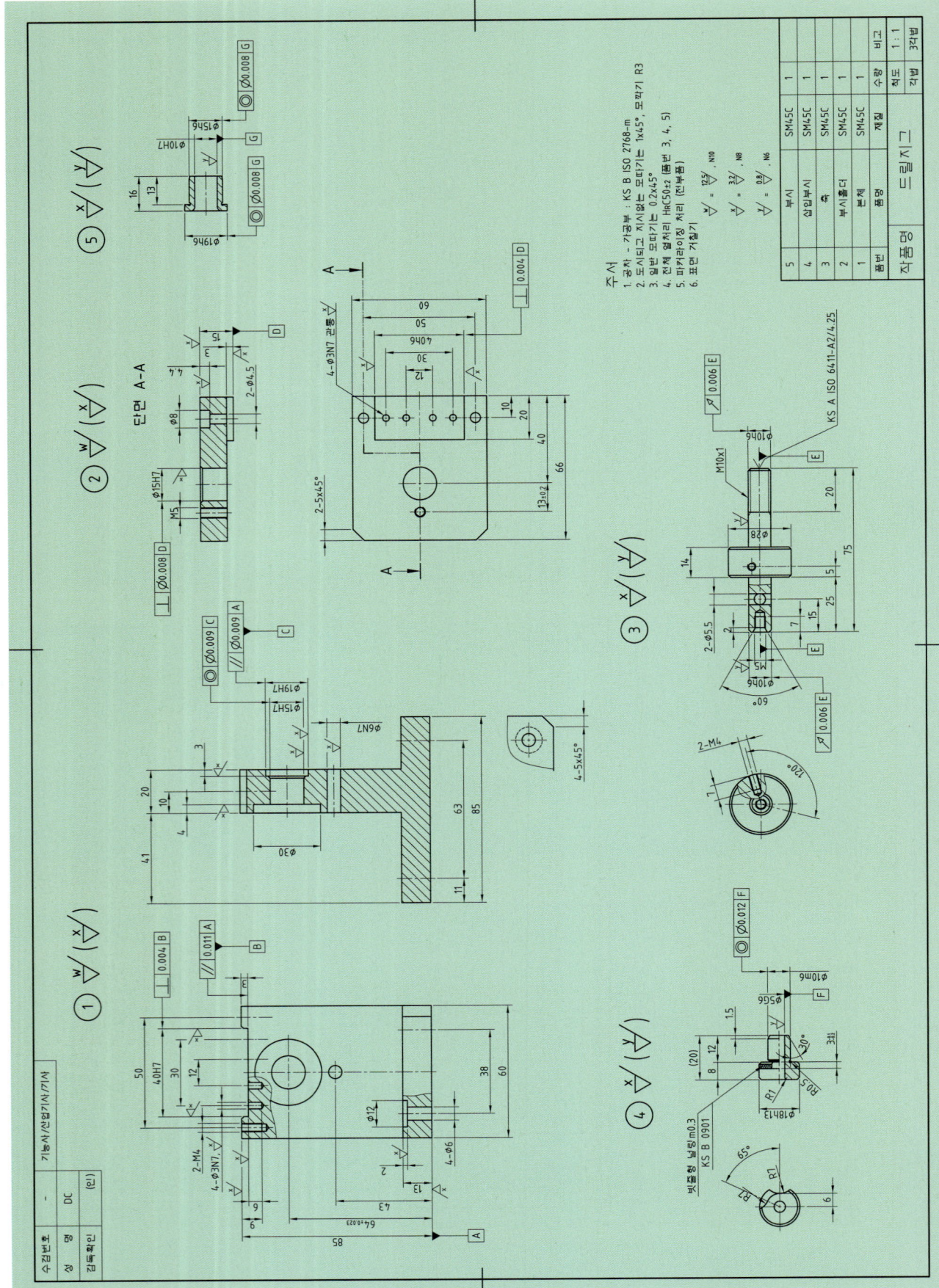

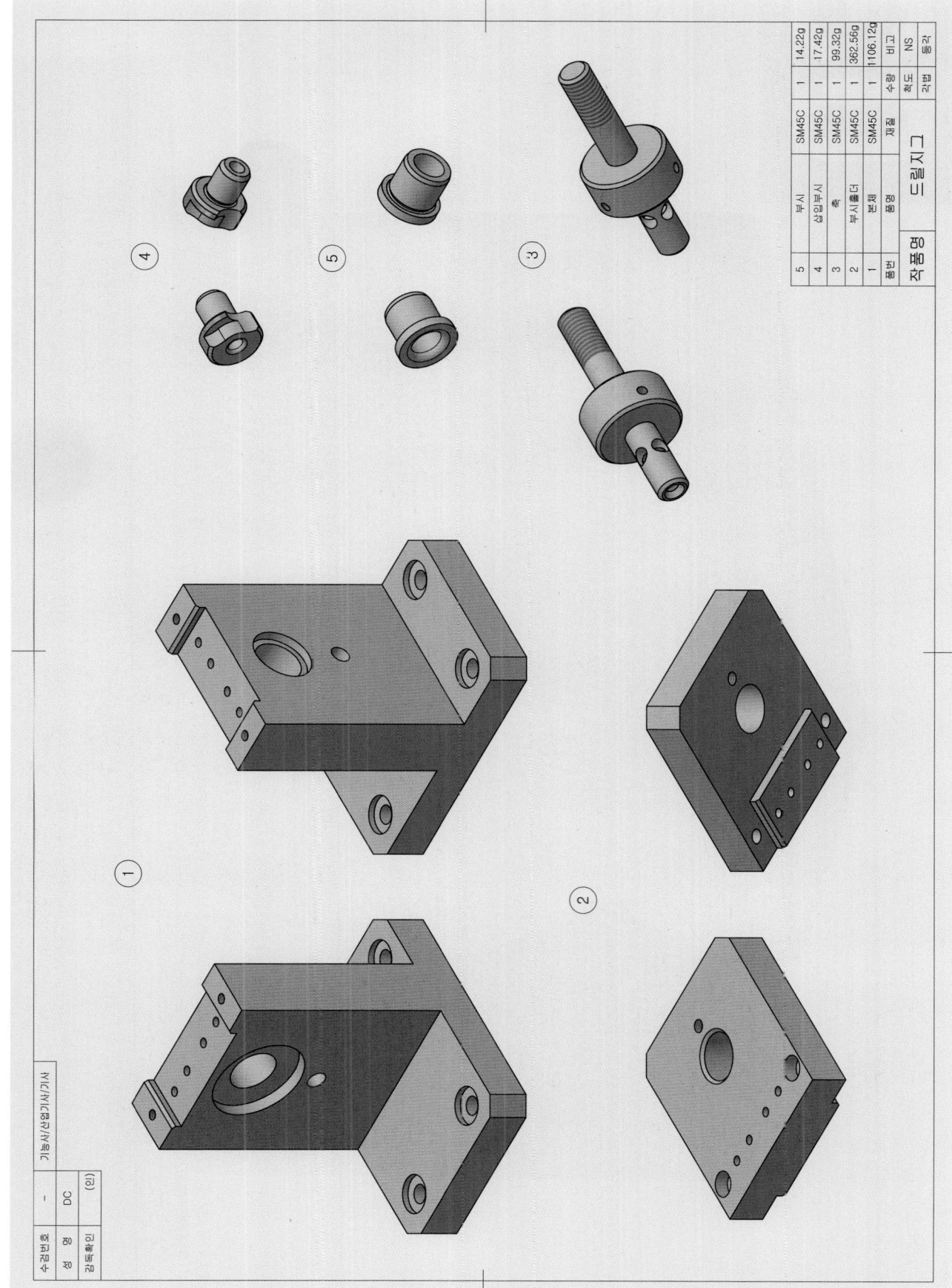

EXERCISE 03

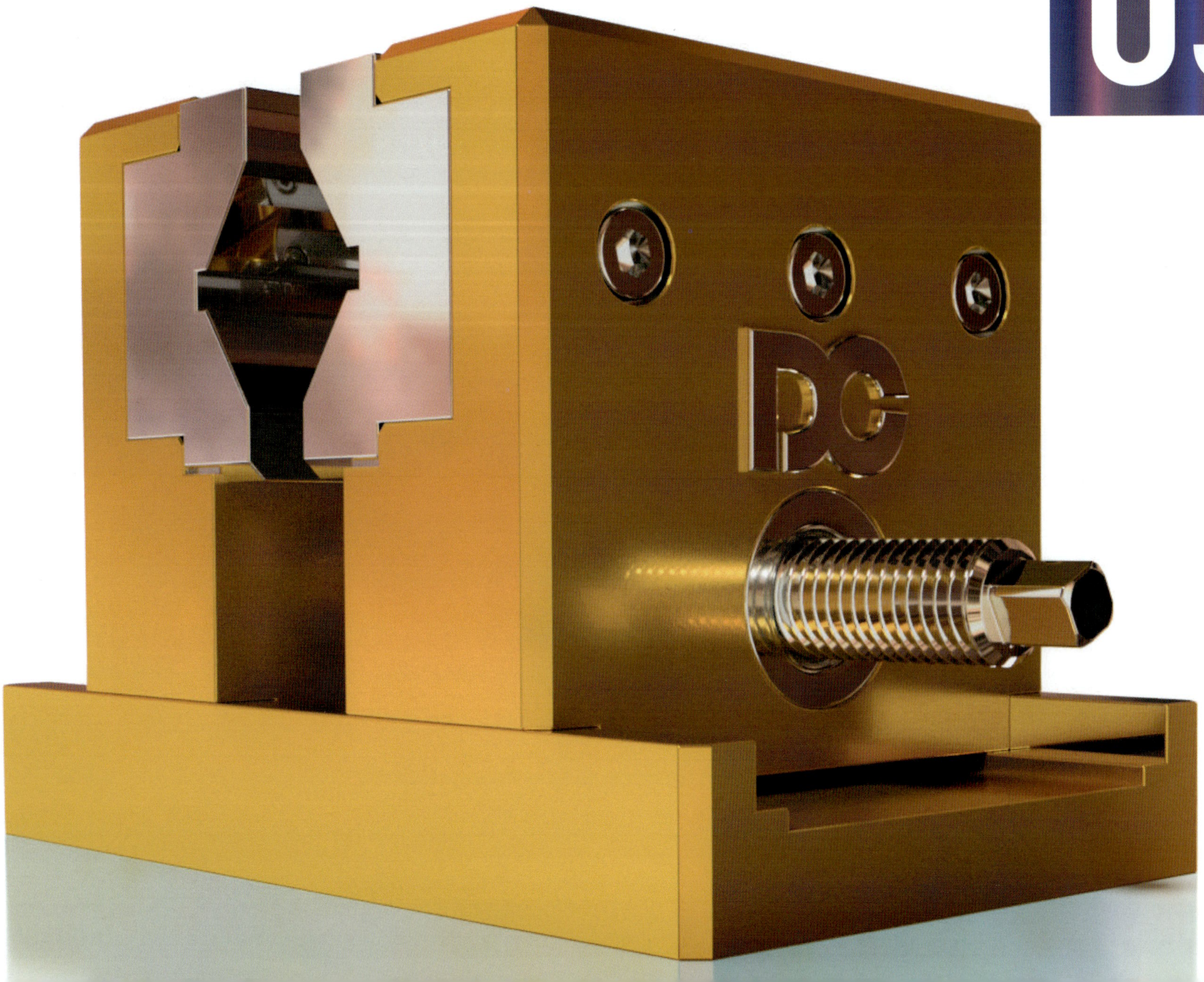

클램프

[조립분해도]

클램프

기계설계의 감성을 디자인하다
Design the Sensibility of Mechanical Design
DesignCenter Mechanical Tech Academy

Chapter 10 | 실전문제따라잡기 | Exercise 3

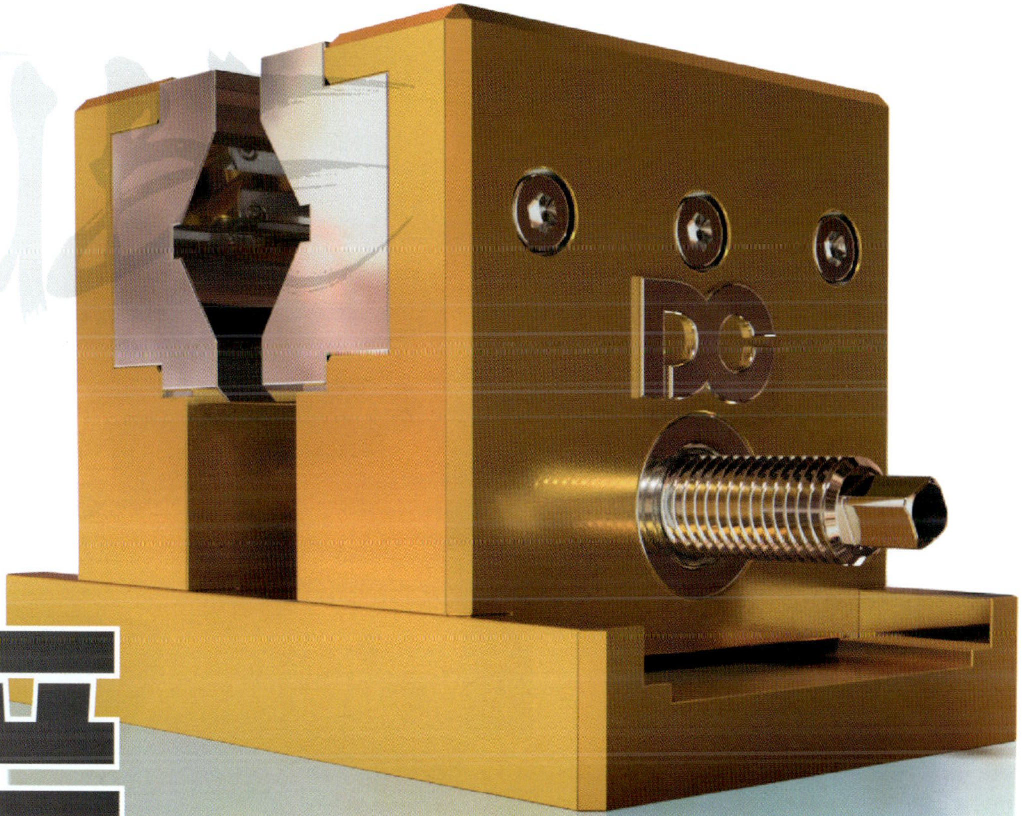

QR코드를 스캔하시면
3D VIEW 부품을 360°
회전 / 단면 / 분해하며
볼 수 있습니다.

QR코드를 스캔하시면
조립 / 구동 유튜브 영상을
시청할 수 있습니다.

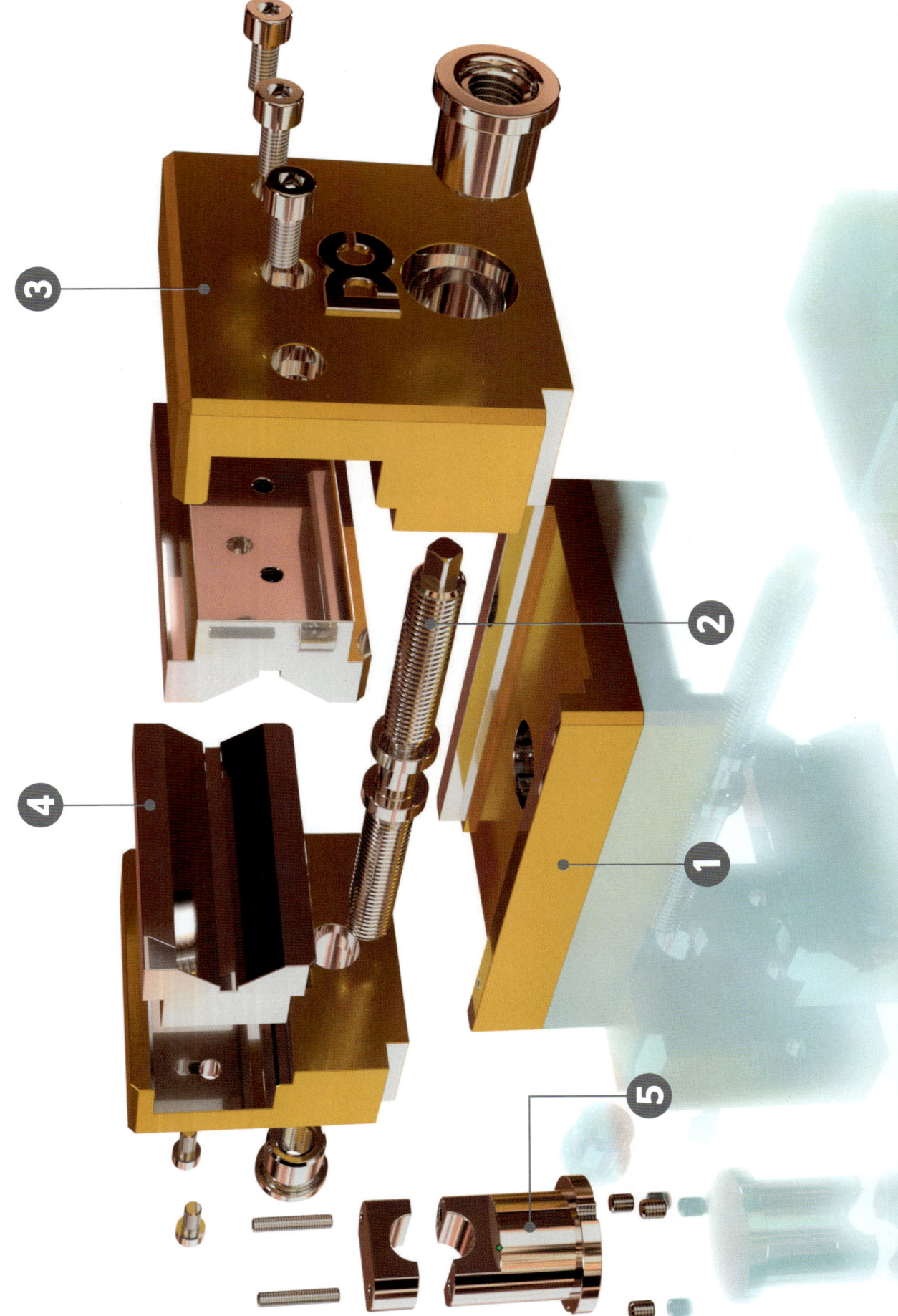

4	브이블럭	SM45C
3	이동조	SM45C
2	나사축	SM45C
1	본체	SM45C
5	스크류홀더	SM45C

자격종목: 기능사/산업기사/기사
과제명: 클램프
척도: 1:1

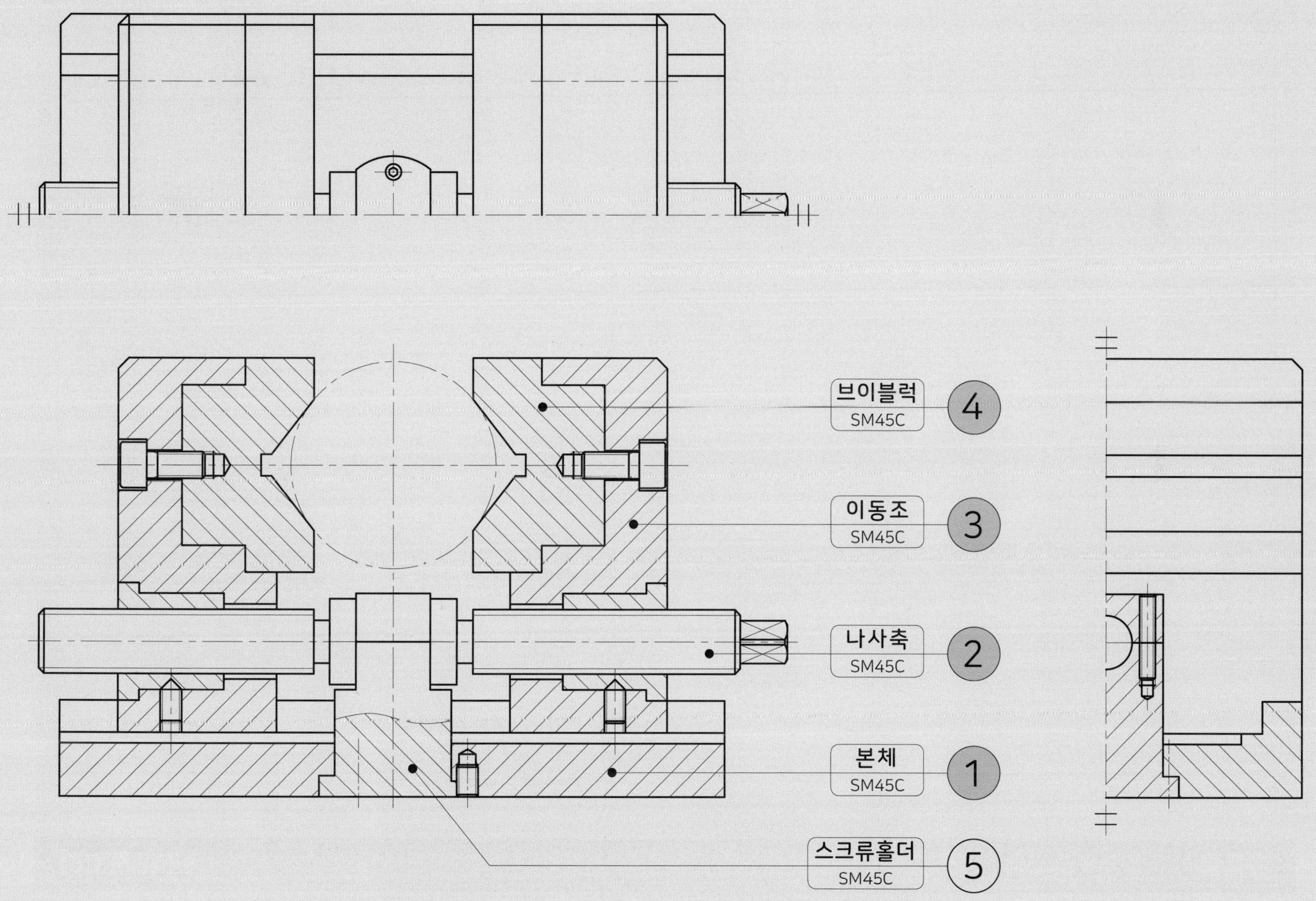

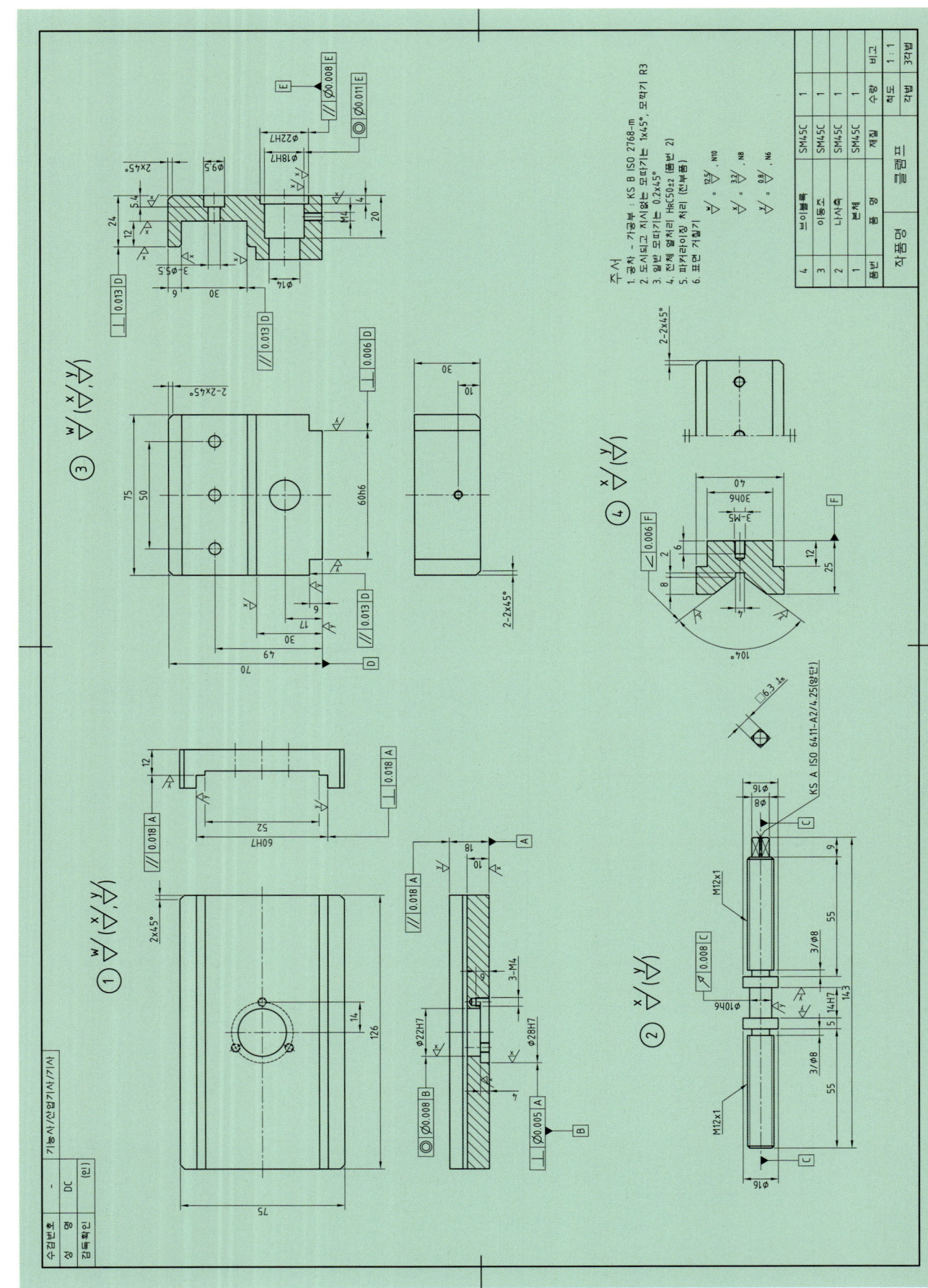

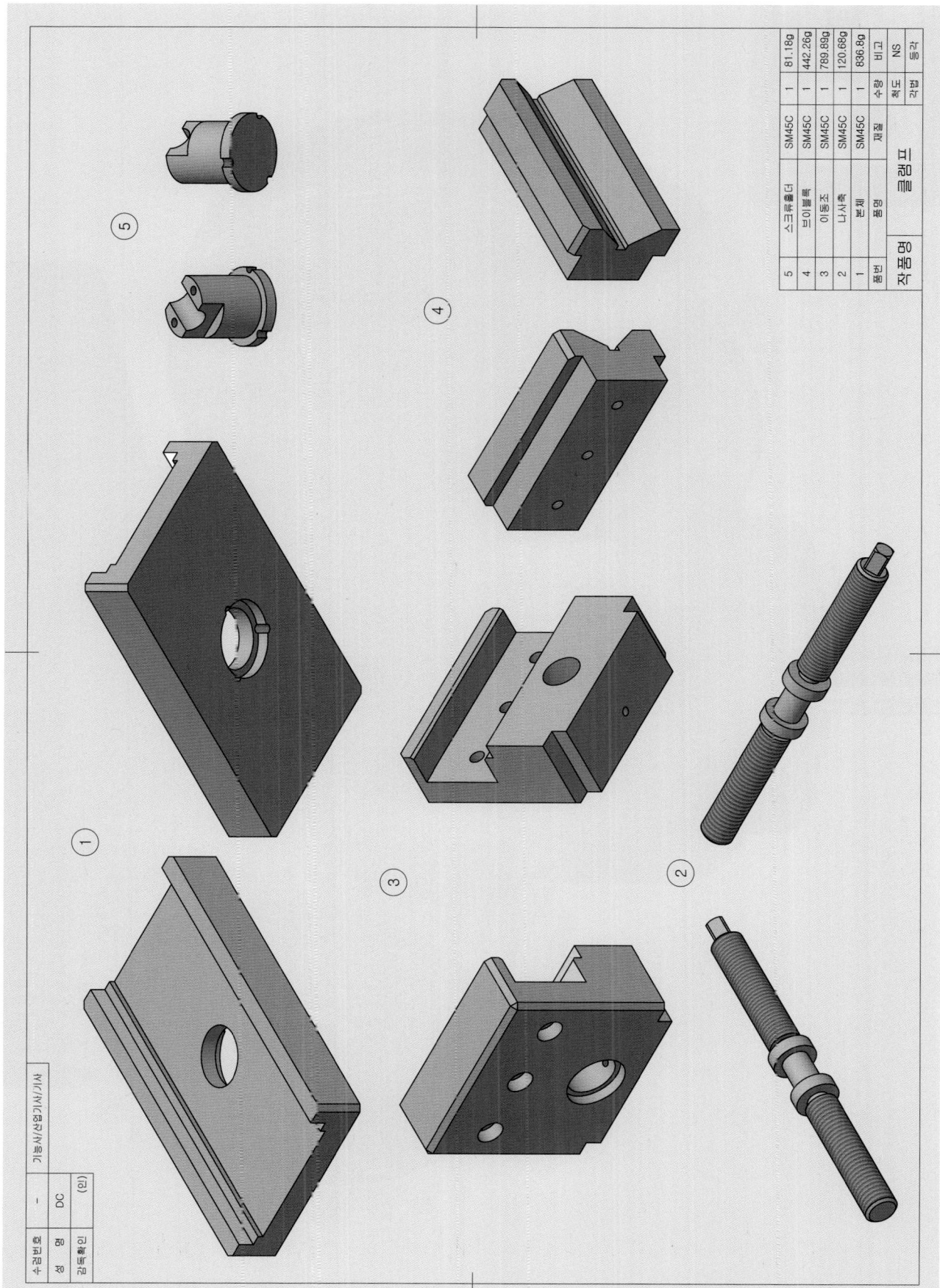

EXERCISE 04

편심구동장치

Chapter 10 | 실전문제도면팅 | Exercise 4

기계설계의 감성을 디자인하다
Design the Sensibility of Mechanical Design
DesignCenter Mechanical Tech Academy

QR코드를 스캔하시면
3D VIEW 부품을 360°
회전 / 단면 / 분해하며
볼 수 있습니다.

QR코드를 스캔하시면
조립 / 구동 유튜브 영상을
시청할 수 있습니다.

[조립분해도]

[조립분해도] 편심구동장치

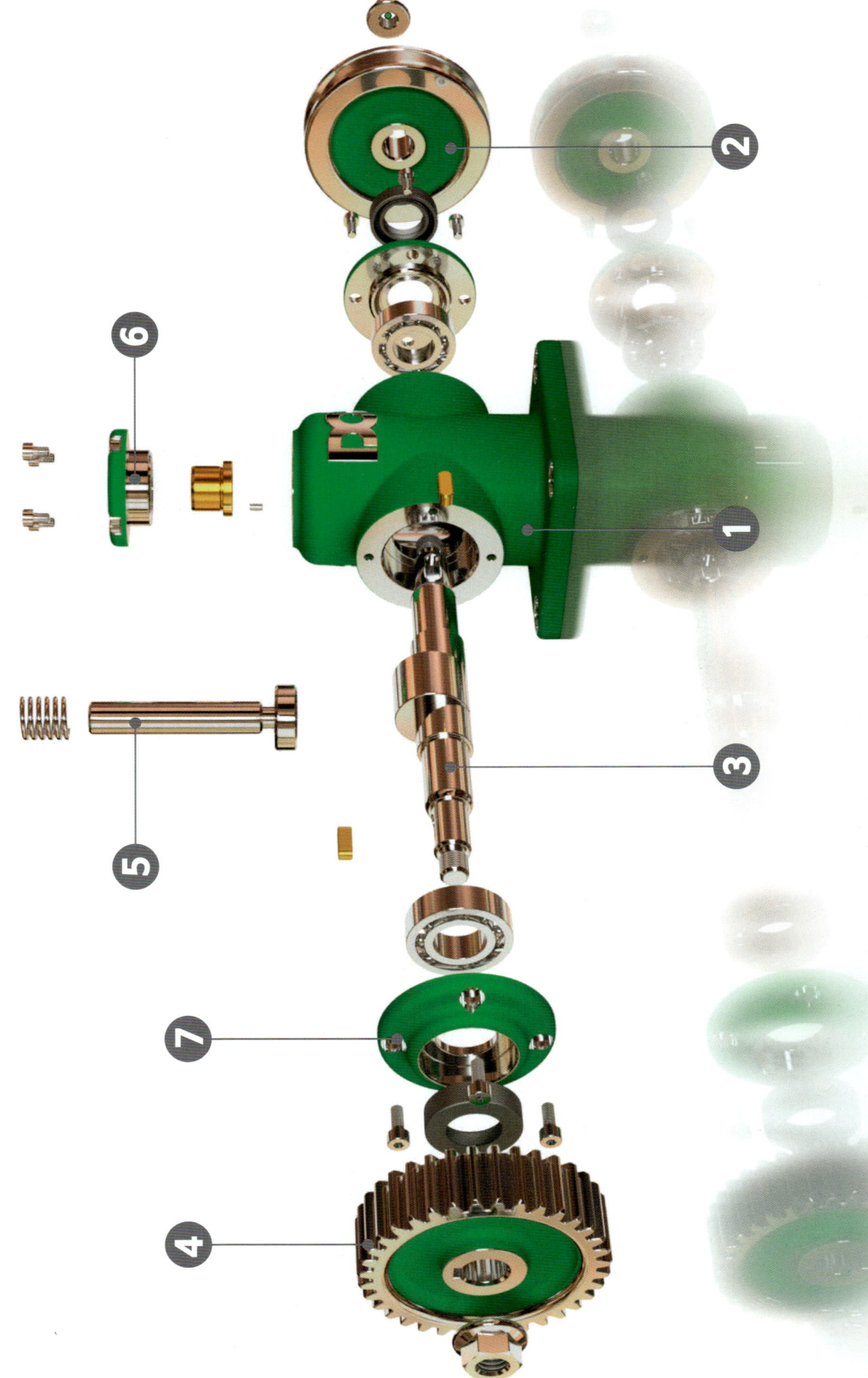

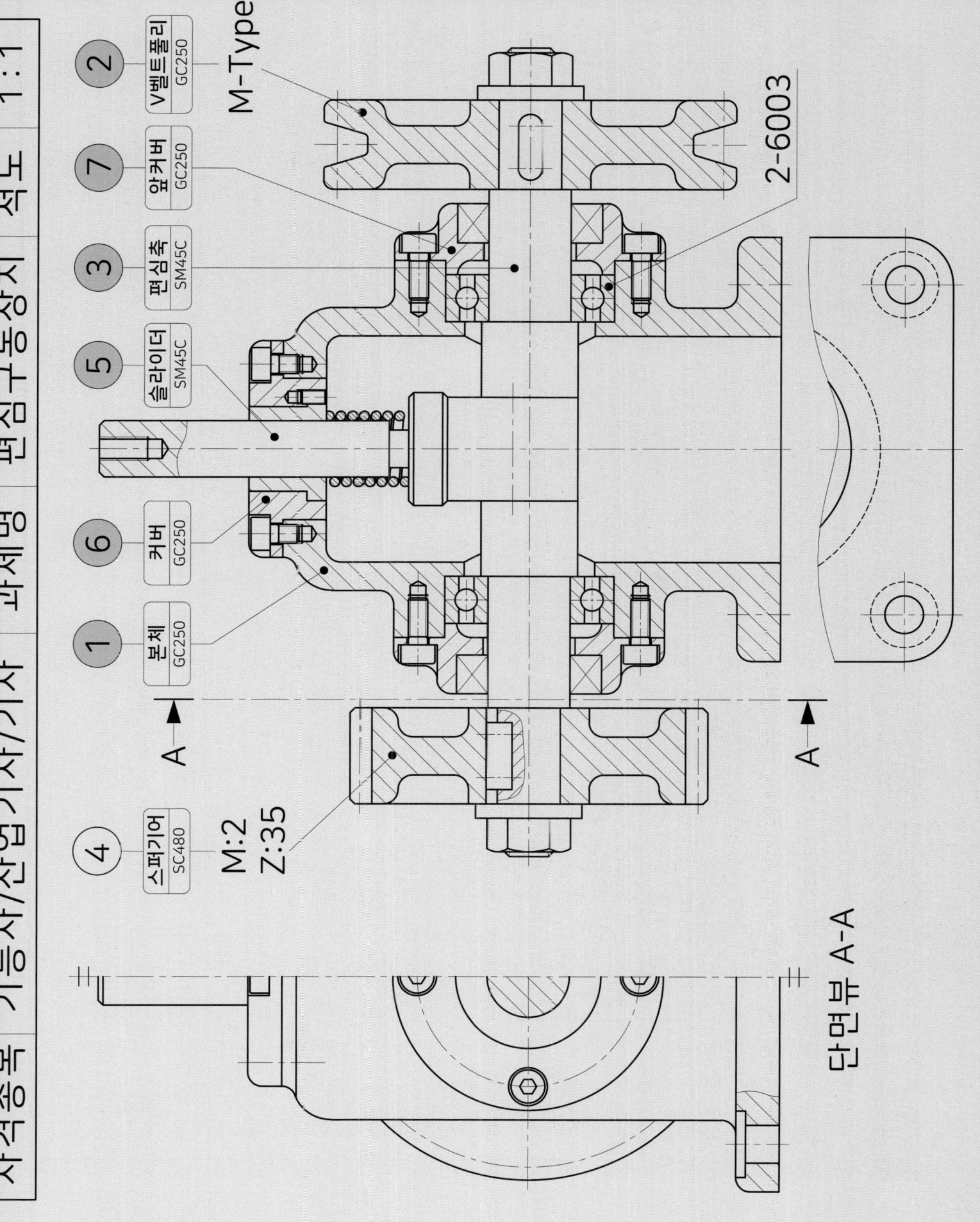

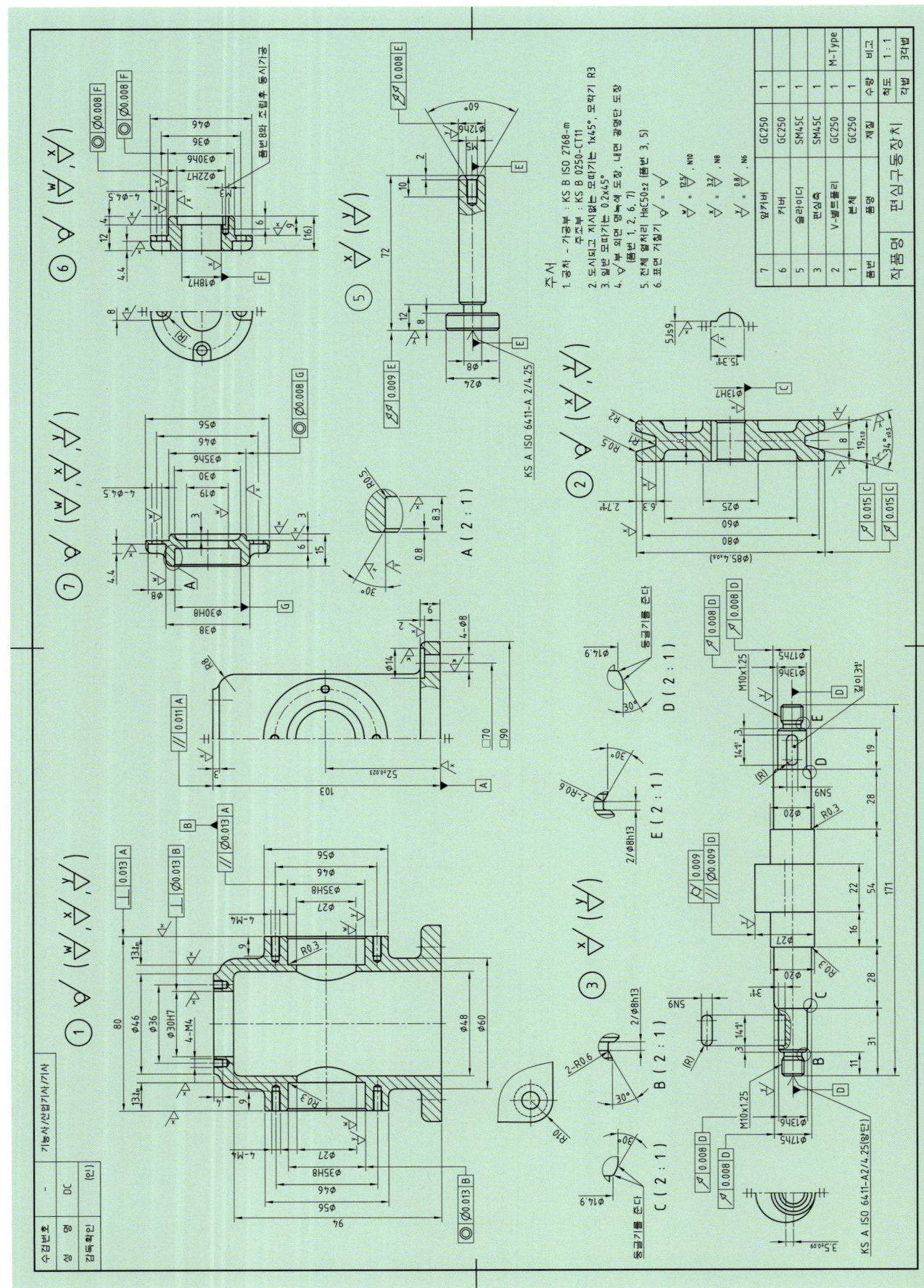

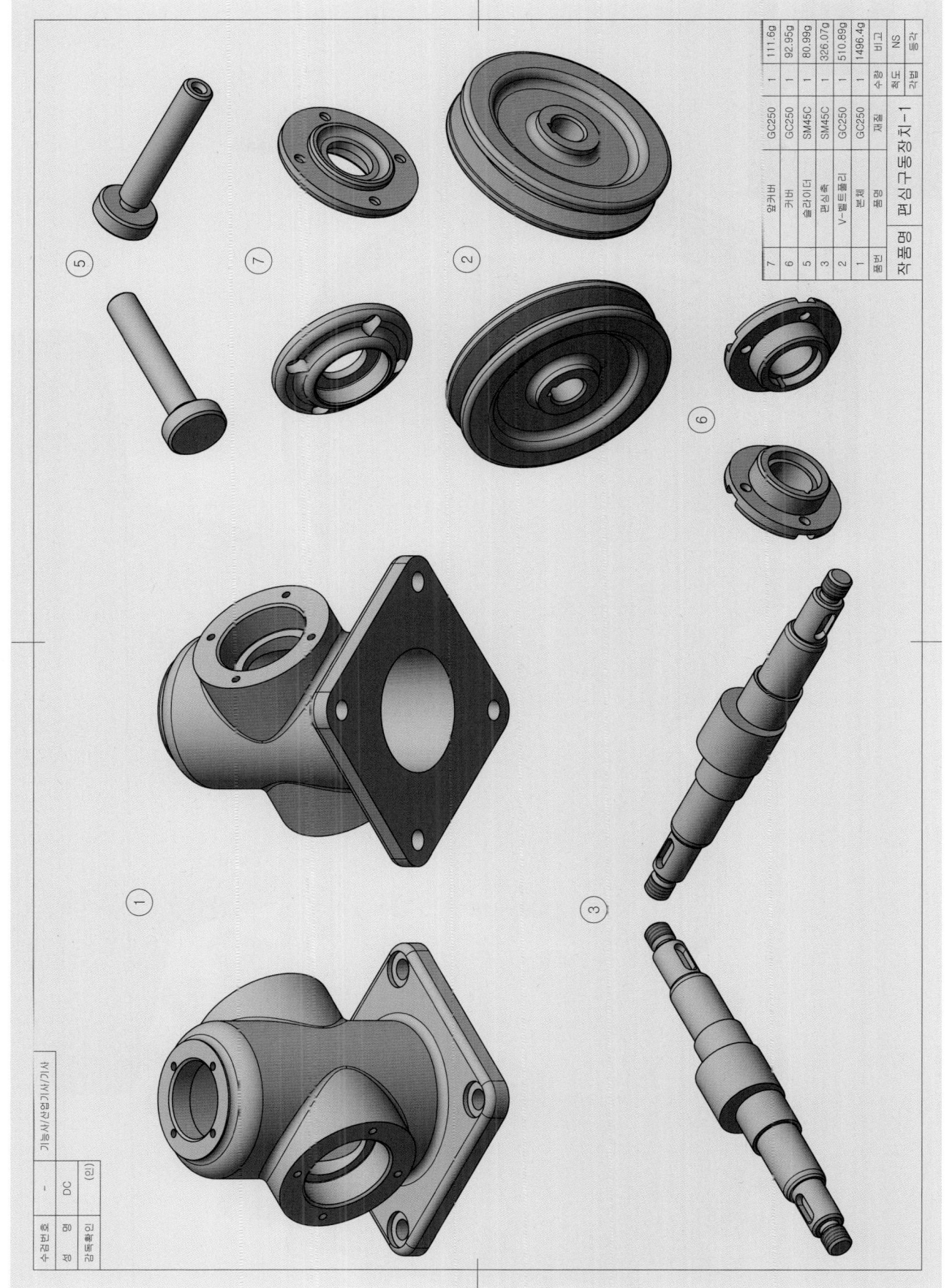

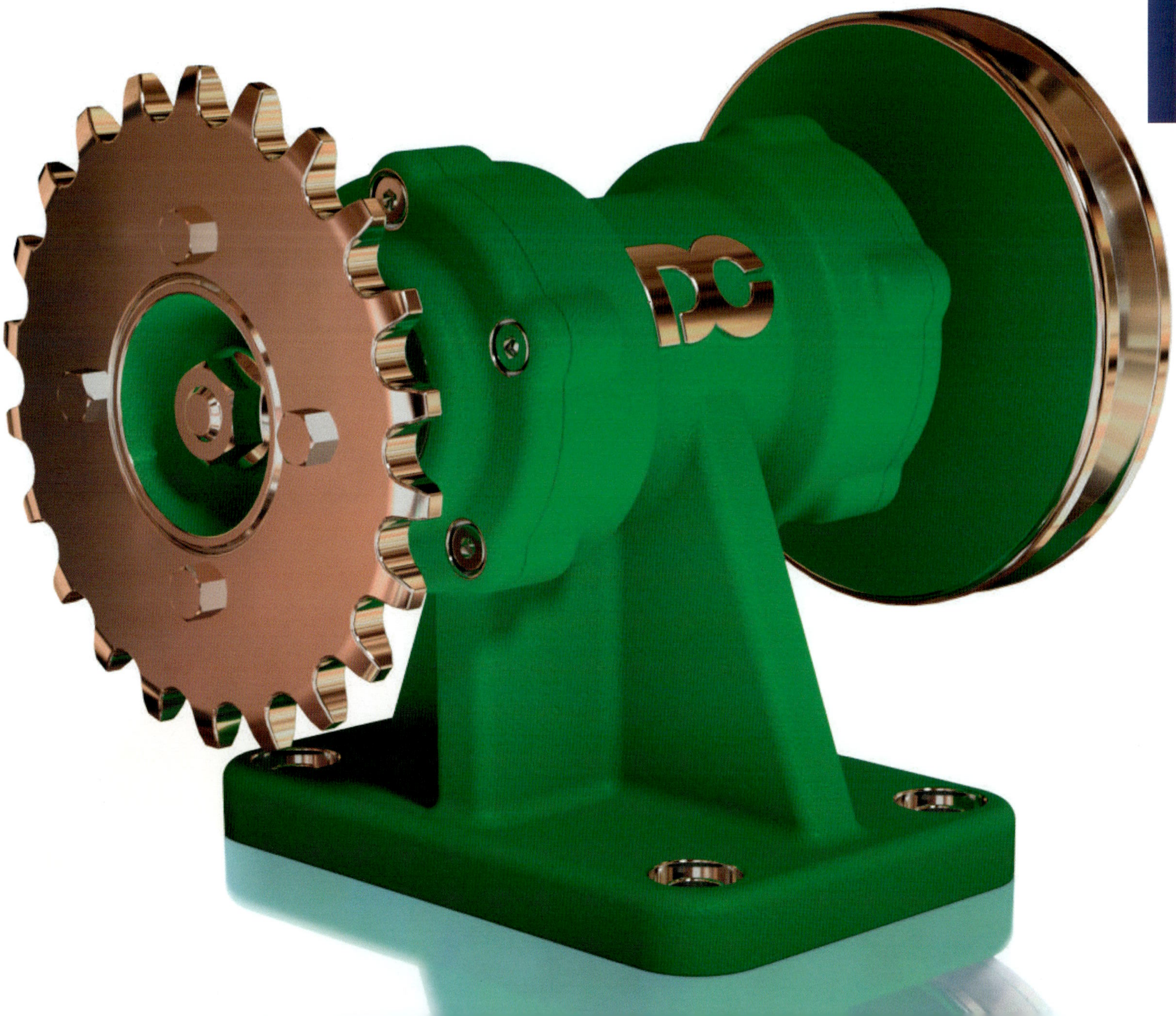

동력전달장치

Chapter 10 | 실전문제도면집 | Exercise **5**

기계설계의 감성을 디자인하다
Design the Sensibility of Mechanical Design
DesignCenter Mechanical Tech Academy

[조립분해도]

QR코드를 스캔하시면
3D VIEW 부품을 360°
회전 / 단면 / 분해하며
볼 수 있습니다.

QR코드를 스캔하시면
조립 / 구동 유튜브 영상을
시청할 수 있습니다.

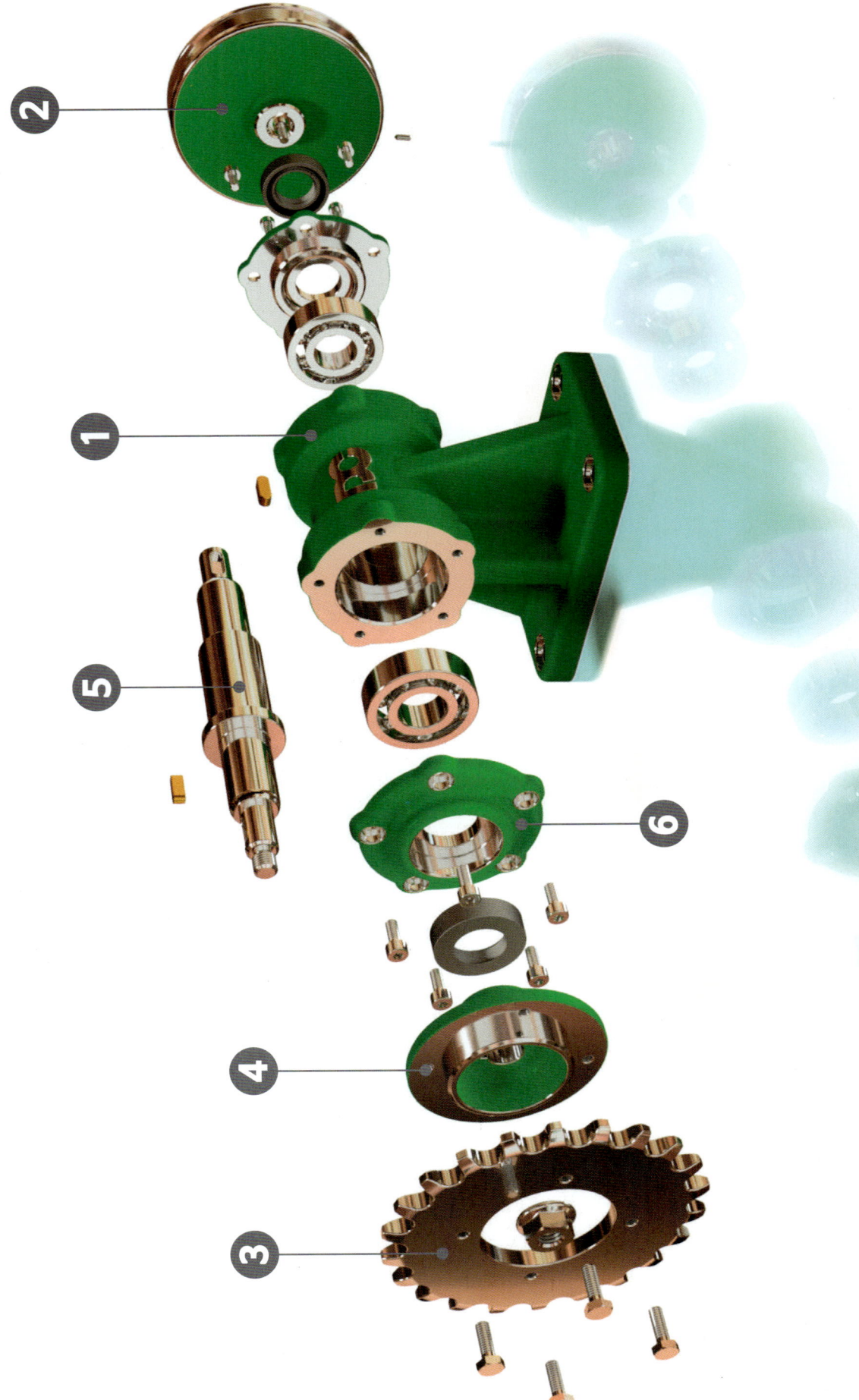

| 자격종목 | 기능사/산업기사/기사 | 과제명 | 동력전달장치 | 척도 | 1:1 |

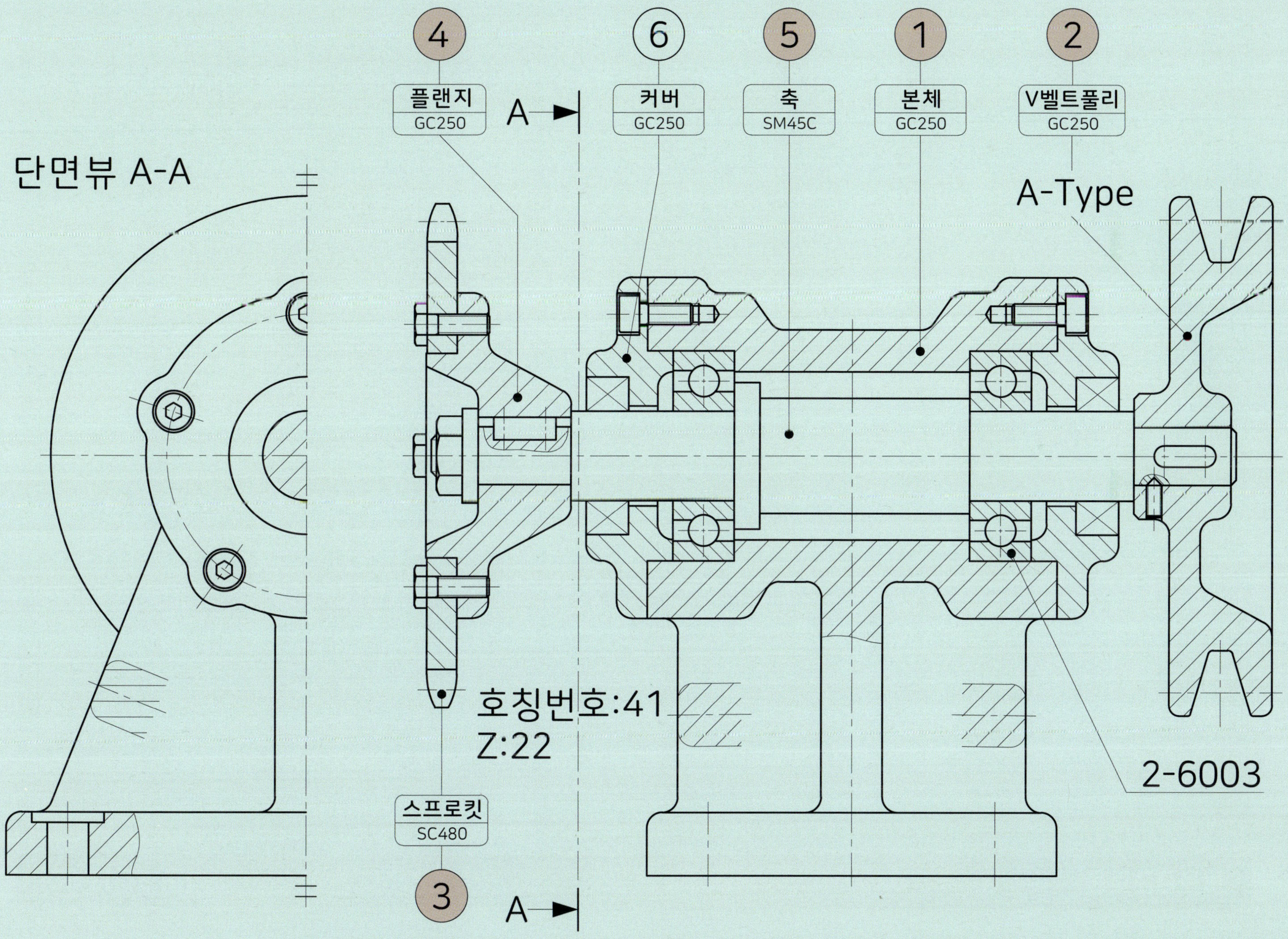

- ② V벨트풀리 GC250 A-Type
- ① 본체 GC250
- ⑤ 축 SM45C
- ⑥ 커버 GC250
- ④ 플랜지 GC250
- ③ 스프로킷 SC480

2-6003

호칭번호:41
Z:22

A—▲

단면뷰 A-A

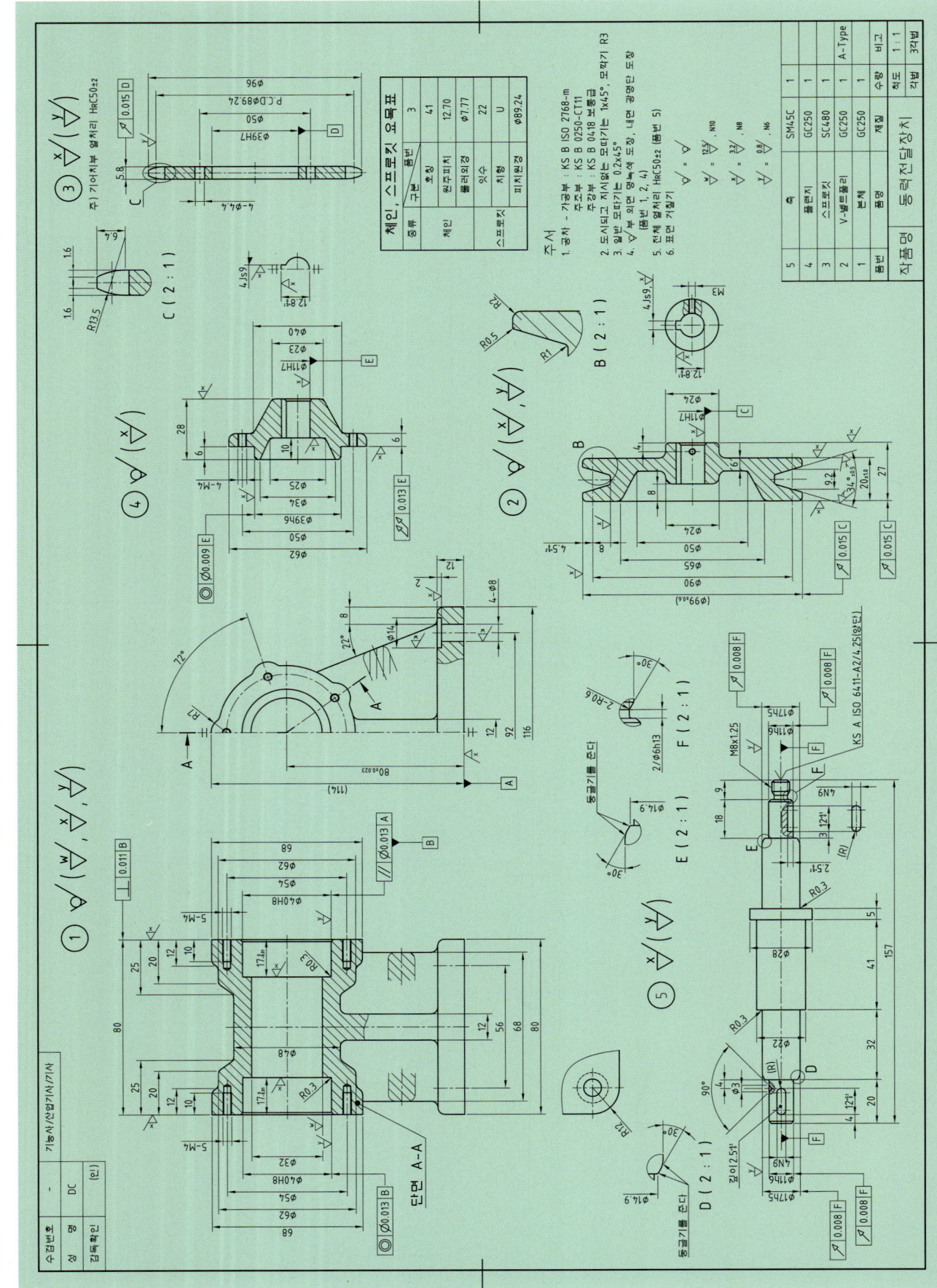

EXERCISE 06

동력전달장치

Chapter 10 실전문제도면집 | Exercise 6

[조립분해도]

기계설계의 감성을 디자인하다
Design the Sensibility of Mechanical Design
DesignCenter Mechanical Tech Academy

QR코드를 스캔하시면
3D VIEW 부품을 360°
회전 / 단면 / 분해하며
볼 수 있습니다.

QR코드를 스캔하시면
조립 / 구동 유튜브 영상을
시청할 수 있습니다.

| 379

[조립분해도] 동력전달장치

| 자격종목 | 기능사/산업기사/기사 | 과제명 | 동력전달장치 | 척도 | 1:1 |

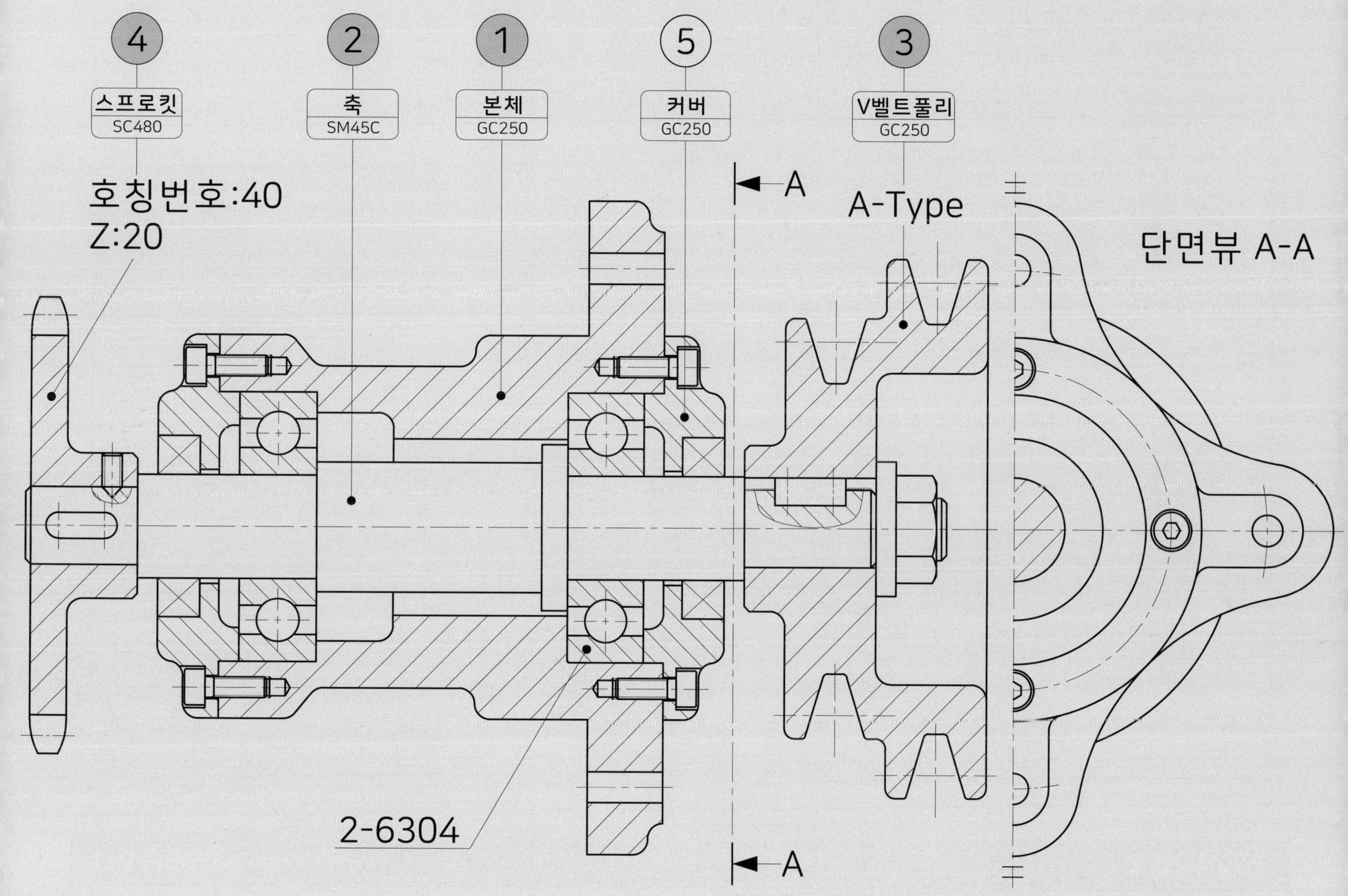

단면부 A-A

① 본체 GC250
② 축 SM45C
③ V벨트풀리 GC250 A-Type
④ 스프로킷 SC480 호칭번호:40 Z:20
⑤ 커버 GC250

2-6304

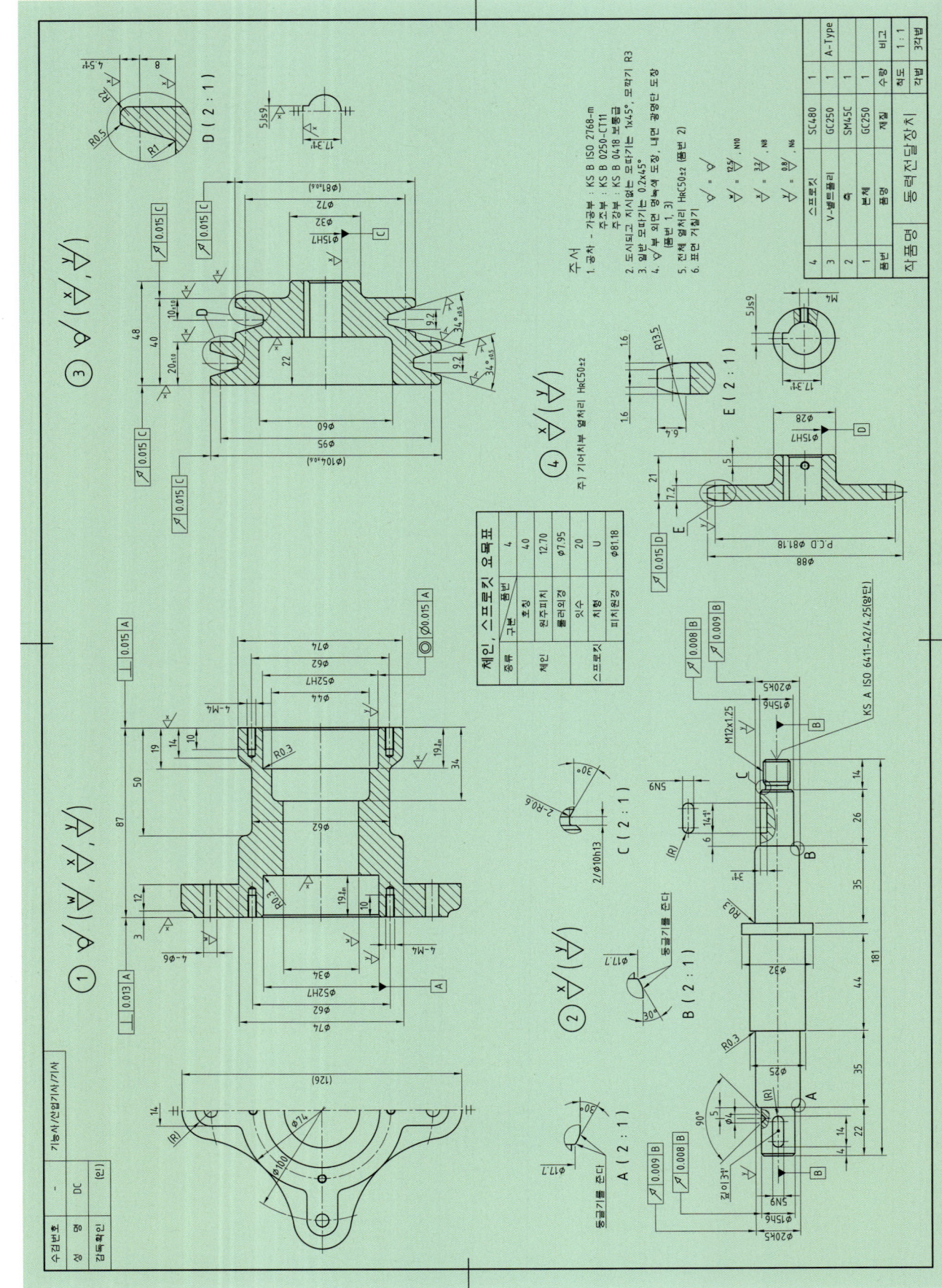

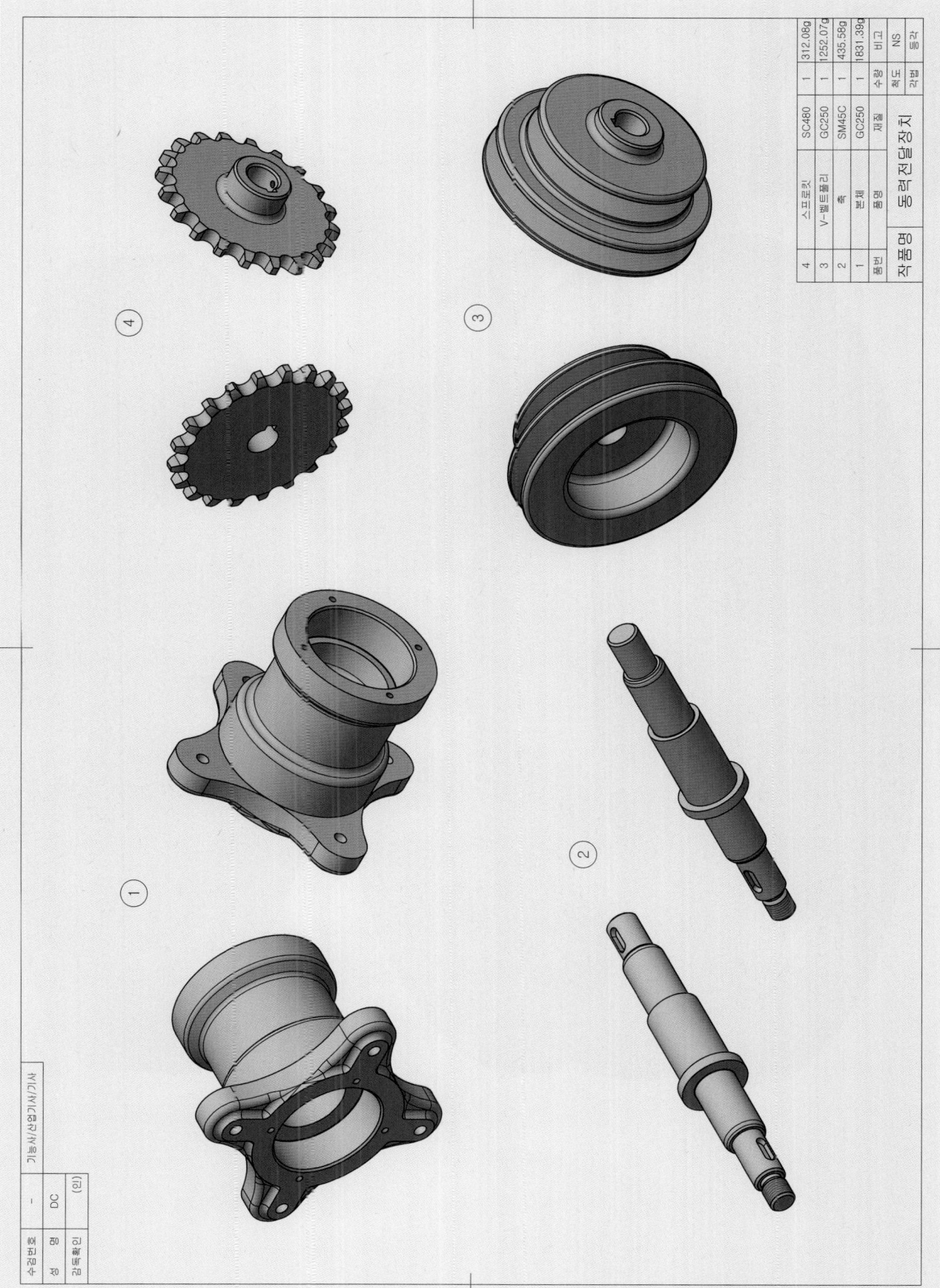

EXERCISE 07

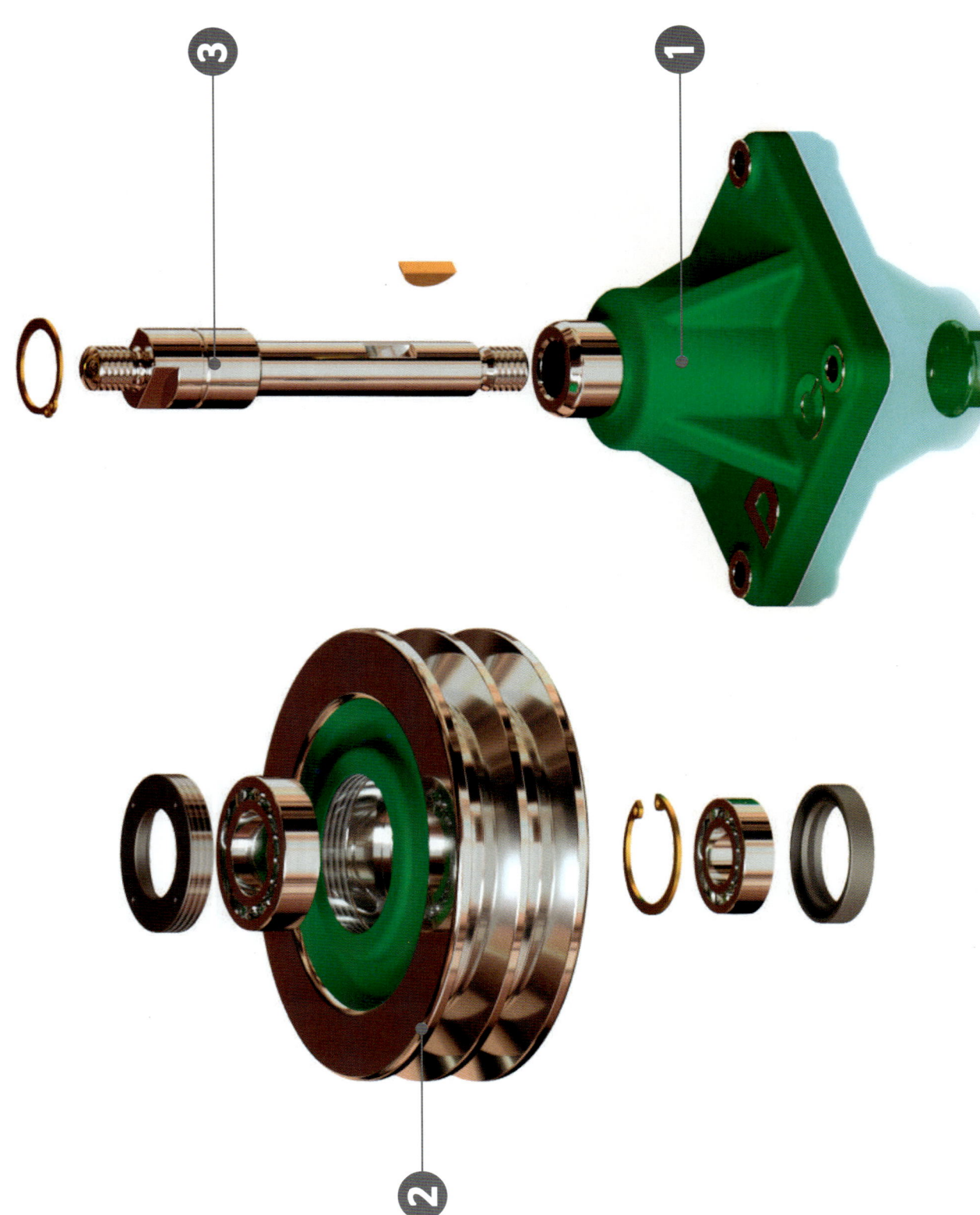

| 자격종목 | 기능사/산업기사/기사 | 과제명 | V-벨트전동장치 | 척도 | 1:1 |

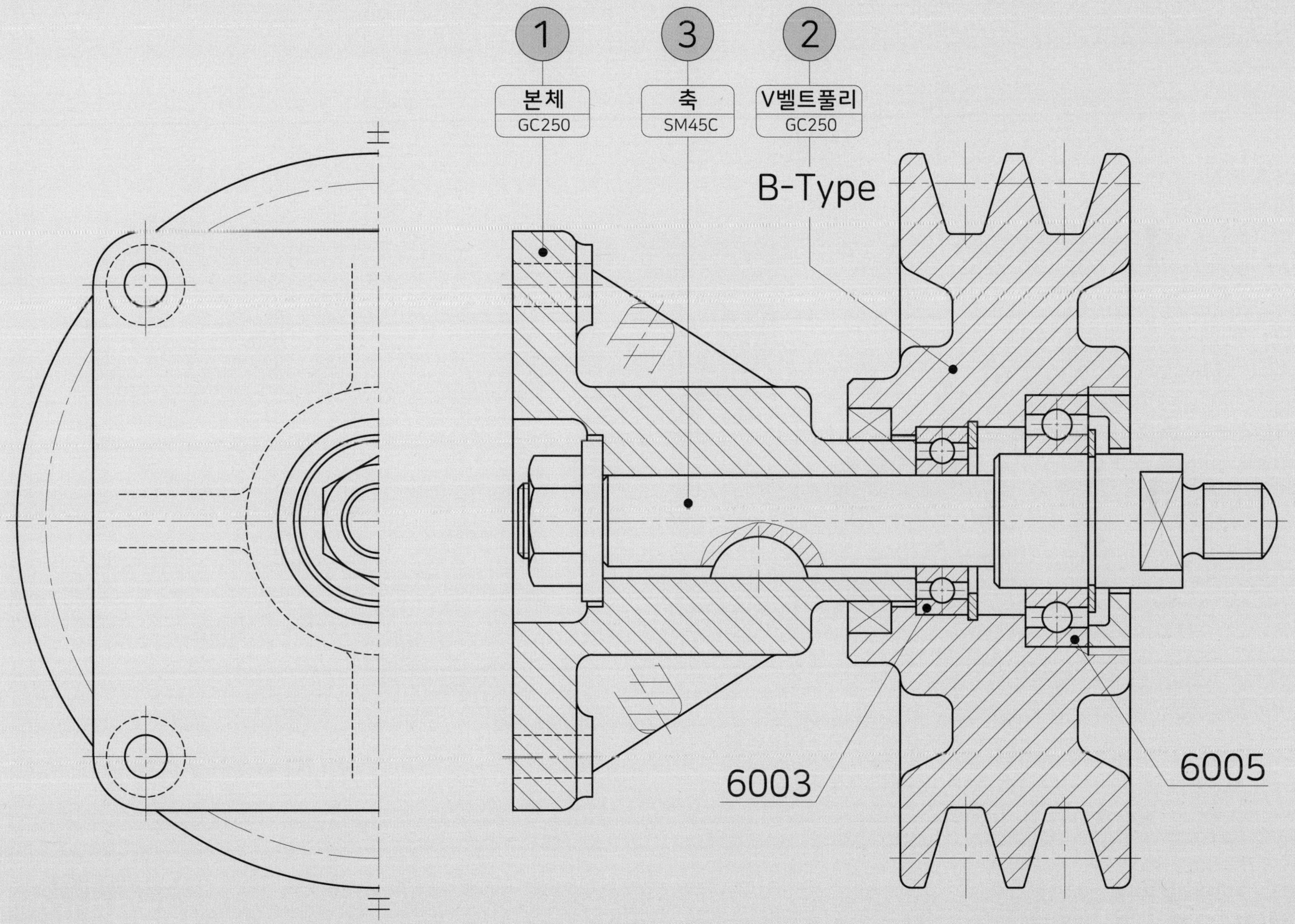

- ① 본체 GC250
- ② V벨트풀리 GC250
- ③ 축 SM45C

B-Type

6005
6003

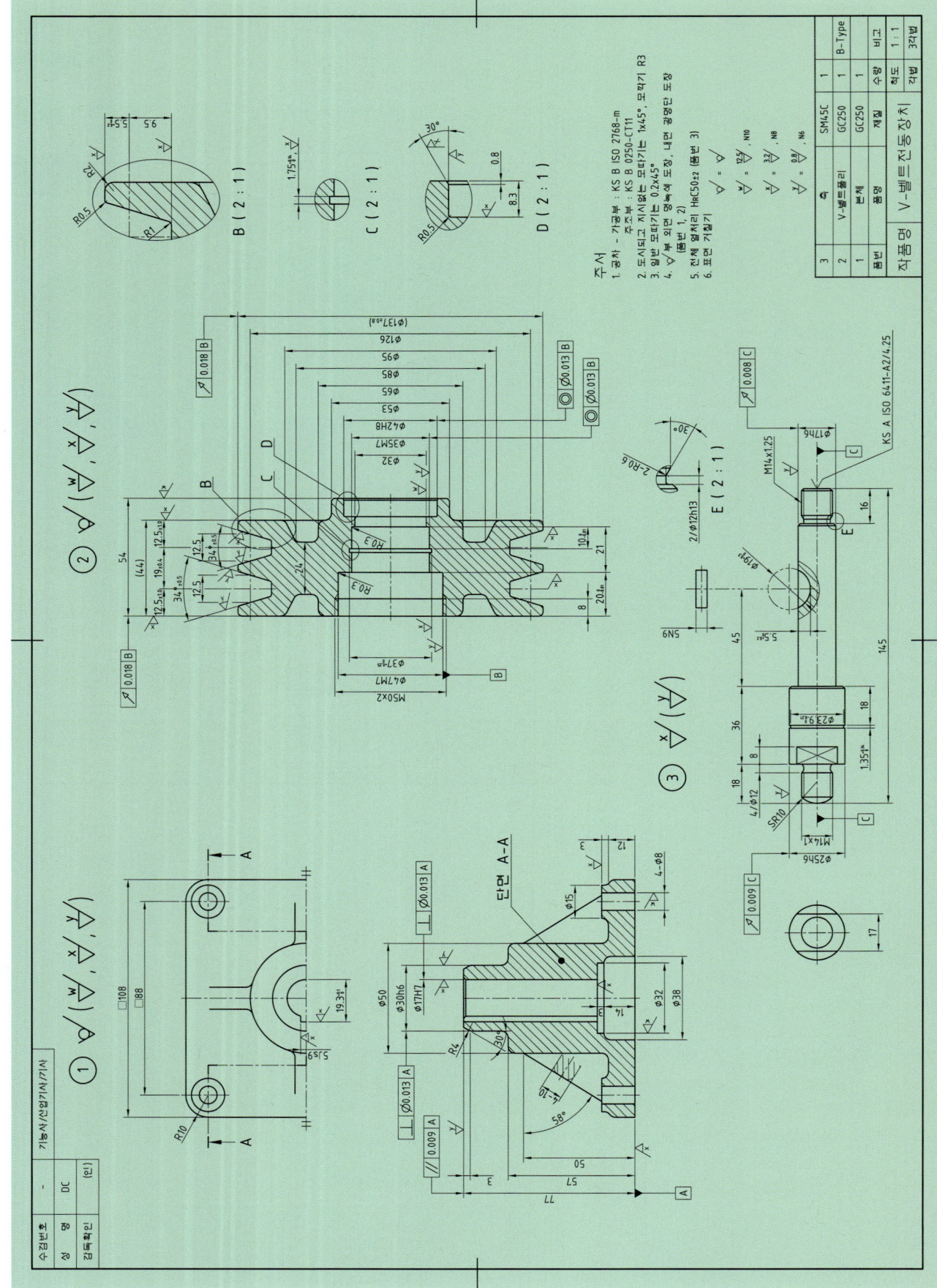

[3D 답안도면]

V-벨트전동장치

3	축	SM45C	1	299.9g
2	V-벨트풀리	GC250	1	3120.93g
1	본체	GC250	1	1771.67g
품번	품명	재질	수량	비고

작품명: V-벨트전동장치 / 척도: NS / 각법: 3각법

수검번호	—
성 명	DC
감독확인	(인)

기능사/산업기사/기사

EXERCISE 08

기어박스

[조립분해도]

기어박스

기계설계의 감성을 디자인하다
Design the Sensibility of Mechanical Design
DesignCenter Mechanical Tech Academy

Chapter 10 | 실전문제도면집 | Exercise 8

QR코드를 스캔하시면 **3D VIEW 부품을 360° 회전 / 단면 / 분해**하며 볼 수 있습니다.

QR코드를 스캔하시면 **조립 / 구동** 유튜브 영상을 시청할 수 있습니다.

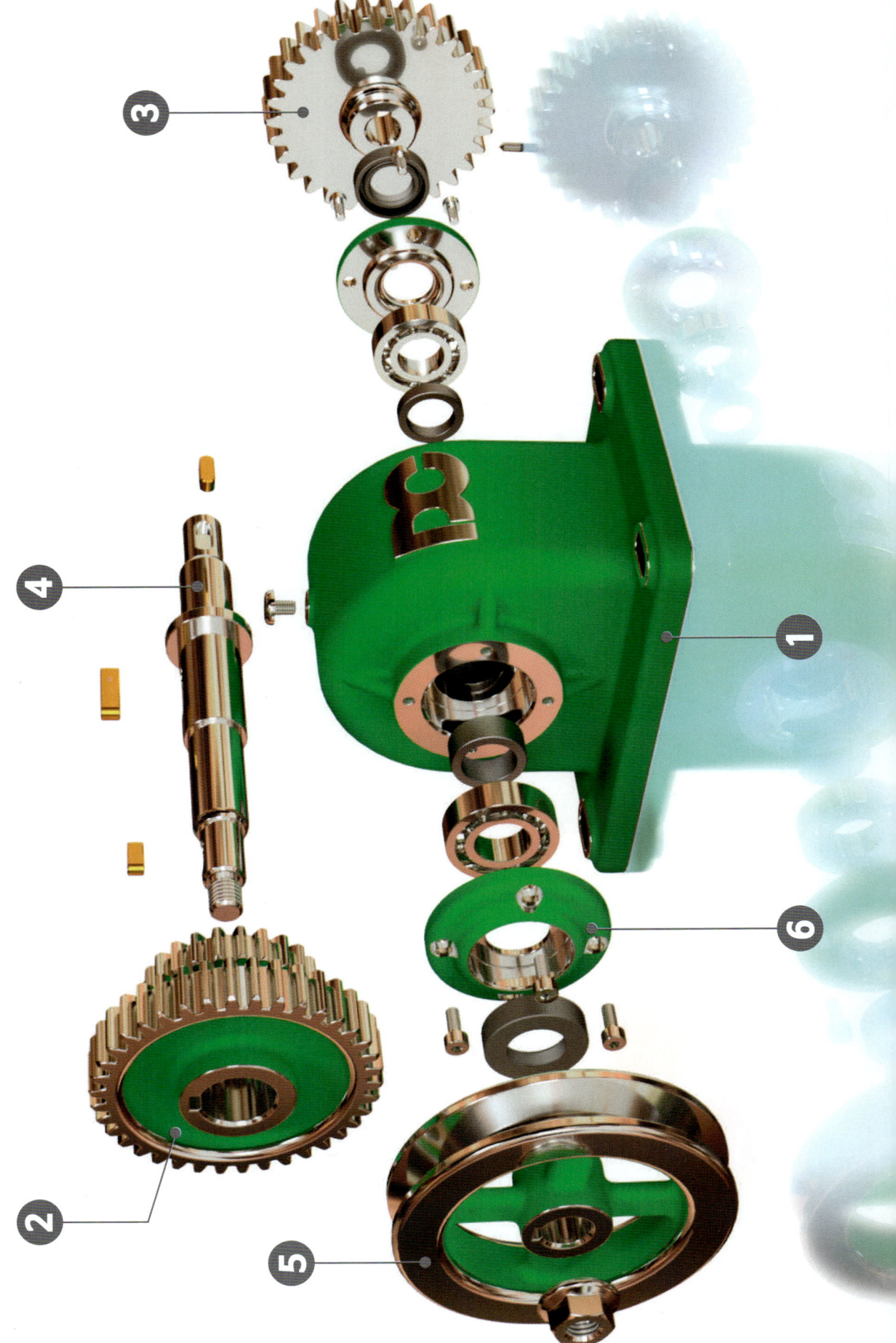

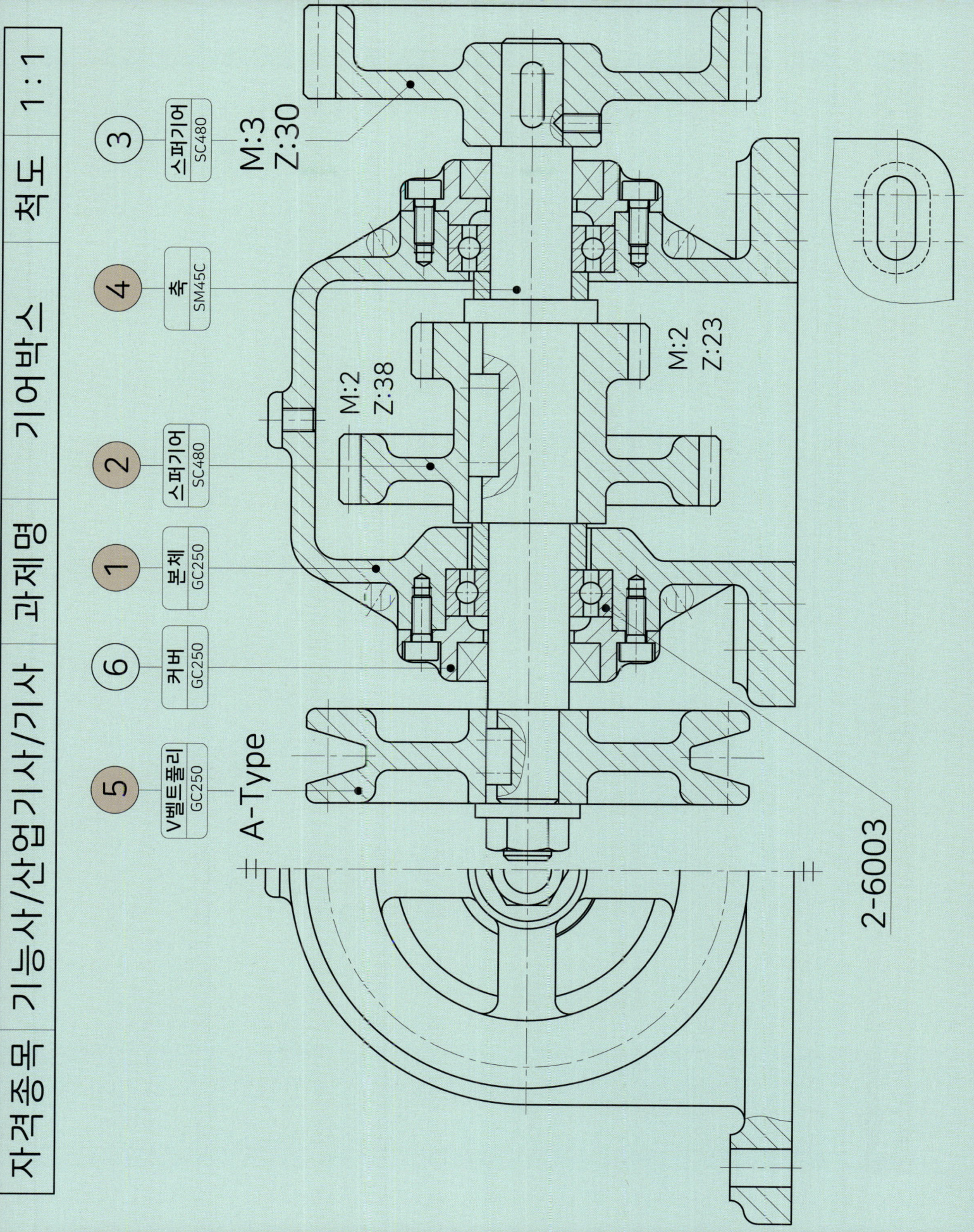

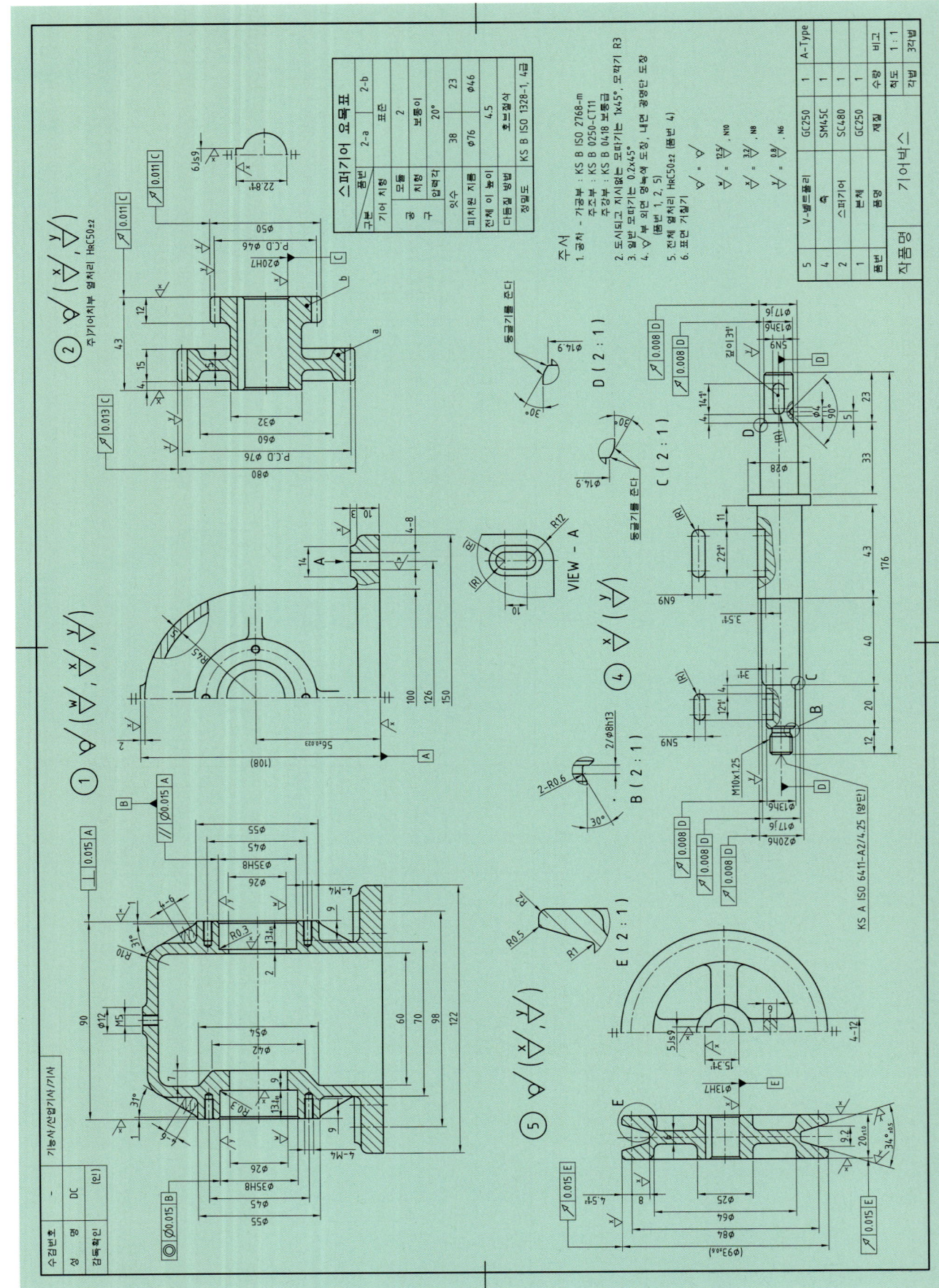

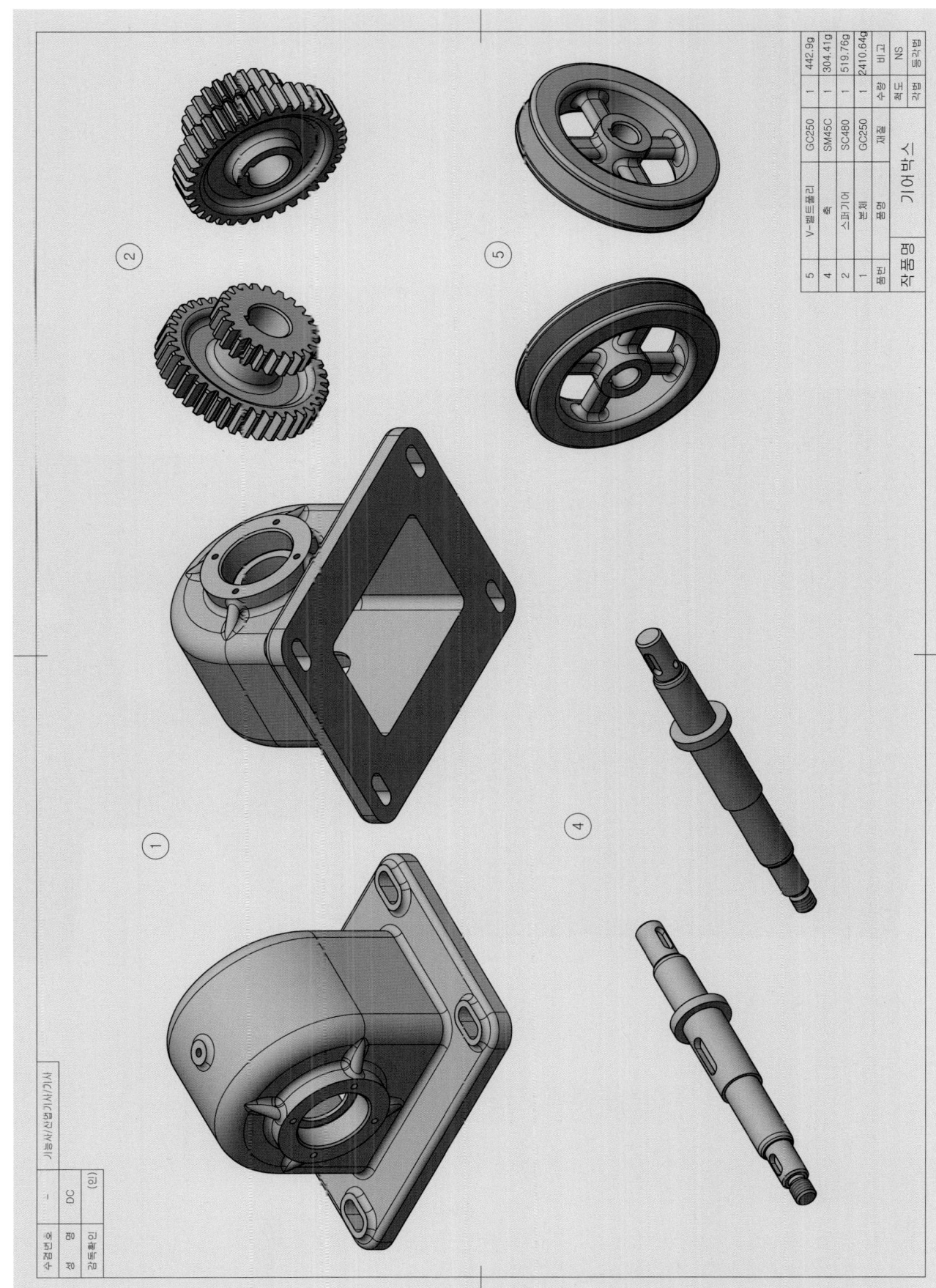

EXERCISE 09

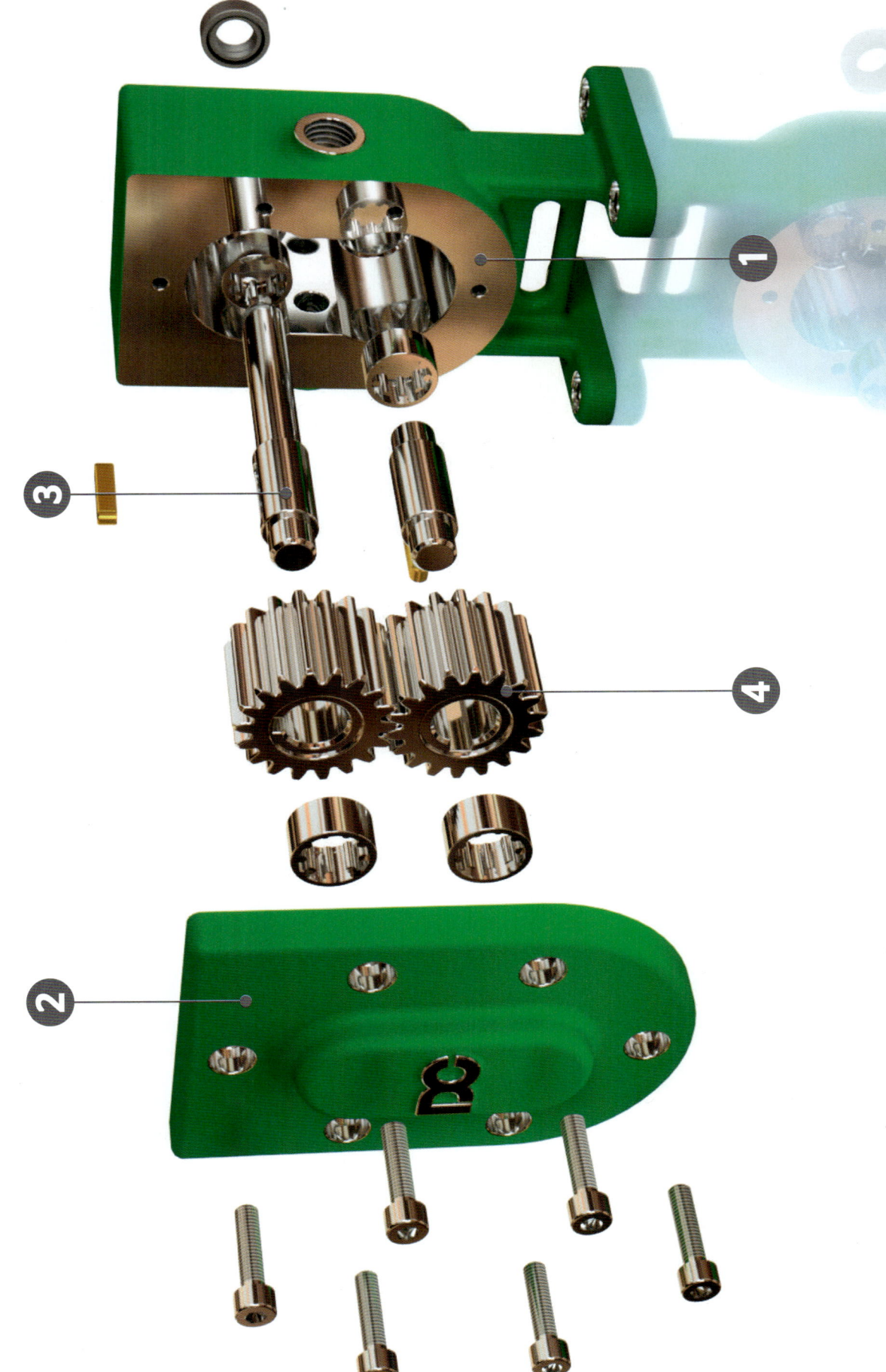

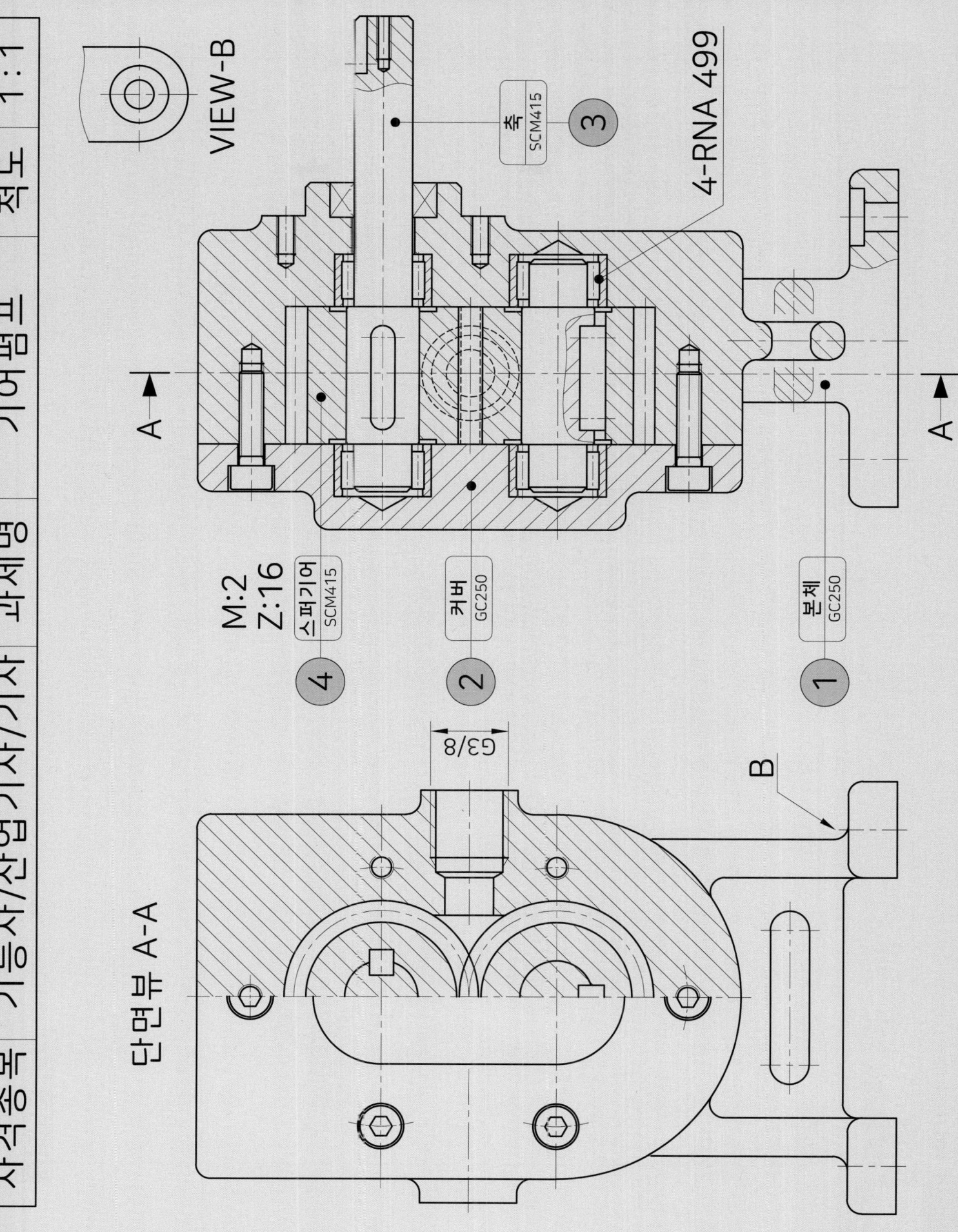

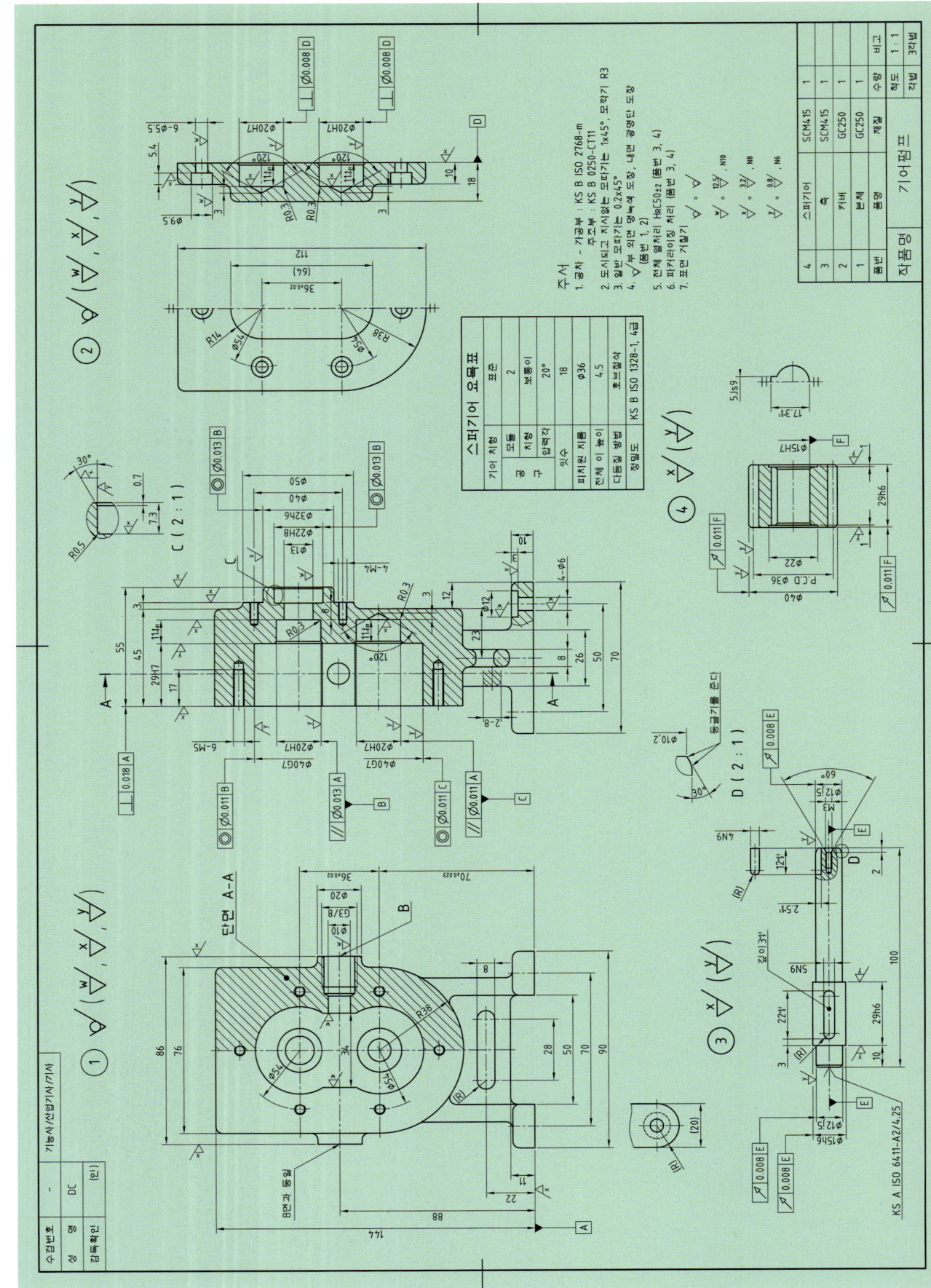

기어펌프

[3D 단안도면]

품번	품명	재질	수량	비고
4	스파기어	SCM415	1	183.49g
3	축	SCM415	1	99.08g
2	커버	GC250	1	3160.02g
1	본체	GC250	1	2523.04g

품명: 기어펌프

EXERCISE 10

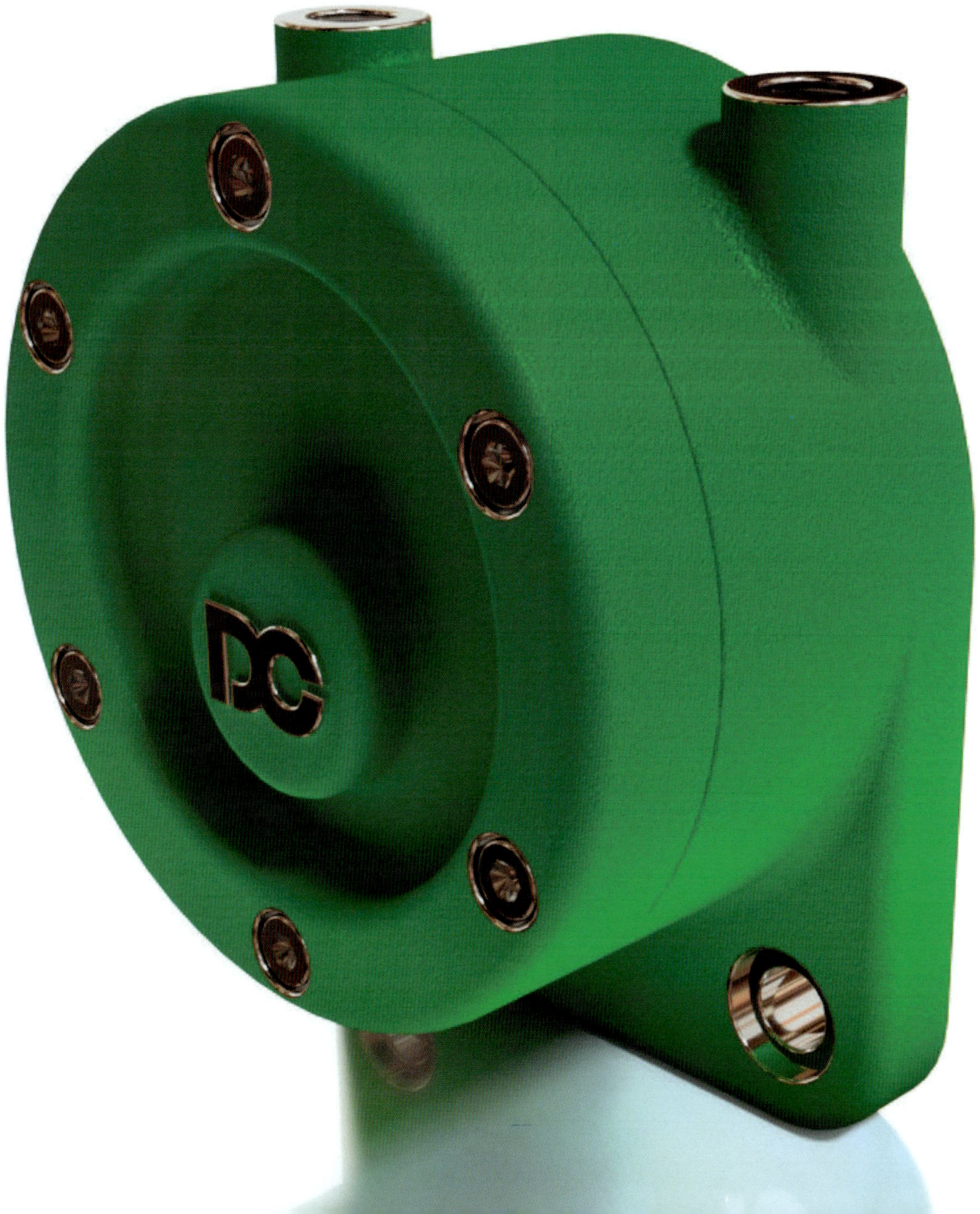

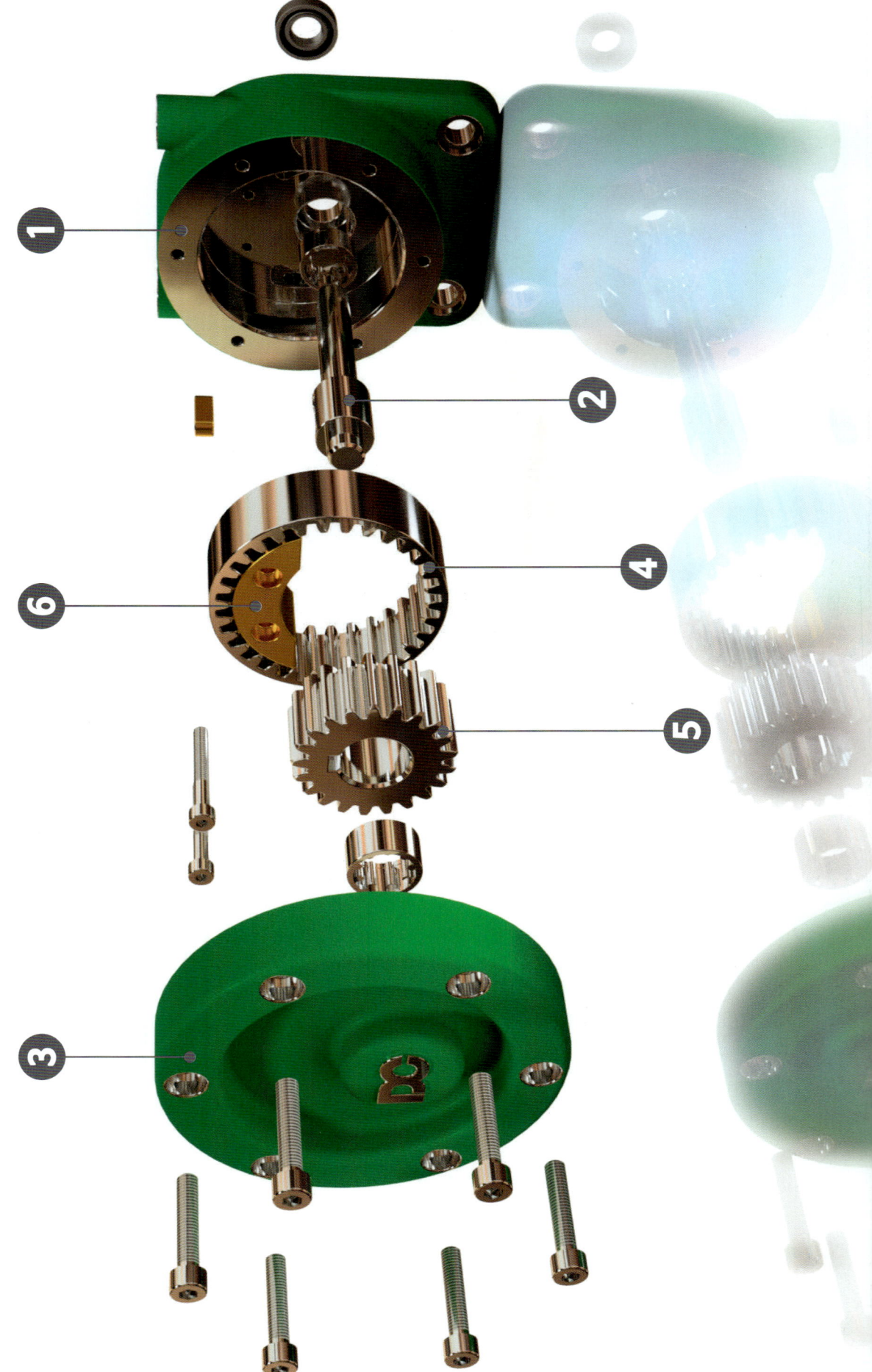

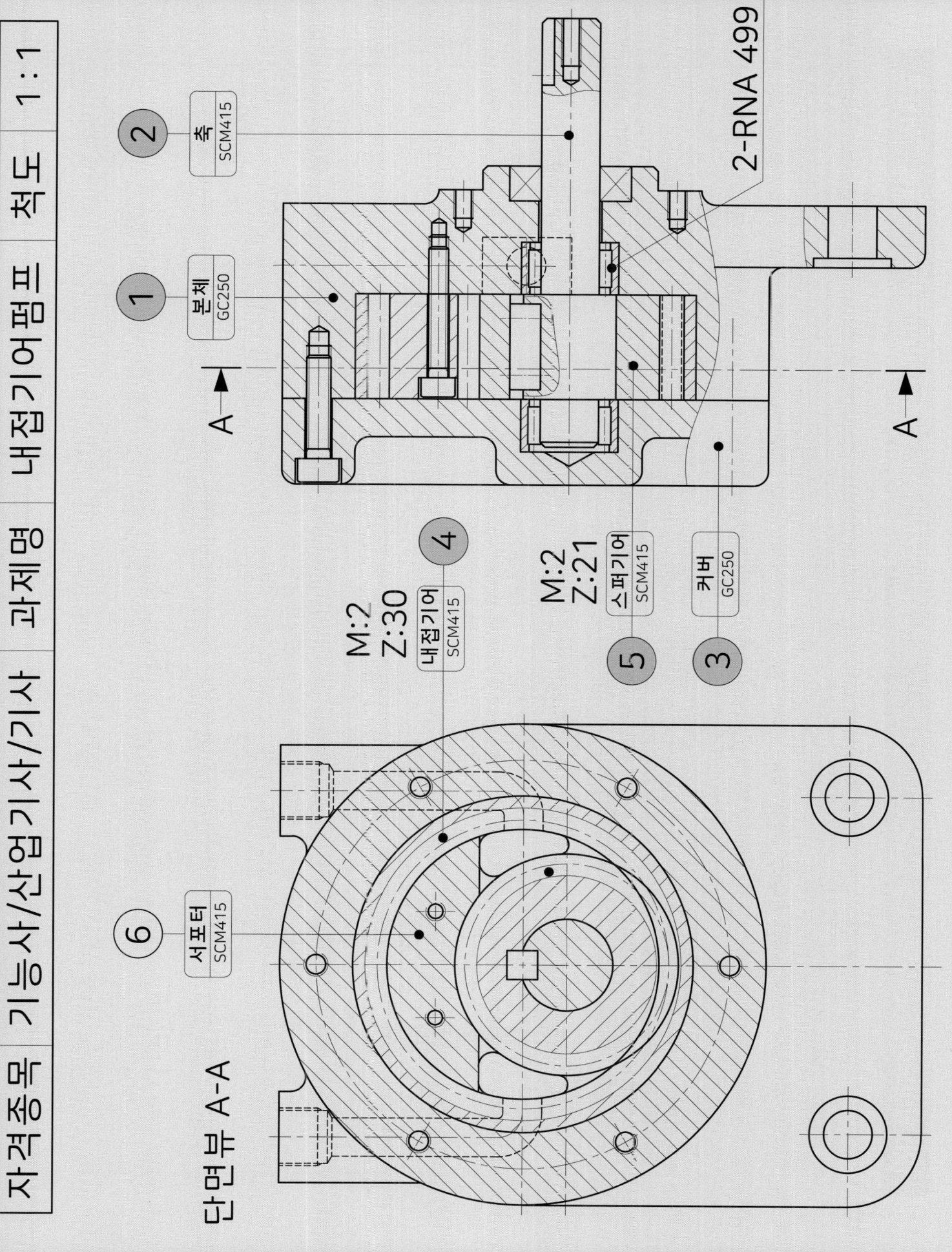

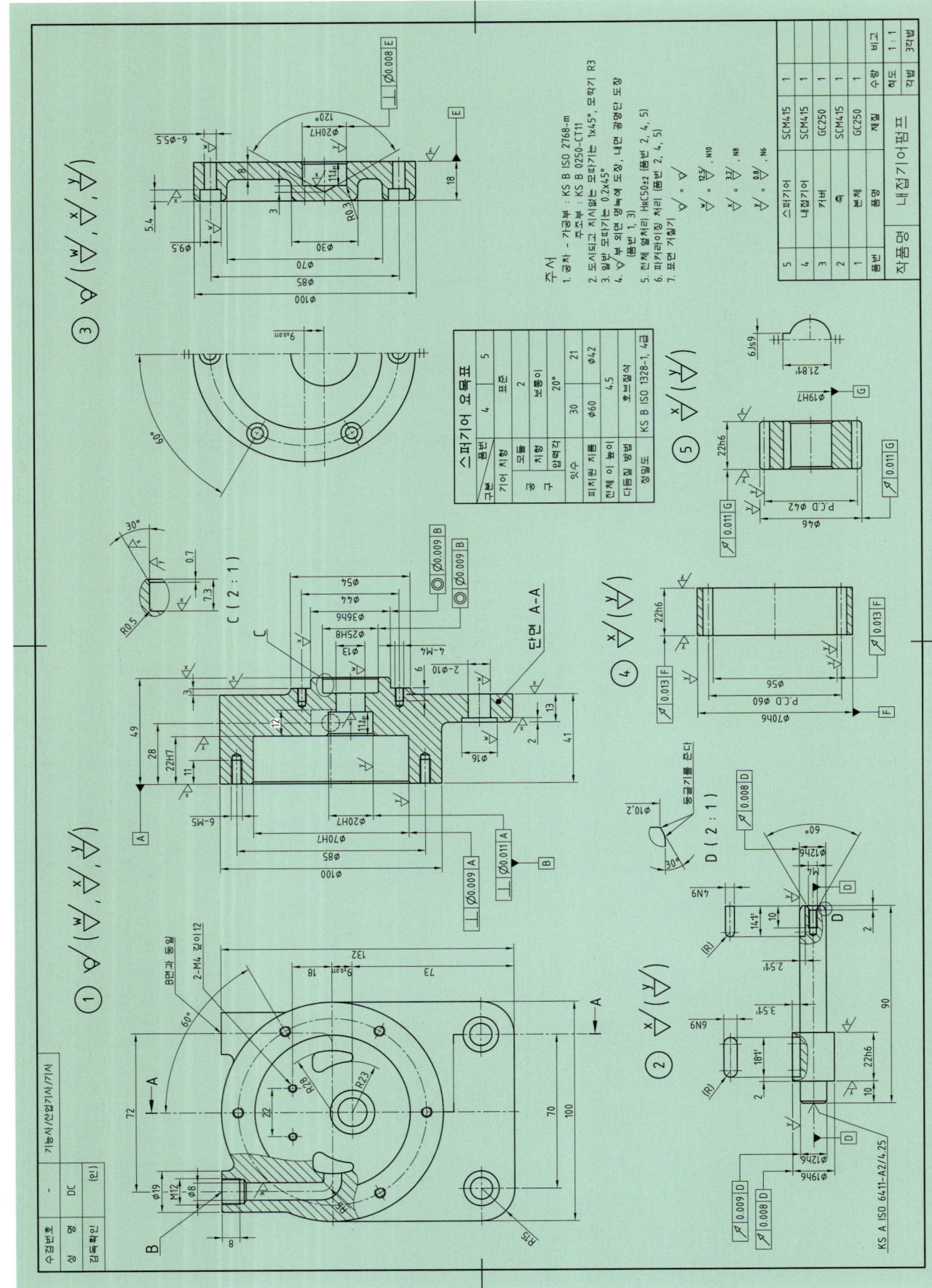

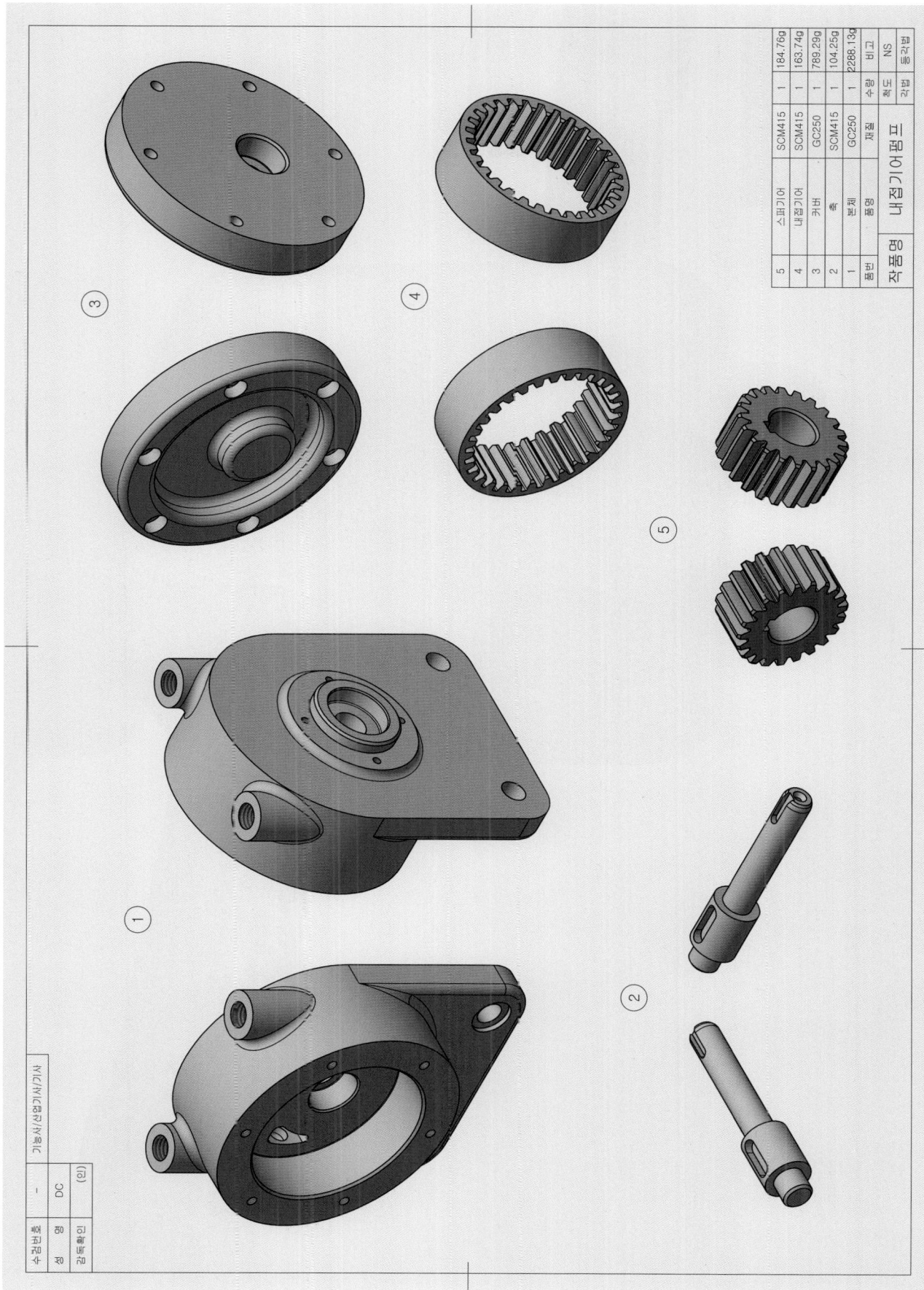

EXERCISE 11

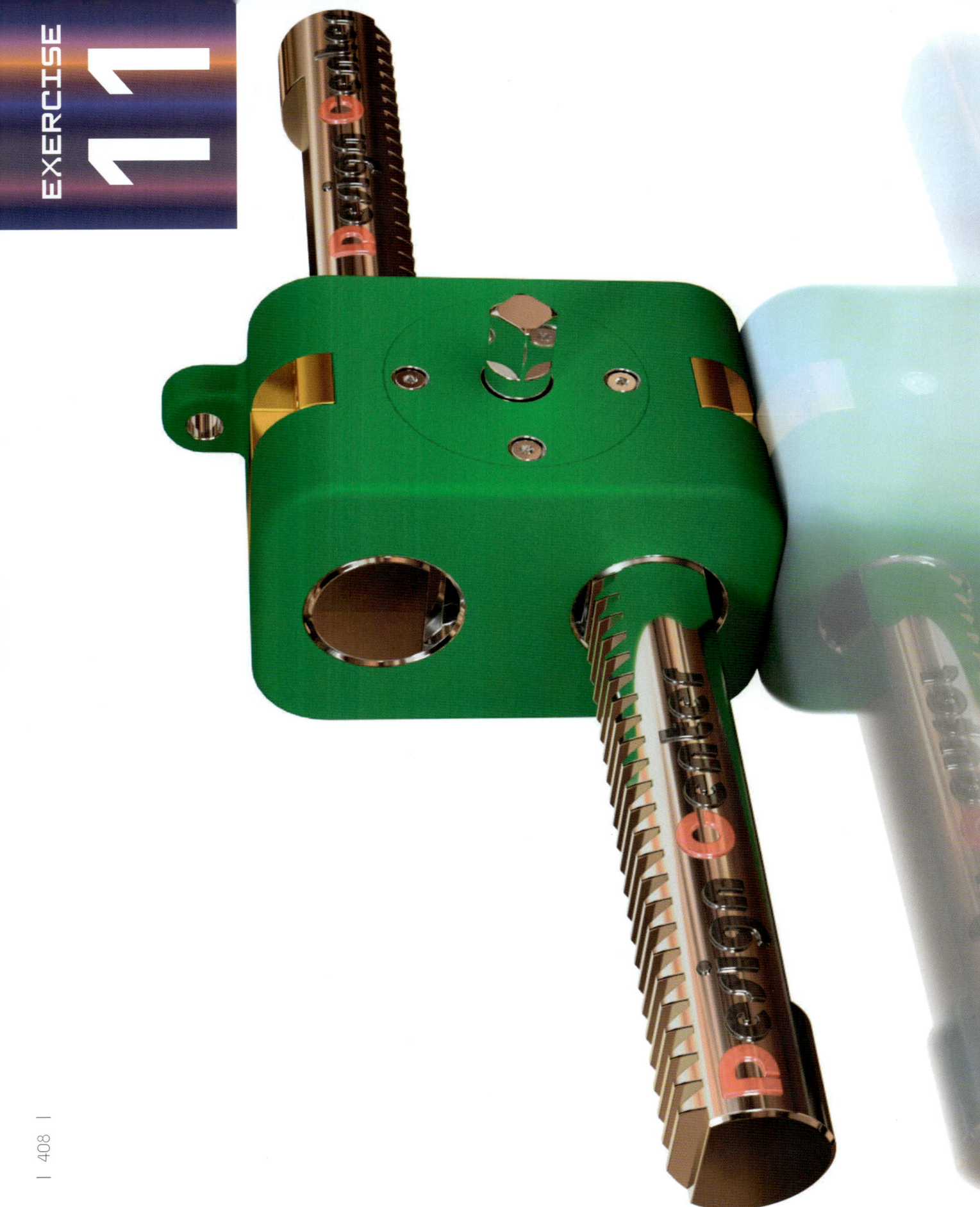

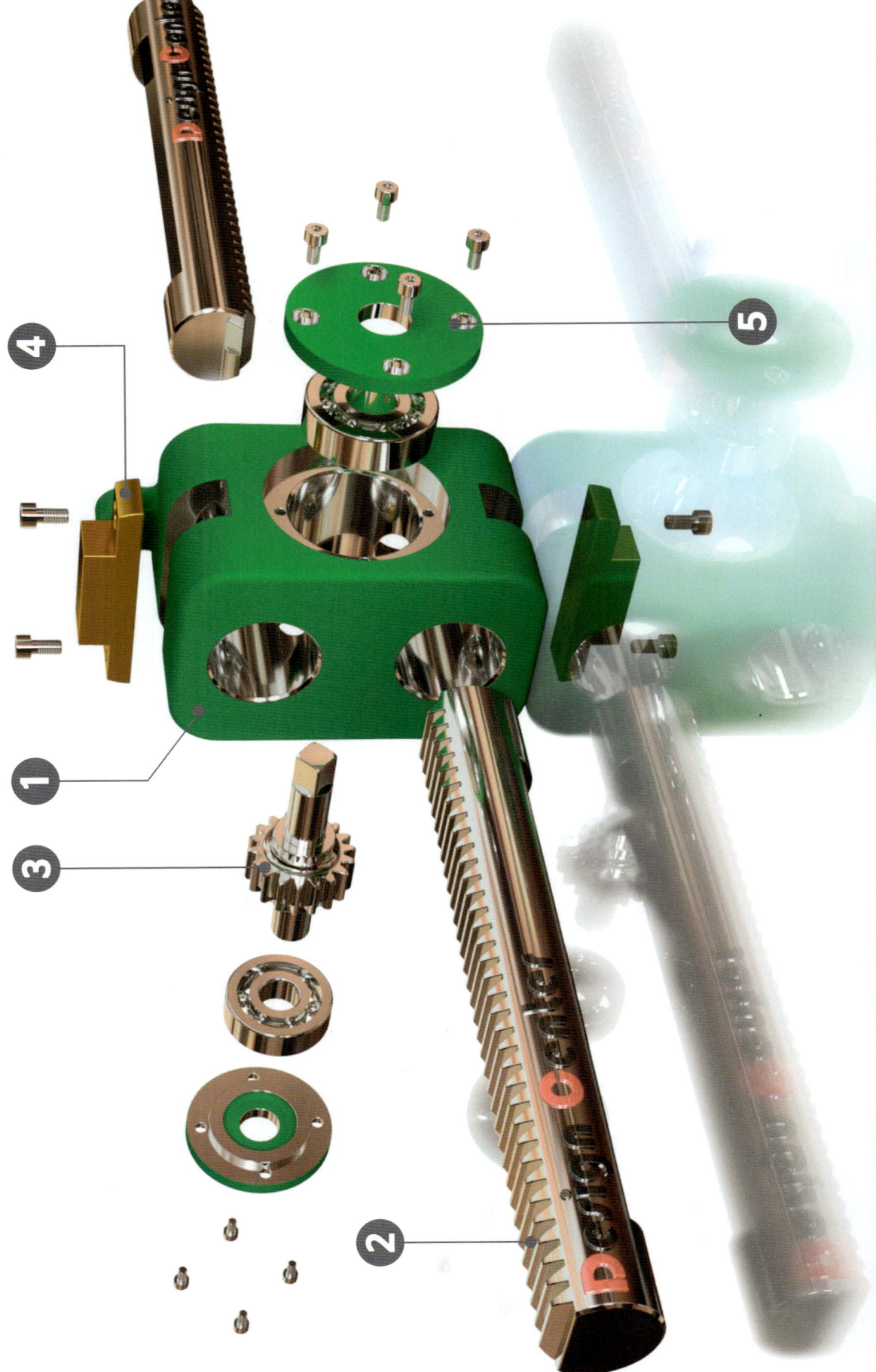

| 자격종목 | 기능사/산업기사/기사 | 과제명 | 래크와피니언 | 척도 | 1:1 |

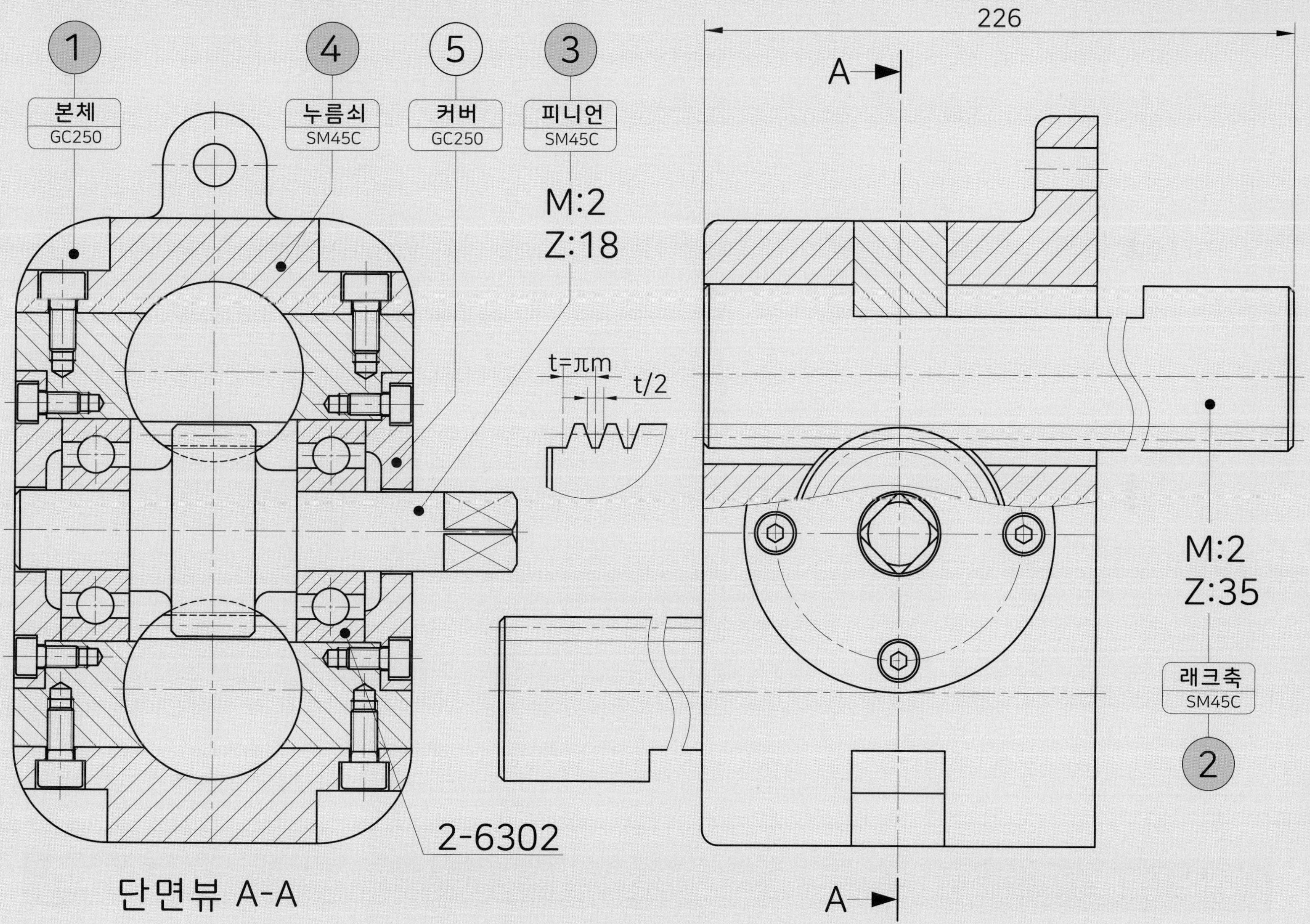

단면부 A-A

- ① 본체 GC250
- ② 래크축 SM45C — M:2 Z:35
- ③ 피니언 SM45C — M:2 Z:18
- ④ 누름쇠 SM45C
- ⑤ 커버 GC250

2-6302

226

$t=\pi m$, $t/2$

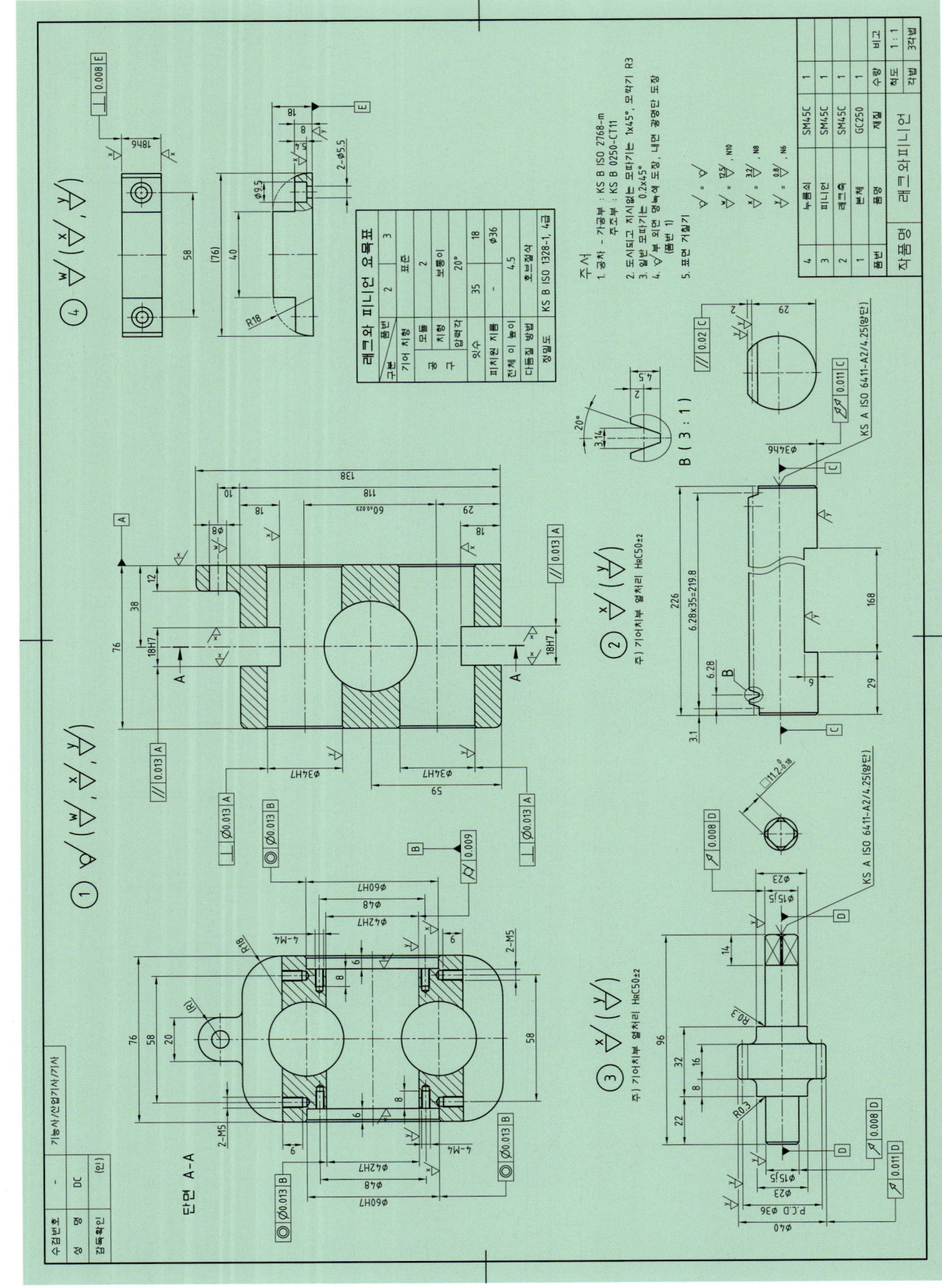

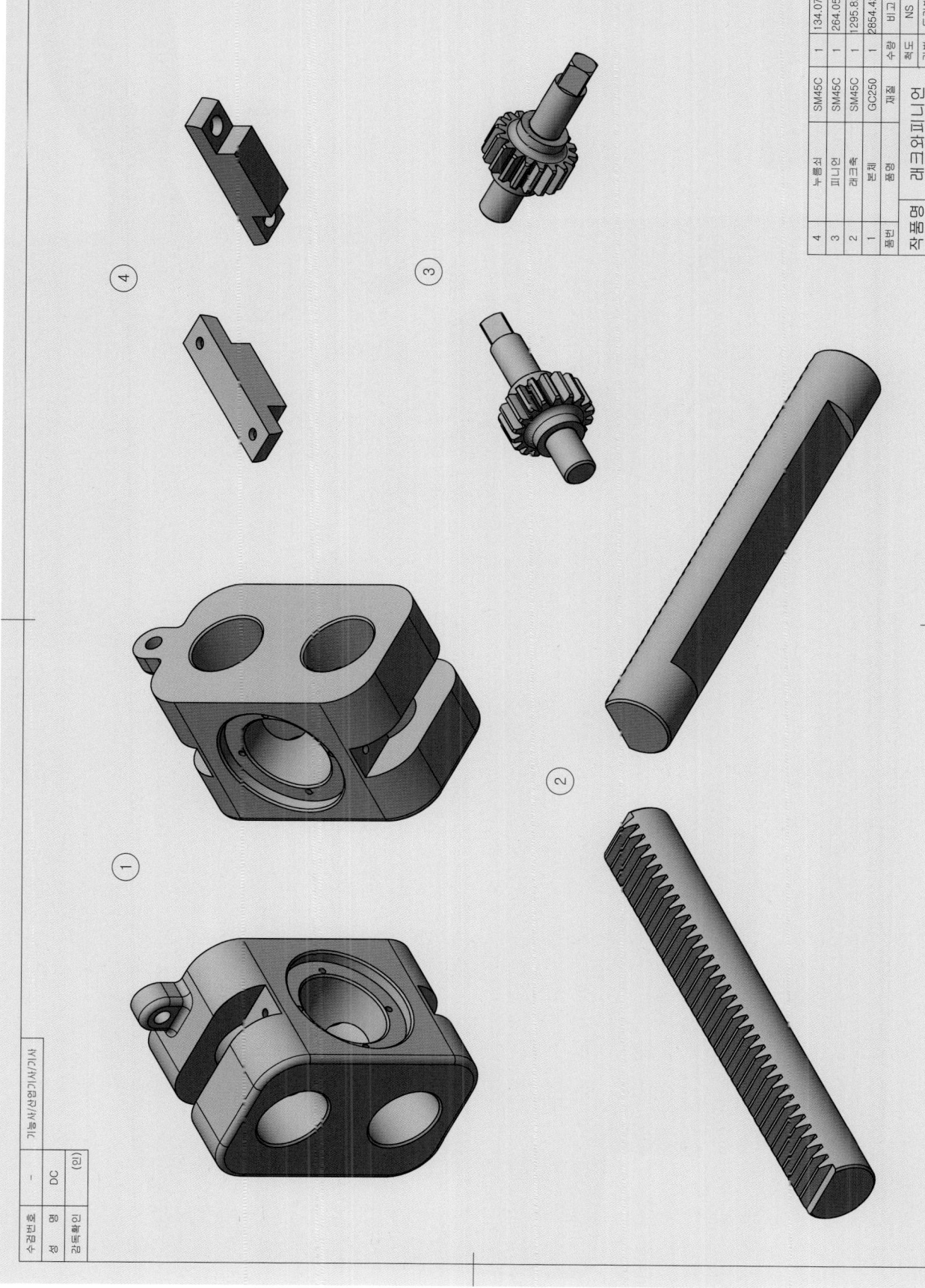

EXERCISE 12

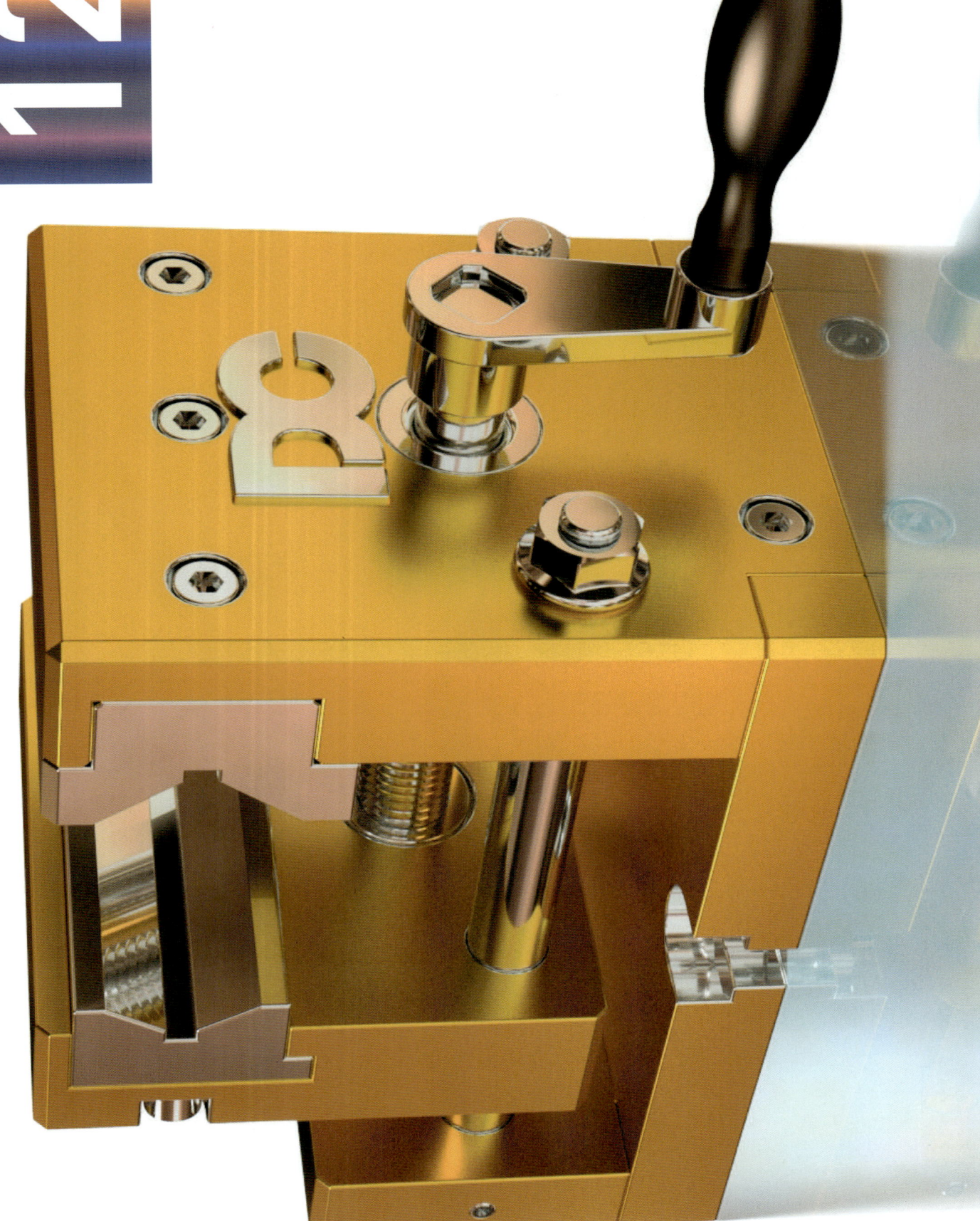

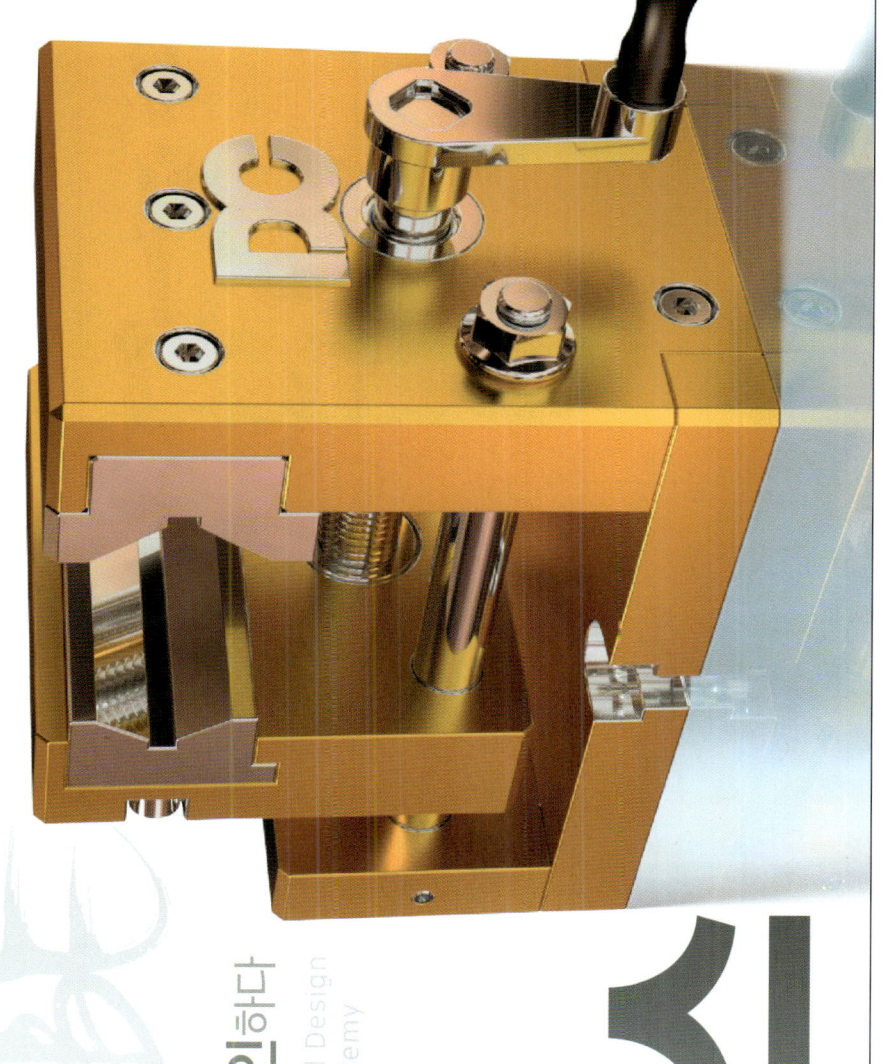

바이스

[조립분해도]

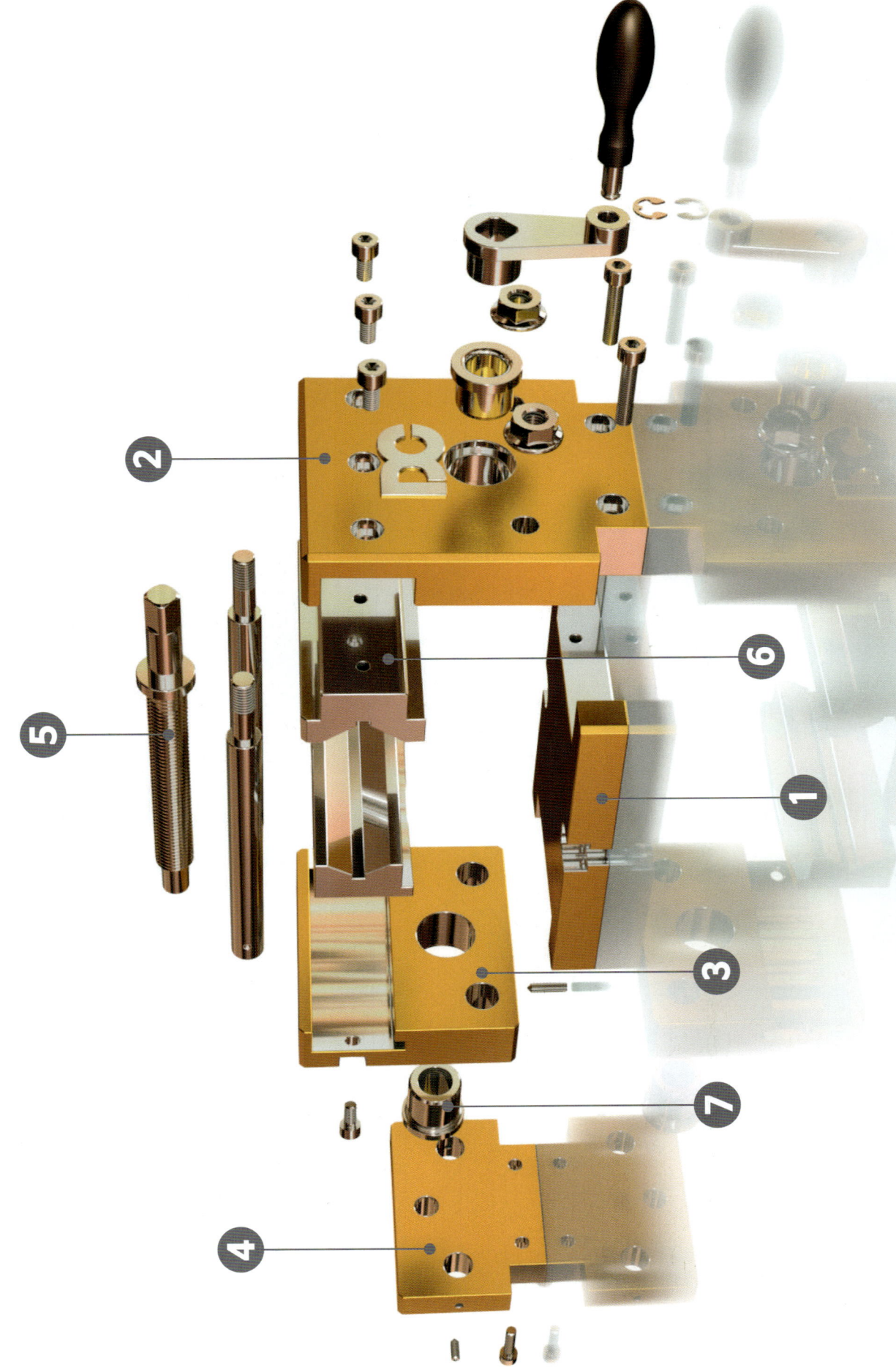

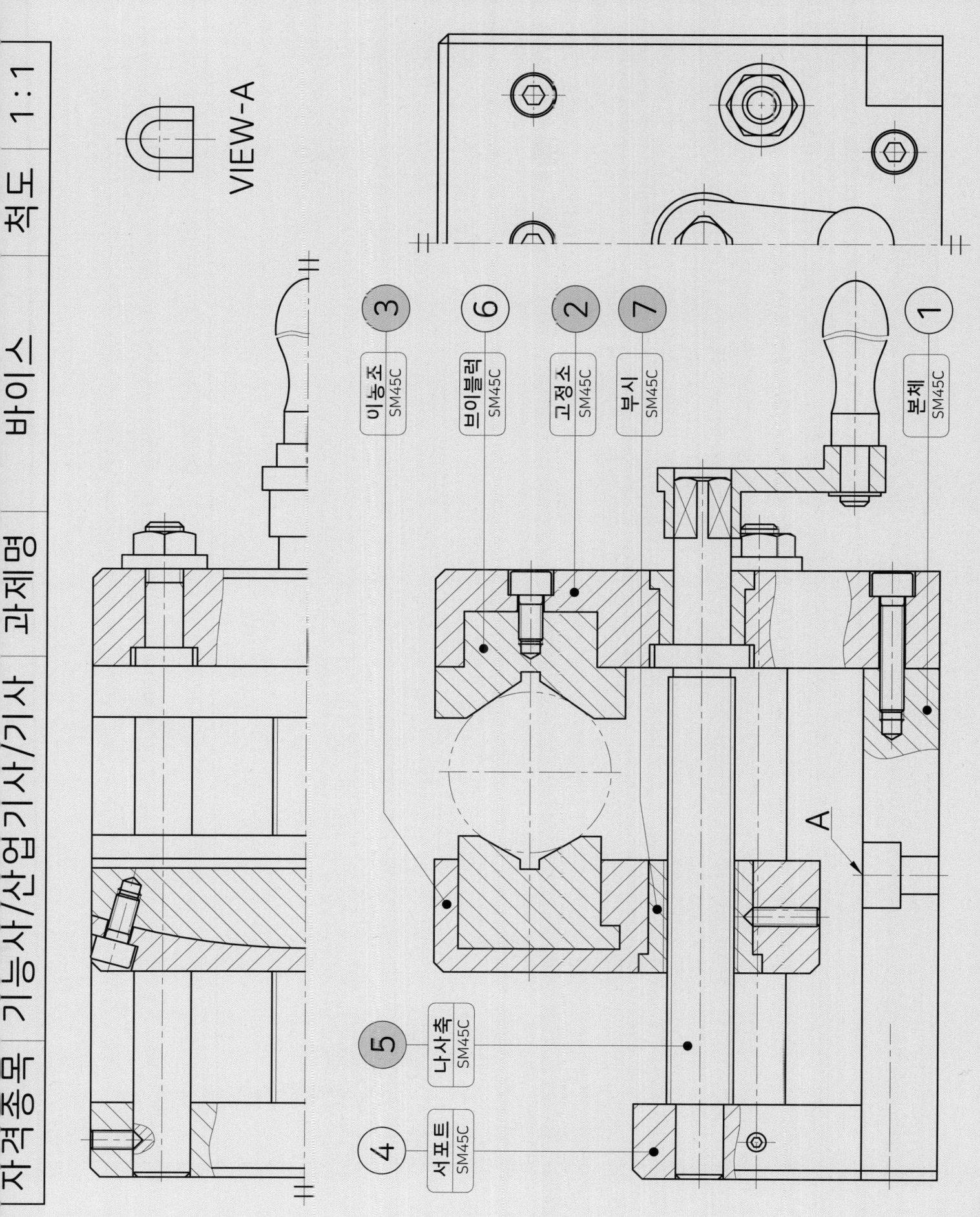

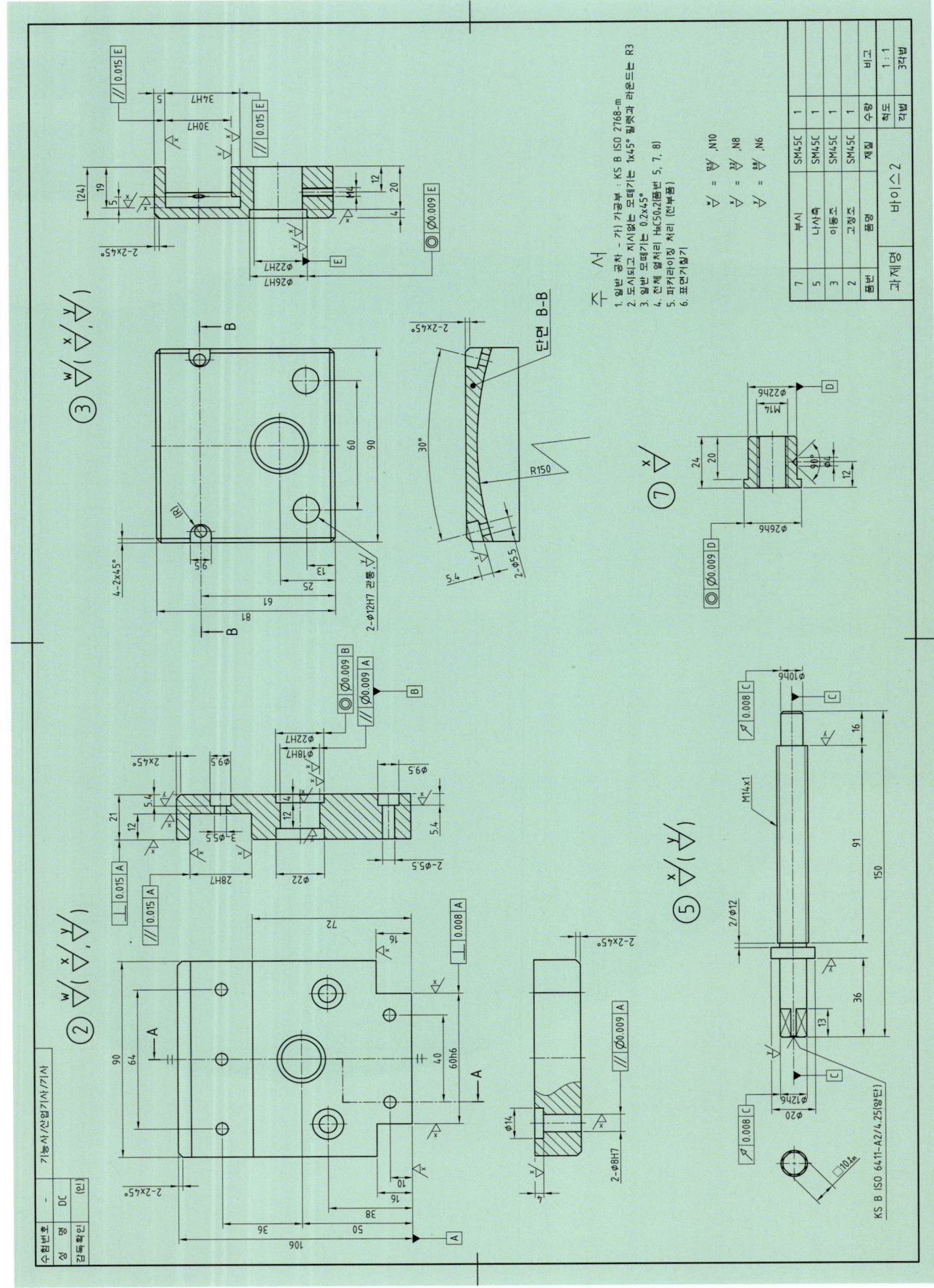

[3D 답안도면] 바이스

품번	품명	재질	수량	비고
7	부시	SM45C	1	45.7g
5	나사축	SM45C	1	163.9g
3	이동조	SM45C	1	868.59g
2	고정조	SCM415	1	1159.15g

바이스 / 각법 3각법 / 척도 NS

수검번호	-	성명	DC	감독확인	(인)

기능사/산업기사/기사

Chapter 10 | 실전문제도면집 | Exercise 12

EXERCISE 13

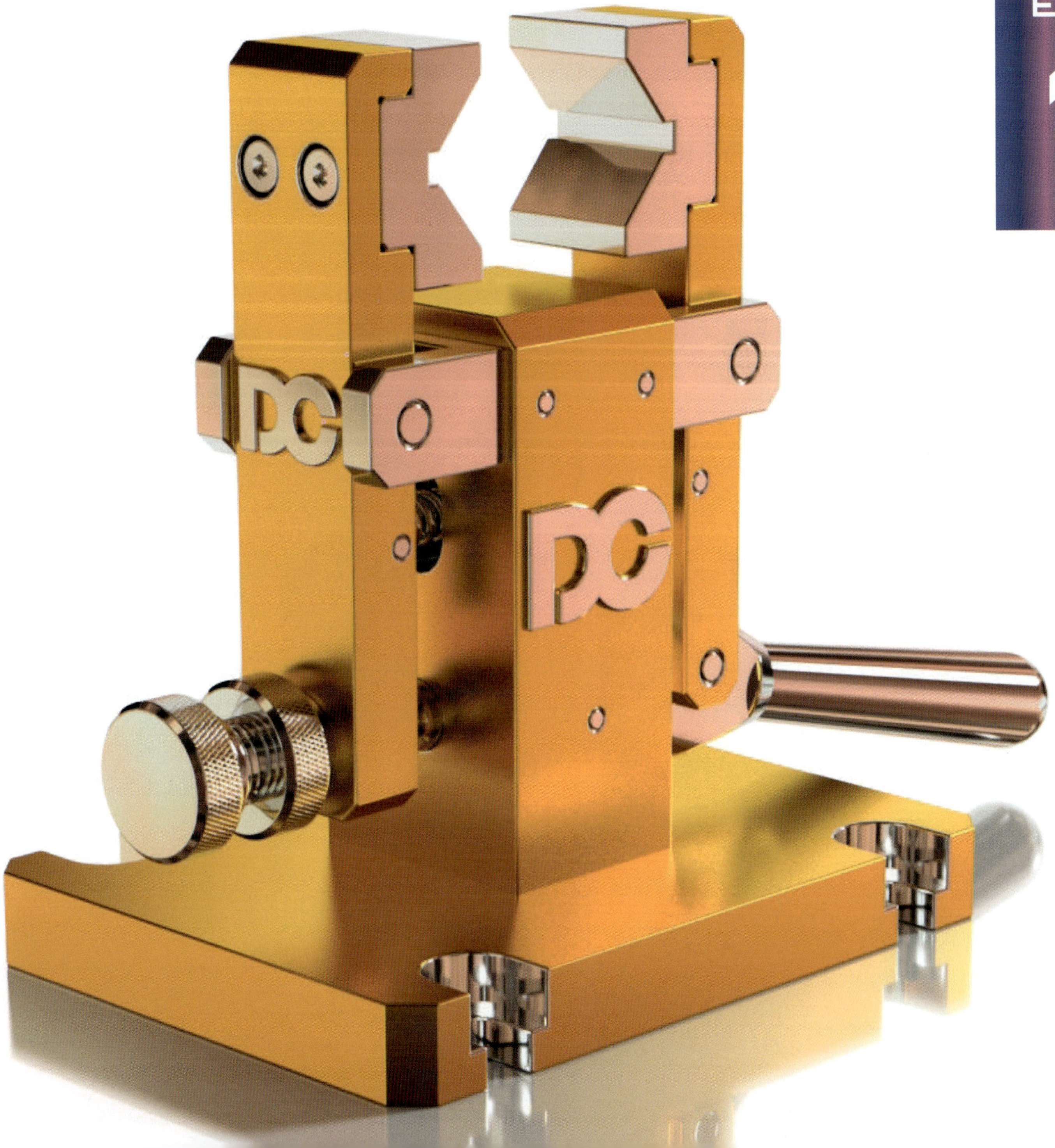

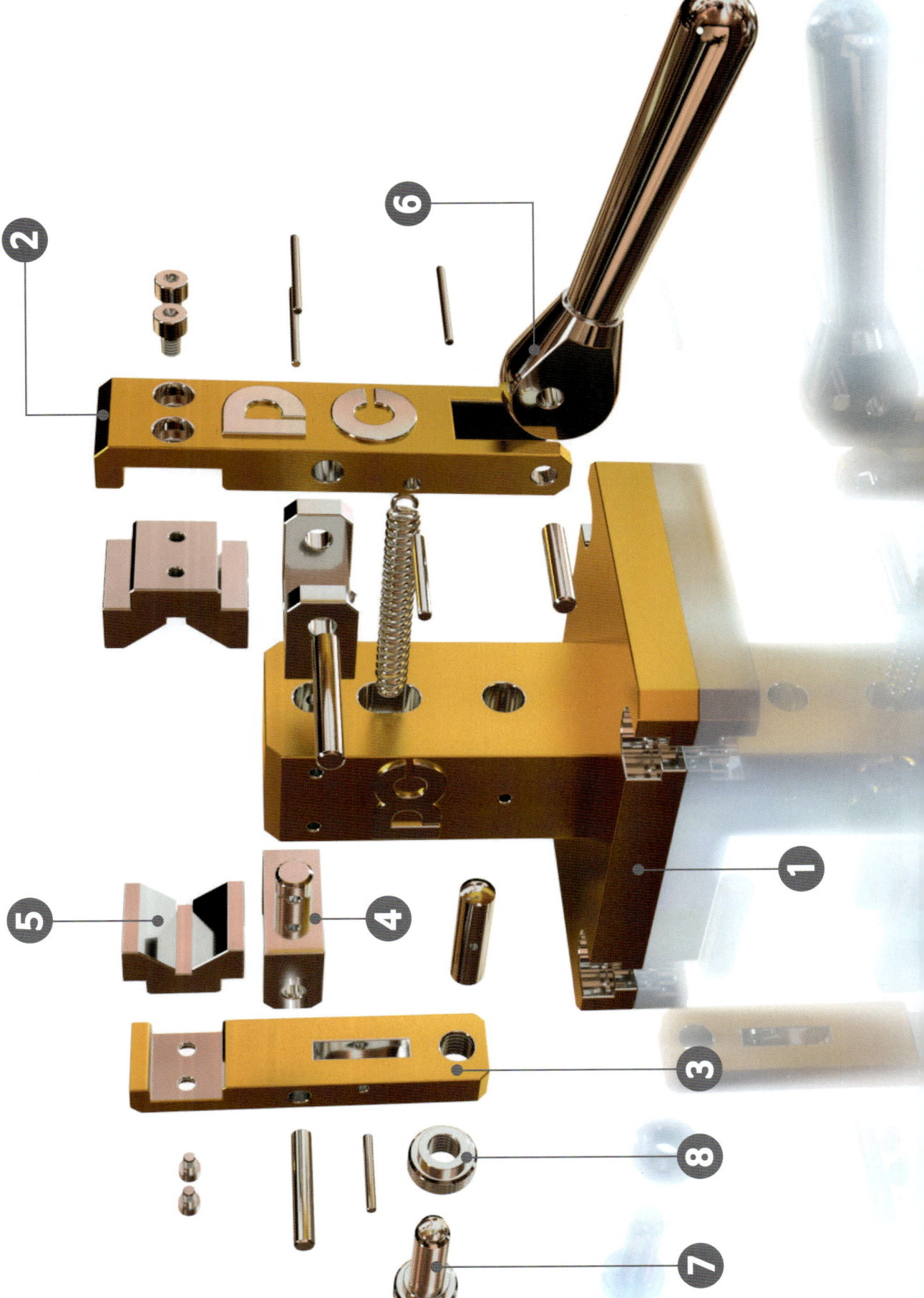

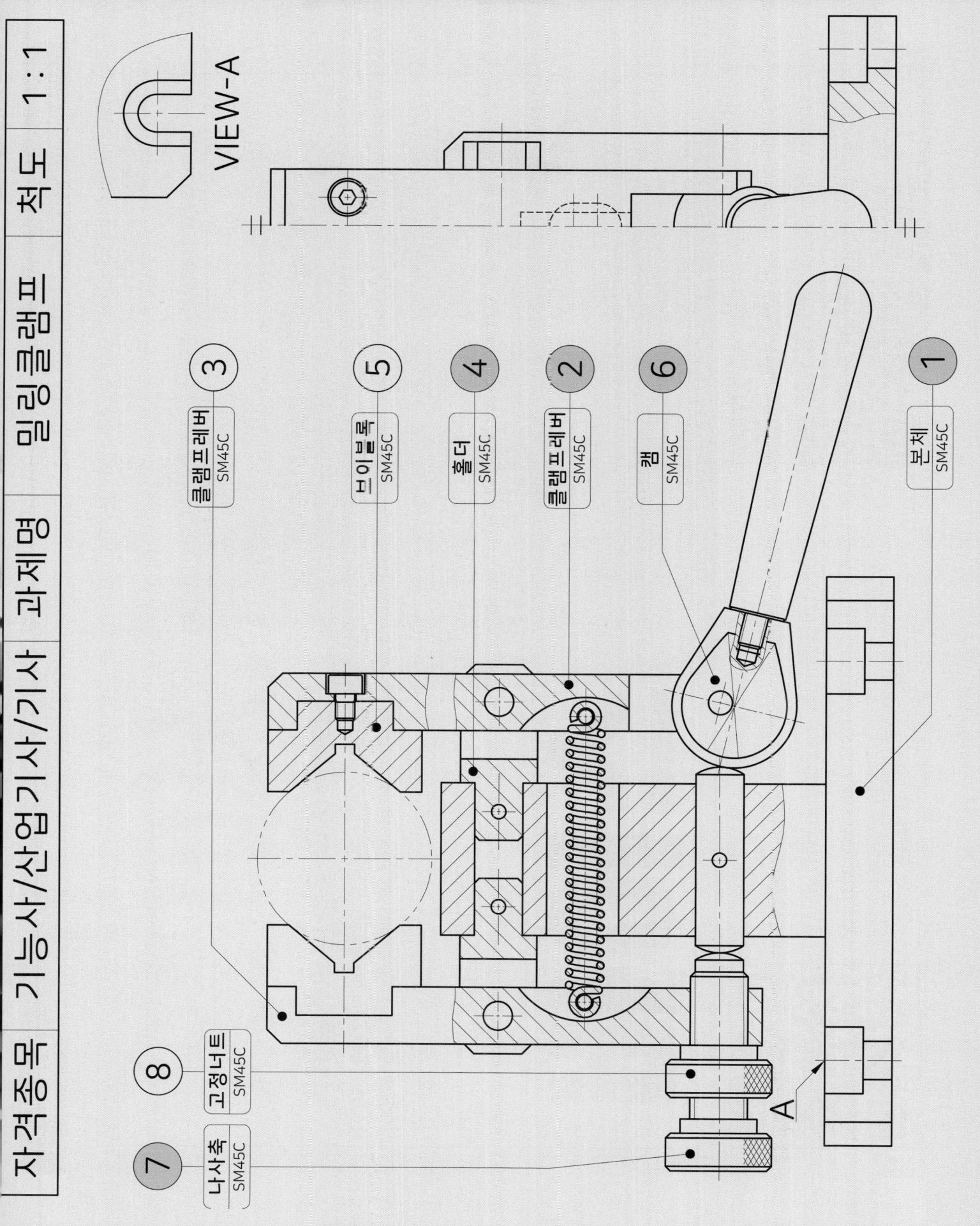

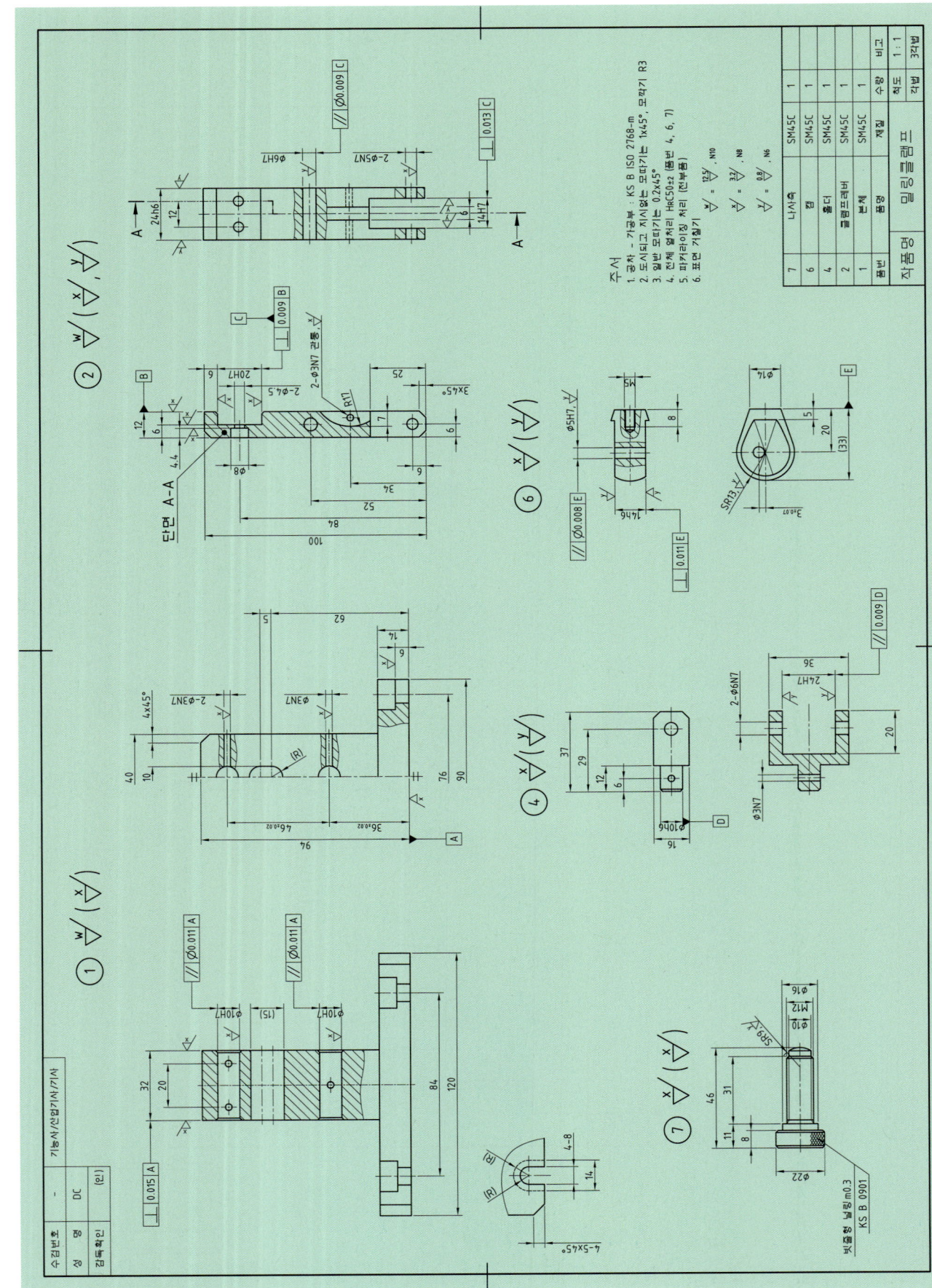

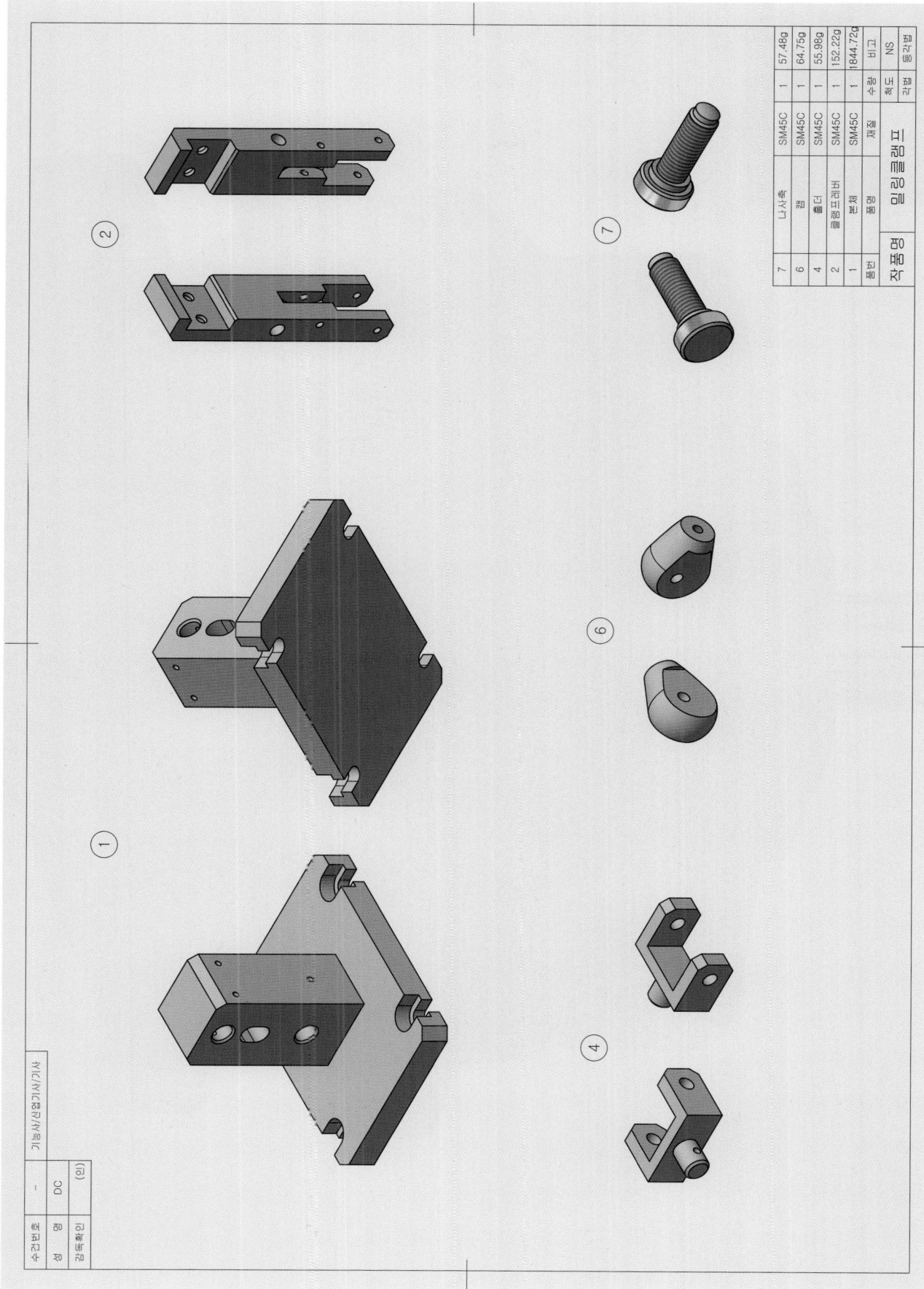

EXERCISE 14

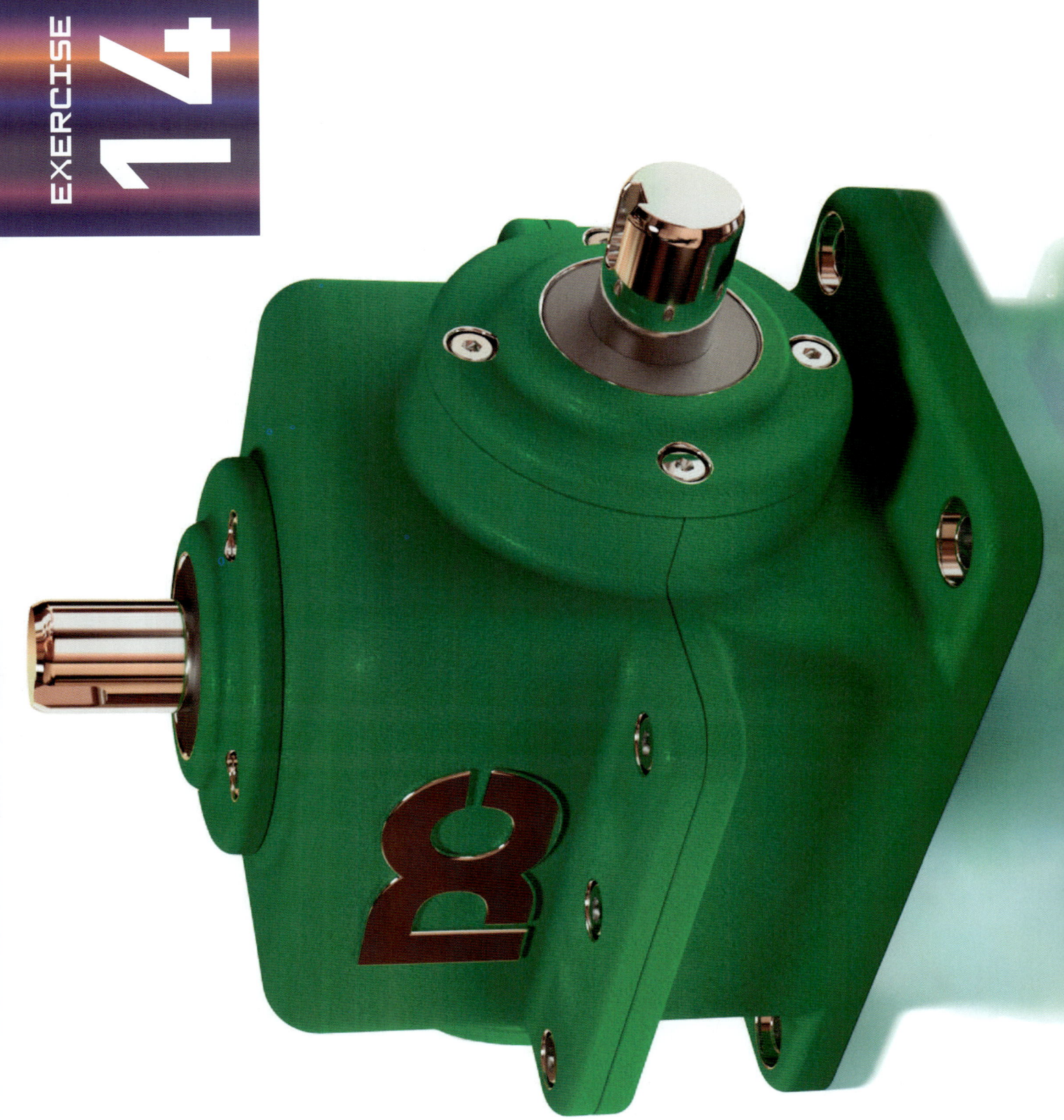

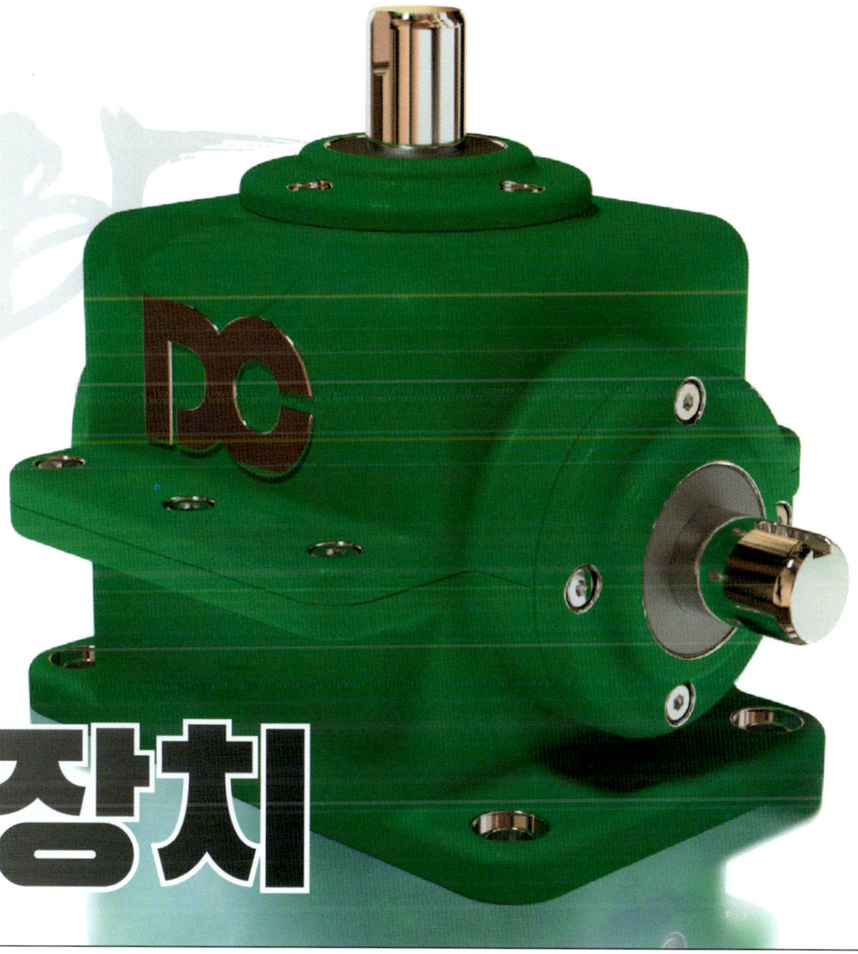

기계설계의 감성을 디자인하다

Design the Sensibility of Mechanical Design
DesignCenter Mechanical Tech Academy

동력전달장치

QR코드를 스캔하시면
조립 / 구동 유튜브 영상을
시청할 수 있습니다.

QR코드를 스캔하시면
3D VIEW 부품을 360°
회전 / 단면 / 분해하며
볼 수 있습니다.

동력전달장치

[조립분해도]

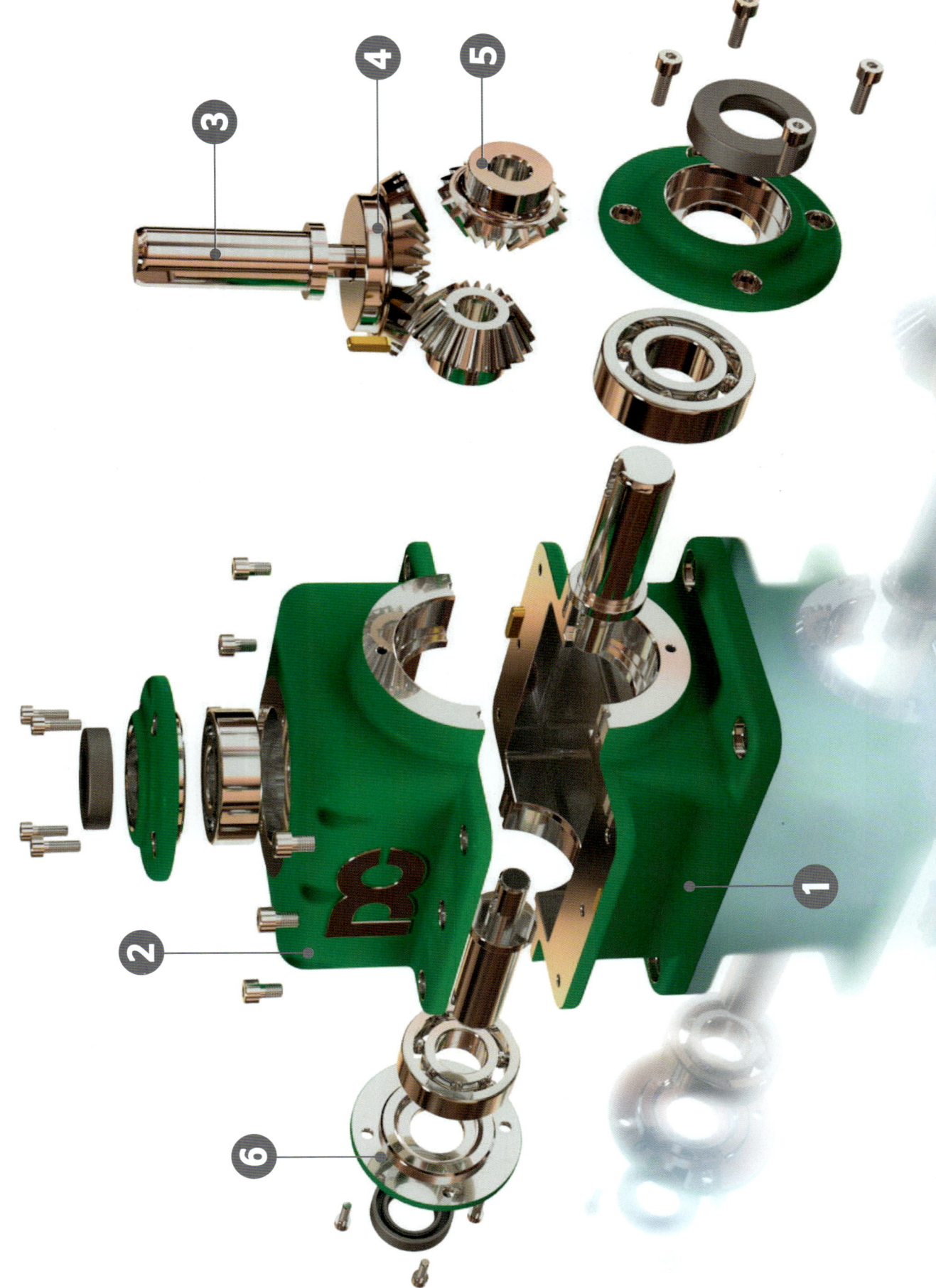

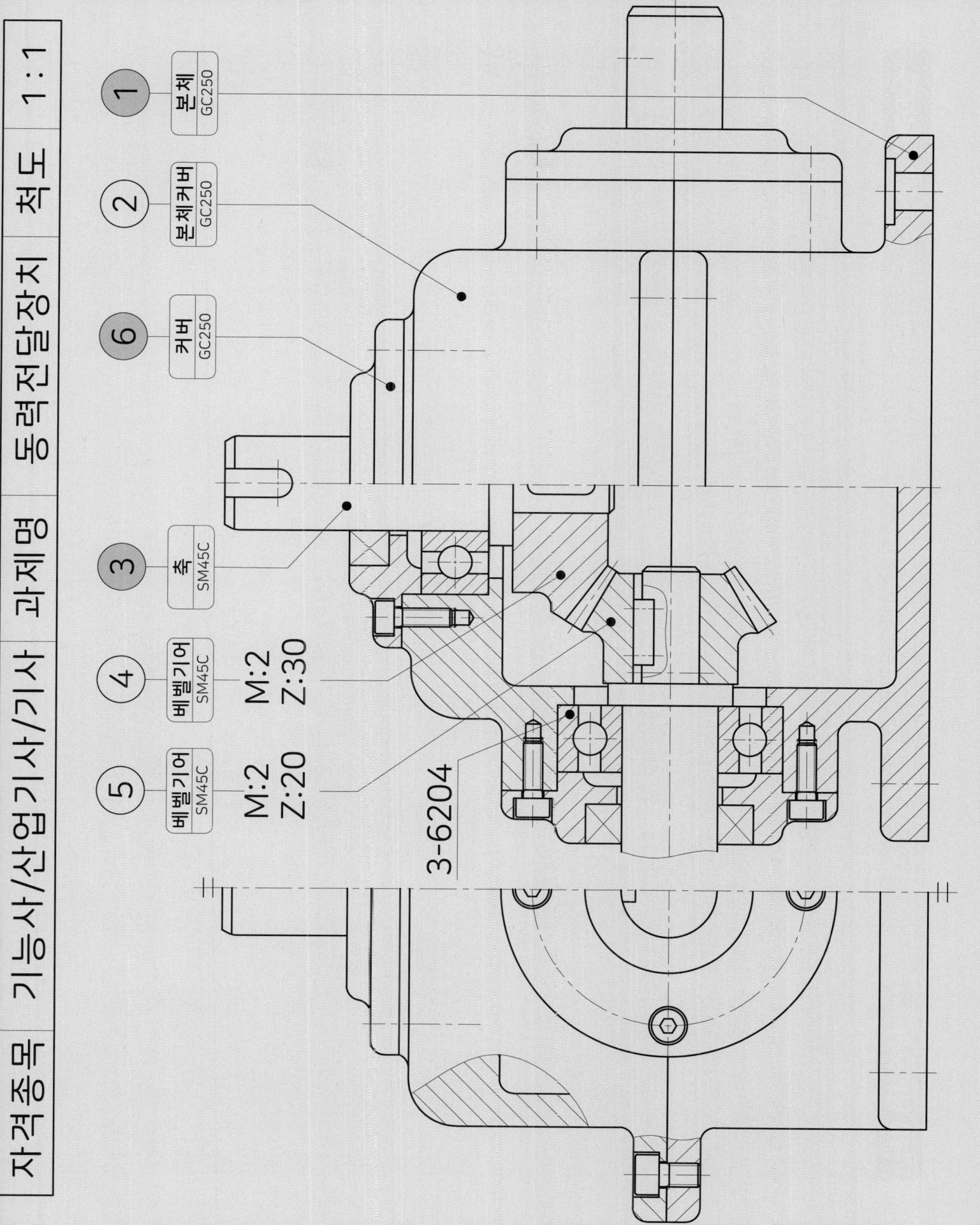

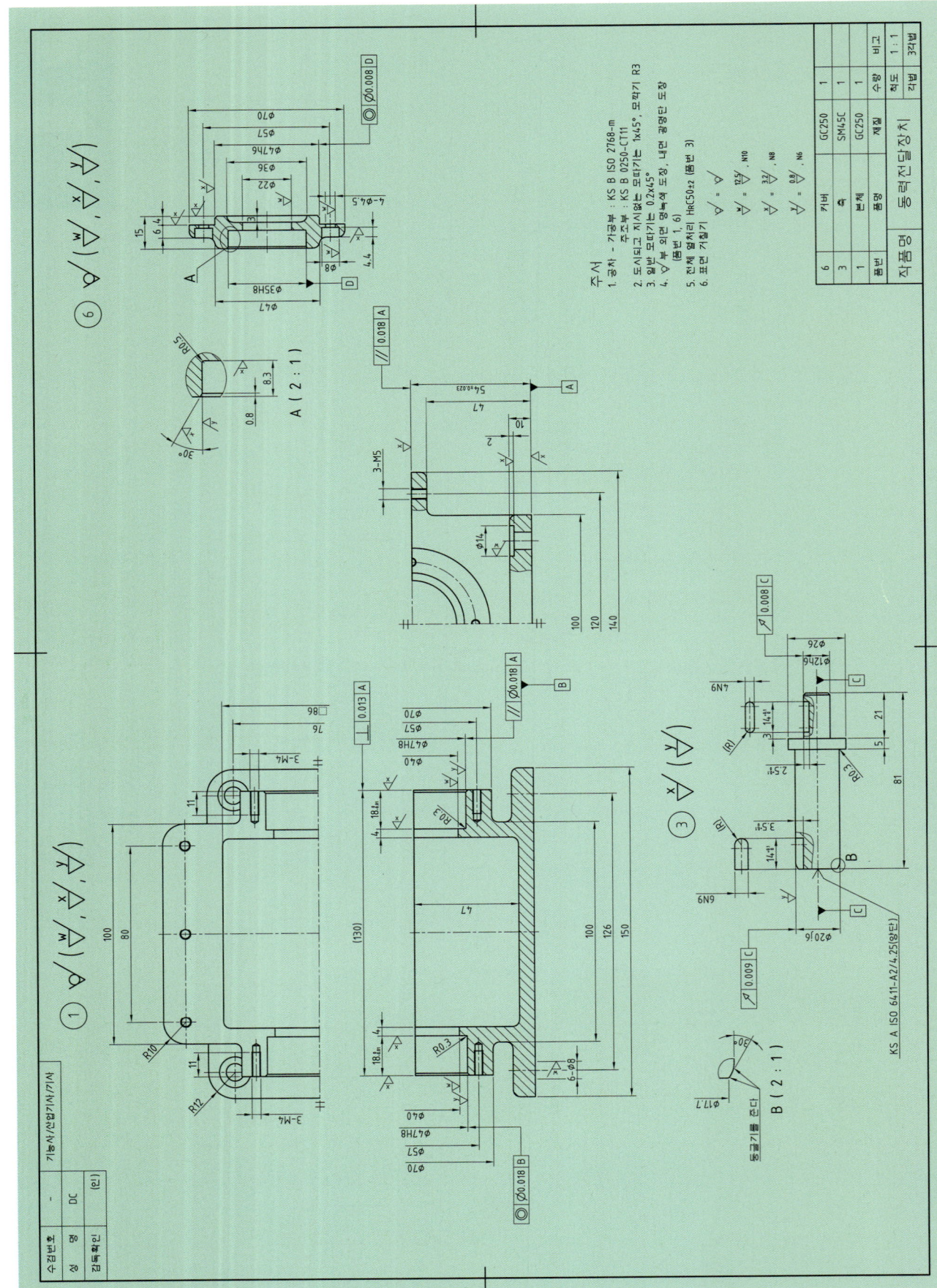

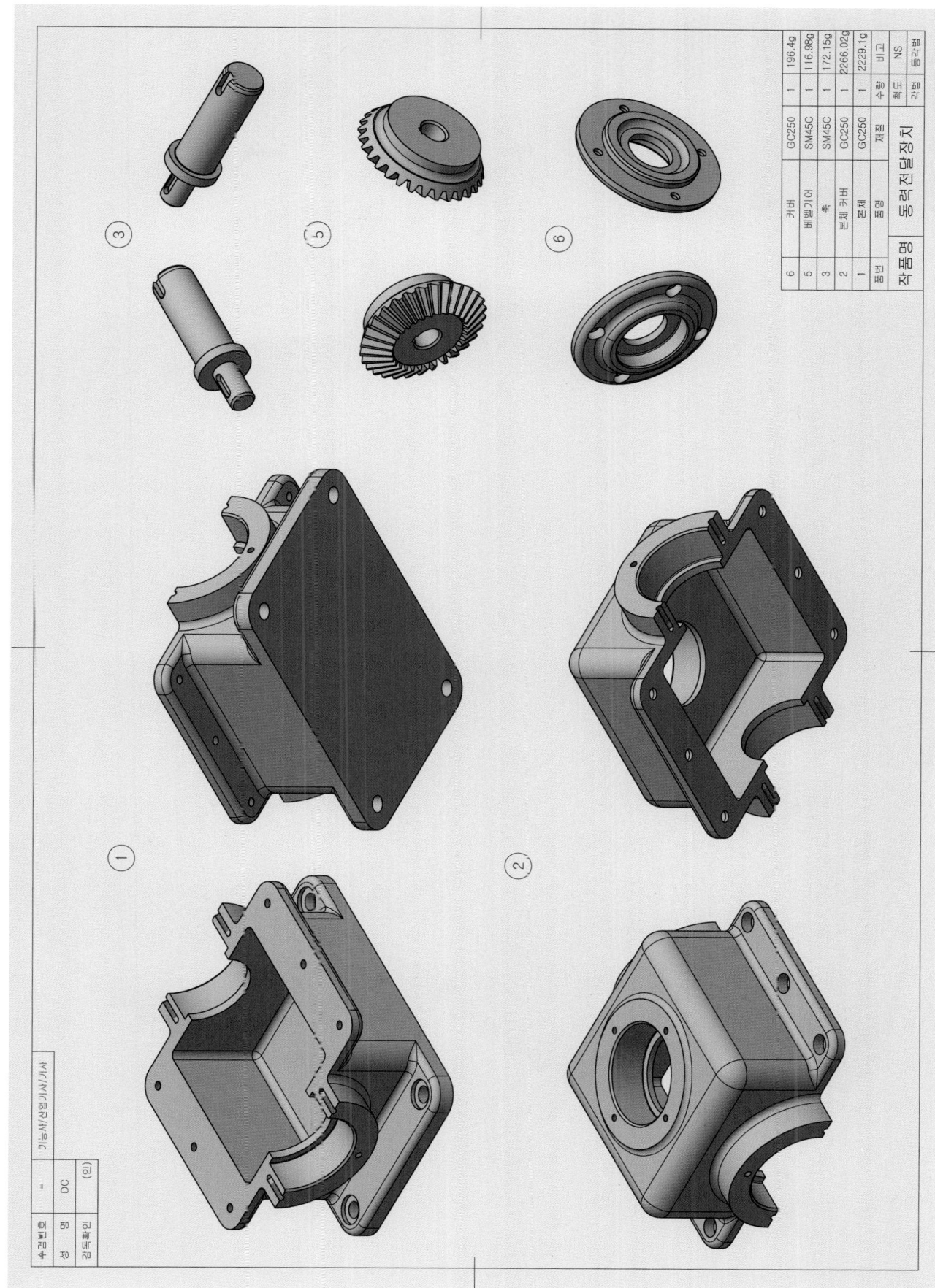

EXERCISE 15

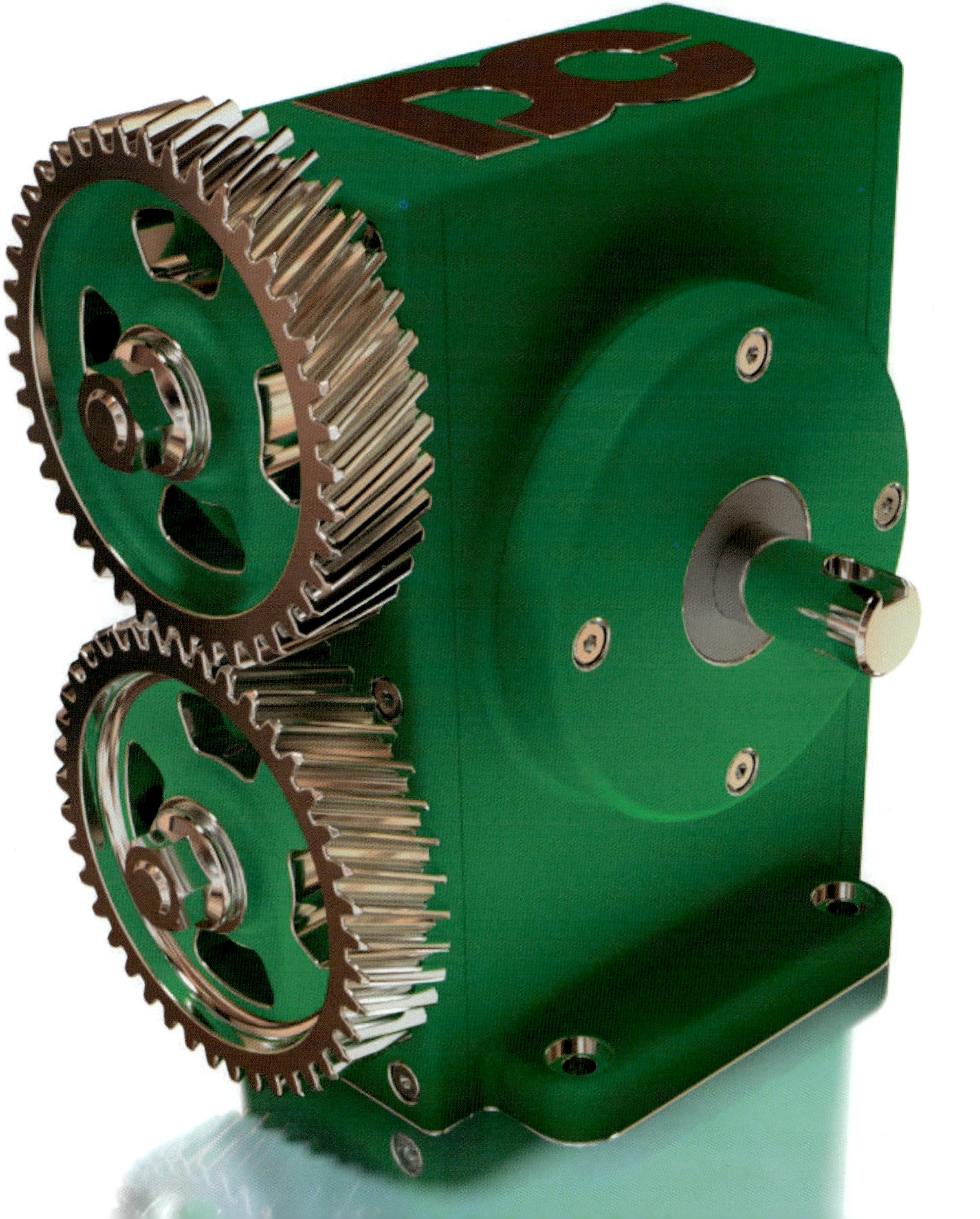

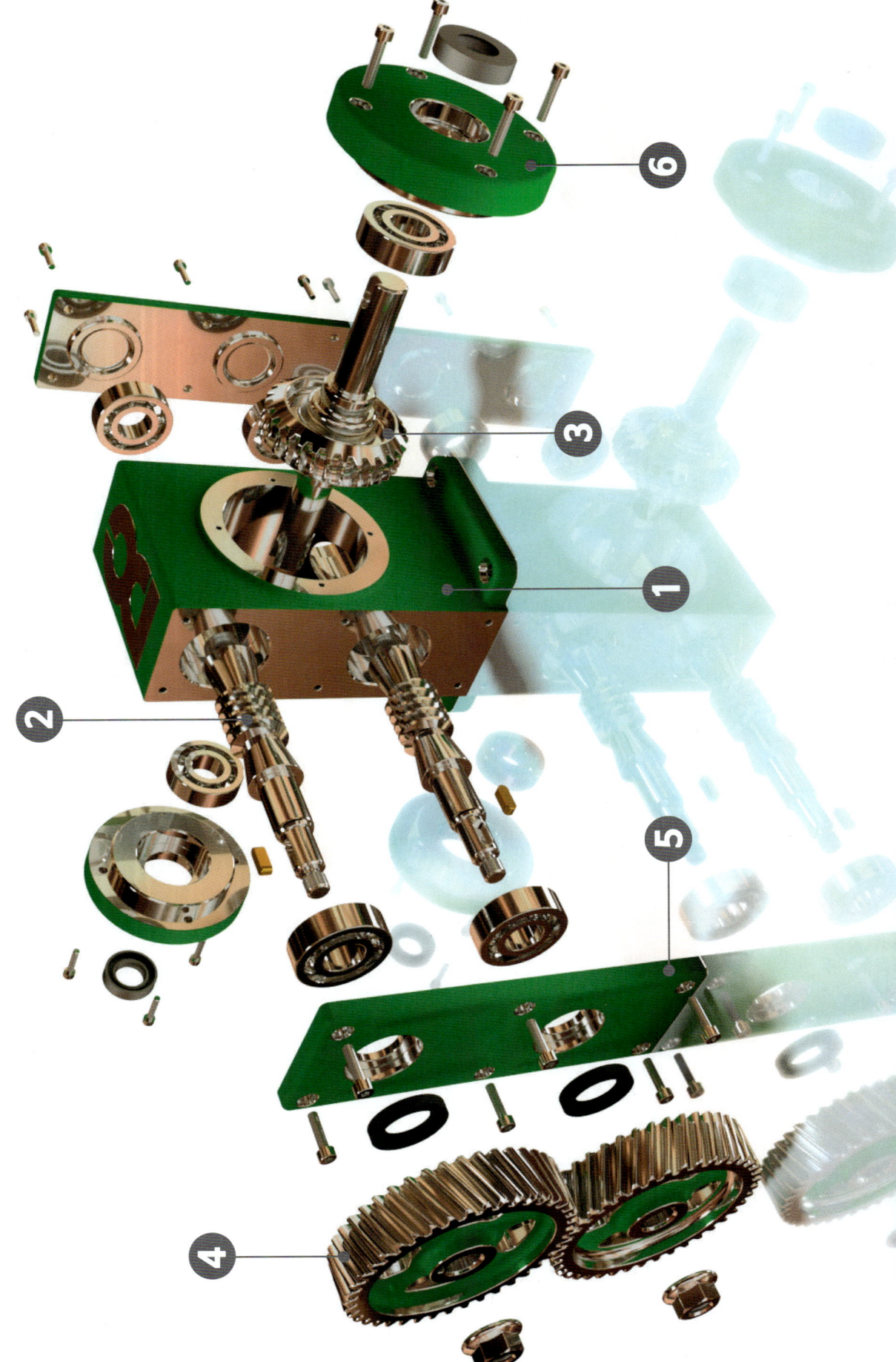

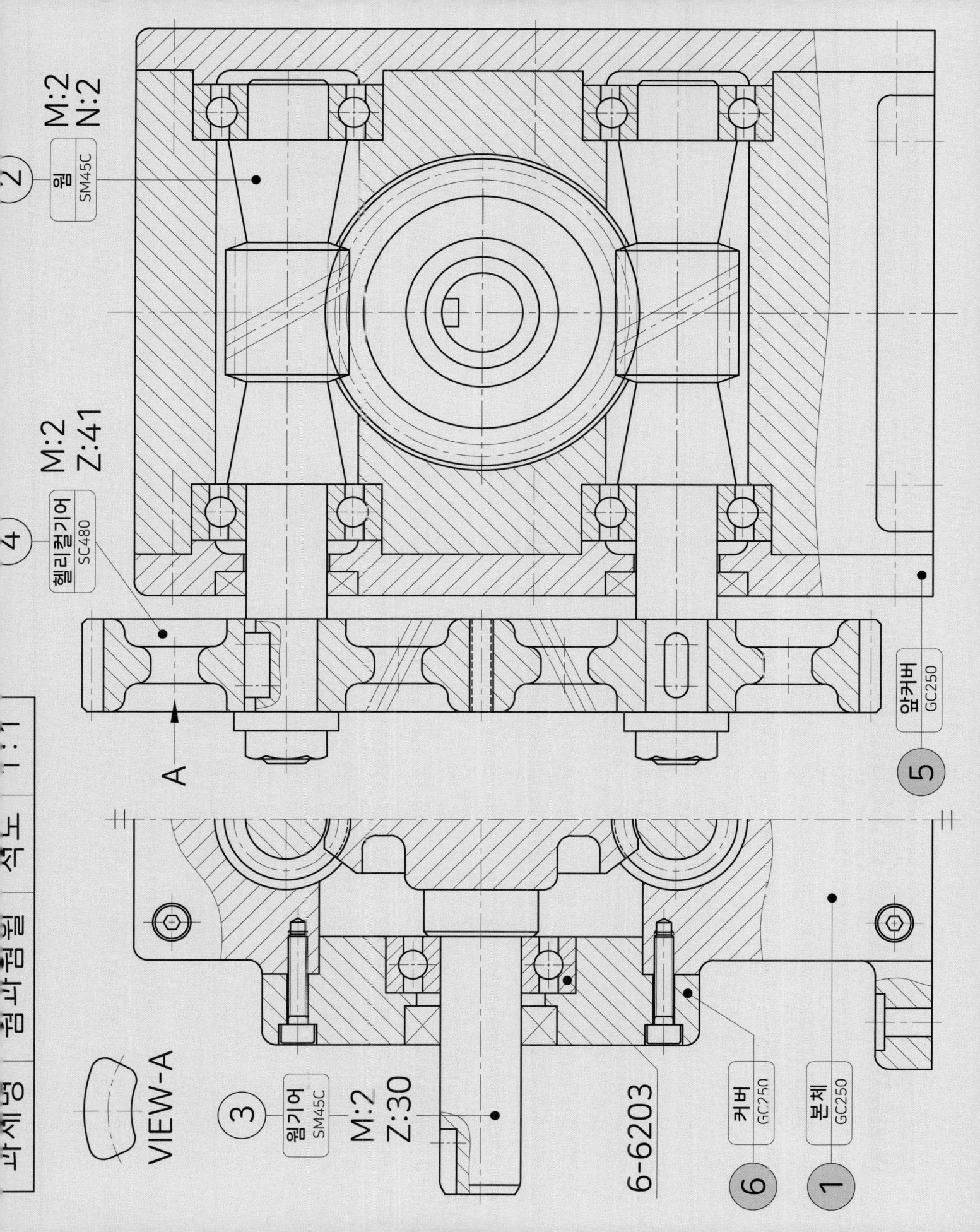

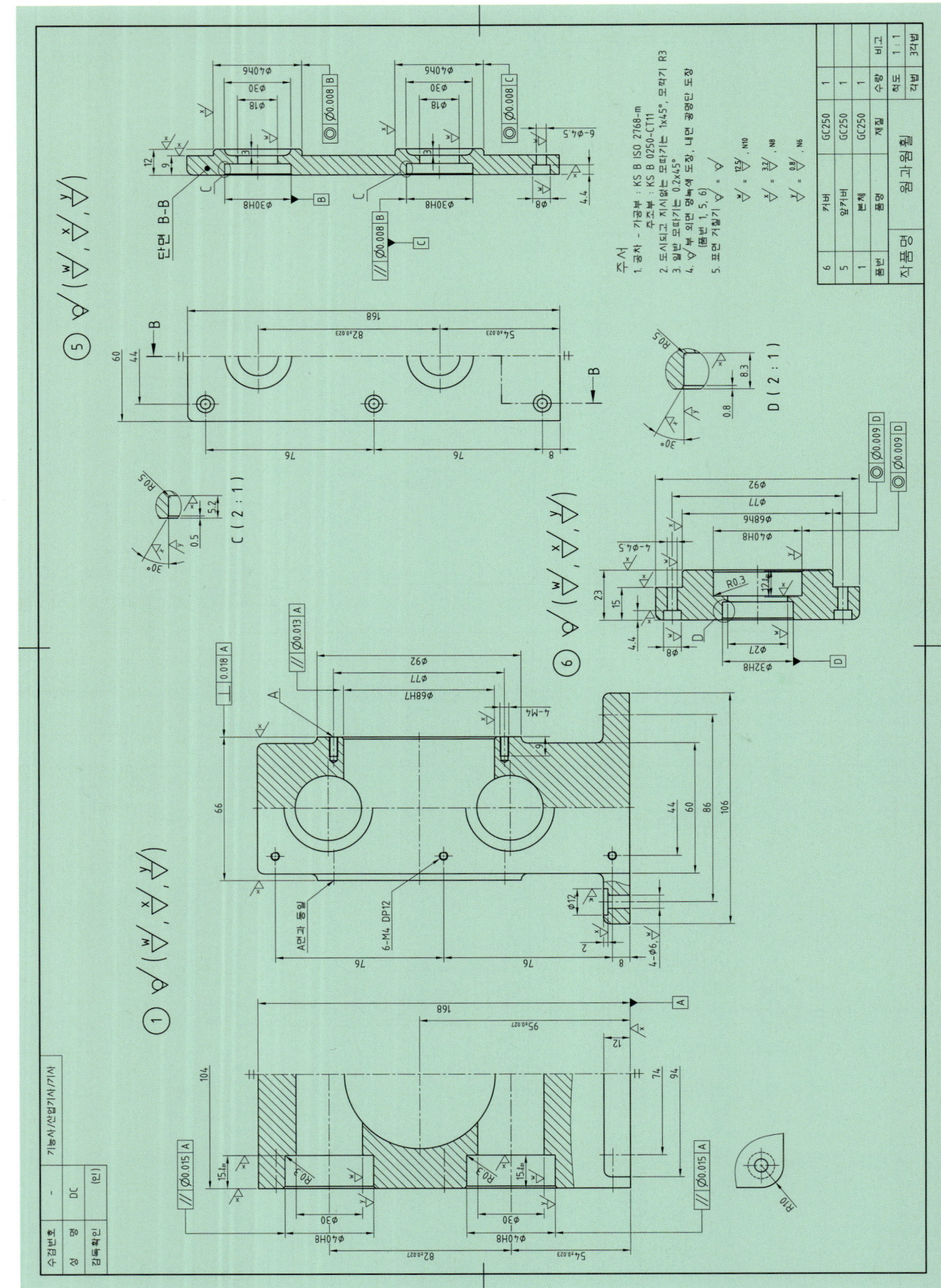

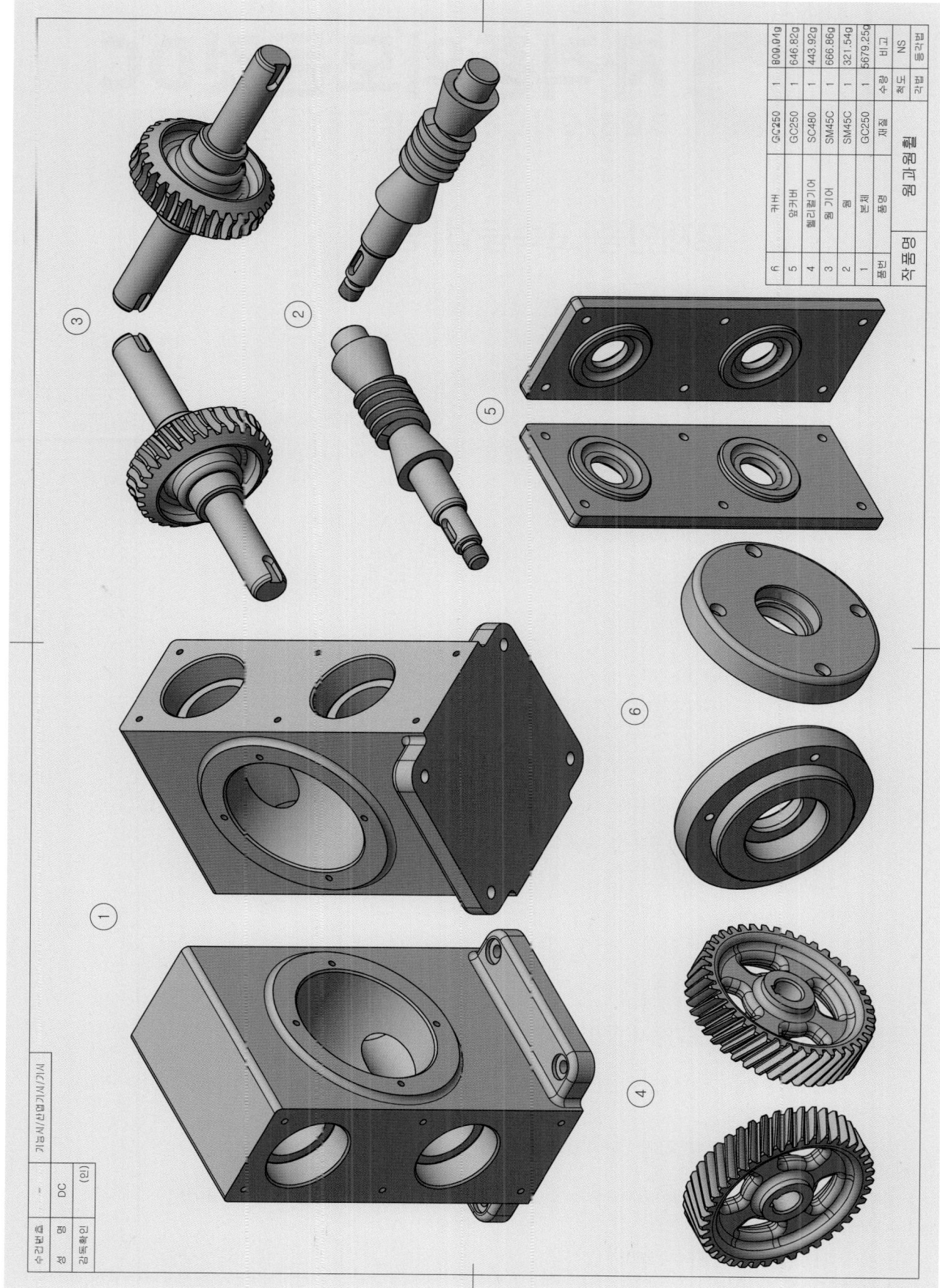

교재인증[고속등업] 방법

01 카페 가입 후 닉네임 생성 시 실명 이용
(중복 시 이름 뒤 아라비아 숫자 1~10 표기)

02 아래 공란에 닉네임 및 이메일 주소 기재

03 사진 촬영 후 게시판 목록 중 '**[고속등업]도서인증**'에 올리기

카페가입 & 등업신청
- 자기소개(카페가입)
- [고속등업]도서인증
- 자유게시판

카페 닉네임	
이메일 주소	

- 등업 시 모든 강좌 및 유틸리티 자료실 이용 가능
- 카페 내 공지사항 필독
- 광고 및 욕설 등은 이유를 불문하고 강퇴사유에 해당됩니다.

나합격 전산응용기계제도기능사(일반기계기사 · 기계설계산업기사) 실기+무료동영상

2018년 8월 10일 초판 발행 | 2019년 3월 5일 2판 발행 | 2020년 8월 10일 3판 발행 | 2022년 1월 5일 4판 발행 | 2025년 1월 5일 5판 발행
2026년 1월 5일 6판 발행

지은이 자격증의 모든것 DC | 발행인 오정자 | 발행처 삼원북스
팩스 02-6280-2650
등록 제2017-000048호 | 홈페이지 www.samwonbooks.com | ISBN 979-11-93858-98-1 13500 | 정가 33,000원
Copyright©samwonbooks.Co.,Ltd.

- 낙장 및 파본된 책은 구입한 서점에서 바꿔드립니다.
- 이 책에 실린 모든 내용, 디자인, 이미지, 편집 형태에 대한 저작권은 삼원북스와 저자에게 있습니다. 허락없이 복제 및 게재는 법에 저촉을 받습니다.